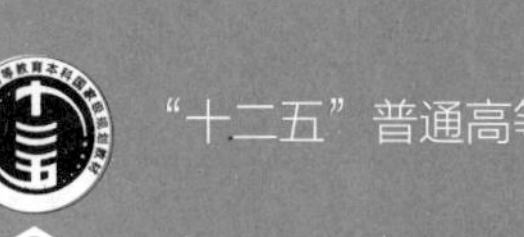

"十二五"普通高等教育本科国家级

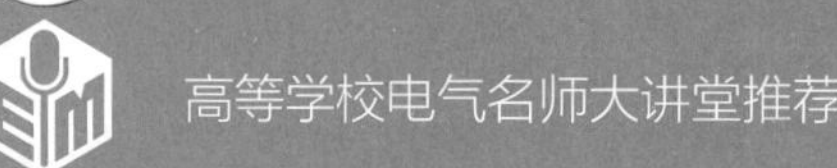

高等学校电气名师大讲堂推荐教材

传感器与检测技术

（第3版）

陈杰　蔡涛　黄鸿　编著

高等教育出版社·北京

内容摘要

本书为“十二五”普通高等教育本科国家级规划教材，是北京高等教育精品教材。本书系统地论述了各种传感器的基本原理、基本特性、信号调节电路、设计原理以及它们在电量和非电量检测系统中的应用。全书共 18 章，分为三大部分，第一部分为传感器，第二部分为检测技术，第三部分为实验。第 0 章介绍传感器与检测技术概念；第 1 章介绍传感器的特性；第 2 章至第 12 章描述当前使用较多的几类传感器，如电阻式、电感式、电容式、磁电式、压电式、光电式、热电式、波式、核辐射传感器及生物传感器的基本原理和设计知识，并对集成智能传感器做了介绍；第 13 章和第 14 章介绍传感器的标定和传感器的可靠性技术；第 15 章是检测技术基础，介绍了被测量的检测及数据处理方法；第 16 章介绍了多传感器信息融合技术；第 17 章为现代检测系统，介绍了传感器与检测技术的现状和未来发展；第 18 章为传感器与检测技术实验，旨在提高读者理论联系实际的动手能力。

本书结合互联网立体教学，将传感器实物图片、应用场景视频与标定方法视频制作成二维码，声情并茂，使教学资料多维化、多元化，生动形象。同时本书配有 Abook 数字资源网站，主要内容有讲义 PPT、讲课视频、传感器实物图片，以方便教师授课、学生线下学习。

本书结合近些年大数据、物联网、智能制造等新兴技术的发展，增加了传感器与检测技术研究的新成果，取材新颖，内容丰富，广深兼顾，与时俱进，以适应不同层次的对象使用，可作为自动化类、仪器类及相关专业的本科生、高职高专及研究生教材，也可供有关工程技术人员使用参考。

图书在版编目(C I P)数据

传感器与检测技术 / 陈杰，蔡涛，黄鸿编著. --3 版. --北京 : 高等教育出版社，2021.4
ISBN 978-7-04-054172-4

Ⅰ. ①传… Ⅱ. ①陈…②蔡…③黄… Ⅲ. ①传感器-检测-高等学校-教材 Ⅳ. ①TP212

中国版本图书馆 CIP 数据核字(2020)第 104290 号

Chuanganqi yu Jiance Jishu

策划编辑 金春英　责任编辑 孙 琳　封面设计 于文燕　版式设计 杨 树
插图绘制 于 博　责任校对 刘娟娟　责任印制 刁 毅

出版发行	高等教育出版社	网　址	http://www.hep.edu.cn
社　址	北京市西城区德外大街 4 号		http://www.hep.com.cn
邮政编码	100120	网上订购	http://www.hepmall.com.cn
印　刷	山东韵杰文化科技有限公司		http://www.hepmall.com
开　本	787mm×1092mm　1/16		http://www.hepmall.cn
印　张	26.75	版　次	2002 年 7 月第 1 版
字　数	630 千字		2021 年 4 月第 3 版
购书热线	010-58581118	印　次	2021 年 4 月第 1 次印刷
咨询电话	400-810-0598	定　价	55.00 元

本书如有缺页、倒页、脱页等质量问题，请到所购图书销售部门联系调换

物 料 号　54172-00

传感器与检测技术

(第3版)

陈杰 蔡涛 黄鸿 编著

1 计算机访问http://abook.hep.com.cn/1216888，或手机扫描二维码、下载并安装Abook应用。

2 注册并登录，进入"我的课程"。

3 输入封底数字课程账号(20位密码，刮开涂层可见)，或通过Abook应用扫描封底数字课程账号二维码，完成课程绑定。

4 单击"进入课程"按钮，开始本数字课程的学习。

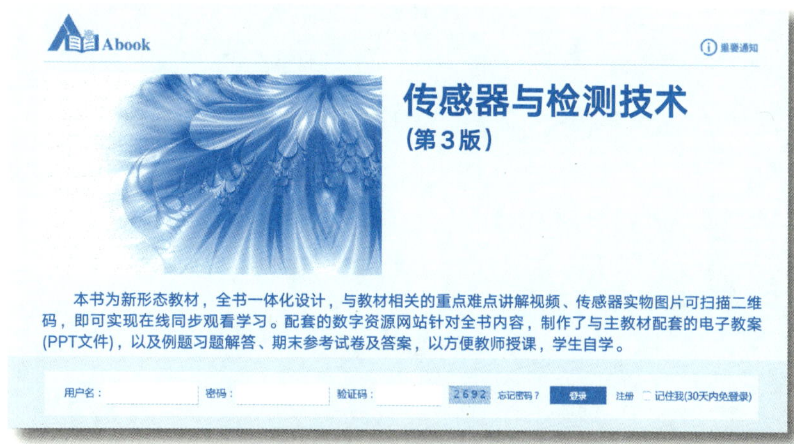

课程绑定后一年为数字课程使用有效期。受硬件限制，部分内容无法在手机端显示，请按提示通过计算机访问学习。

如有使用问题，请发邮件至abook@hep.com.cn。

http://abook.hep.com.cn/1216888

第三版前言

《传感器与检测技术(第二版)》自2010年11月出版以来，受到广大读者的欢迎和好评，已经先后印刷了多次，并被全国上百所院校选用为教材，教学效果佳。在大数据、物联网、智能制造快速发展并推进信息化与工业化深度融合的背景下，本书紧跟传感器、检测技术发展动态，与时俱进、深入浅出，在第二版的基础上修订出版了第3版。

本书密切联系传感器与检测技术的最新进展，全面介绍这些领域的相关知识。本次修订新增加了波式传感器、物联网(5G技术)测控系统，重新修订了集成智能传感器，并增加了网络立体教学相关内容。波式传感器章节分别介绍了微波传感器、超声与次声波传感器以及各种声波传感器的应用。物联网测控系统主要讲述了物联网的技术架构、近距离和远距离无线通信技术(5G技术)以及物联网的典型应用。新增的网络立体教学内容，通过二维码形式向读者展现了真实的传感器实体图片与应用场景；生动直观的动画视频和实验视频使得教学资料多维多样、直观生动、通俗易懂。在编写本书的过程中，我们力求做到取材广泛、与时俱进、结构清晰、概念清楚。

本书共18章，分为三大部分，第一部分为传感器，第二部分为检测技术，第三部分为实验。第0章介绍传感器与检测技术概念；第1章介绍传感器的特性；第2章至第12章描述当前使用较多的几类传感器，如电阻式、电感式、电容式、磁电式、压电式、光电式、热电式、波式、核辐射传感器及生物传感器的基本原理和设计知识，并对集成智能传感器做了介绍；第13章和第14章介绍传感器的标定和传感器的可靠性技术；第15章是检测技术基础，介绍了被测量的检测及数据处理方法；第16章介绍了多传感器信息融合技术；第17章为现代检测系统，使读者对传感器与检测技术的现状和未来发展有全面的了解；第18章为传感器与检测技术实验，旨在提高读者理论联系实际的能力。

本书结合互联网立体教学，将传感器实物图片、应用场景视频制作成二维码，声情并茂，使教学资料多维化、多元化，生动形象。为了方便开展线上线下混合式教学，本书配有数字资源教学网站，主要内容有讲义PPT、传感器实物图片，以及陈杰院士、蔡涛教授在2020年电气名师大讲堂的讲课视频，请访问 http://abook.hep.com.cn/1216888 根据提示注册登录后，浏览、下载相关教学资源。

本书由陈杰、蔡涛、黄鸿编著。其中，陈杰编写第0、1、2、13章，蔡涛编写第3~7章、第14~18章，黄鸿编写第8~12章，最后由陈杰和蔡涛统稿。本书由洪炳熔教授主审，姜霞、郑旭对书稿的修改给予了很多帮助，同时还得到了其他各方面专家的支持，在此表示衷心的感谢。

限于编者水平，加之时间仓促，书中难免有疏漏和错误之处，敬请读者批评指正。编者E-mail：caitao@bit.edu.cn、honghuang@bit.edu.cn。

编　者

2021年2月于北京

第二版前言

随着社会的发展和科学技术的进步，人们在研究自然现象和规律及生产活动时，必然从外界获得大量信息，信息的获取、处理、传输已经成为信息领域的关键技术。要及时正确地获取这些信息，就必须合理地选择和应用各种传感器和检测技术。作为信息技术的三大支柱之一，传感器与检测技术已渗透到人类的科学研究、工程实践和日常生活的各个方面，在促进生产发展和科学技术进步的广阔领域中发挥着重要的作用。

本书在第一版的基础上进行了重新修订。为了保持本书紧密联系传感器与检测技术的最新进展，全面介绍这些领域的相关知识的特色，本书在原有基础上新增加了生物传感器及无线传感器网络测控系统，重新修订了集成智能传感器，并整理了实验部分。生物传感器章节分别介绍了电化学DNA传感器、半导体生物传感器等应用前景广泛的传感器。智能传感器章节介绍了单片集成化智能传感器、网络化智能压力传感器、单片指纹传感器和特种集成传感器。无线传感器网络测控系统主要讲述无线传感器网络的应用、特点和关键技术等内容，使读者对传感器在网络测控系统中的应用有一个清晰的认识。在编写本书的过程中，我们力求做到取材广泛、结构清晰、概念清楚、通俗易懂、系统性强。

全书共17章，分三大部分，第一部分为传感器，第二部分为检测技术，第三部分为实验。第0章介绍传感器与检测技术概念；第1章介绍传感器的特性；第2章到第11章描述当前使用较多的几类传感器，如电阻式、电感式、电容式、磁电式、压电式、光电式、热电式、核辐射传感器及生物传感器的基本原理和设计知识，并对集成智能传感器做了介绍；第12章和第13章介绍传感器的标定和传感器可靠性技术；第14章是检测技术基础，介绍了数据的检测及处理方法；第15章介绍了多传感器信息融合技术；第16章介绍的是现代检测系统，使读者对传感器与检测技术的现状和未来发展有全面的了解；第17章为传感器与检测技术实验部分，旨在提高读者理论联系实际的动手能力。

本书由王普教授主审，同时还得到了其他各方面专家的支持，在此表示衷心的感谢。

限于编者水平，加之时间仓促，书中难免有疏漏和错误之处，敬请读者批评指正。

编　者

2010年1月于北京

第一版前言

信息科学是众多领域中发展最快的一门科学，也是最具有发展活力的学科之一。信息科学中的四大环节（信息捕获、提取、传输、处理）是人们最关心、对社会发展和进步起着十分重要的作用的重要内容。信息捕获技术是信息科学最前端的一个“阵地”和手段，而信息捕获的主要工具就是传感器。传感器作为测控系统中对象信息的入口，在现代化事业中的重要性已被人们所认识。

随着信息时代的到来，国内外已将传感器技术列为优先发展的科技领域之一。国内许多高校相继都开设了相应课程。随着高新技术的发展，专业面的拓宽和适应传感器与检测技术的开发、应用的需要，作者在北京理工大学多年讲义的基础上，广取兄弟院校教材之所长，博采国内外文献、专著之精髓，结合多年来教学经验和科研实践的成果，编著了本书。

全书共 15 章，分两大部分，第一部分为传感器，第二部分为检测技术。本书第 0 章介绍传感器和检测技术概念；第 1 章介绍传感器的特性；第 2 章至第 10 章描述当前使用较多的几类传感器，如电阻式、电感式、电容式、磁电式、压电式、光电式、热电式、核辐射传感器的基本原理和设计知识，并对智能式传感器做了介绍；第 11 章和第 12 章介绍传感器的标定和传感器可靠性；第 13 章是检测技术基础，介绍了数据的检测及处理方法；第 14 章介绍的是传感器信息融合技术；第 15 章介绍的是现代测试系统，旨在使读者对传感器与检测技术的现状和未来发展有较全面的了解。

本书与国内现有的教材比较具有以下特色：

1. 本书将传感器与检测技术有机地结合在一起，使学生能够更全面学习和掌握信号传感、信号采集、信号转换、信号处理及信号传输的整个过程。

2. 本教材增加了传感器标定和传感器可靠性等章节，使学生对制作传感器的全过程有一个全面的认识，并通过相关实验提高学生的动手能力。传感器的可靠性技术对于整个自动检测系统的数据获取的准确性和稳定性是至关重要的，这也是我国传感器产品与国外产品相比的最大薄弱环节，因此，本教材特别增加了可靠性技术方面的内容。

3. 紧密联系传感器与检测技术的最新进展，全面介绍这些领域的相关知识，以拓宽学生的眼界。本项目除介绍传统的结构性传感器外，还介绍了借助现代相关新技术和新方法，特别是与微型计算机技术相结合，给予其功能的扩展和性能的提高，注入了新的活力的传感器。

4. 本教材附有的习题及思考题、多媒体课件和相关实验，使学生更容易学习和掌握课程的内容。

本书内容新颖、丰富、全面，具有一定的深度和广度。叙述简明，深入浅出。可作为高等学校检测技术、仪器仪表及自动控制等专业的教材，也可供有关专业人员使用和参考。

本书由涂序彦教授主审。陈绿深教授和张训文副教授对本书的内容及实验的编写提供了许多帮助。

由于本书涉及的传感器应用的电路较多，加之时间仓促和编者的水平有限，难免存在疏漏和不妥之处，敬请广大读者批评和指正。

另外，本教材还配有 CAI 课件。

作　者

2002 年 5 月于北京

目录

0 传感器与检测技术概念

0.1 传感器的组成与分类

0.1.1 传感器的定义

根据《传感器通用术语》定义，传感器(sensor)是能感受规定的被测量并按照一定规律转换成可用输出信号的器件或装置，通常由敏感元件和转换元件组成。其中，敏感元件是指传感器中直接感受被测量的部分，转换元件是指传感器中能将敏感元件的输出转换为适合传输和测量的电信号的部分。

有些国家和有些学科领域，将传感器称为变换器(transducer)、检测器或探测器(detector)等。应该说明，并不是所有的传感器都能明显区分敏感元件与转换元件两个部分，而是二者可能合为一体。例如，半导体气体、湿度传感器等，它们一般都是将感受的被测量信息直接转换为电信号，而没有中间转换环节。

传感器的输出信号有很多形式，如电压、电流、频率、脉冲等，输出信号的形式由传感器的原理确定，可根据需求转化。

0.1.2 传感器的组成

通常，传感器由敏感元件和转换元件组成。但是由于传感器的输出信号一般都很微弱，需要有信号调节与转换电路将其放大或变换为容易传输、处理、记录和显示的形式。随着半导体器件与集成技术在传感器中的应用，传感器的信号调节与转换可以安装在传感器的壳体里或与敏感元件一起集成在同一芯片上。因此，信号调节与转换电路以及所需电源都应作为传感器的组成部分，如图 0-1 所示为传感器的组成方框图。

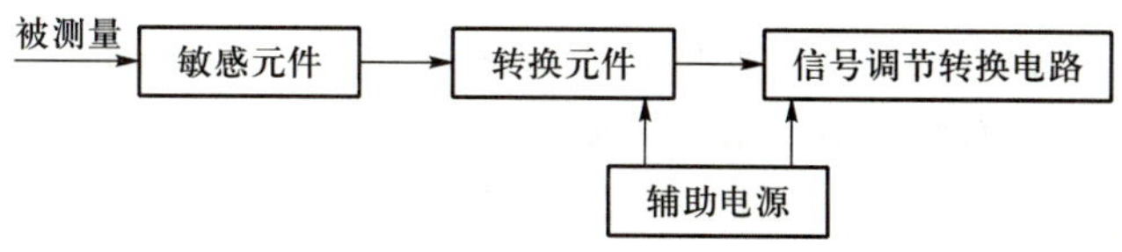

图 0-1 传感器的组成方框图

常见的信号调节与转换电路有放大器、电桥、振荡器、电荷放大器等，它们分别与相应的传感器相配合。信号调节与转换电路也称为信号调理器。

0.1.3 传感器的分类

传感器的种类繁多，不胜枚举。传感器的分类方法很多，表 0-1 给出了常见分类方法。

表 0-1 传感器的常见分类方法

分类方法	传感器的种类	说明
按输入量分类	位移传感器、速度传感器、温度传感器、压力传感器等	传感器以被测物理量命名
按工作原理分类	应变式、电容式、电感式、压电式、热电式等	传感器以工作原理命名
按物理现象分类	结构型传感器	传感器依赖其结构参数变化实现信息转换
	特性型传感器	传感器依赖其敏感元件物理特性的变化实现信息转换
按能量关系分类	能量转换型传感器	传感器直接将被测量的能量转换为输出量的能量
	能量控制型传感器	由外部供给传感器能量，而由被测量来控制输出的能量
按输出信号分类	模拟式传感器 数字式传感器	输出为模拟量 输出为数字量

0.2 传感器的作用与地位

人类社会已进入信息时代，人们的社会活动主要依靠对信息资源的开发、获取、传输与处理。传感器处于研究对象与测试系统的接口位置，即检测与控制系统之首。因此，传感器成为感知、获取与检测信息的窗口，一切科学研究与自动化生产过程所获取的信息都是通过传感器获取并通过传感器转换为容易传输与处理的电信号，所以传感器的作用与地位特别重要。

若将计算机比喻为人的大脑，那么传感器则可以比喻为人的感觉器官。可以设想，没有功能正常而完美的感觉器官，不能迅速而准确地采集与转换欲获得的外界信息，纵有再好的大脑也无法发挥其应有的作用。科学技术越发达，自动化程度越高，对传感器的依赖性就越大。所以，20 世纪 80 年代以来，世界各国都将传感器技术列为重点发展的高科技，对其十分重视。

0.3 传感器技术的发展动向

传感器技术所涉及的知识非常广泛，渗透到各个学科领域，但是它们的共性是利用物理定律以及物质的物理、化学和生物特性，将非电量转换成电量。

所以，如何采用新技术、新工艺、新材料以及探索新理论达到高质量的转换，是总的发展途径。

当前，传感器技术的主要发展动向，一是开展基础研究，发现新现象，开发传感器的新材料和新工艺；二是实现传感器的集成化与智能化。

1. 发现新现象

利用物理现象、化学反应和生物效应是各种传感器工作的基本原理，所以发现新现象与新效应是发展传感器技术的重要工作，是研究新型传感器的重要基础，其意义极为深远。例如，日本夏普公司利用超导技术研制成功高温超导磁传感器，是传感器技术的重大突破，其灵敏度比霍尔器件高，仅次于超导量子干涉器件。而其制造工艺远比超导量子干涉器件简单，它可用于磁成像技术，具有广泛推广价值。

提示：

传感器技术的发展动向相关内容，可在学习完本书其他章节，完成相应的实验或科技实践活动后，再行阅读，效果更佳。

2. 开发新材料

传感器材料是传感器技术的重要基础。由于材料科学的进步，人们在制造时，可任意控制它们的成分，从而设计制造出用于各种传感器的功能材料。例如，半导体氧化物可以制造各种气体传感器，而陶瓷传感器的工作温度远高于半导体；光导纤维的应用是传感器材料的重大突破，用它研制的传感器与传统传感器相比有突出的优点。有机材料作为传感器材料的研究，近年来引起了国内外学者的极大兴趣。

3. 采用微细加工技术

半导体技术中的加工方法，如氧化、光刻、扩散、沉积、平面电子工艺、各向异性腐蚀以及蒸镀、溅射薄膜工艺都可用于传感器制造，因而制造出各式各样的新型传感器。例如，利用半导体技术制造出压阻式传感器，利用薄膜工艺制造出快速响应的气敏/湿敏传感器；日本横河公司利用各项异性腐蚀技术进行高精度三维加工，在硅片上构成孔、沟、棱、锥、半球等，制造出全硅谐振式压力传感器。

4. 研究多功能集成传感器

日本丰田研究所开发出能同时检测 Na^+、K^+和 H^+等多离子的传感器。这种传感器的芯片尺寸为 2.5 mm×0.5 mm，仅用一滴血液即可快速检测出其中 Na^+、K^+、H^+的浓度，适用于医院临床，使用非常方便。

催化金属栅与 MOSFET 相结合的气体传感器已广泛用于检测氧、氨、乙醇、乙烯和一氧化碳等。

我国某传感器研究所研制的硅压阻式复合传感器可以同时测量压力与温度。

5. 开发智能化传感器

智能化传感器是一种带微处理器的传感器，它兼有检测、判断和信息处理功能。其典型产品如美国霍尼尔公司的 ST-3000 型智能传感器，其芯片尺寸为 3 mm×4 mm×2 mm，采用半导体工艺，在同一芯片上制作 CPU、EPROM，以及静压、压差、温度等三种敏感元件。

6. 研究新一代航天传感器

众所周知，在航天器的各大系统中，传感器对各种信息参数的检测，保证了航天器按预定程序正常工作，起着极为重要的作用。随着航天技术的发展，航天器上需要的传感器越来越多。例如，航天飞机上安装约 3 500 个传感器，对其指标性能都有严格要求，如小型化、低功耗、高精度、高可靠性等都有具体指标。为了满足这些要求，必须采用新原理、新技术研制出新型航天传感器。

7. 研究仿生传感器

值得注意的一个发展动向是仿生传感器的研究，特别是在机器人技术向智能化高级机器人发展的今天。仿生传感器是模拟人的感觉器官的传感器，即视觉传感器、听觉传感器、嗅觉传感器、味觉传感器、触觉传感器等。目前只有视觉与触觉传感器解决的比较好，其他几种远不能满足机器人发展的需要。也可以说，至今真正能代替人的感觉器官功能的传感器极少，需要加速研究，否则将会影响机器人技术的发展。

0.4　检测技术的定义

检测技术属于信息科学的范畴，与计算机技术、自动控制技术和通信技术构成完整的信息技术学科。测量是以确定被测对象属性量值为目的的全部操作。测试是具有试验性质的测量，或者可以理解为测量和试验的综合。

0.5　检测技术的作用

客观世界的一切物质都以不同形式在不断地运动着。运动着的物质是以一定的能量或状态表现出来的，这就是信号。人们为了认识物质世界，就必须寻找表征物质运动的各种信号以及信号与物质运动的关系。这就是检测的任务。

自古以来，检测技术早就渗透到人类的生产活动、科学实验和日常生活的各个方面，如计时、产品交换、气候和季节的变化规律等。

在工业生产领域，人们广泛地应用检测技术，如生产过程中产品质量的检测、产品质量的控制、提高生产的经济效益、节能和生产过程的自动化等。这些都要测量生产过程中有关参数和(或)反馈控制，以保证生产过程中的这些参数处在最佳状态。

在科学研究领域，人们通过观察、试验，并用已有的知识和经验，对试验结果进行分析、对比、概括、推理。通过不断地观察、试验，从而找出新的规律，再上升为理论。因而能否通过观察试验得到结果，而且是可靠的结果，决定于检测技术的水平，所以从这个意义上讲，科学的发展和突破是以检测技术的水平为基础的。例如，人类在光学显微镜出现以前，只能用肉眼来分辨物质；而 16 世纪出现了光学显微镜，这就使人们能借助显微镜观察细胞，从而大大推动了生物科学的发展；而到 20 世纪 30 年代，出现了电子显微镜，使人们的观察能力进入了微观世界，推动了生物科学、电子科学和材料科学的发

展。当然，科学技术的发展又反过来促进检测技术的发展。尤其是自动化生产出现以后，要求生产过程参数的检测能自动进行，这时就产生了自动检测系统。

现代人们的日常生活中，也越来越离不开检测技术。例如，智能化起居室中的温度、湿度、亮度、空气新鲜度、防火、防盗和防尘等的测试和控制。因此可以让机器有人的视觉、听觉、嗅觉、触觉和味觉等感觉器官，甚至让有思维能力的机器人参与各种家庭事务管理和劳动等。

习题与思考题

0.1　传感器在检测系统中有什么作用和地位?

0.2　解释下列名词术语:

(1)敏感元件;(2)传感器;(3)信号调理器;(4)变送器。

1 传感器的特性

传感器的特性(characteristics)是指传感器所特有性质的总称。而传感器的输入-输出特性是其基本特性，一般把传感器作为二端网络研究，输入-输出特性即输入量和输出量的对应关系，是二端网络的外部特性。由于输入作用量的状态(静态、动态)不同，同一个传感器所表现的输入-输出特性也不一样，因此传感器有静态特性和动态特性之分。由于不同传感器的内部参数各不相同，它们的静态特性和动态特性也表现出不同的特点，对测量结果的影响也各不相同。因此，从分析传感器的外特性入手，分析它们的工作原理，输入-输出特性与内部参数的关系，误差产生的原因、规律、量程关系等是一项重要内容。本章主要是从静态和动态角度研究输入-输出特性。

注意：

除了书中所列传感器的静态特性指标外，读者还应关注量程，即测量范围。传感器的静态特性是包含了敏感元件、转换元件和信号调节转换电路的整体上的静态特性。

动态特性与之类似。

静态特性(static characteristic)是指当输入量为常量或变化极慢时传感器的输入-输出特性。动态特性(dynamic characteristic)是指当输入量随时间变化时传感器的输入-输出特性。

1.1 传感器的静态特性

衡量传感器静态特性的主要指标有线性度、迟滞、重复性、分辨率、稳定性、温度稳定性、多种抗干扰能力等。

一、线性度(linearity)

传感器的输入-输出关系或多或少存在非线性问题。在不考虑迟滞、蠕变等非线性因素的情况下，其静态特性可用下列多项式代数方程来表示

$$y=a_0+a_1x+a_2x^2+\cdots+a_nx^n \tag{1-1}$$

式中：y——输出量；

x——输入量；

a_0——零点输出；

a_1——理论灵敏度；

$a_2,a_3,\cdots,a_n$——非线性项系数。

各项系数不同，决定了特性曲线的具体形式。

静态特性曲线可由实际测试获得，在获得特性曲线之后，可以说问题已经解决。但是为了标定和数据处理的方便，希望得到线性关系。这时可采用各种方法，其中包括计算机硬件和软件补偿，进行线性化处理。一般来说，这些方法都比较复杂，所以在非线性误差不太大的情况下，总是采用直线拟合的方法

来线性化。

在采用直线拟合线性化时，输入-输出的校正(测量)曲线与其拟合直线之间的最大偏差，称为非线性误差，通常用相对误差 γ_L 来表示，即

$$\gamma_L = \pm\frac{\Delta L_{max}}{y_{FS}}\times 100\% \tag{1-2}$$

式中：ΔL_{max}——非线性最大偏差；

y_{FS}——满量程输出。

提示：拟合直线对应理想值或理论值。

由此可见，非线性误差的大小是以一定的拟合直线为基准而得出来的。若拟合直线不同，则非线性误差也不同。所以，选择拟合直线的主要出发点应是获得最小的非线性误差，另外还应考虑使用、计算方便等。

注意：国内外传感器特性定义不同，国内定义在其输出上，国外则定义在输入量(被测量)上。前者便于研制，后者便于选型使用。应注意两者区别，切忌混淆。

目前常用的拟合方法有：①理论拟合；②过零旋转拟合；③端点拟合；④端点平移拟合；⑤最小二乘法拟合等。前四种方法如图 1-1 所示。图中实线为实际输出的校正曲线，虚线为拟合直线。

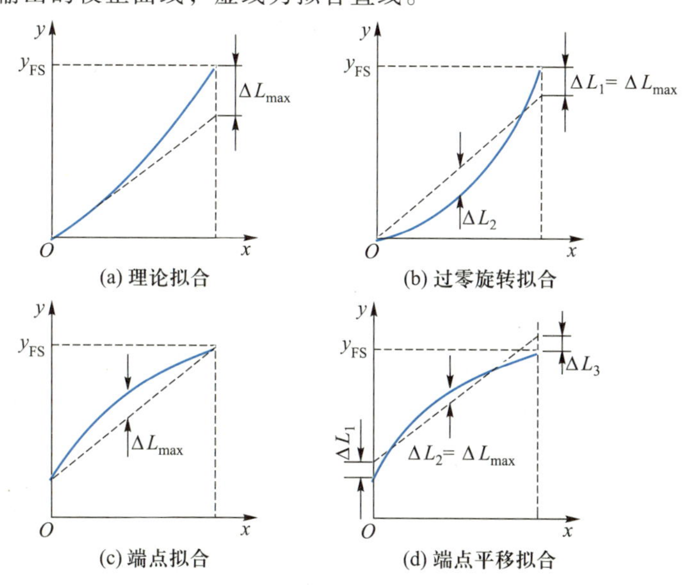

图 1-1 各种直线拟合方法

在图 1-1(a)中，拟合直线为传感器的理论特性，与实际测试值无关。这种方法十分简单，但一般说来 ΔL_{max} 很大。

图 1-1(b)为过零旋转拟合，常用于校正曲线过零的传感器。拟合时，使 $\Delta L_1 = |\Delta L_2| = \Delta L_{max}$。这种方法也比较简单，非线性误差比前一种小很多。

在图 1-1(c)中，把校正曲线两端点的连线作为拟合直线。这种方法比较简便，但 ΔL_{max} 较大。

图 1-1(d)在图(c)基础上使直线平移，移动距离为图(c)的 ΔL_{max} 的一半。这条校正曲线分布于拟合直线的两侧，$\Delta L_2 = |\Delta L_1| = |\Delta L_3| = \Delta L_{max}$。与图(c)相比，非线性误差减小了一半，提高了精度。

最小二乘法在误差理论中的基本含义是：在具有等精度的多次测量中求得

最可靠值，是当各测定值的残差平方和为最小时所求得的值。也就是说，把所有校准点数据都标在坐标图上，用最小二乘法拟合直线，校准点与对应的拟合直线上的点之间的残差平方和为最小。设拟合直线方程式为

$$y=kx+b \tag{1-3}$$

若实际校准测试点有 n 个，则第 i 个校准数据 y_i 与拟合直线上相应值之间的误差为

$$\Delta_i=y_i-(kx_i+b) \tag{1-4}$$

提示：采用最小二乘法可以降低偶然误差的影响，由此获得的拟合直线具有较小的非线性误差。

最小二乘法拟合直线的原理就是使 $\sum_{i=1}^{n}\Delta_i^2$ 为最小值，也就是使 $\sum_{i=1}^{n}\Delta_i^2$ 对 k 和 b 的一阶偏导数等于零，即

$$\frac{\partial}{\partial k}\sum\Delta_i^2=2\sum(y_i-kx_i-b)(-x_i)=0 \tag{1-5}$$

$$\frac{\partial}{\partial b}\sum\Delta_i^2=2\sum(y_i-kx_i-b)(-1)=0 \tag{1-6}$$

从而求出 k 和 b 的表达式为

$$k=\frac{n\sum x_iy_i-\sum x_i\sum y_i}{n\sum x_i^2-(\sum x_i)^2} \tag{1-7}$$

$$b=\frac{\sum x_i^2\sum y_i-\sum x_i\cdot\sum x_iy_i}{n\sum x_i^2-(\sum x_i)^2} \tag{1-8}$$

在获得 k 和 b 值之后，代入式(1-3)即可得到拟合直线，然后按式(1-4)求出误差的最大值 Δi_{max} 即为非线性误差。最小二乘法有严格的数学依据，具有统计学意义，尽管计算繁杂，但所得到的拟合直线精度高，误差小。

顺便指出，大多数传感器的校正曲线是通过零点的，或者使用“零点调节”使它通过零点。对于某些量程下限不为零的传感器，也应将量程下限作为零点来处理。

二、迟滞(hysteresis)

传感器在正(输入量增大)反(输入量减小)行程中输出与输入曲线不重合称为迟滞。迟滞特性如图 1-2 所示。迟滞大小一般由实验方法测得。迟滞误差一般以满量程输出的百分数表示，即

$$\gamma_H=\pm\frac{1}{2}\frac{\Delta H_{max}}{y_{FS}}\times100\% \tag{1-9}$$

式中：ΔH_{max}——正反行程间输出的最大差值。

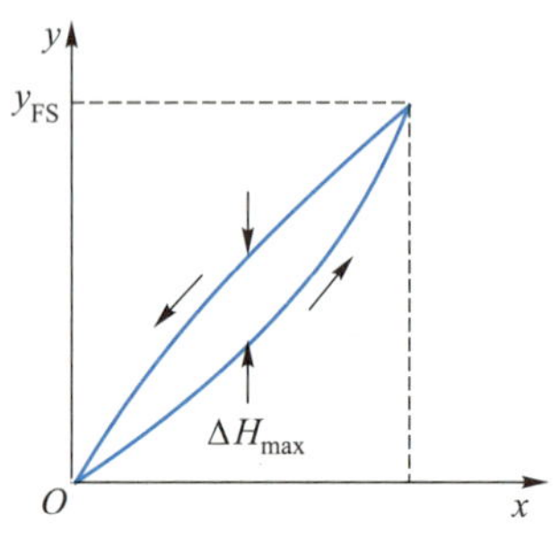

图 1-2 迟滞特性

三、重复性(repeatability)

重复性是指传感器在输入端按全量程同一方向做连续多次变动所得特性曲

线不一致的程度，它是表征传感器随机误差的指标。

图 1-3 所示为校正曲线的重复特性，正行程的最大重复性偏差为 ΔR_{max1}，反行程的最大重复性偏差为 ΔR_{max2}。重复性误差取这两个最大偏差中之较大者 ΔR_{max}，再除以满量程输出 y_{FS}，用百分数表示，即

$$\gamma_R = \pm\frac{\Delta R_{max}}{y_{FS}}\times 100\% \tag{1-10}$$

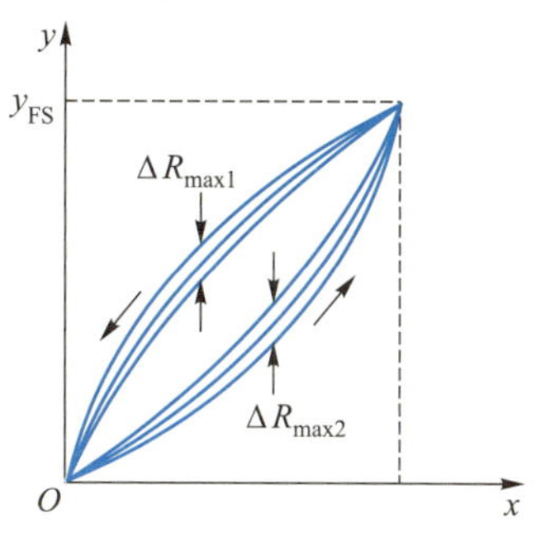

图 1-3 校正曲线的重复特性

重复性误差也常用绝对误差来表示。检测时也可选取几个测试点，对应每一点多次从同一方向接近，获得输出值系列 $y_{i1}, y_{i2}, y_{i3}, \cdots, y_{in}$，计算出最大值与最小值之差作为重复性偏差 ΔR_i，在几个 ΔR_i 中取出最大值 ΔR_{max} 作为重复性误差。

提示：重复性误差与偶然误差（随机误差）一样，只能通过统计学方法减小，无法完全消除。

四、灵敏度与灵敏度误差（sensitivity and sensitivity error）

传感器输出的变化量 Δy 与输入变化量 Δx 之比 k 为传感器的静态灵敏度，其表达式为

$$k=\frac{\Delta y}{\Delta x} \tag{1-11}$$

由此可见，传感器校准曲线的斜率就是其灵敏度，线性传感器的斜率处处相同，灵敏度 k 是一常数。以拟合直线作为其特性的传感器，也可认为其灵敏度为一常数，与输入量的大小无关。

由于种种原因，会引起灵敏度变化 Δk，产生灵敏度误差。灵敏度误差用相对误差 γ_S 来表示

$$\gamma_S=\frac{\Delta k}{k}\times 100\% \tag{1-12}$$

五、分辨率与阈值（resolution and threshold）

分辨率是指传感器能检测到的最小输入增量。有些传感器，如线绕形式的电位器式传感器，当输入量连续变化时，输出量只做阶梯变化，则分辨率就是输出量的每一个“阶梯”所代表的输入量的大小。

分辨率可用绝对值表示，也可用与满量程的百分数表示。

在传感器输入零点附近的分辨率称为阈值。

六、稳定性（stability）

稳定性是指传感器在长时间工作情况下输出量发生的变化。有时称为长时间工作稳定性或零点漂移。前后两次输出之差即为稳定性误差。稳定性误差可用相对误差表示，也可用绝对误差表示。

七、温度稳定性(temperature stability)

温度稳定性又称为温度漂移。它是指传感器在外界温度变化情况下输出量发生的变化。测试时先将传感器置于一定温度(如 20 ℃)下，将其输出调至零点或某一特定点，使温度上升或下降一定的度数(如 5 ℃或 10 ℃)，再读取输出值，前后两次输出之差即为温度稳定性误差。温度稳定性误差用每若干摄氏度的绝对误差或相对误差表示，每摄氏度的误差又称为温度误差系数。

八、多种抗干扰能力(disturbance rejection capability)

多种抗干扰能力是指传感器对各种外界干扰的抵抗能力。例如抗冲击和振动的能力、抗潮湿的能力、抗电磁场干扰的能力等，评价这些能力比较复杂，一般也不易给出数量概念，需要具体问题具体分析。

九、静态误差(static error)

静态误差是指传感器在其全量程内任一点的输出值与其理论输出值的偏离程度。

静态误差的求取方法：把全部校准数据与拟合直线上对应值的残差看成随机分布，求出其标准偏差 σ，即

$$\sigma=\sqrt{\frac{1}{n-1}\sum_{i=1}^{n}(\Delta y_i)^2} \tag{1-13}$$

式中：Δy_i——各测试点的残差；

n——测试点数。

取 2σ 或 3σ 值即为传感器的静态误差。静态误差也可用相对误差表示，即

$$\gamma=\pm\frac{3\sigma}{y_{FS}}\times100\% \tag{1-14}$$

静态误差是一项综合性指标，基本上包含了前面叙述的非线性误差、迟滞误差、重复性误差、灵敏度误差等，确定各部分误差相互独立，所以也可以把这几个单项误差综合而得，即

$$\delta=\pm\sqrt{\gamma_L^2+\gamma_H^2+\gamma_R^2+\gamma_S^2} \tag{1-15}$$

1.2 传感器的动态特性

实际中大量的被测信号是动态信号，这时传感器的输出能否很好地追随输入量的变化是一个很重要的指标。有的传感器尽管其静态特性非常好，但不能很好地追随输入量的快速变化而导致严重误差。这种动态误差若不注意控制，可以产生高达百分之几十甚至几百的误差，这就要求我们认真注意传感器的动

态响应特性。

研究动态特性可以从时域和频域两个方面分别采用瞬态响应法和频率响应法来分析。尽管输入信号的时间函数形式是多种多样的，但在时域内当研究传感器的响应特性时，为方便考虑，仅能研究几种特定的输入时间函数的响应特性，如阶跃函数、脉冲函数和斜坡函数等。当研究频域内动态特性时，可以采用正弦信号发生器和精密测量设备，从而很方便地得到频率响应特性。动态特性好的传感器应具有很短的瞬态响应时间或者很宽的频率响应带宽。

当研究传感器的动态特性时，为了便于比较和评价，经常采用的输入信号为单位阶跃输入量和正弦输入量。传感器的动态特性分析和动态标定也常采用这两种标准输入信号。

1.2.1 动态特性的数学描述

大多数传感器都是线性的或在一定范围内被认为是线性的系统。在分析线性系统的动态响应特性时，可以用数学方法来描述。

用解析法求解线性系统对激励的响应包括两个步骤：一是建立描述该系统的数学方程；二是求满足初始条件的解。将输出量与输入量联系起来的方程是微分方程，是基本的数学方程，具有集总参数的线性系统可用有限阶的线性常系数微分方程来描述，一般写作

$$a_n\frac{\mathrm{d}^n y}{\mathrm{d}t^n}+a_{n-1}\frac{\mathrm{d}^{n-1} y}{\mathrm{d}t^{n-1}}+\cdots+a_1\frac{\mathrm{d}y}{\mathrm{d}t}+a_0 y=b_m\frac{\mathrm{d}^m x}{\mathrm{d}t^m}+b_{m-1}\frac{\mathrm{d}^{m-1} x}{\mathrm{d}t^{m-1}}+\cdots+b_1\frac{\mathrm{d}x}{\mathrm{d}t}+b_0 x \qquad (1-16)$$

其算子形式为

$$(a_nP^n+a_{n-1}P^{n-1}+\cdots+a_1P+a_0)y=(b_mP^m+b_{m-1}P^{m-1}+\cdots+b_1P+b_0)x \qquad (1-17)$$

则有

$$y=\frac{b_mP^m+b_{m-1}P_{m-1}+\cdots+b_1P+b_0}{a_nP^n+a_{n-1}P^{n-1}+\cdots+a_1P+a_0}x \qquad (1-18)$$

式中：y——输出量的时间函数；

x——输入量的时间函数；

$a_0a_1\cdots a_{n-1}a_n, b_0b_1\cdots b_{m-1}b_m$——常数；

P——微分算子。

上述非齐次常微分方程可用经典的算子法求解，方程的解由通解 y_1 和特解 y_2 两部分组成，即

$$y=y_1+y_2$$

由特征方程 $a_nP^n+a_{n-1}P^{n-1}+\cdots+a_1P+a_0=0$ 可以求出通解。一般情况下它的通解由下面可能出现的几项之和组成。

(1) 若特征方程的根中有一个不重复的单根 γ_i，则给出一项式形如 $C_1\exp(\gamma_i x)$ 的通解。

(2) 若特征方程的根中有一对互不重复的复根 $\gamma_1=a+\mathrm{j}\beta$、$\gamma_2=a-\mathrm{j}\beta$，则给出两项式形如 $\mathrm{e}^{ax}(C_1\cos\beta x+C_2\sin\beta x)$ 的通解。

（3）若特征方程的根中有 k 个相等的重实数根 $\gamma_1=\gamma_2=\cdots=\gamma_k=\gamma$，则给出 k 项式形如 $e^{rx}(C_1+C_2x+C_3x^2+\cdots+C_kx^{k-1})$ 的通解。

（4）若特征方程的根中有 m 对相等的重复根 $a+j\beta$、$a-j\beta$，则给出 $2m$ 项式形如 $e^{ar}\ [(E_1+E_2x+E_3x^2+\cdots+E_mx^{m-1})\cos\beta x+(D_1+D_2x+D_3x^2+\cdots+D_mx^{m-1})\sin\beta x]$ 的通解。

例如：特征方程有 p 个重根 γ，$n-p$ 个单实根，其通解为

$$y_p=(C_1+C_2t+\cdots+C_pt^{p-1})\exp(\gamma t)+C_{p+1}\exp(\gamma_{p+1}t)+C_{p+2}\exp(\gamma_{p+2}t)+\cdots+C_n\exp(\gamma_nt)$$

具有 m 对 $a\pm j\beta$ 的重复根，$n-2m$ 个单实根，其通解为

$$y=\exp(\alpha t)\cdot[(E_1+E_2t+\cdots+E_mt^{m-1})\cos\beta t+(D_1+D_2t+\cdots+D_mt^{m-1})\sin\beta t]+C_{2m+1}\exp(\gamma_{2m+1}t)+\cdots+C_n\exp(\gamma_nt)$$

求出通解之后，再用逐次积分法或待定系数法求出特解，然后根据初始条件确定微分方程全解的各项系数。

微分方程的通解是系统的瞬态响应，完全决定于系统内各零件的类型、参数和连接方式，而特解是系统的稳态响应，它不仅与系统本身有关，而且与激励有关。这两个解都有明确的物理意义。

对于许多激励函数，用经典法容易解出输出响应，然而对某些较一般的激励函数，当函数或其导数具有不连续间断点时，用经典法求解比较困难，需要求助于拉普拉斯变换（简称拉氏变换）。采用拉氏变换求解非常方便，它将使运算简化。经典解法也很重要，这不仅在于应用变换法失效时它是最后可依赖的方法，而且也有助于理解微分方程及其解的瞬态和稳态性质。

1.2.2 线性系统的传递函数

若系统是线性常微分系统，当初始条件为零时，系统输出量的拉氏变换 $Y(s)$ 与输入量的拉氏变换 $X(s)$ 之比，用 $G(s)$ 表示

$$G(s)=\frac{Y(s)}{X(s)}=\frac{b_ms^m+b_{m-1}s^{m-1}+\cdots+b_1s+b_0}{a_ns^n+a_{n-1}s^{n-1}+\cdots+a_1s+a_0} \tag{1-19}$$

也就是在微分方程或微分-积分方程中用 s 代替微分运算，用 $1/s$ 代替积分运算，并且不考虑初始条件，就可以得到系统的传递函数。

用拉氏变换表示的二端口网络如图 1-4(a)所示。

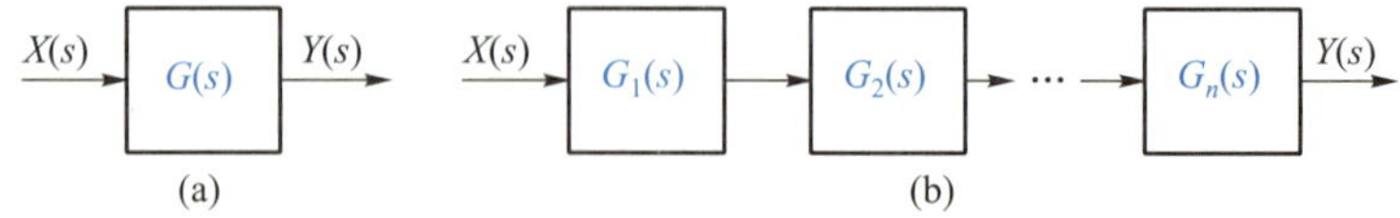

图 1-4 二端口网络图

若将传递函数的分子和分母多项式写成因子乘积的形式，即

$$G(s)=\frac{b_m(s+B_1)(s+B_2)\cdots(s+B_m)}{a_n(s+A_1)(s+A_2)\cdots(s+A_n)}$$

则一个复杂的高阶传递函数可以看作是若干简单的低阶(一阶、二阶)传递函数的乘积。这时可以把复杂的网络看成若干低阶的、简单网络的级联，如图1-4(b)所示。但这时应注意网络间相连接时，并未考虑后级对前级的影响。以电路网络为例，网络间无负载效应，即前级网络输出阻抗为零或后级输入阻抗为无限大。

在分析一个复杂的测试系统时，总是先分析每个单元环节的传递函数、响应特性，然后再分析总的传递函数、总的响应特性。当总的响应特性不能满足要求时，应从总的响应特性要求出发，提出对每个环节的要求，或增减一些环节以期得到设计要求的响应特性。

1.2.3 传感器的动态特性指标

尽管大部分传感器的动态特性可以近似地用一阶系统或二阶系统来描述，但这仅仅是近似的描述而已。实际的传感器往往比这种简化的数学描述(数学模型)要复杂。因此动态响应特性一般并不能直接给出其微分方程，而是通过实验给出传感器与阶跃响应曲线和幅频特性曲线上的某些特征值来表示仪器的动态响应特性。

一、与阶跃响应有关的指标

图1-5是两条典型的阶跃响应曲线，一条近似于一阶系统的阶跃响应(点画线)，另一条近似于二阶系统的阶跃响应(实线)，与这两种阶跃响应有关的动态响应指标有：

时间常数 τ 凡是能近似用一阶系统描述的传感器(如测温传感器)，一般用阶跃响应曲线由零上升到稳态值的63.2%所需的时间作为时间常数。这种方法的缺点是曲线的起点往往难以准确判断。

上升时间 T_r 通常是指阶跃响应由稳态值的10%上升到90%的时间，有时也采用其他百分数，要注意其具体定义。

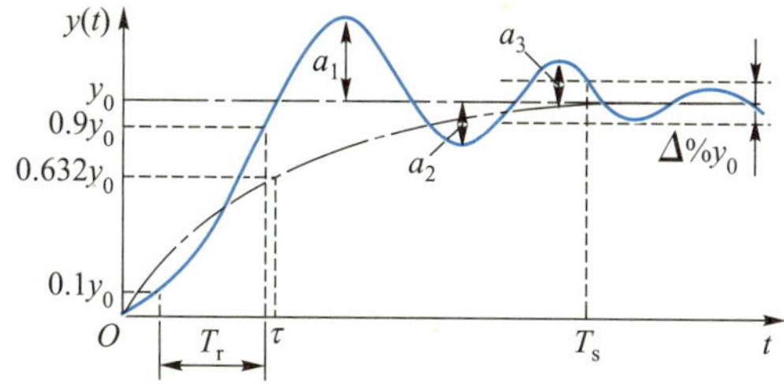

图1-5 两条典型的阶跃响应曲线

建立时间 T_s 表示传感器建立起一个足够精确的稳态响应所需的时间。一般在稳态响应值 y_0 的上下规定一个±Δ%的公差带，当响应曲线从开始到全部进入这个公差带的瞬间就是建立时间 T_s。为了明确起见，往往说“百分之Δ建立时间”，对于理想的一阶系统来讲，5%的建立时间 $T_s=3\tau$。对于理想的二阶系统，当阻尼比 $\xi=0.6$ 时，10%的建立时间 $T_s=0.38T_n$(T_n 为固有周期)。

上述表示响应快慢的三个“时间”通常根据情况给出其中之一。

过冲量 a_1 阶跃响应曲线第一次超过稳态值的峰高，即 $a_1=y_{max}-y_0$。显然过冲量越小越好。

衰减率 ψ 相邻两个波峰（或波谷）高度下降的百分数，即

$$\psi=\frac{a_n-a_{n+2}}{a_n}\times 100\%$$

衰减比 δ 相邻两个波峰（或波谷）高度的比值，即 $\delta=\frac{a_n}{a_{n+2}}$。

对数缩减 σ 衰减比的自然对数值，$\sigma=\ln\delta$。对于二阶系统可以证明阻尼比 ξ 与对数缩减 σ 的关系为

$$\xi=\frac{\sigma}{\sqrt{\sigma^2+(4\pi)^2}}$$

上述三个表示振荡衰减快慢的特征量，传感器数据手册一般是不给的，或者仅给出其中某一个。

二、与频率响应特性有关的指标

由于相频特性与幅频特性之间有着一定的内在关系。通常在表示传感器的动态特性时，主要用幅频特性，图 1-6 所示的是一个典型的对数幅频特性曲线。

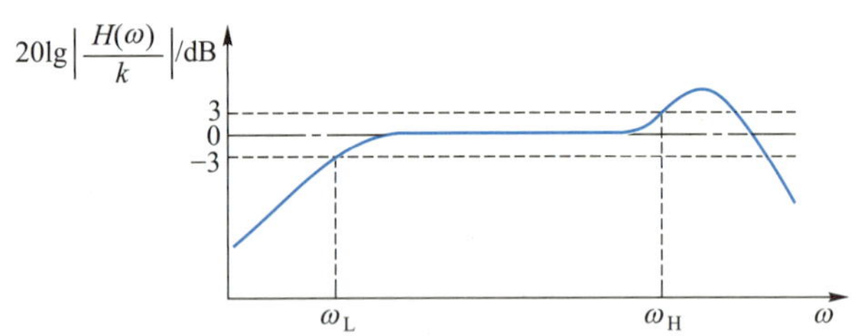

图 1-6 对数幅频特性曲线

图 1-6 中，0 dB 的水平线是理想的零阶（比例）系统的幅频特性。因为 $H(\omega)=k$，故 $20\lg H(\omega)/k=0$ [dB]。如果某传感器的幅频特性曲线偏离理想直线，但还不超过某个允许的公差带，则仍然认为是可用的范围。在声学和电学仪器中往往规定±3 dB 的公差带，这相当于 $H(\omega)/k=0.707\sim1.414$。而对传感器来讲，应根据所需的测量精度来定公差带。幅频特性曲线超出公差带处所对应的频率分别称为下截止频率 ω_L 和上截止频率 ω_H。而这个频率区间 $(\omega_L-\omega_H)$ 称为传感器的频响范围或者称为通频带或频带。如果下截止频率为零，则对应直流（DC）。

在选择频率响应范围时应使被测信号的有用谐波频率都在这个范围之内。

对于可以较好地用一阶系统加以描述的传感器（如测温传感器），只给出其时间常数 τ，幅频特性可以根据一阶系统的频率响应关系推算。例如，3 dB 的上截止频率 $\omega_H=1/\tau$。

对于可以用二阶系统很好描述的传感器(如加速度计、测压传感器)，有时只给出固有频率 ω_n，而不再给出有关频率响应特性的其他指标。

1.2.4 动态响应分析的基本方法

一、瞬态响应的分析方法

提示：

这里，传感器在数学上被抽象为具有单输入、单输出结构的二端网络。

用拉氏变换分析线性系统的响应时，需要进行下面四个步骤：

(1) 建立网络的传递函数 $G(s)$。

(2) 求输入量(激励)的拉氏变换，即输入的象函数

$$\mathscr{L}[x(t)]=X(s)=X_i(s)+X(0)$$

输入函数的拉氏变换是由输入函数的拉氏变换 $X_i(s)$ 和与激励无关的初始条件提供的$X(0)$组成。例如，电容 C 上初始电荷 $Q(0_+)$ 提供的$\dfrac{Q(0_+)}{C}$，电感 L 中初始电流 $i(0_+)$ 提供的 $sLi(0_+)$。当分析瞬态响应时，经常以单位阶跃激励作输入量，并且在初始条件为零的情况下分析各网络的响应特性，以便在各种测量设备间进行响应特性的比较，因此令 $X(0)=0$。

单位阶跃输入的时间函数为

$$x(t)=1(t)=\begin{cases}0, & t<0\\ 1, & t>0\end{cases}$$

其拉氏变换为

$$X(s)=\mathscr{L}[1(t)]=\frac{1}{s}$$

(3) 由变换函数和输入的拉氏变换可求输出响应的拉氏变换，即输出象函数

$$Y(s)=G(s)\cdot X(s)$$

当输入为单位阶跃函数时，则

$$Y(s)=G(s)\frac{1}{s}$$

(4) 对响应的象函数求原函数，即进行拉氏反变换，可得到输出的时间函数。

$$y(t)=\mathscr{L}^{-1}[G(s)\cdot X(s)]$$

二、正弦激励下的稳态频率响应

当测量系统的输入为正弦信号 $x(t)=X_m\sin\omega t$ 时，无论它是电量还是非电量，从数学角度看都是一样的。加入输入量后，由于存在瞬态响应，开始时输出并不是纯正弦波，当瞬态响应逐渐衰减直至消失后(理论上需要无限长时间)，输出只存在稳态正弦量 $y(t)=Y_m\sin(\omega t+\phi)$，它与输入信号的频率相同，但幅值和相移都是频率的函数，这就是网络反映出来的频率响应特性。

一般用输出量对输入量的幅值比与频率的关系表示幅频特性，$G(\omega)=Y_m(\omega)/X_m(\omega)$，输出量与输入量间的相位差角与频率的关系表示相频特性。通常横坐标为频率的对数，即 $\lg\omega$ 或 $\lg f$，而纵坐标分别为幅值比的分贝数 [即$20\lg G(\omega)$] 和输出超前输入的相位角度或弧度，如图 1-7 所示。

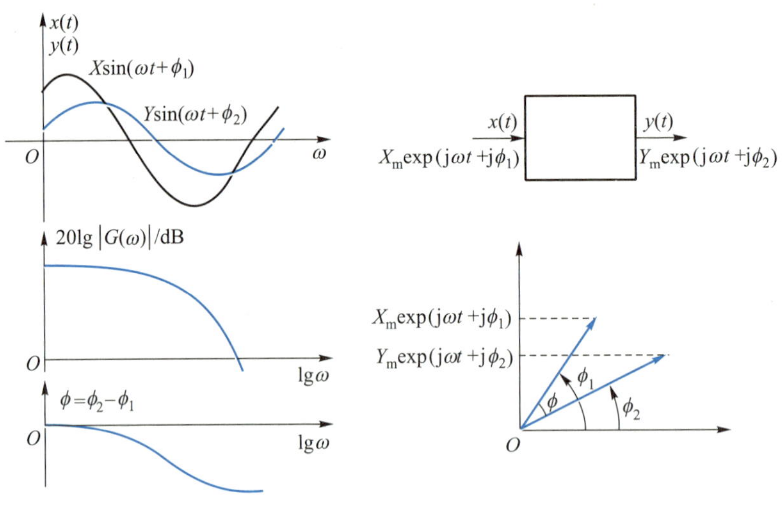

图 1-7 频率响应特性曲线图

为分析正弦稳态下的幅频特性和相频特性，只要将传递函数中的 s 用 $\mathrm{j}\omega$ 代入即可得到复数传递函数

$$G(\mathrm{j}\omega)=\frac{b_m(\mathrm{j}\omega)^m+b_{m-1}(\mathrm{j}\omega)^{m-1}+\cdots+b_1\mathrm{j}\omega+b_0}{a_n(\mathrm{j}\omega)^n+a_{n-1}(\mathrm{j}\omega)^{n-1}+\cdots+a_1\mathrm{j}\omega+a_0}=|G(\mathrm{j}\omega)|\mathrm{e}^{\mathrm{j}\phi(\omega)}$$

它等于输出信号和输入信号的复数比，即

$$G(\mathrm{j}\omega)=\frac{Y}{X}=\frac{Y_m}{X_m}\exp[\mathrm{j}\phi(\omega)]$$

显而易见，输出与输入信号的幅值比为复数传递函数的模，而相位差为复数传递函数的辐角。模和辐角均是频率的函数，它们正是网络的幅频特性和相频特性。输出量的时间函数可写作

$$y(t)=|G(\mathrm{j}\omega)|X_m\sin[\omega t+\phi(\omega)]$$

由于许多传感器和电路(如交流放大器、压力传感器、振子等)具有惯性，其输出量的幅值随频率增加而下降，尽管发生谐振时局部会出现谐振峰，但总的趋势是输出幅值随频率上升而下降。而输出的相位也是滞后于输入相位，如图 1-8(a)所示。如果把传感器的动态误差看作输出过程 $y(t)$ 与输入过程 $x(t)$ 在同一时刻瞬时值之差 Δ，就同时考虑了幅频特性和相频特性两项误差因素，即动态误差是由复数 $G(\mathrm{j}\omega)$ 决定的。但大多数情况下并不要求输出 $y(t)$ 同时再现输入 $x(t)$ 的波形，而是允许输出 $y(t)$ 延迟一段时间 t_p。当正弦输入时，可以不考虑延迟或人为地将延迟时间移回来再与输入信号 $x(t)$ 比较，这时的动态误差就完全由模 $|G(\mathrm{j}\omega)|$ 决定，如图1-8(b)所示。当非正弦输入

时，已经延迟的输出 $y(t)$ 能否再现输入的波形取决于两个条件：一是网络具有平坦的幅频特性，为了保证输出波形不产生畸变，只有平坦的幅频特性才能使输出中各次谐波的幅值比例关系与输入信号的各次谐波幅值比例关系相同；二是要有与频率成线性相移的相频特性。各次谐波的延迟时间应为 $t_{pn}=\phi_n/\omega_n$，只有输出的各次谐波保持相同的延迟时间才能再现输入波形，这就需要保持比值 ϕ_n/ω_n 恒定。只有当相位移 ϕ_n 与 ω_n 是正比关系的线性相频特性时才有可能。具有这两个条件的网络，尽管输出波形延迟一段时间，但可以重复原输入波形，这时可认为没有动态误差。

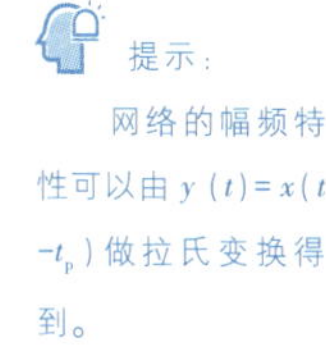

网络的幅频特性可以由 $y(t)=x(t-t_p)$ 做拉氏变换得到。

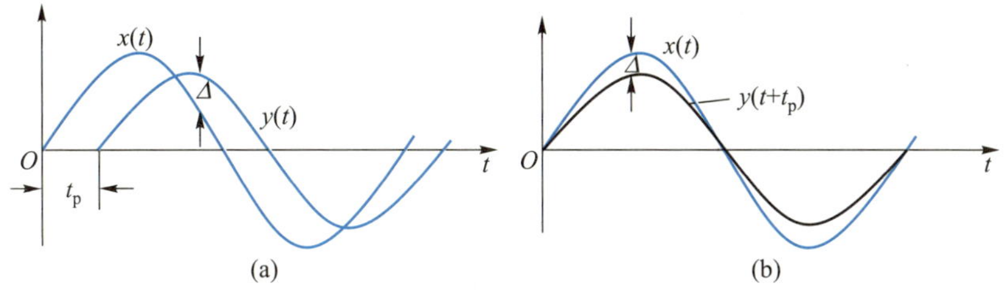

图 1-8 输入-输出关系曲线图

当然，在某些只需要测量有效值的场合，所关心的只是输出 $y(t)$ 的有效值能否正确反映输入 $x(t)$ 的有效值，这时就可以不必考虑输出波形因相移造成的波形畸变，只要求具有平坦的幅频特性以保持各次谐波的比例关系不变就够了。这是因为有效值与各次谐波间的相位关系无关，只取决于其幅值比例关系的缘故。

1.2.5 典型环节的动态响应特性

一、一阶(惯性)系统的动态响应

凡是输入与输出信号之间的关系用下列一阶常微分方程描述的传感器为一阶系统(或环节)

$$a_1\frac{\mathrm{d}y}{\mathrm{d}t}+a_0y=b_0x \tag{1-20}$$

将式(1-20)改成下式

$$(a_1P+a_0)y=b_0x$$

再改写为

$$(\tau P+1)y=kx \tag{1-21}$$

其中：$\tau=a_1/a_0$ 是时间常数；$k=b_0/a_0$ 是系统的静态灵敏度。

对式(1-21)两边做拉氏变换(假设其起始条件为零)，可得其传递函数

$$G(s)=\frac{Y(s)}{X(s)}=\frac{k}{\tau s+1}=\frac{k/\tau}{s+\frac{1}{\tau}} \tag{1-22}$$

1. 一阶系统的零输入响应

输入信号 $x=x(t)$ 为零的输出称为零输入响应，即下列齐次方程的解

$$\tau\frac{dy}{dt}+y=0 \tag{1-23}$$

设其解的形式为 $y_1=e^{Pt}$，代入上式得特征方程 $\tau P+1=0$，即

$$P=-1/\tau \tag{1-24}$$

故其零输入响应(余函数)为

$$y_1=C_1 e^{-t/\tau} \tag{1-25}$$

其中：常数 C_1 由初始条件 $y_0=y(0)$ 决定，不难看出，$C_1=y_0$。

2. 一阶系统的冲激响应(权函数)

在 $t=0$ 时突然出现又突然消失的信号，若加以理想化可用下列冲激函数(δ 函数)表示，即

$$\delta(t)=\begin{cases}\infty, & (t=0)\\ 0, & (t\neq 0)\end{cases}$$

且

$$\int_{-\infty}^{\infty}\delta(t)\,dt=A$$

如果 $A=1$ 则为单位冲激函数。如果用单位冲激函数作用于起始静止的传感器，其输出称为冲激响应，数学上一阶系统的冲激响应 y_δ 为下列方程的零状态响应，即

$$(\tau P+1)y_\delta=k\delta(t) \tag{1-26}$$

如果将系统由 $t=0$ 到 $t=0_+$ 的变化作为“起始条件”，由 $t=0_+$ 开始对上述方程求解，则可以改为对下式求解

$$(\tau P+1)y_\delta=0$$

显然这与式(1-23)是形式相同的齐次方程，其解的形式也一样，即

$$y_\delta=C_\delta e^{-t/\tau}$$

其中：常数 C_δ 由 $t=0_+$ 时的“初始条件”决定。通常将冲激响应 $y_\delta(t)$ 记为 $h(t)$，称为系统的权函数。可以证明，输入信号为任意函数 $x(t)$ 时，系统的零状态响应为

$$y_2=\int_0^t h(t)x(t-\xi)\,d\xi=h(t)*x(t)$$

其中：$*$ 号表示卷积，其定义已如上式所示。

至于 C_δ 的求法，可以将式(1-26)两边都由 $t=0$ 到 $t=0_+$ 积分，即得 $C_\delta=k/\tau$，故得一阶系统的冲激响应(权函数)为

$$h(t)=y_\delta(t)=\frac{k}{\tau}e^{-t/\tau} \tag{1-27}$$

其响应曲线如图 1-9 所示。

由图 1-9 可知，在冲激信号出现的瞬间(即 $t=0$)响应函数也突然跃升，其幅度与 k 成正比，与时间常数 τ 成反比，在 $t>0$ 时做指数衰减，τ 越小衰减越快，响应的波形也越接近冲激信号。

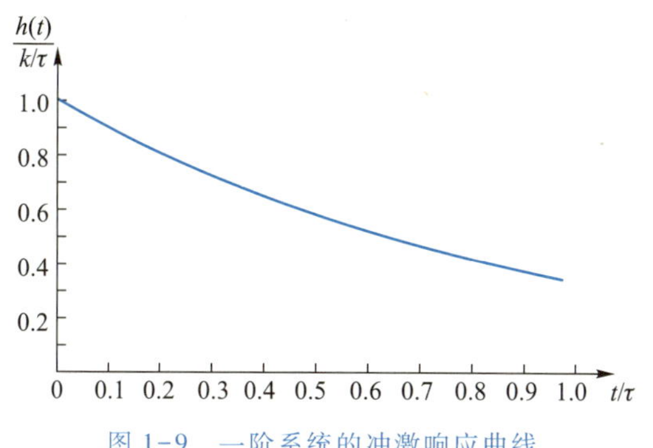

图 1-9 一阶系统的冲激响应曲线

3. 一阶系统的阶跃响应

一个初始静止的传感器若输入为一个单位阶跃信号

$$u(t)=\begin{cases}0, & t<0\\ 1, & t>0\end{cases}$$

则其输出信号称为阶跃响应 y_u，在数学上即为下列方程的零状态响应，即

$$(\tau P+1)y_u=ku(t)$$

不难证明其解为

$$y_u=k(1-e^{-t/\tau}) \tag{1-28}$$

其响应曲线如图 1-10 所示。

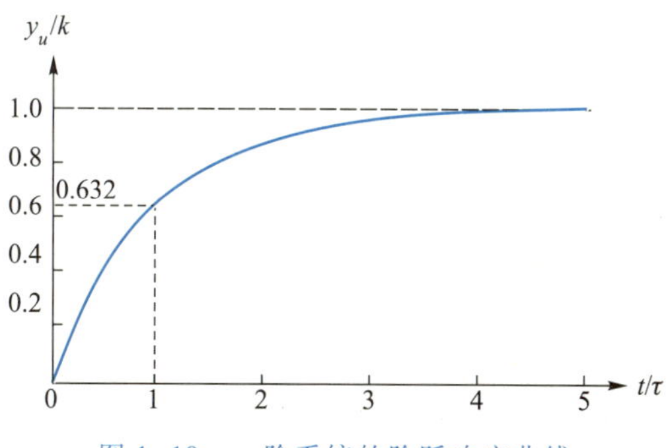

图 1-10 一阶系统的阶跃响应曲线

根据式(1-28)和图 1-10 可知，稳态响应是输入阶跃值的 k 倍，瞬态响应是指数函数，总的响应要待到 $t\to\infty$ 时才能达到最终的稳态值。当 $t=\tau$ 时，$y(\tau)=k(1-e^{-1})=0.632k$，即达到稳态值的 63.2%。由此可知，$\tau$ 越小，响应曲线越接近阶跃曲线，所以时间常数 τ 是反映一阶系统动态响应优劣的关键参数。

4. 一阶系统的频率响应特性

正弦信号是一种最典型的周期信号，在物理上比较容易实现，因此在工程上是应用最广泛、最重要的一种信号。将幅度相等的各种频率正弦信号输入传感器，其输出信号(也是正弦)的幅度及相位与频率之间的关系就称为频率响应特性。频率响应可由频率响应函数表示，它由幅-频和相-频特性组成。在数学上就是通过求解下列微分方程的零状态响应，并根据其随频率(或角频率)变化的规律来研究频率响应特性，即

$$(\tau P+1)y=k\sin\omega t$$

零状态响应为

$$y=|G(j\omega)|\sin(\omega t+\phi)$$

其中，幅频特性

$$|G(j\omega)|=\frac{k}{\sqrt{\omega^2\tau^2+1}}$$

相频特性

$$\phi(\omega)=-\arctan(\omega\tau)$$

顺便提一下，幅频$|G(j\omega)|$就是权函数的傅里叶积分$G(j\omega)$(称为复频率特性)的模，相频特性则为$G(j\omega)$的辐角，而在形式上$G(j\omega)$可以由传递函数$G(s)$将s改写为$j\omega$而得到。将$|G(j\omega)|$和$\phi(\omega)$绘成曲线如图1-11所示。图1-11中，幅频特性的纵坐标采用分贝值，其定义已标在图中。横坐标也是对数坐标，但直接标注ω值。这种图又称为波特(Bode)图。

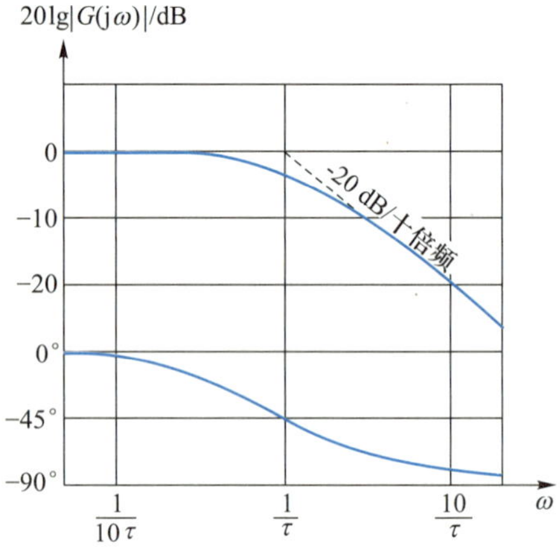

图1-11　一阶系统波特图

由图1-11可知，一阶系统只有在$\omega\tau$值很小时才近似于零阶系统的特性(即$|G(j\omega)|=k$，$\phi(\omega)=0$)。当$\omega\tau=1$时，传感器的灵敏度下降了3 dB(即$|G(j\omega)|=0.707k$)。如果取灵敏度下降到3 dB时的频率为工作频带的上限，则一阶系统的上截止频率为$\omega_H=1/\tau$，所以时间常数τ越小，则工作频带越宽。

综上所述，用一阶系统描述的传感器，其动态响应特性的优劣也主要取决于时间常数τ，τ越小性能越好，因为阶跃响应的上升过程快，频率响应的上截止频率高。

二、二阶(振荡)系统的动态响应

相当多的传感器，如测压力和加速度的传感器等都可以近似地看成是二阶系统，可以用下列二阶常微分方程描述其输入输出信号之间的动态关系

$$a_2\frac{d^2y}{dt^2}+a_1\frac{dy}{dt}+a_0y=b_0x \tag{1-29}$$

将式(1-29)写成

$$a_2P^2+a_1P+a_0y=b_0x$$

再改写成

$$\left(\frac{1}{\omega_n^2}P^2+\frac{2\xi}{\omega_n}P+1\right)y=kx \tag{1-30}$$

其中，$k=b_0/a_0$ 为静态灵敏度；$\omega_n=\sqrt{a_0/a_2}$ 为无阻尼固有频率；$\xi=a_1/2\sqrt{a_0a_2}$ 为阻尼比。

在零初始条件下，将式(1-30)两边都做拉氏变换，可得到二阶系统的传递函数为

$$G(s)=\frac{Y(s)}{X(s)}=\frac{k\omega_n^2}{s^2+2\xi\omega_n s+\omega_n^2} \tag{1-31}$$

1. 二阶系统的零输入响应

当输入信号为零时，二阶系统由于初始条件而形成的输出零输入响应，即下列齐次方程的解

$$\left(\frac{1}{\omega_n^2}P^2+\frac{2\xi}{\omega_n}P+1\right)y_1=0 \tag{1-32}$$

设其解的形式为 $y_1=e^{N}$，代入上式得特征方程为

$$\frac{P^2}{\omega_n^2}+\frac{2\xi}{\omega_n}P+1=0 \tag{1-33}$$

故得

$$P=\omega_n(-\xi\pm\sqrt{\xi^2-1})$$

若 $\xi>1$，则 P 得两个相异实根，解为

$$y_1=C_1e^{-(\xi+\sqrt{\xi^2-1})\omega_n t}+C_2e^{-(\xi-\sqrt{\xi^2-1})\omega_n t} \tag{1-34}$$

若 $\xi=1$，则 P 得重根，解为

$$y_1=C_1e^{-\xi\omega_n t}+C_2te^{-\xi\omega_n t} \tag{1-35}$$

若 $\xi<1$，则 P 得一对共轭复根，解为

$$y_1=Ce^{-\xi\omega_n t}\sin(\sqrt{1-\xi^2}\,\omega_n t+\phi) \tag{1-36}$$

由此可知，当 $\xi\geqslant1$ 时，由于阻尼作用较强，因此零状态响应不呈现出振荡现象。而当$\xi<1$ 时，由于阻尼弱，因此呈现为衰减振荡。振荡的频率为 $\sqrt{1-\xi^2}\,\omega_n$，称为有阻尼固有频率，它与外界信号无关，而只决定于系统本身的参数。当没有阻尼时($\xi=0$)，振荡频率为无阻尼固有频率 ω_n，而且永不衰减(实际上不可能)。

零输入响应公式中的常数 C_1、C_2、C、ϕ 等由初始条件 $y_0=y(0)$ 和 $y_0'=y'(0)$决定。

2. 二阶系统的冲激响应(权函数)

设 $t=0$ 时有一冲激函数 $\delta(t)$ 输入初始静止的二阶系统，则其输出为二阶系统的冲激响应 y_δ，即下列方程的零状态响应

$$\left(\frac{1}{\omega_n^2}P^2+\frac{2\xi}{\omega_n}P+1\right)y_\delta=k\delta(1) \tag{1-37}$$

如果将系统由 $t=0$ 到 $t=0_+$的变化作为“初始条件”，由 $t=0_+$开始对上述方程求解，则可以改为对下列齐次方程求解

$$\left(\frac{1}{\omega_n^2}P^2+\frac{2\xi}{\omega_n}P+1\right)y_\delta=0$$

显然这与式(1-32)有相同的齐次方程解，其解的形式也与式(1-34)~式(1-36)一样，只是各个常数改为由 $t=0_+$ 的“初始条件”决定。在 $\delta(t)$ 的作用下，$t=0_+$ 时的“初始条件”可以这样确定，先将式(1-37)两边由 $t=0$ 到 0_+ 积分两次，得 $y_\delta\big|_{t=0_+}=0$，再将此结果代入只积分一次的公式，则

$$\left(\frac{\mathrm{d}y_\delta}{\mathrm{d}t}\right)_{t=0_+}=k\omega_n^2$$

由此可得，当 $\xi>1$(过阻尼)时，有

$$\frac{y_\delta}{\omega_n k}=\frac{1}{2\sqrt{\xi^2-1}}\left[\mathrm{e}^{-(\xi-\sqrt{\xi^2-1})\omega_n t}-\mathrm{e}^{-(\xi+\sqrt{\xi^2-1})\omega_n t}\right]$$

当 $\xi=1$(临界阻尼)时，有

$$\frac{y_\delta}{\omega_n k}=\omega_n t\mathrm{e}^{-\omega_n t}$$

当 $\xi<1$(欠阻尼)时，有

$$\frac{y_\delta}{\omega_n k}=\frac{1}{\sqrt{1-\xi^2}}\mathrm{e}^{-\xi\omega_n t}\sin(\sqrt{1-\xi^2}\,\omega_n t)$$

相应的曲线如图 1-12 所示。

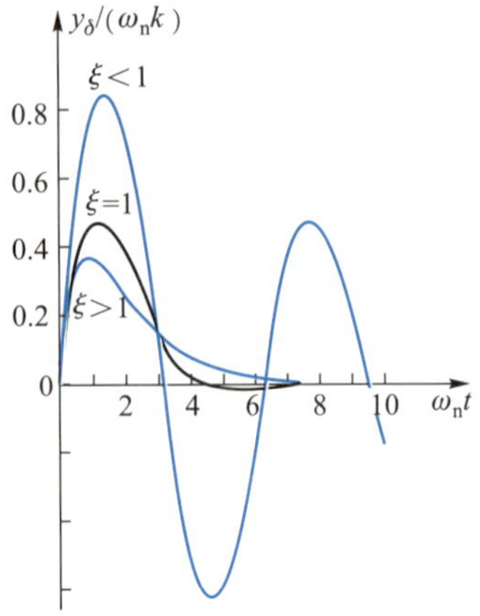

图 1-12 二阶系统的冲激响应曲线图

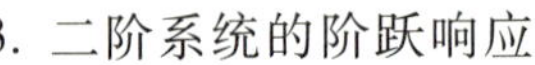

3. 二阶系统的阶跃响应

一个初始静止的二阶系统，若输入信号为单位阶跃函数 $u(t)$

$$u(t)=\begin{cases}0, & (t<0)\\ 1, & (t>0)\end{cases}$$

则其输出为下式的零状态响应，即

$$\left(\frac{1}{\omega_n^2}P^2+\frac{2\xi}{\omega_n}P+1\right)y_u=ku(t)$$

下面仍将 $t=0$ 到 $t=0_+$ 之间产生的变化作为“初始条件”，而由 $t=0_+$ 开始研究。将上式两端都对 t 再微分一次得齐次方程

$$P\left(\frac{1}{\omega_n^2}P^2+\frac{2\xi}{\omega_n}P+1\right)y_u=0 \tag{1-38}$$

上式与式(1-30)比较只多了左边一个微分算子 P，其特征方程也比式(1-33)多一个 P，即多一个 $P=0$ 的根，其相应的解也就多一项常数 C_3。各常数都由“初始条件”确定，将式(1-38)两边都由 $t=0$ 至 $t=0_+$ 积分一次和二次，即可求得“初始条件”：$y_u\big|_{t=0_+}=0$；$y_u'\big|_{t=0_+}=0$；$y_u''\big|_{t=0_+}=k\omega_n^2$。相应地可得阶跃响应如下：

当 $\xi>1$(过阻尼)时，有

$$\frac{y_u}{k}=\frac{1}{2\sqrt{\xi^2-1}(\xi+\sqrt{\xi^2-1})}\mathrm{e}^{-(\xi-\sqrt{\xi^2-1})\omega_n t}-\frac{1}{2\sqrt{\xi^2-1}(\xi-\sqrt{\xi^2-1})}\mathrm{e}^{-(\xi-\sqrt{\xi^2-1})\omega_n t}+1$$

当 $\xi=1$（临界阻尼）时，有

$$\frac{y_u}{k}=-(1+\omega_{\mathrm{n}}t)\mathrm{e}^{-\omega_{\mathrm{n}}t}+1$$

当 $\xi<1$（欠阻尼）时，有

$$\frac{y_u}{k}=-\frac{\mathrm{e}^{-\xi\omega_{\mathrm{n}}t}}{\sqrt{1-\xi^2}}\sin(\sqrt{1-\xi^2}\,\omega_{\mathrm{n}}t+\varphi)+1$$

其中 $\varphi=\arctan(\sqrt{1-\xi^2}/\xi)$。

图 1-13 给出了各种情况下的阶跃响应曲线。由图 1-13 可以得知，固有频率 ω_{n} 越高，则响应曲线上升越快。而阻尼比 ξ 越大，则过冲现象越弱，当 $\xi\geqslant1$，则完全没有过冲，也不存在振荡。在图 1-13 中稳态响应值 $y_u/(\omega_{\mathrm{n}}k)=1$ 上下取±10%的误差带，定义响应曲线进入这个误差带（再不超出）的时间为建立时间，那么当 $\xi=0.6$ 时建立时间最短，约为 $2.4/\omega_{\mathrm{n}}$，若误差带取为±5%，则 $\xi=0.7\sim0.8$ 最好。

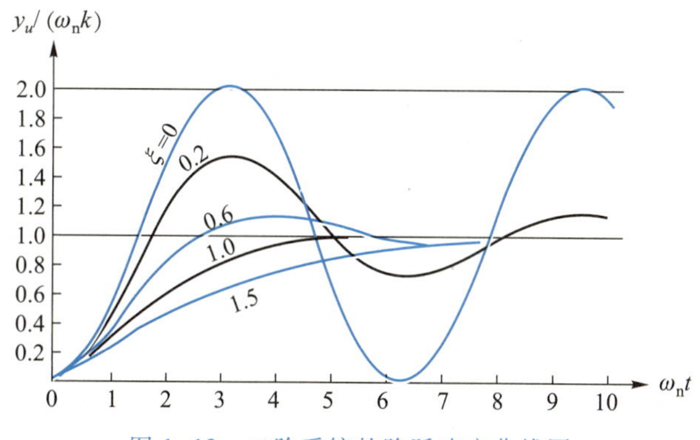

图 1-13　二阶系统的阶跃响应曲线图

4. 二阶系统的频率响应

若一个初始静止的二阶系统，其输入为单位幅值的正弦信号，则其零状态响应是下式的解

$$\left(\frac{1}{\omega_{\mathrm{n}}^2}P^2+\frac{2\xi}{\omega_{\mathrm{n}}}P+1\right)y=k\sin\,\omega t$$

其解为

$$y=|G(\mathrm{j}\omega)|\sin(\omega t+\phi)$$

其中，幅频特性

$$|G(\mathrm{j}\omega)|=\frac{k}{\sqrt{\left(1-\frac{\omega^2}{\omega_{\mathrm{n}}^2}\right)^2+\left(2\xi\frac{\omega}{\omega_{\mathrm{n}}}\right)^2}}\tag{1-39}$$

相频特性

$$\phi=\arctan\left(\frac{2\xi\omega\omega_{\mathrm{n}}}{\omega^2-\omega_{\mathrm{n}}^2}\right)\tag{1-40}$$

从式(1-39)和式(1-40)及图 1-14 的曲线图可以得到下列几个结论:

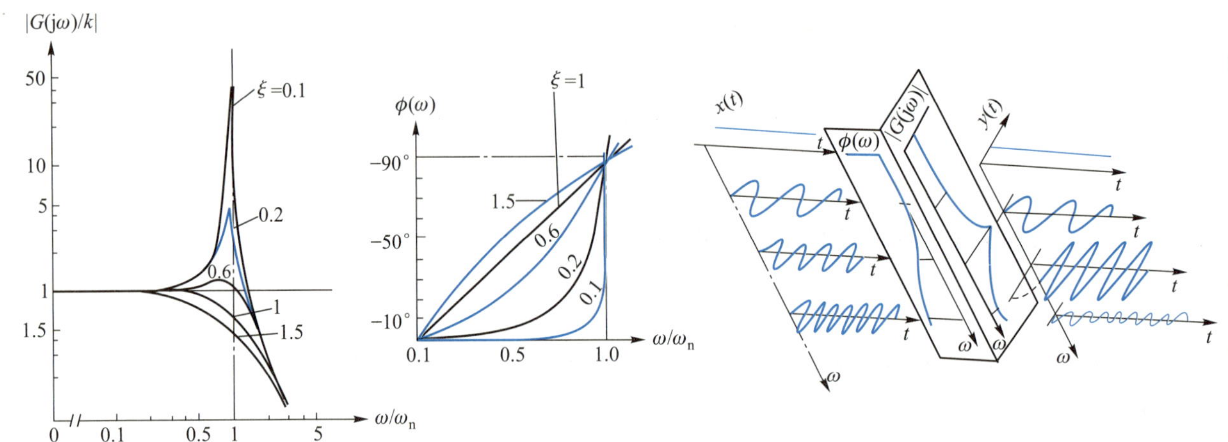

(a) 频率特性曲线图　　(b) 频率特性曲线的物理意义

图 1-14　二阶系统的频率特性曲线图及其物理意义

(1) 当 $\omega/\omega_n \leqslant 1$(即 $\omega \leqslant \omega_n$)时，$|G(j\omega)| \approx k$，$\phi(\omega) \approx 0$，即近似于理想的系统(零阶系统)。要想使工作频带加宽，最关键的是提高无阻尼固有频率 ω_n。

(2) 当 $\omega/\omega_n \to 1$(即 $\omega \to \omega_n$)时，幅频特性和相频特性都与阻尼比 ξ 有着明显关系。可以分为三种情况：

当 $\xi<1$(欠阻尼时)，$|G(j\omega)|$ 在 $\omega/\omega_n \approx 1$(即 $\omega \to \omega_n$)时，出现极大值，换句话讲就是出现共振现象；当 $\xi=0$ 时，共振频率就等于无阻尼固有频率 ω_n；当 $\xi>0$ 时，有阻尼的共振频率为 $\omega_d=\sqrt{1-2\xi^2}\,\omega_n$。值得注意的是，这与有阻尼的固有频率 $\sqrt{1-\xi^2}\,\omega_n$ 是稍有不同的，不能混为一谈。另外，$|G(j\omega)|$ 在 $\omega \to \omega_n$ 时趋近于 $-90°$。一般在 ξ 很小时，取 $\omega \leqslant \omega_n/10$ 的区域作为传感器的通频带。

当 $\xi=0.7$(最佳阻尼)时，幅频特性 $|G(j\omega)|$ 的曲线平坦段最宽，而且相频特性 $\phi(\omega)$ 接近于一条斜直线。这种条件下若取 $\omega=\omega_n/2$ 为通频带，其幅度失真不超过 2.5%，但输出曲线要比输入曲线延迟 $\Delta t=\pi/(2\omega_n)$。

当 $\xi=1$(临界阻尼)时，幅频特性曲线永远小于 1。相应地，其共振频率 $\omega_d=0$，不会出现共振现象。但因为幅频特性曲线下降太快，平坦段反而变得小了，值得注意的是临界阻尼并非最佳阻尼，不应混为一谈。

(3) 当 $\omega/\omega_n \gg 1$(即 $\omega \gg \omega_n$)时，幅频特性曲线趋于零，几乎没有响应了。

综上所述，用二阶系统描述的传感器动态特性的优劣主要取决于固有频率 ω_n 或共振频率 $\omega_d=\sqrt{1-2\xi^2}\,\omega_n$。对于大部分传感器因为 $\xi \ll 1$，故 ω_n 与 ω_d 相差无几，这里就不再详细区分。另外适当地选取 ξ 值也能改善动态响应特性，它可以减少过冲、加宽幅频特性的平直段，但相比之下不如增大固有频率的效果更直接、更明显。

习题与思考题

1.1　某位移传感器，在输入量变化 5 mm 时，输出电压变化为 300 mV，求其灵敏度。

1.2　某测量系统由传感器、放大器和记录仪串联组成，各环节的灵敏度分别为：$S_1=0.2$ mV/℃、$S_2=2.0$ V/mV、$S_3=5.0$ mm/V，求系统总的灵敏度。

1.3　测得某检测装置的一组输入输出数据如下：

x	0.9	2.5	3.3	4.5	5.7	6.7
y	1.1	1.6	2.6	3.2	4.0	5.0

（1）试用最小二乘法拟合直线，求其线性度和灵敏度；

（2）用 C 语言编制程序在微机上实现。

1.4　某温度传感器为时间常数 $T=3$ s 的一阶系统，当传感器受突变温度作用后，试求传感器指示出温差的 1/3 和 1/2 所需的时间。

1.5　某传感器为一阶系统，当受阶跃函数作用时，在 $t=0$ 时，输出为 10 mV；在 $t\to\infty$ 时，输出为 100 mV；在 $t=5$ s 时，输出为 50 mV。试求该传感器的时间常数。

1.6　某一阶压力传感器的时间常数为 0.5 s，若阶跃压力从 25 MPa 到5 MPa，试求二倍时间常数的压力和 2 s 后的压力。

1.7　某测力传感器属于二阶系统，其固有频率为 1 000 Hz，阻尼比为临界值的 50%，当 500 Hz 的简谐压力输入后，试求其幅值误差和相位滞后。

1.8　什么是传感器的静态特性？有哪些主要指标？

1.9　如何获得传感器的静态特性？

1.10　传感器的静态特性的用途是什么？

1.11　试求下列一组数据的各种线性度：

（1）理论（绝对）线性度，给定方程为 $y=2.0x$；

（2）端点线性度；

（3）最小二乘线性度。

x	1	2	3	4	5	6
y	2.20	4.00	5.98	7.9	10.10	12.05

1.12　试计算某压力传感器的迟滞误差和重复性误差（工作特性选端基直线，一组标定数据如下表所示）。

行　程	输入压力/(10^5Pa)	输出电压/mV		
		(1)	(2)	(3)
正行程	2.0	190.9	191.1	191.3
	4.0	382.8	383.2	383.5
	6.0	575.8	576.1	576.6
	8.0	769.4	769.8	770.4
	10.0	963.9	964.6	965.2
反行程	10.0	964.4	965.1	965.7
	8.0	770.6	771.0	771.4
	6.0	577.3	577.4	578.4
	4.0	384.1	384.2	384.7
	2.0	191.6	191.6	192.0

1.13 建立以质量、弹簧、阻尼器组成的二阶系统的动力学方程，并以此说明谐振现象和基本特点。

2　电阻式传感器

电阻式传感器的种类繁多，应用广泛，其基本原理是将被测物理量的变化转换成电阻值的变化，再经相应的测量电路输出。

电阻式传感器与相应的测量电路组成的测力、测压、称重、测位移、测加速度、测扭矩、测温度等测试系统，目前已成为生产过程检测以及实现生产自动化不可缺少的手段之一。

2.1　电位器式电阻传感器

2-1 图片：电位器式电阻传感器实物图

电位器(potentiometer)是一种常用的机电元件，广泛应用于各种电气和电子设备中。它是一种把机械的线位移或角位移输入量转换为与它成一定函数关系的电阻或电压输出的传感元件，主要用于测量压力、高度、加速度、航面角等各种参数。

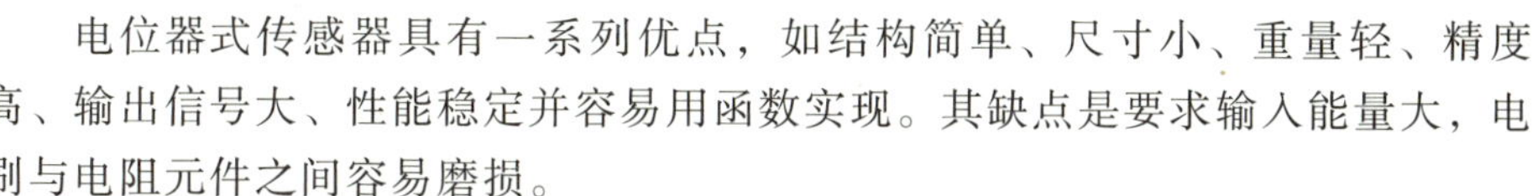

电位器式传感器具有一系列优点，如结构简单、尺寸小、重量轻、精度高、输出信号大、性能稳定并容易用函数实现。其缺点是要求输入能量大，电刷与电阻元件之间容易磨损。

电位器的种类很多，按其结构形式不同，可分为线绕式、薄膜式、光电式等；按特性不同，可分为线性电位器和非线性电位器。

2.1.1　线性电位器

一、线性电位器的空载特性

线性电位器的理想空载特性曲线具有严格的线性关系。图 2-1 所示为电位器式位移传感器原理图。如果把它作为变阻器使用，且假定全长为 x_{max} 的电位器的总电阻为 R_{max}，电阻沿长度的分布是均匀的，则当滑臂由 A 向 B 移动 x 后，A 到滑臂间的阻值为

$$R_x = \frac{x}{x_{max}} \cdot R_{max} \tag{2-1}$$

若把它作为分压器使用，且假定加在电位器上 A、B 之间的电压为 U_{max}，则输出电压为

$$U_x = \frac{x}{x_{max}} \cdot U_{max} \tag{2-2}$$

图 2-2 所示为电位器式角度传感器。若作为变阻器使用，则电阻值与角

度的关系为

$$R_{\alpha}=\frac{\alpha}{\alpha_{max}}\cdot R_{max} \tag{2-3}$$

若作为分压器使用，则有

$$U_{\alpha}=\frac{\alpha}{\alpha_{max}}\cdot U_{max} \tag{2-4}$$

提示：

每两匝相邻线圈（绕线）的中心距为节距。

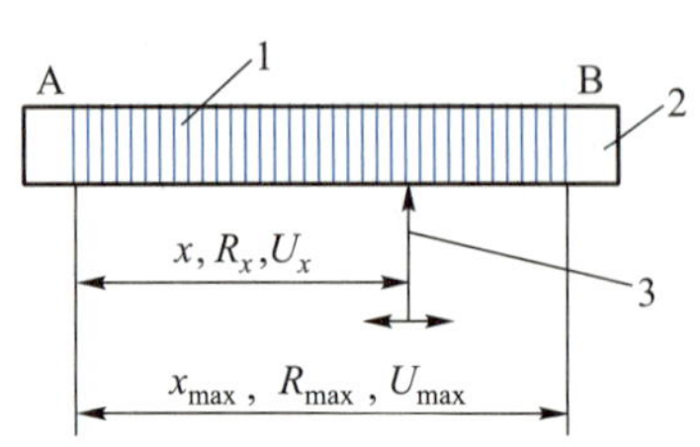

图 2-1　电位器式位移传感器原理图

1—电阻丝；2—骨架；3—滑臂

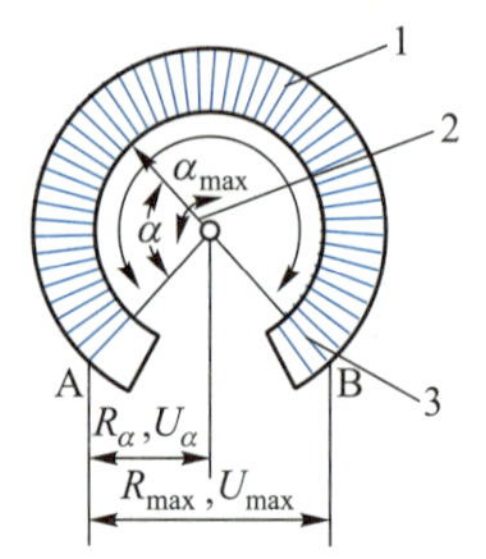

图 2-2　电位器式角度传感器

1—电阻丝；2—滑臂；3—骨架

线性线绕式电位器的特性稳定，制造精度容易保证，下面对它的特性进行分析。线性线绕式电位器的骨架截面应处处相等，并且由材料均匀的导线按相等的节距绕成，如图2-3所示。其理想的输出输入关系应遵循上述的四个公式，因此对位移传感器来说，灵敏度为

$$k_R=\frac{R_{max}}{x_{max}}=\frac{2(b+h)\rho}{St} \tag{2-5}$$

$$k_u=\frac{U_{max}}{x_{max}}=I\cdot\frac{2(b+h)\rho}{St} \tag{2-6}$$

式中：k_R、k_u——分别为电阻灵敏度、电压灵敏度；

ρ——导线电阻率；

S——导线截面积。

由式(2-5)、式(2-6)可以看出，灵敏度除与电阻率 ρ 有关外，还与骨架尺寸 h、b、导线直径 d、绕线节距 t 等结构参数有关；电压灵敏度还与通过电位器的电流 I 的大小有关。

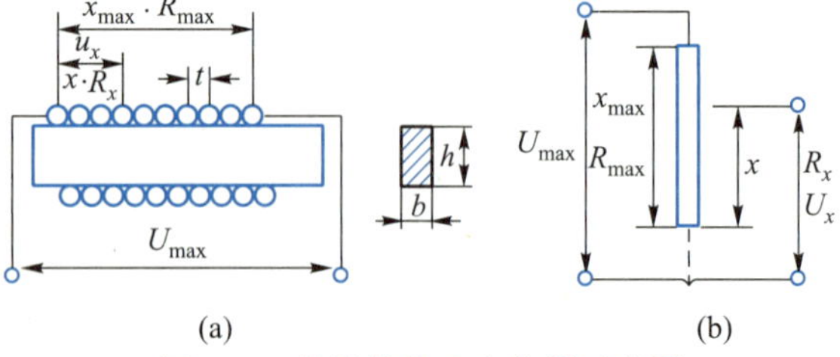

图 2-3　线性线绕式电位器示意图

二、阶梯特性、阶梯误差和分辨率

图 2-4 所示为绕 n 匝电阻丝的线性电位器的局部剖面和阶梯特性曲线图。电刷在与一匝导线接触的过程中，虽有微小位移，但电阻值并无变化，因而输

出电压也不改变，在输出特性曲线上对应地出现平直段；当电刷离开这一匝而与下一匝接触时，电阻突然增加一匝阻值，因此特性曲线相应出现阶跃段。这样，电刷每移过一匝，输出电压便阶跃一次，共产生 n 个电压阶梯，其阶跃值即视在分辨脉冲为

$$\Delta U=\frac{U_{\max}}{n} \tag{2-7}$$

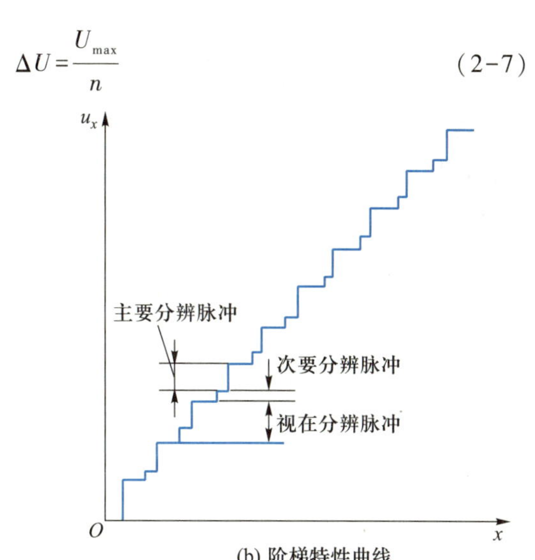

(a) 局部剖面　　(b) 阶梯特性曲线

图 2-4　线性电位器的局部剖面和阶梯特性曲线图

1—电刷与一根导线接触；2—电刷与两根导线接触；3—电位器导线

实际上，当电刷从 j 匝移到 $(j+1)$ 匝的过程中，必定会使这两匝短路，于是电位器的总匝数从 n 匝减少到 $(n-1)$ 匝，这样总阻值的变化就使得视在分辨脉冲还将产生次要分辨脉冲，即大的阶跃中还有小的阶跃。这样小的阶跃应有 $(n-2)$ 次，这是因为在绕线的始端和终端的两次短路中，将不会因总匝数降低到 $(n-1)$ 匝而影响输出电压，所以特性曲线将有 $n+n-2$ 个阶梯。在 $n+n-2$ 个阶梯中，大的阶梯一般是主要分辨脉冲 ΔU_m，小的阶梯是次要分辨脉冲 ΔU_n，而视在分辨脉冲是二者之和，即

$$\Delta U=\Delta U_m+\Delta U_n \tag{2-8}$$

而

$$\Delta U_n=U_{\max}\left(\frac{1}{n-1}-\frac{1}{n}\right)j \tag{2-9}$$

式中：$U_{\max}\cdot\dfrac{j}{n-1}$——电刷短接第 j 和 $j+1$ 匝时的输出电压；

$U_{\max}\cdot\dfrac{j}{n}$——电刷仅接触第 j 匝时的输出电压。

主要分辨脉冲和次要分辨脉冲的延续时间比，取决于电刷与导线直径的比。若电刷的直径太小，尤其使用软合金时，会促使形成磨损平台；若直径过大，则只要有很小的磨损就将使电位器有更多匝的短路。一般取电刷与导线直径比为 10 可获得较好的效果。

工程上常把图 2-4 所示的实际阶梯曲线简化成理想阶梯特性曲线，如图 2-5

所示。

这时，电位器的电压分辨率定义为：在电刷行程内，电位器输出电压阶梯的最大值与最大输出电压 U_{max} 之比的百分数，即

$$e_{ba}=\frac{U_{max}/n}{U_{max}}\times100\%=\frac{1}{n}\times100\% \tag{2-10}$$

除了电压分辨率外，还有行程分辨率，其定义为在电刷行程内，使电位器产生一个可测变化的电刷最小行程值与整个工作行程之比的百分数，即

$$e_{by}=\frac{x_{max}/n}{x_{max}}\times100\%=\frac{1}{n}\times100\% \tag{2-11}$$

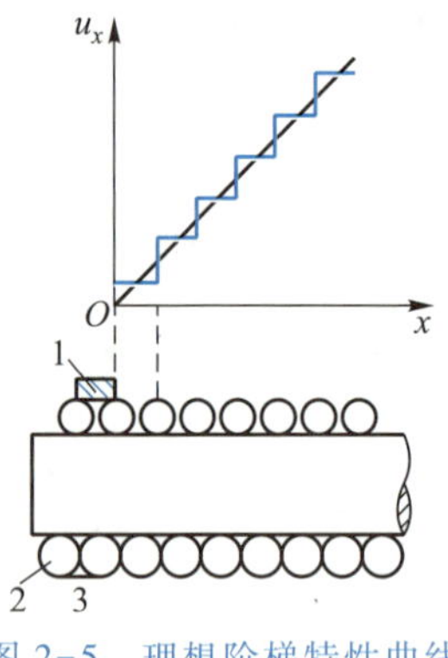

图 2-5 理想阶梯特性曲线
1—电刷；2—电阻线；3—短路段

从图 2-5 可知，在理想情况下，特性曲线各个阶梯的大小完全相同，则过中点并穿过阶梯曲线的直线即是理论直线，阶梯曲线围绕它上下跳动，从而带来一定误差，这就是阶梯误差。电位器的阶梯误差 γ_j 通常用理想阶梯特性曲线与理论直线的最大偏差值和最大输出电压值之比的百分数表示，即

$$\gamma_j=\pm\frac{\left(\frac{1}{2}\times\frac{U_{max}}{n}\right)}{U_{max}}100\%=\pm\frac{1}{2n}\times100\% \tag{2-12}$$

阶梯误差和分辨率的大小都是由线绕式电位器本身工作原理决定的，是一种原理性误差。它决定了电位器可能达到的最高精度。在实际设计中，为改善阶梯误差和分辨率，需增加匝数，即减小导线直径(小型电位器通常选配 0.5 mm 或更细的导线)，或增加骨架长度(如采用多圈螺旋电位器)。

2.1.2 非线性电位器

非线性电位器是指在空载时其输出电压(或电阻)与电刷行程之间具有非线性函数关系的一种电位器，也称函数电位器。它可以实现指数函数、对数函数、三角函数及其他任意函数，因此可满足控制系统的特殊要求，同时也可满足传感、检测系统最终获得线性输出的要求。常用的非线性线绕式电位器有变骨架式、变节距式、分路电阻式及电位给定式四种。

现以变骨架式为例说明其空载特性。变骨架式电位器如图 2-6 所示，骨架高度 h 呈曲线变化，输出电阻 $R_x=f(x)$，求骨架高度 h 的变化规律。

当电刷移动微小位移 dx 时，引起电阻变化 dR_x，则

$$\frac{dR_x}{dx}=\frac{2\rho(b+h)}{St} \tag{2-13}$$

式中：b，h ——骨架的宽度和高度；

S ——导线的导电截面积；

t ——导线节距，即相邻两导线中心间的距离；

ρ ——导线电阻率。

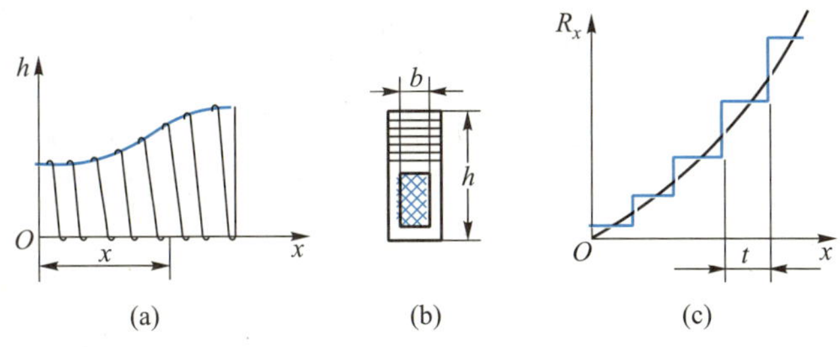

图 2-6 变骨架式电位器

由式(2-13)可求得

$$h=\frac{St}{2\rho}\left(\frac{\mathrm{d}R_x}{\mathrm{d}x}\right)-b \tag{2-14}$$

由于 S、t、ρ、b 均为常数，而 $\mathrm{d}R_x/\mathrm{d}x$ 是 x 的函数，所以 h 是电刷位移 x 的函数，且与特性曲线的导数 $\mathrm{d}R_x/\mathrm{d}x$ 有关。$\mathrm{d}R_x/\mathrm{d}x$ 越大，骨架高度就越高，但如果 h 太高，绕线就容易打滑。同时 $\mathrm{d}R_x/\mathrm{d}x$ 也不宜太小，更不能为零。因此为了保证足够的强度及工艺，必须使 $h_{min}>3\sim4$ mm。

设非线性电位器输出空载电压为 U_x，流过电位器的电流 $I=U/R$，U 为电源电压，R 为电位器总电阻。式(2-14)还可表示为 h 与输出电压 U_x 之间的关系

$$h=\frac{St}{2I\rho}\left(\frac{\mathrm{d}U_x}{\mathrm{d}x}\right)-b \tag{2-15}$$

非线性电位器输出电阻(或电压)与电刷行程之间是非线性函数关系，因此空载特性是一条曲线，其灵敏度与电刷位置有关，是变量。电阻灵敏度为

$$k_R=\frac{\mathrm{d}R_x}{\mathrm{d}x} \tag{2-16}$$

电压灵敏度为

$$k_u=\frac{\mathrm{d}U_x}{\mathrm{d}x} \tag{2-17}$$

2.1.3 负载特性与负载误差

当电位器输出端接负载电阻时，其特性称为负载特性。负载特性相对于空载特性的偏差称为负载误差。接有负载电阻 R_L 的电位器如图 2-7 所示。电位器输出电压 U_L 为

$$U_L=U\frac{R_x\cdot R_L}{R_L\cdot R_{max}+R_x\cdot R_{max}-R_x^2} \tag{2-18}$$

设电阻相对变化率为 $r=R_x/R_{max}$，并设 $m=R_{max}/R_L$，m 称为负载系数，则式(2-18)可改写为

$$Y=\frac{U_L}{U}=\frac{r}{1+rm(1-r)} \tag{2-19}$$

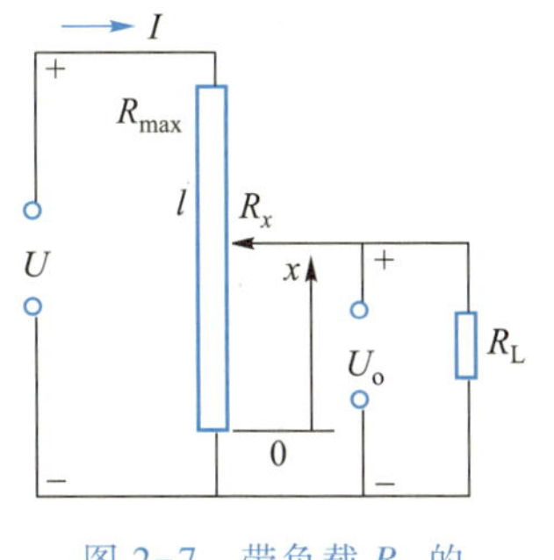

图 2-7 带负载 R_L 的电位器电路

而理想空载特性为

$$Y_o=\frac{U_o}{U}=\frac{R_x}{R_{max}}=r \tag{2-20}$$

比较式(2-19)和式(2-20)可以看出，由于 $m\neq0$，即 R_L 不是无限大，使负载特性(U_L/U)与空载特性(U_o/U)之间产生偏差。以上各式对于线性和非线性电位器均适用。

对于线性电位器，有

$$r=\frac{R_x}{R_{max}}=\frac{x}{x_{max}}=X \tag{2-21}$$

所以对线性电位器，式(2-19)可写成

$$Y=\frac{U_L}{U}=\frac{X}{1+mX(1-X)} \tag{2-22}$$

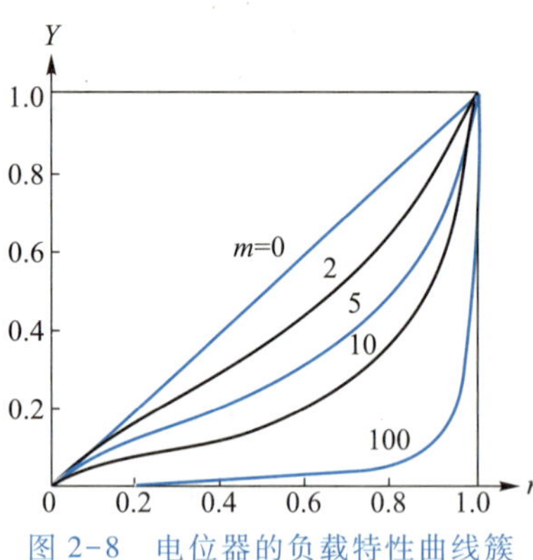

图 2-8　电位器的负载特性曲线簇

式(2-19)可绘成曲线簇，如图 2-8 所示。由图 2-8 可知，除 $m=0$ 的直线(即空载特性)外，凡 $m\neq0$ 的曲线均为下垂的曲线，说明负载输出电压比空载输出电压低。这种偏差与 m、r 有关。

提示：为减小电位器式传感器的负载误差，通常采用运算放大器与其连接。由于运算放大器输入阻抗远大于传感器总电阻，因此负载误差很小，甚至可忽略。可以通过减小传感器的电流，来降低自发热引起的误差。

现计算负载误差的大小与 m、r 之间的关系。设负载误差为δ_L，则

$$\delta_L=\frac{U_o-U_L}{U_o}\times100\%=\left[1-\frac{1}{1+mr(1-r)}\right]\times100\% \tag{2-23}$$

δ_L 与 m、r 的关系曲线如图 2-9 所示。由图可见，无论 m 为何值，电刷在起始位置和最大位置时，负载误差都为零。随着电刷位置的变化，负载误差亦跟着增加，电刷处于行程中心位置，负载误差最大。而且增大负载系数 m 时，即减小负载电阻时，误差也随之增大。为了减小负载误差，首先要尽量减小负载系数 m，通常希望 $m<0.1$。为此，可采取高输入阻抗放大器，或者将电位器空载特性设计成上凸特性，即设计出可以消除负载误差的非线性电位器。如图 2-10 所示，此非线性电位器的空载特性曲线 2 与线性电位器的负载特性曲线 1，两者是以特性直线 3 互为镜像的，其负载特性正好是所要求的线性特性。

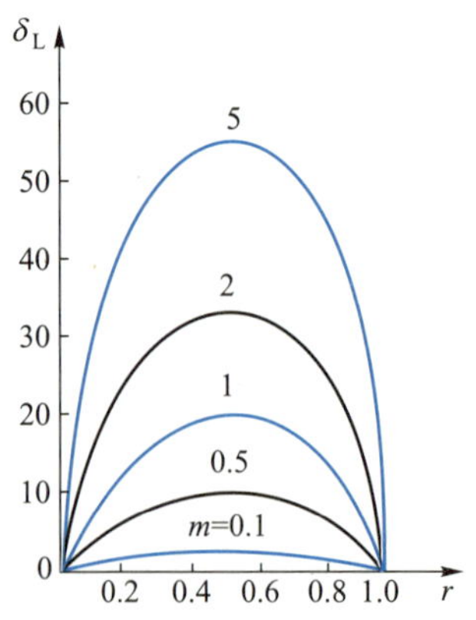

图 2-9　δ_L 与 m、r 的关系曲线

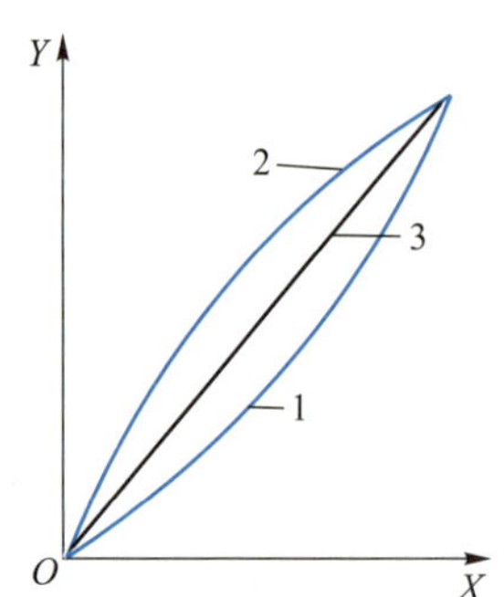

图 2-10　非线性电位器的空载特性曲线与线性电位器的负载特性曲线的镜像关

2.1.4　电位器的结构与材料

由于测量领域的不同，电位器结构及材料的选择会有所不同，但是它们的基本结构是相近的。电位器通常都是由骨架、电阻元件及活动电刷组成的。常用的线绕式电位器的电阻元件由金属电阻丝绕成。

1. 电阻丝

性能好的电阻丝要求电阻率高，电阻温度系数小，强度高和延展性好，对铜的热电动势要小，耐磨耐腐蚀，焊接性好等。常用电阻丝的材料有康铜丝、铂铱合金及卡玛丝等。

2. 电刷

活动电刷由电刷触头、电刷臂导线和轴承装置等构成，其质量的好坏将影响噪声电平及工作可靠性。

电刷触头材料常用银、铂铱、铂铑等金属。电刷臂用磷青铜等弹性较好的材料。电刷上通常要保持一定的接触压力，为 50~100 mN。过大的接触压力会使仪器产生误差，并且加速磨损；过小的接触压力则可能产生接触不可靠。某些电刷的结构如图 2-11 所示。

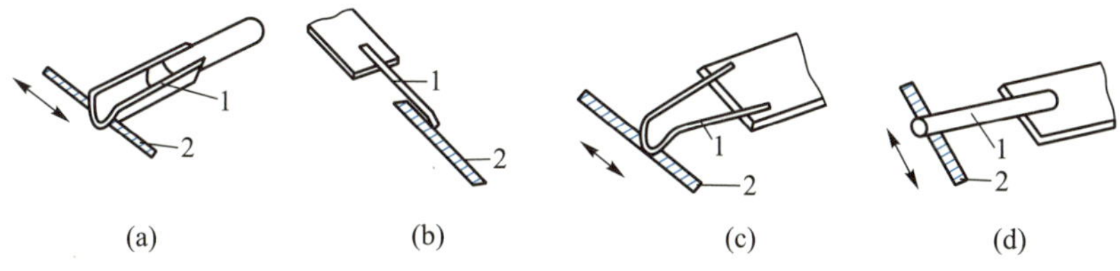

图 2-11　某些电刷的结构

1—电刷；2—电阻元件

电刷材料与电路导线材料要配合选择，以提高电位器工作的可靠性，减少噪声并延长工作寿命，通常使电刷材料的硬度与电阻丝材料的硬度相近或稍高些。

3. 骨架

对骨架材料的要求是与电阻丝材料具有相同的膨胀系数，电气绝缘好，有足够的强度和刚度，散热性好，耐潮湿，易加工。常用的材料有陶瓷、酚醛树脂及工程塑料等绝缘材料。对于精密电位器，广泛采用经绝缘处理的金属骨架，导热性好，可提高电位器允许电流，而且强度大，加工尺寸精度高。

骨架的形式很多，如矩形、环形、柱形、棒形等。常用的骨架截面多为矩形，其厚度 b 应大于导线直径 d 的 4 倍，圆角半径 R 不应小于 $2d$。

电位器绕制完成后要用电木漆或其他绝缘漆浸渍，以提高机械强度。与电刷接触的工作面的绝缘漆要刮掉，并进行机械抛光。

2.1.5　电位器式传感器的应用举例

电位器式压力传感器是利用弹性元件（如弹簧管、膜片或膜盒）把被测的压力转换为弹性元件的位移，并使此位移转换为电刷触点的移动，从而引起输出电压或电流的相应变化。图 2-12 为 YCD-150 型远程压力表原理图。它是由一个弹簧管和电位器组成的压力传感器。电位器固定在壳体上，而电刷与弹簧管的传动机构相连接。当被测压力变化时，弹簧管的自由端产生位移，通过传动机构，一方面带动压力表指针转动，另一方面带动电刷在线绕电位器上滑动，从而将被测压力值转换为电阻值的变化，因而输出一个与被测压力成正比的电压信号。

图 2-13 所示为膜盒电位器式压力传感器的工作原理图。弹性敏感元件膜盒的内腔通入被测流体压力，在此压力作用下，膜盒中心产生位移，推动杠杆上移，使杠杆带动电刷在电位器电阻丝上滑动，输出一个与被测压力成正比的电压信号。

图 2-14 所示为电位器式位移传感器示意图。其中 3 为输入轴。电阻线 1 以均匀的间隔绕在用绝缘材料制成的骨架上，触点 2 沿着电阻丝的裸露部分滑动，并由导电片 4 输出。在测量比较小的位移时，往往用齿轮、齿条机构把线位移转换成角位移，如图 2-15 所示。

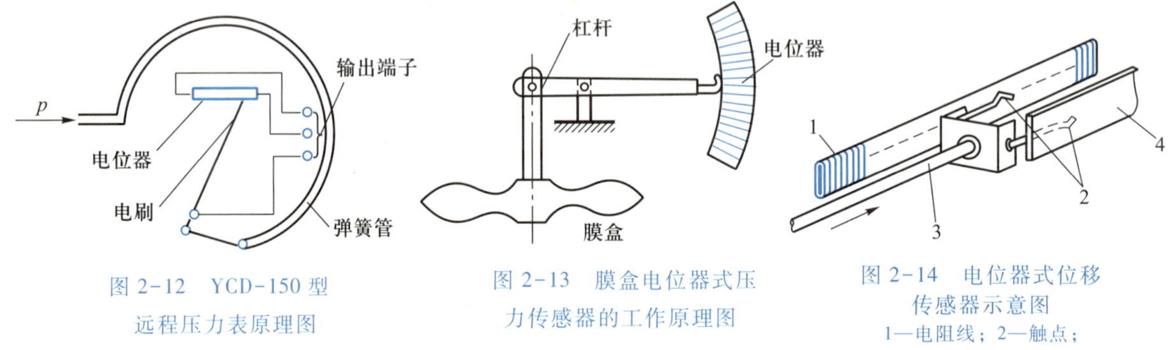

图 2-12 YCD-150 型远程压力表原理图

图 2-13 膜盒电位器式压力传感器的工作原理图

图 2-14 电位器式位移传感器示意图
1—电阻线；2—触点；3—输入轴；4—导电片

图 2-16 所示为电位器式加速度传感器示意图。惯性质量在被测加速度的作用下，使片状弹簧产生正比于被测加速度的位移，从而引起电刷在电位器的电阻元件上滑动，因此输出一个与加速度成比例的电压信号。

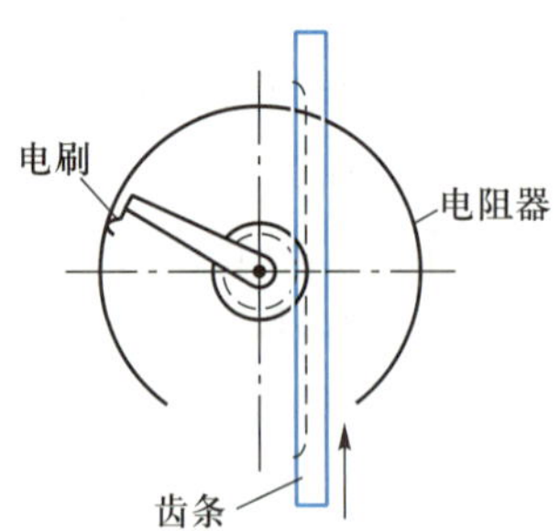

图 2-15 测小位移传感器示意图

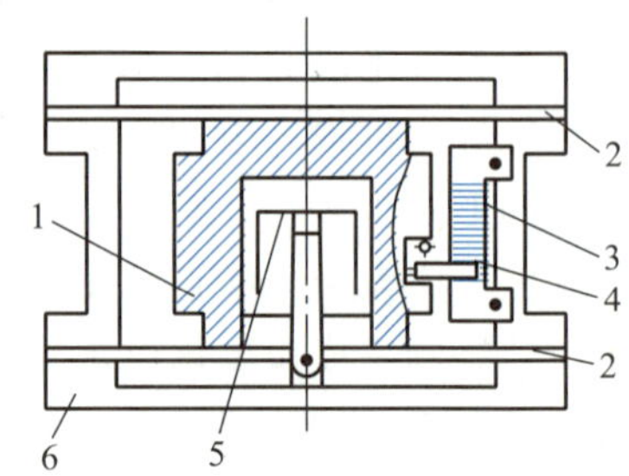

图 2-16 电位器式加速度传感器示意图
1—惯性质量；2—片弹簧；3—电位器；4—电刷；5—阻尼器；6—壳体

2.2 应变片式电阻传感器

在几何量和机械量测量中，最常用的传感器是由某些金属和半导体材料制成的应变片式电阻传感器(stain gauge)。

应变片式电阻传感器是以应变片为传感元件的传感器。它具有以下优点：

(1) 精度高，测量范围广。

(2) 使用寿命长，性能稳定可靠。

(3) 结构简单、尺寸小、重量轻，因此在测试时，对工件工作状态及应力分析影响小。

(4) 频率响应特性好，应变片响应时间约为 10^{-7} s。

(5) 可在高低温、高速、高压、强烈振动、强磁场、核辐射和化学腐蚀等恶劣环境条件下工作。

(6) 应变片种类繁多、价格便宜。

同时，也存在一些缺点：在大应变状态下具有较大非线性；输出信号微弱；不适用于超高温环境(1 000 ℃以上)；应变片实际测出的只是某一面积上的平均应变，不能完全显示应力场中应力梯度的情况。

2.2.1 电阻应变片的工作原理

电阻应变片的工作原理：基于电阻应变效应，当导体产生机械变形时，它的电阻值发生相应变化。

设有一根电阻丝，伸长后的几何尺寸如图 2-17 所示。它在未受力时的原始电阻值为

$$R=\rho\frac{l}{S} \tag{2-24}$$

式中：ρ——电阻丝的电阻率；

l——电阻丝的长度；

S——电阻丝的截面积。

注意：应变是材料在几何尺寸上的相对变化，没有单位，无量纲。

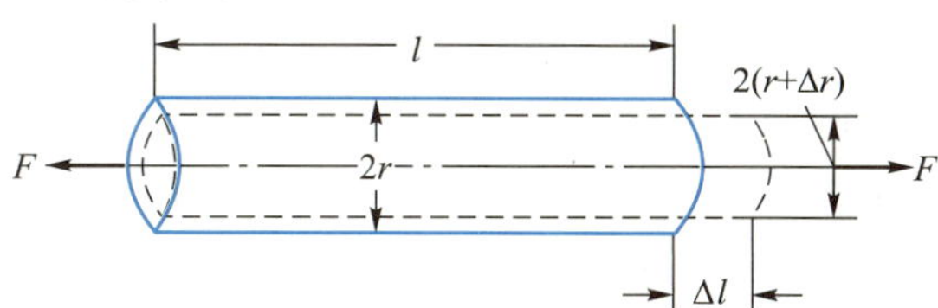

图 2-17 金属丝伸长后的几何尺寸

电阻丝在外力 F 作用下，将引起电阻变化 ΔR，且有

$$\frac{\Delta R}{R}=\frac{\Delta l}{l}-\frac{\Delta S}{S}+\frac{\Delta\rho}{\rho} \tag{2-25}$$

令电阻丝的轴向应变为 $\varepsilon=\Delta l/l$，径向应变为 $\Delta r/r$，由材料力学可知 $\Delta r/r=-\mu(\Delta l/l)=-\mu\varepsilon$，$\mu$ 为电阻丝材料的泊松系数，经整理可得

$$\frac{\Delta R}{R}=(1+2\mu)\varepsilon+\Delta\rho/\rho \tag{2-26}$$

通常把单位应变所引起的电阻相对变化称为电阻丝的灵敏系数，其表达式为

$$k_0=\frac{\Delta R/R}{\varepsilon}=(1+2\mu)+\frac{\Delta\rho/\rho}{\varepsilon} \tag{2-27}$$

从式(2-27)可以明显看出，电阻丝灵敏系数 k_0 由两部分组成：$(1+2\mu)$是受力后由材料的几何尺寸变化引起的；$\frac{\Delta\rho/\rho}{\varepsilon}$是由材料电阻率变化引起的。对于金属材料，$\frac{\Delta\rho/\rho}{\varepsilon}$项的值要比$(1+2\mu)$小很多，可以忽略，故 $k_0=1+2\mu$。大量实验证明，在电阻丝拉伸比例极限内，电阻的相对变化与应变成正比，即 $k_0=1.7\sim3.6$。式(2-26)可写成$\frac{\Delta R}{R}\approx k_0\varepsilon$。

2.2.2 金属电阻应变片的主要特性

一、金属电阻应变片的结构及材料

金属电阻应变片分为金属丝式和箔式。图 2-18 是金属丝式应变片的基本结构。由图可知，金属丝式电阻应变片由四个基本部分组成：敏感栅、基底和盖层、黏结剂、引线。其中敏感栅是应变片最重要的部分，一般采用栅丝直径为 0.015～0.05 mm。敏感栅的纵向轴线称为应变片轴线，L 为栅长，a 为基宽。根据不同用途，栅长可为0.2～200 mm，基底用以保持敏感栅及引线的几何形状和相对位置，并将被测件上的应变迅速准确地传递到敏感栅上。因此基底做得很薄，一般为 0.02～0.4 mm。盖层起保护敏感栅作用。基底和盖层是用专门薄纸制成的，称为纸基。用各种黏结剂和有机树脂薄膜制成的称为胶基，现多采用后者。黏结剂将敏感栅、基底及盖层黏结在一起。在使用应变片时也采用黏结剂将应变片与被测件粘牢。引线常用直径为 0.10～0.15 mm 的镀锡铜线，并与敏感栅两输出端焊接。

提示：

应变片传感器在应用前，必须对安装面磨平和清洁，再用专用黏结剂将传感器及引线与安装面粘贴固定。

箔式应变片的基本结构如图 2-19 所示，其敏感栅 1 是由很薄的金属箔片制成，箔厚只有 0.003～0.10 mm，用光刻技术制作；2 为引线；3 为胶膜基底。与金属丝式应变片相比箔式应变片有如下优点：

① 用光刻技术能制成各种复杂形状的敏感栅，应变花如图 2-20 所示；

② 横向效应小；

③ 允许电流大，散热性好，允许通过较大电流，可提高相匹配的电桥电压，从而提高输出灵敏度；

④ 抗疲劳，寿命长，蠕变小；

⑤ 生产效率高。

但是制造箔式应变片的电阻值的分散性要比金属丝式应变片的电阻值大，有的能相差几十欧，需要做阻值的调整。由于箔式应变片具有一系列优点，它将逐渐取代金属丝式应变片。

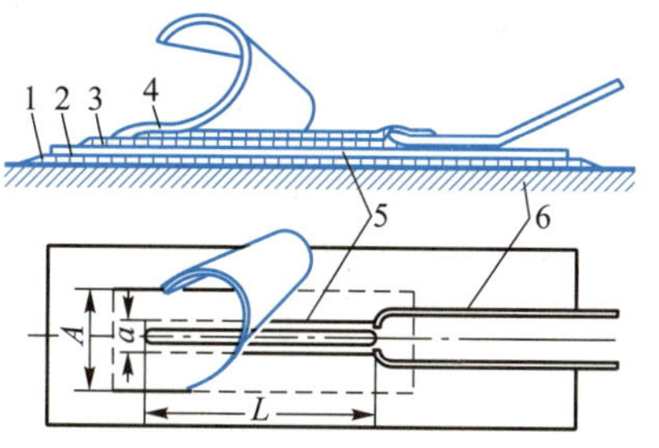

图 2-18 金属丝式应变片的基本结构

1—敏感栅；2—引线；3—胶膜基底；4—盖层；5—黏结剂；6—电极

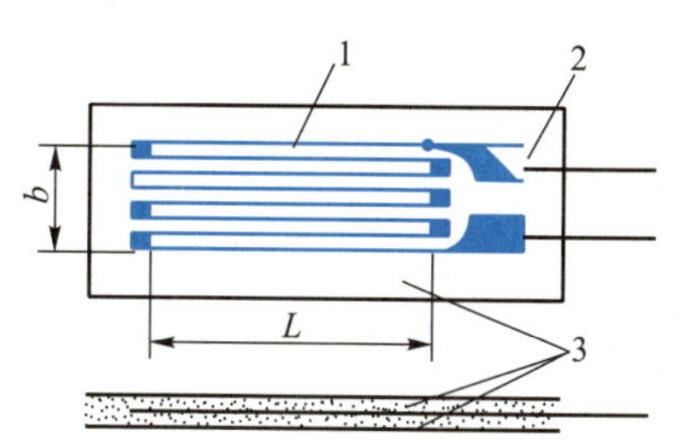

图 2-19 箔式应变片的基本结构

1—敏感栅；2—引线；3—胶膜基底

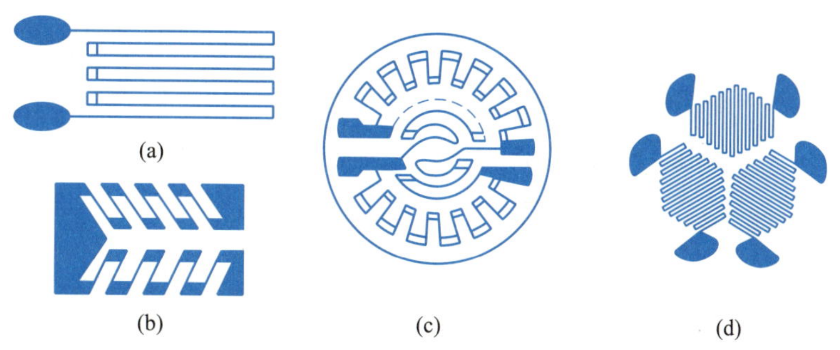

图 2-20 各式箔式应变花

对金属丝式应变片敏感栅材料的基本要求是：①灵敏系数 k_0 值大，并且在较大应变范围内保持常数；②电阻温度系数小；③电阻率大；④机械强度高且易于拉丝或辗薄；⑤与铜丝的焊接性好，与其他金属的接触热电动势小。常用的材料有康铜、镍铬合金、镍铬铝合金(6J22、6J33)、卡玛合金、铁铬铝合金、铂、铂钨合金等。

箔式应变片敏感栅材料常采用康铜、镍铬。敏感栅常用材料及其性能见表 2-1。

表 2-1 敏感栅常用材料及其性能

材料名称	成分		灵敏系数 k_0	在 20 ℃时的电阻率	在 0~100 ℃内的电阻温度系数	最高使用温度	对铜的热电动势	线膨胀系数
	元素	比例		μΩ · m	10^{-6}℃$^{-1}$	℃	μV/℃	10^{-6}℃$^{-1}$
康铜	Ni Cu	45% 55%	1.9~2.1	0.45~0.52	±20	300(静态) 400(动态)	43	15
镍铬合金	Ni Cr	80% 20%	2.1~2.3	0.9~1.1	110~130	450(静态) 800(动态)	3.3	14

续表

材料名称	成分		灵敏系数 k_0	在 20 ℃时的电阻率	在 0~100 ℃内的电阻温度系数	最高使用温度	对铜的热电动势	线膨胀系数
	元素	比例		μΩ · m	10^{-6} ℃$^{-1}$	℃	μV/℃	10^{-6} ℃$^{-1}$
镍铬铝合金 6J22，卡玛合金	Ni Cr Al Cr	74% 20% 3% 3%	2.4~2.6	1.24~1.42	±20	450(静态) 800(动态)	3	13.3
镍铬铝合金 (6J23)	Ni Cr Al Cr	75% 20% 3% 2%	2.8	1.24~1.42	±20	450(静态) 800(动态)	3	
铁铬铝合金	Fe Cr Al	70% 25% 5%	1.3~1.5	1.3~1.5	30~40	700(静态) 1 000(动态)	2~4	14
铂	Pl	100%	4~6	0.09~0.11	3 900	800(静态) 1 000(动态)	7.6	8.1
铂钨合金	Pl W	92% 8%	2.5	0.58	227		6.1	8.3~9.2

二、金属电阻应变片的主要特性

金属电阻应变片在使用过程中，只有正确了解它的特性和参数，才不会出现错误，否则会产生较大的测量误差，甚至得不到所需的测量结果。

1. 灵敏系数

应变片一般制成丝栅状，测量应变时，将应变片粘贴在试件表面，金属丝和试件表面只隔一层很薄的胶，试件的变形很容易传到金属丝栅上；而且金属丝的直径很小，其表面积比截面积大很多倍，金属丝栅的周围全被胶包住；在承受拉伸时不会脱落，承受压缩时也不会压弯。但是其应变效应与单丝是不同的，即电阻应变片灵敏系数 k 与金属丝灵敏系数 k_0 是不相同的。原因有两个：第一，零件的变形是通过剪力传到金属丝上。由实验可知，金属丝两端的剪力最大，轴向应力为零，中间部分剪力为零，轴向应力最大。轴向应力从两端处的零值开始，然后按指数规律上升到中间部分的最大值。因此在金属丝两端的应力分布是不均匀的，相当于参加变形的栅丝长度减少了一段。金属丝制成应变片后，由于是栅状结构，端部增多，灵敏系数下降。第二，金属丝沿长度方向承受应变 ε_x 时，应变片弯角部分承受应变 ε_y，其截面积变大，则应变片直线部分电阻增加时，弯角部分的电阻值减少，也使变化的灵敏度下降。由以上两个原因造成了应变片的灵敏系数 k 比金属丝的应变灵敏系数 k_0 低。

应变片的灵敏系数一般由实验方法求得。因为应变片粘贴到试件上就不能取下再用，所以不能对每一个应变片的灵敏系数进行标定，只能在每批产品中提取一定百分比(例如5%)的产品进行标定，然后取其平均值作为这一批产品的灵敏系数。实验证明，灵敏系数在被测应变的很大范围内能保持常数。

2. 横向效应

沿应变片轴向的应变 ε_x 必然引起应变片电阻的相对变化，而沿垂直于应变片轴向的横向应变 ε_y 也会引起电阻的相对变化，这种现象称为横向效应。这种现象的产生和影响与应变片结构有关。敏感栅端部具有半圆形横栅的丝绕应变片，其横向效应较为严重。研究横向效应的目的在于，当实际使用应变片的条件与其灵敏系数 k 的标定条件不同时，由于横向效应的影响，实际 k 值要改变，如仍按标称灵敏系数进行计算，可能造成较大误差。如果不能满足测量精度要求，就要进行必要的修正。为了减小横向效应产生的测量误差，现在一般多采用箔式应变片。因其圆弧部分的截面积较栅丝大得多，电阻值较小，因而电阻变化量也就小得多。

3. 机械滞后、零漂及蠕变

应变片安装在试件上以后，在一定的温度下，在零和某一指定应变之间，做出应变片电阻相对变化 $\varepsilon_i(\Delta R/R)$(即指示应变)与试件机械应变 ε_g 之间加载和卸载的特性曲线。实验发现这两条曲线并不重合，在同一机械应变下，卸载时的 ε_i 高于加载时的 ε_i，这种现象称为应变片的机械滞后，如图2-21所示，加载和卸载特性曲线之间的最大差值 $\Delta\varepsilon_m$ 称为应变片的滞后值。

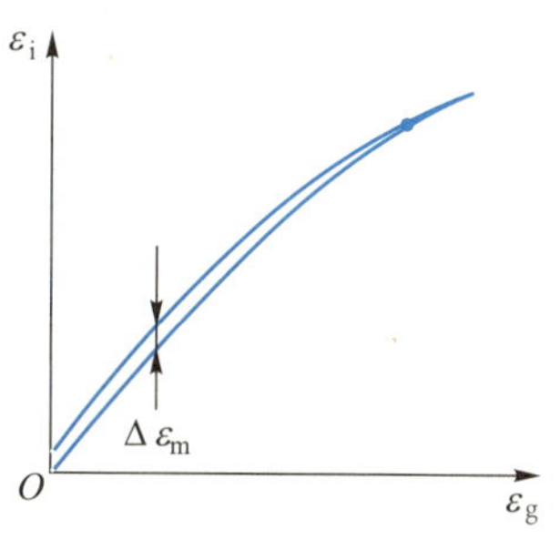

图2-21　应变片的机械滞后

已粘贴的应变片，在温度保持恒定、试件上没有应变的情况下，应变片的指示应变会随时间的增长而逐渐变化，此变化就是应变片的零点漂移，简称零漂。

已粘贴的应变片，在温度保持恒定、承受某一恒定的机械应变长时间的作用下，应变片的指示应变会随时间变化，这种现象称为蠕变。在应变片工作时，零漂和蠕变是同时存在的。在蠕变值中包含着同一时间内的零漂值。这两项指标都是用来衡量应变片特性对时间的稳定性，在长时间测量时其意义更为突出。

4. 温度效应

粘贴在试件上的电阻应变片，除感受机械应变而产生电阻相对变化外，在环境温度变化时，也会引起电阻的相对变化，产生虚假应变，这种现象称为温度效应。温度变化对电阻应变片的影响是多方面的，这里仅考虑以下两种主要影响：

(1) 当环境温度变化 Δt 时，由于敏感栅材料的电阻温度系数 α_t(即当温度变化1 ℃时每1 Ω电阻的改变量)的存在，引起电阻相对变化

$$\left(\frac{\Delta R}{R}\right)_1=\alpha_t\cdot\Delta t \tag{2-28}$$

（2）当环境温度变化 Δt 时，由于敏感材料和试件材料的膨胀系数不同，应变片产生附加的拉长（或压缩）引起电阻相对变化

$$\left(\frac{\Delta R}{R}\right)_2=k(\beta_g-\beta_s)\cdot\Delta t \tag{2-29}$$

式中：k——应变片灵敏系数；

β_g——试件膨胀系数，物理意义是单位温度变化导致的长度相对变化量；

β_s——应变片敏感栅材料的膨胀系数。

因此，温度变化形成总的电阻相对变化为

$$\frac{\Delta R}{R}=\left(\frac{\Delta R}{R}\right)_1+\left(\frac{\Delta R}{R}\right)_2=\alpha_t\cdot\Delta t+k(\beta_g-\beta_s)\cdot\Delta t \tag{2-30}$$

相应的虚假应变为

$$\varepsilon_i=\left(\frac{\Delta R}{R}\right)\bigg/k=\left(\frac{\alpha_t}{k}\right)\cdot\Delta t+(\beta_g-\beta_s)\cdot\Delta t \tag{2-31}$$

为消除此项误差，要采取温度补偿措施。

5. 应变极限、疲劳寿命

应变片的应变极限是指在一定温度下，应变片的指示应变 ε_i 与试件的真实应变 ε_g 对应理论输出值的相对误差达到规定值（一般为 10%）时的真实应变值 ε_j，如图 2-22 所示。

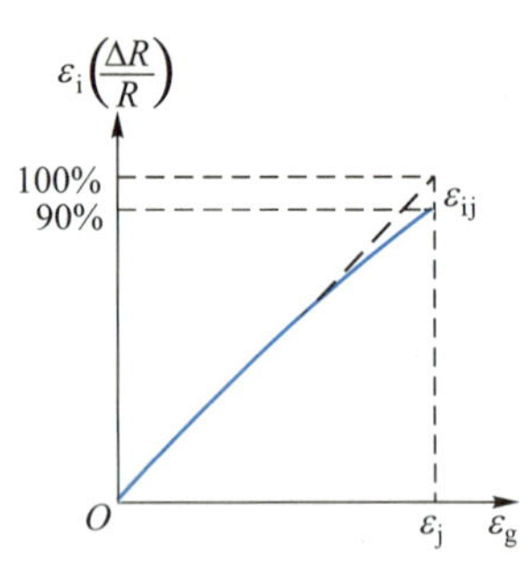

图 2-22 应变极限

对于已安装的应变片，在恒定极值的交变应力作用下，可以连续工作而不产生疲劳损坏的循环次数 N，称为应变片的疲劳寿命。当出现下列三种情况之一时都认为是疲劳损坏：①应变片的敏感栅或引线发生断路；②应变片输出指示应变的极值 ε_{ij} 变化 10%；③应变片输出信号波形出现穗状尖峰。疲劳寿命反映了应变片对动态响应测量的适应性。

6. 绝缘电阻、最大工作电流

应变片绝缘电阻 R_m 是指已粘贴应变片的引线与被测试件之间的电阻值。通常要求 R_m 在 50~100 MΩ 之间。应变片安装之后，其绝缘电阻下降将使测量系统的灵敏度降低，使应变片的指示应变产生误差。

提示：绝缘电阻对测量结果的影响可以在后续测量电路分析中体会。通常来说，绝缘电阻与传感器电阻并联。

对已安装的应变片，允许通过敏感栅而不影响其工作特性的最大电流称为应变片最大工作电流 I_{max}。显然，工作电流大，应变片输出信号也大，灵敏度高。但过大的工作电流会使应变片本身过热，使灵敏系数变化，零漂及蠕变增加，甚至烧毁应变片。

7. 动态响应特性

电阻应变片在测量频率较高的动态应变时，应考虑其动态特性。动态应变

是以应变波的形式在试件中传播的，它的传播速度 v 与声波相同。当应变按正弦规律变化时，应变片反映出来的应变是应变片敏感栅长度各相应点应变量的平均值，显然与某“点”的应变值不同，图 2-23 为应变波与应变片的轴向关系。应变波波长为 λ，应变片长度为 L，应变片两端的坐标为 x_1、x_2，应变片中点坐标为 x_0。因此，$x_1=x_0-\Delta x$，$x_2=x_0+\Delta x$，$L=2\Delta x$。设应变的变化为 $\varepsilon=\varepsilon_0\sin\omega t=\varepsilon_0\sin 2\pi ft$。而应变又沿应变片轴向在试件中传播，有 $x=vt$、$v=\lambda f$，将 $t=\dfrac{x}{\lambda f}$代入应变表达式中，则应变波方程为

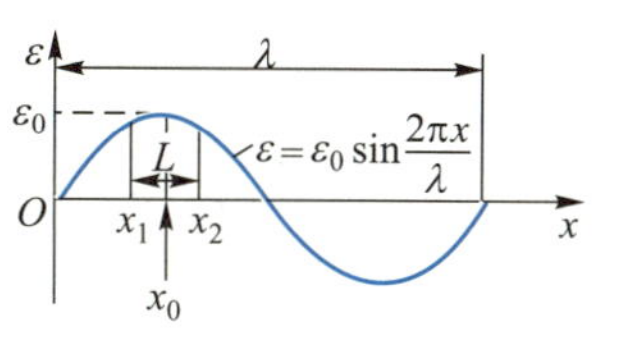

图 2-23 应变波与应变片的轴向关系

$$\varepsilon=\varepsilon_0\sin\frac{2\pi x}{\lambda}$$

应变片在 x_1 和 x_2 之间测出的平均应变 ε_p 为

$$\varepsilon_p=\frac{\int_{x_0-\Delta x}^{x_0+\Delta x}\varepsilon_0\sin\frac{2\pi x}{\lambda}\cdot dx}{2\Delta x}=\varepsilon_0\frac{\sin\left(\frac{\pi L}{\lambda}\right)}{\frac{\pi L}{\lambda}}\cdot\sin\left(\frac{2\pi x_0}{\lambda}\right) \tag{2-32}$$

相应 x_0 点的真实应变为 ε_{x_0}，其值为

$$\varepsilon_{x_0}=\varepsilon_0\sin\left(\frac{2\pi x_0}{\lambda}\right) \tag{2-33}$$

当 $L/\lambda\ll 1$ 时，将 $\sin\left(\frac{\pi L}{\lambda}\right)\Big/\left(\frac{\pi L}{\lambda}\right)$ 展成级数，略去高阶小量，可求出动态应变测量相对误差

$$\gamma=\frac{\varepsilon_p-\varepsilon_{x_0}}{\varepsilon_{x_0}}=-\frac{1}{6}\left(\frac{\pi fL}{v}\right)^2 \tag{2-34}$$

根据式(2-34)可进行动态应变测量时的误差计算或选择应变片基长以满足某种频率范围内的误差要求。表 2-2 给出不同基长应变片的最高工作频率。

表 2-2 不同基长应变片的最高工作频率

应变片基长 L/mm	1	2	3	5	10	15	20
最高工作频率 f/kHz	250	125	83.3	50	25	16.6	12.5

2.2.3 温度误差及其补偿

在外界温度变化的条件下，由于敏感栅温度系数 α_t 和栅丝与试件膨胀系数(β_g 及 β_s)的差异性而产生虚假应变输出，有时会产生与真实应变同数量级的误差，所以必须采取补偿温度误差的措施。通常温度误差补偿方法有两类。

一、自补偿法

1. 单丝自补偿法

从式(2-31)可以看出，为使 $\varepsilon_i=0$，必须满足

$$\alpha_t=-k(\beta_g-\beta_s) \tag{2-35}$$

对于给定的试件(β_g 给定)，可以适当选取应变片栅丝的温度系数 α_t 及膨胀系数 β_s，以满足式(2-35)；对于给定材料的试件则可以在一定温度范围内进行温度补偿。实际的做法是对于给定的试件材料和选定的康铜和镍铬铝合金栅线(β_g、β_s 及 k 均已给定)，来适当控制、选择、调整栅丝温度系数 α_t。如常用控制康铜丝合金成分、进行冷却或不同的热处理规范(如不同的退火温度)来控制栅丝温度系数 α_t。由试验可知，随着栅丝退火温度的增加，其电阻温度系数变化比较大，如图 2-24 所示。温度系数可以从负值变为正值，并在某一个温度下为零。

康铜丝是在有机硅流体中退火的，这样可以保证退火温度到 450 ℃。

常用材料的线膨胀系数如表 2-3 所示，若康铜丝的线膨胀系数 $\beta_s=15\times10^{-6}$(℃$^{-1}$)，则粘贴在材料上的应变片得到完全补偿的条件可由式(2-35)或表 2-3 及图 2-24 求出。表 2-3 是 $k=2$ 时求出的。例如，粘贴在硬铝上的康铜丝应变片，为了使应变片电阻不受温度变化的影响，就需要采用电阻温度系数 $\alpha_t=-14\times10^{-6}$(℃$^{-1}$)的康铜丝。此时电阻丝应在 340 ℃温度下退火。而对于粘贴在不锈钢上的应变片，必须采用电阻温度系数 $\alpha_t=2\times10^{-6}$(℃$^{-1}$)的康铜丝，康铜丝的退火温度为 380 ℃。但是使用表 2-3 时应注意，假设 β 和 α_t 为常数，一般从室温到(80~100)℃时计算是正确的，但在较宽的温度范围内是有误差的。另外，利用退火温度控制电阻温度系数也是比较困难的，所以都是把一批同样热处理的应变片粘贴在不同零件上，考察应变片的电阻增量与温度的关系。取变化比较小的一组为适合该材料的补偿应变片。

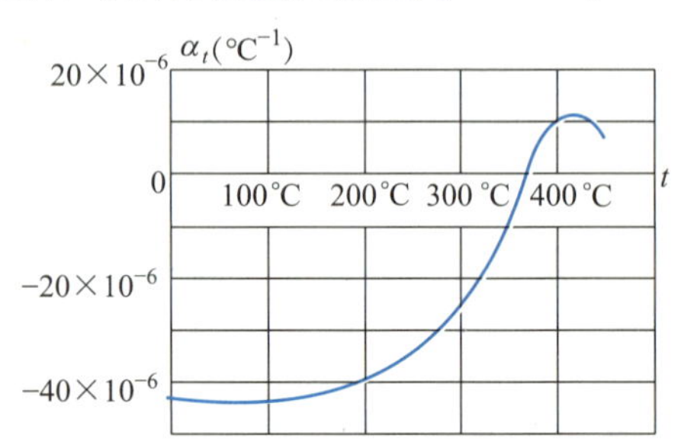

图 2-24 康铜丝温度系数

表 2-3 常用材料的线膨胀系数

材料	β_g	$\alpha_t=-2(\beta_g-\beta_s)$	材料	β_g	$\alpha_t=-2(\beta_g-\beta_s)$
钢	11×10^{-6}	$+8\times10^{-6}$	不锈钢	14×10^{-6}	$+2\times10^{-6}$
杜拉铝	22×10^{-6}	-14×10^{-6}	钛合金	8×10^{-6}	$+14\times10^{-6}$

这种自补偿应变片加工容易，成本低，缺点是只适用于特定材料，补偿温度范围也较窄。

2. 组合式自补偿法

组合式自补偿法又称双金属丝栅法。它的应变片敏感栅丝是由两种不同温度系数的金属丝串接组成的。一种类型是选用两者具有不同符号的电阻温度系数，结构如图2-25 所示。通过实验与计算，调整 R_1 和 R_2 的比例，使温度变化时产生的电阻变化满足

$$(\Delta R_1)_t=-(\Delta R_2)_t \tag{2-36}$$

经变换得

$$\frac{R_1}{R_2}=-\left(\frac{\Delta R_2}{R_2}\right)_t \Big/ \left(\frac{\Delta R_1}{R_1}\right)_t \tag{2-37}$$

注意：

$\mu\varepsilon$ 代表微应变，即数值 10^{-6}。

通过调节两种敏感栅的长度来控制应变片的温度自补偿，可达 ±0.45$\mu\varepsilon$/℃ 的高精度。

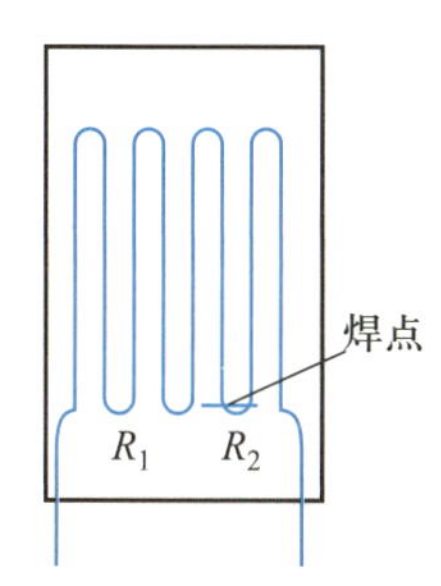

图 2-25　组合式自补偿法之一的结构

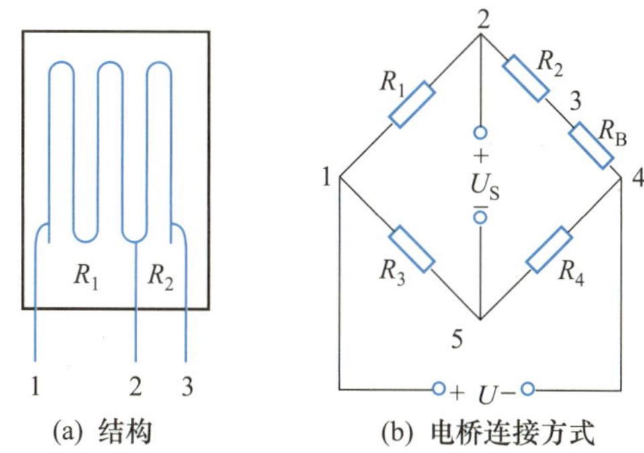

图 2-26　组合式自补偿法之二的结构及电桥连接方式

组合式自补偿应变片的另一种形式是，两种串接的电阻丝具有相同符号的温度系数，两者都为正或都为负，其结构及电桥连接方式如图 2-26 所示。在电阻丝 R_1 和 R_2 串接处焊接一引线 2，R_2 为补偿电阻，它具有高的温度系数及低的应变灵敏系数。R_1 作为电桥的一臂，R_2 与一个温度系数很小的附加电阻 R_B 共同作为电桥的一臂，且作为 R_1 的相邻臂。适当调节 R_1 和 R_2 的长度比和外接电阻 R_B 值，使之满足条件

提示：

利用电桥的组合式自补偿法和线路补偿法可在学习第 2.2.4 节测量电路之后再阅读。

$$(\Delta R_1/R_1)_t=(\Delta R_2)_t/(R_2+R_B) \tag{2-38}$$

由此可求得

$$R_B=R_1\frac{(\Delta R_2)_t}{(\Delta R_1)_t}-R_2 \tag{2-39}$$

即可满足温度自补偿要求。从电桥原理知道，由于温度变化引起的电桥相邻两臂的电阻变化相等或很接近，相应的电桥输出电压即为零或极小。经计算，这种补偿可达到±0.1$\mu\varepsilon$/℃的高精度。缺点是只适合于特定试件材料。此外补偿电阻 R_2 虽比 R_1 小得多，但在桥路中与工作栅 R_1 的敏感应变起抵消作用，从而使应变片的灵敏度下降。

二、线路补偿法

最常用和最好的补偿方法是电桥补偿法，如图 2-27 所示。工作应变

片 R_1 安装在被测试件上，另选一个特性与 R_1 相同的补偿片 R_B，安装在材料与试件相同的某补偿块上，温度与试件相同，但不承受应变。R_1 和 R_B 接入电桥相邻臂上，造成 ΔR_{1t} 与 ΔR_{Bt} 相同，根据电桥理论所知，其输出电压 U_0 与温度变化无关。当工作应变片感受应变时电桥将产生相应输出电压。

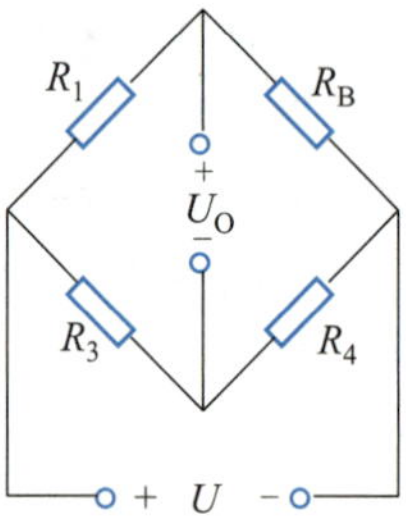

图 2-27　电桥补偿法

最后应当指出，若要达到完全的补偿，需满足下列三个条件：

（1）R_1 和 R_B 是属于同一批号制造的，即它们的电阻温度系数 α、线膨胀系数 β、应变灵敏系数 k 都相同，两应变片的初始电阻值也要求一样。

（2）粘贴补偿片的构件材料和粘贴工作片的材料必须一样，即要求两者的线膨胀系数一样。

（3）两应变片处于同一温度场。

此方法简单易行，而且能在较大的温度范围内补偿，缺点是上面三个条件不易满足，尤其是第三个条件，温度梯度变化大，R_1 和 R_2 很难处于同一温度场。在应变测试的某些条件下，可以比较巧妙地安装应变片，而不需要补偿并兼得灵敏度的提高。如图2-28 所示，测量梁的弯曲应变时，将两个应变片分别贴于梁的上下两面对称位置，R_1 和 R_B 特性相同，两电阻变化值相同而符号相反。若 R_1 和 R_B 按图 2-27 所示接入电桥，电桥输出电压比单片时增加 1 倍，当梁上下面温度一致时，R_B 与 R_1 可起温度补偿作用。电桥补偿法简易可行，使用普通应变片可对各种试件材料在较大温度范围内进行补偿，因而最为常用。

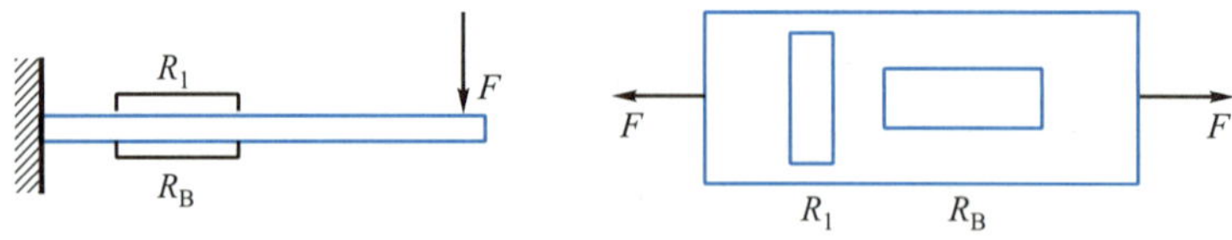

图 2-28　差动电桥补偿法

2.2.4　应变片式电阻传感器的测量电路

应变片将试件应变 ε 转换成电阻相对变化 $\Delta R/R$，为了能用电测仪器进行测量，还必须将 $\Delta R/R$ 进一步转换成电压或电流信号。这种转换通常采用各种电桥线路。根据电源的不同，可将电桥分为直流电桥和交流电桥。

一、直流电桥

1. 直流电桥的平衡条件

直流电桥电路如图 2-29(a)所示，U 为直流电源，R_1、R_2、R_3 及 R_4 为电桥的桥臂，R_L 为负载电阻，可以求出 I_L 与 U 之间的关系为

$$I_L=\frac{(R_1R_4-R_2R_3)\cdot U}{R_L(R_1+R_2)(R_3+R_4)+R_1R_2(R_3+R_4)+R_3R_4(R_1+R_2)} \tag{2-40}$$

当 $I_L=0$ 时，称为电桥平衡，平衡条件为

$$R_1/R_2=R_3/R_4$$

或

$$R_1R_4=R_2R_3 \tag{2-41}$$

上述平衡条件可表述为电桥相邻两臂电阻的比值相等，或相对两臂电阻的乘积相等。

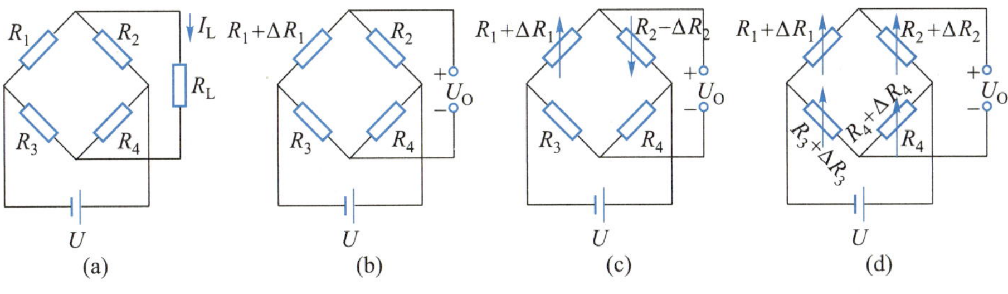

图 2-29　直流电桥电路

提示：

电桥的输出电压较小，且输出阻抗不够小，易受后续电路影响。故需采用仪表放大器或差分输入放大器，在放大差模信号的同时，还可抑制共模噪声的影响，提高带负载能力。

2. 直流电桥电压灵敏度

电阻应变片工作时，通常其电阻变化是很小的，电桥相应输出电压也很小。要推动记录仪器工作，还必须将电桥的输出电压进行放大，为此必须了解 $\Delta R/R$ 与电桥输出电压间的关系。在四臂电桥中，R_1 为工作应变片，由于应变而产生相应的电阻变化 ΔR_1。R_2、R_3、R_4 为固定电阻。U_O 为电桥输出电压，并设 $R_L=\infty$。电桥线路如图 2-29(b) 所示。初始状态下，电桥是平衡的，$U_O=0$，当有 ΔR_1 时，电桥输出电压

$$U_O=\frac{\dfrac{R_4}{R_3}\cdot\dfrac{\Delta R_1}{R_1}}{\left(1+\dfrac{R_2}{R_1}+\dfrac{\Delta R_1}{R_1}\right)\left(1+\dfrac{R_4}{R_3}\right)}\cdot U \tag{2-42}$$

设桥臂比 $n=R_2/R_1$，由于电桥初始平衡时有 $R_2/R_1=R_4/R_3$，略去分母中的 $\Delta R_1/R_1$，可得

$$U_O=\frac{n}{(1+n)^2}\cdot\frac{\Delta R_1}{R_1}\cdot U \tag{2-43}$$

电桥电压灵敏度定义为

$$k_u=\frac{U_O}{\Delta R_1/R_1}$$

可得单臂工作应变片的电桥电压灵敏度为

$$k_u=\frac{n}{(1+n)^2}\cdot U \tag{2-44}$$

显然可以看出，k_u 与电桥电源电压成正比，同时与桥臂比 n 有关。

注意：

由公式(2-43)可见，电桥输出电压与电阻的相对变化成正比，从而与应变也成正比。有读者常认为电桥是测量电阻的，该观点并不准确。

U 值的选择受应变片功耗的限制。由上式可知，当 $n=1$ 时，即 $R_1=R_2$，$R_3=R_4$，此时 k_u 为最大值。

$n=1$ 时，由式(2-43)可得

$$U_0=\frac{U}{4}\cdot\frac{\Delta R_1}{R_1}$$

由式(2-44)可得

$$k_u=\frac{U}{4}$$

3. 电桥的非线性误差

式(2-43)中求出的输出电压忽略了分母中的 $\Delta R_1/R_1$ 项，是理想值。实际值按式(2-42)计算为

$$U_0'=\frac{n\cdot\frac{\Delta R_1}{R_1}}{\left(1+n+\frac{\Delta R_1}{R_1}\right)\cdot(1+n)}\cdot U$$

设理想情况下

$$U_0=\frac{1}{4}U\cdot\frac{\Delta R_1}{R_1}$$

设电桥为四等臂电桥，即 $R_1=R_2=R_3=R_4$，非线性误差为

$$\begin{aligned}\delta&=\frac{U_0'-U_0}{U_0}=\frac{U_0'}{U_0}-1\\&=\frac{1}{\left(1+\frac{1}{2}\cdot\frac{\Delta R_1}{R_1}\right)}-1\approx1-\frac{1}{2}\cdot\frac{\Delta R_1}{R_1}-1=-\frac{\Delta R_1}{2R_1}\end{aligned}\qquad(2-45)$$

可见，δ 与 $\Delta R_1/R_1$ 成正比，有时能够达到可观的程度。

为了减少和克服非线性误差，常用的方法是采用差分电桥，如图 2-29(c)所示，在试件上安装两个工作应变片，一片受拉，一片受压，然后接入电桥相邻臂，跨在电源两端。电桥输出电压 U_0 为

$$U_0=U\left[\frac{R_1+\Delta R_1}{R_1+\Delta R_1+R_2-\Delta R_2}-\frac{R_3}{R_3+R_4}\right]$$

设初始时 $R_1=R_2=R_3=R_4$，$\Delta R_1=\Delta R_2$，则

$$U_0=\frac{U}{2}\left(\frac{\Delta R_1}{R_1}\right)\qquad(2-46)$$

可见，这时输出电压 U_0 与 $\Delta R_1/R_1$ 呈严格的线性关系，没有非线性误差，而且电桥灵敏度比单臂时提高一倍，还具有温度补偿作用。

为了提高电桥灵敏度或进行温度补偿，在桥臂中往往安置多个应变片，电桥也可采用四等臂电桥，如图 2-29(d)所示。

提示：

关于差分电桥和四臂电桥，读者可自行推导得出如何提高电桥灵敏度，如何完成温度补偿。

二、交流电桥

前述直流电桥的优点是：高稳定度直流电源易于获得，电桥调节平衡电路

简单，传感器至测量仪表的连接导线分布参数影响小等。但是后续要采用直流放大器，容易产生零点漂移，线路也较复杂，因此应变电桥现在多采用交流电桥。在用交流供电时，平衡条件、引线分布参数影响、平衡调节、后续信号放大线路等许多方面与直流电桥有明显差异。

1. 交流电桥的平衡条件

图 2-30 为交流电桥电路。Z_1、Z_2、Z_3、Z_4 为复阻抗，$\dot{U}$ 为交流电压源，开路输出电压为 $\dot{U}_o$。根据交流电路分析可求出

$$\dot{U}_o=\frac{Z_1Z_4-Z_2Z_3}{(Z_1+Z_2)(Z_3+Z_4)}\cdot\dot{U} \tag{2-47}$$

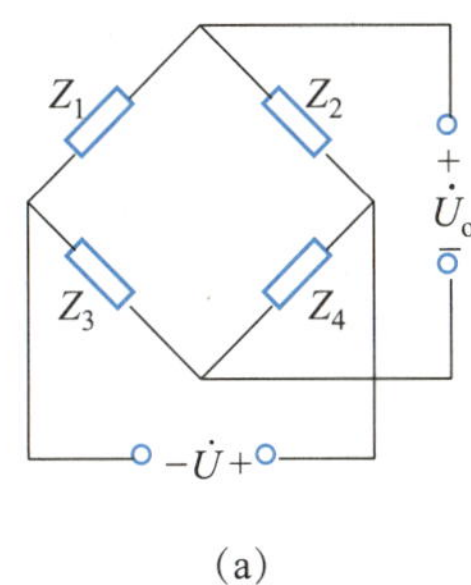

(a)

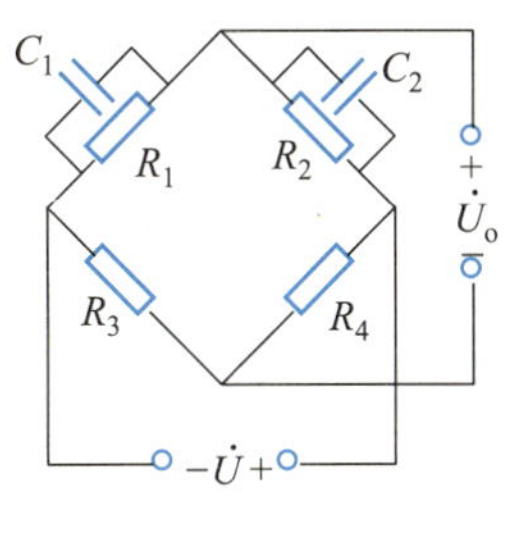

(b)

图 2-30　交流电桥电路

要满足电桥平衡条件，即 $U_o=0$，则应有

$$Z_1Z_4-Z_2Z_3=0 \quad 或 \quad Z_1/Z_2=Z_3/Z_4 \tag{2-48}$$

设四臂阻抗为

$$Z_1=R_1+\mathrm{j}X_1=|Z_1|\cdot e^{\mathrm{j}\phi_1}$$
$$Z_2=R_2+\mathrm{j}X_2=|Z_2|\cdot e^{\mathrm{j}\phi_2}$$
$$Z_3=R_3+\mathrm{j}X_3=|Z_3|\cdot e^{\mathrm{j}\phi_3}$$
$$Z_4=R_4+\mathrm{j}X_4=|Z_4|\cdot e^{\mathrm{j}\phi_4}$$

上式中，R_1、R_2、R_3、R_4 为各桥臂的电阻，X_1、X_2、X_3、X_4 为各桥臂的电抗，$|Z_1|$、$|Z_2|$、$|Z_3|$、$|Z_4|$和 ϕ_1、ϕ_2、ϕ_3、ϕ_4 分别为各桥臂复阻抗的模和辐角。代入式(2-48)中，得交流电桥平衡条件

$$\begin{cases}|Z_1|\cdot|Z_4|=|Z_2|\cdot|Z_3|\\ \phi_1+\phi_4=\phi_2+\phi_3\end{cases} \tag{2-49}$$

式(2-49)说明交流电桥平衡要满足两个条件：①相对两臂复阻抗的模之积相等；②辐角之和相等。

2. 交流应变电桥的输出特性及平衡调节

设交流电桥的初始状态是平衡的，$Z_1Z_4=Z_2Z_3$。当工作应变片 R_1 改变 ΔR_1 后，引起 Z_1 变化 ΔZ_1，可算出

$$\dot{U}_o=\dot{U}\cdot\frac{\dfrac{Z_4}{Z_3}\cdot\dfrac{\Delta Z_1}{Z_1}}{\left(1+\dfrac{Z_2}{Z_1}+\dfrac{\Delta Z_1}{Z_1}\right)\left(1+\dfrac{Z_4}{Z_3}\right)} \tag{2-50}$$

略去上式分母中的 $\Delta Z_1/Z_1$ 项，并设初始 $Z_1=Z_2$，$Z_4=Z_3$，则

$$\dot{U}_o=\frac{\dot{U}}{4}\left(\frac{\Delta Z_1}{Z_1}\right) \tag{2-51}$$

注意：交流电桥需接入放大电路，并采用专门电路，以提取交流输出信号的幅值、频率、相位等信息，最终得到直流输出信号。

现举例说明。若一交流电桥如图 2-30(b)所示，其中 C_1、C_2 表示应变片导线或电缆分布电容。$Z_3=R_3$、$Z_4=R_4$、$Z_1=R_1/(1+j\omega R_1C_1)$、$Z_2=R_2/(1+j\omega R_2C_2)$，按平衡条件式(2-49)可求出

$$\frac{R_3}{R_1}+j\omega R_1C_1=\frac{R_4}{R_2}+j\omega R_2C_2$$

其中，实部、虚部分别相等，并经整理可得图 2-30(b)所示交流电桥的平衡条件

$$R_2/R_1=R_4/R_3 \quad 或 \quad R_1R_4=R_2R_3$$

及

$$R_2/R_1=C_1/C_2 \quad 或 \quad R_1C_1=R_2C_2 \tag{2-52}$$

对这种交流电容电桥，除要满足电阻平衡条件外，还必须满足电容平衡条件。为此在桥路上除设有电阻平衡调节外还有电容平衡调节。常见的调节平衡电路如图 2-31 所示。

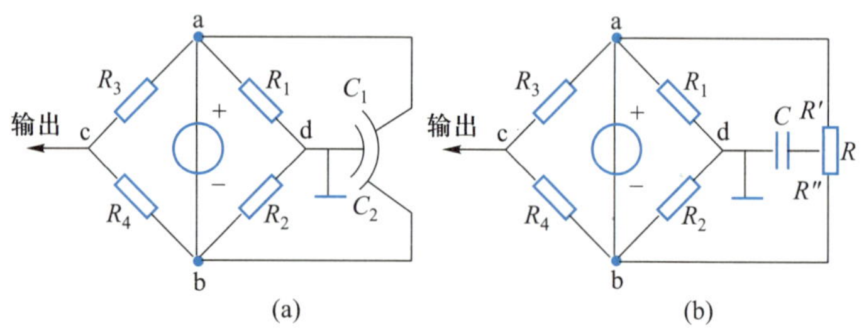

图 2-31 常见的调节平衡电路

2-1 视频：电阻式传感器应用

2.2.5 应变片式电阻传感器的应用举例

电阻应变片、应变丝除直接用来测量机械、仪器及工程结构等的应变外，还可以与某种形式的弹性敏感元件相配合，组成其他物理量的测试传感器，如拉力、压力、扭矩、位移、加速度等。现介绍一些常用的应变式传感器工作原理、结构特点及设计要点。

一、应变式测力传感器

荷重、拉力、压力传感器的弹性元件可以做成柱式、筒式、环式及梁式等。

1. 柱式力传感器

如图 2-32 所示，应变片粘贴在外壁应力分布均匀的中间部分，对称地粘贴多片，电桥连接时考虑尽量减小载荷偏心和弯矩影响，如图 2-32(a)、(b)所示。贴片在圆柱面上的展开位置如图 2-32(c)所示，电桥连接如图(d)所示。R_1、R_3 串接，R_2、R_4 串接并置于相对臂，减小弯矩影响。横向贴片 R_5、R_6、R_7、R_8 作温度补偿。

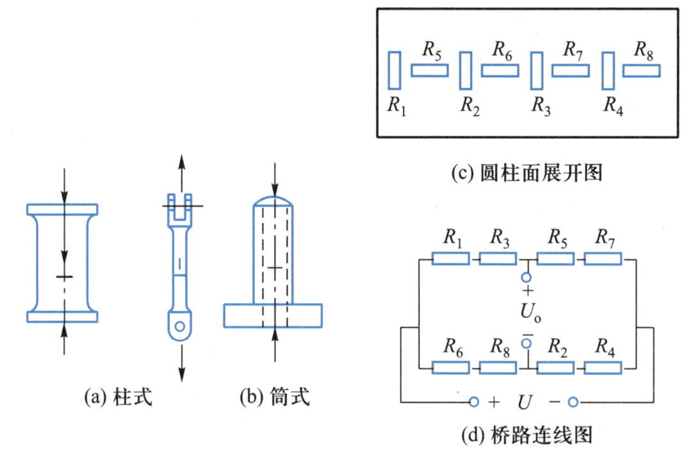

图 2-32　荷重传感器弹性元件的形式

> 提示：
> 由虎克定律可知，由外力作用产生的内应力正比于材料产生的应变力，因此可利用应变式传感器测量外力。

2. 梁式力传感器

梁式力传感器有多种形式，如图 2-33 所示。图 2-33(a)是等截面梁，适合于 5 000 N 以下的载荷测量，传感器结构简单，灵敏度高，也可用于小压力测量；图(b)是等强度梁，集中力 P 作用于梁端三角形顶点上，梁内各断面产生的应力是相等的，表面上的应变也是相等的，与 l 方向的贴片位置无关；图(c)为双孔梁，多用于小量程工业电子秤和商业电子秤；图(d)为 S 形弹性元件，适于较小载荷。

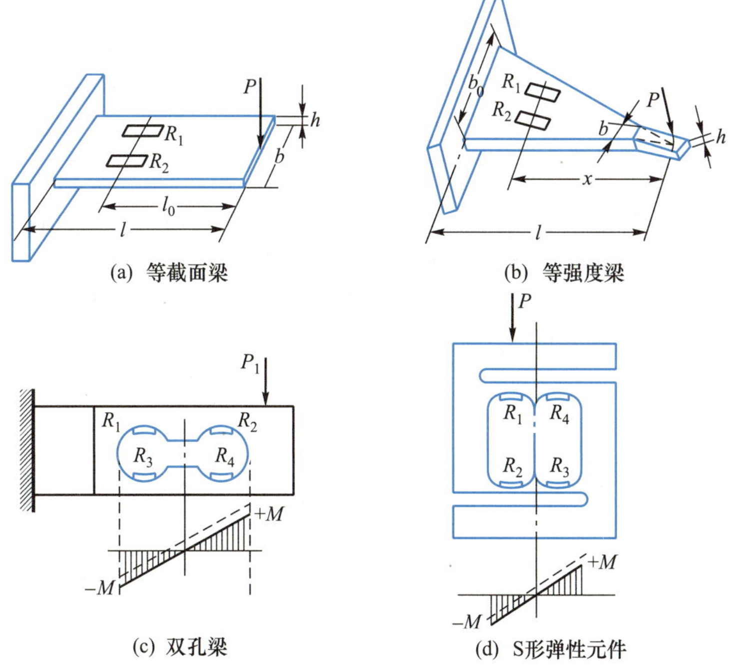

图 2-33　梁式力传感器

二、应变式压力传感器

测量流体压力的应变式传感器有膜片式、筒式、组合式等结构。下面以膜片式为例说明。

膜片式传感器的结构如图 2-34(a)所示，应变片贴在膜片内壁，在外压力 P 作用下，膜片产生径向应变 ε_r 和切向应变 ε_t，如图 2-34(b)所示。根据应变分布安排贴片，一般在中心贴片，以及在边缘沿径向贴片，接成半桥或全桥。现已制出适应膜片应变分布的专用箔式应变花，如图 2-34(c)所示。

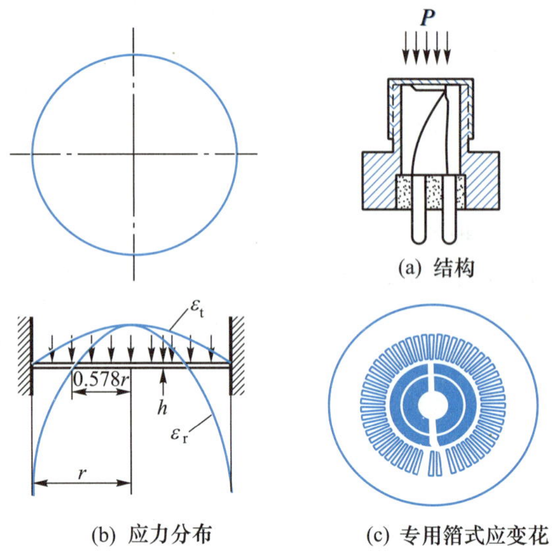

图 2-34　膜片式传感器

三、应变式扭矩传感器

测量扭矩可以直接将应变片粘贴在被测轴上或采用专门设计的扭矩传感器，其原理如图2-35(a)所示。当被测轴受到纯扭力时，其最大剪应力 τ_{max} 不便于直接测量，但轴表面主应力方向与母线成 45°角，而且在数值上等于最大剪应力。因而应变片沿与母线成 45°角方向粘贴，并接成桥路，如图 2-35(b)所示。

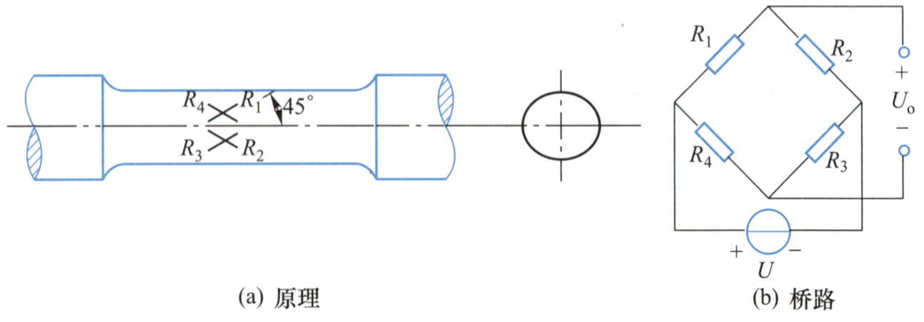

图 2-35　扭矩传感器

四、应变式加速度传感器

应变式加速度传感器的基本原理如图 2-36 所示。通常由惯性质量 1、弹性元件 2、壳体及基座 3、应变片 4 组成。当物体和加速度计一起以加速度 a 沿图中所示方向运动时，质量 m 感受惯性力 $F=-ma$，引起悬臂梁的弯曲，其上粘贴的应变片可测出受力的大小和方向，从而确定物体运动的加速度大小和方向。

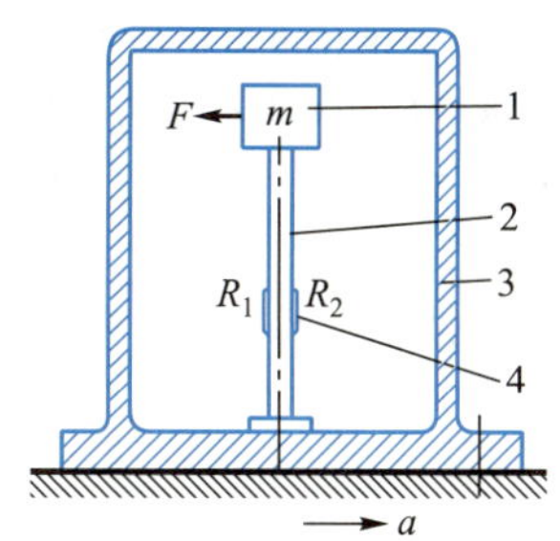

图 2-36　应变式加速度传感器的基本原理
1—惯性质量；2—弹性元件；3—壳体及基座；4—应变片

习题与思考题

2.1　用直流电桥测量电阻时，若标准电阻 $R_n=10.000\ 4\ \Omega$ 时电桥已平衡（则被测电阻 $R_x=10.000\ 4\ \Omega$），但由于检流计指针偏转在±0.3 mm 以内时，人眼就很难观测出来，因此 R_n 的值也可能不是 10.000 4 Ω，而是 $R_n=10.000\ 4\ \Omega\pm\Delta R_n$。若已知电桥的相对灵敏度 $S_r=1\ \text{mm}/0.01\%$，求对应检流计指针偏转±0.3 mm 时，$\Delta R_n=?$

2.2　图 T2-1 所示的是电阻应变仪中所用的不平衡电桥的简化电路。图中，$R_2=R_3=R$ 是固定电阻，R_1 与 R_4 是电阻应变片，工作时 R_1 受拉，R_4 受压，ΔR 表示应变片发生应变后电阻值的变化量。当应变片不受力、无应变时，$\Delta R=0$，桥路处于平衡状态；当应变片受力发生应变时，桥路失去平衡，这时就用桥路输出电压 U_{cd} 表示应变片应变后电阻值的变化量。试证明：$U_{cd}=-(E/2)(\Delta R/R)$

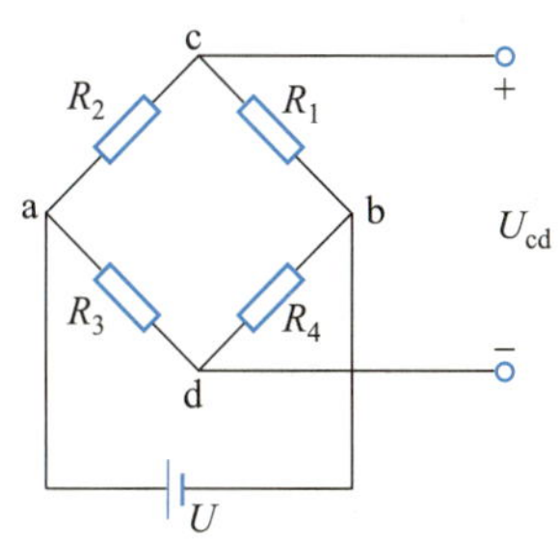

图 T2-1　2.2 题图

2.3　说明电阻应变片的组成和种类。电阻应变片有哪些主要特性参数？

2.4　当电位器负载系数 $m<0.1$ 时，求 R_L 与 R_{max} 的关系。若负载误差 $\delta_L<0.1$，且电阻相对变化 $\gamma=1/2$，求 R_L 与 R_{max} 的关系。

2.5　一个量程为 10 kN 的应变式测力传感器，其弹性元件为薄壁圆筒轴向受力，外径 20 mm，内径 18 mm，在其表面粘贴八个应变片，四个沿轴向粘贴，四个沿周向粘贴，应变片的电阻值均为 120 Ω，灵敏度为 2.0，泊松系数为 0.3，材料弹性模量 $E=2.1\times10^{11}$ Pa。要求：

（1）绘出弹性元件贴片的位置及全桥电路；

（2）计算传感器在满量程时，各应变片的电阻变化；

（3）当桥路的供电电压为 10 V 时，计算传感器的输出电压。

2.6 试设计一个电位器的电阻 R_P。给定电位器的总电阻 $R_P = 100\ \Omega$，负载电阻 R_F 分别为 50 Ω 和 500 Ω。计算时取 x 的间距为 0.1，x、y 分别为相对输入和相对输出，如图 T2-2 所示。

2.7 试设计一个分流电阻式非线性电位器的电路，其参数、要求特性如图 T2-3 所示。

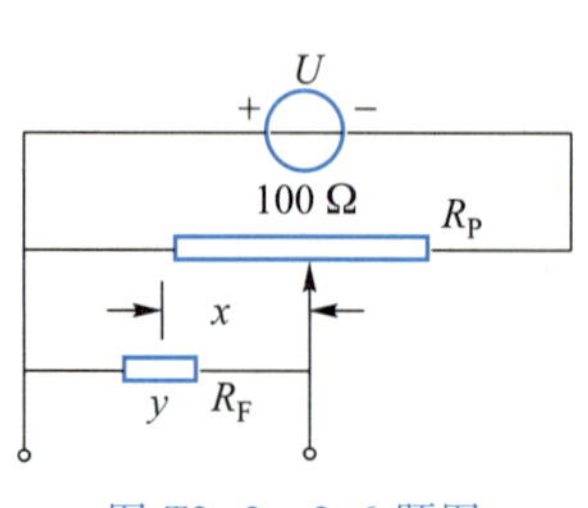

图 T2-2　2.6 题图

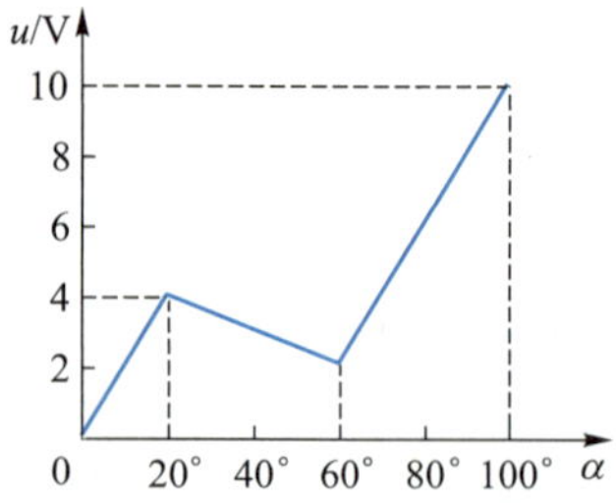

图 T2-3　2.7 题图

2.8 如图 T2-4 所示，带负载的线性电位器的总电阻为 1.5 kΩ。试分别用解析和数值方法（可把整个行程分成 10 段），求下面两种电路的线性度。

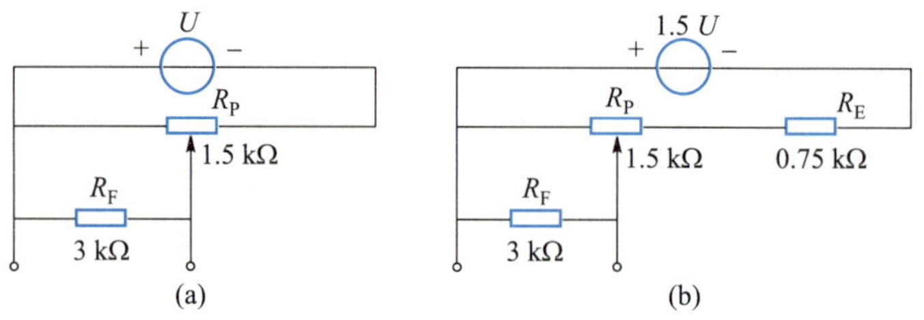

图 T2-4　2.8 题图

2.9 应变片产生温度误差的原因是什么？减小或补偿温度误差的方法是什么？

2.10 今有一个悬臂梁，在其中部上、下两面各贴两片应变片，组成全桥，如图 T2-5 所示。

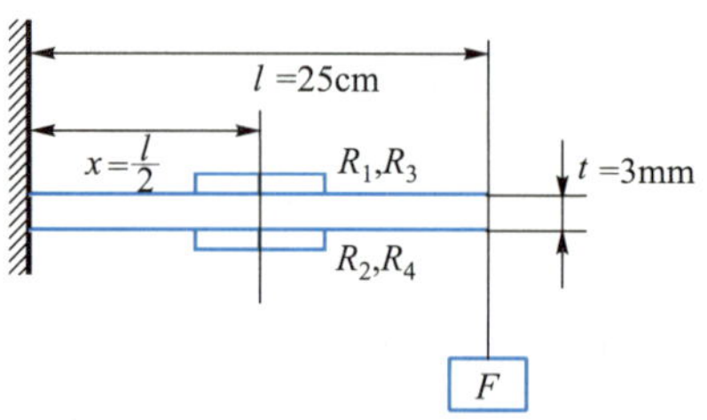

图 T2-5　2.10 题图

该梁在其悬臂梁一端受一向下力 $F = 0.5$ N，试求此时这四个应变片的电阻值。已知：应变片灵敏系数 $K = 2.1$，应变片空载电阻 $R_0 = 120\ \Omega$，悬臂梁宽度 $W = 6$ cm，悬臂梁的弹性模量 $E = 70 \times 10^5$ Pa，$\varepsilon_x = \dfrac{6(l-x)}{WEt^2}F$。

2.11 如图 T2-6 所示，一受拉的 10[#]优质碳素钢杆。用允许通过的最大电流为 30 *mA* 的康铜丝应变片组成一个单臂电桥，试求出此电桥空载时的最大可能的输出电压（应变片的电阻为 120 *Ω*）。

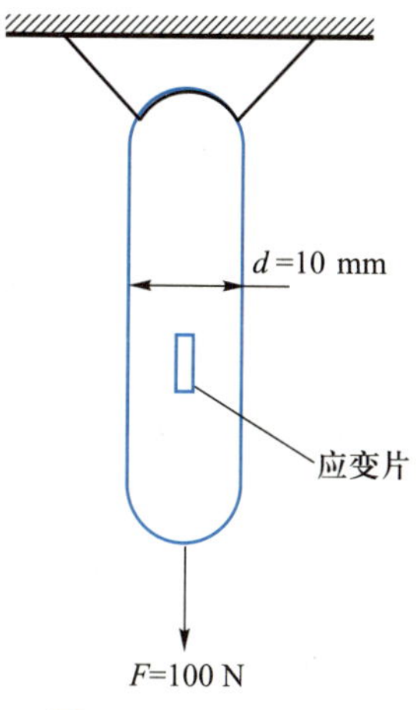

图 T2-6 2.11 题图

3 电感式传感器

电感式传感器是利用线圈自感或互感的变化来实现测量的一种装置，可以用来测量位移、振动、压力、流量、重量、力矩、应变等多种物理量。

电感式传感器的核心部分是可变自感或可变互感，将被测量转换成线圈自感或互感的变化，一般要利用磁场作为媒介或利用铁磁体的某些现象。这类传感器的主要特征是具有线圈。

电感式传感器具有的优点：结构简单可靠，输出功率大，抗干扰能力强，对工作环境要求不高，分辨力较高(如在测量长度时一般可达 0.1 μm)，示值误差一般为示值范围的 0.1%~0.5%，稳定性好。它的缺点是频率响应低，不宜用于快速动态测量。一般说来，电感式传感器的分辨率和示值误差与示值范围有关。若示值范围增大，分辨率和示值精度将相应降低。

3-1 图片：电感式传感器实物图

电感式传感器种类有很多，如利用自感原理做成的自感式传感器(variable reluctance sensor)、利用互感原理做成的差分变压器式传感器、利用涡流原理做成的涡流式传感器、利用压磁原理做成的压磁式传感器和利用互感原理做成的感应同步器等。

3.1 自感式传感器

3-1 视频：电感式传感器的应用

3.1.1 工作原理

气隙型自感式传感器的原理结构如图 3-1 所示，其中 B 为动铁心(通称衔铁)，A 为固定铁心。这两个部件一般为硅钢片或坡莫合金叠片。动铁心 B 用拉簧定位，使 A、B 间保持一个初始距离 l_0，在固定铁心 A 上绕有 W 匝线圈。由电感的定义可写出电感值表达式为

$$L=\frac{\Psi}{I}=\frac{W\Phi}{I} \tag{3-1}$$

图 3-1 气隙型自感式传感器的原理结构

式中：Ψ——链过线圈的总磁链；

Φ——穿过线圈的磁通；

I——线圈中流过的电流。

又知

$$\Phi=\frac{IW}{R_m} \tag{3-2}$$

式中：IW——磁动势；

R_m——磁阻，其值为

$$R_m=\sum_{i=1}^{n}\frac{l_i}{\mu_i S_i}+2\frac{l_0}{\mu_0 S_0} \tag{3-3}$$

式中：l_i、S_i、μ_i 分别为铁心中磁路上第 i 段的长度、截面积及磁导率；l_0、S_0、μ_0 分别为空气隙的长度、等效截面积及磁导率（$\mu_0=4\pi\times10^{-7}$ H/m）。当铁心工作在非饱和状态时，式（3-3）以第二项为主，第一项可略去不计。将式（3-3）、式（3-2）代入式（3-1）中，则有

$$L=\frac{W^2\mu_0 S_0}{2l_0} \tag{3-4}$$

由此可见，电感值与线圈匝数平方成正比，与空气隙有效截面积 S_0 成正比，与空气隙长度 l_0 成反比。

利用空气隙有效截面积 S_0 及空气隙长度 l_0 作为传感器的输入量，制成的传感器分别称为气隙型传感器（如图 3-1 所示）和截面型传感器（如图 3-2 所示）。

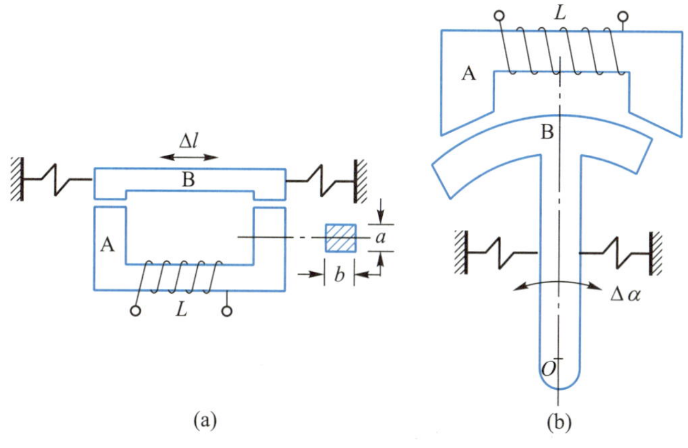

图 3-2　截面型自感式传感器的原理结构

传感器也可以做成差分形式，如图 3-3 所示。在这里固定铁心上有两组线圈，调整可动铁心 B，使之在没有被测量输入时两组线圈的电感值相等；当有被测量输入时，一组自感增大，而另一组自感减小。

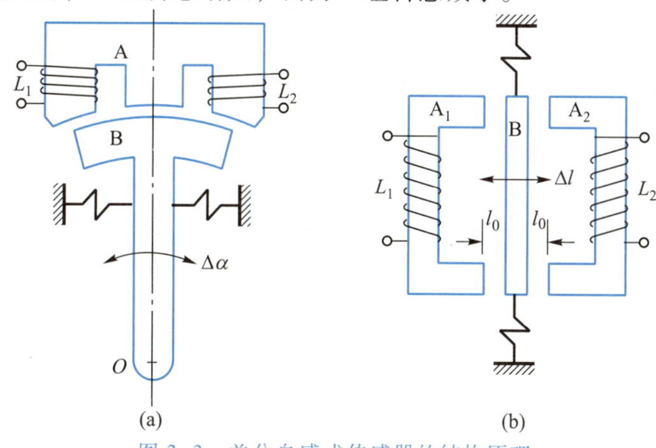

图 3-3　差分自感式传感器的结构原理

3.1.2 灵敏度及非线性

由式(3-4)可知，改变空气隙等效截面积 S_0 类型的传感器，其转换关系是线性的；改变空气隙长度 l_0 类型的传感器，其转换关系是非线性的。设 Δl 为气隙改变量，则

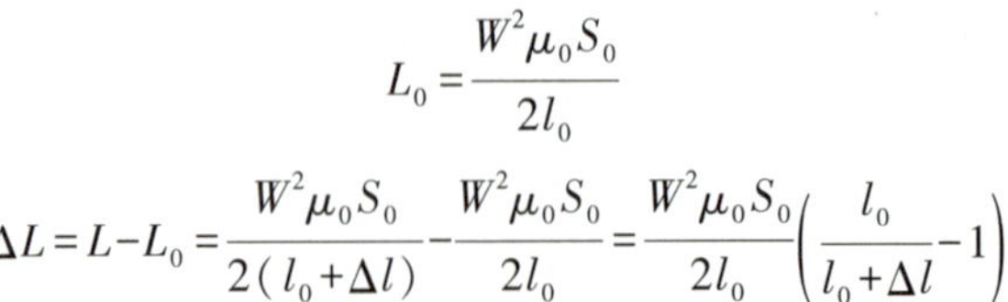

$$L_0=\frac{W^2\mu_0S_0}{2l_0}$$

$$\Delta L=L-L_0=\frac{W^2\mu_0S_0}{2(l_0+\Delta l)}-\frac{W^2\mu_0S_0}{2l_0}=\frac{W^2\mu_0S_0}{2l_0}\left(\frac{l_0}{l_0+\Delta l}-1\right)$$

提示：公式(3-5)为平衡点附近的灵敏度。全量程范围内的灵敏度，可由自感公式相对于气隙长度求导得到。

气隙型其灵敏度为

$$S=\frac{\Delta L}{\Delta l}=-\frac{L_0}{l_0}\left[1-\frac{\Delta l}{l_0}+\left(\frac{\Delta l}{l_0}\right)^2+\cdots\right] \tag{3-5}$$

以上结论在满足 $\Delta l/l_0\ll 1$ 时成立。从提高灵敏度（S 越大越好）的角度看，初始空气隙长度 l_0 应尽量小（l_0 越小越好），故 l_0 的变化量自然就更小了，被测量的范围也变小了。同时，灵敏度的非线性也将增加。如采用增大空气隙等效截面积和增加线圈匝数的方法来提高灵敏度，则必将增大传感器的几何尺寸和重量。这些矛盾在设计传感器时应综合考虑。与截面型自感式传感器相比，气隙型自感式传感器的灵敏度较高，但其非线性严重，自由行程小，制造装配困难，因此近年来这种类型的使用逐渐减少。

对差分自感式传感器，其灵敏度为

$$S=-\frac{2L_0}{l_0}\left[1+\left(\frac{\Delta l}{l_0}\right)^2+\cdots\right] \tag{3-6}$$

与单极式比较，其灵敏度提高一倍，非线性大大减小。

3.1.3 等效电路

自感式传感器从电路角度来看并非纯电感，它既有线圈的铜损耗，又有铁心的涡流及磁滞损耗，这可用折合的有功电阻 R_q 表示。此外，无功阻抗除电感之外还包括绕组间的分布电容。这部分电容用集总参数 C 表示，一个电感线圈的完整等效电路可用图 3-4 表示，其中

$$L=\frac{W^2}{R_m}=\frac{W^2}{Z_m+Z_0} \tag{3-7}$$

式中：R_m——磁路总磁阻；

Z_m——铁心部分的磁阻抗；

Z_0——空气隙的磁阻抗；

W——电感线圈的匝数。

图 3-4　电感线圈的完整等效电路

3.1.4 转换电路

自感式传感器实现了把被测量的变化转变为电感量的变化。为了测出电感量的变化，同时也为了送入下级电路进行放大和处理，就要用转换电路把电感变化转换成电压(或电流)变化。把传感器电感接入不同的转换电路，原则上可将电感变化转换成电压(或电流)的幅值、频率、相位的变化，它们分别称为调幅电路、调频电路、调相电路。在自感式传感器中，调幅电路用得较多，调频和调相电路用得较少。

一、调幅电路

调幅电路的一种主要形式是交流电桥。图 3-5(a)所示为交流电桥的一般形式。桥臂 Z_i 可以是电阻、电抗或阻抗元件。当空载时，开路输出电压的表达式为

$$\dot{U}_o=\left(\frac{Z_1}{Z_1+Z_2}-\frac{Z_3}{Z_3+Z_4}\right)\dot{U}=\frac{Z_1Z_4-Z_2Z_3}{(Z_1+Z_2)(Z_3+Z_4)}\dot{U} \tag{3-8}$$

式中：$\dot{U}$——电源电压。

> 注意：电感式传感器和电阻式传感器受限于自身工作原理，只能采用交流电桥而不能直接采用直流电桥。

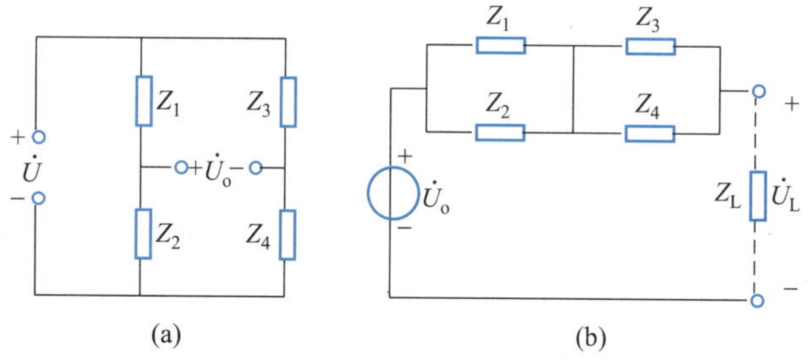

图 3-5 交流电桥的一般形式及等效电路

图 3-5(a)所示电路可画成图 3-5(b)所示电路，即等效为一个具有内阻 $[Z_1\cdot Z_2/(Z_1+Z_2)+Z_3\cdot Z_4/(Z_3+Z_4)]$ 的电压源 $\dot{U}_o$。当接入负载 Z_L 时，桥路输出电压为

$$\dot{U}_L=\frac{Z_L(Z_1Z_4-Z_2Z_3)\dot{U}}{Z_L(Z_1+Z_2)(Z_3+Z_4)+Z_1Z_2(Z_3+Z_4)+Z_3Z_4(Z_3+Z_4)} \tag{3-9}$$

式中：Z_L——负载阻抗。

当电桥平衡时，即 $Z_1Z_4=Z_2Z_3$，电桥的空载输出电压与负载输出电压均为零。若电桥臂阻抗的相对变化分别为 $\Delta Z_1/Z_1$、$\Delta Z_2/Z_2$、$\Delta Z_3/Z_3$、$\Delta Z_4/Z_4$，则由式(3-8)、式(3-9)可得出电桥的输出电压为

$$\dot{U}_o=\left[\frac{\Delta Z_1/Z_1+\Delta Z_4/Z_4}{(1+Z_2/Z_1)(1+Z_3/Z_4)}-\frac{\Delta Z_2/Z_2+\Delta Z_3/Z_3}{(1+Z_1/Z_2)(1+Z_4/Z_3)}\right]\dot{U} \tag{3-10}$$

$$\dot{U}_L=\left[\frac{\Delta Z_1/Z_1+\Delta Z_4/Z_4}{Z_L(1+Z_2/Z_1)(1+Z_3/Z_4)+(Z_2/Z_4)(Z_3+Z_4)+(Z_3/Z_1)(Z_1+Z_2)}-\right.$$

$$\left.\frac{\Delta Z_2/Z_2+\Delta Z_3/Z_3}{Z_L(1+Z_1/Z_2)(1+Z_4/Z_3)+(Z_1/Z_3)(Z_3+Z_4)+(Z_4/Z_2)(Z_1+Z_2)}\right]Z_L\dot{U} \tag{3-11}$$

式中忽略了分母中较小的 $\Delta Z/Z$ 的二次项。

实际应用中，交流电桥常和差分式电感传感器配合使用，传感器的两个电感线圈作为电桥的两个工作臂，电桥的平衡臂可以是纯电阻，也可以是变压器的两个二次线圈，如图 3-6 所示。

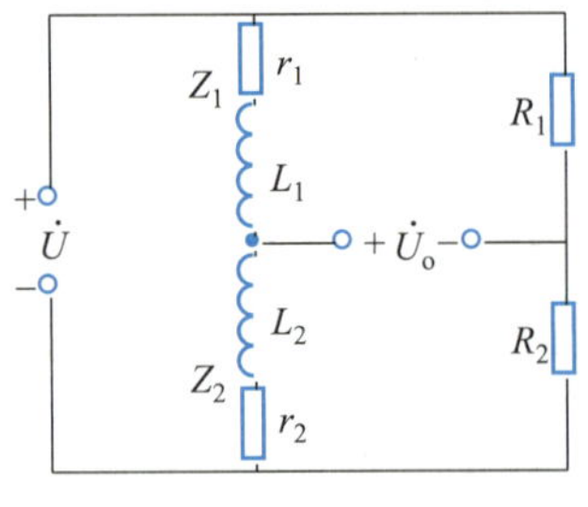

(a) 电阻平衡臂电桥

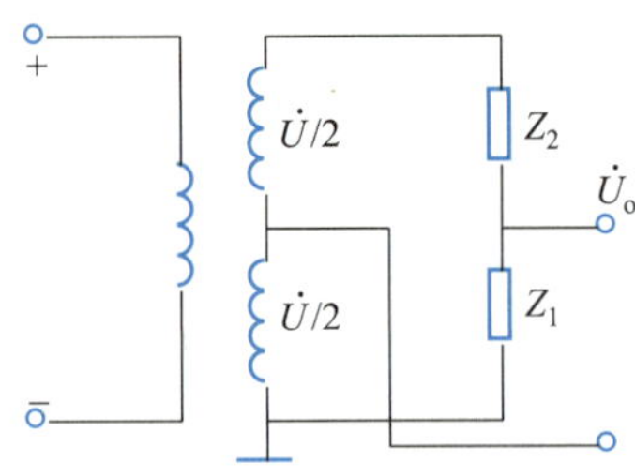

(b) 变压器电桥

图 3-6　交流电桥的两种实用形式

在图 3-6(a) 中，R_1、R_2 为平衡电阻，Z_1、Z_2 为工作臂，即传感器的阻抗，其值可写成

$$Z_1=r_1+\mathrm{j}\omega L_1,\quad Z_2=r_2+\mathrm{j}\omega L_2$$

其中：r_1、r_2 为串联损耗电阻，L_1、L_2 为线圈电感，ω 为电源角频率。

一般情况下，取 $R_1=R_2=R$。当电桥处于初始平衡状态时，$Z_1=Z_2=Z$。工作时传感器的衔铁由初始平衡零点产生位移，则

$$Z_1=Z+\Delta Z,\quad Z_2=Z-\Delta Z$$

代入式(3-10)、式(3-11)可得

$$\dot{U}_o=\frac{\Delta Z}{2Z}\dot{U} \tag{3-12}$$

$$\dot{U}_L=\frac{R_L}{2R_L+R+Z}\cdot\frac{\Delta Z}{Z}\dot{U} \tag{3-13}$$

式中：R_L——负载电阻。

传感器线圈的阻抗变化 ΔZ 分为损耗电阻变化 Δr 及感抗变化 $\omega\cdot\Delta L$ 两部分。当 $\omega L\gg r$ 时

$$\frac{\Delta Z}{Z}\approx\frac{r\cdot\Delta r+\omega^2 L\Delta L}{r^2+(\omega L)^2}$$

代入式(3-12)可得

$$\begin{aligned}\dot{U}_o&=\frac{\dot{U}}{2}\left[\frac{r^2}{r^2+(\omega L)^2}\cdot\frac{\Delta r}{r}+\frac{\omega^2L^2}{r^2+(\omega L)^2}\cdot\frac{\Delta L}{L}\right]\\&=\frac{U}{2(1+1/Q^2)}\left[\frac{\Delta L}{L}+\frac{1}{Q^2}\left(\frac{\Delta r}{r}\right)\right]\end{aligned} \tag{3-14}$$

式中：$Q=\omega L/r$——电感线圈的品质因数。

由式(3-14)可以看出，若 $\Delta r/r$ 可忽略，式(3-14)为

$$\dot{U}_o=\frac{\dot{U}}{2(1+1/Q^2)}\cdot\frac{\Delta L}{L} \tag{3-15}$$

若能设计成有较大的 Q 值，则上式为

$$\dot{U}_o=\frac{\dot{U}}{2}\cdot\frac{\Delta L}{L} \tag{3-16}$$

图 3-6(b)所示为变压器电桥，Z_1、Z_2 为传感器两个线圈的阻抗，另两臂为电源变压器二次线圈的两半，每半个二次线圈的电压为 $\dot{U}/2$。输出空载电压为

$$\dot{U}_o=\frac{\dot{U}}{Z_1+Z_2}\cdot Z_1-\frac{\dot{U}}{2}=\frac{\dot{U}}{2}\cdot\frac{Z_1-Z_2}{Z_1+Z_2} \tag{3-17}$$

在初始平衡状态，$Z_1=Z_2=Z$，$\dot{U}_o=0$。当衔铁偏离中心零点时，$Z_1=Z+\Delta Z$，$Z_2=Z-\Delta Z$，代入上式可得

$$\dot{U}_o=\frac{\dot{U}}{2}\cdot\frac{\Delta Z}{Z} \tag{3-18}$$

可见，这种桥路的空载输出电压表达式与上一种完全一样。但这种桥路与上一种相比，使用元件少，输出阻抗小，因此获得广泛应用。

图 3-7(a)所示的是谐振式调幅电路。这里，传感器 L 与固定电容 C、变压器 T 串联在一起，接入外接电源 u 后，变压器的二次侧将有电压 u_o 输出，输出电压的频率与电源频率相同，幅值随 L 变化。图 3-7(b)所示的是输出电压 u_o 与电感 L 的关系曲线，其中 L_0 为谐振点的电感值。实际应用时，可以使用特性曲线一侧接近线性的一段。这种电路的灵敏度很高，但线性差，适用于线性度要求不高的场合。

二、调频电路

调频电路的基本原理是传感器电感 L 的变化引起输出电压频率 f 的变化。一般是把传感器电感 L 和一个固定电容 C 接入一个振荡回路中，如图 3-8(a)所示，其振荡频率 $f=1/(2\pi\sqrt{LC})$。当 L 变化时，振荡频率随之变化，根据 f 的大小即可测出被测量值。

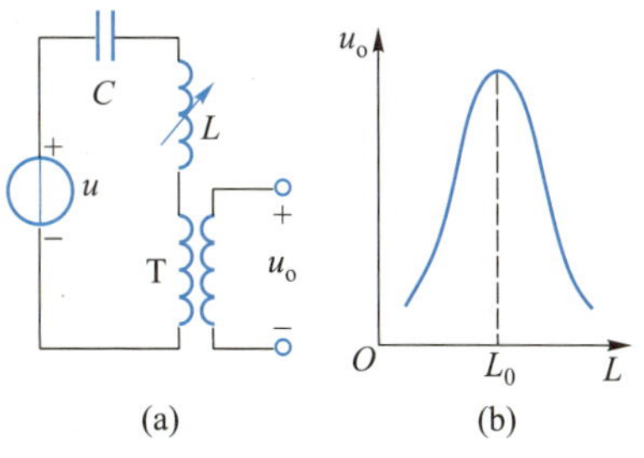

图 3-7 谐振式调幅电路

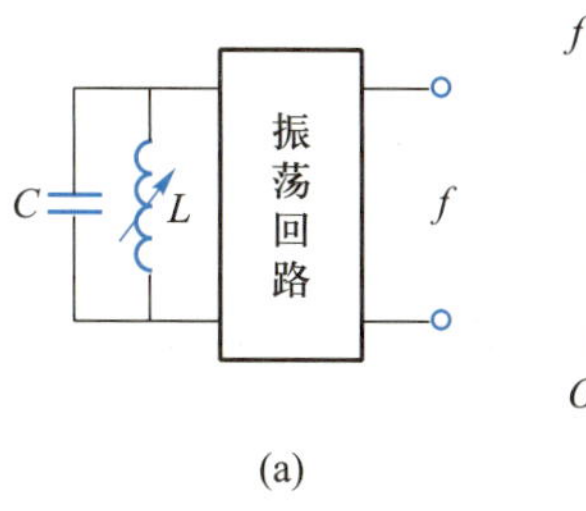

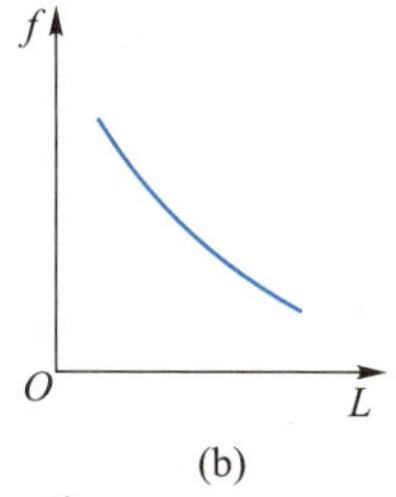

图 3-8 调频电路

当 L 有了微小变化 ΔL 后，频率变化 Δf 为

$$\Delta f=-\frac{1}{4\pi}(LC)^{-3/2}C\cdot\Delta L=-\frac{f}{2}\cdot\frac{\Delta L}{L} \tag{3-19}$$

图 3-8(b)给出了 f 与 L 的特性，它具有严重的非线性关系，要求后续电路做适当处理。调频电路只有在 f 较大的情况下才能达到较高的精度。例如，测量频率的精度为 1 Hz，当 f=1 MHz 时，相对误差为 10^{-6}。

三、调相电路

调相电路的基本原理是传感器电感 L 的变化引起输出电压相位 φ 的变化。图 3-9(a)所示是一个相位电桥，一臂为传感器 L，另一臂为固定电阻 R。设计时使电感线圈具有高品质因数。忽略损耗电阻，电感线圈上的压降 U_L 与固定电阻上的压降 U_R 互相垂直，如图 3-9(b)所示。当电感 L 变化时，输出电压 u_o 的幅值不变，相位ϕ随之变化。ϕ与 L 的关系为

$$\phi=-2\arctan\frac{\omega L}{R} \tag{3-20}$$

式中：ω——电源角频率。

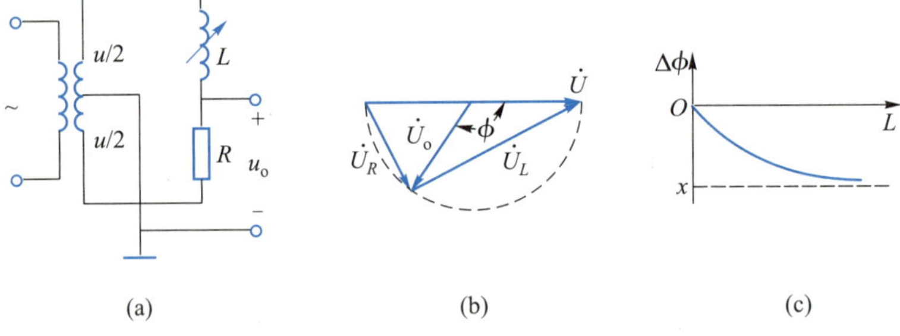

图 3-9 调相电路

在这种情况下，当 L 有微小变化 ΔL 后，输出电压相位变化 $\Delta\phi$ 为

$$\Delta\phi=-\frac{2(\omega L/R)}{1+(\omega L/R)^2}\cdot\frac{\Delta L}{L} \tag{3-21}$$

图 3-9(c)给出了 $\Delta\phi$ 与 L 的特性关系。

3.1.5 零点残余电压

在电桥预平衡时，无法实现平衡，最后总要存在着某个输出值 ΔU_o，称其为零点残余电压，如图 3-10 所示。

由于 ΔU_o 的存在，将造成测量系统存在不灵敏区 Δl_0，这一方面限制了系统的最小灵敏度，同时也影响 ΔU 与 l 之间转换的线性度。造成零点残余电压的主要原因如下：

(1) 一组两个传感器不完全对称，如几何尺寸不对称、电气参数不对称及磁路参数不对称。

(2) 存在寄生参数。

(3) 供电电源中有高次谐波，而电桥只能对基波有较好地预平衡。

(4) 供电电源正常稳定，但磁路本身存在非线性。

(5) 工频干扰。

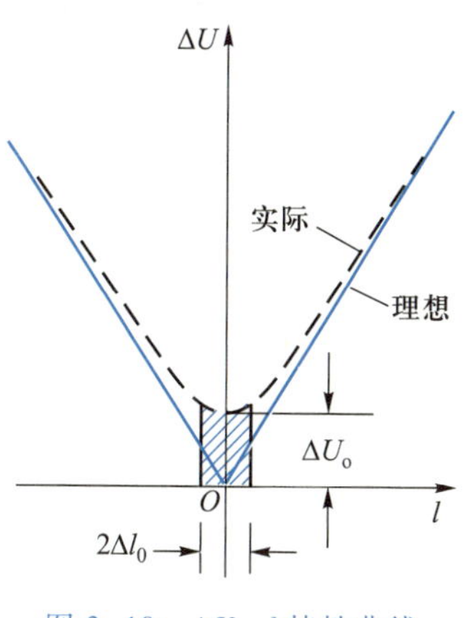

图 3-10 ΔU_o-l 特性曲线

克服方法要针对产生的原因而定。对(1)若在设计及加工时要求严格些，则必然增加成本；(2)和(5)可加屏蔽保护；(3)对供电电源有一定质量要求，最好与工频不同；(4)除选择磁路材料要正确之外，不要片面为追求灵敏度而过高地提高供电电压。以上措施只能取得一些改进效果，因为这些措施都要较多地增加成本。

还可以在线路上采取措施。例如，在桥臂上增加调节元件，这可在电桥的某个臂上并联大电阻减小电容，也可两者兼用。至于要在哪个臂上并联调节元件、要并联多大值的元件可通过调试来确定。为滤掉不平衡电压中的高次谐波，也可在电桥之后加带通滤波器，此带通滤波器的中心频率可取为电桥电源频率，而带宽由被测信号频率决定。

3.1.6 自感式传感器的特点及应用

自感式传感器有如下几个特点：

(1) 灵敏度比较好，目前可测 0.1 μm 的直线位移，输出信号比较大，信噪比较好。

(2) 测量范围比较小，适用于测量较小位移。

(3) 存在非线性。

(4) 消耗功率较大，尤其是单极式电感传感器，这是由于它有较大的电磁吸力的缘故。

(5) 工艺要求不高，加工容易。

电感传感器是被广泛采用的一种电磁机械式传感器，除可直接用于测量直线位移、角位移的静态和动态量外，还可以它为基础，做成多种用途的传感器，用以测量力、压力、转矩等。

图 3-11 为测气体压力的电感传感器。它是用改变空气隙长度的电感传感器为基础制成的，其中感受气体压力的元件为膜盒，因此传感器测量压力的范围将由膜盒的刚度决定。这种传感器适用于测量精度要求不高的场合或报警系统中。

图 3-12 所示为压差传感器的原理结构。其中 1、6 为外壳，2、7 为两个差分变压器式电感传感器的铁心，3、8 为线圈，5 为可动衔铁，4、9 为两导气孔道。

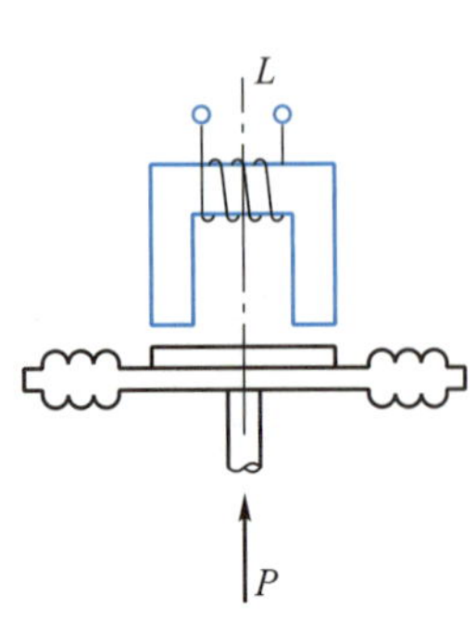

图 3-11 测气体压力的电感传感器

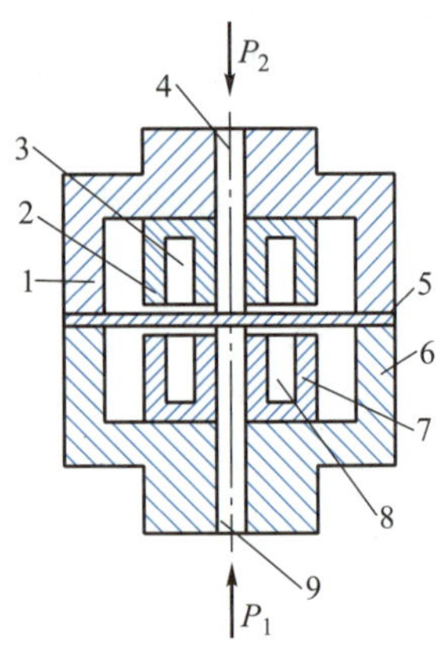

图 3-12 压差传感器的原理结构
1、6—外壳；2、7—铁心；3、8—线圈；4、9—导气孔道；5—可动衔铁

若 $P_1=P_2$，则衔铁处于对称位置——即处于零位，此时有 $L_{10}=L_{20}$；若 $P_2>P_1$，则下面的电感增大。传感器的灵敏度与固定衔铁的刚度有关，全程测量范围除与上述刚度有关外，还与衔铁、铁心间的空气隙长短有关。这种结构常采用电桥电路，其机械零位调整不易实现。

3.2 变压器式传感器

3.2.1 工作原理

变压器式传感器(LVDT or RVDT)是将非电量转换为线圈间互感 M 的一种磁电机构，很像变压器的工作原理，因此常被称为变压器式传感器。这种传感器多采用差分形式。

图 3-13 所示为气隙型差分变压器式传感器的结构原理图。其中：A、B 为两个山字形的固定铁心，在其窗中各绕有两个绕组，W_{1a}和 W_{1b}为一次绕组，W_{2a}和 W_{2b}为二次绕组；C 为衔铁。在没有非电量输入时，衔铁 C 与铁心 A、B 的间隔相同，即 $\delta_{a0}=\delta_{b0}$，则绕组 W_{1a}和 W_{2a}间的互感 M_a 与绕组 W_{1b}和 W_{2b}间的互感 M_b 相等。

3-2 图片：变压器式传感器实物图

当衔铁的位置改变($\delta_a \neq \delta_b$)时，则 $M_a \neq M_b$，此互感的差值即可反映被测量的大小。

为反映差值互感，将两个一次绕组的同名端顺向串联，并施加交流电压 U，而两个二次绕组的同名端反向串联，同时测量串联后的合成电动势 E_2，则

$$E_2=E_{2a}-E_{2b}$$

式中：E_{2a}——二次绕组 W_{2a}的互感电动势；

E_{2b}——二次绕组 W_{2b}的互感电动势。

E_2 值的大小取决于被测位移的大小，E_2 的方向取决于位移的方向。

图 3-14 所示为改变气隙有效截面积型差分变压器式传感器。输入非电量为角位移 $\Delta\alpha$，它在一个山字形铁心上绕有三个绕组，W_1 为一次绕组，W_{2a} 和 W_{2b} 为两个二次绕组；衔铁 B 以 O 为轴转动，衔铁转动时由于改变了铁心与衔铁间磁路上的垂直有效截面积 S，也就改变了绕组间的互感，其中一个增大，另一个减小，因此两个二次绕组中的感应电动势也随之改变。将绕组 W_{2a} 和 W_{2b} 反相串联并测量合成电动势 E_2，就可以判断出非电量的大小及方向。

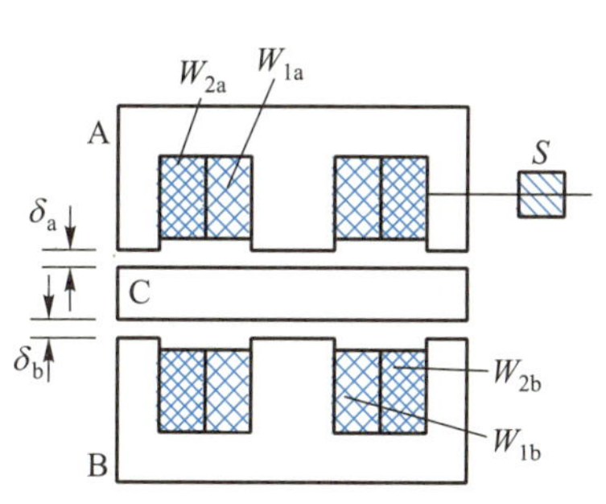

图 3-13 气隙型差分变压器式传感器的结构原理图

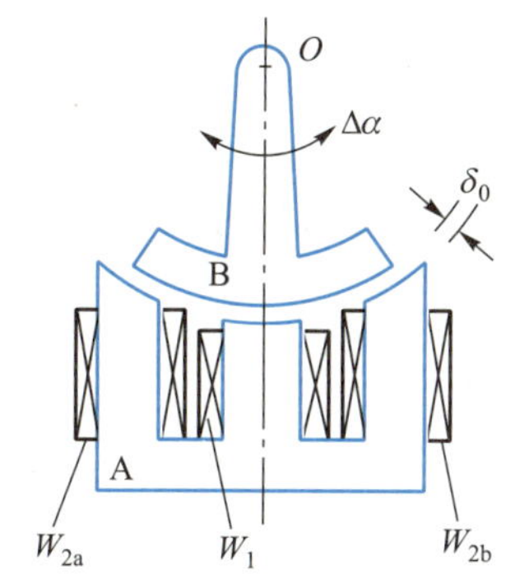

图 3-14 改变气隙有效截面积型差分变压器式传感器

3.2.2 等效电路及其特性

假定传感器二次侧开路（或负载阻值足够大），且不考虑铁损耗（即涡流及磁滞损耗为零），这时传感器的等效电路可用图 3-15 所示电路表示。其中，r_{1a}、r_{1b} 为传感器一次绕组 W_{1a}、W_{1b} 的直流电阻；L_{1a}、L_{1b} 为 W_{1a}、W_{1b} 的电感；r_{2a}、r_{2b}、L_{2a} 及 L_{2b} 分别为两个二次绕组 W_{2a}、W_{2b} 的直流电阻和电感，M_a 为一次绕组 W_{1a} 与二次绕组 W_{2a} 间的互感；M_b 为一次绕组 W_{1b} 与二次绕组 W_{2b} 间的互感。显然在二次绕组中产生的感应电动势为

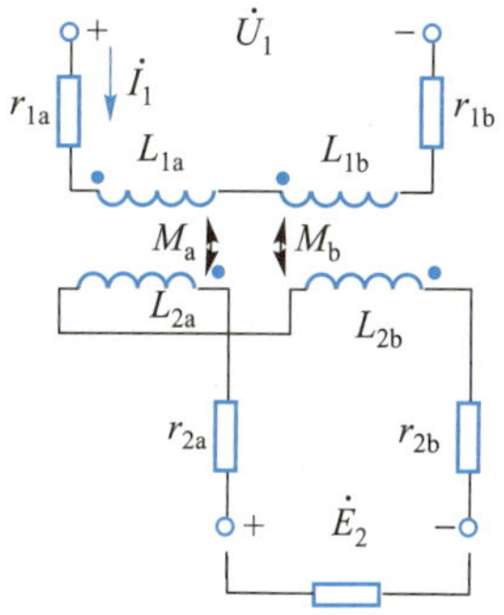

图 3-15 差分变压器式传感器等效电路

$$\dot{E}_{2a}=j\omega M_a\dot{I}_1$$

$$\dot{E}_{2b}=j\omega M_b\dot{I}_1$$

则有

$$\dot{E}_2=\dot{E}_{2a}-\dot{E}_{2b}=j\omega\dot{I}_1(M_a-M_b) \tag{3-22}$$

其中

$$M_a=\frac{W_{2a}\Phi_{2a}}{\dot{I}_1}=\frac{W_{1a}W_{2a}}{R_{ma}} \tag{3-23}$$

$$M_b=\frac{W_{2b}\Phi_{2b}}{\dot{I}_1}=\frac{W_{1b}W_{2b}}{R_{mb}} \tag{3-24}$$

式中：Φ_{2a}、Φ_{2b} 分别为 A、B 两个传感器绕组中磁动势 $\dot{I}_1W_{1a}$ 和 $\dot{I}_1W_{1b}$ 所建立并分别链过 W_{2a} 和 W_{2b} 的磁通。R_{ma}、R_{mb} 分别为 A、B 磁路中的磁阻。将式(3-23)、式(3-24)代入式(3-22)中，有

$$\dot{E}_2 = \mathrm{j}\omega \dot{I}_1 \left(\frac{W_{1a} W_{2a}}{R_{ma}} - \frac{W_{1b} W_{2b}}{R_{mb}} \right) \tag{3-25}$$

而

$$\dot{I}_1 = \frac{\dot{U}_1}{r_{1a} + r_{1b} + \mathrm{j}\omega (L_{1a} + L_{1b})}$$

在工艺严格的情况下，可以做到两绕组对称，即有

$$r_{1a} = r_{1b} = r_1$$

$$L_{1a0} = L_{1b0} = L_{10}$$

$$W_{1a} = W_{1b} = W_1$$

$$W_{2a} = W_{2b} = W_2$$

这时式(3-25)可简化为

$$\dot{E}_2 = \mathrm{j}\omega \frac{\dot{U}_1 W_1 W_2}{2r_1 + \mathrm{j}\omega (L_{1a} + L_{1b})} \cdot \frac{R_{mb} - R_{ma}}{R_{ma} R_{mb}} \tag{3-26}$$

式中

$$L_{1a} = \frac{W_1^2}{R_{ma}}$$

$$L_{1b} = \frac{W_1^2}{R_{mb}}$$

$$R_{ma} = \frac{2\delta_a}{\mu_0 S} = \frac{2(\delta_0 + \Delta\delta)}{\mu_0 S}$$

$$R_{mb} = \frac{2\delta_b}{\mu_0 S} = \frac{2(\delta_0 - \Delta\delta)}{\mu_0 S}$$

将上述各参量代入式(3-26)，有

$$\begin{aligned} \dot{E}_2 &= \mathrm{j}\omega \frac{\dot{U}_1 W_1 W_2}{2r_1 + \mathrm{j}\omega W_1^2 \dfrac{\delta_0}{\delta_0^2 - \Delta\delta^2} \mu_0 S} \cdot \frac{\Delta\delta}{\delta_0^2 - \Delta\delta^2} \cdot \mu_0 S \\ &\approx \mathrm{j}\omega \frac{\dot{U}_1 W_1 W_2}{2r_1 + \mathrm{j}\omega W_1^2 \dfrac{\mu_0 S}{\delta_0}} \cdot \frac{\Delta\delta}{\delta_0} \cdot \frac{\mu_0 S}{\delta_0} \end{aligned} \tag{3-27}$$

再将 $L_{10} = \dfrac{W_1^2}{2\delta_0/(\mu_0 S)}$ 代入上式，并令品质因数 $Q = \omega L_{10}/r_1$，则有

$$\begin{aligned} \dot{E}_2 &= \mathrm{j}\omega \frac{\dot{U}_1 (W_2/W_1)(\Delta\delta/\delta_0) \cdot 2L_{10}}{2(r_1 + \mathrm{j}\omega L_{10})} \\ &= \dot{U}_1 \cdot \frac{W_2}{W_1} \cdot \frac{\Delta\delta}{\delta_0} \cdot \frac{1 + \mathrm{j}\dfrac{1}{Q}}{1 + \left(\dfrac{1}{Q}\right)^2} \end{aligned} \tag{3-28}$$

输出信号的幅频特性及相频特性为

$$E_2 = U_1 \cdot \frac{W_2}{W_1} \cdot \frac{\Delta\delta}{\delta_0} \cdot \frac{1}{\sqrt{1 + \dfrac{1}{Q^2}}} \tag{3-29}$$

$$\phi_2(\omega)=\arctan\frac{1}{Q}=\arctan\frac{r_1}{\omega L_{10}} \tag{3-30}$$

可见，只有在传感器一次侧有功损耗电阻为零的情况下，输出信号才与输入信号同相(或反相)，其幅值才正比于衔铁的直线位移 $\Delta\delta_0$。

该传感器的灵敏度为

$$S_E=\frac{\dot{E}_2}{\Delta\delta}=\frac{W_2}{W_1}\cdot\frac{\dot{U}_1}{\delta_0}\cdot\frac{1}{\sqrt{1+\frac{1}{Q^2}}} \tag{3-31}$$

由此可见，对这种传感器有如下结论：

(1) 供电电源必须是稳幅和稳频的。

(2) W_2/W_1 比值越大，灵敏度越高。

(3) δ_0 初始空气间隙不宜过大，否则灵敏度会下降。

(4) 电源的幅值应适当提高，但应以铁心不饱和为限，还应考虑传感器散热条件以保证在允许温升限度内，否则要引进附加误差。

(5) 供电电源频率的选取。可由式(3-29)、式(3-30)画出在一定输入量情况下输出信号的幅频特性、相频特性，如图 3-16 所示。一般材料(硅钢片)的传感器在频率f>2 000 Hz 时,可实现灵敏度和相位与频率无关。当频率 f 过高时，铁心中损耗将增大，因此灵敏度 S_E 和 Q 值都要下降。一般材料做的传感器一次绕组的供电频率不宜高于 8 kHz。

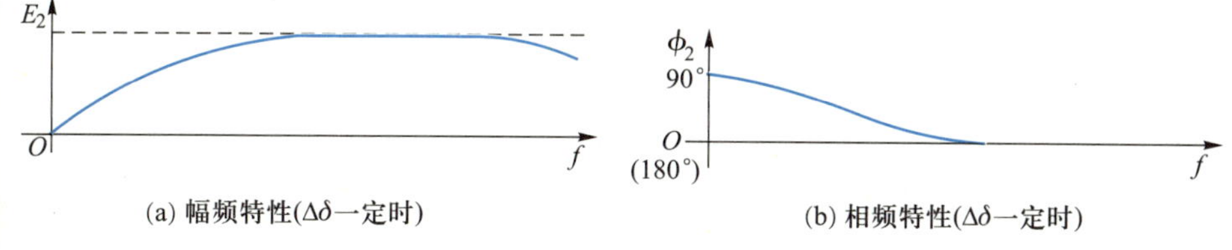

图 3-16 输出信号的幅频、相频特性

(6) 前面的讨论是在略去铁损耗及线圈中分布电容的情况下进行的。当供电频率较高时，或者虽然供电频率并不高但采用实心整体铁心时，必须考虑铁损耗造成的影响，这时灵敏度特性中也将有非线性。

(7) 上述推导是假定传感器二次侧开路的，这等于要求二次侧线路有足够大的输入阻抗。当二次侧使用电子线路时，如要求几十 kΩ 的输入阻抗是完全可以办得到的，但如果直接配用输入阻抗不十分高的电压表作指示器时，就必须考虑二次侧电流的影响，否则结果会有较大出入。

3.2.3 差分变压器式传感器的测量电路

差分变压器随衔铁的位移输出一个调幅波，因而用电压表测量存在下述问题：①总有零位电压输出，因而零位附近的小位移量测量困难；②交流电压表无法判别衔铁移动方向，为此常采用必要的测量电路来解决。

一、相敏检测电路

差分变压器在动态测量时，假定位移是正弦波，即

$$z=z_m\sin\omega t$$

则动态测量的波形如图 3-17 所示。由图可见，衔铁在零位以上移动和零位以下移动时，二次绕组输出电压的相位发生 180°的变化，因此判别相位的变化就可以判别位移的极性。下面介绍的相敏检波电路正是通过鉴别相位来辨别位移方向的，即差分变压器输出的调幅波经相敏检波后，便能输出既反映位移大小，又反映位移极性的测量信号。

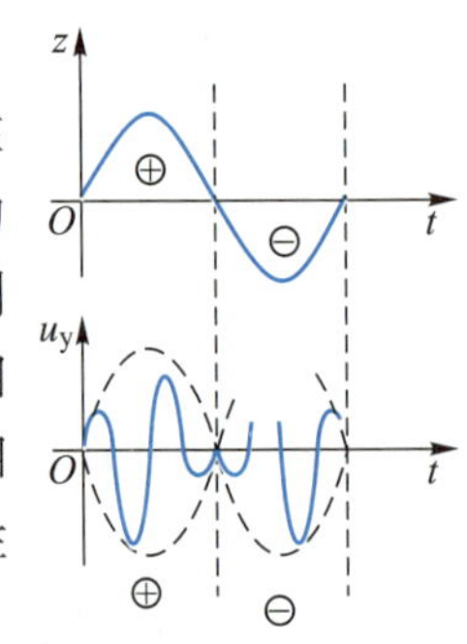

图 3-17　差分变压器动态测量的波形

提示：差分变压器输出信号为调制信号，其激励电源为载波，调制信号的幅值正比于输入（位移）大小。

以下结合图 3-18 讨论相敏检波的工作原理。图中，四个特性相同的二极管 $D_1\sim D_4$ 串联成一个回路，四个节点 1~4 分别接到两个变压器 A 和 B 的二次绕组上。变压器 A 的输入为放大了的差分变压器的输出信号 u'_y，其输出为 $u=u_1+u_2$。变压器 B 的输入信号 u'_o 和差分变压器的激励电压共用同一电源，称为检波器的参考信号，中间通过适当的移相电路来保证 u 与 $u_o=u_{o1}+u_{o2}$ 同频同相或同频反相。因而 u_o 是作为辨别极性的标准，R_f 为连接在两个变压器二次线圈中点之间的负载电阻。

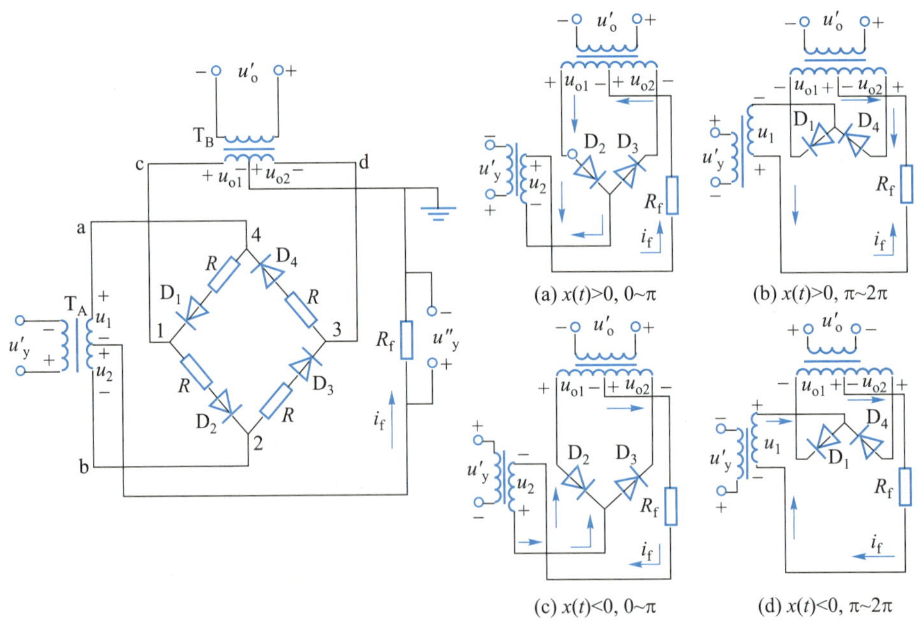

图 3-18　相敏检波电路的工作原理图

在进行工作原理分析之前强调下述两个条件：把二极管看作一个理想开关；$u_o\gg u$，在正位移时二者同频同相，在负位移时二者同频反相。

（1）当衔铁在零点以上移动即 $x(t)>0$ 时

① 载波信号为上半周（$0\sim\pi$）：

u 与 u_o 同相，即变压器 A 二次侧输出电压 u_1 上正下负，u_2 上正下负；变压器 B 二次侧输出电压 u_{o1} 左正右负，u_{o2} 左正右负。

u_1 正端接节点 4，u_{o1} 正端接节点 1，由于 $u_1 \ll u_{o1}$，所以 4 点电位低于 1，D_1 截止；

u_1 正端接节点 4，u_{o2} 负端接节点 3，3 点电位低于 4 点，D_4 截止；

u_2 负端接节点 2，u_{o1} 正端接节点 1，1 点电位高于 2 点，D_2 导通；

u_2 负端接节点 2，u_{o2} 负端接节点 3，由于 $u_{o2} \gg u_2$，3 点比 2 点电位更低，D_3 导通。

D_1、D_4 截止，u_1 所在的上线圈断路；

D_2、D_3 导通，u_2 所在的下线圈接入回路。

电流自 u_2 正极出发，向上流经 R_f，经变压器 B 的左线圈，再经 D_2 流回到 u_2 的负极，回路电流以 i_2 表示。这个回路 u_2 和 u_{o1} 是正向串联。

提示：计算通过回路电压方程和节点电流方程完成，其中二极管的导通压降可忽略，视为零。

电流 i_2 自下而上流经 R_f。同时在下线圈、负载电阻 R_f、右线圈、D_3、R 组成的另一个回路中，由于 $u_{o2} \gg u_2$，电流自 u_{o2} 正极出发，向下经 R_f、下线圈，再经 D_3 流回到 u_{o2} 的负极，电流为 i_3，所以流经 R_f 的电流为两个电流的代数和，即 $i_f=i_2-i_3=\dfrac{2u_2}{R+2R_f}>0$，其方向为自下而上，且为正向，则负载电阻将得到正的电压 u_y''。

② 载波信号为下半周（$\pi\sim2\pi$）：

u_1 上负下正，u_2 上负下正，u_{o1} 左负右正，u_{o2} 左负右正；

u_1 负端接节点 4，u_{o1} 负端接节点 1，4 点电位高于 1 点，D_1 导通；

u_1 负端接节点 4，u_{o2} 正端接节点 3，3 点电位高于 4 点，D_4 导通；

u_2 正端接节点 2，u_{o1} 负端接节点 1，1 点电位低于 2 点，D_2 截止；

u_2 正端接节点 2，u_{o2} 正端接节点 3，2 点电位低于 3 点，D_3 截止；

D_2、D_3 截止，下线圈断路；D_1、D_4 导通，上线圈工作。

在上线圈、R_f、右线圈、D_4、R 组成的回路中，u_1 和 u_{o2} 正向串联，电流 i_4 自 u_1 正极出发，自下而上流过 R_f，流经右线圈，流过 D_4，回到 u_1 负极。同时，在上线圈、R_f、左线圈、D_1、R 组成了另一个回路。在此回路中，由于 u_1 和 u_{o1} 反向串联，且 $u_{o1} \gg u_1$，所以电流 i_1 与 i_4 方向相反，由上而下流经 R_f。

由于总电流 $i_f=i_4-i_1=\dfrac{2u_1}{R+2R_f}>0$，因而负载电阻仍得到正的电压。

由上述可以得出结论：当衔铁在零点以上移动时，不论载波是正半周还是负半周，在负载电阻 R_f 上得到的电压始终为正。

（2）当衔铁在零点以下移动，即 $x(t)<0$ 时

① 载波信号为下半周（$0\sim\pi$）：

u 与 u_o 反相（由于衔铁位移与上述情况相反，因而输出相位变化 180°），即

u_1 上负下正，u_2 上负下正，u_{o1}左正右负，u_{o2}左正右负。根据前述的方法可分析出 $i_f<0$，流向与前述方向相反，因而 R_f 上得到负电压。

② 载波信号为上半周($\pi\sim2\pi$)：

这时 u 与 u_o 仍然相反，u_1 上正下负，u_2 上正下负，u_{o1}左负右正，u_{o2}左负右正，同样 $i_f<0$，R_f 上得到负电压。

由上述可以又得出一个结论：当衔铁在零点以下移动时，不论载波是正半周还是负半周，在负载电阻上得到的电压始终为负。

综上所述，经过相敏检波电路，正位移输出正电压，负位移输出负电压，电压值的大小表明位移的大小，电压的正、负表明位移的方向。因此，原来的“V”字形输出特性曲线变成过零点的一条直线，如图 3-19 所示，纵轴代表电压幅值，横轴代表被测量值。

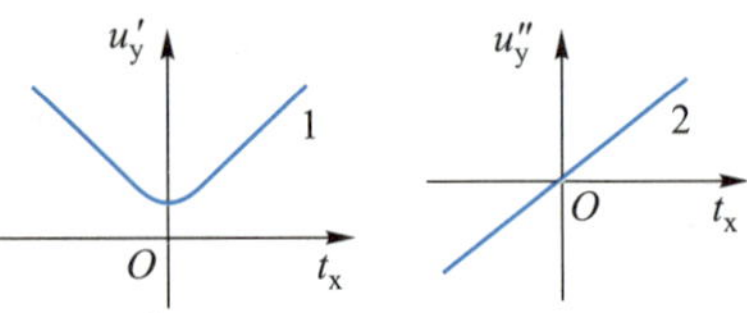

图 3-19　相敏检波前后的输出特性曲线

1—有残余电压；2—无残余电压

动态测量信号经相敏检波后，输出波形中仍含有高频分量，因而必须通过低通滤波器滤除高频分量取出被测信号。这样相敏检波和低通滤波电路互相配合，才能取出被测信号，即起了相敏解调的作用。

二、差分整流电路

差分整流是常用的电路形式，它对二次绕组的感应电动势分别整流，然后再把两个整流后的电流或电压串成通路合成输出，几种典型的电路如图 3-20 所示。图(a)、图(b)用在连接低阻抗负载的场合，是电流输出型，图(c)、图(d)用在连接高阻抗负载的场合，是电压输出型。图中的可调电阻用于调整零

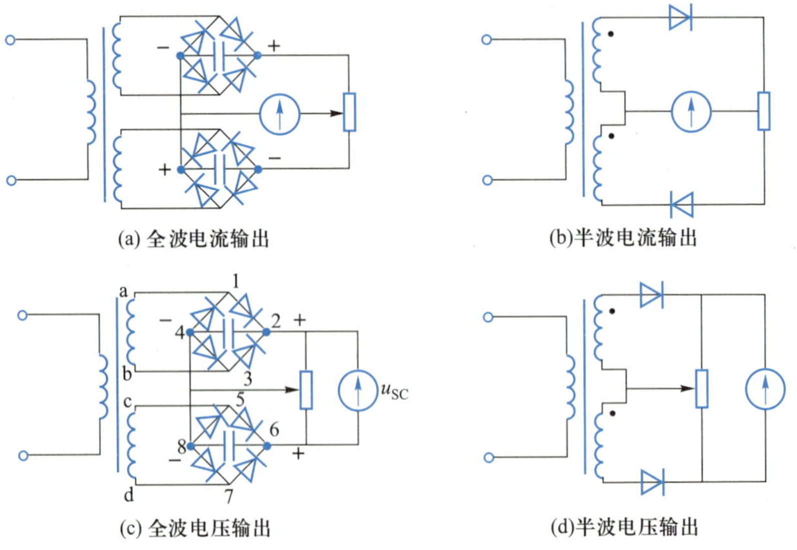

图 3-20　典型差分整流电路

点输出电压。

下面结合图 3-20(c)，分析电路工作原理。

假定某瞬间载波为上半周，上线圈 a 端为正，b 端为负；下线圈 c 端为正，d 端为负。

在上线圈中，电流自 a 点出发，路径为 a→1→2→4→3→b，流过电容的电流是由 2 到 4，电容上的电压为 u_{24}。

在下线圈中，电流自 c 点出发，路径为 c→5→6→8→7→d，流过电容的电流是由 6 到 8，电容上的电压为 u_{68}。

总的输出电压为上述两电压的代数和，即

$$u_{SC}=u_{24}-u_{68}$$

当载波为下半周时，上线圈 a 端为负，b 端为正；下线圈 c 端为负，d 端为正。

在上线圈中，电流自 b 点出发，路径为b→3→2→4→1→a，流过电容的电流也是由 2 到 4。电容上的电压为 u_{24}。

在下线圈中，电流自 d 点发出，路径为 d→7→6→8→5→c，流过电容的电流仍是由 6 到 8。电容上电压为 u_{68}。

可见，不论载波为上半周还是下半周，通过上下线圈所在回路中电容上的电流始终不变，因而总的输出电压始终为

$$u_{SC}=u_{24}-u_{68}$$

当衔铁在零位以上时，$u_{24}>u_{68}$，所以 $u_{SC}>0$；当衔铁在零位时，$u_{24}=u_{68}$，所以 $u_{SC}=0$；当衔铁在零位以下时，$u_{24}<u_{68}$，所以 $u_{SC}<0$。

波形图如图 3-21 所示。

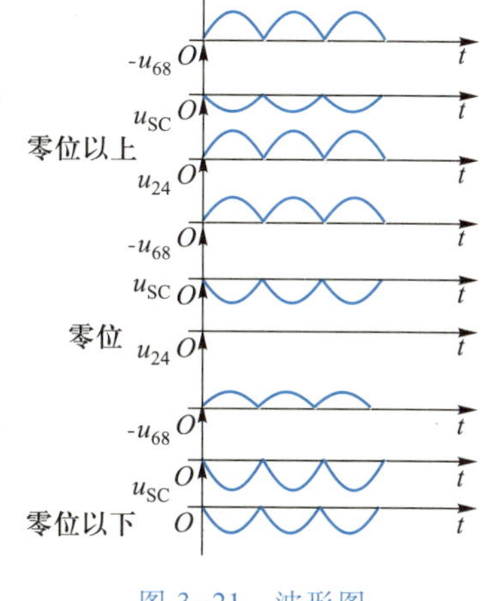

图 3-21 波形图

差分整流电路结构简单，一般不需调整相位，不需考虑零位输出的影响。在远距离传输时，将此电路的整流部分放在差分变压器一端，整流后的输出线延长，就可避免感应和引出线分布电容的影响。

提示：经过差分整流电路后，输出为直流电压信号，故不受引线分布电容影响。

3.2.4 零点残余电压的补偿

与电感传感器相似，差分变压器也存在零点残余电压问题。零点残余电压的存在使得传感器的特性曲线不通过原点，并使实际特性不同于理想特性。

零点残余电压的存在使得传感器的输出特性在零点附近的范围内不灵敏，限制了分辨率的提高。零点残余电压太大，将使线性度变坏，灵敏度下降，甚至会使放大器饱和，堵塞有用信号通过，致使仪器不再反映被测量的变化。因此，零点残余电压是评定传感器性能的主要指标之一，同时对零点残余电压进行认真分析，找出减小的方法非常重要。

采用对称度很高的磁路线圈来减小零点残余电压在设计和工艺上有困难，也会提高成本。因此，除在工艺上提出一定要求外，还可在电路上采取补偿措施。在电路上进行补偿，是既简单又行之有效的方法。线路的形式很多，但是归纳起来，不外乎以下几种方法：加串联电阻、加并联电阻、加并联电容、加反馈绕组和加反馈电容等。图 3-22 是几个补偿零点残余电压的实例。

图 3-22(a)中输出端接入电位器 R_P，电位器的动点接二次线圈的公共点。调节电位器，可使二次线圈输出电压的大小和相位发生变化，从而使零点残余电压为最小值。R_P 一般在 10 kΩ 左右。这种方法对基波正交分量有明显的补偿效果，但对高次谐波无补偿作用。如果并联一个电容 C，就可有效地补偿高次谐波分量，如图 3-22(b)所示。电容 C 的大小要适当，常为 0.1 μF 以下，要通过实验确定。在图 3-22(c)中，串联电阻 R 将使二次线圈的电阻值不平衡，并联电容 C 会改变某一输出电动势的相位，从而实现良好的零点残余电压补偿。在图 3-22(d)中，接入 R(几百千欧)减轻了二次线圈的负载，可以避免外接负载不是纯电阻而引起较大的零点残余电压。

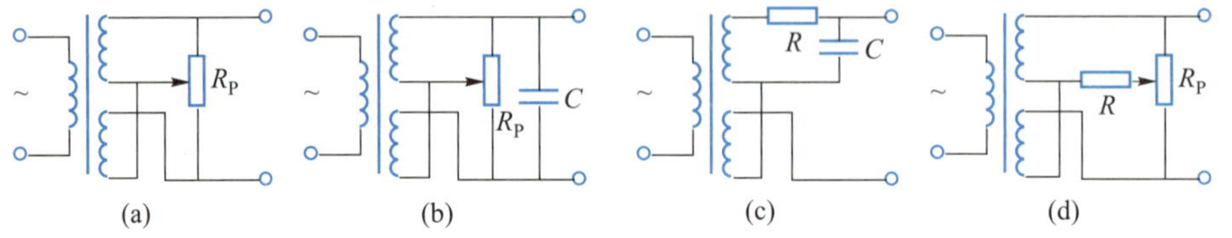

图 3-22 补偿零点残余电压的电路

3.2.5 变压器式传感器的应用举例

变压器式传感器与电感式传感器类似，有共同的特点。

差分变压器测量的基本量是位移，图 3-23 所示为差分变压器式位移传感器，测头 1 通过轴套 2 和测杆 3 连接，衔铁 4 固定在测杆上，线圈架 5 上绕有三组线圈，中间是一次绕组，两端是二次绕组，它们通过导线 7 与测量电路相接。线圈的外面有屏蔽筒 8，用以增加灵敏度和防止外磁场的干扰。测杆用圆片弹簧 9 作为导轨，从弹簧 6 获得恢复力。为了防止灰尘侵入测杆，装有防尘罩 10。

变压器式传感器还可以进行力、压力、压力差等力学参数的测量。图 3-24 是差分变压器式压力传感器。当力作用于传感器时，具有缸体状空心截面弹性元件发生变形，因而衔铁 2 相对线圈 1 移动，产生输出电压，其大小反映了受力的大小。这种传感器的优点是当承受轴向力时应力分布均匀，且在传感器的径向长度比较小时，受横向偏心分力的影响较小。

图 3-25 为微压传感器，在无压力时，固接在膜盒中心的衔铁位于差分变压器中部，因而输出为零，当被测压力由接头 1 输出到膜盒 2 时，膜盒 2 的自由端产生一正比于被测压力的位移，并且带动衔铁 6 在差分变压器中移动，产生的输出电压能反映被测压力的大小，这种传感器经分挡可测量 $-4\times10^4 \sim 6\times10^4$ Pa 的压力，精度为 1.5%。

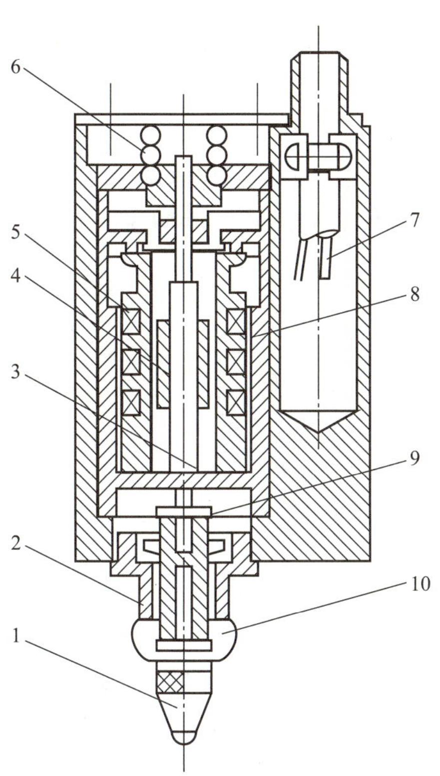

图 3-23 差分变压器式位移传感器

1—测头；2—轴套；3—测杆；4—衔铁；5—线圈架；6—弹簧；7—导线；8—屏蔽筒；9—圆片弹簧；10—防尘罩

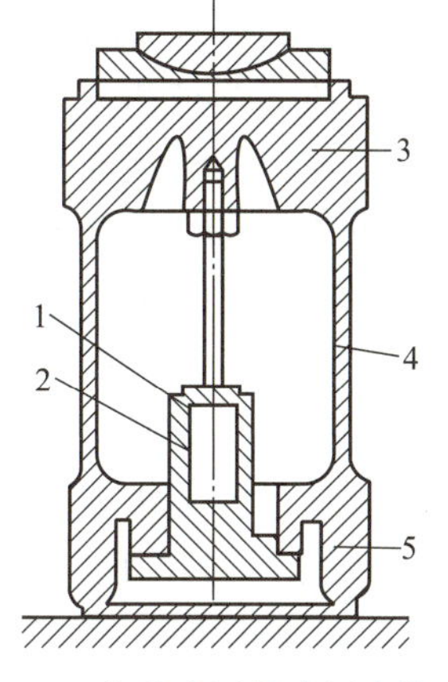

图 3-24 差分变压器式压力传感器

1—线圈；2—衔铁；3—上部；4—变形部；5—下部

图 3-26 所示的是一个应用在加速度计中的差分变压器式传感器，即加速度传感器。质量块 2 由两片弹簧片 3 支撑，测量时，质量块的位移与被测加速度成正比，因此，将加速度的测量转变为位移的测量。质量块的材料是导磁的，所以它既是加速度计中的惯性元件，又是磁路中的磁性元件。

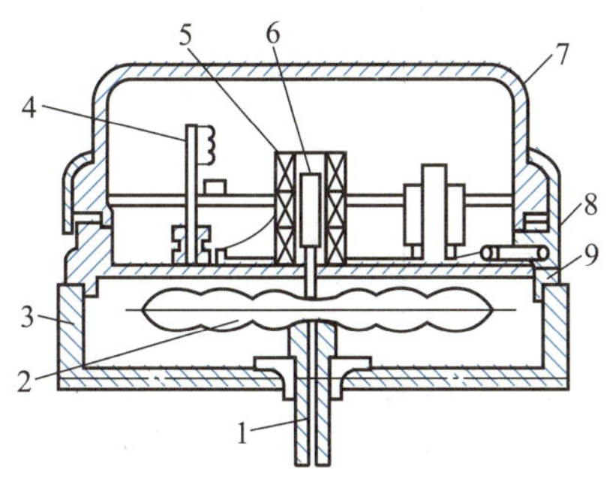

图 3-25 微压传感器

1—接头；2—膜盒；3—底座；4—线路板；5—差分变压器；6—衔铁；7—外壳；8—插头；9—通孔

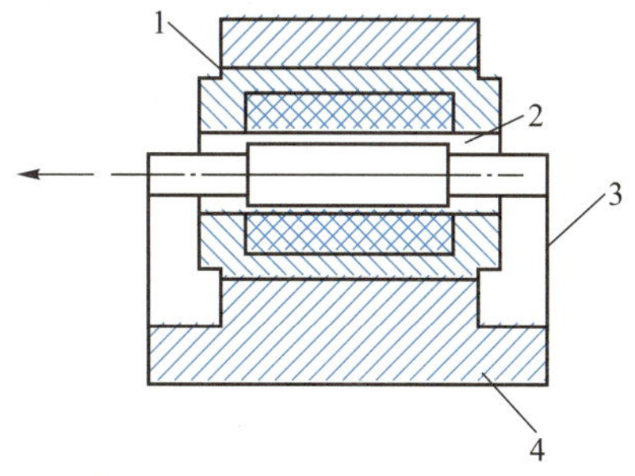

图 3-26 加速度传感器

1—差分变压器；2—质量块；3—弹簧片；4—壳体

3-3 图片：电涡流传感器实物图

3-2 视频：电涡流位移传感器的应用

3.3 涡流式传感器

3.3.1 工作原理

金属导体置于变化着的磁场中，导体内就会产生感应电流，称之为电涡流或涡流。这种现象称为涡流效应。涡流式传感器(eddy current sensor)就是在这种涡流效应的基础上建立起来的。

如图 3-27(a)所示，一个通有交变电流 $\dot{I}_1$ 的传感器线圈，由于电流的变化，在线圈周围就产生一个交变磁场 H_1，当被测金属置于该磁场范围内时，金属导体内便产生涡流 $\dot{I}_2$，涡流也将产生一个新磁场 H_2，H_2 与 H_1 方向相反，因而抵消部分原磁场，从而导致线圈的电感量、阻抗和品质因数发生变化。

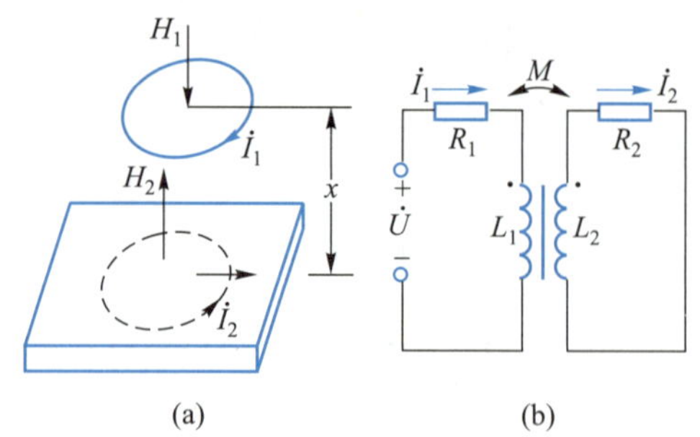

图 3-27　涡流式传感器基本原理图

可以看出，线圈与金属导体之间存在磁性联系。若把导体形象地看作一个短路线圈，那么其间的关系可用图 3-27(b)所示的电路来表示。根据基尔霍夫定律，可列出电路方程组为

$$\begin{cases} R_1\dot{I}_1+\mathrm{j}\omega L_1\dot{I}_1-\mathrm{j}\omega M\dot{I}_2=\dot{U} \\ R_2\dot{I}_2+\mathrm{j}\omega L_2\dot{I}_2-\mathrm{j}\omega M\dot{I}_1=0 \end{cases} \tag{3-32}$$

式中：R_1、L_1——线圈的电阻和电感；

R_2、L_2——金属导体的电阻和电感；

$\dot{U}$——线圈的激励电压。

解方程组(3-32)，可知传感器工作时的等效阻抗为

$$Z=\frac{\dot{U}}{\dot{I}_1}=R_1+R_2\frac{\omega^2M^2}{R_2^2+\omega^2L_2^2}+\mathrm{j}\omega\left[L_1-L_2\frac{\omega^2M^2}{R_2^2+\omega^2L_2^2}\right] \tag{3-33}$$

等效电阻、等效电感分别为

$$R=R_1+R_2\omega^2M^2/(R_2^2+\omega^2L_2^2) \tag{3-34}$$

$$L=L_1-L_2\omega^2M^2/(R_2^2+\omega^2L_2^2) \tag{3-35}$$

线圈的品质因数为

$$Q=\frac{\omega L}{R}=\frac{\omega L_1}{R_1}\cdot\frac{1-\dfrac{L_2}{L_1}\cdot\dfrac{\omega^2M^2}{R_2^2+\omega^2L_2^2}}{1+\dfrac{R_2}{R_1}\cdot\dfrac{\omega^2M^2}{R_2^2+\omega^2L_2^2}} \tag{3-36}$$

由上可知，被测参数的变化既能引起线圈阻抗 Z 变化，也能引起线圈电感 L 和线圈品质因数 Q 值变化，所以涡流式传感器所用的转换电路可以选用

Z、L、Q 中的任一个参数，并将其转换成电量，即可达到测量的目的。

这样，金属导体的电阻率 ρ、磁导率 μ、线圈与金属导体的距离 x 以及线圈激励电流的角频率 ω 等参数，都将通过涡流效应和磁效应与线圈阻抗发生联系。或者说，线圈组抗是这些参数的函数，可写成

$$Z=f(\rho、\mu、x、\omega)$$

若控制其中大部分参数恒定不变，只改变其中一个参数，这样阻抗就能成为这个参数的单值函数。例如被测材料的情况不变，激励电流的角频率不变，则阻抗 Z 就成为距离 x 的单值函数，便可制成涡流位移传感器。

3.3.2 转换电路

由涡流式传感器的工作原理可知，被测量变化可以转换成传感器线圈的品质因数 Q、等效阻抗 Z 和等效电感 L 的变化。转换电路的任务是把这些参数转换为电压或电流的输出。总体来说，利用 Q 值的转换电路使用较少，这里不做讨论。利用 Z 的转换电路一般用桥路，它属于调幅电路。利用 L 的转换电路一般用谐振电路，根据输出是电压幅值还是电压频率，谐振电路又分为调幅和调频两种。

一、桥路

如图 3-28 所示，Z_1 和 Z_2 为线圈阻抗，它们可以是差分式传感器的两个线圈阻抗，也可以一个是传感器线圈，另一个是平衡用的固定线圈。它们与电容 C_1、C_2，电阻 R_1、R_2 组成电桥的四个臂。电源 u 由振荡器供给，振荡频率根据涡流式传感器的需求来选择。电桥将反映线圈阻抗的变化，把线圈阻抗的变化转换成电压幅值的变化。

二、谐振调幅电路

该电路的主要特征是由传感器线圈的等效电感和一个固定电容组成并联谐振回路，由频率稳定的振荡器(如石英振荡器)提供高频激励信号，如图 3-29 所示。

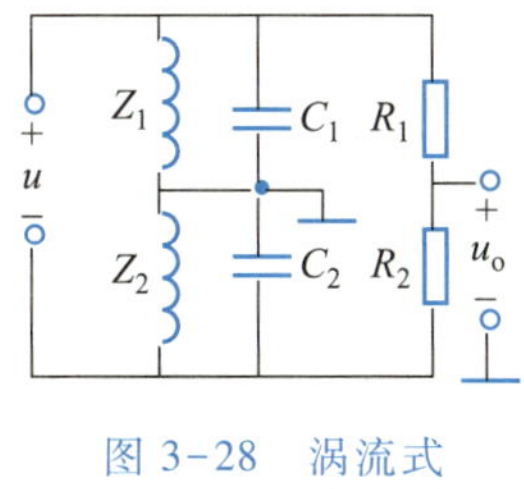

图 3-28 涡流式传感器电桥

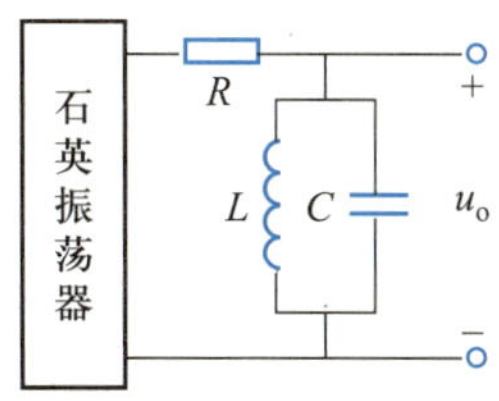

图 3-29 谐振调幅电路

在没有金属导体的情况下，LC 谐振回路的谐振频率 $f_0=1/(2\pi\sqrt{LC})$ 等于激励振荡器的振荡频率(如 1 MHz)，这时 LC 回路呈现阻抗最大，输出电压的幅值也最大。当传感器线圈接近被测金属导体时，线圈的等效电感发生变化，

谐振回路的谐振频率和等效阻抗也跟着发生变化，致使回路失谐而偏离激励频率，谐振峰将向左或向右移动，如图 3-30(a)所示。若被测物体为非磁性材料，线圈的等效电感减小，回路的谐振频率提高，谐振峰向右偏离激励频率，如图中 f_1、f_2 所示。若被测材料为软磁材料，线圈的等效电感增大，回路的谐振频率降低，谐振峰向左偏离激励频率，如图中 f_3、f_4 所示。

提示：

当耦合电阻 R 过小时，振荡器的负载过大；当驱动能力不足时，输出电压降低、灵敏度降低。

以非磁性材料为例，可得输出电压幅值与位移 x 的关系如图 3-30(b)所示。这个特性曲线是非线性的，在一定范围 $x_1 \sim x_2$ 是线性的。实用时，传感器应安装在线性段中间 x_0 处，这是比较理想的安装位置。

图 3-29 中的电阻 R 称为耦合电阻，它既可用来降低传感器对振荡器工作的影响，又作为恒流源的内阻，其大小将影响转换电路的灵敏度。R 增大，灵敏度降低；R 减小，灵敏度升高。但如果 R 太小，由于振荡器的旁路使用，反而使灵敏度降低。耦合电阻的选择应考虑振荡器的输出阻抗和传感器线圈的品质因数。

三、谐振调频电路

图 3-31 所示是一种调频电路原理图。传感器线圈接在 LC 振荡器中作为电感使用。这里是电感三点式振荡器，L 与 C 构成谐振回路，R_1 是偏置电阻，C_1 完成正反馈。当传感器线圈与金属导体距离改变时，电感发生变化，从而改变了振荡器的频率。该频率信号由电阻 R_2 输出，可以用频率计直接读出。

注意：

图 3-30 中纵坐标为 u_o，其下脚标为英文字母 o，而不是阿拉伯数字 0。

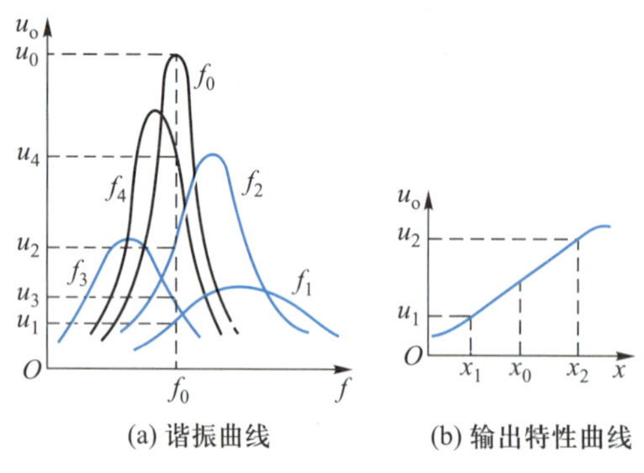

图 3-30 谐振调幅电路特性

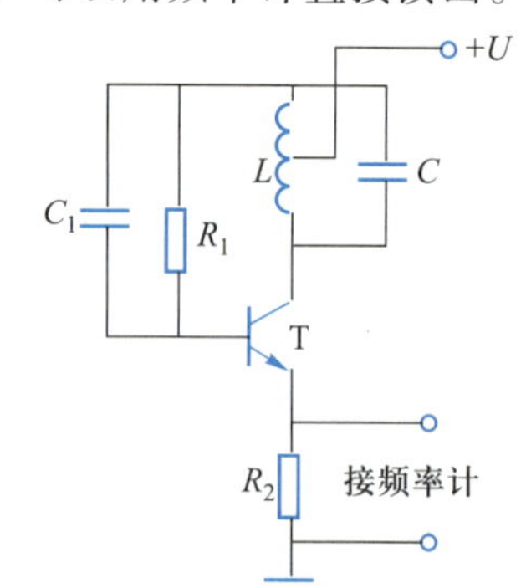

图 3-31 调频电路原理图

3.3.3 涡流式传感器的特点及应用

涡流式传感器的特点是结构简单、易于进行非接触的连续测量，灵敏度较高，适用性强，因此得到了广泛的应用。其应用大致有以下四个方面：①利用位移作为变换量，可以做成测量位移、厚度、振幅、转速等传感器，也可做成接近开关、计数器等；②利用材料电阻率 ρ 作为变换量，可以做成测量温度、材料判别等传感器；③利用磁导率 μ 作变换量，可以做成测量应力、硬度等传感器；④利用变换量 x、ρ、μ 等的综合影响，可以做成探伤装置等。

这里介绍一种利用低频透射涡流传感器测量金属材料厚度的装置。前

面讨论的涡流传感器，金属导体内产生的涡流所建立起来的反磁场以及涡流要消耗一部分能量，这些作用都将“反射”回去，可以改变原激励线圈的阻抗，从而可以测量金属材料的厚度。为了使反射效果好，激励频率越高，贯穿深度越小，实际中这一类涡流传感器使用较多。此外，若将激励频率减低，涡流的贯穿深度将加厚，可做成低频透射涡流传感器。图 3-32 所示为低频涡流测厚仪的工作原理，发射线圈 L_1 和接收线圈 L_2 绕在绝缘框架上，分别安放在被测材料 M 的上、下方。电压 u 加到 L_1 上，线圈中的电流 i 将产生一个交变磁场。若线圈之间不存在被测材料 M，L_1 的磁场将直接贯穿 L_2，感应出交变电动势 e，其大小与 u 的幅值、频率 f，以及 L_1 和 L_2 的匝数、结构、两者的相对位置有关。如果这些参数是确定的，那么 e 就是一个确定值。

在 L_1、L_2 间放置金属材料 M 后，L_1 产生的磁力线必然透过 M，并在其中产生涡流。涡流损耗了部分磁场能量，使到达 L_2 的磁力线减少，从而引起 e 的下降。M 的厚度越大，涡流越大，涡流引起的损耗也越大，e 就越小。由此可见，e 的大小反映了材料厚度 h 的变化。实际上，材料中涡流的大小还与材料的电阻率及其化学成分、物理状态有关。这些将成为误差因素，并限制测厚仪的测量范围，在实际应用中应考虑补偿。

同一种材料在不同频率下的 $e=f(h)$ 关系曲线如图 3-33 所示。由图可以看出，当激励频率较高时，曲线各段斜率相差大，线性不好，但当 h 较小时，灵敏度高。当激励频率较低时，线性好，测量范围大，但灵敏度低。为使仪器具有较宽的测量范围与较好的线性，应选用较低的激励频率，如 1 kHz。由图还可以看出，在 h 较小时，f_3 的斜率大于 f_1 的斜率，而在 h 较大时，f_1 的斜率大于 f_3 的斜率。因此，测薄板时应选较高频率，测厚板时应选较低频率。当然，对不同的金属材料，也应选不同的频率。

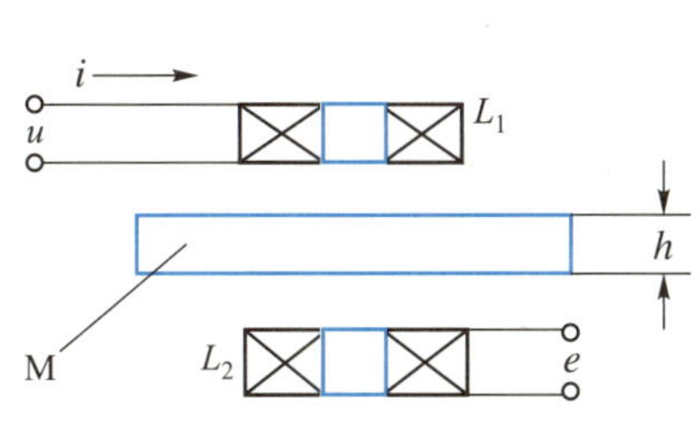

图 3-32 低频涡流测厚仪的工作原理

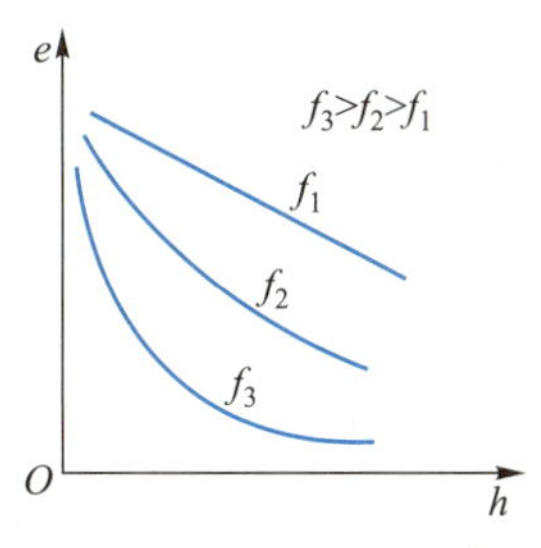

图 3-33 同一材料不同频率下的 $e=f(h)$ 关系曲线

涡流式传感器还可用来描述转轴轴心运动轨迹——轨迹仪，其原理结构如图 3-34 所示。它是由两个变换器 A 和 B 组成，指示装置可以是用来观察现象的示波器，也可以是用来描绘轨迹的 X-Y 记录仪。

注意：图 3-34 中加法器是变换器 A 和 B 测量值的矢量求和，而不是代数求和。

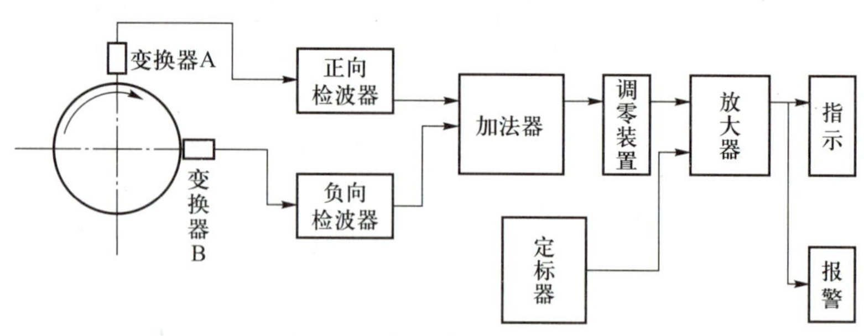

图 3-34 轨迹仪的原理结构

3-4 图片：压磁式传感器实物图

3.4 压磁式传感器

3.4.1 工作原理

某些铁磁物质在外界机械力的作用下，其内部产生机械应力，从而引起磁导率的改变，这种现象称为压磁效应。相反，某些铁磁物质在外界磁场的作用下会产生变形，有些伸长，有些压缩，这种现象称为磁致伸缩。

当某些材料受拉力时，在受力方向上磁导率增高，而在与作用力相垂直的方向上磁导率降低，这种现象称为正压磁效应；与此相反的现象称为负压磁效应。

实验证明，只有在一定条件下(如磁场强度恒定)压磁效应才有单值特性，但不是线性关系。就同一种铁磁材料而言，在外界机械力的作用下，磁导率的改变与磁场强度有着密切的关系，如当磁场较强时，磁导率随外界力的增加而减小，而当磁场较弱时则有相反的结果。

铁磁材料的压磁应变灵敏度表示方法与应变片的灵敏度表示方法相似。

$$S=\frac{\varepsilon_{\mu}}{\varepsilon_{l}}=\frac{\Delta\mu/\mu}{\Delta l/l} \tag{3-37}$$

式中：$\varepsilon_{\mu}=\Delta\mu/\mu$——磁导率的相对变化；

$\varepsilon_{l}=\Delta l/l$ ——在机械力的作用下铁磁物质的相对变形。

压磁应力灵敏度同样定义为：单位机械应变为 σ 所引起的磁导率相对变化 $\varepsilon_{\mu}=\Delta\mu/\mu$，即

$$S_{\sigma}=\frac{\Delta\mu/\mu}{\sigma} \tag{3-38}$$

利用上述关系可以做成压磁传感器。常用来测量压力、拉力、弯矩、扭转力(或力矩)，这种传感器的输出电参量为电阻抗或是二次绕组的感应电动势，即有如下变换链

$$P\rightarrow\sigma\rightarrow\mu\rightarrow R_{\mathrm{m}}\rightarrow Z \text{ 或 } e$$

式中：P 为机械力，σ 为应力，μ 为磁导率，R_{m} 为磁路的磁阻，Z 为电阻抗，e 为二次绕组的感应电动势。

3.4.2 结构形式

一、利用一个方向磁导率的变化

图 3-35 所示为压磁式传感器（piezomagnetic sensor）的原理结构图。图(a)、(b)为测量压力 P 的传感器，有如下关系

$$L=K_1 \cdot \mu \approx K_2 P \tag{3-39}$$

式中：L——传感器的电感；

K_1、K_2——与激励电流大小有关的系数，在一定条件下可以认为是常数。

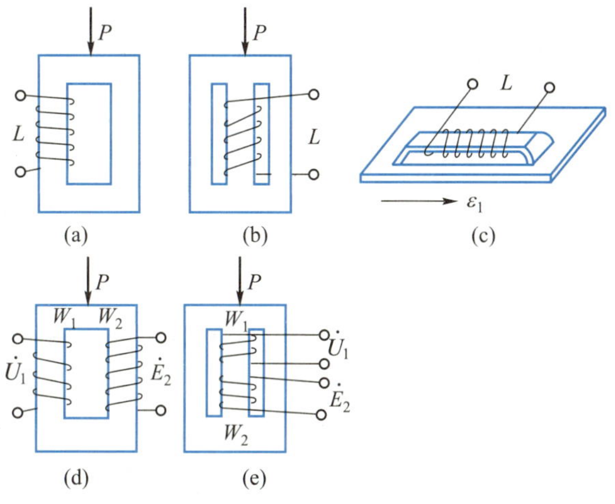

图 3-35　压磁式传感器的原理结构图

这种传感器与电感式传感器相似，它通过改变磁导率来达到电感值的改变。

而图 3-35(d)、(e)的结构与互感型变压器相似，有如下关系

$$\dot{E}_2=\frac{W_2}{W_1}K(P) \cdot \dot{U}_1 \cdot P \tag{3-40}$$

式中：E_2——输出感应电动势；

U_1——一次励磁电压；

W_1、W_2——一次和二次绕组匝数；

$K(P)$——系数，它与励磁电流频率和幅值有关，同时也与被测压力 P 有关，但当 P 范围不大时，$K(P)$ 也可认为是常数。

图 3-35(c)所示结构称为压磁应变片，它是在“日”字形铁心凸起在外的中间铁舌上绕上绕组，使用时将它粘在被测工件表面，使其整体与被测工件同时发生变形，从而引起铁心中磁导率改变，导致电感值改变。这种结构也可在铁舌上绕两个绕组做成变压器型传感器，常称互感型压磁应变片。

二、利用两个方向上磁导率的改变

在外力作用下，导磁体表现出各向异性特性。利用此特性可以制成传感器。图3-36(a)所示为典型的一例。它是用硅钢片叠成的，经黏接或点焊成一体，在对称位置上开四个通孔，沿对角线的方向各绕两个绕组：W_1 为一次绕组，用交流电供电；W_2 为二次绕组，可作为敏感绕组。这两个绕组在空间相互垂直。

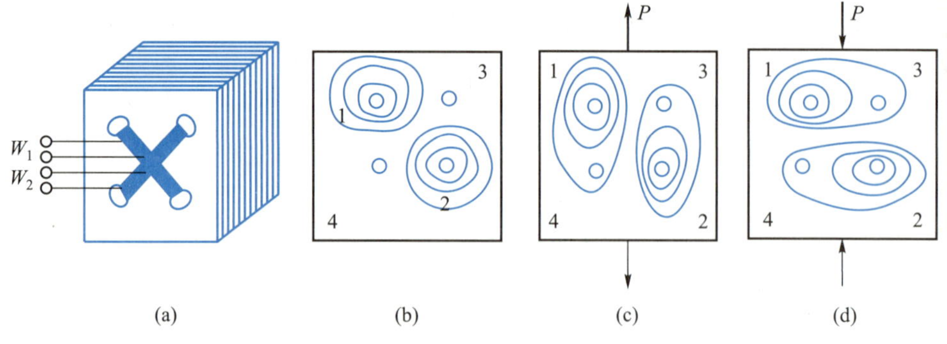

图 3-36　典型的压磁式传感器的结构形式

传感器在未受外力时，磁阻在各方向上一致，一次绕组所建立的磁通不链过二次绕组，则 W_2 端头上的感应电动势为零，即 $E_2=0$，如图 3-36(b)所示。

传感器受拉力，则在受力方向上磁导率增大，而垂直于拉力方向上磁导率减小，这时 W_1 绕组所建立的磁通必然链过 W_2，则 $E_2\neq0$，如图 3-36(c)所示。同样，当受外界压力时，$E_2\neq0$，但相位与所受拉力相差 180°，如图 3-36(d)所示。

可见传感器二次绕组 W_2 端头上电动势的大小正比于受力的大小，而相位则反映受力的方向。这类传感器在机械工程上常用来测量几万牛[顿]的压力，特点是耐过载能力强，线性度可在 3%~5%之间。

三、维捷曼效应

所谓维捷曼效应(wiedemann effect)是指在卷捻棒状铁磁物质时，在其上将出现一个按照螺旋形分布的区域。在这个区域中磁导率沿螺旋方向增加。也就是说，如果将这个铁磁棒置于磁场中，则在棒中必有按螺旋形分布的磁通，此磁通可认为是两个磁通的合成，一个沿轴向分布，另一个沿旋转方向分布。因此，一根旋转的铁磁轴中若通有电流，则在轴中不仅有环形磁通，还有轴向磁通(称为逆“维捷曼”效应)；或当一根旋转的铁磁轴处于磁场中，则在铁磁棒内与轴线相垂直的平面内会产生环状磁场。同样，带有电流的铁磁轴放在磁场中，则此轴将出现扭曲变形(称为顺“维捷曼”效应)。

图 3-37(a)是用来测量力矩 M 的。它是在一个用铁磁物质制造的轴上绕有建立磁场的绕组，此绕组用交流供电，而在轴的两个端头接上指示仪表。当

$M=0$ 时，不论 u 值有多大，它所建立的磁场均沿着轴向，该磁场决不能在轴的两端产生感应电动势，因此仪表示值为零；当 $M\neq0$ 时，此磁场即有轴向分量，又有径向分量，后者的磁通必将链过轴与指示仪表组成的闭合回路。因此在此回路中必将产生感应电动势，使指示仪表偏转，指针指示值反映被测力矩的大小。

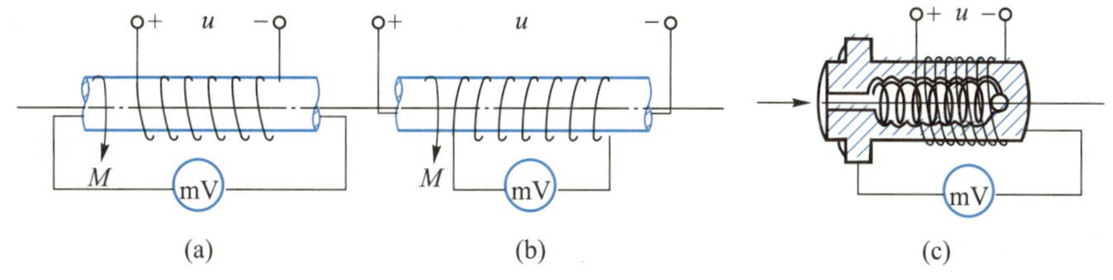

图 3-37　利用“维捷曼”效应进行测量的原理图

图 3-37(b)所示是将激励电压 u 加在轴上，而在轴上又绕有绕组，在此绕组的端头接有指示仪表。当力矩 $M=0$ 时，流过轴棒上的电流所建立的磁场显然与轴线垂直，因此不会有磁通穿过绕在棒上的绕组，从而在绕组的两端也不会有感应电动势；当 $M\neq0$ 时，所建立的磁场必然有轴向分量，也就是说必然有磁通穿过绕组，则绕组的端头上将有电动势产生，从而推动指示仪表指针偏转。

图 3-37(c)是用来测量气体压力的。它是在一个导磁材料杆中间开一个螺旋形孔道(非通孔)，当气体导入其中后，在此气体压力作用下磁导体棒产生扭曲变形，即相当于有一个转矩作用在此棒的两端，因此其原理与图 3-37(a)相似。

习题与思考题

3.1　电感式传感器有哪些种类？它们的工作原理是什么？

3.2　推导差分自感式传感器的灵敏度，并与单极式相比较。

3.3　试分析差分变压器相敏检测电路的工作原理。

3.4　分析电感传感器出现非线性的原因，并说明如何改善。

3.5　图 T3-1 所示的是一个简单电感式传感器，尺寸已示于图中。磁路取为中心磁路，不计漏磁，设铁心及衔铁的相对磁导率为 10^4，空气的相对磁导率为 1，真空的磁导率为 $4\pi\times10^{-7}\text{H}\cdot\text{m}^{-1}$，试计算气隙长度为 0 和 2 mm 时的电感量。图中所注尺寸单位均为 mm。

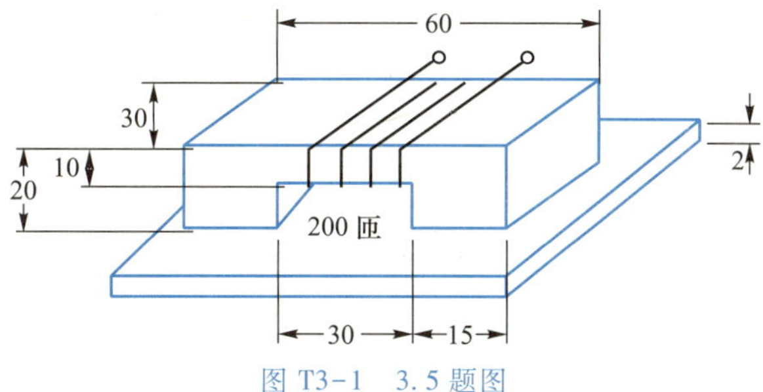

图 T3-1　3.5 题图

3.6 今有一种电涡流式位移传感器。其输出为频率，特性方程形式为 $f=e^{(bx+a)}+f_{\infty}$，已知其 $f_{\infty}=2.333$ MHz 及一组标定数据如下：

位移 x/mm	0.3	0.5	1.0	1.5	2.0	3.0	4.0	5.0	6.0
输出 f/MHz	2.523	2.502	2.461	2.432	2.410	2.380	2.362	2.351	2.343

试求该传感器的工作特性方程及符合度（利用曲线化直线的拟合方法，并用最小二乘法做直线拟合）。

3.7 简述电涡流效应及电涡流传感器的可能应用场合。

3.8 简述压磁效应，并与应变效应进行比较。

4　电容式传感器

电容器是电子技术的三大类无源元件(电阻、电感和电容)之一，利用电容器的原理，将非电量转化为电容量，进而实现非电量到电量转化的器件——称为电容式传感器(capacitive sensor)。电容式传感器已在位移、压力、厚度、物位、湿度、振动、转速、流量及成分分析的测量等方面得到了广泛的应用。电容式传感器的精度和稳定性也日益提高，精度高达 0.01%的电容式传感器已有商品供应。一种 250 mm 量程的电容式位移传感器，精度可达 5 μm。电容式传感器作为频响宽、应用广、非接触测量的一种传感器，是很有发展前途的。

4-1 图片：电容式传感器实物图

4.1　电容式传感器的工作原理及类型

4.1.1　工作原理

由物理学可知，两个平行金属极板组成的电容器，如果不考虑其边缘效应，其电容为

$$C=\frac{\varepsilon S}{d} \tag{4-1}$$

式中：ε——两个极板间介质的介电常数；

S——两个极板相对有效面积；

d——两个极板间的距离。

由上式可知，改变电容 C 的方法有三种，其一为改变介质的介电常数 ε；其二为改变形成电容的有效面积 S；其三为改变两个极板间的距离 d，从而得到电参数的输出为电容值的增量 ΔC，这就组成了电容式传感器。

4.1.2　类型

根据工作原理，在应用中电容式传感器可以有三种基本类型——变极距(或称变间隙)型、变面积型和变介电常数型。而它们的电极形状又有平板形、圆柱形和球平面形三种。

一、变极距型电容式传感器

图 4-1 是变极距型电容式传感器的结构原理图。图中，1、3 为固定极板；2 为可动极板，其位移是由被测量变化而引起的。当可动极板向上移动 Δd，

图4-1(a)、(b)所示结构的电容增量为

$$\Delta C=\frac{\varepsilon S}{d-\Delta d}-\frac{\varepsilon S}{d}=\frac{\varepsilon S}{d}\cdot\frac{\Delta d}{d-\Delta d}=C_0\cdot\frac{\Delta d}{d-\Delta d} \tag{4-2}$$

式中：C_0——极距为 d 时的初始电容值。

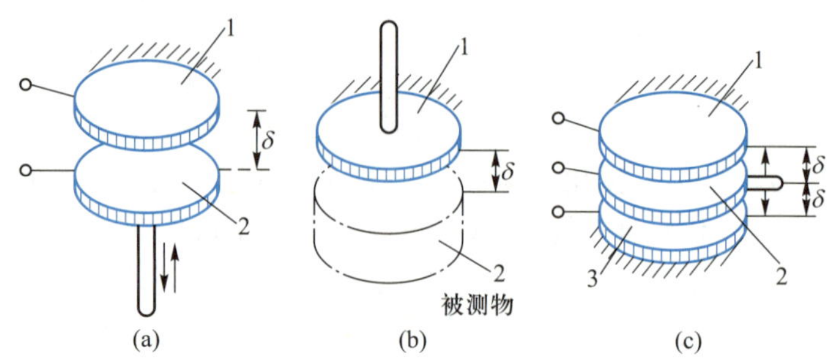

图 4-1　变极距型电容式传感器的结构原理图

1、3—固定极板；2—可动极板

式(4-2)说明 ΔC 与 Δd 不是线性关系。但当 $\Delta d \ll d$(即量程远小于极板间初始距离)时，可以认为 $\Delta C-\Delta d$ 是线性的。因此这种类型传感器一般用来测量微小变化的量，如 0.01 μm 至零点几毫米的线位移。

在实际应用中，为了改善非线性，提高灵敏度，以及减少外界因素(如电源电压、环境温度等)的影响，电容式传感器也和电感式传感器一样常常做成差分形式，如图 4-1(c)所示。当可动极板 2 向上移动 Δd 时，上电容量增加，下电容量减小。

二、变面积型电容式传感器

图 4-2 是变面积型电容式传感器的结构原理图，其中图(d)为差分式。与变极距型相比，它们的测量范围大，可测较大的线位移或角位移。图中 1、3 为固定极板，2 为可动极板。当被测量变化使可动极板 2 产生位移时，就改变了电极间的遮盖面积，电容量 C 也就随之变化。对于电容间遮盖面积由 S 变为 S'时，则电容变量为

$$\Delta C=\frac{\varepsilon S}{d}-\frac{\varepsilon S'}{d}=\frac{\varepsilon(S-S')}{d}=\frac{\varepsilon\cdot\Delta S}{d} \tag{4-3}$$

式中：$\Delta S=S-S'$。

由上式可见，电容的变化量与面积的变化量呈线性关系。

三、变介电常数型电容式传感器

变介电常数型电容式传感器的结构原理如图 4-3 所示。这种传感器大多用来测量电介质的厚度[见图 4-3(a)]、位移[见图 4-3(b)]、液位和液量[见图 4-3(c)]，还可根据极间介质的介电常数随温度、湿度、容量改变而改变来测量温度、湿度、容量[见图 4-3(d)] 等。以图 4-3(c)测液面高度为例，

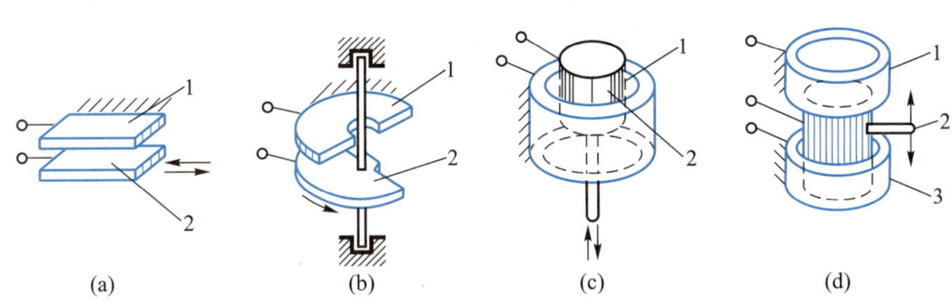

图 4-2 变面积型电容式传感器的结构原理图

1、3—固定极板；2—可动极板

其电容量与被测量的关系为

$$C=\frac{2\pi\varepsilon_0 h}{\ln(r_2/r_1)}+\frac{2\pi(\varepsilon-\varepsilon_0)h_x}{\ln(r_2/r_1)}$$

式中：h——极筒高度；

r_1、r_2——内极筒外半径和外极筒内半径；

h_x、ε——被测液面高度和它的介电常数；

ε_0——间隙内空气的介电常数。

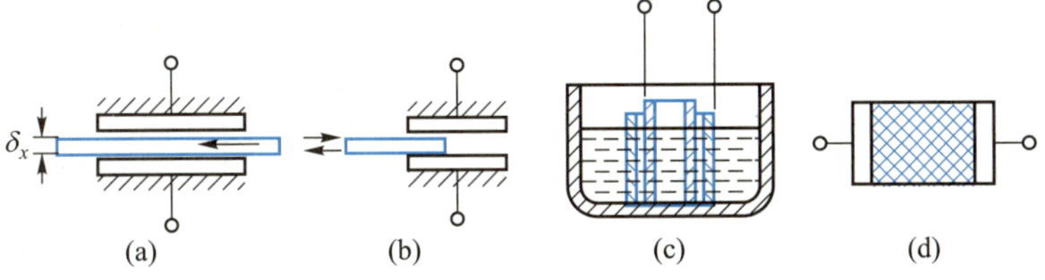

图 4-3 变介电常数型电容式传感器的结构原理图

注：图 4-3 中 δ_x 表示介质厚度。

4.2 电容式传感器的灵敏度及非线性

由以上分析可知，除改变极距型电容式传感器外，其他几种形式的电容式传感器的输入量与输出电容之间的关系均为线性，其灵敏度很容易得到，下面只讨论变极距型的平板电容式传感器的灵敏度。

假设极板间只有一种介质，如图 4-1 所示，对单极式电容表达式为

$$C=\frac{\varepsilon S}{d}$$

其初始电容值为 $C_0=\dfrac{\varepsilon S}{d_0}$。

当极板距离有一个增量 Δd 时，则传感器电容为

$$C=\frac{\varepsilon S}{d_0+\Delta d}=C_0+\Delta C$$

可求得

$$\Delta C=C-C_0=\frac{\varepsilon S}{d_0+\Delta d}-\frac{\varepsilon S}{d_0}=\frac{\varepsilon S(-\Delta d)}{d_0(d_0+\Delta d)}=-\frac{\varepsilon S\cdot\Delta d}{d_0^2}\left(1+\frac{\Delta d}{d_0}\right)^{-1}$$

$$=C_0\left(-\frac{\Delta d}{d_0}\right)\left[1-\frac{\Delta d}{d_0}+\left(\frac{\Delta d}{d_0}\right)^2-\left(\frac{\Delta d}{d}\right)^3+\cdots\right]$$

上式的条件为 $\Delta d/d_0\ll1$。于是可得灵敏度 k 为

$$k=\frac{\Delta C}{\Delta d}=-\frac{C_0}{d_0}\left[1-\frac{\Delta d}{d_0}+\left(\frac{\Delta d}{d_0}\right)^2-\left(\frac{\Delta d}{d_0}\right)^3+\cdots\right]\tag{4-4}$$

可见传感器的灵敏度并非常数。只有比值 $\Delta d/d_0$ 很小时才可认为是接近线性关系。这就意味着使用这种形式传感器时，被测量范围不应太大。若在比较大的范围内使用此种传感器，可适当增大极板间的初始距离 d_0，以保证比值 $\Delta d/d_0$ 不致过大，但会带来灵敏度下降的缺点，同时也使电容式传感器的初始值减小，寄生电容的干扰作用增加。

如果采用一组差分式电容传感器，则其灵敏度 k' 为

$$k'=2\cdot\frac{C_0}{d_0}\left[1+\left(\frac{\Delta d}{d_0}\right)^2+\cdots\right]\tag{4-5}$$

提示：

二次仪表安装在离工艺管线或设备较远的控制屏上，用以指示、记录或计算来自现场的一次仪表的测量结果。

可见灵敏度 k' 比单极式 k 提高一倍，而且非线性也大为减小，这就是为什么常采用差分式电容传感器的原因所在。值得提及的是差分式传感器在配合一定形式的二次仪表时，完全可以改善为线性关系。

变面积型和变介电常数型电容式传感器具有很好的线性特性，但它们的结论都是忽略了边缘效应得到的。实际上由于边缘效应引起漏电力线，导致极板（或极筒）间电场分布不均匀等因素，因此仍存在非线性问题，且灵敏度下降，但比变极距型电容式传感器要好得多。

4.3 电容式传感器的特点及等效电路

4.3.1 特点

1. 优点

电容式传感器与电阻式、电感式等传感器相比，有以下一些优点。

（1）温度稳定性好。

电容式传感器的电容值一般与电极材料无关，仅取决于电极的几何尺寸，且空气等介质损耗很小，因此只要从强度、温度系数等机械特性考虑，合理选择材料和结构尺寸即可，其他因素（因本身发热极小）影响甚微。而电阻式传感器有电阻，供电后产生热量；电感式传感器存在铜损耗、磁滞和涡流损耗等，引起本身发热产生零漂。

（2）结构简单、适应性强。

电容式传感器的结构简单，易于制造，易于保证高的精度，能在高温、低温、强辐射及强磁场等各种恶劣环境条件下工作，适应能力强。尤其可以承受很大的温度变化，在高压力、高冲击、过载情况下都能正常工作，能测量高压

和低压差，也能对带磁工件进行测量。此外，传感器可以做得体积很小，以便实现特殊要求的测量。

(3) 动态响应好。

电容式传感器除固有频率很高(即动态响应时间很短)外，又由于其介质损耗小可以用较高频率供电，因此系统工作频率高，可用于测量高速变化的参数，如测量振动和瞬时压力等。

(4) 可以实现非接触测量，具有平均效应。

在不允许接触测量被测件的情况下，电容式传感器可以完成测量任务。当采用非接触测量时，电容式传感器具有平均效应，可以通过减小工件表面粗糙度等方法来减小对测量的影响。

电容式传感器除了上述优点外，还因其带电极板间的静电引力很小，所需输入力和输入能量极小，因而可测极低的压力、拉力和很小的加速度、位移等，可以做得很灵敏，分辨率高，能测得 0.01 μm 甚至更小的位移；由于空气等介质损耗小，采用差分结构并接成桥式时产生的零点残余电压极小，因此允许电路进行高倍率放大，使仪器具有很高的灵敏度。

2. 缺点

电容式传感器的主要缺点如下：

(1) 输出阻抗高，负载能力差。

电容式传感器的容量受其电极的几何尺寸等限制不易做得很大，一般为几十到几百 μF，甚至只有几 μF。因此，电容式传感器的输出阻抗高，因而负载能力差，易受外界干扰影响产生不稳定现象，严重时甚至无法工作。必须采取妥善的屏蔽措施，从而给设计和使用带来不便。容抗大还要求传感器绝缘部分的电阻值极高(几十 MΩ)，否则绝缘部分将作为旁路电阻而影响仪器的性能，为此还要特别注意周围的环境(如温度、清洁度等)。若采用高频供电，可降低传感器的输出阻抗，但高频的放大、传输远比低频复杂，且寄生电容影响大，不易保证工作的稳定性。

电容式传感器的输出阻抗是自身电容形成的容抗。

(2) 寄生电容影响大。

电容式传感器的初始电容量小，而连接传感器和电子线路的引线电容(电缆电容，1~2 m 导线可达 800 pF)、电子线路的杂散电容以及传感器内极板与其周围导体构成的电容等寄生电容却较大，不仅降低了传感器的灵敏度，而且这些电容(如电缆电容)常常是随机变化的，使仪器工作很不稳定，影响测量精度。因此对电线的选择、安装、接法都有严格的要求。例如，采用屏蔽性好、自身分布电容小的高频电线作为引线，引线粗而短可保证仪器的杂散电容小而稳定，否则不能保证高精度测量。

(3) 输出特性非线性。

变极距型电容式传感器的输出特性是非线性的，虽可采用差分型来改善，但不可能完全消除。其他类型的电容式传感器只有忽略了电场的边缘效应，输出特性才呈线性，否则边缘效应所产生的附加电容量将与传感器电容量直接叠加，使输出特性呈非线性。

应该指出，随着材料、工艺、电子技术，特别是集成技术的高速发展，电容传感器的优点得到了发扬、缺点不断地被克服。电容式传感器正逐渐成为一种高灵敏度、高精度，在动态、低压及一些特殊测量方面大有发展前途的传感器。

4.3.2 等效电路

提示：

集肤效应：当导体中有交流电或者交变电磁场时，导体内部的电流分布不均匀，越靠近导体表面，电流密度越大，导体内部实际上电流较小，结果使导体的电阻增加。

在进行测量系统分析计算时，需要知道电容式传感器的等效电路。以图4-4(a)所示平板电容器的接线为例，研究从输出端A、B两点看进去的等效电路。它可用图4-4(b)表示。其中，L为传输线的电感；R为传输线的有功电阻，在集肤效应较小的情况下，即当传感器的激励电压频率较低时，其值甚小；C为传感器的电容；C_p为归结A、B两端的寄生电容，它与传感器的电容并联；R_p为极板间等效漏电阻，它包括两个极板支架上的有功损耗及极间介质有功损耗，其值在制造工艺上和材料选取上应保证足够大。

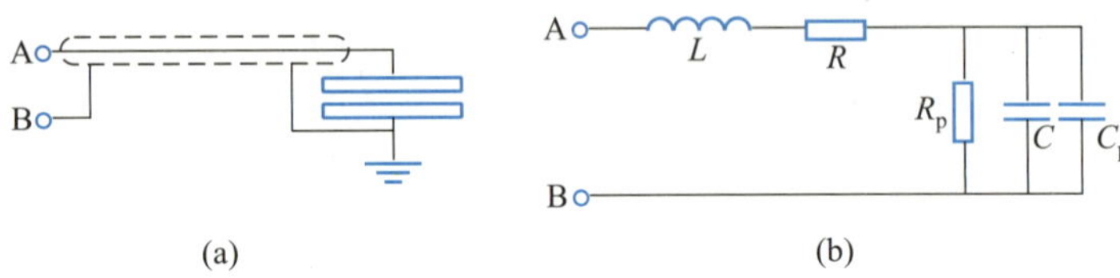

图 4-4 电容式传感器的等效电路

从上述分布电容式传感器的特点可知，克服寄生电容C_p的影响是电容式传感器能实际应用的首要问题。从上述等效电路可知，在较低频率下使用时（激励电路频率较低），L及R可以忽略不计，而只考虑R_p对传感器的旁路作用。当使用频率增高时，就应考虑L及R的影响，而且主要是L的存在使得AB两端的等效电容C_e随频率的增加而增加，由式(4-6)可求得

$$C_e=\frac{C}{1-\omega^2LC} \tag{4-6}$$

同时传感器的灵敏度k_e也将随激励源频率改变

$$k_e=\frac{\Delta C_e}{\Delta d}$$

式中：k_e——电容式传感器的等效灵敏度；

ΔC_e——电容式传感器的等效电容，它是由输入被测量Δd改变而产生的增量。

由式(4-6)可求得

$$\Delta C_e=\frac{\Delta C}{(1-\omega^2LC)^2}$$

令$k=\dfrac{\Delta C}{\Delta d}$，则有

$$k_e=\frac{k}{(1-\omega^2LC)^2} \tag{4-7}$$

由此可见，等效灵敏度将随激励频率而改变。因此在较高激励频率下使用这种传感器时，每当改变激励频率或者更换传输电线时都必须对测量系统重新标定。

4.4　电容式传感器的设计要点

电容式传感器所具有的高灵敏度、高精度等独特的特点是与其正确设计、正确选材以及精细的加工工艺分不开的。在设计传感器的过程中，在所要求的量程、温度和压力范围内，应尽量使它具有低成本、高精度、高分辨率、稳定可靠和好的频率响应，但一般不易达到理想程度，因此经常采用折中方案。对于电容式传感器，为了发扬它的优点并克服自身存在的不足，设计时可以从下面几个方面予以考虑。

4.4.1　保护绝缘材料的绝缘性能

减小环境温度、湿度等变化所产生的误差，以保证绝缘材料的绝缘性能。温度变化使传感器内各零件的几何尺寸和相互位置及某些介质的介电常数发生改变，从而改变电容式传感器的电容量，产生温度误差。湿度也影响某些介质的介电常数和绝缘电阻值。因此必须从选材、结构、加工工艺等方面来减小温度误差并保证绝缘材料具有高的绝缘性能。

电容式传感器的金属电极材料以选用温度系数低的铁镍合金为好，但较难加工。也可采用在陶瓷或石英上喷镀合金或银的工艺，这样电极可以做得很薄，对减小边缘效应极为有利。

传感器内的电极表面不便于经常清洗，应密封，防尘、防潮。若在电极表面镀上极薄的惰性金属(如铑等)层，则可代替密封件而起保护作用，可防尘、防温、防湿、防腐蚀，并且在高温下可减少表面损耗，降低温度系数，但成本较高。

传感器内的电极支架除要有一定的机械强度外还要有稳定的性能。因此应选用温度系数小和几何尺寸稳定性好，并具有高的绝缘电阻、低的吸潮性和高的表面电阻材料作支架。例如，采用石英、云母、人造宝石及各种陶瓷，虽然它们较难加工但性能远高于塑料、有机玻璃等材料；在温度不太高的环境下，聚四氟乙烯具有良好的绝缘性能，选用时也可以予以考虑。

尽量采用空气或云母等介电常数的温度系数近似为零的电介质(也不受湿度变化的影响)作为电容式传感器的电介质。若用某些液体(如硅油、煤油等)作为电介质，当环境温度、湿度变化时，它们的介电常数随之改变，产生误差。这种误差虽可用后接的电子线路加以补偿，但不易完全消除。

在可能的情况下，传感器内尽量采用差分对称结构，这样可以通过某些类型的电子线路(如电桥)来减小温度误差。

选用 50 kHz 至几 MHz 作为电容式传感器的电源频率，可以降低对传感器绝缘部分的绝缘要求。

传感器内所有的零件应先进行清洗，烘干后再装配。传感器要密封以防止

水分侵入内部而引起电容值变化和绝缘变坏。传感器的壳件刚性要好，以免安装时变形。

4.4.2 消除和减小边缘效应

边缘效应不仅使电容式传感器的灵敏度降低而且产生非线性，因此应尽量消除或减小它。

适当减小极间距，使极径与间距比很大，可减少边缘效应的影响，但易产生击穿并可能限制测量范围。也可以将上述电极做得极薄，使之与间距相比很小，以减小边缘电场的影响。除此之外，可在结构上增设等位环来消除边缘效应，如图 4-5(a)、(b)所示。等位环 3 与电极 2 等电位，这样就能使电极 2 的边缘电力线平直，两电极间的电场基本均匀，而发散的边缘电场发生在等位环 3 的外周，不影响工作。

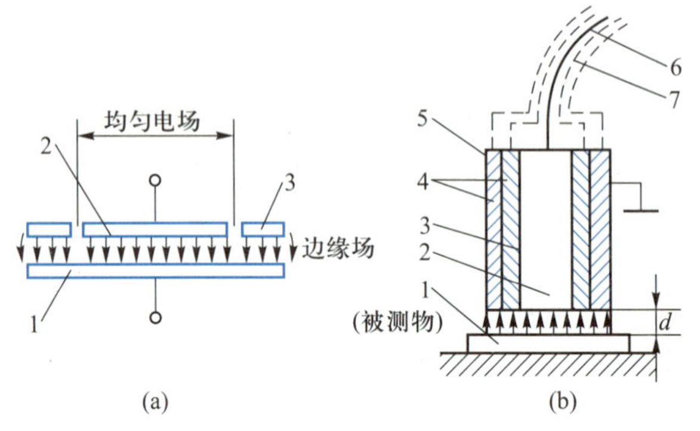

图 4-5 带有等位环的平板电容式传感器结构原理图

1、2—电极；3—等位环；4—绝缘层；5—套筒；6—芯线；7—内外屏蔽层

应该指出，边缘效应所引起的非线性与变极距型电容式传感器原理上的非线性正好相反，因此在一定程度上起了补偿作用，但这是牺牲了灵敏度来改善传感器的非线性。

4.4.3 消除和减小寄生电容的影响

寄生电容与传感器电容并联，影响传感器的灵敏度，而它的变化则为虚假信号影响仪器的精度，必须消除和减小。可采用如下方法：

（1）增加原始电容值。采用减小极板或极筒间的间距，增加工作面积或工作长度来增加原始电容值。但这受到加工及装配工艺、精度、示值范围、击穿电压、结构等限制。一般电容值变化在 $10^{-3}\sim10^{3}$pF 范围内，相对值 $\Delta C/C$ 变化则在 $10^{-6}\sim1$ 范围内。

（2）注意传感器的接地和屏蔽。图 4-6 为采用接地屏蔽的圆筒形电容式传感器。图中，可动极筒与连杆固定在一起随被测值位移。可动极筒与传感器的屏蔽壳（良导体）同为地，因此当可动极筒移动时，固定极筒与屏蔽壳之间的电容值将保持不变，从而消除了由此产生的虚假信号。

电缆引线也必须屏蔽至传感器屏蔽壳内。为了减小电缆电容的影响，应尽量使用短而粗的电缆线，缩短传感器至电子线路前置级的距离。

（3）将传感器与电子线路的前置级（集成化）装在一个壳体内，省去传感器至前置级的电缆。这样，寄生电容大大减小而且易固定不变，使仪器工作稳定。但这种传感器因电子元器件原因而不能在高温或环境差的地方使用。

（4）采用驱动电缆技术（也称双层屏蔽等位传输技术）。如图 4-7 所示，传感器与电子线路放置级间的引线为双屏蔽电缆，其内屏蔽层与信号传输导线（即电缆芯线）通过 1∶1 放大器成为等电位，从而消除了芯线与内屏蔽层之间的电容。由于屏蔽层上有随传感器输出信号变化而变化的电压，因此称为驱动电路。采用这种技术可使电缆线长达 10 m 而不影响仪器的性能。外屏蔽层接大地或接仪器地，用来防止外界电场的干扰。内外屏蔽层之间的电容是 1∶1 放大器的负载。1∶1 放大器是一个输入阻抗要求很高，具有容性负载，放大倍数为 1（准确度要求达 1/10 000）的同相放大器。因此驱动电缆技术对 1∶1 放大器要求很高，线路复杂，但能保证电容式传感器的电容值小于 1 pF 时，仪器仍能正常工作。

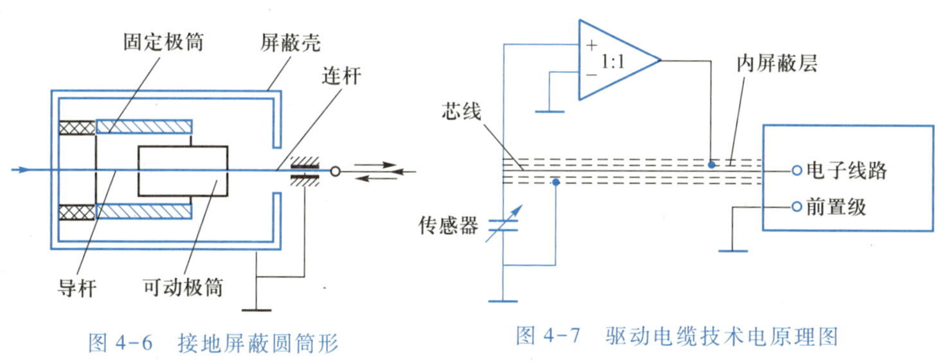

图 4-6　接地屏蔽圆筒形电容式传感器示意图

图 4-7　驱动电缆技术电原理图

当电容式传感器的原始电容值放大（如几百 μF）时，只要选择适当的接地点仍可采用一般的同轴屏蔽电缆。电缆可以长达 10 m，仪器仍能正常工作。

（5）采用运算放大器法。图 4-8 所示是利用运算放大器的虚地来减小电缆电容 C_p 影响的电原理图。图中，电容式传感器的一个电极经电缆芯线接运算放大器的虚地 ∑ 点，电缆的屏蔽层接仪器地，这时与传感器电容相并联的为等效电缆电容 $C_p/(1+K)$，K 为开环放大倍数，因而大大减小了电缆电容的影响。外界干扰因屏蔽层接仪器地，对芯线不起作用。传感器的另一电极接地，用来防止外电场的干扰。若采用双屏蔽层电缆，外屏蔽层接地，干扰影响就更小。实际上这是一种不完善驱动电缆，结构较简单。开环放大倍数 K 越大，精度越高。选择足够大的 K 值可保证所需的测量精度。

提示：

运算放大器开环增益为(-A)，意味着信号自运算放大器反相端输入。

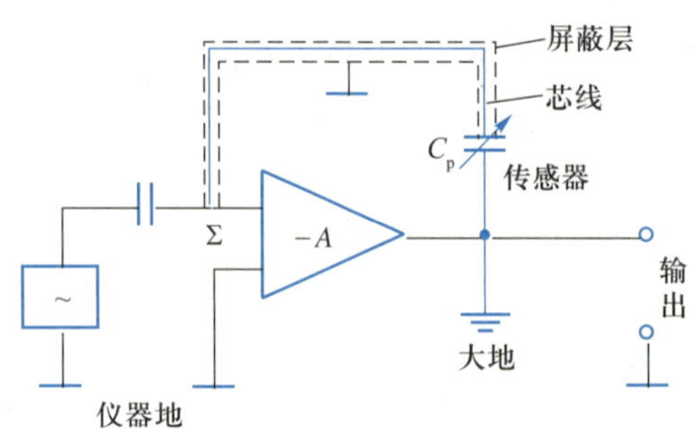

图 4-8 采用运算放大器的电原理图

注意：

仪器地与大地不同，仪器地是信号参考电位；大地为保护地，是噪声电流的泄放通道。

（6）整体屏蔽法。将电容式传感器和所采用的转换电路、传输电缆等用同一屏蔽壳屏蔽起来，正确选取接地点来消除寄生电容的影响和防止外界的干扰。图 4-9(a)为整体屏蔽法的一个例子，接地点选在电桥两电阻桥臂中间，使电缆电容并在放大器的输入端，只影响放大器的输入阻抗而不影响仪器正常工作，但结构较为复杂。当采用差分式电容传感器、紧耦合变压器供以电源并作桥臂，双屏蔽电缆作引线时[见图 4-9(b)]，长达 10 m 的电缆线能测出 1 pF 电容。图中，外屏蔽层接地，内屏蔽层接变压器二次侧中间抽头，使芯线与内屏蔽层间的电容和内外屏蔽层电容串联后影响传感器，因此大大减小了电缆电容的影响。

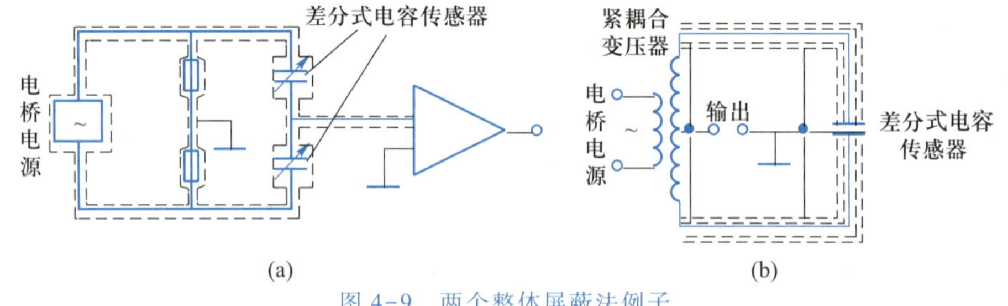

图 4-9 两个整体屏蔽法例子

4.4.4 防止和减小外界干扰

电容式传感器是高阻抗传感元件，很易受外界干扰。当外界干扰(如电磁场)在传感器上和导线之间感应出电压并与信号一起传输至电子线路时就会产生误差。当干扰信号足够大时，仪器无法正常工作，甚至会损坏。此外，接地点不同所产生的接地电压差也是一种干扰信号，会给仪器带来误差和故障。防止和减小干扰的某些措施已在上面有所讨论，现归纳如下：

（1）屏蔽和接地。用良导体作传感器壳体。将传感元件包围起来，并可靠接地；用金属网把导线套起来使它们之间绝缘(即屏蔽电缆)，金属网可靠接地；用双层屏蔽线且可靠接地；用双层屏蔽罩壳且可靠接地；传感器与电子线路前置级一起装在良好屏蔽壳体内，壳体可靠接地等。

（2）增加原始电容值，降低容抗。

(3) 导线间的分布电容有静电感应，因此导线和导线要离得远，线要尽可能短，最好成直角排列，当必须平行排列时可采用同轴屏蔽线。

(4) 尽可能一点接地，避免多点接地。地线要用粗的良导体或宽印制线。

(5) 尽量采用差分式电容传感器，可减小非线性误差，提高传感器灵敏度，减小寄生电容的影响和减小干扰。

4.5　电容式传感器的转换电路

电容式传感器把被测量转换成电路参数 C。为了使信号能传输、放大、运算、处理、指示、记录、控制，得到所需的测量结果或控制某些设备工作，还需将电路参数 C 进一步转换成电压、电流、频率等参数。目前这样的转换电路种类很多，一般归结为两大类型：一种为调制型；另一种为脉冲型(或称为电容充放电型)。

4.5.1　调制型电路

一、调频电路

在这类电路中，电容式传感器被接在振荡器的振荡槽路中，当传感器电容 C_x 发生改变时，其振荡频率 f 也发生相应变化，实现由电路到频率的转换。由于振荡器的频率受电容式传感器的电容调制，这样就实现了 C-f 的转换，故称为调频电路。但伴随频率的改变，振荡器的输出幅值也往往要改变，为克服后者，在振荡器之后需再加入限幅环节。虽然可将此频率作为测量系统的输出量，用以判断被测量的大小，但这时系统是非线性的，而且不易校正。因此在系统之后可再加入鉴频器，以调整非线性特性去补偿其他部分的非线性，使整个系统获得线性特性，这时整个系统的输出将为电压或电流等模拟量，如图 4-10 所示。

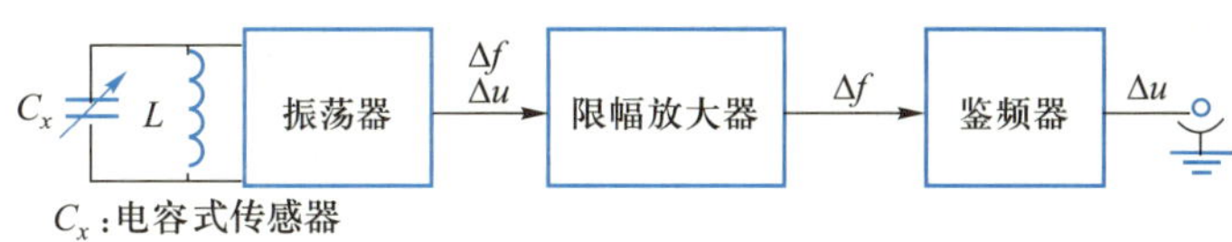

图 4-10　调频电路

在图 4-10 中，调频振荡器的频率可由下式决定，即

$$f=\frac{1}{2\pi\sqrt{LC_x}} \tag{4-8}$$

式中：L——振荡回路的电感；

C_x——电容式传感器总电容。

若电容式传感器尚未工作时，则 $C_x=C_0$，即为传感器的初始电容值，此时振荡器的频率为一常数 f_0，即

$$f_0=\frac{1}{2\pi\sqrt{LC_0}} \tag{4-9}$$

f_0 常选在 1 MHz 以上。

当传感器工作时，$C_x=C_0\pm\Delta C$，ΔC 为电容变化量，则谐振频率相应的改变量为 Δf，即

$$f_0\mp\Delta f=\frac{1}{2\pi\sqrt{L(C_0\pm\Delta C)}} \tag{4-10}$$

振荡器输出的高频电压将是一个受被测信号调制的调频波，其频率由式(4-10)决定。在调频电路中，Δf_{max} 值实际上是决定整个测试系统灵敏度的。

二、调幅电路

配有这种电路的系统，在其电路输出端取得的是具有调幅波的电压信号，其幅值近似地正比于被测信号。实现调幅的方法也较多，这里只介绍常用的两种——交流激励法和交流电桥法。

1. 交流激励法

用此方法测出电容变化量的基本原理如图 4-11(a)所示，一般采用松耦合。次端的等效电路如图 4-11(b)所示，其中 E_2 为二次侧感应电动势，其值为

$$\dot{E}_2=\mathrm{j}\omega M\dot{I} \tag{4-11}$$

式中：M——耦合电路的互感系数；

ω——振荡源的频率；

I——一次绕组电流。

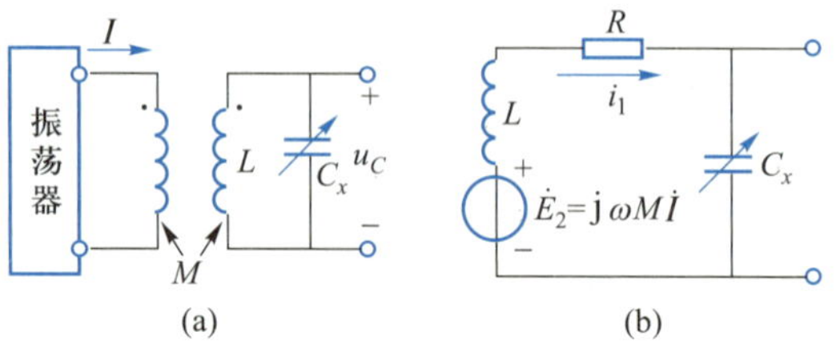

图 4-11　交流激励法基本原理图

在图 4-11 中，L 为变压器二次绕组的电感值；R 为变压器二次绕组的直流电阻值；C_x 为电容式传感器的电容值；i_1 为二次绕组回路电流。于是有如下方程

$$L\frac{\mathrm{d}i_1}{\mathrm{d}t}+Ri_1+\frac{1}{C_x}\int i_1\mathrm{d}t=E_2$$

即

$$LC_x\frac{\mathrm{d}^2u_C}{\mathrm{d}t^2}+RC_x\frac{\mathrm{d}u_C}{\mathrm{d}t}+u_C=E_2$$

从上式可得电容式传感器上的电压 u_C 值，而幅值的模 U_C 为

$$U_C=\frac{E_2}{\sqrt{(1-LC_x\omega^2)^2+R^2C_x^2\omega^2}} \tag{4-12}$$

若传感器的初始电容值为 C_0，电感电容回路的初始谐振频率为 $\omega_0=2\pi f_0=1/\sqrt{LC_0}$，且取 $Q=\omega_0 L/R$，则

$$K=\frac{1}{Q}\cdot\frac{1}{\sqrt{\left(1-\frac{\omega^2}{\omega_0^2}\right)^2+\frac{1}{Q^2}\cdot\frac{\omega^2}{\omega_0^2}}}$$

将 ω_0、Q 及 K 值代入式(4-12)中，则有

$$u_C=K\cdot Q\cdot E_2 \tag{4-13}$$

现将图 4-12 中的曲线 1 作为此回路的谐振曲线。若激励源的频率为 f，则可确定其工作在 A 点上。当传感器工作时，引起电容值改变，从而将使谐振曲线左、右移动，工作点也在同一频率 f 的纵坐标直线上下移动(如 B、C 点)，可见最终在电容式传感器上的电压将发生变化。因此，电路输出的电信号是与激励源同频率、幅值随被测量的大小而改变的调幅波。

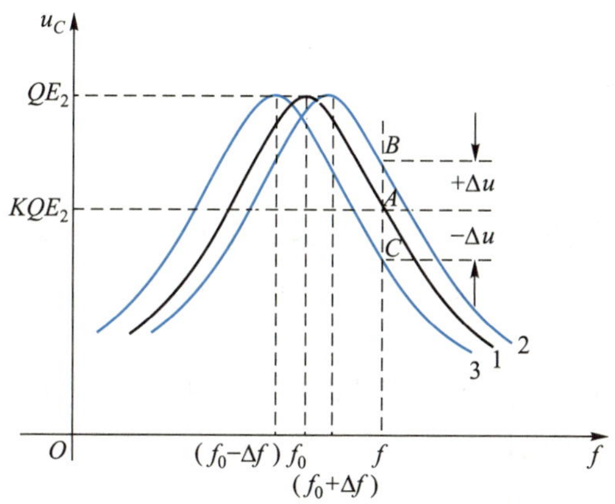

图 4-12 谐振曲线图

为调整从被测量的输入到输出电压幅值的线性转换关系，正确选择工作点 A 很重要。为调整方便，常在传感器电容 C_x 上并联一个可微调的小电容。

2. 交流电桥法

将电容式传感器接入交流电桥作为电桥的一个臂或两个相邻臂，另两臂可以是电阻、电容或电感，也可以是变压器的两个二次绕组，如图 4-13 所示。图中，C_x 是单极电容式传感器的电容，C_0 是与它匹配的固定电容，其值与传感器初始电容值相等。C_{x1}、C_{x2} 为差分式电容传感器的两个电容。U 为电桥电源电压，U_o 为电桥的输出电压，E 为变压器二次侧感应电动势。测量前 $C_{x1}=C_{x2}$ 或 $C_x=C_0$，电桥平衡，输出电压 $U_o=0$。测量时被测量变化使传感器电容值随之改变，电桥失衡，其不平衡输出电压幅值与被测量变化有关，因此通过电桥电路将电容值变化转换成电量变化。

从电桥灵敏度考虑，图 4-13(a)~(f)中，图(f)形式为最高，图(d)次之。

在设计和选择电桥形式时，除了考虑其灵敏度外，还应考虑输出电压是否稳定（即受外界干扰影响大小），输出电压与电源电压间的相移大小，电源与元件所允许的功率以及结构上是否容易实现等。在实际电桥电路中，还附加有零点平衡调节、灵敏度调节等环节。

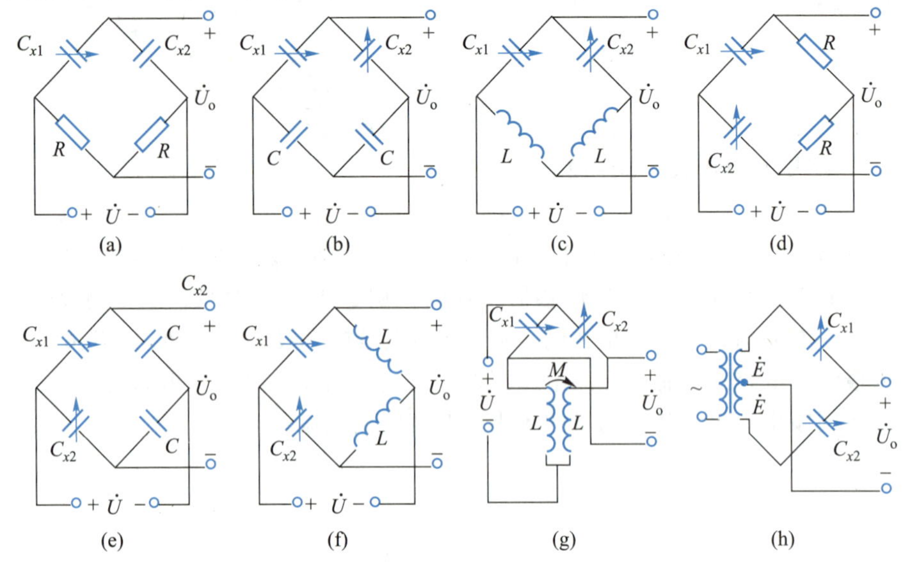

图 4-13　电容式传感器构成交流电桥的形式

图 4-13(g)所示的电桥（紧耦合电感臂电桥）具有较高的灵敏度和稳定性，且寄生电容影响极小，大大简化了电桥的屏蔽和接地，非常适合高频工作，目前已开始广泛应用。

图 4-13(h)所示的电桥（变压器式电桥），使用元件最少，桥路内阻最小，因此目前采用较多。该电桥两臂是电源变压器的二次绕组。设感应电动势为 E，另两臂为传感器的两个电容，容抗分别为 $Z_1=1/(\mathrm{j}\omega C_{x1})$ 和 $Z_2=1/(\mathrm{j}\omega C_{x2})$，假设电桥所接的运算放大器的输入阻抗（即本电桥的负载）为 R_L，则电桥输出为

$$\dot{U}_o=\frac{(C_{x1}-C_{x2})\mathrm{j}\omega}{1+R_L(C_{x1}+C_{x2})\mathrm{j}\omega}\dot{E}R_L$$

当 $R_L\to\infty$ 时

$$\dot{U}_o=\frac{C_{x1}-C_{x2}}{C_{x1}+C_{x2}}\dot{E} \tag{4-14}$$

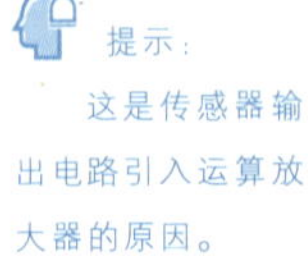
提示：这是传感器输出电路引入运算放大器的原因。

由式(4-14)可见，差分式电容传感器接入变压器式电桥中，当运算放大器输入阻抗极大时，对任何类型的电容式传感器（包括变极距型等），电桥的输出电压与输入量均呈线性关系。

应该指出：由于电桥输出电压与电源电压成比例，因此要求电源电压波动极小，需采用稳幅、稳频等措施；传感器必须工作在平衡位置附近，否则电桥非线性将增大；接有电容式传感器的交流电桥输出阻抗很高（一般达几 MΩ 至几十 MΩ），输出电压幅值小，所以必须后接高输入阻抗放大器，将信号放大

后才能测量。

4.5.2　脉冲型电路

脉冲型转换电路的基本原理是利用电容的充、放电特性。下面分析两种性能较好的电路。

一、双 T 形充、放电网络

图 4-14 为双 T 形充、放电网络的原理图。图中，$\dot{U}$ 为一对称方波的高频电源电压，C_1 和 C_2 为差分式电容传感器的电容。对于单极电容式传感器，其中一个为固定电容，另一个为传感器电容。R_L 为负载电阻，D_1、D_2 为两个理想二极管(即正向导通时电阻为零，反向截止时电阻为无穷大)，R_1、R_2 为固定电阻。

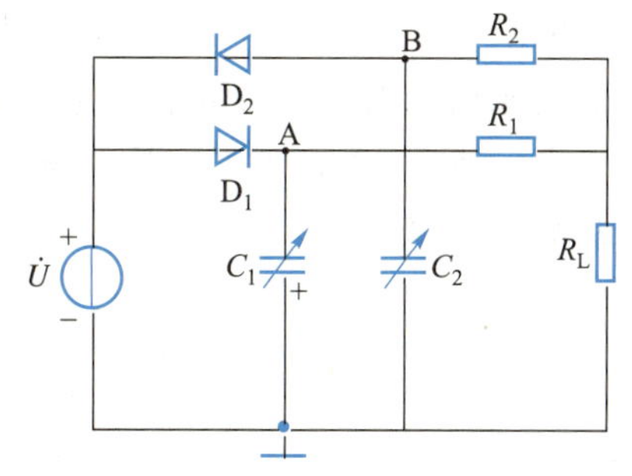

图 4-14　双 T 形充、放电网络的原理图

电路的工作原理可简述如下：当电源电压 $\dot{U}$ 为正半周时(幅值为 U)，D_1 导通，D_2 截止，电路可以等效为如图 4-15(a)所示电路。

此时电容 C_1 很快被充电至电压 U，电源 U 经 R_1 以电流 I_1 向负载 R_L 供电。与此同时，电容 C_2 经 R_2 和 R_L 放电电流为 I_2，流经 R_L 的电流 I_L 为 I_1 和 I_2 之和，它们的极性如图 4-15(a)所示。当电源电压 U 为负半周时，D_1 截止，D_2 导通，如图 4-15(b)所示。此时 C_2 很快被充电至电压 U，而流经 R_L 的电流 I'_L 为由 U 供给的电流 I'_2 和 C_1 的放电电流 I'_1 之和。若 D_1、D_2 的特性相同，并且 $C_1=C_2$、$R_1=R_2$，则流过 R_L 的电流 I_L 与 I'_L 的平均值大小相等，方向相反，在一个周期内流过 R_L 的平均电流为零，R_L 上无电压输出。若在 C_1 或 C_2 变化时，在 R_L 上产生的平均电流不为零，因而有信号输出。此时 R_L 的输出电压为

$$U_o \approx \frac{R(R+2R_L)}{(R+R_L)^2} \cdot R_L \cdot U \cdot f \cdot (C_1-C_2) \tag{4-15}$$

当固定电阻 $R_1=R_2=R$，R_L 为已知时，则

$$K=\frac{R(R+2R_L)}{(R+R_L)^2} \cdot R_L$$

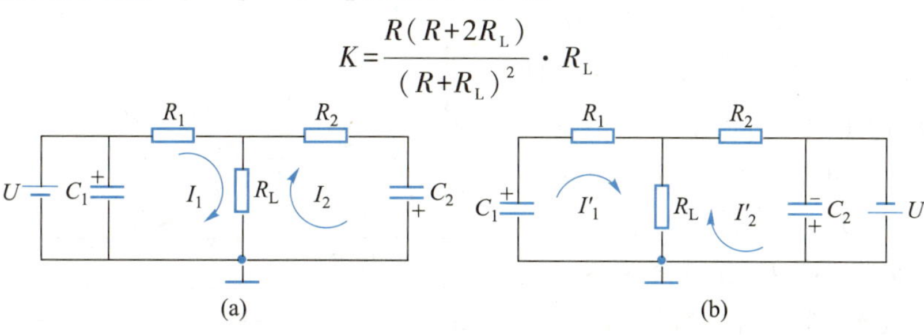

图 4-15　双 T 形充、放电网络的等效电路

K为常数，所以式(4-15)可写为

$$U_o \approx K \cdot U \cdot f \cdot (C_1 - C_2) \tag{4-16}$$

式中：f——电源频率。

从式(4-16)可以看出：这种电路的灵敏度与高频方波电源的电压幅值U及频率f有关。为保证工作的稳定性，需严格控制高频电源的电压和频率的稳定度。

二、脉冲调宽型电路

电路原理图如图4-16所示。其中，A_1和A_2为电压比较器，在两个比较器的同相输入端接入幅值稳定的比较电压$+E$。若U_C略高于E，则A_1输出为负电平；或U_D略高于E，则A_2输出为负电平，A_1和A_2比较器可以是放大倍数足够大的放大器。

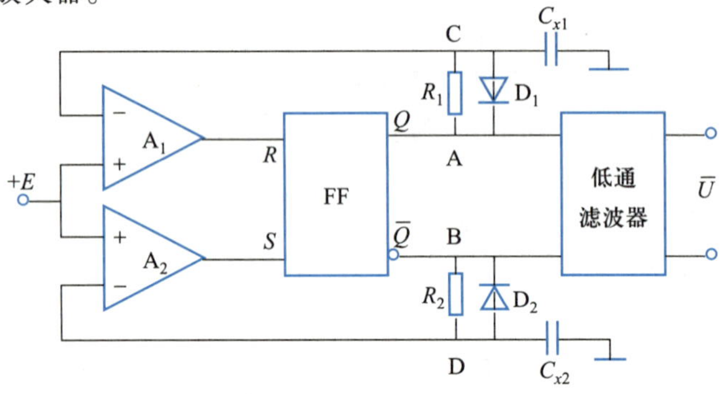

图4-16 脉冲调宽型电路原理图

FF为触发器，采用负电平输入。若A_1输出为负电平，则Q端为低电平(零电平)，$\bar{Q}$为高电平；若A_2输出为负电平，则$\bar{Q}$为低电平，Q为高电平。

工作原理可简述为：假设传感器处于初始状态，即$C_{x1}=C_{x2}=C_0$；且A点为高电平，即$U_A=U$；而B点为低电平，即$U_B=0$。

此时U_A经过R_1对C_{x1}充电，使电容C_{x1}上的电压按指数规律上升，时间常数为$\tau_1=R_1C_{x1}$。当$U_C \geqslant E$时，比较器A_1翻转，输出端呈负电平，触发器也跟着翻转，Q端(即A点)由高电平降为低电平，同时$\bar{Q}$端(即B点)由低电平升为高电平$U_B=U$，此时，C_{x1}上充有电荷将经二极管D_1迅速放电。由于放电时间常数极小，U_C迅速降为零，这又导致比较器A_1再翻转，输出为正。从触发器$\bar{Q}$输出端升为高电平

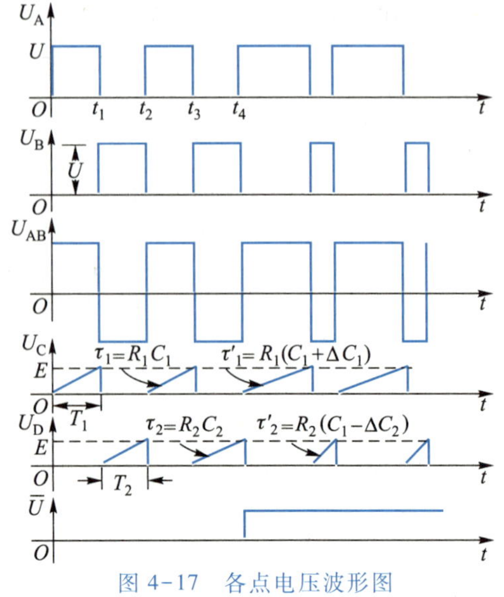

图4-17 各点电压波形图

开始，U_B 即经过 R_2 按指数规律，以时间常数$\tau_2=R_2C_{x2}$的速率对 C_{x2}充电，D 点电位开始上升。当 $U_D \geqslant E$ 时，比较器 A_2 翻转，其输出端由正变为负，这一负跳便促使触发器 FF 又一次翻转，使$\overline{Q}$端为低电平，Q 端为高电平，于是在 C_{x2}上的电荷经 D_2 放电，使 U_D 迅速降为零，A_2 复原，同时 A 点的高电位开始经 D_1 对 C_{x1}充电，又重复前述过程，其波形如图 4-17 所示。由于 $R_1=R_2$、$C_{x1}=C_{x2}=C_0$，所以$\tau_1=\tau_2$、$T_1=T_2$，即 U_{AB}呈对称方波。假设在 t_4 时刻，有一被测量输入给电容式传感器，造成 $C_{x1}=C_0+\Delta C$、$C_{x2}=C_0-\Delta C$，则有

$$\tau_1=R(C_0+\Delta C)$$

$$\tau_2=R(C_0-\Delta C)$$

显然，$\tau_1\neq\tau_2$，$T_1\neq T_2$，这时 U_{AB}不再是宽度相等的对称方波，而是正半周宽度大于负半周宽度。使 U_{AB}通过低通滤波器后，其输出平均电平$\overline{U}$将正比于输入传感器的被测量，其大小为

$$\overline{U}=\frac{T_1-T_2}{T_1+T_2}U=\frac{C_{x1}-C_{x2}}{C_{x1}+C_{x2}}U \tag{4-17}$$

利用式(4-17)可分析几种形式电容式传感器的工作情况：

对于变极距型差分式电容传感器来说，设极板间初始距离为 d_0，变化量为 Δd，则滤波器输出为

$$\overline{U}=\frac{\Delta d}{d_0}U \tag{4-18}$$

对于变面积型差分式电容传感器来说，设初始有效面积为 S_0，变化量为 ΔS，则滤波器输出为

$$\overline{U}=\frac{\Delta S}{S_0}U \tag{4-19}$$

式(4-18)、式(4-19)表明：差分脉冲调宽型电路的重要优点就在于它的线性

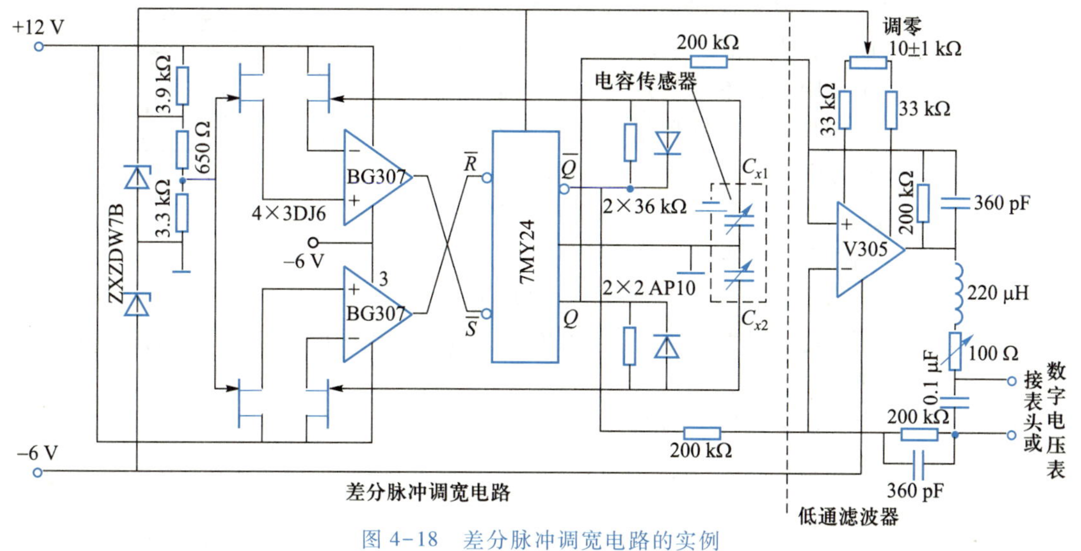

图 4-18 差分脉冲调宽电路的实例

变换特性。

图 4-18 是这种电路的实例。该电路配用的传感器电容初始值为 40 pF，两个传感器记为 2×40 pF，调宽频率约为 400 kHz。要求两比较器 BG307 的性能相同，且温度漂移小。联动电子开关采用双稳态触发器，可用双**与非**门构成，也可用 *JK* 触发器或维阻触发器，但是 Q 端的高电位、低电位必须与$\overline{Q}$端对应相等。

4.6 电容式传感器的应用举例

随着新工艺、新材料问世，特别是电子技术的发展，使得电容式传感器越来越广泛地得到应用。电容式传感器可用来测量直线位移、角位移、振动振幅(可测至 0.05 μm 的微小振幅)，尤其适合测量高频振动振幅、精密轴系回转精度、加速度等机械量，还可用来测量压力、差压力、液位、料位、粮食中的水分含量、非金属材料的涂层、油膜厚度，以及测量电介质的湿度、密度、厚度等。在自动检测和控制系统中也常常用来作为位置信号发生器。当测量金属表面状况、距离尺寸、振动振幅时，往往采用单电极式变极距型电容式传感器，这时被测物是电容器的一个电极，另一个电极则在传感器内。下面简单介绍几种电容式传感器的应用。

4.6.1 差分式电容压力传感器

4-2 图片：电容式压力传感器实物图

图 4-19 所示为一种典型的差分式电容压力传感器的结构示意图。差分式电容压力传感器由两个相同的可变电容组成。在被测压力的作用下，一个电容的电容量增大而另一个则相应减小。差分式电容传感器比单极式电容传感器灵敏度高、线性好。但差分式测压传感器加工较困难，不易实现对被测气体或液体的密封，因此这种结构的传感器不宜工作在含腐蚀或其他杂质的流体中。

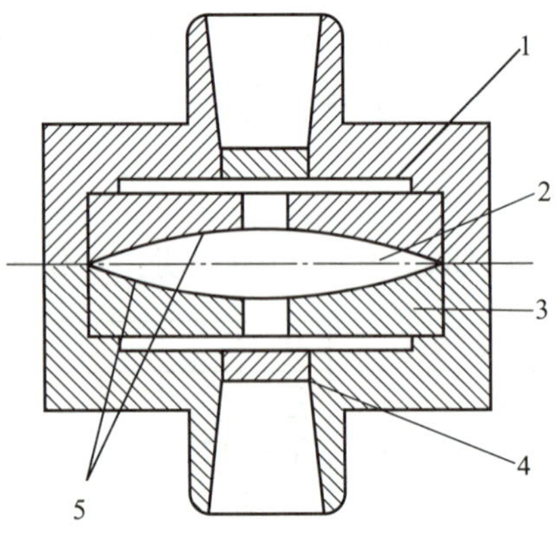

图 4-19 典型的差分式电容压力传感器的结构示意图

1—O 型垫圈；2—金属动膜片；3—玻璃；4—多孔金属过滤器；5—电镀金属表面层

该传感器的金属动膜片 2 与电镀金属表面层 5 的固定极板形成电容。在压差作用下，膜片凸向压力小的一面，从而使电容量发生变化。当过载时，膜片受到凹曲的玻璃 3 表面的保护不致发生破裂。

图 4-20 是一种在风洞试验中测量压力的差分式电容压力传感器的结构示意图。

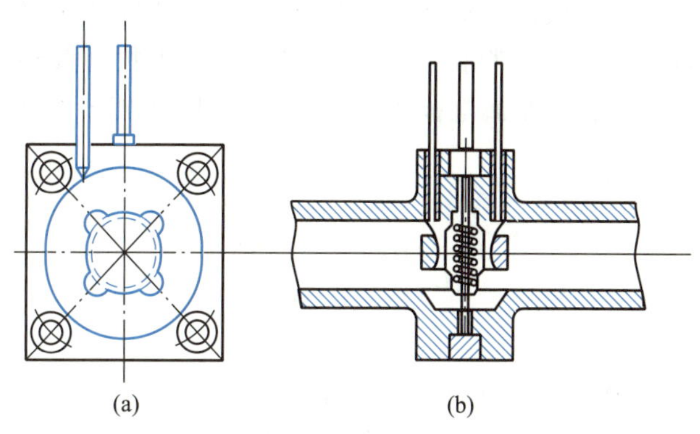

图 4-20 在风洞试验中测量压力的差分式电容压力传感器的结构示意图

4.6.2 电容式加速度传感器

4-3 图片：电容式加速度传感器实物图

电容式加速度传感器的结构示意图如图 4-21 所示。质量块 4 由两根簧片 3 支撑于充满空气的壳体 2 内，由于弹簧较硬，系统的固有频率较高，因此构成惯性式加速度计的工作状态。当测量垂直方向的直线加速度时，传感器壳体固定在被测振动体上，振动体的振动使壳体相对质量块运动，因而与壳体 2 固定在一起的两固定极板 1、5 相对质量块 4 运动，致使固定极板 5 与质量块 4 的 A 面(磨平抛光)组成的电容 C_{x1} 值以及下面的固定极板 1 与质量块 4 的 B 面组成的电容 C_{x2} 值随之改变，一个增大，一个减小。它们的差值正比于被测加速度。由于采用空气阻尼，气体黏度的温度系数比液体小得多。因此这种加速度传感器的精度较高，频率响应范围宽，量程大。

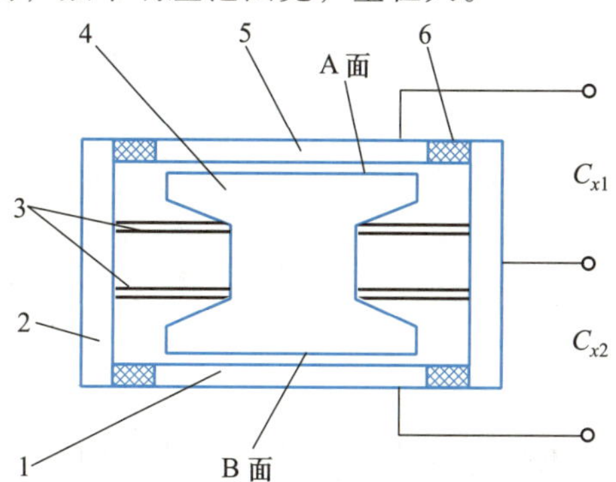

图 4-21 电容式加速度传感器的结构示意图
1、5—固定极板；2—壳体；3—簧片；4—质量块；6—绝缘体

4.6.3 电容式料位传感器

4-4 图片：电容式料位传感器实物图

图 4-22 所示为用电容式传感器测量固体块状、颗粒体及粉料料位的情况。由于固体摩擦力较大，容易“滞留”，所以一般采用单极式电容传感器，

可用电极棒及容器壁组成的两极来测量非导电固体的料位，或在电极加外套以绝缘套管，测量导电固体的料位，此时电容的两极由物料及绝缘套中电极组成。图 4-22(a)所示为用金属电极棒插入容器来测量料位，它的电容变化与料位的升降关系为

$$\Delta C=\frac{2\pi(\varepsilon-\varepsilon_0)\Delta h}{\ln\frac{D}{d}}$$

式中：D、d——容器的内径和电极的外径；

ε、ε_0——物料的介电常数和空气的介电常数；

h——物料的料位。

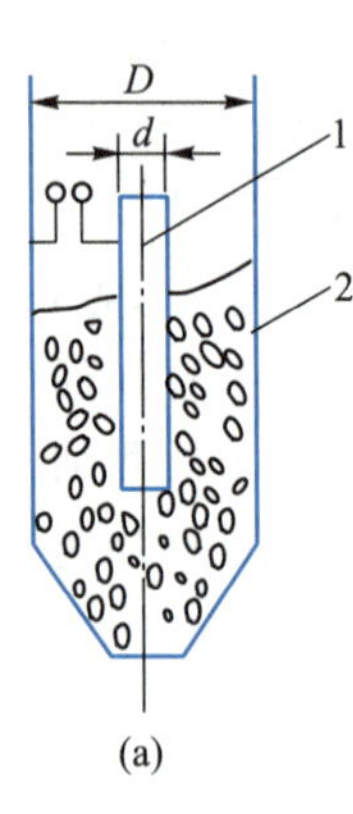

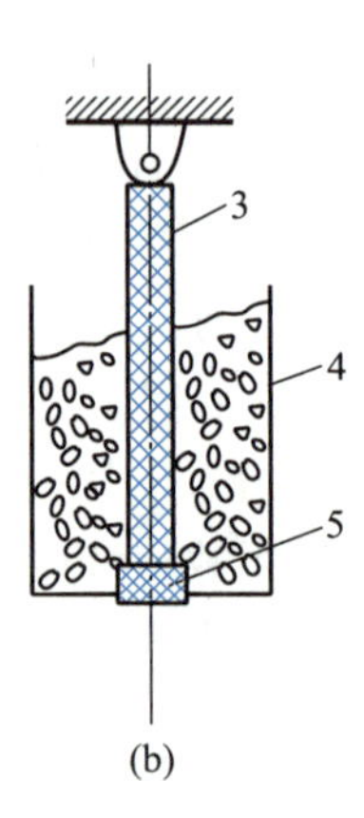

图 4-22　电容式料位传感器的结构示意图

1—电极棒；2、4—容器壁；3—钢丝绳内电极；5—绝缘材料

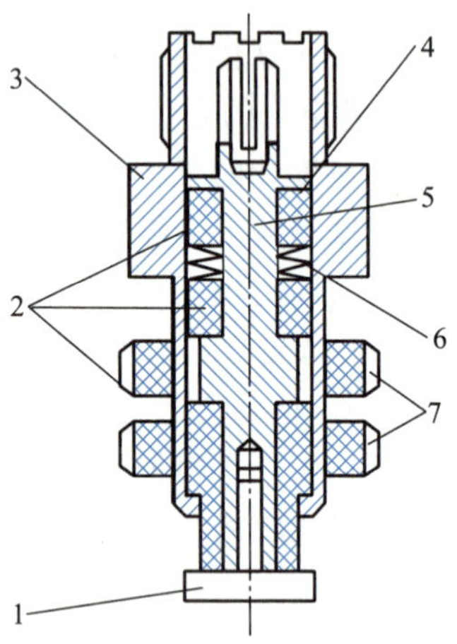

图 4-23　单电极电容式振动位移传感器的结构示意图

1—平面测端电极；2—绝缘衬塞；3—壳体；4—弹簧卡圈；5—电极座；6—盘形弹簧；7—螺母

4-5 图片：电容式位移传感器实物图

4.6.4　电容式位移传感器

图 4-23 是一种单电极电容式振动位移传感器的结构示意图。它的平面测端电极 1 是电容器的一极，通过电极座 5 由引线接入电路，另一极是被测物表面。金属壳体 3 与平面测端电极 1 间有绝缘衬塞 2 使彼此绝缘。使用时，壳体 3 为被夹持部分，被夹持在标准台架或其他支撑上。壳体 3 接大地可起屏蔽作用。

图 4-24 是电容式振动位移传感器的应用示意图。这种传感器可测量 0.05 μm 的振动位移，还可测量转轴的回转精度和轴心动态偏摆等。

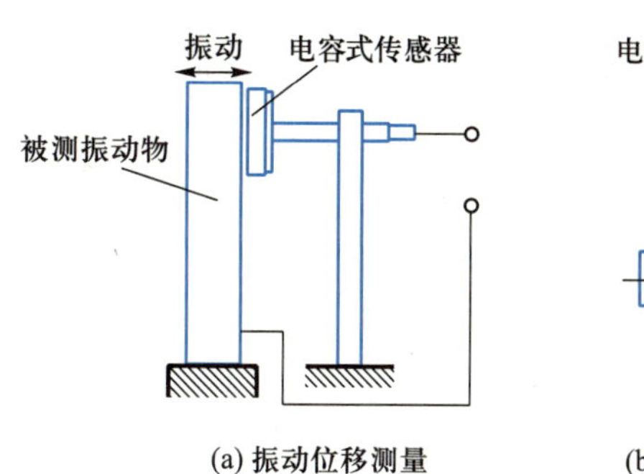

(a) 振动位移测量

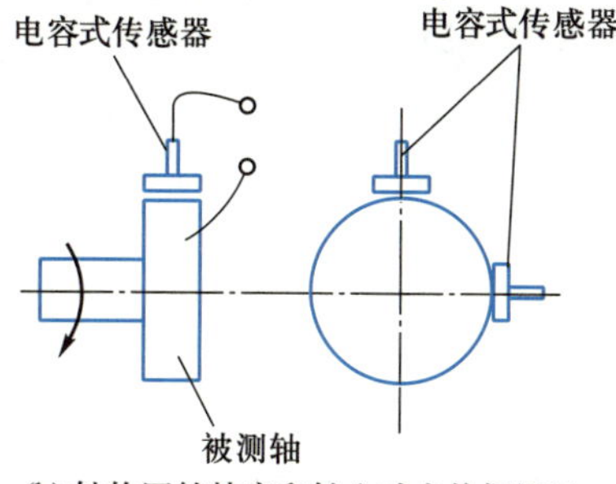

(b) 轴的回转精度和轴心动态偏摆测量

图 4-24 电容式振动位移传感器的应用示意图

习题与思考题

4.1 推导差分式电容传感器的灵敏度，并与单极式相比较。

4.2 根据电容式传感器的工作原理说明它的分类。电容式传感器能够测量哪些物理量？

4.3 有一个直径为 2 m、高 5 m 的铁桶，往桶内连续注水，当注水数量达到桶容量的 80%时就停止。试分析用应变片式或电容式传感器来解决该问题的途径和方法。

4.4 总结电容式传感器的优缺点，主要应用场合以及使用中应注意的问题。

4.5 试推导图 T4-1 所示变电介质电容式位移传感器的特性方程 $C=f(x)$。设真空的介电系数为 ε_0，$\varepsilon_2>\varepsilon_1$，以及极板宽度为 W。其他参数如图 T4-1 所示。

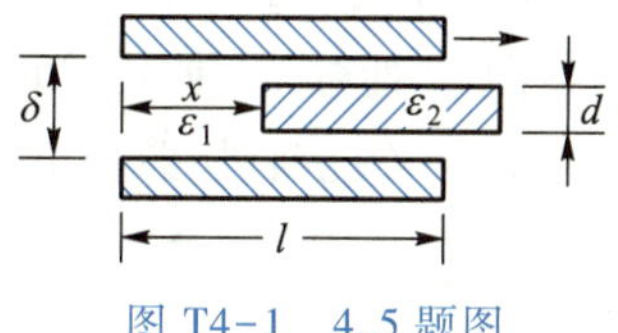

图 T4-1 4.5 题图

4.6 在题 4.5 中，设 $\delta=d=1$ mm，极板为正方形(边长为 50 mm)。$\varepsilon_1=1$，$\varepsilon_2=4$。试在 $x=(0\sim50)$ mm 范围内，绘出此位移传感器的特性曲线，并进行适当说明。

4.7 简述电容式传感器用差分脉冲调宽电路的工作原理及特点。

5 磁电式传感器

磁电式传感器(electromagnetic sensor)是通过磁电作用将被测量(如振动、位移、转速等)转换成电信号的一种传感器。磁电感应式传感器、霍尔式传感器都是磁电式传感器。磁电感应式传感器是利用导体和磁场发生相对运动产生感应电动势的传感器；霍尔式传感器是载流半导体在磁场中有电磁效应(霍尔效应)而输出电动势的传感器。它们的原理并不完全相同，因此各有各的特点和应用范围。

5-1 图片：磁电式速度传感器实物图

5.1 磁电感应式传感器

磁电感应式传感器也称为电磁式传感器，或感应式传感器。它利用导体和磁场发生相对运动而在导体两端输出感应电动势。因此它是一种机-电能量转换型传感器，不需供电电源，直接从被测物体吸取机械能量并转换成电信号输出。它电路简单、性能稳定、输出阻抗小，又具有一定的频率响应范围(一般为 10~1 000 Hz)，适用于振动、转速、扭矩等测量。特别是由于这种传感器的“双向”性质，使得它可以作为“逆变器”应用于近年来发展起来的“反馈式”(也称力平衡式)传感器中，但这种传感器的尺寸和重量都比较大。

5.1.1 工作原理和结构类型

磁电感应式传感器是以电磁感应原理为基础的，根据电磁感应定律，线圈两端的感应电动势正比于线圈所包围的磁链对时间的变化率，即

$$e=-\frac{\mathrm{d}\varphi}{\mathrm{d}t}=-W\frac{\mathrm{d}\Phi}{\mathrm{d}t} \tag{5-1}$$

式中：W——线圈匝数；

Φ——线圈所包围的磁通量。

若线圈相对磁场以速度 v 或角转度 ω 运动，则式(5-1)可改写为

$$e=-WBlv \tag{5-2}$$

或

$$e=-WBS\omega$$

式中：l——每匝线圈的平均长度；

B——线圈所在磁场的磁感应强度；

S——每匝线圈的平均截面积。

在传感器中，当结构参数确定后，即 B、l、W、S 均为定值，那么感应电动势 e 与线圈相对磁场的运动速度(v 或 ω)成正比。

根据上述原理，人们设计了两种类型的结构：一种是变磁通式；另一种是恒定磁通式。

变磁通式结构(也称为变磁阻式或变气隙式)常用于旋转角速度的测量，如图 5-1 所示。图 5-1(a)所示为开磁路变磁通式，线圈 3 和永久磁铁 5 静止不动，齿轮形状的铁心 2(导磁材料制成)安装在被测转轴 1 上，随之一起转动，每转过一个齿，传感器磁路磁阻变化一次，磁通也就变化一次。线圈 3 中产生感应电动势的变化频率等于铁心 2 上齿轮的齿数和转速的乘积，这种传感器结构简单，但输出信号较小，且因高速轴上加装齿轮较危险而不宜测高转速。

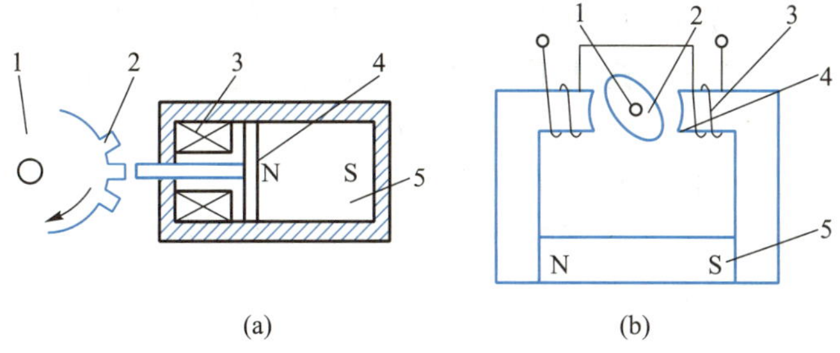

图 5-1　变磁通式磁电感应式传感器的结构原理图

1—被测转轴；2—齿轮形状的铁心；3—线圈；4—软铁；5—永久磁铁

由 5-1(b)所示为两极式闭磁路变磁通式结构示意图，被测转轴 1 带动椭圆形铁心 2 在磁场气隙中等速转动，使气隙平均长度周期性变化，因而磁路磁阻也周期性变化，致使磁通同样地周期性变化，在线圈 3 中产生频率与铁心 2 转速成正比的感应电动势。在这种结构中，也可以用齿轮代表椭圆形铁心 2，软铁(极掌)4 制成内齿轮形式，两齿轮的齿数相等。当被测物体转动时，两齿轮相对运动，磁路的磁阻发生变化，因而在线圈 3 中产生频率与转速成正比的感应电动势。

恒定磁通式结构有两种，图 5-2(a)所示为动圈式，图 5-2(b)所示为动铁式。它由永久磁铁 4、线圈 3、弹簧 2、金属骨架(阻尼器)1 和壳体 5 组成。磁

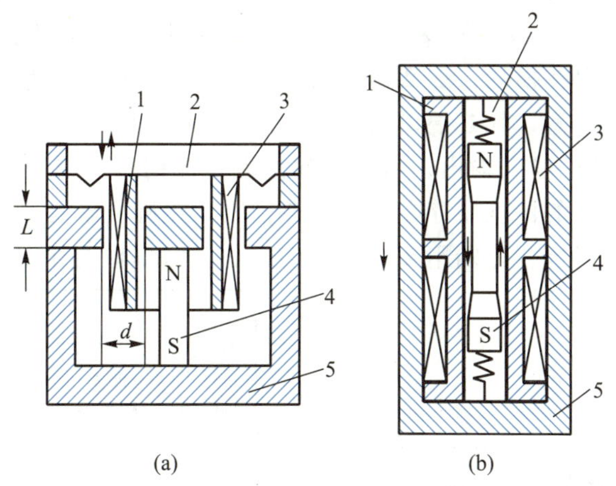

图 5-2　恒定磁通磁电感应式传感器的结构原理图

1—金属骨架(阻尼器)；2—弹簧；3—线圈；4—永久磁铁；5—壳体

路系统产生恒定的直流磁场，磁路中的工作气隙是固定不变的。在动圈式中，运动部件是线圈，永久磁铁与传感器壳体固定，线圈与金属骨架用柔软弹簧支撑。在动铁式中，运动部件是磁铁，线圈、金属骨架和壳体是固定的，永久磁铁用柔软弹簧支撑。两者的阻尼都是由金属骨架 1 与磁场发生相对运动而产生的电磁阻尼。动圈式和动铁式的工作原理相同，当壳体 5 随被测振动体一起振动时，由于弹簧 2 较软，运动部件质量相对较大，因此当振动频率足够高(远高于传感器的固有频率)时运动部件的惯性很大，来不及跟随振动物体一起振动，接近于静止不动，振动能量几乎全被弹簧 2 吸收，永久磁铁 4 与线圈 3 之间的相对运动速度接近于振动体振动速度。永久磁铁 4 与线圈 3 相对运动使线圈 3 切割磁力线，产生与运动速度 v 成正比的感应电动势，则

$$e=-B_0lW_0v$$

式中：B_0——工作气隙磁感应强度；

W_0——线圈处于工作气隙磁场中的匝数，称为工作匝数；

l——每匝线圈的平均长度。

5.1.2 动态特性分析

磁电感应式传感器只适用于测量动态物理量，因此动态特性是这种传感器的主要性能。机械系统一般采用求解运动微分方程来研究系统的动态特性。这一方法比较复杂，对高阶的复杂机械系统，要解高阶微分方程是很困难的。然而应用机械阻抗概念分析机械振动系统有很多方便之处。应用机械阻抗的概念分析机械系统的动态特性，可以用简单的代数方法解出描述系统动态特性的传递函数方程，而不必去解微分方程，但分析的结果则完全一致。

一、机械阻抗

当测量简谐运动时，设图 5-2 所示传感器的输入量为机械量(速度 v 和力 F)，输出量为电量(电动势 e 和电流 i)，传感器相当于线性电路中的二端口网络。如果内部不存在损耗，那么输入的机械能将全部转换为电能输出，这种传感器称为理想传感器，其二端口网络如图5-3所示。图中，参数为复数，下标 t 代表理想传感器的输入输出，箭头方向是能量流向的习惯表示，并不代表实际流向。由于实际的传感器存在内部损耗，因此在机械输入端有机械阻抗，在电流输出端有电阻抗，分别用 Z_m 和 Z_e 表示，其基本框图如图 5-4 所示。

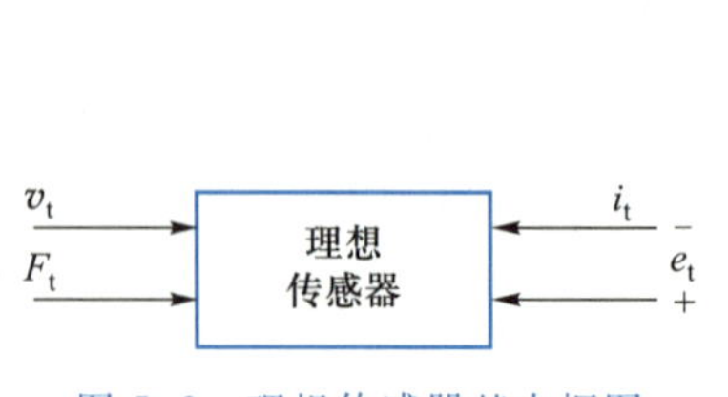

图 5-3 理想传感器基本框图

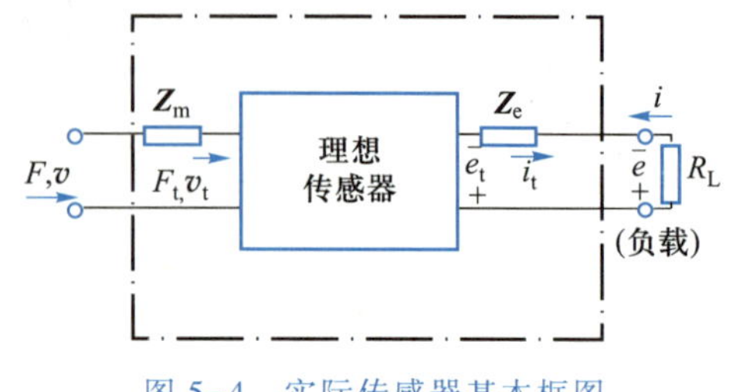

图 5-4 实际传感器基本框图

从便于分析的理想传感器来分析实际传感器时，必须先求出机械阻抗。这里利用机电模拟来求得机械阻抗 Z_m。若一个机械系统的微分方程和一个电路系统的微分方程在形式上是相似的，则可进行机电模拟，利用熟知的电路理论、阻抗概念和网络理论来分析计算这个机械系统。

图 5-2 所示的传感器可用图 5-5(a)所示的二阶机械系统来表示，它由质量块(质量 m)、弹簧(刚度 c)和阻尼器(阻尼系数 b)组成。根据达朗贝尔原理，作用在质量块上的合力为零，即$F_m+F_c+F_b-F=0$。其中 F_m 为惯性力，F_c 为弹性力，F_b 为阻尼力，因此

$$m\frac{\mathrm{d}v}{\mathrm{d}t}+c\int v\mathrm{d}t+bv=F \tag{5-3}$$

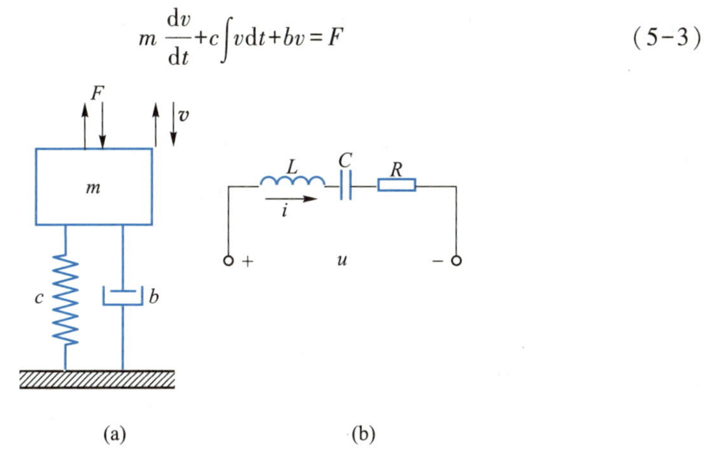

图 5-5　二阶机械系统和二阶 *RLC* 串联电路系统

图 5-5(b)为二阶 *RLC* 串联电路系统，其电压方程为

$$L\frac{\mathrm{d}i}{\mathrm{d}t}+\frac{1}{C}\int i\mathrm{d}t+Ri=u \tag{5-4}$$

比较式(5-3)和式(5-4)可以看出，它们的微分方程在形式上是相似的，因此图5-5(a)和(b)所示的两个系统可以相互模拟。电路系统的电阻抗 Z 表明电路中电压$\dot{U}$与电流$\dot{I}$的关系，即 $Z=\dot{U}/\dot{I}$。图 5-5(b)所示电路的电阻抗为

$$Z=R+\mathrm{j}\omega L+1/(\mathrm{j}\omega C)=R+\mathrm{j}[\omega L-1/(\omega C)]$$

其中，谐振频率为 $\omega_0=1/\sqrt{LC}$。

在机械系统中，对应于电路系统中电阻抗的概念，引入了机械阻抗的概念。机械阻抗是表明机械振动系统中某一点上的运动响应(位移 x、速度 v 或加速度 a)和引起这个运动的力 F 之间的关系。图 5-2 所示的传感器是速度型传感器，因此机械阻抗$Z_m=F/v$。根据机电模拟关系，可得出阻尼器、质量块和弹簧的机械阻抗，则 Z_m 为

$$Z_m=b+\mathrm{j}\left(\omega m-\frac{c}{\omega}\right) \tag{5-5}$$

式中：b——阻尼器的阻尼系数；

c——弹簧刚度；

m——质量块的质量；

ω——系统工作角频率。

由机电模拟关系可得图 5-5(a)所示机械系统的固有频率为

$$\omega_0=\sqrt{c/m} \tag{5-6}$$

二、传递矩阵

磁电感应式传感器作为一种机电型传感器，其电气参数和机械参数之间存在着密切的机电联系，它们既能作为机械量的测量传感器，又能作为执行器，即它们具有双向(可逆)的性质。为了进一步讨论机电传感器的双向性质，我们用网络理论对传感器进行分析并结合矩阵导出描述磁电感应式传感器双向性质的传递矩阵方程式。

由于图 5-2 所示传感器的输入端(机械系统)有机械阻抗，输出端有电阻抗，因此图 5-4 所示的框图可用三个二端口网络表示，如图 5-6 所示。图中，参数均为复数，箭头方向是能量流向的习惯表示，并不一定表示实际方向。

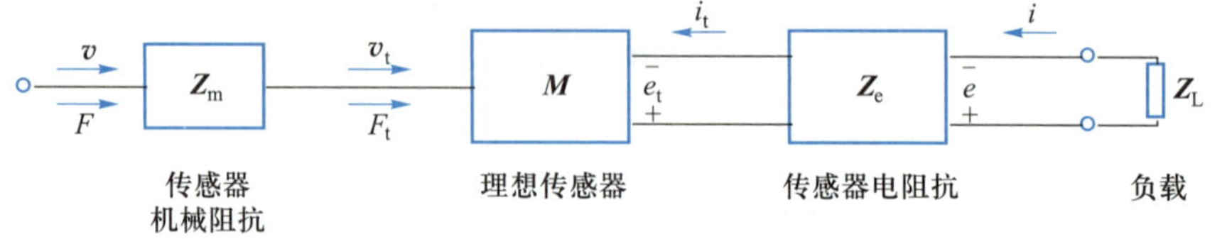

图 5-6　磁电感应式传感器的二端口网络

1. 传感器机械阻抗的传递矩阵

在图 5-2 所示的传感器中，设振动物体的振动速度为 v_0，传感器质量块的速度为 v_m，则壳体与质量块之间的相对速度 v_t 为

$$v_t=v_0-v_m \tag{5-7}$$

若取质量块为研究对象，则作用在质量块上的力有阻尼力 F_b、弹簧力 F_c、电磁力 F_t 和惯性力 F_m。由力平衡条件，可列出作用在质量块上力的平衡方程式

$$F_b+F_c+F_t=F_m \tag{5-8}$$

由机械阻抗定义和式(5-5)可得

$$bv_t-\mathrm{j}\frac{c}{\omega}v_t+F_t=\mathrm{j}\omega v_m m$$

即

$$v_tZ_m+F_t=\mathrm{j}\omega mv_0$$

考虑到传感器整体，设正弦激励力 $F=\mathrm{j}\omega mv_0$，且其响应速度(即输入量)v 与弹簧和阻尼器的相对运动速度 v_t 相同，所以

$$\begin{cases}F=v_tZ_m+F_t\\ v=v_t\end{cases}$$

将上式写成矩阵形式，则传感器机械阻抗的传递矩阵为

$$\begin{bmatrix}F\\ v\end{bmatrix}=\begin{bmatrix}1 & Z_m\\ 0 & 1\end{bmatrix}\begin{bmatrix}F_t\\ v_t\end{bmatrix}$$

2. 理想传感器的传递矩阵

当一个实际传感器不考虑机械阻抗和电阻抗时，就成了理想传感器。由电磁感应定律可知，线圈的感应电动势 $e_t=-B_0 l_0 v_t$，所以

$$v_t=-\frac{e_t}{B_0 l_0} \tag{5-9}$$

式中：B_0——工作气隙磁感应强度；

l_0——线圈导线在工作气隙磁场中的有效长度。

设线圈中的电流为 i_t，则线圈在同一磁场中受到的力 F_t 为

$$F_t=B_0 l_0 i_t \tag{5-10}$$

将式(5-9)和式(5-10)用矩阵形式表示，得理想传感器的传递矩阵

$$\begin{bmatrix} F_t \\ v_t \end{bmatrix}=\begin{bmatrix} B_0 l_0 & 0 \\ 0 & -1/B_0 l_0 \end{bmatrix}\begin{bmatrix} i_t \\ e_t \end{bmatrix} \tag{5-11}$$

3. 传感器电阻抗的传递矩阵

传感器的电阻抗就是线圈的阻抗 Z_e。磁电感应式传感器是一种电压源类型的传感器。线圈阻抗相当于理想传感器电压源的一个内阻抗，输出电流 i 就是流过线圈的电流 i_t，由图 5-4 可知

$$\begin{cases} e_t=-i_t Z_e+e=-i\cdot Z_e+e \\ i_t=i \end{cases}$$

用矩阵形式表示，则传感器电阻抗的传递矩阵为

$$\begin{bmatrix} i_t \\ e_t \end{bmatrix}=\begin{bmatrix} 1 & 0 \\ -Z_e & 1 \end{bmatrix}\begin{bmatrix} i \\ e \end{bmatrix} \tag{5-12}$$

4. 实际传感器的传递矩阵

实际传感器是由传感器机械阻抗、理想传感器、传感器电阻抗组成。将式(5-12)和式(5-11)依次代入式(5-8)，可以很方便地得到实际传感器的传递矩阵为

$$\begin{bmatrix} F \\ v \end{bmatrix}=\begin{bmatrix} 1 & Z_m \\ 0 & 1 \end{bmatrix}\begin{bmatrix} B_0 l_0 & 0 \\ 0 & -1/B_0 l_0 \end{bmatrix}\begin{bmatrix} 1 & 0 \\ -Z_e & 1 \end{bmatrix}\begin{bmatrix} i \\ e \end{bmatrix} \tag{5-13}$$

将图 5-2 所示的传感器的传递矩阵用二端口网络表示，如图 5-7 所示。

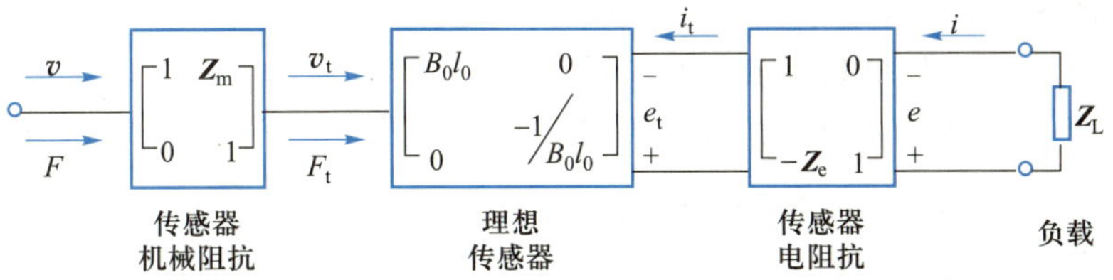

图 5-7　磁电感应式传感器二端口网络的等效方框图

从传感器的传递矩阵方程可以看出传感器输入量与输出量之间的关系，并清楚地表示出磁电感应式传感器的双向性质。

三、传递函数

由式(5-13)可以得到如下方程组

$$\begin{cases} F=\left(B_0l_0+\dfrac{Z_mZ_e}{B_0l_0}\right)i-\dfrac{Z_m}{B_0l_0}e \\ v=\dfrac{Z_e}{B_0l_0}i-\dfrac{1}{B_0l_0}e \end{cases}$$

由图 5-4 可知，$e=-i\cdot Z_L$，代入上式得

$$F=-e\left[\left(B_0l_0+\frac{Z_mZ_e}{B_0l_0}\right)\frac{1}{Z_L}+\frac{Z_m}{B_0l_0}\right]$$

即

$$\frac{e}{F}=-\frac{1}{\left(B_0l_0+\dfrac{Z_mZ_e}{B_0l_0}\right)\cdot\dfrac{1}{Z_L}+\dfrac{Z_m}{B_0l_0}}$$

因为

$$Z_m=b+j\left(\omega m-\frac{c}{\omega}\right)$$

$$F=j\omega mv_0$$

$$\omega_0=\sqrt{c/m}$$

则

$$H(j\omega)=\frac{e}{v_0}=-\frac{B_0l_0}{\dfrac{Z_e+Z_L}{Z_L}\left[1-\left(\dfrac{\omega_0}{\omega}\right)^2+\dfrac{b+(B_0l_0)^2/(Z_e+Z_L)}{j\omega m}\right]} \tag{5-14}$$

通常负载阻抗 Z_L 比线圈阻抗 Z_e 大得多，且呈电阻性负载 R_L，因此式(5-14)可简写为

$$H(j\omega)=\frac{e}{v_0}=-\frac{B_0l_0}{\left[1-\left(\dfrac{\omega_0}{\omega}\right)^2+\dfrac{b+(B_0l_0)^2/(Z_e+Z_L)}{j\omega m}\right]} \tag{5-15}$$

式(5-15)就是图 5-2 所示的磁电感应式传感器的传递函数，其幅频特性如图 5-8 所示。

由图 5-8 可以看出：

(1) 当振动体的振动频率低于传感器的固有频率 f_0($f_0=\omega_0/2\pi=(\sqrt{c/m})/2\pi$) 时，传感器的灵敏度随频率而明显变化。

(2) 当振动体的振动频率远高于传感器的固有频率时，灵敏度接近一常数，基本上不随频率变化。也就是说，在这一频率范围内，传感器的输出电压与振动速度成正比关系。这一频段就是传感器的工作频段，或称为传感器的频率响

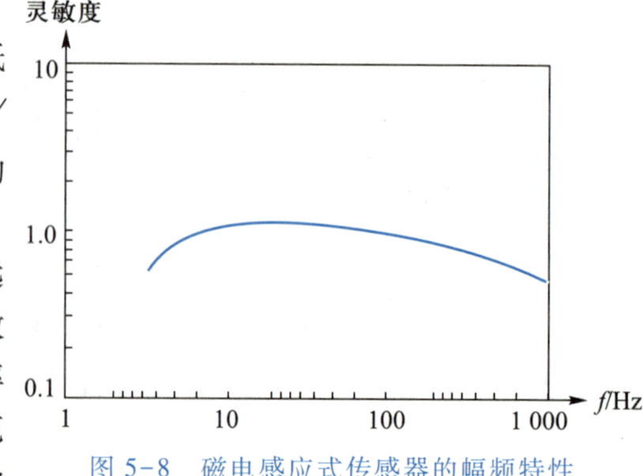

图 5-8 磁电感应式传感器的幅频特性

应范围。这时传感器可看作是一个理想的速度传感器。

（3）当频率更高时，由于线圈的阻抗增加，灵敏度也将随着频率的增加而下降。

不同结构的磁电感应式传感器的频率响应特性是有差异的，但一般频率响应范围在几十 Hz 至几百 Hz。低的可至 10 Hz，高的可达 2 000 Hz。

5.1.3 测量电路

一、测量电路的方框图

磁电感应式传感器直接输出感应电动势，所以任何具有一定工作频带的电压表或示波器都可采用。由于该传感器通常具有较高的灵敏度，所以一般不需要增益放大器。但磁电感应式传感器是速度传感器，如要获取位移或加速度信号，就需配用积分电路或微分电路。

实际电路中通常将微分或积分电路置于两级放大器的中间，以利于级间的阻抗匹配。图5-9所示为一般测量电路的方框图。

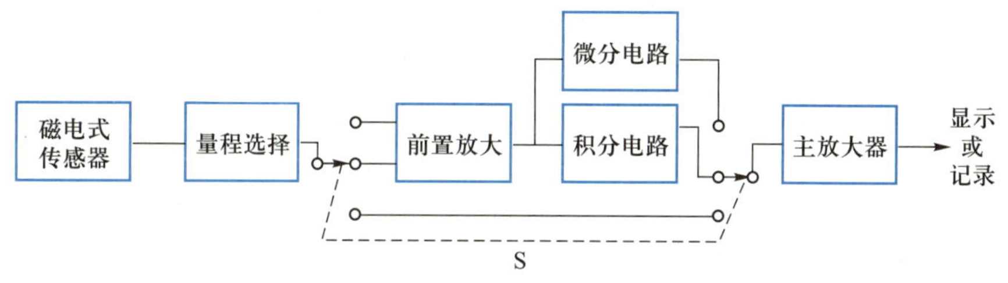

图 5-9 磁电感应式传感器测量电路的方框图

二、积分电路

基本的无源积分电路如图 5-10 所示，输入与输出间的关系为

$$u_o(t)=\frac{1}{RC}\int u_i(t)\mathrm{d}t-\frac{1}{RC}\int u_o(t)\mathrm{d}t \tag{5-16}$$

式中：第一项为积分输出，第二项为误差项。该电路的传递函数为

$$G_1(s)=\frac{1}{\tau_C s+1} \tag{5-17}$$

图 5-10 基本的无源积分电路

复频特性为

$$G_1(\mathrm{j}\omega)=\frac{1}{\mathrm{j}(\omega/\omega_C)+1} \tag{5-18}$$

式中：$\tau_C=RC$——电路的时间常数；

$\omega_C=\frac{1}{\tau_C}=1/(RC)$——电路的对数渐近幅频特性的转折角频率。

当满足条件 $\omega/\omega_C\gg 1$ 时，式(5-18)可近似写成

$$G_1'(j\omega) \approx \frac{1}{j(\omega/\omega_C)} \tag{5-19}$$

这是理想的积分特性。

在一般情况下，电路的实际特性与理想特性间将存在误差。

幅值误差 r_1

$$r_1 = \frac{|G_1(j\omega)| - |G_1'(j\omega)|}{|G_1'(j\omega)|} = \frac{1}{\sqrt{1+(\omega_C/\omega)^2}} - 1 \tag{5-20}$$

当满足$(\omega_C/\omega)<1$时，将式(5-20)第一项展开为幂级数并略去高次项，则得

$$r_1 \approx -\frac{1}{2(\omega RC)^2} \tag{5-21}$$

由此可知最大幅值误差将出现在低频下限处。

除幅值误差外，还存在相角误差 ϕ_1

$$\phi_1 = \angle G_1(j\omega) - \angle G_1'(j\omega) = \frac{\pi}{2} - \arctan(\omega RC) \tag{5-22}$$

上述无源积分电路的一个不可克服的缺点是积分误差与输出信号幅度衰减之间的矛盾。欲减小积分误差，需选用较大的时间常数 RC，而 RC 值增大的结果是使输出衰减严重，往往为了保证低端的误差不超过允许值而使得高频端的输出信号衰减到无法利用。为解决这一问题，有些仪器采用分频段积分的方法，把全部工作频率分成几段，对每个频段使用不同的积分电路。

随着线性集成运算放大器的发展，有源积分电路得到越来越广泛的应用。基本的有源积分电路如图 5-11 所示。其中反馈电路 R_F 用于抑制运算放大器的失调漂移。同时，积分电容 C 的泄漏电阻和运算放大器的输入电阻 r_d 也应等效为与 R_F 并联，r_d 应等效为$(1+A_d)r_d$(与 R_F 并联)。A_d 为运算放大器的开环放大倍数。

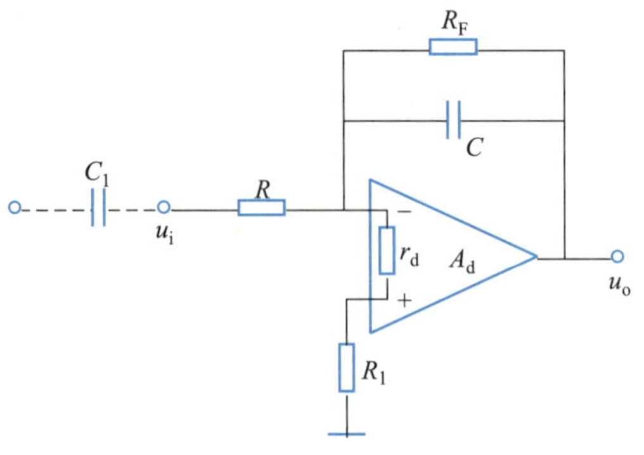

图 5-11　有源积分电路

设运算放大器的复频特性为

$$A_d(j\omega)=-\frac{A_d}{1+j\omega\tau_0} \tag{5-23}$$

式中：$\tau_0=1/\omega_0$——运算放大器开环渐近幅频特性的转角频率 ω_0 所代表的时间常数。

积分放大电路的反馈系数为

$$F_b(j\omega)=\frac{R}{R_F}(1+j\omega R_F C) \tag{5-24}$$

则可以写出图 5-11 所示电路的复频特性

$$G_2(j\omega)=\frac{A_d(j\omega)}{1-A_d(j\omega)F_b(j\omega)}=\frac{-A_d/(1+j\omega\tau_0)}{1+\dfrac{A_d}{1+j\omega\tau_0}\cdot\dfrac{R}{R_F}(1+j\omega R_F C)}=\frac{-A_d}{\left(1+\dfrac{A_d\cdot R}{R_F}\right)+j\omega(\tau_0+A_d RC)}$$

由于$\tau_0 \ll A_d RC$，因而

$$G_2(j\omega)\approx\frac{-A_d}{\left(1+A_d\dfrac{R}{R_F}\right)+j\omega A_d RC}=\frac{\dfrac{-A_d}{1+A_d R/R_F}}{1+j\omega\dfrac{A_d RC}{1+A_d R/R_F}}$$

又由于一般 $A_d R/R_F \gg 1$，故

$$G_2(j\omega)\approx-\frac{R_F/R}{1+j\omega R_F C} \tag{5-25}$$

由此可以得出有源积分电路的幅值误差和相角误差为

$$\begin{cases} r_2\approx-\dfrac{1}{2(\omega R_F C)^2} \\ \phi_2=\dfrac{\pi}{2}-\arctan(\omega R_F C) \end{cases} \tag{5-26}$$

如图 5-12 所示，当时间常数 RC 取相同数值 $R_F/R=10$ 时，无源和有源积分电路的对数渐近幅频特性。图中，$\omega_0=1/(RC)$，$\omega_F=1/(R_F C)=(1/10)\omega_0$。由图可见，当允许信号衰减-20 dB 时，有源积分电路的工作频段将比无源电路宽一个数量级左右。但有源电路同时存在着在低频非工作频段内具有较高增益的缺点，这使得电路对低频 $1/f$ 噪声毫无抑制能力。为解决这一问题，可在

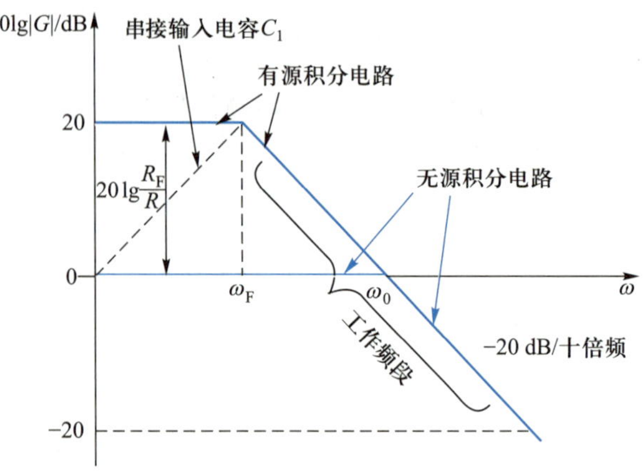

图 5-12　无源和有源积分电路的对数渐近幅频特性

电路输入端串接一个输入电容 C_1，且令$C_1R\approx1/\omega_F$。但这只能抑制前级向积分电路传送的低频噪声，对本级内所产生的噪声无效。为抑制积分器本身的 $1/f$ 噪声，希望反馈电路能具有在低频非工作频段内反馈增强的频响特性。

一个实用的有源积分电路如图 5-13(a)所示，(b)是其频响特性。设计时满足：$C_1=2C_2$，$R_2=2R_1$，$R_3=R_4=R_5=R$，$C_3=C_4=C_5=C$。

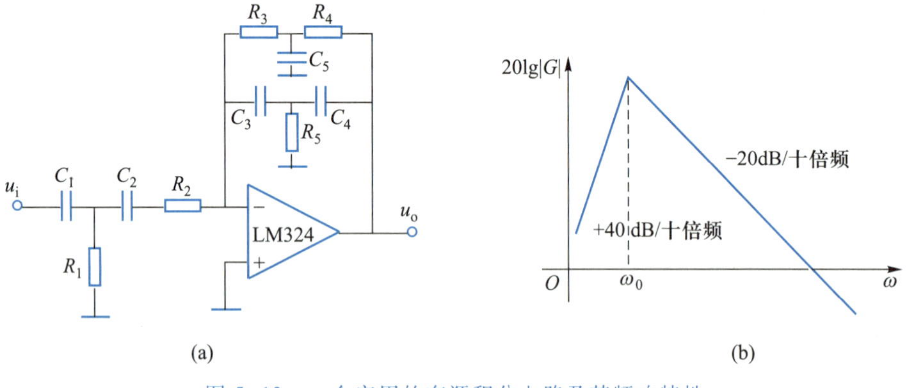

图 5-13　一个实用的有源积分电路及其频响特性

三、微分电路

基本的无源微分电路如图 5-14 所示。其输出与输入的时间函数关系为

$$u_o(t)=RC\cdot\frac{du_i(t)}{dt}-RC\cdot\frac{du_o(t)}{dt} \tag{5-27}$$

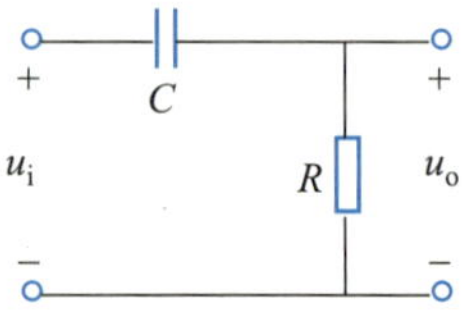

图 5-14　基本的无源微分电路

复频特性为

$$D_1(j\omega)=\frac{j\omega RC}{j\omega RC+1} \tag{5-28}$$

当 $\omega RC\ll1$ 时，得近似理想的特性

$$D_1'(j\omega)\approx j\omega RC \tag{5-29}$$

显然其工作频段为 $\omega<\frac{1}{RC}$，此时幅值、相角误差分别为

$$\begin{cases} r_{d1} \approx -\frac{1}{2}(\omega RC)^2 \\ \phi_{d1} \approx -\arctan(\omega RC) \end{cases} \tag{5-30}$$

与积分电路相反，最大微分误差将在工作频段的高端出现，最大的输出幅度衰减将限制工作频段的下限值。

图 5-15 所示为基本有源微分电路，它存在着输入阻抗低、噪声大、稳定性不足等缺点，实际上还不能使用。实用的有源微分电路如图 5-16 所示。增加输入端电阻 R_1 既提高输入阻抗又增加阻尼比，选择合适的 R_1 值可以使电路的阻尼比近似为 0.7，则其幅频特性将不产生大的峰值，电路趋于稳定。增加 C_1R_2 则可以有效地抑制高频噪声。此时，电路的幅频特性可近似用下式表示

$$D_2(\mathrm{j}\omega) \approx \frac{-\mathrm{j}\omega\tau}{\left(1+\mathrm{j}\omega\frac{\tau_0}{A_d}\right)\left(1+\mathrm{j}\frac{\omega}{\omega_n}\right)^2} \tag{5-31}$$

式中：$\tau=RC$——微分电路的时间常数；

$\tau_0=1/\omega_0$——运算放大器本身的转角频率 ω_0 所对应的时间常数；

A_d/τ_0——运算放大器的增益带宽积；

$\omega_n \approx 1/(R_1C)$——电路的谐振频率。

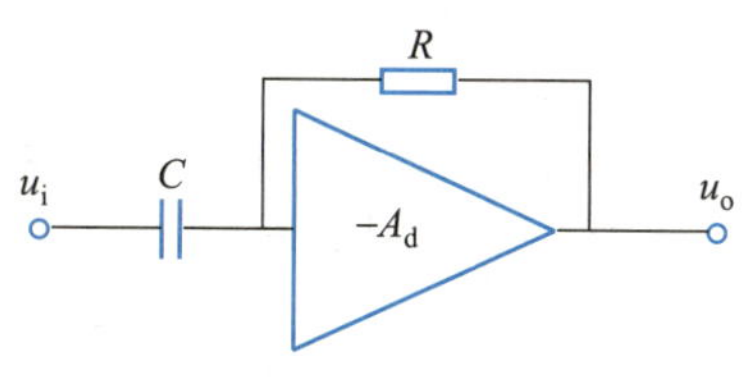

图 5-15　基本有源微分电路

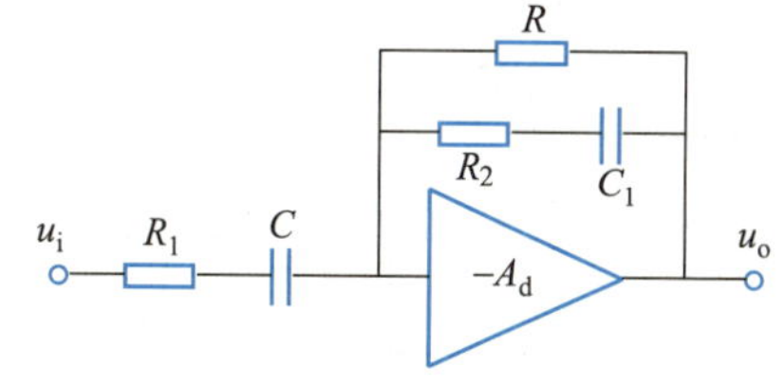

图 5-16　实用的有源微分电路

电路的对数渐近幅频特性如图 5-17 所示。在 $\omega<\omega_n$ 的工作频段内，式(5-31)可近似为 $D_2(\mathrm{j}\omega) \approx -\mathrm{j}\omega\tau$，这是理想的微分特性。

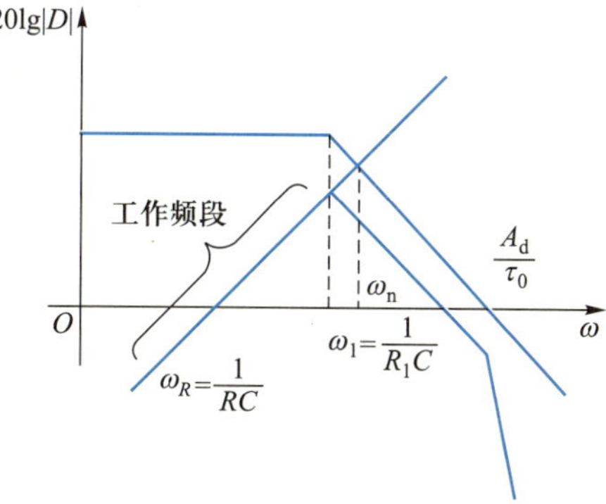

图 5-17　电路的对数渐近幅频特性

5.1.4 磁电感应式传感器的应用举例

5-2 图片：
磁电式转速
传感器

一、磁电感应式振动速度传感器

图 5-18 所示为 CD-1 型磁电感应式振动速度传感器的结构原理图。它属于动圈式恒定磁通型。永久磁铁 3 通过铝架 4 和圆筒形导磁材料制成的壳体 7 固定在一起，形成磁路系统，壳体还起屏蔽作用。磁路中有两个环形气隙，右气隙中放有工作线圈 6，左气隙中放有圆环形阻尼器 2。工作线圈 6 和圆环形阻尼器 2 用芯轴 5 连在一起组成质量块，用圆形弹簧片 1 和 8 支撑在壳体上。使用时，将传感器固定在被测振动体上，永久磁铁、铝架和架体一起随被测体振动。由于质量块有一定质量，产生惯性力，而弹簧片非常柔软，因此当振动频率远大于传感器固有频率时，线圈在磁路系统的环形气隙中相对永久磁铁运动，振动体的振动切割磁力线，产生感应电动势，通过引线 9 接到测量电路中。同时，良导体阻尼器也在磁路系统气隙中运动，感应产生涡流，形成系统的阻尼力，起到衰减固有振动和扩展频率响应范围的作用。

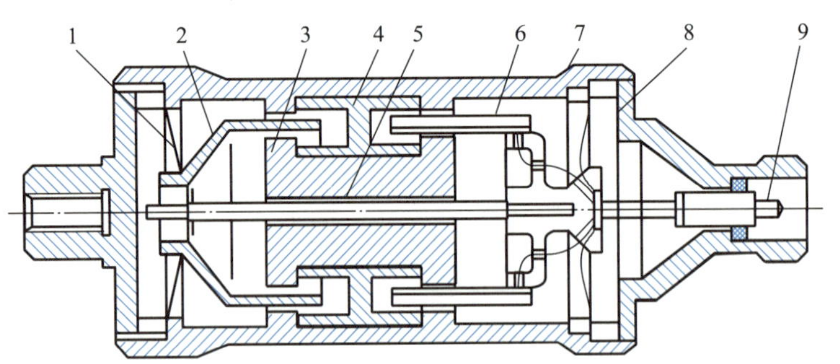

图 5-18　CD-1 型磁电感应式振动速度传感器的结构原理图
1、8—圆形弹簧片；2—圆环形阻尼器；3—永久磁铁；4—铝架；
5—芯轴；6—工作线圈；7—壳体；9—引线

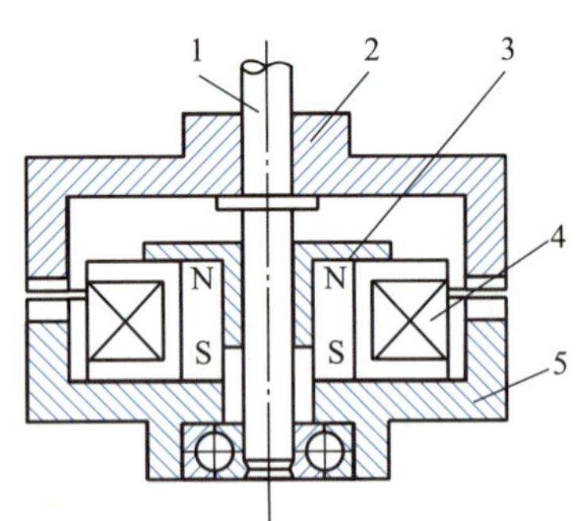

图 5-19　磁电感应式转速传感器的结构原理
1—转轴；2—转子；3—永久磁铁；
4—线圈；5—定子

二、磁电感应式转速传感器

图 5-19 是一种磁电感应式转速传感器的结构原理图。转子 2 与转轴 1 固定，转子 2、定子 5 和永久磁铁 3 组成磁路系统。转子 2 和定子 5 的环形端面上都均匀地铣了一些齿和槽，两者的齿、槽数对应相等。测量转速时，传感器的转轴 1 与被测物转轴相连接，因而带动转子 2 转动。当转子 2 的齿与定子 5 的齿相对时，气隙最小，磁路系统的磁通最大。而齿与槽相对时，气隙最大，磁通最小。因此当定子 5 不动而转子 2 转动时，磁通就周期性地变化，从而在线圈 4 中感应出近似正弦波的电压信号。转速 n 越高，感应电动

势的频率也就越高。频率 f 与转速 n 及齿数 z 关系为

$$f=(z \cdot n)/60$$

式中：z 为齿数，n 为转速(单位为 r/min)。

5.2 霍尔式传感器

霍尔式传感器(Hall effect sensor)是霍尔元件基于霍尔效应将被测量(如电流、磁场、位移、压力等)转换成电动势输出的一种传感器。

5-3 图片：霍尔式传感器实物图

5.2.1 霍尔效应和霍尔元件材料

一、霍尔效应

一块长为 l、宽为 b、厚为 d 的半导体薄片置于磁感应强度为 B 的磁场(磁场方向垂直于薄片)中，如图 5-20 所示。当有电流 I 流过时，在垂直于电流和磁场的方向上将产生电压 U_H。这种现象称为霍尔效应。

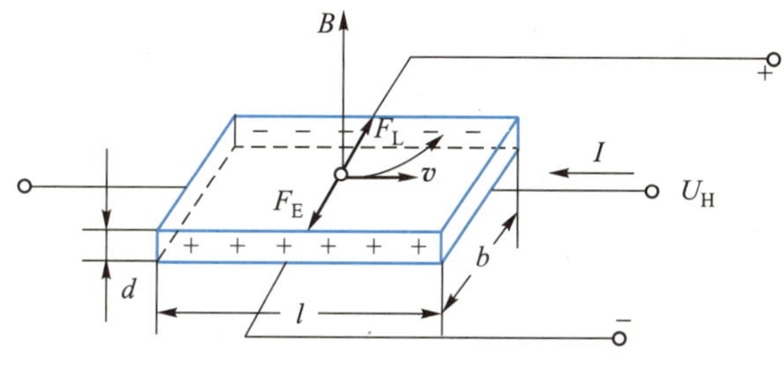

图 5-20 霍尔效应原理图

假设薄片为 N 型半导体，在其左右两端通以电流 I(称为控制电流)。那么半导体中的载流子(电子)将沿着与电流 I 相反的方向运动。由于外磁场 B 的作用，使电子受到洛伦兹力 F_L 作用而发生偏转。结果在半导体后端面上的电子有所积累。而前端面缺少电子，因此后端面带负电，前端面带正电，在前后端面间形成电场。该电场产生的电场力 F_E 阻止电子继续偏转。当 F_E 与 F_L 相等时，电子积累达到动态平衡。这时，在半导体前后两端面之间(即垂直于电流和磁场方向)建立电场，称为霍尔电场 E_H，相应的电压就称为霍尔电压 U_H。

若电子以速度 v 按图 5-20 所示方向运动，那么在 B 作用下所受的力 $F_L=evB$，其中 e为电子电荷量，$e=1.602\times10^{-19}$C。同时，电场 E_H 作用于电子的力 $F_E=-eE_H$，式中负号表示电场方向与规定方向相反。设薄片长、宽、厚分别为 l、b、d。而 $E_H=U_H/b$，则 $F_E=-eU_H/b$。当电子积累达到动态平衡时，$F_E+F_L=0$，即

$$vB=U_H/b$$

而电流密度 $j=-nev$，n 为 N 型半导体中的电子浓度，即单位体积中的电子数，负号表示电子运动速度方向与电流方向相反。所以

$$I=j\cdot bd=-nev\cdot bd$$

即

$$v=-I/(nebd) \tag{5-32}$$

将式(5-32)代入上述力平衡式，则得

$$U_{\mathrm{H}}=-\frac{IB}{ned}=R_{\mathrm{H}}\cdot\frac{IB}{d}=k_{\mathrm{H}}\cdot IB \tag{5-33}$$

提示：

若 B、I 均为变量，由式(5-34)可知，传感器作为运算器，其输出为 B、I 的运算结果。

式中：$R_{\mathrm{H}}=-\frac{1}{ne}$，称为霍尔系数，它由载流材料的物理性质决定；$k_{\mathrm{H}}=R_{\mathrm{H}}/d$，称为灵敏度系数，表示在单位磁感应强度和单位控制电流时的霍尔电压的大小。

如果磁场与薄片法线有 α 夹角，那么

$$U_{\mathrm{H}}=k_{\mathrm{H}}IB\cos\alpha \tag{5-34}$$

具有上述霍尔效应的元件称为霍尔元件。霍尔式传感器就是由霍尔元件组成的。金属材料中自由电子浓度 n 很高，因此 R_{H} 很小，使输出 U_{H} 极小，不宜作霍尔元件。霍尔式传感器中的霍尔元件都是由半导体材料制成的。如果是 P 型半导体，其载流子是空穴，若空穴浓度为 p，同理可得 $U_{\mathrm{H}}=IB/(ped)$。因 $R_{\mathrm{H}}=\rho\mu$(其中 ρ 为材料电阻率，μ 为载流子迁移率，$\mu=v/E$，即单位电场强度作用下载流子的平均速度)，一般电子迁移率大于空穴迁移率。因此霍尔元件多用 N 型半导体材料，霍尔元件越薄(即 d 越小)，k_{H} 就越大，所以一般霍尔元件都比较薄。薄膜霍尔元件厚度只有 1 μm 左右。

由式(5-33)可知，当控制电流(或磁场)方向改变时，霍尔电压方向也将改变，但电流与磁场方向同时改变时，霍尔电压方向不变；当载流材料和几何尺寸确定后，霍尔电压 U_{H} 的大小正比于控制电流 I 和磁感应强度 B，因此霍尔元件可用来测量磁场(I 恒定)。检测电流(B 恒定)或制成各种运算器，当霍尔元件在一个线性梯度磁场中移动时，输出霍尔电压反映了磁场变化，由此可测量微小位移、压力、机械振动等。

霍尔式传感器转换效率较低，受温度影响大，但其结构简单，体积小，坚固，频率响应范围宽，动态范围(输出电压的变化)大，无触点，使用寿命长，可靠性高，易微型化和集成电路化，因此在自动控制、电磁测量、计算装置以及现代军事装备等领域中得到广泛应用。

二、霍尔元件材料

用于制造霍尔元件的材料主要有以下几种：

(1) 锗(Ge)，N 型及 P 型均可，其电阻率约为 $10^{-2}\,\Omega\cdot\mathrm{m}$。在室温下载流子迁移率为 $3.6\times10^{3}\,\mathrm{cm}^{2}\cdot\mathrm{V}^{-1}\cdot\mathrm{s}^{-1}$，霍尔系数可达 $4.25\times10^{3}\,\mathrm{cm}^{3}\cdot\mathrm{C}^{-1}$。而且提纯和拉单晶都很容易，故常用于制造霍尔元件。

(2) 硅(Si)，N 型及 P 型均可，其电阻率约为 $1.5\times10^{-2}\,\Omega\cdot\mathrm{m}$，N 型硅的载流子迁移率高于 P 型硅。N 型硅霍尔系数可达 $2.25\times10^{3}\,\mathrm{cm}^{3}\cdot\mathrm{C}^{-1}$。

(3) 砷化铟(InAs)和锑化铟(InSb)，这两种材料的特性很相似。纯砷化

铟样品的载流子迁移率可达 $3\times10^4 cm^2\cdot V^{-1}\cdot s^{-1}$，电阻率较小，约为 $2.5\times10^{-3}\Omega\cdot m$。锑化铟的载流子迁移率可达 $6\times10^4 cm^2\cdot V^{-1}\cdot s^{-1}$，电阻率约为 $7\times10^{-3}\Omega\cdot m$。它们的霍尔系数分别为 $350 cm^3\cdot C^{-1}$ 和 $1\ 000 cm^3\cdot C^{-1}$。由于两者迁移率都非常高，而且可以用化学腐蚀方法将其厚度减小到10 μm，因此用这两种材料制成的霍尔元件有较大的霍尔电压。

5.2.2 霍尔元件的构造及测量电路

一、构造

霍尔元件的外形、结构和符号如图 5-21 所示。霍尔元件的结构很简单，它是由霍尔片、四极引线和壳体组成。霍尔片是一块矩形半导体单晶薄片(一般为 4 mm×2 mm×0.1 mm)。在它的长度方向两端面上焊有两根引线[见图 5-21(b)中 a、b 线]，称为控制电流端引线，通常用红色导线。其焊接处称为控制电流极(或称激励电极)，要求焊接处接触电阻很小，并呈纯电阻，即欧姆接触(无 PN 结特性)。在薄片的另两侧端面的中间以点的形式对称地焊有两根霍尔输出端引线[见图 5-21(b)中 c、d 线]，通常用绿色导线。其焊接处称为霍尔电极，要求欧姆接触，且电极宽度与长度之比要小于 0.1，否则影响输出。霍尔元件用非导磁金属、陶瓷或环氧树脂封装。霍尔元件在电路中可用图 5-21(c)所示的两种符号表示。

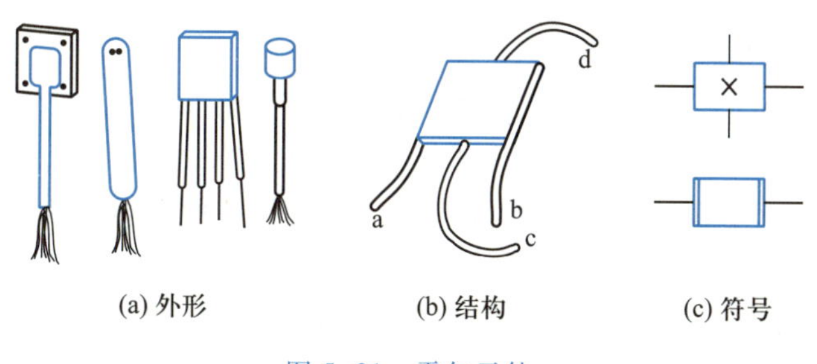

图 5-21　霍尔元件

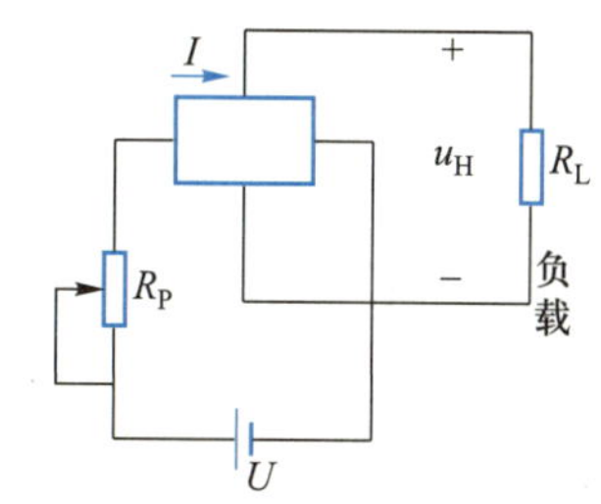

图 5-22　霍尔元件的基本测量电路

二、测量电路

霍尔元件的基本测量电路如图 5-22 所示。

激励电流由电源 U 供给，可变电阻 R_P 用来调节激励电流 I 的大小。R_L 为输出霍尔电压 U_H 的负载电阻，通常它是显示仪表、记录装置或放大器的输入阻抗。

5.2.3 霍尔元件的主要技术指标

霍尔元件的主要技术指标有以下几项。

1. 额定激励电流 I_H

使霍尔元件温升 10 ℃所施加的控制电流值称为额定激励电流，通常用 I_H 表示。

通过电流 I_H 的霍尔元件产生焦耳热 W_H

$$W_H = I^2R = I^2\rho \cdot \frac{l}{bd}$$

而霍尔元件的散热 W_H 主要由没有电极的两个表面承担，即

$$W_H = 2lb \cdot \Delta TA$$

注意：

霍尔式传感器的输出电阻一般大于 20 kΩ，因此后续电路应进行阻抗变换，降低输出电阻。

式中：ΔT——限定的温升；

A——散热系数[W/(cm^2 · ℃)]。

当达到热平衡时可求得

$$I_H = b \cdot \sqrt{2d \cdot \Delta T \cdot A \cdot 1/\rho}$$

因此当霍尔元件做好之后限制额定电流的主要因素是散热条件。

2. 输入电阻 R_i

输入电阻 R_i 是指控制电流极间的电阻值，规定要在室温(20±5) ℃的环境温度中测得。

3. 输出电阻 R_s

输出电阻 R_s 是指霍尔电极间的电阻值。规定中要求在(20±5) ℃的条件下测得。

4. 不等位电压及零位电阻 r_0

当霍尔元件通以控制电流 I_H 而不加外磁场时，它的霍尔输出端之间仍有空载电压存在，该电压就称为不等位电压(或零位电压)。

产生不等位电压的主要原因有：

(1) 霍尔电极安装位置不正确(不对称或不在同一等位面上)。

(2) 半导体材料的不均匀造成了电阻率不均匀或是几何尺寸不均匀。

(3) 因控制电极接触不良造成控制电流不均匀分布等。这主要是由工艺决定的。

不等位电压也可用不等位电阻表示，二者实际上说明同一内容。

$$r_0 = \frac{U_0}{I_H}$$

式中：U_0——不等位电压(或称零位电压)；

r_0——不等位电阻(或称零位电阻)。

不等位电压和不等位电阻都是在直流下测得的。

5. 寄生直流电压

当不加外磁场且控制电流改用额定交流电时，霍尔电极间的空载电压为直流与交流电压之和。其中的交流霍尔电压与前述不等位电压相对应，而直流霍尔电压是个寄生量，称为寄生直流电压。后者产生的原因在于：

(1) 控制电极及霍尔电极接触不良，形成非欧姆接触，造成整流效果所致。

(2) 两个霍尔电极大小不对称，则两个电极点的热容量不同，散热状

态不同，于是形成极间温差电压，表现为直流寄生电压中的一部分。

寄生直流电压一般在 1 mV 以下，它是影响霍尔元件温漂的原因之一。

6. 热阻 R_Q

它表示在霍尔电极开路情况下，在霍尔元件上输入 1 mW 的电功率时产生的温升(单位为℃/mW)，之所以称它为热阻是因为这个温升的大小在一定条件下与电阻有关，即

$$R_Q=\frac{1}{2l\cdot b\cdot A}$$

可见当 R 增加时，温升也要增加。

5.2.4 霍尔元件的补偿电路

一、不等位电压的补偿

由于不等位电压与不等位电阻是一致的，因此可以用分析电阻的方法来进行补偿。如图 5-23 所示，其中 A、B 为控制电极，C、D 为霍尔电极，在极间分布的电阻用 R_1、R_2、R_3、R_4 表示，理想情况是 $R_1=R_2=R_3=R_4$，即可取得不等位电压为零(或不等位电阻为零)。实际上若存在零位电压，则说明此四个电阻不等。将其视为电桥的四个臂，即电桥不平衡，为使其达到平衡可在阻值较大的臂上并联电阻[如图 5-23(a)所示]或在两个臂上同时并联电阻[如图 5-23(b)、(c)所示]。显然图 5-23(c)调整比较方便。

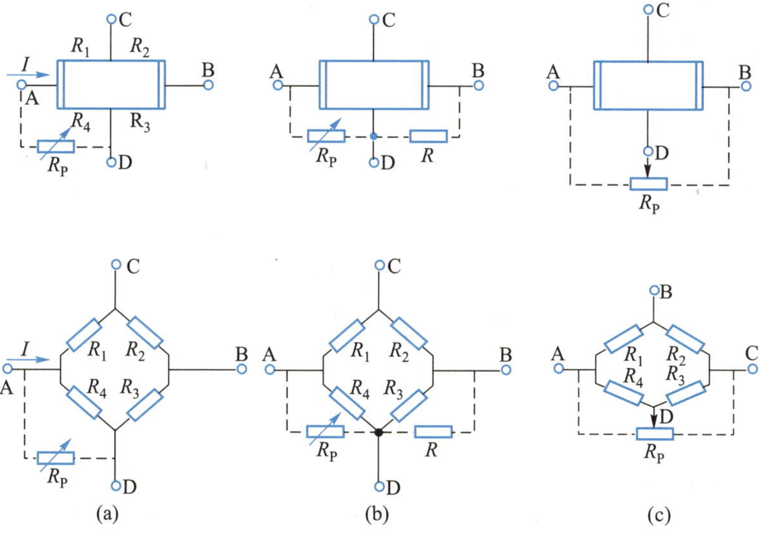

图 5-23 不等位电压的补偿

二、温度补偿

一般半导体材料的电阻率、迁移率和载流子浓度等都随温度而变化。霍尔元件由半导体材料制成，因此它的性能参数，如灵敏度、输入电阻及输出电阻等也随温度的变化而变化，同时元件之间参数离散性也很大，不便于互换。为此对其进行补偿是必要的。

1. 分流电阻法

它适用于恒流源供给控制电流的情况，其原理结构如图 5-24 所示。

假设初始温度为 T_0 时有如下参数：r_0——霍尔元件的输入电阻，R_0——选用的温度补偿电阻，I_{00}——被分流的电流，I_{C0}——控制电流，k_{H0}——霍尔元件的灵敏度系数。

当温度由 T_0 升为 T(℃)时，上述各参数均改变：$r_0 \to r$，$R_0 \to R$，$I_{00} \to I_0$，$I_{C0} \to I_C$，$k_{H0} \to k_H$，且有如下关系：

$$r = r_0(1+\alpha \cdot \Delta T)$$

$$R = R_0(1+\beta \cdot \Delta T)$$

$$k_H = k_{H0}(1+\delta \cdot \Delta T)$$

其中：$\Delta T = T - T_0$；α、β、δ 分别为输入电阻、分流电阻及灵敏度的温度系数。根据电路可有

$$I_{C0} = I \cdot \frac{R_0}{R_0 + r_0}$$

$$I_C = I \cdot \frac{R_0(1+\beta\Delta T)}{R_0(1+\beta\Delta T) + r_0(1+\alpha\Delta T)}$$

当温度改变 ΔT 时，为使霍尔电压不变，则必须有如下关系

$$U_{H0} = k_{H0} I_{C0} B = k_H I_C B = U_H$$

$$= k_{H0}(1+\delta T) \cdot B \cdot I \cdot \frac{R_0(1+\beta\Delta T)}{R_0(1+\beta\Delta T) + r_0(1+\alpha\Delta T)}$$

整理上式可得

$$R_0 = r_0 \cdot \frac{\alpha - \beta - \delta}{\delta}$$

对一个确定的霍尔元件，其参数 r_0、α、δ 是确定值，可由上式求得分流电阻 R_0 及要求的温度系数 β。为满足 R_0 和 β 两个条件，此分流电阻可取温度系数不同的两种电阻实行串、并联组合。

2. 电桥补偿法

电桥补偿法的温度补偿电路如图 5-25 所示，其工作原理如下：

霍尔元件的不等位电压用调节 R_P 的方法进行补偿。在霍尔输出电极上串入一个温度补偿电桥，此电桥的四个臂中有一个是锰铜电阻并联的热敏电阻，用于调整温度系数，其他三臂均为锰铜电阻。因此补偿电桥可以给出一个随温度而改变的可调不平衡电压，该电压与温度为非线性关系，只要细心地调整这个不平衡的非线性电压就可以补偿霍尔元件的温度漂移。实验表明，在±40 ℃

温度范围内效果是令人满意的。

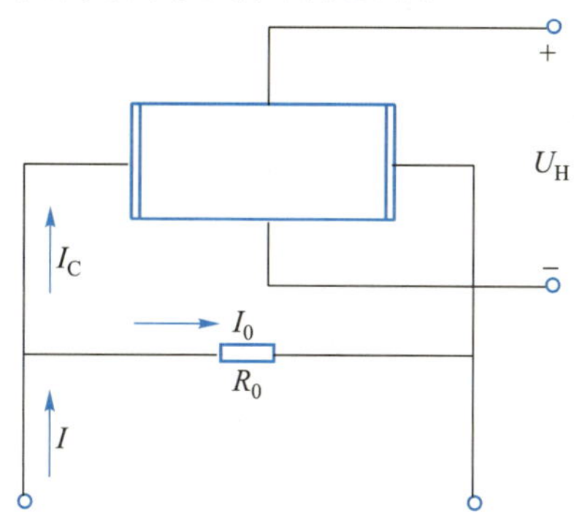

图 5-24 采用分流电阻法的温度补偿电路

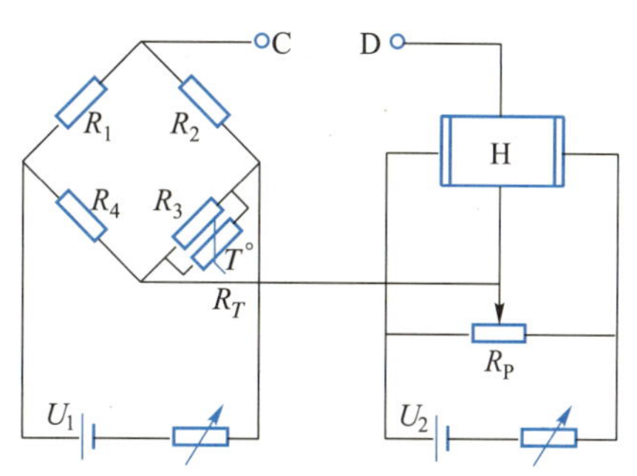

图 5-25 电桥补偿法的温度补偿电路

5.2.5 霍尔式传感器的应用举例

一、霍尔式位移传感器

5-4 图片：霍尔式位移传感器实物图

保持霍尔元件的控制电流恒定，使霍尔元件在一个均匀的梯度磁场中沿 x 方向移动，如图5-26所示。由上述可知，霍尔电压与磁感应强度 B 成正比，由于磁场在一定范围内沿 x 方向的变化 $\mathrm{d}B/\mathrm{d}x$ 为常数，因此元件沿 x 方向移动时，霍尔电压的变化为

$$\frac{\mathrm{d}U_H}{\mathrm{d}x}=k_H I\frac{\mathrm{d}B}{\mathrm{d}x}=k$$

式中：k——位移传感器灵敏度。

将上式积分，得

$$U_H=kx \tag{5-35}$$

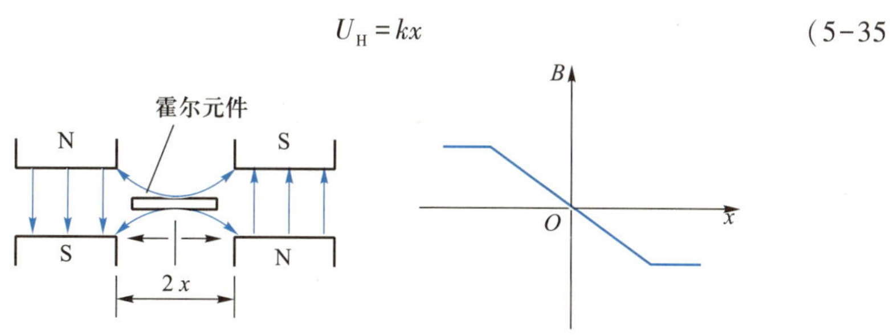

图 5-26 霍尔式位移传感器原理示意图

式(5-35)表明霍尔电压与位移成正比，电压的极性表明了元件位移的方向。磁场梯度越大，灵敏度越高；磁场梯度越均匀，输出线性度就越好。为了得到均匀的磁场梯度，往往将磁钢的磁极片设计成特殊形状[如图 5-27(a)所示]。这种位移传感器可用来测量±0.5 mm 的小位移，特别适用于微位移、机械振动等测量。若霍尔元件在均匀磁场内转动，则产生与转角 θ 的正弦函数成比例的霍尔电压，因此可用来测量角位移。

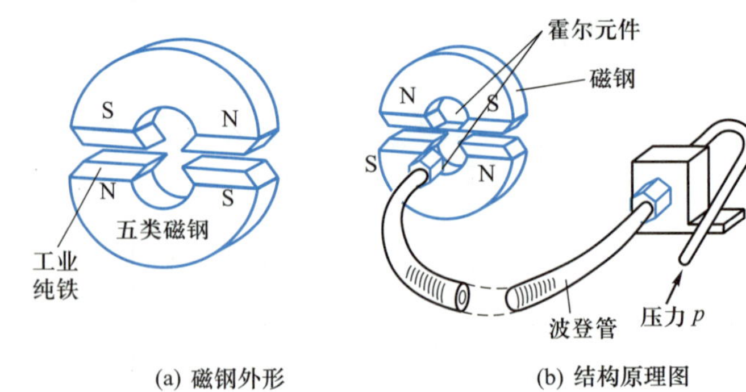

(a) 磁钢外形　　(b) 结构原理图

图 5-27　霍尔式压力传感器的磁钢外形及结构原理图

二、霍尔式压力传感器

任何非电量只要能转换成位移量的变化，均可利用霍尔式位移传感器的原理变换成霍尔电压。霍尔式压力传感器就是其中的一种。它首先由弹性元件将被测压力变换成位移，由于霍尔元件固定在弹性元件的自由端上，因此弹性元件产生位移时将带动霍尔元件，使它在线性变化的磁场中移动，从而输出霍尔电压。霍尔式压力传感器的结构原理如图 5-27(b) 所示。弹性元件可以是波登管、膜盒或弹簧管。图中，弹性元件为波登管，其一端固定，另一自由端安装有霍尔元件。当输入压力增加时，波登管伸长，使霍尔元件在恒定梯度磁场中产生相应的位移，输出与压力成正比的霍尔电压。

习题与思考题

5.1　磁电式传感器与电感式传感器有哪些不同？磁电式传感器主要用于测量哪些物理量？

5.2　霍尔元件能够测量哪些物理量？霍尔元件的不等位电压的概念是什么？温度补偿的方法有哪几种？

5.3　简述霍尔效应及传感器的构成以及霍尔传感器可能的应用场合。

6 压电式传感器

压电式传感器是一种有源的双向机电传感器。它的工作原理是基于压电材料的压电效应。石英晶体的压电效应最早在 1880 年被发现，1948 年制作出第一个石英传感器。在石英晶体的压电效应被发现之后，一系列的单晶、多晶陶瓷材料和近些年发展起来的有机高分子聚合材料，也都具有相当强的压电效应。自发现压电效应以来，压电式传感器在电子、超声、通信、引信等许多技术领域均得到广泛的应用。压电式传感器具有使用频带宽、灵敏度高、信噪比高、结构简单、工作可靠、质量轻、测量范围广等许多优点。因此在压力、冲击和振动等动态参数测试中，是主要的传感器品种。它可以把加速度、压力、位移、温度、湿度等许多非电量转换为电量。近年来由于电子技术的飞速发展，随着与之配套的二次仪表，以及低噪声、小电容、高绝缘电阻电缆的出现，使压电传感器使用更为方便，集成化、智能化的新型压电传感器也正在被开发出来。

6.1 压电效应

某些晶体或多晶陶瓷，当沿着一定方向受到外力作用时，内部就产生极化现象，同时在某两个表面上产生符号相反的电荷；当外力去掉后，又恢复到不带电状态；当作用力方向改变时，电荷的极性也随着改变；晶体受力所产生的电荷量与外力的大小成正比。上述现象称为正压电效应。反之，如对晶体施加一定变电场，晶体本身将产生机械变形，当外电场撤离时，变形也随着消失，称为逆压电效应。

压电式传感器大都是利用压电材料的正压电效应制成的。在电声和超声工程中也有利用逆压电效应制作的传感器。

压电转换元件受力变形可分为图 6-1 所示的几种基本状态形式。

但由于压电晶体的各向异性，并不是所有的压电晶体都能在这几种变形状

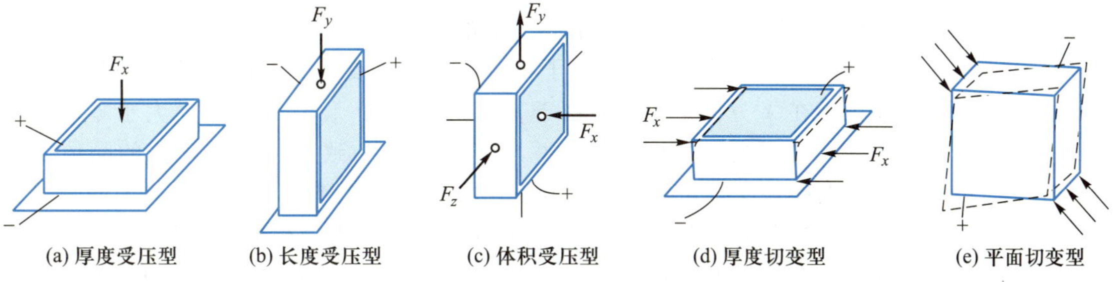

图 6-1　压电转换元件受力变形的几种基本状态形式

态下产生压电效应。例如石英晶体就没有体积变形压电效应，但它具有良好的厚度变形和长度变形压电效应。

6.1.1 石英晶体的压电效应

图 6-2(a)所示为天然石英晶体的结构外形，在晶体学中用三根互相垂直的轴 Z、X、Y 表示它们的坐标，如图 6-2(b)所示。Z 轴为光轴(中性轴)，它是晶体的对称轴，光线沿 Z 轴通过晶体不产生双折射现象，因而以它作为基准轴；X 轴为电轴，该轴压电效应最为显著，它通过六棱柱相对的两个棱线且垂直于光轴 Z，显然 X 轴共有三个；Y 轴为机械轴(力轴)，显然也有三个，它垂直于两个相对的表面，在此轴上加力产生的变形最大。

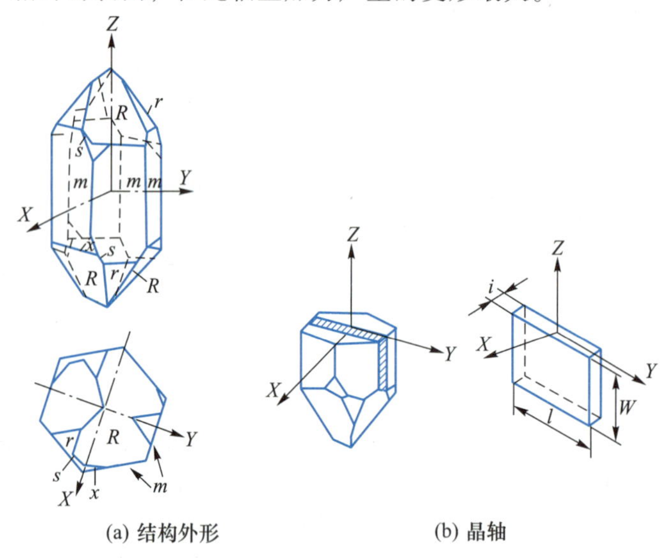

(a) 结构外形　　(b) 晶轴

图 6-2 石英晶体的外形和晶轴

石英的化学式为 SiO_2，在每一个晶体单元中它有三个硅离子和三个氧离子，在 Z 平面上的投影等效为正六边形排列，如图 6-3 所示。当不受外力时，如图 6-3(a)所示，正、负六个离子(Si^+ 和 O^{2-})分布在正六边形顶点上，形成三个互成 120°夹角的电偶极矩 $\boldsymbol{p}_1$、$\boldsymbol{p}_2$ 和 $\boldsymbol{p}_3$。此时正、负电荷相互平衡，电偶极矩的矢量和等于零，即 $\boldsymbol{p}_1+\boldsymbol{p}_2+\boldsymbol{p}_3=0$，此时晶体表面没有带电现象，整个晶体是中性的。

提示：电偶极矩的方向为负电荷指向正电荷的矢量方向。

当晶体受外力作用而产生变形时，正六边形的边长(键长)保持不变，而夹角(键角)改变。当受到沿 X 方向的压力作用时，如图 6-3(b)所示，晶体受压缩而产生变形，正、负离子相对位置发生变化，此时键角也随之改变，电偶极矩在 X 方向上的分量由于 $\boldsymbol{p}_1$ 的减少和 $\boldsymbol{p}_2$、$\boldsymbol{p}_3$ 的增加而大于零，$\boldsymbol{p}_1+\boldsymbol{p}_2+\boldsymbol{p}_3>0$。合偶极矩方向向上，并与 X 轴正向一致，在 X 轴正向的晶体表面出现正电荷，反向表面出现负电荷；电偶极矩在 Y 轴、Z 轴方向上的分量都为零，因此在垂直于 Y 轴、Z 轴方向的晶体表面无电荷出现。当受到 Y 轴方向施加压力时，如图6-3(c)所示，$\boldsymbol{p}_1$ 增大，$\boldsymbol{p}_2$、$\boldsymbol{p}_3$ 减小，$\boldsymbol{p}_1+\boldsymbol{p}_2+\boldsymbol{p}_3<0$，合偶极矩向下，因此上表面为负电荷，下表面为正电荷，同理 Y 轴和 Z 轴方向不出现

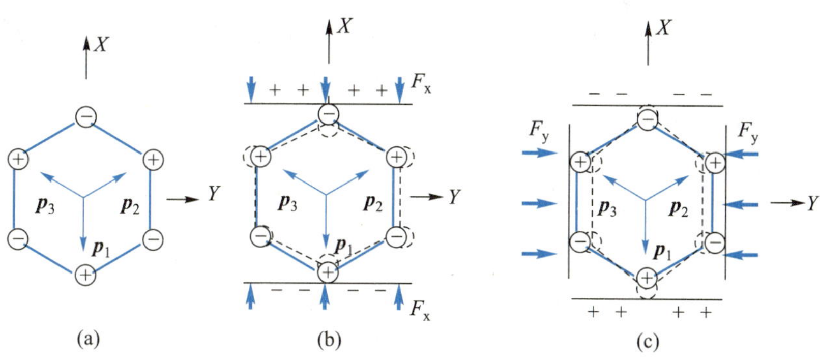

图 6-3 石英晶体压电效应示意图

电荷。

如果沿 Z 轴方向施加作用力，因为晶体中硅离子和氧离子是沿 Z 轴平移的，因此电偶极矩矢量和等于零，这就表明 Z 轴（光轴）方向受力时，并无压电效应。同样可以分析出，在各个方向作用大小相等的力，使之体积变形时，也无压电效应。

当沿 X 轴方向或 Y 轴方向受到拉力作用时，按上述方法分析，可知产生电荷的极性正好相反。

对于压电晶体，当沿 X 轴施加正应力时，将在垂直于 X 轴的表面上产生电荷，这种现象称为纵向压电效应；当沿 Y 轴施加正应力时，电荷将出现在与 X 轴垂直的表面上，这种现象称为横向压电效应；当沿 X 轴方向施加切应力时，将在垂直于 Y 轴的表面上产生电荷，这种现象称为切向压电效应。通常在石英晶体上可以观察到上述三种压电效应，其受力方向与产生电荷极性的关系如图 6-4 所示。

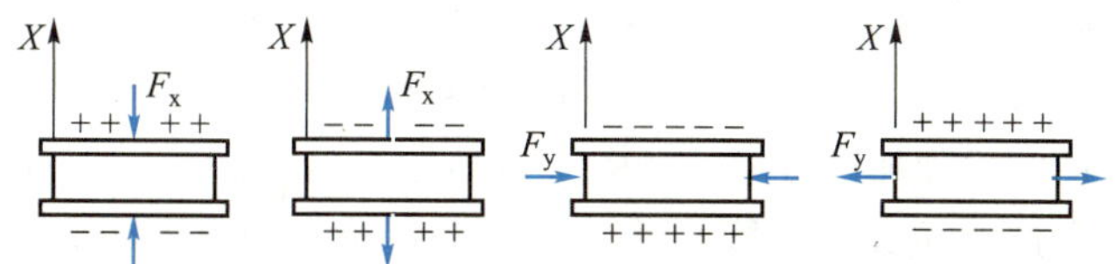

图 6-4 石英晶体受力方向与电荷极性的关系

6.1.2 压电陶瓷的压电效应

压电陶瓷是一种多晶铁电体。它是以钙钛矿型的 $BaTiO_3$、$Pb(Zr、Ti)O_3$、$(NaK)NbO_3$、$PbTiO_3$ 等为基本成分，将原料粉碎、成形，通过 1 000 ℃ 以上的高温烧结得到多晶铁电体。原始的压电陶瓷材料并不具有压电性。在这种陶瓷材料内部具有无规则排列的“电畴”，这种电畴与铁磁类物质的磁畴相类似。为使其具有压电性，就必须在一定温度下做极化处理。所谓极化，就是以强电场使“电畴”规则排列，从而呈现压电性。在极化电场除去后，电畴基本保持不变，剩下了很强的剩余极化，如图 6-5 所示。

当极化后的铁电体受到外力作用时，其剩余极化强度将随之发生变化，从而使一定表面分别产生正、负电荷。压电陶瓷在极化方向上压电效应最明显，我们把极化方向定义为 Z 轴，垂直于 Z 轴的平面上任何直线都可作为 X 轴或 Y 轴，这是与石英晶体的不同之处，铁电体的参数也会随时间发生变化，即老化，铁电体老化将使压电效应减弱。

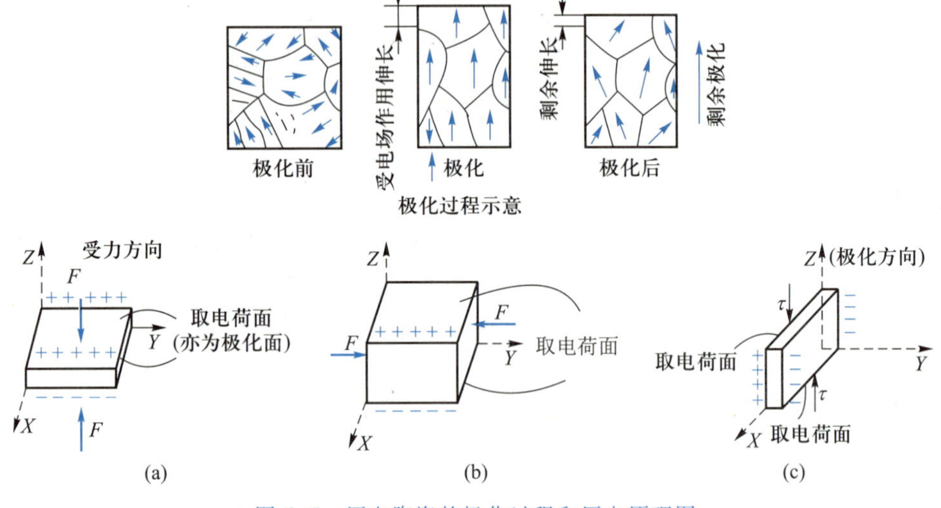

图 6-5 压电陶瓷的极化过程和压电原理图

6.1.3 高分子材料的压电效应

高分子材料属于有机分子半结晶或结晶的聚合物，其压电效应比较复杂，对此不仅要考虑晶格中均匀的内应变，还要考虑高分子材料中做非均匀内应变所产生的各种高次效应以及与整个体系平均变形无关的电荷位移而呈现的压电性。对于压电常数最高，目前已进行应用开发的聚偏氟乙烯来说，压电效应可采用类似铁电体的机理加以解释，如图 6-6 所示。这种碳原子为奇数的聚合物，经过机械滚压和拉伸而成为薄膜之后，链轴上带负电的氟离子和带正电的氢离子分别被排列在薄膜表面的对应上下两边上，形成了尺寸为 10~40 nm 的微晶偶极矩结构，即 β 形晶体，再经过一定时间的外电场和温度联合作用之后，晶体内部的偶极矩进一步旋转定向，形成了垂直于薄膜平面的碳-氟偶极矩固定结构。正是由于这种固定取向后的极化和外力作用时的剩余极化发生变化，才引起了压电效应。此外，极化过程中引起的空间电荷也会产生压电效应。

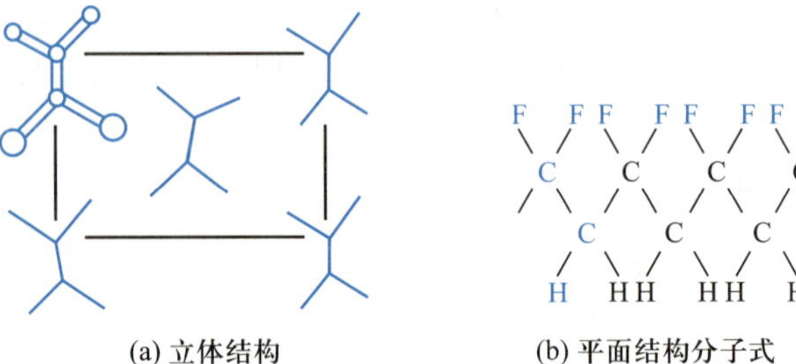

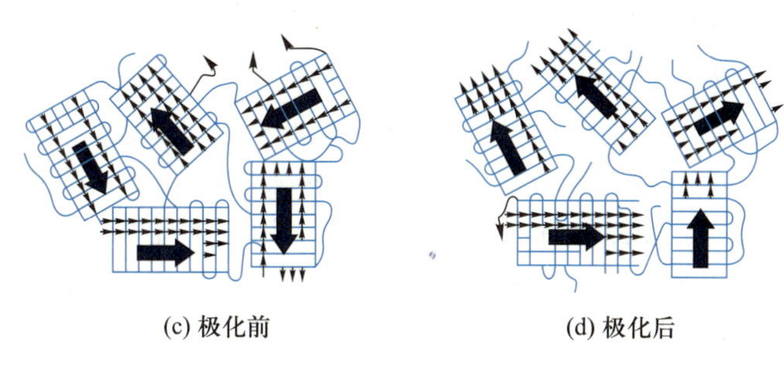

图 6-6 聚偏氟乙烯压电效应

6.1.4 压电方程与压电常数

压电元件受到力 F 作用时，就在相应的表面产生表面电荷 Q，力 F 与电荷 Q 之间存在如下关系

$$Q=dF \tag{6-1}$$

式中：d——压电常数。

对于一定的施力方向和一定的产生电荷的表面 d 是一个常数，但上式仅能用于一定尺寸的压电元件，没有普遍意义。为使用方便，常采用下面的公式

$$q=d_{ij}\sigma \tag{6-2}$$

式中：q——电荷的表面密度，单位为 C/cm^2；

σ——单位面积上的作用力，单位为 N/cm^2；

d_{ij}——压电常数，单位为 C/N。

压电常数有两个下脚注，第一个脚注 i 表示晶体的极化方向，即产生电荷的表面垂直于 X 轴（Y 轴或 Z 轴），记作 $i=1$（或 2、3）；第二个脚注 $j=1$（或 2、3、4、5、6），分别表示沿 X 轴、Y 轴、Z 轴方向作用的单向应力和在垂直于 X 轴、Y 轴、Z 轴的平面内（即 YZ 平面、XZ 平面、XY 平面）作用的剪切力，如图 6-7 所示。单位应力的符号规定拉应力为正，而压应力为负。剪切力的符号规定为从自旋转轴的正向看使Ⅰ、Ⅲ象限的对象线伸长的方向为正。

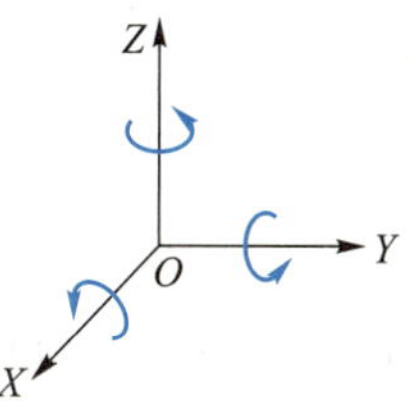

图 6-7 剪切力的作用方向

按上述规定，压电常数 d_{31} 表示沿 X 轴方向作用的单向应力，而在垂直于 Z 轴的表面产生电荷；d_{16} 表示在垂直于 Z 轴的平面即 XY 平面内作用的剪切力，而在垂直于 X 轴的表面产生电荷等。

此外，还需要对因受机械应力而在晶体内部产生的电场方向做一个规定，以确定压电常数 d_{ij} 的符号。当电场方向指向晶轴的正向时为正，而电场方向与晶轴方向相反时为负。晶体内部产生的电场方向是由产生负电荷的表面指向产生正电荷的表面。

这样，当晶体在任意受力状态下所产生的表面电荷密度可由下列方程组决定

$$\begin{cases} q_{xx}=d_{11}\sigma_{xx}+d_{12}\sigma_{yy}+d_{13}\sigma_{zz}+d_{14}\tau_{yz}+d_{15}\tau_{zx}+d_{16}\tau_{xy} \\ q_{yy}=d_{21}\sigma_{xx}+d_{22}\sigma_{yy}+d_{23}\sigma_{zz}+d_{24}\tau_{yz}+d_{25}\tau_{zx}+d_{26}\tau_{xy} \\ q_{zz}=d_{31}\sigma_{xx}+d_{32}\sigma_{yy}+d_{33}\sigma_{zz}+d_{34}\tau_{yz}+d_{35}\tau_{zx}+d_{36}\tau_{xy} \end{cases} \tag{6-3}$$

式中：q_{xx}、q_{yy}、q_{zz}分别表示在垂直于 X 轴、Y 轴和 Z 轴的表面产生的电荷密度；σ_{xx}、σ_{yy}、σ_{zz}分别表示沿 X 轴、Y 轴和 Z 轴方向作用的拉力或压应力；τ_{yz}、τ_{zx}、τ_{xy}分别表示在 YZ 平面、ZX 平面和 XY 平面内作用的剪切力。

这样，某压电材料的压电特性可以用它的压电常数矩阵表示如下

$$\boldsymbol{D}=\begin{bmatrix} d_{11} & d_{12} & d_{13} & d_{14} & d_{15} & d_{16} \\ d_{21} & d_{22} & d_{23} & d_{24} & d_{25} & d_{26} \\ d_{31} & d_{32} & d_{33} & d_{34} & d_{35} & d_{36} \end{bmatrix} \tag{6-4}$$

对石英晶体，其压电常数矩阵为

$$\boldsymbol{D}=\begin{bmatrix} d_{11} & d_{12} & 0 & d_{14} & 0 & 0 \\ 0 & 0 & 0 & 0 & d_{25} & d_{26} \\ 0 & 0 & 0 & 0 & 0 & 0 \end{bmatrix}$$

矩阵中第三行全部元素为零，且 $d_{13}=d_{23}=d_{33}=0$。说明石英晶体在沿 Z 轴方向受力作用时，并不存在压电效应。同时，由于晶格的对称性，有

$$\begin{cases} d_{12}=-d_{11} \\ d_{25}=-d_{14} \\ d_{26}=-2d_{11} \end{cases}$$

所以实际上只有 d_{11}和 d_{14}两个常数才是有意义的。对右旋石英：$d_{11}=-2.31\times10^{-12}\text{C/N}$、$d_{14}=-0.67\times10^{-12}\text{C/N}$；对左旋石英：$d_{11}$和 d_{14}都大于零，其数值大小不变。压电常数矩阵的物理意义如下：

（1）矩阵的每一行表示，压电元件分别受到 X、Y、Z 向正应力及 YZ、ZX、XY 平面内剪切力作用时，相应地在垂直于 X 轴、Y 轴、Z 轴表面产生电荷的可能性与大小。

（2）若矩阵中某 $d_{ij}=0$，则表示在该方向上没有压电效应，这说明压电元件不是任何方向都存在压电效应的。相对于空间一定的几何切型，只有在某些方向，在某些力的作用下，才能产生压电效应。

（3）当石英承受机械应力作用时，可通过 d_{ij}将五种不同的机械效应转化为电效应，也可以通过 d_{ij}将电效应转化为五种不同模式的振动。

（4）根据压电常数绝对值的大小，可判断在哪几个方向应力作用下，压电效应最显著。

由上所述，可以清楚地看到，压电常数矩阵是正确选择力电转换元件、转换类型、转换效率以及晶片几何切型的重要依据，因此合理而灵活地运用压电常数矩阵是保证压电传感器正确设计的关键。

不同的压电材料，其压电常数矩阵是不同的，下面是钛酸钡陶瓷的压电常数矩阵

$$D=\begin{bmatrix}0&0&0&0&d_{15}&0\\0&0&0&d_{24}&0&0\\d_{31}&d_{32}&d_{33}&0&0&0\end{bmatrix}$$

其中：$d_{33}=190\times10^{-12}\mathrm{C/N}$；

$d_{31}=d_{32}=-78\times10^{-12}\mathrm{C/N}$；

$d_{15}=-d_{24}=250\times10^{-12}\mathrm{C/N}$。

压电常数 d_{ij}的物理意义是：在短路条件下，单位应力所产生的电荷密度。短路条件是指压电元件的表面电荷从一开始产生就被引开。因而在晶体变形上不存在二次效应的理想条件。压电常数 d 有时也称为压电应变系数。

实际应用中有时还会遇到其他压电常数，如 g 常数、h 常数和机电耦合系数 K。它们的物理意义如下：

（1）压电常数 g：它表示在不计“二次效应”的条件下，每单位应力在晶体内部产生的电压梯度，因此有时也称为压电电压常数，数值上等于压电应变常数 d 除以晶体的绝对介电常数，即

$$g=\frac{d}{\varepsilon\varepsilon_0} \tag{6-5}$$

式中：ε 为晶体的相对介电常数，无量纲；ε_0 为自由空间的介电常数，$\varepsilon_0=8.85\times10^{-12}\mathrm{F\cdot m^{-1}}$。式中 g、d 和 ε 各量应具有相同的下标；g 的单位为$\frac{\mathrm{V\cdot m}}{\mathrm{N}}$或$\frac{\mathrm{m^2}}{\mathrm{C}}$。

（2）压电常数 h：它表示在不计“二次效应”条件下，每单位机械应变在晶体内部产生的电压梯度。h 常数关系到压电晶体材料的机械性能参数，数值上等于压电常数 g 和晶体的杨氏模量 E 的乘积

$$h=gE \tag{6-6}$$

式中：h 的单位为$\frac{\mathrm{V}}{\mathrm{m}}$或$\frac{\mathrm{N}}{\mathrm{C}}$；各量的下标也应相同。

（3）机电耦合系数 K：它是一个量纲为 1 的数。它表示晶体中存储的电能对晶体所吸收的机械能之比的平方根。或者反过来，表示晶体中存储的机械能对晶体所吸收的电能之比的平方根，即

$$K^2=\frac{\text{由机械能转变成的电能}}{\text{输入机械能}} \tag{6-7}$$

或

$$K^2=\frac{\text{由电能转变而来的机械能}}{\text{输入的电能}} \tag{6-8}$$

机电耦合系数 K 在数值上等于压电常数 h 和压电常数 d 乘积的平方根。

$$K=\sqrt{hd} \tag{6-9}$$

式中各量应有相同的下标。

6.2 压电材料

选用合适的压电材料是设计高性能传感器的关键。一般应考虑以下几个方面：

（1）转换性能：具有较高的机电耦合系数或具有较大的压电常数。

（2）机械性能：压电元件作为受力元件，希望它的机械强度高、机械刚度大，以期获得宽的线性范围和高的固有振动频率。

（3）电性能：希望具有高的电阻率和大的介电常数，以期望减弱外部分布电容的影响并获得良好的低频特性。

（4）温度和湿度稳定性要好：具有较高的居里点，以期望得到宽的工作温度范围。

（5）时间稳定性：压电特性不随时间退变。

从上述几方面来看，石英是较好的压电材料，除了其压电常数外，其他特性都有着显著的优越性，石英的居里点为 573 ℃；在(20~200) ℃范围内，压电常数的温度系数在 10^{-6}/℃数量级；弹性系数较大；机械强度较高，若研磨质量好，则可以承受 700~1 000 kg/cm^2 的压力，在冲击力作用下漂移也较小。鉴于以上特性，石英晶体元件主要用来测量大量值的力和加速度，或作为标准传感器使用。石英晶体的部分特性参数见表 6-1。

表 6-1 石英晶体的部分特性参数

压电常数							
符号	d_{11}	d_{14}	g_{11}	g_{14}	h_{11}	h_{14}	参考温度
单位	10^{-12}C/N		m^2/C		10^9N/C		
数值	2.31	0.727	0.057 8	0.018 2	4.36	1.04	20 ℃
	2.3	0.67					室温

压电温度系数			
符号	T_{d11}	T_{d14}	ΔT
数值	-2.15×10^{-6}/℃	12.9×10^{-6}/℃	15~45 ℃

弹性系数/(10^9N/m^2)							
符号	C_{11}	C_{33}	C_{12}	C_{13}	C_{55}	C_{66}	C_{14}	参考温度
数值	86.05	107.1	4.85	10.45	58.65	40.6	18.25	25 ℃

弹性温度系数/(10^{-6}/℃)								
符号	$T_{C11}^{(1)}$	$T_{C33}^{(1)}$	$T_{C12}^{(1)}$	$T_{C13}^{(1)}$	$T_{C55}^{(1)}$	$T_{C66}^{(1)}$	$T_{C14}^{(1)}$	
数值	-46.5	-205	-3 300	-700	-166	164	90	

续表

相对介电常数和温度系数					
符号	ε_{11}^{T}	ε_{33}^{T}	$T_{\varepsilon_{11}}$	$T_{\varepsilon_{33}}$	
数值	4.520	4.640	0.28×10^{-6}/℃	0.39×10^{-6}/℃	
线膨胀系数(10^{-6}/℃)					
符号	$\alpha_1^{(1)}-\alpha_2^{(1)}$	$\alpha_3^{(1)}$	参考温度		
数值	13.71	7.48	25 ℃		
密　度					
符号	ρ				
数值	2 649 kg/m^3				

除石英外，钛酸钡陶瓷也是较好的压电材料。其压电常数 d_{33} 比石英的 d_{11} 大几十倍，居里点为 120 ℃，介电常数和电阻率都较高。特别是制造特殊形状元件(如圆环形元件)要比石英容易。与其他压电陶瓷(如锆钛酸铅等)相比，钛酸钡极化也比较容易。

除钛酸钡外，目前广泛使用的是锆钛酸铅系压电陶瓷，即 PZT 系压电陶瓷，它是以 $PbTiO_3$ 和 $PbZrO_3$ 组成的固溶体 Pb(ZrTi)O_3 为基础，再添加一种或两种微量元素，如铌(Nb)、锑(Sb)、锡(Sn)、锰(Mn)或钨(W)等，以获得不同性能的压电材料。PZT 系压电陶瓷的居里点均在 300 ℃以上。性能也比较稳定，压电常数 $d_{33}=(200\sim500)\times10^{-12}$ C·N^{-1}，但极化较钛酸钡稍难。近年来又出现了铌镁酸铅压电陶瓷(PMN)，它是在 Pb(ZrTi)O_3 的基础上加入一定量的 Pb(Mg1/3、Nb2/3)O_3组成，具有极高的压电常数，居里点温度为 260 ℃，可承受 700 kg/cm^2 的压力。PZT 系和 PMN 压电陶瓷的特性参数见表 6-2。

表 6-2　PZT 系和 PMN 压电陶瓷的特性参数

		PZT-4	PZT-5	PZT-8	PMN
压电常数/(pC·N^{-1})	d_{31}	-100	-180	-100	-230
	d_{33}	230	600	210	(~700)
	d_{13}	~500	~750	~330	—
相对介电常数 ε_{33}^{T}		1 000	2 100	1 000	2 500
密度/(10^3kg·m^{-3})		7.6	7.5	7.6	7.6
居里点/℃		330	270	310	260
机械品质因数		600~800	80	1 000	80~90
弹性系数 C_{33}^{E}/(10^{10}N·m^{-2})		11.5	11.7	12.3	
静抗拉强度/(10^8N·m^{-2})		0.76	0.76	0.83	

续表

	PZT-4	PZT-5	PZT-8	PMN
额定动抗拉强度 /(10^8N·m^{-2})	0.41	0.28	0.48	
热释电系数 /(pC/m^{-2}·℃)	3.7	4.0		
体积电阻率 /(Ω·m)	$>10^{10}$	$>10^{11}$		
每十倍时间的老化率 (K_p)%	-2.3	-0.35	-2.0	

此外还有一类钙钛矿型的铌酸盐和钽酸盐系压电陶瓷，如铌酸钾钠 $(K\cdot Na)NbO_3$、$(Na\cdot Cd)NbO_3$ 和 $(Na\cdot Pb)NbO_3$ 等。尚有非钙钛矿型氧化物压电体，发现最早的是 $PbNbO_3$，其突出优点是居里点达 570 ℃。

此外，还有一类水溶性压电晶体，如酒石酸钾钠(罗谢尔盐)、磷酸二氢氨等。它们的压电常数都比较大，但易受温度和湿度变化影响，常用于晶体扬声器等电声设备中。

6.3 等效电路

压电式传感器对被测量的变化是通过其压电元件产生电荷量的大小来反映的，因此它相当于一个电荷源。而压电元件电极表面聚集电荷时，它又相当于一个以压电材料为电介质的电容器，其电容量为

$$C_a=\frac{\varepsilon_r\varepsilon_0 S}{\delta} \tag{6-10}$$

式中：S——极板面积；

ε_r——压电材料相对介电常数；

ε_0——真空介电常数；

δ——压电元件厚度。

当压电元件受外力作用时，两表面产生等量的正、负电荷 Q，压电元件的开路电压(认为其负载电阻为无穷大)U 为

$$U=\frac{Q}{C_a} \tag{6-11}$$

这样，可以把压电元件等效为一个电荷源 Q 和一个电容器 C_a 并联的等效电路，如图6-8(a)中点画线框所示；同时也可等效为一个电压源 U 和一个电容器 C_a 串联的等效电路，如图 6-8(b)中点画线框所示。其中 R_a 为压电元件的漏电阻。

工作时，压电元件与二次仪表配套使用，必定与测量电路相连接，这就要

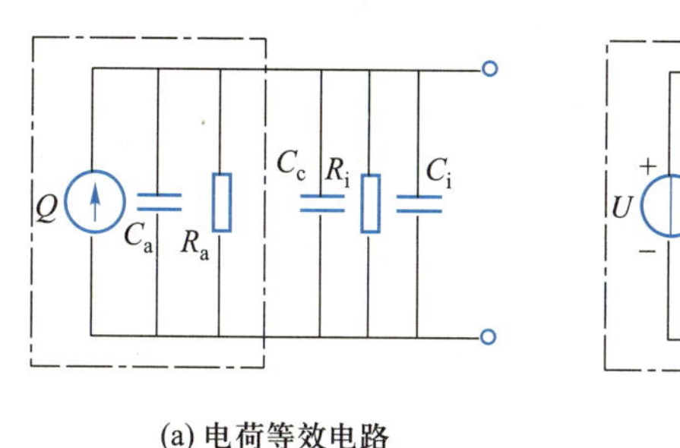

(a) 电荷等效电路

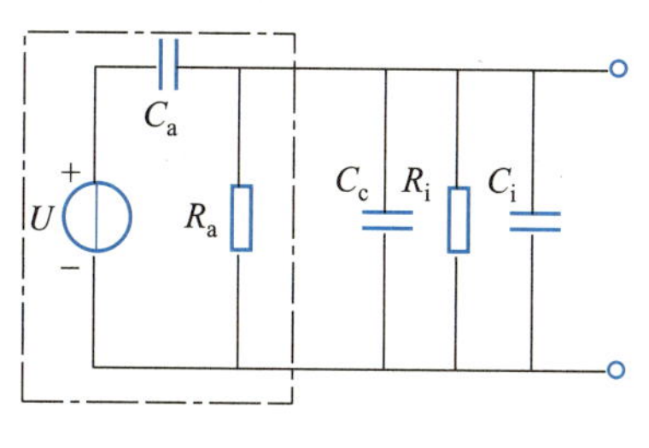

(b) 电压等效电路

图 6-8 压电式传感器测试系统的等效电路

考虑连接电缆电容 C_c、放大器的输入电阻 R_i 和输入电容 C_i。图 6-8 给出了压电式传感器测试系统的等效电路。图 6-8(a)、(b)所示电路的工作原理是相同的。

压电式传感器的灵敏度有电压灵敏度 k_u 和电荷灵敏度 k_q 两种，它们分别表示单位力产生的电压和单位力产生的电荷。它们之间的关系为

$$k_u = \frac{k_q}{C_a} \tag{6-12}$$

6.4 测量电路

根据压电元件的工作原理及上节所述的两种等效电路，与压电元件配套的测量电路的前置放大器也有两种形式：一种是电压放大器，其输出电压与输入电压(压电元件的输出电压)成正比；另一种是电荷放大器，其输出电压与输入电荷成正比。

6.4.1 电压放大器

电压放大器的作用是将压电式传感器的高输出阻抗经放大器变换为低阻抗输出，并将微弱的电压信号进行适当放大。因此也把这种测量电路称为阻抗变换器。图 6-9 是电压放大器的简化电路图。

把图 6-8(a)所示的电荷等效电路接到放大倍数为 A 的放大器中，如图 6-9 所示。其中等效电阻

$$R = R_a /\!/ R_i \tag{6-13}$$

等效电容

$$C = C_i + C_c + C_a \tag{6-14}$$

如果沿压电陶瓷电轴作用一个交变力 $F = F_m \cdot \sin \omega t$，则所产生的电荷及电压均按正弦规律变化，即

$$q = d_{33} F$$

而

$$i = \frac{dq}{dt} = \frac{d(d_{33} \cdot F_m \cdot \sin \omega t)}{dt} = \omega d_{33} \cdot F_m \cdot \cos \omega t$$

以复数形式表示，则得到

$$\dot{U}_{i}=d_{33}\dot{F}\cdot\frac{j\omega R}{1+j\omega RC} \tag{6-15}$$

从上式可以看出，电压 $\dot{U}_{i}$ 的幅值以及它与作用力之间的相位差 ϕ 可由下列两式表示

$$U_{im}=\frac{d_{33}\cdot F_{m}\cdot\omega R}{\sqrt{1+(\omega RC)^{2}}} \tag{6-16}$$

$$\phi=\frac{\pi}{2}-\arctan(\omega RC) \tag{6-17}$$

当 R 为无限大时，输入电压显然是

$$U_{m}=\frac{d_{33}F_{m}}{C} \tag{6-18}$$

因此

$$\frac{U_{im}}{U_{m}}=\frac{\omega RC}{\sqrt{1+(\omega RC)^{2}}} \tag{6-19}$$

令

$$1/(RC)=\omega_{1}$$

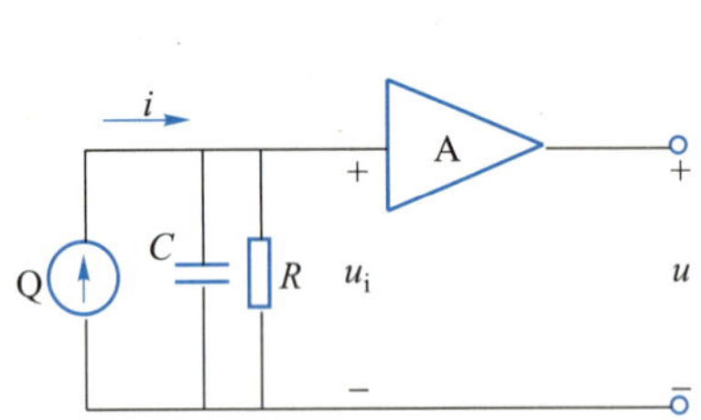

图 6-9 电压放大器的简化电路图

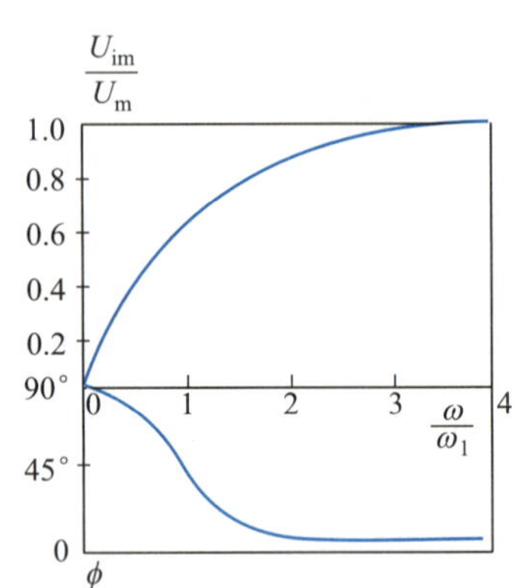

图 6-10 电压幅值比和相位差与频率比的关系曲线

则式(6-17)、式(6-19)可写为

$$\begin{cases}\dfrac{U_{im}}{U_{m}}=\dfrac{\omega/\omega_{1}}{\sqrt{1+(\omega/\omega_{1})^{2}}} & (6\text{-}20)\\[2ex] \phi=\dfrac{\pi}{2}-\arctan\dfrac{\omega}{\omega_{1}} & (6\text{-}21)\end{cases}$$

由此得到电压幅值比和相位差与频率比的关系曲线，如图 6-10 所示。

由图 6-10 可见，当作用在压电元件上的力是静态力（$\omega=0$）时，则 $U_{m}=0$，这意味着电荷被泄漏，而且表明从原理上压电式传感器不能测量静态量；当 $\omega/\omega_{1}\geqslant 3$ 时，可看作电压与作用力的频率无关。可见压电式传感器的高频响应非常好，这是它的突出优点。为了扩大低频响应范围，必须尽可能提高输入电阻来加大时间常数，而不应增加回路电容，否则将导致电压灵敏度 k_{u} 的下降。

$$k_u=\frac{U_{im}}{F_m}=\frac{d_{33}\cdot\omega R}{\sqrt{1+(\omega RC)^2}}=\frac{d_{33}}{\sqrt{\frac{1}{(\omega R)^2}+C^2}} \tag{6-22}$$

由上式可知，当 $\omega R\gg1$ 时

$$k_u=\frac{d_{33}}{C}=\frac{d_{33}}{C_c+C_i+C_a} \tag{6-23}$$

可见连接电线不宜太长，而且也不能随意更换电缆，否则会使传感器实际灵敏度与出厂校正灵敏度不一致，从而导致测量误差。不过，由于固态电子元器件和集成电路的迅速发展，微型电压放大器可以与传感器做成一体，这种电路的缺点也就得以克服，而且无需特制的低噪声电缆，因此，它有广泛的应用前景。

6.4.2 电荷放大器

由于电压放大器使所配接的压电式传感器的电压灵敏度随电缆分布电容及传感器自身电容的变化而变化，而且电缆的更换将引起重新标定的麻烦，为此又发展了便于远距离测量的电荷放大器，目前它已被公认是一种较好的冲击测量放大器。这种放大器实际上是一种具有深度电容负反馈的高增益运算放大器，其等效电路如图 6-11 所示。图中已把 R_a、R_i 看作无限大而加以忽视，这样当容抗远小于电阻 R_F 折到输入端的等效阻抗时，可有下式成立

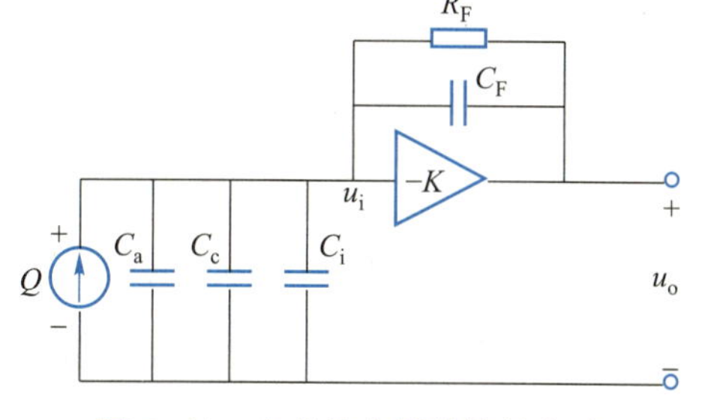

图 6-11 电荷放大器的等效电路

$$U_o=\frac{-KQ}{C_a+C_c+C_i+(1+K)C_F} \tag{6-24}$$

当 K 足够大时，$(1+K)C_F\gg(C_i+C_c+C_a)$，因此有

$$U_o=\frac{-Q}{C_F} \tag{6-25}$$

式中：C_F——反馈电容。

式(6-25)表明，输出电压 U_o 正比于输入电荷 Q，输出与输入反相，而且输出灵敏度不受电缆分布电容的影响。

但实际上电缆电容，特别是远距离传输时，它会对测量结果带来影响，而 C_i 太小时，可以忽略，由此产生的测量相对误差为

$$\delta_r=\frac{-KQ/(1+K)C_F-\{-KQ/[C_a+C_c+(1+K)C_F]\}}{-KQ/(1+K)C_F}$$

$$=\frac{C_a+C_c}{C_a+C_c+(1+K)C_F} \tag{6-26}$$

提示：除将反馈电容等效到放大器的输入端外，还可直接列写电压电流方程求解。

由式(6-26)可知，增大 C_F 或 K 值，可以减小测量误差。

当工作频率很低时，反馈电导 G_F(其作用是提供直流反馈，减小零漂，使电荷放大器工作稳定)的值可以与 $j\omega C_F$ 相比，$G_F(1+K)$这一项就不能忽略，且在 $C_F(1+K)\gg(C_i+C_c+C_a)$时

$$\dot{U}=\frac{-j\omega C_a\dot{U}_aK}{(G_F+j\omega C_F)(1+K)}\approx\frac{-j\omega C_a\dot{U}_a}{G_F+j\omega C_F} \tag{6-27}$$

其幅值为

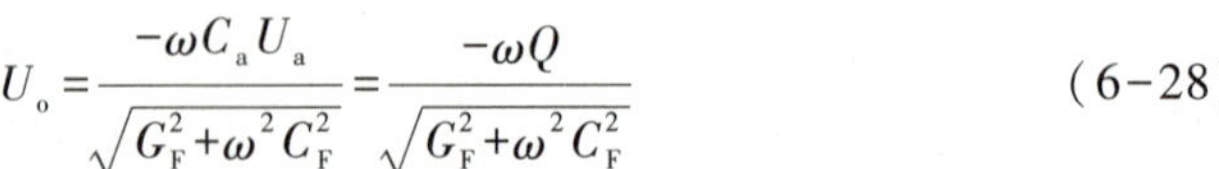

$$U_o=\frac{-\omega C_aU_a}{\sqrt{G_F^2+\omega^2C_F^2}}=\frac{-\omega Q}{\sqrt{G_F^2+\omega^2C_F^2}} \tag{6-28}$$

提示：$\dot{U}_a=u_i$，为压电式传感器输出电压。

频率越低，G_F 越不能忽略。若反馈电导增加到 $G_F=\omega C_F$，则

$$U_o=-\frac{Q}{C_F}\cdot\frac{1}{\sqrt{2}} \tag{6-29}$$

显然，这是增益下降 3 dB 时的下限截止频率点的电压输出值，相应的下限截止频率为

$$f_L=\frac{1}{2\pi C_FR_F} \tag{6-30}$$

式中：R_F——反馈电阻。

低频时，输出电压与输入电荷之间的相位差是

$$\phi=\arctan\frac{1}{\omega R_FC_F} \tag{6-31}$$

在下限截止频率点，因为 $G_F=\omega C_F$，则有

$$\phi=\arctan 1=45^\circ \tag{6-32}$$

即在截止频率点有 45°相移，这在冲击测量时应引起注意。

频率上限主要取决于运算放大器的频率响应。若电缆太长，杂散电容和电缆电容会增加，电缆的导线电阻 R_c 也增加，影响放大器的高频特性，此时电路的上限频率为

$$f_H=\frac{1}{2\pi R_c(C_a+C_c)} \tag{6-33}$$

f_H 会影响电荷放大器的高频特性，但影响不大。例如，100 m 电缆的电阻仅几欧到数十欧，故对频率上限影响可以忽略。

图 6-12 为电荷放大器原理框图，它主要由六部分组成，其中主电荷放大级是整个仪器的核心，它又包括高阻输入级、运算放大级、互补功放输出级三部分。互补功放输出级使电路提供给 C_F 以必要的反馈电流。适调放大级的作用是当被测量(加速度或压力)一定时，用不同灵敏度的压电元件测量而有相同的输出，实现综合灵敏度的归一化，便于记录和数据处理。滤波器备有不同截止频率的分挡，依据实际情况选择。

需要指出，电荷放大器虽然允许使用很长的电缆，并且电容 C_c 变化不影响灵敏度，但它比电压放大器的价格高，电路较复杂，调整也比较困难。

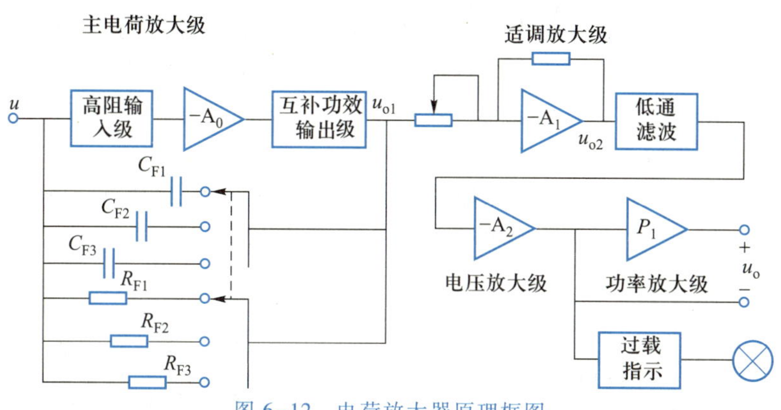

图 6-12 电荷放大器原理框图

6.5 压电式传感器的应用举例

从上述的介绍可以看出，压电元件是一种典型的力敏感元件，可用来测量最终能转换为力的多种物理量。在检测技术中，常用来测量力和加速度。

6-1 图片：压电测力传感器实物图

6.5.1 压电式测力传感器

压电元件直接成为力-电转换元件的关键是选取合适的压电材料、变形方式、晶片的几何尺寸和合理的传力结构，以及机械上串联或并联的晶片数目。显然，利用纵向压电效应的厚度变形的方式为最方便，而压电材料的选择由所测力的量值大小、对测量误差提出的要求、工作环境温度等各种因素决定。晶片数目通常是使用机械串联而电气并联的两片。因为机械上串联的晶片数目增加会导致传感器侧向干扰能力的降低，而机械上并联的晶片数目增加会导致对传感器加工精度的要求过高，同时给安装带来困难。

提示：压电式传感器晶片串联时，输出电压累加；并联时，输出电荷累加。

图 6-13 所示为压电式单向测力传感器的结构图。该传感器可用于机床动态切削力的测量。晶片为 0°X 切石英晶片，上盖为传力元件，其变形壁的厚度为 0.1~0.5 mm，由测力范围（F_{max} = 500 kg）决定。聚四氟套用来绝缘和定位。基座内外底面对其中心线的垂直度、上盖及晶片、电极的上下底面的平行度与表面光洁度都有极严格的要求。为提高绝缘阻抗，传感器装配前要经过多次净化（包括超声波清洗），然后在超净工作环境下进行装配，加盖之后封焊。

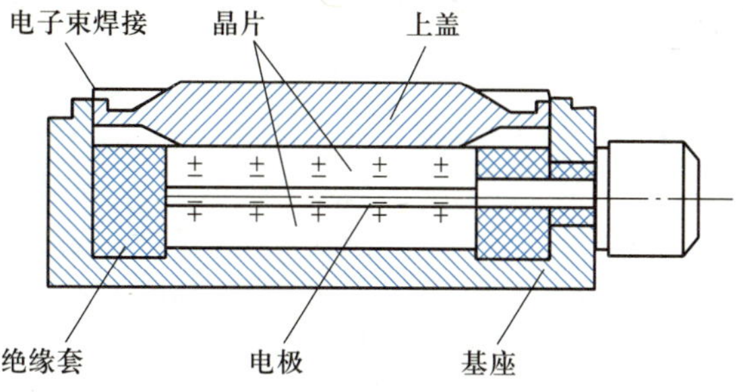

图 6-13 压电式单向测力传感器的结构图

图 6-14 所示为一种测量均布压力的传感器结构图。拉紧的薄壁管对晶片提供预载力，而感受外部压力的是由挠性材料做成的很薄的膜片。预载筒外的空腔可以连接冷却系统，以保证传感器工作在一定的环境温度条件下，这样就避免了因温度变化造成预载力变化引起的测量误差。

图 6-15 给出了另一种压力传感器的结构原理图。它采用两个相同的膜片对晶片施加预载力，从而消除由振动加速度引起的附加输出。

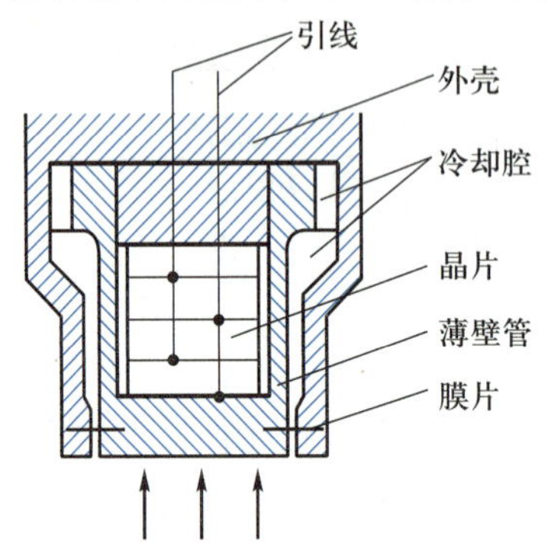

图 6-14 测量均布压力的传感器结构图

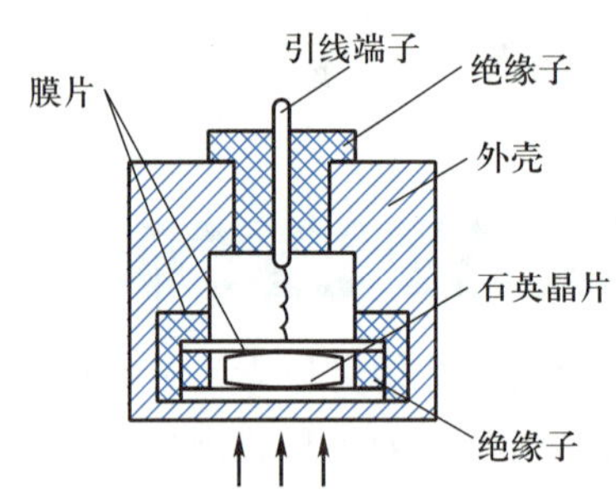

图 6-15 消除振动加速度影响的压电式压力传感器的结构原理图

6-2 图片：压电式加速度传感器实物图

6.5.2 压电式加速度传感器

如前所述，压电式传感器的高频响应好，如配备合适的电荷放大器，低频段可低至0.3 Hz，所以常用来测量动态参数，如振动、加速度等。压电式加速度传感器还具有体积小、重量轻等优点。

图 6-16(a)为单端中心压缩式加速度传感器的结构原理图。其中惯性质量块 1 安装在双压电晶片 2 上，后者与引线 3 都用导电胶粘在底座 4 上。测量时，底部螺钉与被测件刚性固连，传感器感受与试件相同频率的振动，质量块便有正比于加速度的交变力作用在晶片上。由于压电效应，压电晶片便产生正比于加速度的表面电荷。

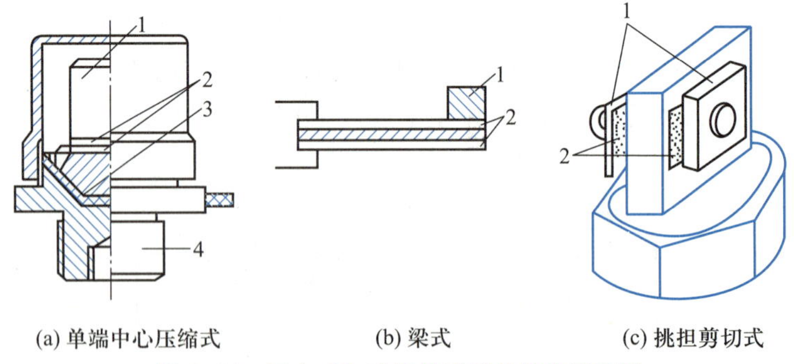

图 6-16 压电式加速度传感器的结构原理图
1—质量块；2—双压电晶片；3—引线；4—底座

图 6-16(b)所示为梁式加速度传感器的结构原理图，它是利用压电晶片弯曲变形的原理制成的，能测量较小的加速度，具有很高的灵敏度和很低的频

率下限，因此能测量地壳和建筑物的振动，在医学上也获得广泛的应用。

图 6-16(c)所示为挑担剪切式加速度传感器的结构原理图。由于压电元件很好地与底座隔离，因此能有效地防止底座弯曲和噪声的影响，压电元件只受剪切力的作用，这就有效地削弱了由瞬变温度引起的热释电效应。它在轻型板、小元件的振动测试中得到广泛的应用。

6.6 影响压电式传感器精度的因素分析

一、非线性

压电加速度传感器的幅值线性度是指被测物理量(如力、压力、加速度等)的增加，其灵敏度的变化程度。现以压电加速度传感器为例，说明幅值线性度。

压电加速度传感器幅值线性范围的下限理论值可到 0，但是由于非振动环境的影响和二次仪表(电荷放大器、阻抗变换器)噪声电平的限制，只能用较高灵敏度的压电加速度传感器来测量小加速度。

压电加速度传感器幅值线性的上限一般由它的设计因素决定。

这些因素概括起来主要有如下两个方面：一是压电转换元件的弹性极限和线性响应极限；二是压电加速度传感器的额定预载荷极限。压电传感器的幅值线性度变化规律一般是随载荷增大，灵敏度增高。图6-17是一个压电加速度传感器的幅值线性度曲线。

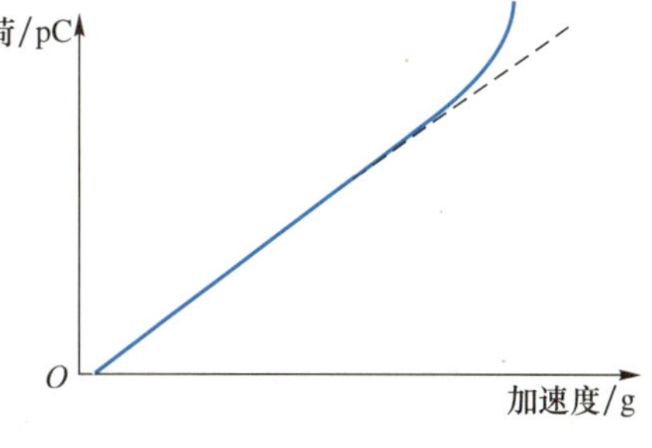

图 6-17 压电加速度传感器的幅值线性度曲线

我国规定：压电加速度传感器用于测量振动信号的幅值线性度不得大于5%，用于测量冲击不得小于 10%。

压电加速度传感器的幅值线性度的确定是由冲击和振动校准实验来完成的。

二、横向灵敏度

压电加速度传感器的横向灵敏度是指当加速度传感器感受到与其主轴方向(轴向灵敏度方向)垂直的单位加速度振动时的灵敏度，一般用它与主轴方向灵敏度的百分比来表示，称为横向灵敏度比。

对于一个较好的压电加速度传感器，最大横向灵敏度比应不大于 5%。理想的压电加速度传感器的最大敏感轴向应与它的主轴方向完全重合，也就是说，它的横向灵敏度应该为零。但实际由于设计、制造、工艺及元件等方面的原因，这种理想情况是达不到的，往往会产生不重合的情况，如图 6-18 所示。

由图 6-18 可知

$$K_Q = K_m \cdot \cos\theta \tag{6-34}$$

$$K_t = K_Q \cdot \tan\theta \tag{6-35}$$

$$\text{最大横向灵敏度比}=\frac{K_t}{K_Q}\times 100\% = \tan\theta \tag{6-36}$$

$$\text{一般横向灵敏度比}=\frac{K'}{K_Q}\times 100\% = \tan\theta\cdot\cos\phi \tag{6-37}$$

压电加速度传感器的横向灵敏度的产生原因有：机械加工精度不够；装配精度不够；装配过程中净化条件不够，灰尘、杂质等污染了传感器零件，超差严重；压电转换元件自身存在缺陷，如切割精度不够、压电转换元件各部分压电常数不一致等。横向灵敏度的指标集中反映了一个压电传感器的内在质量缺陷，它是衡量一个传感器质量极其重要的技术指标。压电加速度传感器的横向灵敏度是有方向性的。图 6-19 所示为一个压电加速度传感器的横向灵敏度的极坐标曲线。在装配传感器时，只要仔细调整各压电转换元件的相互位置，就可以起互相补偿作用，使横向灵敏度有所降低。

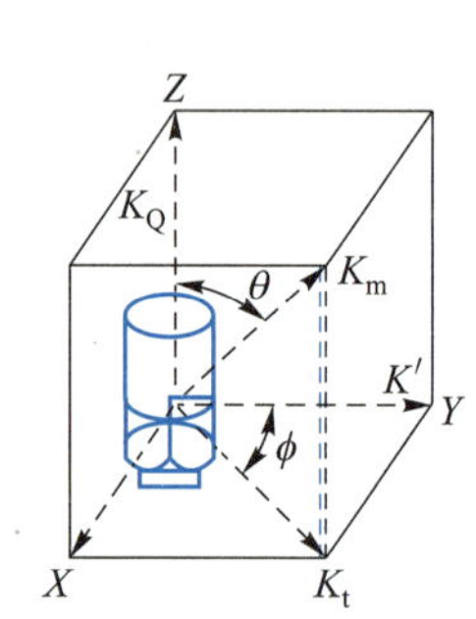

图 6-18　横向灵敏度图解

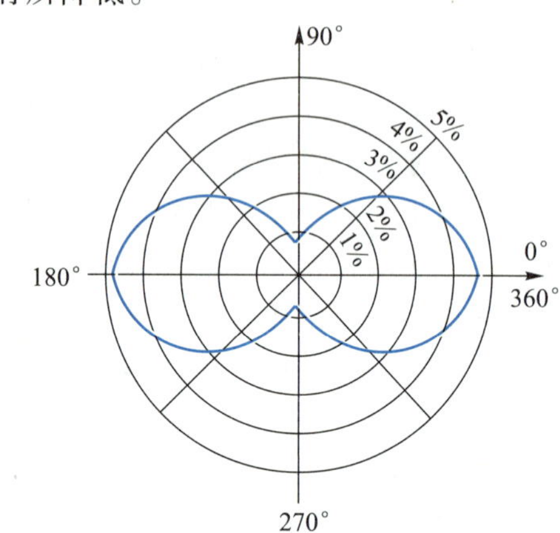

图 6-19　压电加速度传感器的横向灵敏度的极坐标曲线

压电加速度传感器的横向频率响应特性与其主轴向频率响应特性基本相近似。一般在传感器外壳上用记号标明最小横向灵敏度的方向。

三、环境温度的影响

环境温度的变化对压电材料的压电常数和介电常数的影响都很大，它将使传感器灵敏度发生变化，压电材料不同，温度影响的程度也不同。当温度低于 400 ℃时，其压电常数和介电常数都很稳定。

温度对人工极化的压电陶瓷的影响比石英要大得多。不同的压电陶瓷材料压电常数和介电常数的温度特性比钛酸钡好得多。一种新型的压电材料铌酸锂晶体的居里点达到(1 210±10)℃，远比石英和压电陶瓷的居里点高，所以用作耐高温传感器的转换元件。

为了提高压电陶瓷的温度稳定性和时间稳定性，一般应进行人工老化处理。但天然石英晶体无需做人工老化处理，其性能很稳定。

经人工老化处理后的压电陶瓷在常温条件下性能稳定，但在高温环境中使用时，性能仍会变化，为了减小这种影响，在设计传感器时应采取隔热措施。

为适应在高温环境下工作，除压电材料外，连接电缆也是一个重要的部件。普通电缆是不能耐 700 ℃以上高温的。目前，在高温传感器中大多采用无机绝缘电缆和含有无机绝缘材料的柔性电缆。

四、湿度的影响

环境湿度对压电式传感器性能的影响很大。如果传感器长期在高湿度环境下工作，其绝缘电阻将会减小，低频响应会变坏。现在，压电式传感器的一个突出指标是绝缘电阻要高达$10^{14}\ \Omega$。为了能达到这一指标，应采取必要的措施：把转换元件组成一个密封式整体，有关部分一定要良好绝缘，严格的清洁处理和装配，电缆两端必须气密焊封，必要时可采用焊接全密封方案。

五、电缆噪声

普通的同轴电缆由聚乙烯或聚四氟乙烯作绝缘保持层的多股绞线组成，外部屏蔽由一个编织的多股镀银金属套包在绝缘材料上。当工作时，电缆受到弯曲或振动，屏蔽套、绝缘层和电缆芯线之间可能发生相对位移或摩擦而产生静电荷。由于压电式传感器是电容性的，这种静电荷不会很快消失而是被直接送到放大器，这就形成电缆噪声。为了减小这种噪声，可使用特制的低噪声电缆，同时将电缆紧固，以免产生相对运动。

六、接地回路噪声

在测试系统中接有多种测量仪器，如果各仪器与传感器分别接地，各接地点又有电位差，这就在测量系统中产生噪声。防止这种噪声的有效方法是整个测量系统在一点接地，且选择指示器的输入端为接地点。

影响压电式传感器的精度除以上分析的几个因素外，还存在声场效应、磁场效应、射频场效应、基座应变效应等因素。

习题与思考题

6.1　什么是压电效应？压电材料有哪些种类？压电传感器的结构和应用特点是什么？能否用压电传感器测量静态压力？

6.2　为什么压电传感器通常都用来测量动态或瞬态参量？

6.3　什么是压电效应？试比较石英晶体和压电陶瓷的压电效应。

6.4　设计压电式传感器检测电路的基本考虑点是什么？为什么？

7 光电式传感器

光电式传感器是将光通量转换为电量的一种传感器。光电式传感器的基础是光电转换元件的光电效应。由于光电测量方法灵活多样，可测参数众多，一般情况下具有非接触、高精度、高分辨率、高可靠性和反应快等特点，加之激光光源、光栅、光电码盘、CCD 器件、光导纤维等的相继出现和成功应用，使得光电传感器的内容极其丰富，在检测和控制领域获得了广泛的应用。

7.1 光电效应

由光的粒子学说，可以认为光是由具有一定能量的粒子所组成的，而每个光子所具有的能量 E 与其频率大小成正比。光照射在物体上就可看成是一连串具有能量 E 的粒子轰击在物体上。所谓光电效应即是由于物体吸收了能量为 E 的光后产生的电效应。从传感器的角度看光电效应可分为两大类型：外光电效应和内光电效应。

一、外光电效应

外光电效应指在光的照射下，材料中的电子逸出表面的现象。光电管及光电倍增管均属这一类。它们的光电发射极，即光阴极就是用具有这种特性的材料制造的。

光子是具有能量的粒子，每个光子具有的能量为

$$E=hf \tag{7-1}$$

提示：

光电效应基于光的粒子性。

式中：h——普朗克常数，$h=6.626\times10^{-34}\ \mathrm{J\cdot s}$；

f——光的频率。

根据爱因斯坦假设：一个光子的能量只能给一个电子。因此，如果一个电子要从物体中逸出表面，必须使光子能量 E 大于表面逸出功 A_0，这时逸出表面的电子就具有动能 E_K。

$$E_K=\frac{1}{2}mv^2=hf-A_0 \tag{7-2}$$

式中：m——电子质量；

v——电子逸出初速度。

式(7-2)称为光电效应方程，由该式可知：

(1) 光电子能否产生，取决于光子的能量是否大于该物体的电子表面逸出功。这意味着每一种物体都有一个对应的光频阈值，称为红限频率。光线的

频率小于红限频率，光子的能量不足以使物体内的电子逸出，因而小于红限频率的入射光，光强再大也不会产生光电发射。反之，入射光频率高于红限频率，即使光线微弱也会有光电子发射出来。

（2）若入射光的频谱成分不变，则产生的光电流与光强成正比，光强越强意味着入射的光子数目越多，逸出的电子数目也就越多。

（3）光电子逸出物体表面具有初始动能。因此光电管即使没加阳极电压，也会有光电流产生。为使光电流为零，必须加负的截止电压，而截止电压与入射光的频率成正比。

二、内光电效应

内光电效应是指在光的照射下，材料的电阻率发生改变的现象。光敏电阻属于此类。

内光电效应产生的物理过程是：光照射到半导体材料上时，价带中的电子受到能量大于或等于禁带宽度的光子轰击，并使其由价带越过禁带跃入导带，使材料中导带内的电子和价带内的空穴浓度增大，从而使电导率增大。

由以上分析可知，材料的光导性能决定于禁带宽度，光子能量 hf 应大于禁带宽度 E_g，即 $hf=hc/\lambda \geqslant E_g$，半导体锗的 $E_g=0.7$ eV。其中 λ 为波长，c 为光速。

三、光生伏特效应

光生伏特效应利用光势垒效应，光势垒效应指在光的照射下，物体内部产生一定方向的电压。

图 7-1（a）所示为 PN 结处于热平衡状态下的势垒。当有光照射到 PN 结上时，若能量达到禁带宽度，价带中的电子跃升入导带，便产生电子空穴对，被光激发的电子在势垒附近电场梯度的作用下向 N 侧迁移而空穴向 P 侧迁移。如果外电路处于开路，则 PN 结的两边由于光激发附加的多数载流子，促使固有结压降降低，于是 P 型侧电极对于 N 型侧电极的电压为 U，如图 7-1(b) 所示。

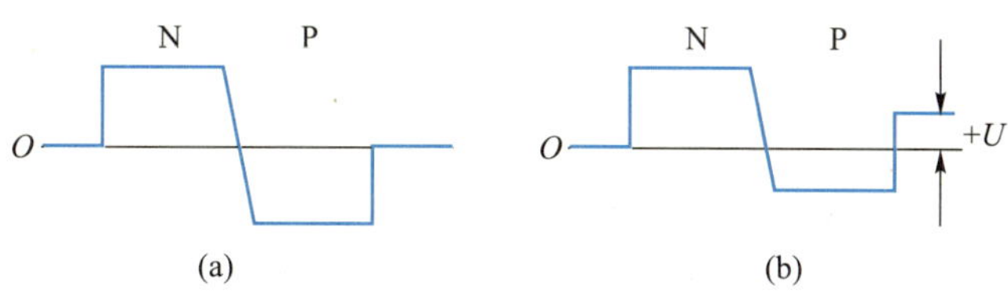

图 7-1 PN 结的光势垒

7.2 光电器件及其特性

7.2.1 光电管与光电倍增管

一、构造

光电管及光电倍增管的工作原理基于外光电效应，其具体理论推导在前面已经叙述过。光电管种类很多，图 7-2 为典型结构图，它是在真空玻璃管内装入两个电极——光阴极与光阳极。光阴极可以做成多种形式，最简单的是在玻璃泡内涂以阴极涂料，即可作为阴极；或者在玻璃泡内装入柱面形金属板，在此金属板内壁上涂有阴极涂料组成阴极。阳极为置于光电管中心的环形金属丝或者是置于柱面中心轴位置上的金属丝柱。

光电管的阴极受到适当的光线照射后便发射电子，这些电子被具有一定电位的阳极吸引，在光电管内形成空间电子流。如果在外电路中接入一个适当阻值的电阻，则在此电阻上将有正比于光电管中空间电流的电压降，其值与照射在光电管阴极上的光亮度成函数关系。除真空光电管外，还有充气光电管，二者结构相同，只是前者泡内为真空，后者泡内充入惰性气体(如氩、氖等)。在电子被吸向阳极的过程中，运动着的电子对惰性气体进行轰击，并使其产生电离，于是会产生更多的自由电子，从而提高了光电转换灵敏度。由此可见充气光电管比真空光电管的灵敏度要高。

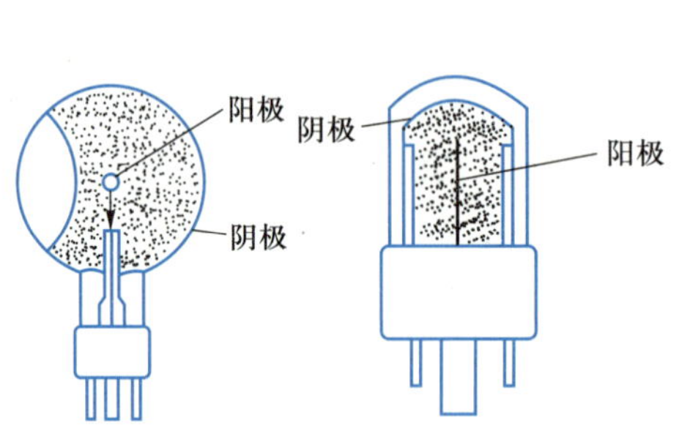

图 7-2　光电管的典型结构图

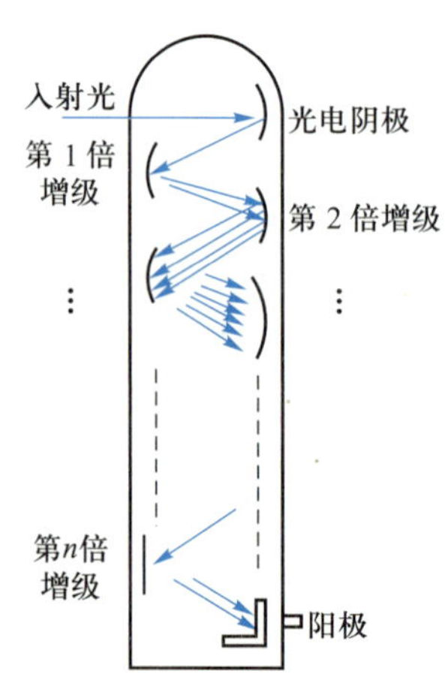

图 7-3　光电倍增管的结构

光电倍增管的结构如图 7-3 所示，在一个玻璃泡内除装有光电阴极和光电阳极外，还装有若干个光电倍增极，且在光电倍增极上涂上在电子轰击下可发射更多次级电子的材料，倍增极的形状及位置要正好能使轰击进行下去，在每个倍增极间均依次增大加速电压。设每级的倍增率为 δ，若有 n 级，则光电倍增管的光电流倍增率将为 δ^n。光电倍增极一般采用 Sb-Cs 涂料或 Mg 合金涂料，倍增级数可在 4~14 之间，δ 值的范围是 3~6。

二、特性

光电管的特性可由以下几方面来描述。

1. 光电特性

光电特性表示当光电管的阳极电压一定时，阳极电流 I 与入射在阴极上光通量 Φ 之间的关系。图 7-4（a）为真空光电管的光电特性，图(b)为充气光电管的光电特性。可见在电压一定时，光通量 Φ 与光电流之间为线性关系，转换灵敏度为常数。转换灵敏度随极间电压的提高而增大。真空光电管与充气光电管相比，后者灵敏度可高出一个数量级，但惰性较大，参数随极间电压变化，在交变光通量下使用时灵敏度出现非线性，许多参数与温度有密切关系及易老化等缺点。因此目前真空光电管比充气光电管受用户欢迎，因为灵敏度低可用其他方法来补偿。

2. 伏安特性

当入射光的频谱及光通量一定时，阳极与阴极之间的电压与光电流的关系称为伏安特性，如图 7-4（c）所示。当阳极电压比较低时，阴极所发射的电子只有一部分到达阳极，其余部分受光电子在真空中运动时所形成的负电场作

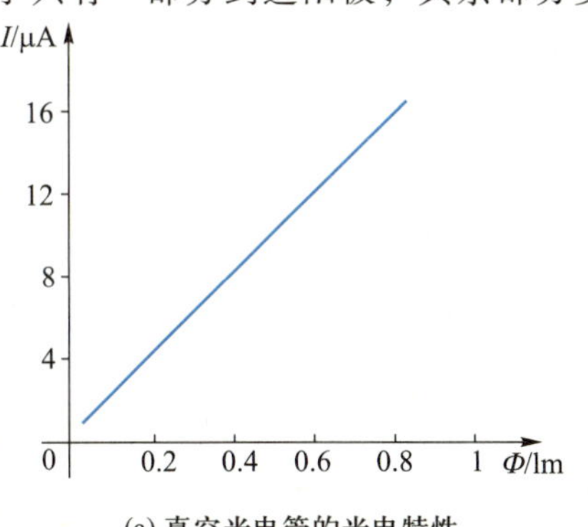

(a) 真空光电管的光电特性

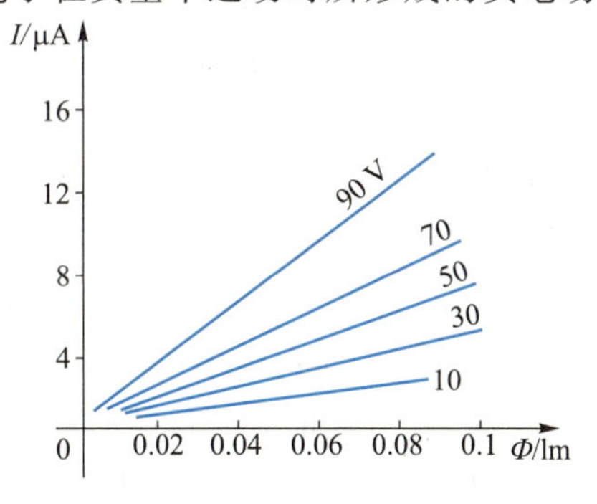

(b) 充气光电管的光电特性

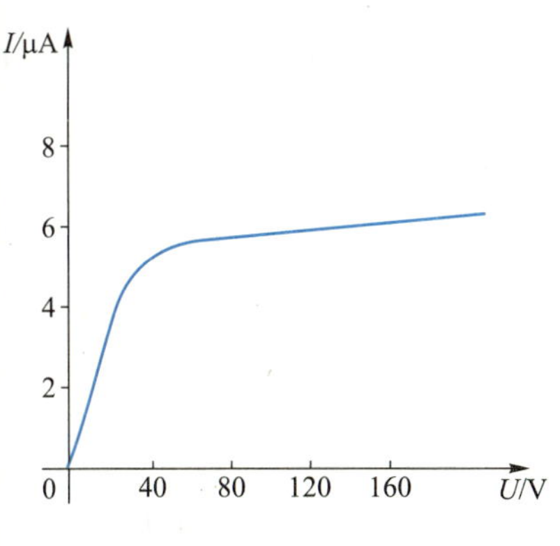

(c) 真空光电管的伏安特性曲线

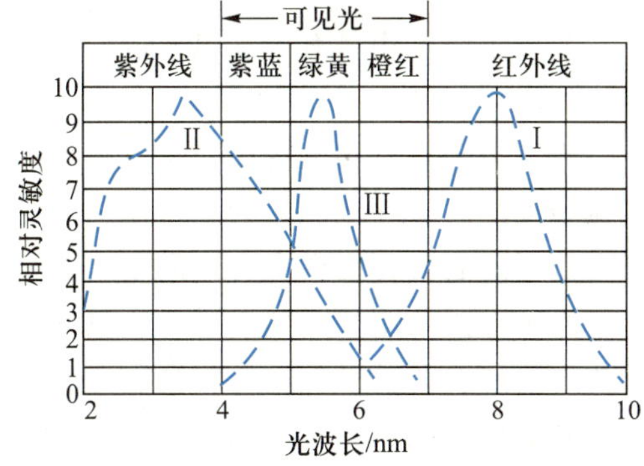

(d) 各光电管的光谱特性

图 7-4 光电管的特性

用，回到光阴极。随着阳极电压增高，光电流随之增大。当阴极发射的电子全部到达阳极时，阳极电流便很稳定，称为饱和状态。

3. 光谱特性

由于光阴极对光谱有选择性，因此光电管对光谱也有选择性。保持光通量和阳极电压不变，阳极电流与光波长之间的关系叫做光电管的光谱特性。图7-4(d)中的曲线Ⅰ、Ⅱ为铯氧银和锑化铯的阴极对应不同波长光线的灵敏系数，Ⅲ为人眼睛的视觉特性。

此外，光电管还有温度特性、疲劳特性、惯性特性、暗电流和衰老特性等，使用时应根据产品说明书和有关手册合理选用。

光电倍增管的主要特性参数有以下几方面：

（1）倍增系数 M。$M=c\cdot\delta^n$，其中 c 为收集系数，它反映倍增极收集电子的效率，一般光电倍增管的值在 $10^5\sim10^7$ 之间，稳定性为1%左右，加速电压稳定性要在0.1%以内。

（2）光电阴极的灵敏度及光电倍增管的灵敏度。光电阴极的灵敏度是指一个光子射在阴极上所能激发的电子数。而总的光电倍增管灵敏度是指一个光子入射之后，在阳极上所得到的总电子数，此值与加速电压有关。

（3）光电倍增管的暗电流及本底电流。当管子不受光照，但极间加入电压时在阳极上会收集到电子，这时的电流称为暗电流，这是热发射所致或是场致发射造成的。如果光电倍增管与闪烁体放在一处，在完全蔽光情况下，出现的电流称为本底电流，其值大于暗电流。增加的部分是宇宙射线对闪烁体的照射而使其激发，被激发的闪烁体照射在光电倍增管上而造成的。本底电流具有脉冲形式。

（4）飞行时间及其涨落。飞行时间是指从光电阴极发射出电子开始，到阳极接收到电子为止所经过的时间，一般在 10^{-8} s数量级。飞行时间不恒定，其波动值用时间涨落表示，此时间涨落在 $10^{-10}\sim10^{-8}$ s数量级。

7.2.2 光敏电阻

光敏电阻是用具有内光电效应的光导材料制成的，为纯电阻元件，其阻值随光照增强而减小。

光敏电阻具有很多优点：灵敏度高，体积小，重量轻，光谱响应范围宽，机械强度高，耐冲击和振动，寿命长。但是，使用时需要有外部电源，同时当有电流通过它时，会产生自热问题。

7-1 图片：光敏电阻实物图

光敏电阻除用硅、锗制造外，尚可用硫化镉、硫化铅、锑化铟、硒化铟、硒化镉、碲化铅及硒化铅等材料制造。

光敏电阻的典型结构如图7-5所示，常称光导管，将光敏电阻做成如图7-5(b)所示的栅形，装在外壳中，两极间既可加直流电压，也可加交流电压。图7-5(c)为光敏电阻的表示符号。

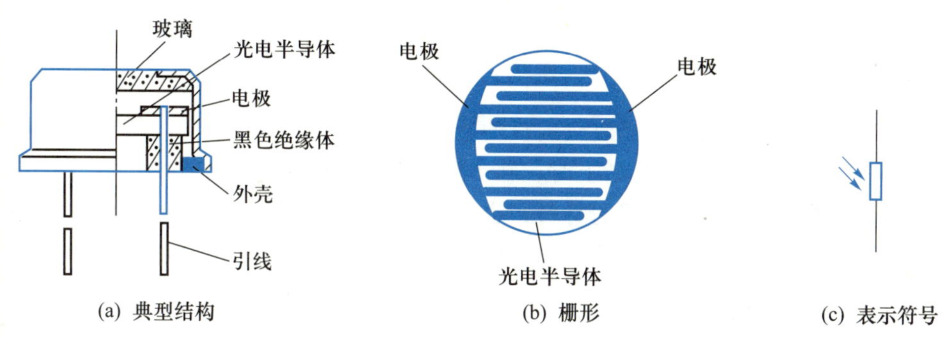

图 7-5　光敏电阻的典型结构、栅形及表示符号

7.2.3　光电二极管及光电晶体管

7-2 图片 a：光电二极管实物图

大多数半导体二极管和晶体管都是对光敏感的。也就是说，当二极管和晶体管的 PN 结受到光照射时，通过 PN 结的电流将增大，因此，常规的二极管和晶体管都用金属罐或其他壳体密封起来，以防光照；而光电二极管和光电晶体管必须使 PN 结能受到最大的光照射。

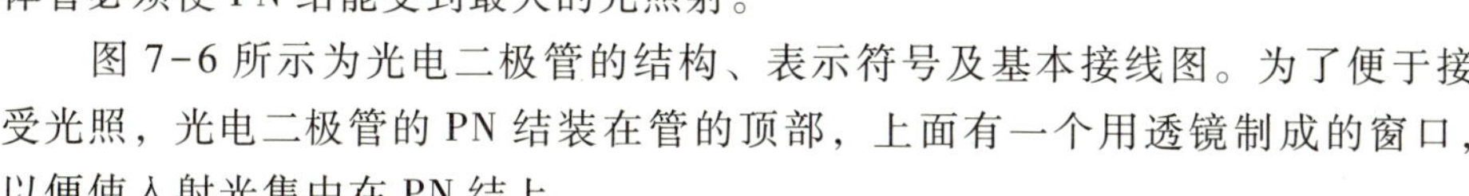

图 7-6 所示为光电二极管的结构、表示符号及基本接线图。为了便于接受光照，光电二极管的 PN 结装在管的顶部，上面有一个用透镜制成的窗口，以便使入射光集中在 PN 结上。

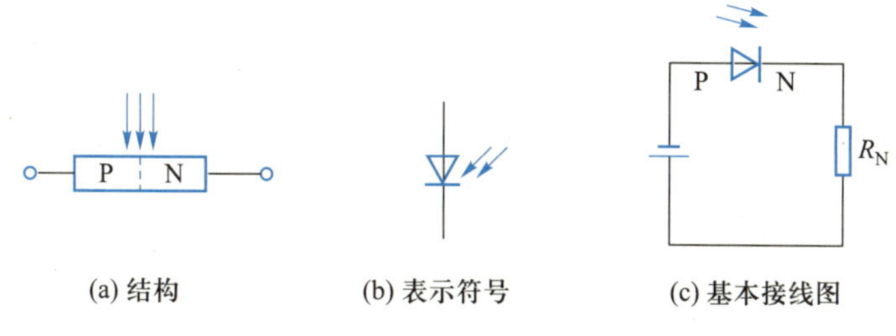

图 7-6　光电二极管

光电晶体管的结构与光电二极管相似，不过它具有两个 PN 结，大多数光电晶体管的基极无引出线，其结构、表示符号及基本接线图如图 7-7 所示。

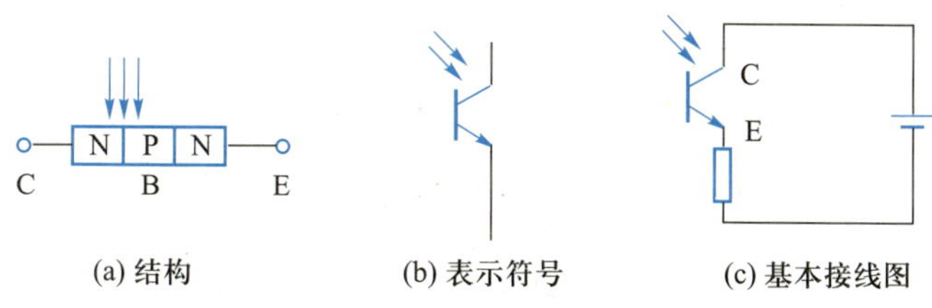

图 7-7　光电晶体管

7-2 图片 b：光电晶体管实物图

光电二极管和光电晶体管体积很小，所需偏置电压不大于几十伏。光电二极管有很高的带宽，它在光耦合隔离器、光学数据传输装置和测试技术中得到广泛应用。光电晶体管的带宽较窄，但作为一种高电流响应器件，应用十分

广泛。

7.2.4 光电池

光电池是基于光生伏特效应制成的，是自发电式有源器件。它有较大面积的 PN 结，当光照射在 PN 结上时，在 PN 结的两端出现电动势。

硅和硒是光电池最常用的材料，也可使用锗。图 7-8（a）所示为硅光电池的构造原理。硅光电池也称为硅太阳能电池，它是用单晶硅制成的，在一块 N 型硅片上用扩散的方法掺入一些 P 型杂质而形成一个大面积的 PN 结，P 层做得很薄，从而使光线能穿透到 PN 结上。

图 7-8（b）所示为硒光电池的构造原理。它是在金属基板上沉积一层硒薄膜，然后加热使硒结晶，再把氧化镉沉积在硒层上形成 PN 结，硒层为 P 区，而氧化镉为 N 区。图 7-8（c）为光电池的表示符号。

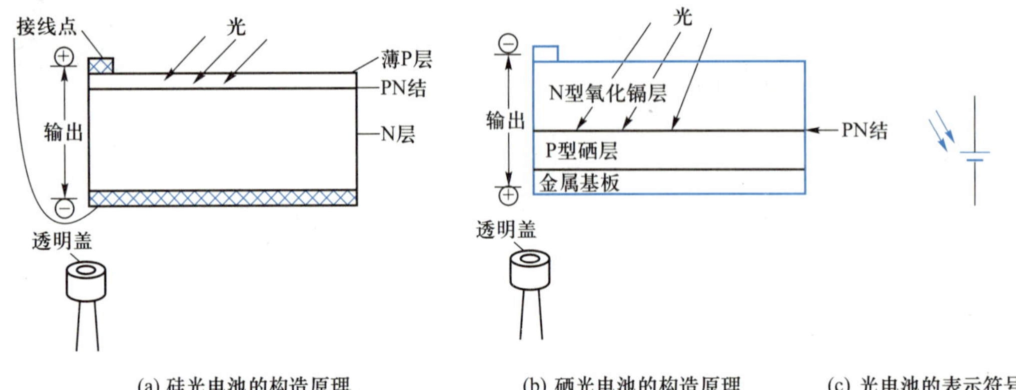

(a) 硅光电池的构造原理　(b) 硒光电池的构造原理　(c) 光电池的表示符号

图 7-8　光电池的构造原理和表示符号

7.2.5 半导体光电元件的特性

上面讨论的光敏电阻、光电二极管和光电晶体管、光电池等光电元件都是半导体传感器。它们各有特点，但又有相似之处，为了便于分析和选用，把它们的特性综合如下。

一、光电特性

光电特性是指这些半导体光电元件产生的光电流与光照之间的关系。

光敏电阻的光电流 I 与其端电压 U 和入射光通量 Φ 之间关系为

$$I=kU^{\alpha}\Phi^{\beta} \tag{7-3}$$

式中，电压指数 α 接近 1；而光通量指数 β 随着光通量的增强而减少，在强光时约为 1/2，所以 $I-\Phi$ 关系曲线呈非线性。图 7-9(a)所示为硒光敏电阻的光电特性曲线。可见，这种光电元件用作光电导开关元件比较合适，而不宜作检测元件。式中，k 为光电导灵敏度，是光敏电阻在单位光能量照射下其光电导的增量，与工作电压无关，对一定材料是一个常数。

图 7-9（b）所示为光电晶体管的光电特性曲线，基本上是线性关系。但当光照足够大时会出现饱和，其值的大小与材料、掺杂浓度及外加电压有关。

图 7-9(c)表示硅光电池的开路电压与短路电流和光照的关系曲线。可见，光照度与短路电流呈良好的线性关系，而与开路电压却呈非线性关系。因此当光电池作检测元件使用时，应把它当作电流源形式来使用，使其接近短路工作状态。应该指出，随着负载的增加，硒光电池的负载电流与光照间的线性关系变差了。

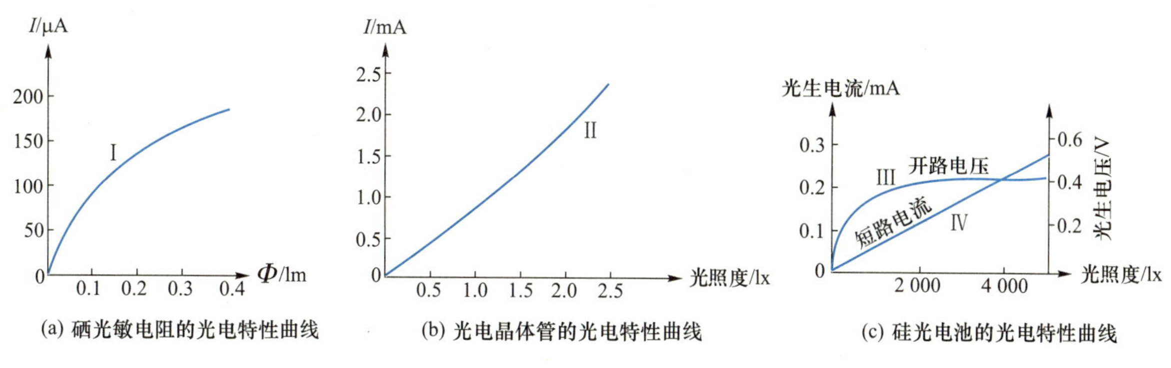

图 7-9　半导体光电元件的光电特性曲线

二、伏安特性

伏安特性是指当光照一定时，光电元件的端电压 U 与电流 I 之间的关系。

图 7-10(a)所示为光敏电阻的伏安特性曲线，它具有良好的线性关系。图中虚线为允许功耗曲线，使用时不要超过该允许功耗限值。

图 7-10(b)所示为锗光电晶体管的伏安特性曲线，它与一般晶体管的伏安特性相似，光电流相当于反向饱和电流，其值取决于光照强度，只要把 PN 结所产生的光电流看作一般的基极电流即可。

图 7-10（c）为硅光电池的伏安特性曲线。

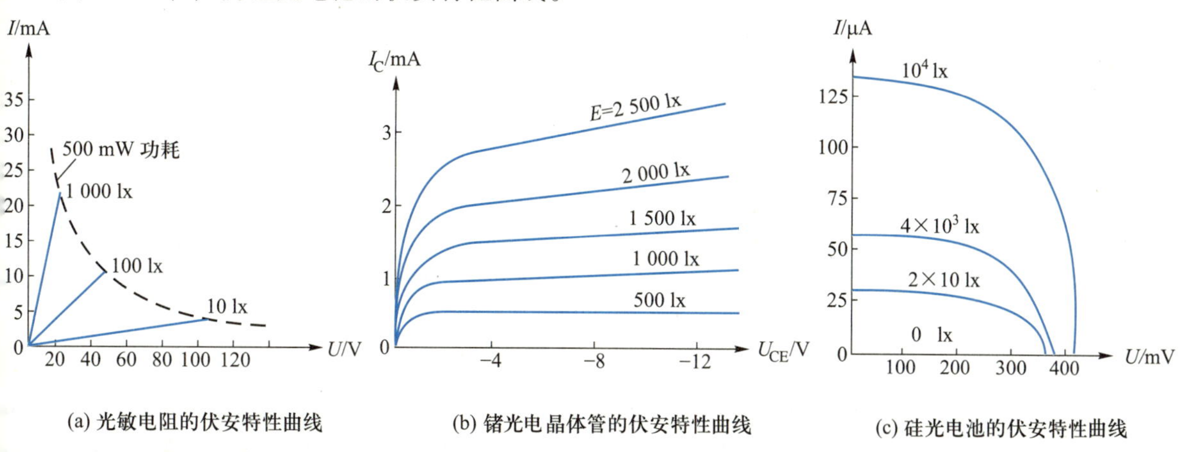

图 7-10　半导体光电元件的伏安特性曲线

由伏安特性曲线可以做出光电元件的负载线，并可确定最大功率时的负载。

三、光谱特性

半导体光电元件对不同波长的光，其灵敏度是不同的，因为只有能量大于半导体材料禁带宽度的那些光子才能激发出光生电子-空穴对。而光子能量的大小与光的波长有关。

图 7-11(a)表示几种不同材料制成的光敏电阻的相对光谱特性曲线。其中只有硫化镉的光谱响应峰值处于可见光区,而硫化铅的峰值在红外区域。

图 7-11(b)表示出硅和锗光电晶体管的光谱特性曲线。锗光电晶体管响应频段在 0.5~1.7 μm 波长范围内，最灵敏峰在 1.4 μm 附近。硅光电晶体管的响应频段在0.4~1.0 μm 波长范围内，而最灵敏峰出现在 0.8 μm 附近。这是因为波长很大时，光子能量太小，但波长太短，光子在半导体表面激发的电子-空穴对不能到达 PN 结，使相对灵敏度下降。

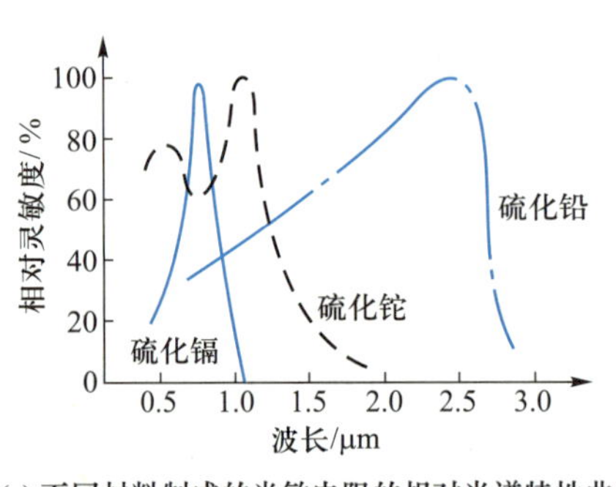

(a) 不同材料制成的光敏电阻的相对光谱特性曲线

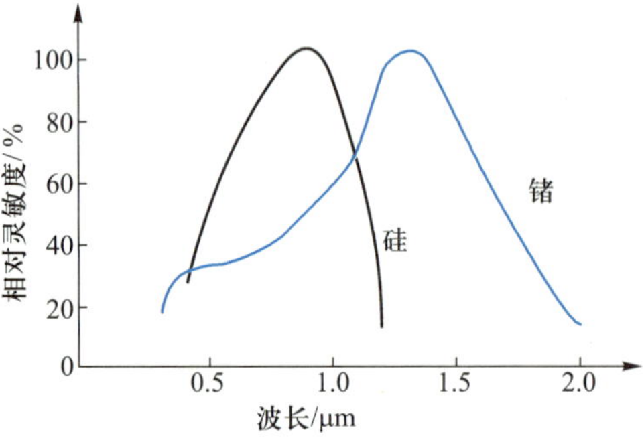

(b) 硅和锗光电晶体管的光谱特性曲线

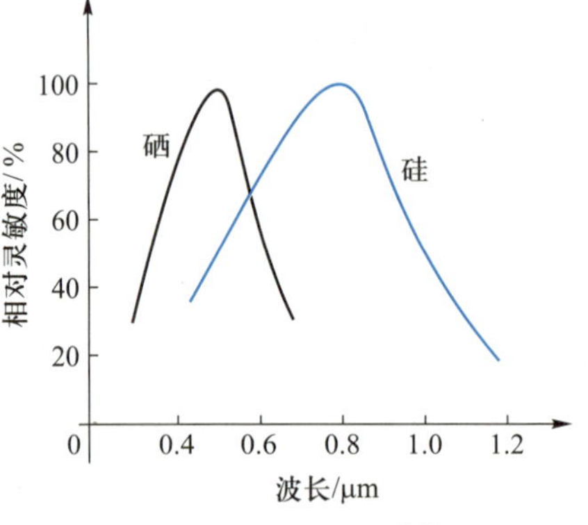

(c) 光电池的光谱特性曲线

图 7-11 半导体光电元件的光谱特性曲线

图 7-11(c)所示为光电池的光谱特性曲线。硒光电池响应段在 0.3~0.7 μm 波长之间，其最灵敏峰出现在 0.5 μm 左右。硅光电池响应区段在 0.4~1.2 μm 波长之间，其最灵敏峰在0.8 μm 左右。可见在使用光电池时对光源应有所选择。

四、频率特性

半导体光电元件的频率特性是指它们的输出电信号与调制光频率变化的关系。

图7-12（a）所示为硫化铅和硫化铊光敏电阻的频率特性曲线。当光敏电阻受到脉冲光照射时，光电流要经过一段时间才能达到稳态；而当光突然消失时，光电流也不立刻为零。这说明光敏电阻具有时延特性，它与光照的强度有关。

硅光电晶体管的频率特性如图7-12（b）所示。减小负载电阻能提高响应频率，但输出降低。一般说来，光电晶体管的频率响应要比光电二极管慢得多。锗光电晶体管的频率响应要比硅管小一个数量级。

图7-12(a)所示为两种光电池的频率响应曲线，可见硅光电池的频率响应较好。光电池作为检测、计算和接收元件时常用调制光输入。

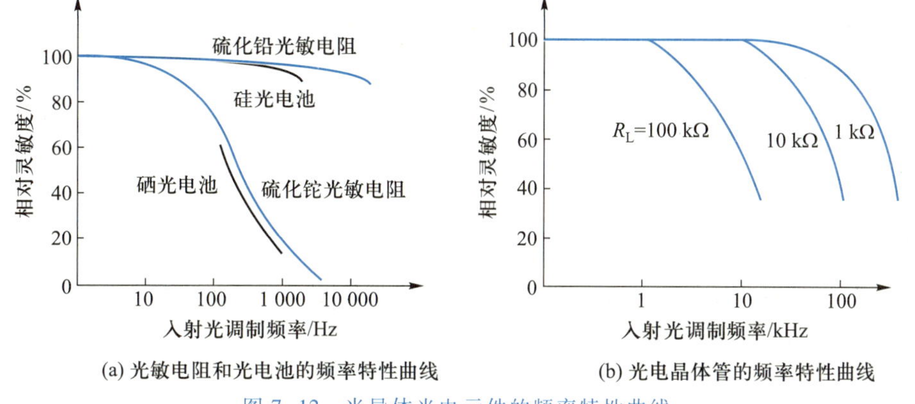

图7-12 半导体光电元件的频率特性曲线

五、温度特性

半导体材料易受温度的影响，它直接影响光电流的值。因此需要讨论这些光电元件的温度特性，以便选用合适的工作温度。

随着温度的升高，光敏电阻的暗电阻值和灵敏度都下降，而频谱特性向短波方向移动。这是它的一大缺点，所以有时用温控的方法来调节其灵敏度。

光敏电阻的温度特性用电阻温度系数 α 表示

$$\alpha=\frac{R_1-R_2}{(T_1-T_2)R_2}\times100\% \tag{7-4}$$

式中：R_1、R_2——温度为 T_1、T_2 时相对应的光敏电阻的阻值，且 $T_2>T_1$。电阻温度系数 α 值越小越好。

图7-13(a)所示为锗光电晶体管的温度特性曲线。由图可见，温度变化对输出电流的影响很小，而暗电流的变化却很大。由于暗电流在电路中是一种噪声电流，特别是在低照度下工作时，因为光电流小，信噪比就小。因此在使用时应采用温度补偿措施。

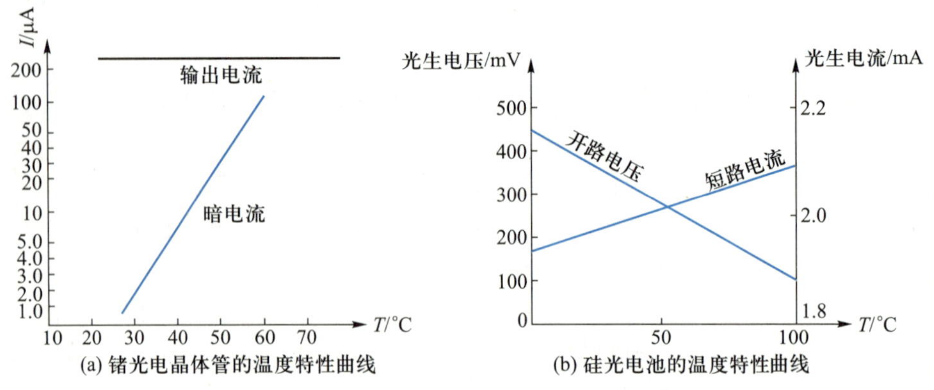

图 7-13 半导体光电元件的温度特性曲线

光电池的温度特性是指开路电压、短路电流与温度的关系。由于它影响光电池的温度漂移、测量精度等重要指标,因此显得尤其重要。图 7-13(b)所示为硅光电池在 1 000 lx 光照下的温度特性。可见,开路电压随温度升高很快下降,而短路电流却升高,它们都与温度呈线性关系。

由于温度对光电池的影响很大,因此用它作检测元件时也要有温度补偿措施。

7.3 光电式传感器的测量电路

要使光电式传感器能很好地工作,除了合理选用光电转换元件外,还必须配备合适的光源和测量线路。

7.3.1 光源

从上面介绍的各种光电元件的特性来看,它们的工作状况与光源的特性有着密切关系。

1. 发光二极管

发光二极管是一种把电能转换成光能的半导体器件。与白炽灯相比,它具有体积小、功耗低、寿命长、响应快、机械强度高以及能和集成电路相匹配等优点。因此广泛地应用于计算机、仪器仪表和自动控制设备中。

2. 钨丝灯泡

它是一种常用的光源,具有丰富的红外线。如果光电元件的光谱区段在红外区的话,使用时可加滤光片将钨丝灯泡的可见光滤去,而仅用它的红外线作光源,便可防止其他光线的干扰。

3. 电弧灯或石英灯

它们能产生紫外线,在测量液体中悬浮的化学药品含量时常用这种光源。紫外线的聚光镜头应采用石英或石英玻璃制造,因为普通玻璃具有吸收紫外线的能力。

4. 激光

激光与一般光源相比,是很有规律而频率单纯的光波,具有很多优点:能量高度集中，方向性好，频率单纯，相干性好，是很理想的光源。

7.3.2 测量电路

一、光电管的测量电路

提示：
光电管和光电倍增管通常用于测量极微弱的光信号。

光电管所通过的电流通常都很小，因此它的有效功率甚微，不能直接推动笔式记录仪或者继电器，通常要与某种放大器相连接。图 7-14 所示的是两个真空光电管的差接测量电路，V_1、V_2 为放大管。在直接变换工作状态时示值可在指示仪表 P 上读出。在平衡工作状态时，指示仪表处在零位。这种电路解决了光电管供电电压的变化及光电管的特性随时间变化等影响所带来的测量误差，但还存在着两光电管的暗电流及灵敏度随时间变化不一致带来的误差。

二、光电倍增管的测量电路

常用光电倍增管的测量电路如图 7-15 所示，各倍增极的电压由分压电阻链 R_1、R_2、…、R_n 获得，流经负载电阻的放大电流便构成所需的输出电压。如果光电倍增管用来连续监控很稳定的光源，则图中的电容 $C_n \sim C_{n-2}$ 可以省略。使用中往往把电源正极接地，使阳极可以直接接到放大器的输入端而不使用隔离电容 C_a，这样系统能响应变化很慢的光强。如果将稳定的光源加以调制，那么就可以用电容耦合。

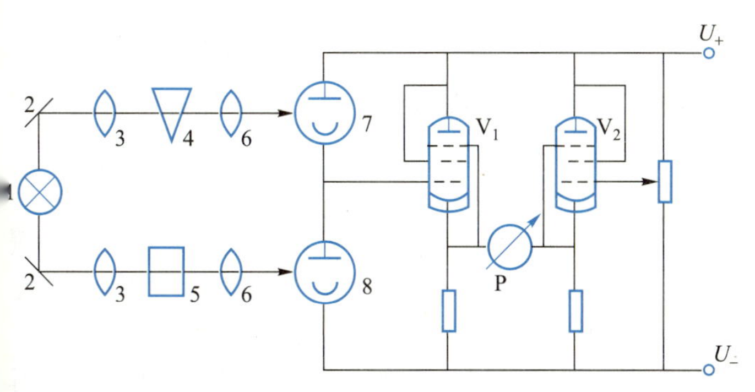

图 7-14 两个真空光电管的差接测量电路
1—光源；2—反射镜；3、6—透镜；4—光阑；5—被测物；7、8—真空光电管

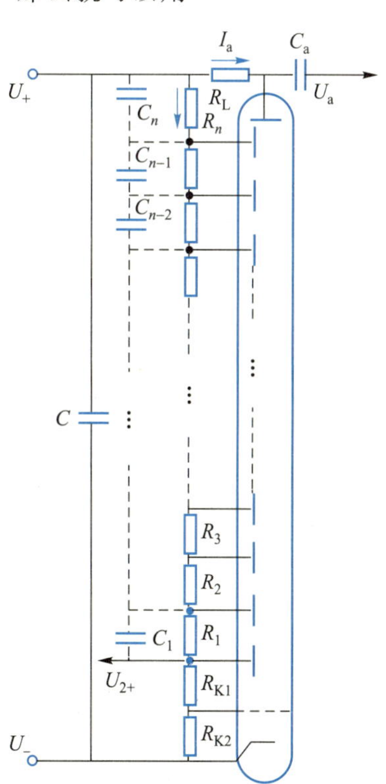

图 7-15 常用光电倍增管的测量电路

当辐射源为脉冲通量时要把电源负极接地，这样噪声将更低。这时应接入隔离电容 C_a，同时用电容 $C_n \sim C_{n-2}$ 来稳定最后几个倍增极在脉冲期间的电压，这些电容有助于稳定增益和防止饱和，它们通过电源去耦电容 C 将脉冲电压接地。

当选取阻值 R_1 时应使阴极和第 1 倍增极之间的电压不超过允许的最大值，这样能有效地收集阴极所发射的电子。有时也可用稳压二极管代替 R_1，从而使阴极与第 1 倍增极间保持最佳电压值。因为总电压的变化将使增益迅速改变，通常要求供电电压稳定度优于±0.1%。

三、光敏电阻的测量电路

图 7-16 所示为光敏电阻开关电路，晶体管 T_1、T_2 构成了施密特触发电路。当减少入射到光敏电阻上的光通量时，T_1 的基极电压上升，直到管子导电为止，然后 T_2 由于反馈而变为截止状态，因此其集电极电压上升，直至达到 12.7 V 左右为止。在 12 V 时，稳压二极管 D_{Z1} 导电，通过 D_{Z1} 的电流使得 T_3 导通，于是继电器被接通。稳压二极管 D_{Z2} 阻尼继电器线圈振荡，因而对 T_3 起保护作用。51 kΩ 的电位器可以对灵敏度进行调整。

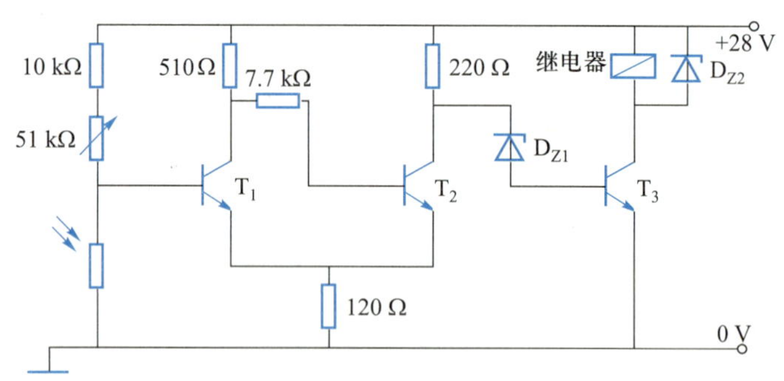

图 7-16　光敏电阻开关电路

四、光电晶体管的测量电路

图 7-17 所示为光电晶体管的开关电路。T_1 为光电晶体管，当有光照时，光电流增加，T_2 导通，作用到 T_3 和 T_4 组成的射极耦合放大器，使输出电压 U_{se} 为高电平，反之输出电压 U_{se} 为低电平，这样输出脉冲可送至计数器，以便进行一些开关量（如转速、时间间隔等）的测量。

图 7-18 为使用光电二极管进行温度补偿时的桥式电路。当光电信号为缓变信号时，由于它产生的电信号也是缓变的，这时极间直接耦合。如温度变化将产生零漂，必须进行补偿。图中，一个光电二极管为检测元件，另一个装在相邻桥臂上的暗盒中。当温度变化时两个光电二极管同时受相同温度影响，对桥路输出的影响可相互抵消。

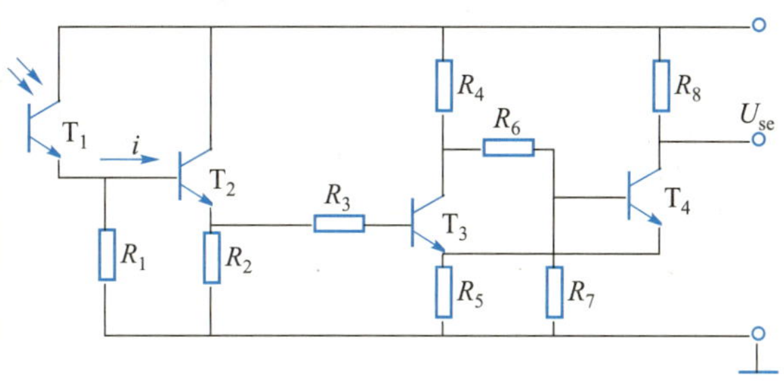

图 7-17　光电晶体管的开关电路

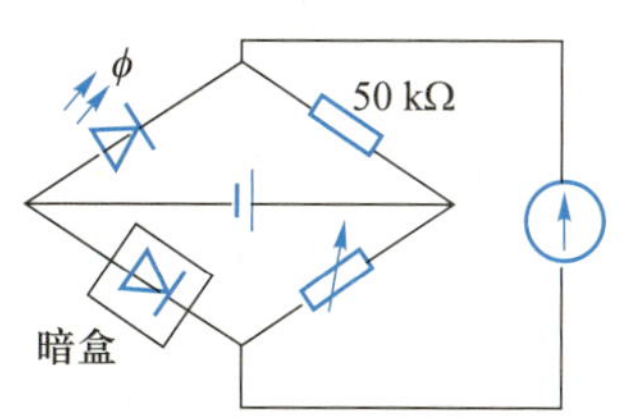

图 7-18　使用光电二极管进行温度补偿时的桥式电路

五、光电池的测量电路

图 7-19 所示为光电池的开关电路，由光电池控制施密特电路。该电路在输入信号变化十分缓慢的时候，也能确保迅速转换。由于光电池在强光照射下最大输出电压仅为0.6 V，不足以使 T_1 管有较大的电流输出，故将硅光电池接在 T_1 管基极上，用二极管 D 产生正向压降 0.3 V，这样当光电池受到光照时所产生的电压与 2AP 正向压降叠加，使 T_1 管的 e、b 极间的电压大于 0.7 V，T_2 管导通，继电器动作。为了减小晶体管基极电路的阻抗变化，同时为了尽量降低光电池在未受光照时所承受的反压，所以在电路中给光电池并联一个电阻。

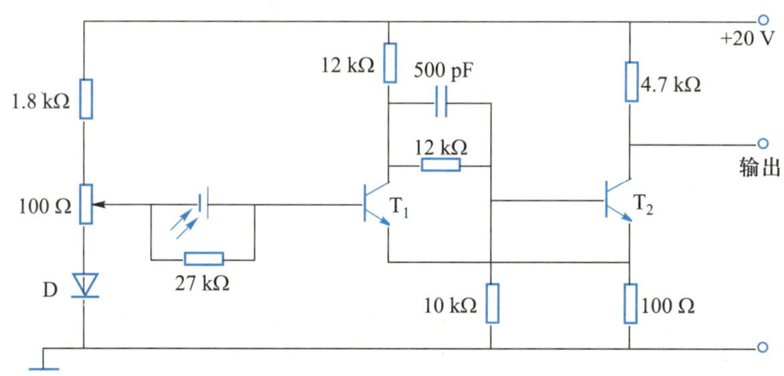

图 7-19　光电池的开关电路

7.4　光电传感器及其应用

光电传感器按其接收状态可分为模拟式光电传感器和脉冲式光电传感器两大类。

7-3 图片：光电传感器实物图

7.4.1　模拟式光电传感器

模拟式光电传感器的工作原理是基于光电元件的光电特性，其光通量随被测量而变化，光电流为被测量的函数，故称为光电传感器的函数运用状态。这种形式通常有如图 7-20 所示的几种测量方式。

一、吸收式

被测物放在光学通路中，光源的部分光通量由被测物吸收，剩余的投射到光电元件上，被吸收的光通量与被测物的透明度有关，如图 7-20（a）所示，所以常用来作混浊度计等。

7-1 视频：光电式传感器的应用

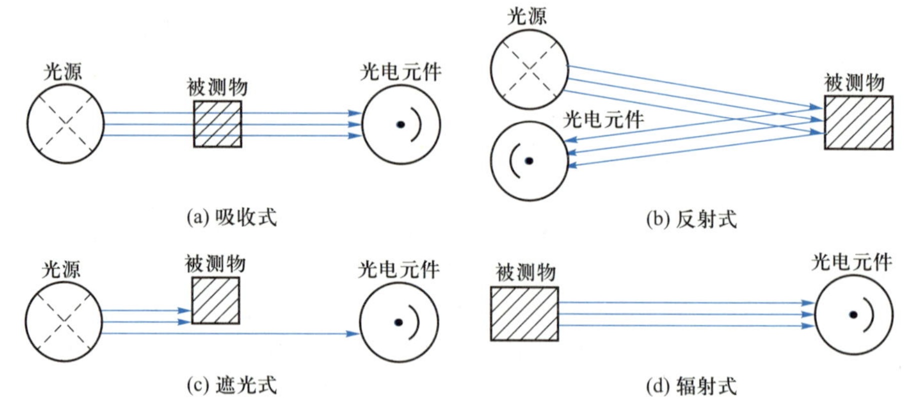

图 7-20　光电元件的测量方式

二、反射式

光源发出的光投射到被测物上，被测物把部分光通量反射到光电元件上，如图7-20（b）所示。反射光通量取决于反射表面的性质、状态和与光源之间的距离。利用这个原理可制成表面粗糙度测试仪等。

三、遮光式

光源发出的光通量经被测物遮去一部分，使作用在光电元件上的光通量减弱。减弱的程度与被测物在光学通路中的位置有关，如图 7-20（c）所示。利用这个原理可以制成测量位移的位移计，也可制成光电测微计。图 7-21 为光电测微计装置的示意图，它主要用于零件尺寸的检测，工作原理是：从光源发出的光束，经过一个间隙到达光电元件上。间隙的大小是由被检测尺寸大小所决定的。当被检测尺寸改变时，间隙发生变化，从而使到达光电元件的光通量

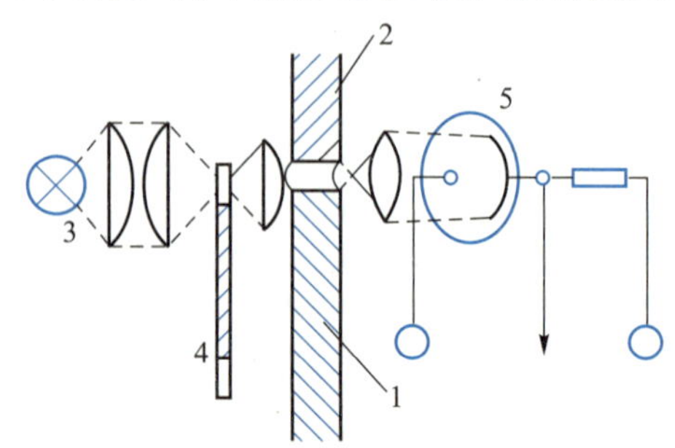

图 7-21　光电测微计装置的示意图

1—被测零件；2—样板环；3—光源；4—调制盘；5—光电管

随着改变，因而输出的光电信号的大小就反映了被检测尺寸的变化。为使零件尺寸与光电输出之间有良好的线性关系，光电元件的光电特性应有良好的线性。齿形盘是以恒定转速转动的，齿形盘的旋转可对入射光速进行调制，以简化光电输出的放大电路。

四、辐射式

图 7-20(d)中被测物体就是光辐射源，它可以直接照射在光电元件上，也可以经过一定光路后作用到光电元件上。图 7-22 就是利用这种原理制成的 WDS 型光电比色高温计原理图。

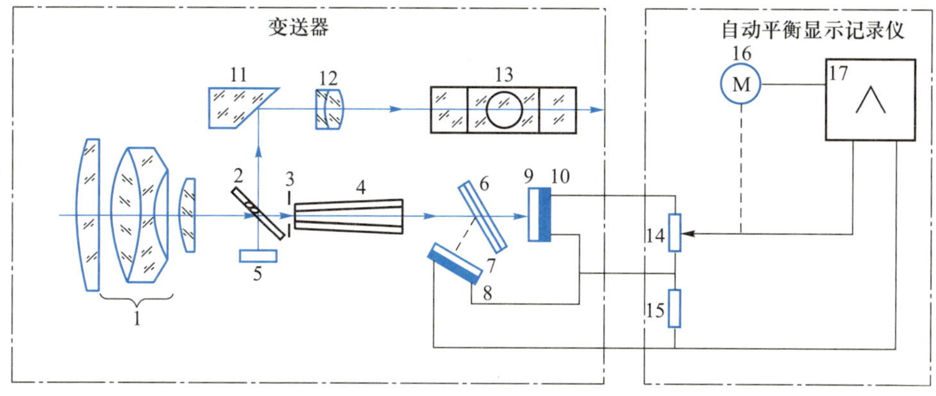

图 7-22 WDS 型光电比色高温计原理图

注：图 7-22 中
1—物镜；
2—平行平面玻璃；
3—光阑；
4—光导棒；
5—瞄准反射镜；
6—分光镜；
7、9—滤光片；
8—硒光电池；
10—硅光电池；
11—圆柱反射镜；
12—目镜；
13—棱镜；
14、15—负载电阻；
16—可逆电动机；
17—电位差计

WDS 型光电比色高温计是非接触式高温测量仪表。目前它可测量的温度范围为(800~2 000) ℃，其精度可达 0.5%。它是以辐射体在两个不同波长的辐射能量之比来测量温度的。因为辐射体的温度不同，则光波长和颜色就不同，光电比色高温计用滤光片和光电元件的频谱特性来保证辐射线的不同波长。它的独特优点是：反应速度快，测量范围宽，测量温度较接近真实温度，测量环境如粉尘、水汽、烟雾等对其测量结果影响较小。

原理结构图如图 7-22 所示，被测对象经物镜成像于光阑，通过光导混合均匀后，投射在分光镜上，分光镜使长波(红外)部分透射，而使短波(可见光)部分反射，透过分光镜的辐射线再经滤光片将其短波部分滤掉，被红外接收元件——硅光电池接收，转换成电信号输出；反射出来的短波部分经滤光片将长波部分滤掉，被可见光接收元件——硒光电池接收，同样转换成电信号输出，同时记录下两个光电信号，进行比较，得出两个光电信号辐射能量比，从而求出相应的辐射温度。在该传感器的光阑前置一个平行平面玻璃，将一部分光线反射到瞄准反射镜上，再至圆柱反射镜、目镜和棱镜，以便清晰地观察到被瞄准的测量对象。

7-4 图片：光电开关实物图

7.4.2 脉冲式光电传感器

脉冲式光电传感器的作用方式是光电元件的输出仅有两种稳定状态，即“通”与“断”的开关状态，所以也称为光电元件的开关运用状态。

一、光电式转速计

光电式转速计的结构示意图如图 7-23 所示。被测转轴上涂有黑白相间的标志，光源 1 发射的光经过透镜 2、半透明膜 3 和透镜 4 照射到被测的旋转物体 5 上。被测转轴旋转时，明(白条)暗(黑条)变化一次，反射的光信息通过透镜 4、半透明膜 3 和透镜 6 入射到光电元件 7 上。光电元件 7 由导通变为不导通，因而对应输出一个光电脉冲。通过光电脉冲送至频率计计数，即可得到其转速。

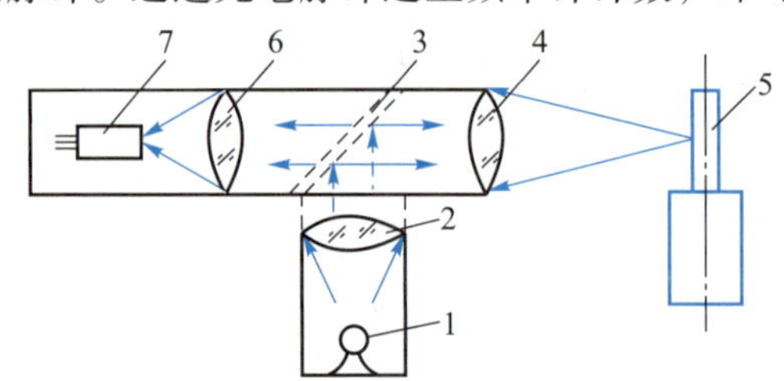

图 7-23 光电式转速计的结构示意图

1—光源；2、4、6—透镜；3—半透明膜；5—旋转物体；7—光电元件

二、天幕靶

天幕靶主要用于对飞行器(如弹丸)飞行速度的测定。天幕靶是利用天空自然光，通过光学镜头和光学狭缝来给出一个限定的光幕，天幕以外的天空自然光无法入射到光电元件上，其结构示意图如图 7-24（a）所示。天幕靶由两个靶组成，因而在弹道上两点 P_1、P_2 处形成两个楔形天幕，如图 7-24（b）所示。

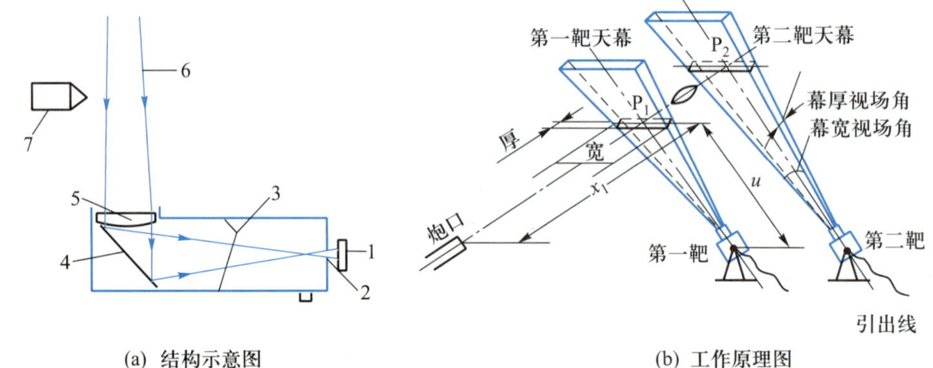

图 7-24 天幕靶的结构示意图和工作原理图

1—光电二极管；2—光学狭缝；3—不反射的表面；4—前表面反射镜；5—柱面透镜；6—光屏界限；7—弹丸

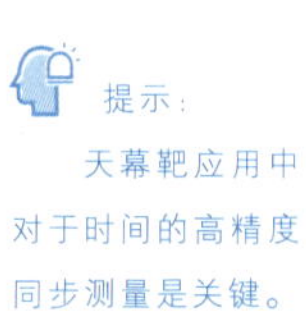

提示：

天幕靶应用中对于时间的高精度同步测量是关键。

光学镜头把天幕入射光聚集后，投射到光电元件上。平时天空背景亮度变化不大，光电管上接收的光通量变化也不大，光电管无突变信号输出。当弹丸通过天幕时，天幕入射光通量产生突变，经过光学镜头聚焦在光电管上的光照也发生突变，使光电管有一脉冲信号输出，经过放大整形，引出线给计时器一个起停信号，即可测出弹丸通过 P_1、P_2 间所需的时间 Δt。由于 P_1、P_2 间距

离是给定的，因而可算出这段距离内弹丸的平均速度。天幕靶特别适用于高角测速，但不能在夜间使用，若加防护可在雨天和雪天使用。

7.5 光纤传感器

7-5 图片 a：光纤位移传感器实物图

光纤传感器的发展已经日趋成熟，这一新技术的影响目前已十分明显。光纤传感器与常规传感器相比具有许多优点：抗电磁干扰能力强；灵敏度较高；几何形状具有多方面的适应性，可以制成任意形状的光纤传感器；可以制成传感各种不同物理信息(声、磁、温度、旋转等)的器件；光纤传感器可以用于高压、电气噪声、高温、腐蚀或其他恶劣环境；而且具有与光纤遥测技术的内在相容性。

光纤传感器的迅猛发展始于 1977 年，至今已研制出多种光纤传感器，被测量包括位移、速度、加速度、液位、压力、流量、振动、水声、温度、电流、电压、磁场和核辐射等。

7.5.1 光导纤维

一、光导纤维的结构和传输原理

光导纤维(简称光纤)是用比头发丝还细的石英玻璃丝制成的，每一根光导纤维由一个圆柱形纤芯和包层组成，而且纤芯的折射率 n_1 略大于包层的折射率 n_2，它们的相对折射率差用 Δ 表示

$$\Delta = 1 - n_2/n_1 \tag{7-5}$$

通常，Δ 为 0.005～0.14。光纤的结构及传输原理如图7-25 所示。

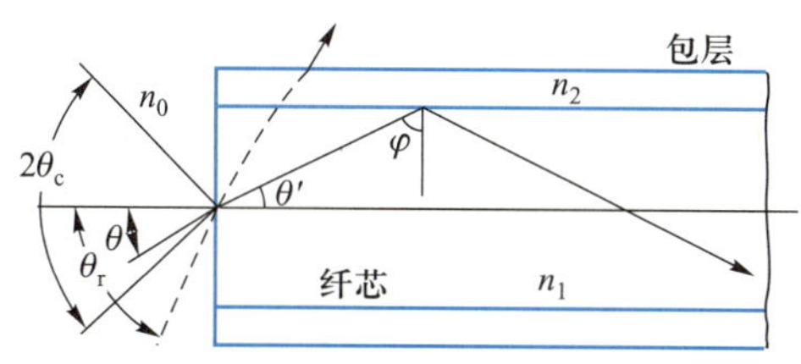

图 7-25　光纤的结构及传输原理

7-5 图片 b：光纤温度传感器实物图

众所周知，真空中光是沿直线传播的。光纤工作的基础是光的全内反射。如图 7-25 所示的圆柱形光纤，它的两个端面均为光滑的平面。当光线射入一个端面并与圆柱的轴线成角 θ 时，根据斯奈尔定律，在光纤内折射成角 θ'，然后以 φ 角入射至纤芯与包层的界面。当 φ 大于纤芯与包层间的临界角 φ_c 时

$$\varphi \geqslant \varphi_c = \arcsin n_2/n_1 \tag{7-6}$$

则射入的光线在光纤的界面上产生全内反射，并在光纤内部以同样的角度反复逐次反射，直至传播到另一端面。

根据斯奈尔定律，在端面入射的光满足全反射条件时入射角 θ_c 为

$$\begin{aligned} n_0 \cdot \sin\theta_c = n_1 \sin\theta' &= n_1 \sin\left(\frac{\pi}{2} - \varphi_c\right) \\ &= n_1 \cos\varphi_c = n_1 (1 - \sin^2\varphi_c)^{1/2} \end{aligned} \tag{7-7}$$

由式(7-6)可得

$$n_0 \cdot \sin\theta_c = (n_1^2 - n_2^2)^{1/2} \tag{7-8}$$

式中：n_0 为光纤所处环境的折射率，一般为空气，则 $n_0=1$，所以

$$\sin\theta_c = (n_1^2 - n_2^2)^{1/2} \tag{7-9}$$

式中：$\sin\theta_c$ 定义为光导纤维的数值孔径，用 NA 表示，则

$$NA = \sin\theta_c = (n_1^2 - n_2^2)^{1/2} \tag{7-10}$$

数值孔径反映纤芯接收的光量，是标志光纤接收性能的一个重要参数。其意义是无论光源发射功率有多大，只有 $2\theta_c$ 角之内的光功率能被光纤接收并传播。一般希望有较大的数值孔径，这有利于耦合效率的提高。在满足全反射条件时，界面的损耗很少，反射率可达 0.999 5。但若数值孔径太大，光信号畸变严重，所以要适当选择。

二、光导纤维的种类

1\. 按折射变化情况划分

（1）阶跃型。阶跃型光导纤维的纤芯与包层间的折射率是突变的，如图 7-26(a)、(b)所示。

（2）渐变型。这类光纤在横截面中心处折射率最大，其值 n_1 由中心向外逐渐变小，到纤芯边界时变为包层折射率 n_2。通常折射率变化呈抛物线形式，即在中心轴附近有更陡的折射率梯度，而在接近边缘处折射减少得非常缓慢，以保证传递的光束集中在光纤轴线附近。因为这类光纤有聚焦作用，所以也称自聚焦光纤，如图 7-26(c)所示。

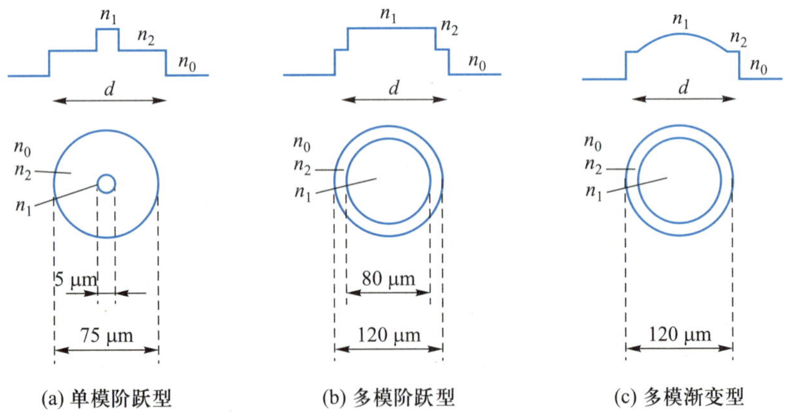

图 7-26 光导纤维的种类

2\. 按传输模式多少划分

（1）单模光导纤维通常是指阶跃型光纤中纤芯尺寸很小(通常仅几 μm)，光纤传输的模式很少，理论上只能传送一种模式的光纤。这类光纤传输性能好，频带很宽，制成的单模传感器较多模传感器有更好的线性、灵敏度和动态测量范围。但单模光纤由于芯径太小，制造、连接和耦合都很困难。

（2）多模光导纤维通常是指阶跃型光纤中纤芯尺寸较大（大部分为几十 μm）、传输模式较多的光纤。这类光纤性能较差，带宽较窄，但由于纤芯的截面积大，容易制造，连接耦合也比较方便。

提示：多模光导纤维还包括多模渐变型。

7.5.2 光纤传感器的工作原理

光纤传感器按其工作原理来划分有功能型（或称物性型、传感型）与非功能型（或称结构型、传光型）两大类。功能型光纤传感器的光纤不仅作为光传播的波导而且具有测量的功能。它可以利用外界物理因素改变光纤中光的强度、相位、偏振态或波长，从而对外界因素进行测量和数据传输。非功能型光纤传感器的光纤只是作为传光媒介，还需加上其他敏感元件才能组成传感器。

一、功能型光纤传感器

功能型光纤传感器可分为振幅调制型、相位调制型和偏振态调制型。利用光纤在外部物理量作用下光强的变化来进行探测的传感器称为振幅调制型传感器。利用多模光纤构成振幅调制型传感器的具体方法有：改变光纤对光波的吸收特性；改变光纤中的折射率分布，从而改变传输功率；改变光纤中的微弯曲状态等。利用外界因素对于光纤中光波相位的影响来探测各种物理量的传感器，称为相位调制型传感器。外界因素使光纤中横向偏振态发生变化，对其检测的传感器，称为偏振态调制型传感器。

1. 振幅调制型传感器

它是利用被测物理量直接或间接对光纤中传输的光进行强度调制。微弯光纤传感器可构成声传感器或应变传感器。在这类传感器中，传感元件由可使光纤发生微弯曲变形器件组成，如一对锯齿板，如图 7-27 所示，相邻齿之间的距离 l 决定着变形器的空间频率。当锯齿板受到压力 F 作用时，产生位移，使得夹在其中的光纤微弯曲，从而引起光强调制。因为这时在纤芯中传输的光有部分耦合到包层中，如图 7-27（b）所示，原来光束以大于临界角的角度在纤芯中传输为全内反射；但在微弯处，光束以小于临界角的角度入射到界面，由于不满足式(7-6)的条件，部分光折射入包层。因此通过检测纤芯模或包层模的光功率，就能测得力、位移或声压等物理量。

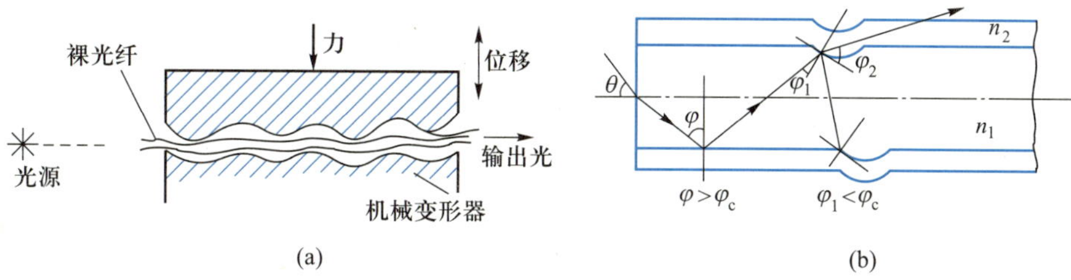

图 7-27　微弯光纤传感器

锯齿板位移小时，光强与位移的关系是线性的，否则是非线性的。这类传感器由于其光路是完全密封的，因此不受环境因素的影响，且成本低，精度高，可实现每 μm 位移的光功率变化 5%，检测位移分辨率为 0.01 μm。

2. 光相位调制型

利用被测量引起光纤中光相位变化的原理组成的传感器，具有灵敏、灵活、多样的特点。光纤测温传感器就是利用光纤内传输光的相位随温度参数变化的原理制成的。光信号相位随温度的变化是由于光纤材料的尺寸和折射率随温度改变而引起的。相位的变化 $\Delta\phi$ 与温度变化 ΔT 的关系为

$$\Delta\phi=\frac{2\pi l}{\lambda_0}\left[\left(n-\frac{\mu r\lambda_0}{2\pi}\cdot\frac{\partial\beta}{\partial r}\right)\cdot\alpha+\frac{\partial n}{\partial T}\right]\cdot\Delta T \tag{7-11}$$

式中：α——线膨胀系数；

l——光纤长度；

r——纤芯半径；

μ——纤芯泊松系数；

$\partial n/\partial T$——折射率温度系数；

n——纤芯平均折射率；

λ_0——自由空间光波长；

$\partial\beta/\partial r$——传播常数与纤芯半径的变化率。

由此可见，只要利用适当的仪器检出光纤中光信号相位的变化就可以测定温度。由于应变或压力也会改变光纤的传输特性，使光信号相位变化，同理也可以检测应变和压力。

对于单模光纤，检测相位变化的基本系统是马赫·琴特干涉仪。在仪器中，来自信号光纤的光与一稳定的参考光束混合，由于信号光纤受被测参数的影响，其传输的光信号相位发生变化，因而两光束产生干涉。可用适当的相位检测器检测小的变化，用条纹计数器可以检测大的变化，其原理图如图 7-28 所示。光纤测温计是一种极灵敏的仪器，当参考光路平稳时，则可测出 1% 摄氏温度的变化。

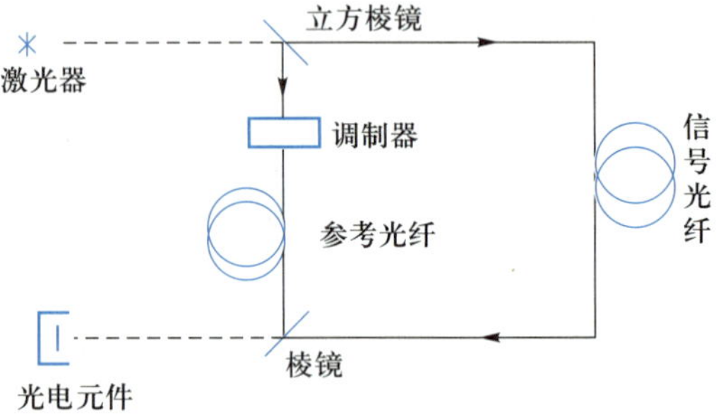

图 7-28　马赫·琴特干涉仪的原理图

二、非功能型光纤传感器

非功能型光纤传感器的结构比较简单，并能充分利用光电元件和光纤本身的特点，因此很受重视。

1. 光纤位移传感器

光纤位移传感器是利用光纤传输光信号的功能，根据探测到的反射光的强度来测量被测量与反射表面的距离，其原理图如图 7-29 所示。它的工作原理是：当光纤探头端部紧贴被测件时，发射光纤中的光不能反射到接收光纤，因而光电元件不能产生电信号；当被测表面逐渐远离光纤探头时，发射光纤照亮被测表面的面积 A 越来越大，相应的发射光锥和接收光锥的重合面积 B_1 越来越大，因而接收光纤端面上被照亮的 B_2 区也越来越大，呈现为一个线性增长的输出信号；当整个接收光纤端面被全部照亮时，输出信号就达到位移-输出信号曲线上的“光峰点”；当被测表面继续远离时，由于被反射光照亮的面积 B_2 大于 C，即有部分反射光没有反射进接收光纤，但由于接收光纤更加远离被测表面，接收到的光强逐渐减小，光电元件的输出信号逐渐减弱，如图 7-29(c)所示。图中，曲线Ⅰ段范围窄，但灵敏度高，线性好，适于测微小位移和表面粗糙度等；曲线Ⅱ段，信号的相对光强与探头和被测表面之间距离的平方成反比。

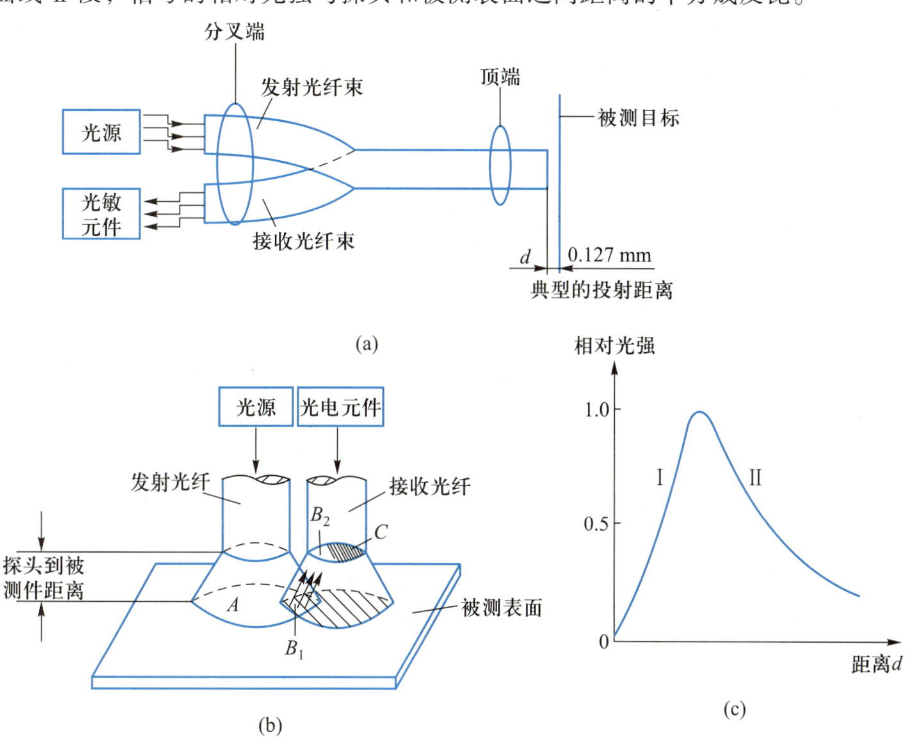

图 7-29　光纤位移传感器的原理图

标准的光纤位移传感器中，由 600 根光纤组成一个直径为 0.762 mm 的光缆。发射和接收光纤的组合方式有混合式、半球形对半分式、共轴内发射分布式和共轴外发射分布式四种。混合式的灵敏度最高，而半球对半分式的Ⅰ区段范围最大。

2. 光纤测温传感器

光纤测温技术除用上述介绍的相位调制法外，还有很多方法。其中一种是利用被测表面辐射能量随温度变化的特点，利用光纤将辐射能量传输到热敏元件上，经过转换，再变成可供记录和显示的电信号。如目前液体炸药爆炸温度的测量，采用比色测温法，就是用光导纤维来传输爆炸辐射能量的。该方法的独特之处是可以远距离测量。

3. 光频率调制型光纤传感器

光频率调制是基于被测物体的入射光频率与其反射光的多普勒效应，所以主要用来测量运动物体的速度。如果频率为 f_i 的光照射在相对速度为 v 的运动物体上，则从该运动体反射的光频率 f_s 发生变化

$$f_s=\frac{f_i}{1-(v/c)}\approx f_i(1+v/c) \tag{7-12}$$

根据这一原理，可以制成光纤激光-多普勒测振仪，测量的灵敏度非常高。同时，还应用于测血液流量，制成光纤多普勒血液流量计。

7.6 电荷耦合器件（CCD）

电荷耦合器件(CCD)是典型的固体图像传感器，它是 1970 年贝尔实验室的 W . S. Boyle 和 G. E. Smith 发明的，它与光电二极管阵列集成为一体，构成具有自扫描功能的 CCD 图像传感器。它不仅作为高质量固体化的摄像器件成功地应用于广播电视、可视电话和无线传真中，而且在生产过程自动检测和控制等领域已显示出广阔的前景和巨大的潜力。

7.6.1 CCD 的工作原理

CCD 是一种半导体器件，在 N 型或 P 型硅衬底上生长一层很薄的 SiO_2，再在 SiO_2 薄层上依次序沉积金属电极，这种规则排列的 MOS 电容阵列再加上两端的输入和输出二极管就构成了 CCD 芯片。CCD 可以把光信号转换成电脉冲信号。每一个脉冲只反映一个光敏元的受光情况，脉冲幅度的高低反映该光敏元受光的强弱，输出脉冲的顺序可以反映光敏元的位置，这就起到图像传感器的作用。

7-6 图片：CCD 传感器实物图

CCD 有线阵和面阵两种，目前最大的线阵有 2 048 位，相邻两位的中心距在 13~16 μm 范围内。图 7-30 所示为线阵 64 位 CCD 的结构示意图。简单的线阵 64 位 CCD 的基本工作原理：每个光敏元对应有三个相邻的转移电极 1、2、3，所有电极彼此间离得足够近，以使硅表面的耗尽区和电荷的势阱交叠，所有的 1 电极相连并加以时钟脉冲 ϕ_{A1}，所有的 2、3 也是如此，并加时钟脉冲 ϕ_{A2}、ϕ_{A3}，这三个时钟脉冲在时序上相互交叠。

当光透过顶面或背面照到光敏元上时，光敏元中便会因光子的轰击而产生电子-空穴对，即光生电荷。入射光强则光生电荷多，弱则光生电荷少，无光照时的光敏元则无光生电荷。这样就在转移栅实行转移前，在产生电荷的光敏元中积累着一定量的电荷。

当转移栅转移时，在 t_1 时刻由于 ϕ_{A1}是低电平，低电平使电极 1 下面的 N 型硅衬底中的多数载流子(电子)受到排斥而离开 Si-SiO_2 界面留下一个耗尽

区，即产生一个势阱。而电极 2、3 却因为加的是高电平，从而垒越阱壁，这样光生电荷(少数载流子——空穴)在电极低电平的吸引作用下聚集在 $Si-SiO_2$ 界面外，即落在势阱里不能运动。例如第 62 位、64 位光敏元受光，而第 1、2、63 位等单元未受光照，则此刻形成图 7-31 所示的情况。

注意：

半导体材料加电压后，要么形成势阱(负电压)，要么形成势垒(正电压)。“垒越阱壁”的意思是势垒凸出，势阱凹下去。

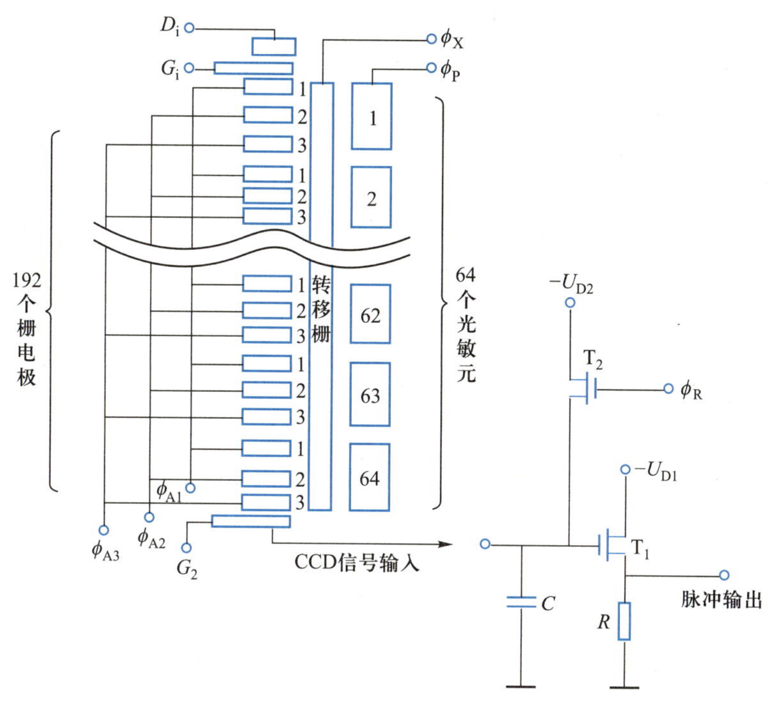

图 7-30 线阵 64 位 CCD 的结构示意图

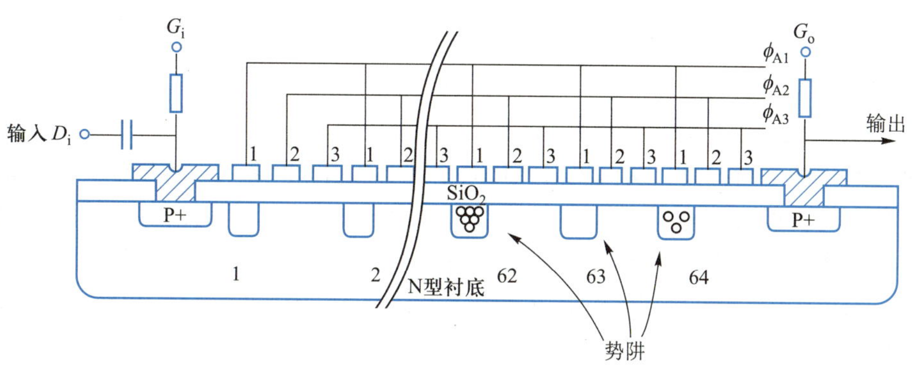

图 7-31 信息电荷的转移原理图

在 t_2 时刻，当 ϕ_{A1} 低电平未撤除前，ϕ_{A2} 也变为低电平，而 ϕ_{A3} 仍是高电平，这样一来电极 2 下面也形成势阱，且与电极 1 下面势阱交叠，因此储存在电极 1 下面势阱中的电荷包扩散和漂移到 1、2 电极下较宽势阱区，而由于电极 3 上的高电平无变化，所以仍高筑阱壁，势阱里的电荷不能往电极 3 下扩散和漂移。

在 t_3 时刻，ϕ_{A1} 变为高电平，ϕ_{A2} 为低电平，这样电极 1 下面的势阱被撤除而成为阱壁，这就迫使电极 1 下面势阱内的光生电荷转移到电极 2 下，完成了一次转移。再继续下去电荷转移到电极 3 下的势阱内，如果再继续下去，则最靠近输出端的第 64 位光敏元所产生电荷便从输出端输出，而第 62 位光敏元所产生电荷到达第 63 位电极 1 下的势阱区，就这样依次不断地向外输出。根据输出先后可以辨别出电荷是从哪位光敏元来的，而且根据输出电荷量的多少，可知该光敏元的受光强弱。如图 7-31 所示，首先出来“三个”电荷说明第 64 位光敏元受光照，但较弱。接着无电荷输出，说明第 63 位光敏元无光照；再接着有“六个”电荷输出，说明第 62 位光敏元受光较强。输出电荷经由放大器放大后变成一个个脉冲信号，电荷多，脉冲幅度大；电荷少，脉冲幅度则小，这样便完成了光电模拟转换。这种转移结构称为三相驱动结构（串行输出），当然还有两相、四相等其他驱动结构。

在 t_2 时刻，当 ϕ_{A2} 由高电平转为低电平之后，ϕ_{A1} 的低电平没有立即撤除而延迟了一段时间，这是因为在全部电荷均已转移之前过快地撤除 ϕ_{A1} 的低电平，就会在不希望的方向沿表面势剖面的“顶部”流过一些电荷，而降低转移效率。因此对三相驱动波形有严格的相位要求，如图 7-32 中的三相驱动波形。

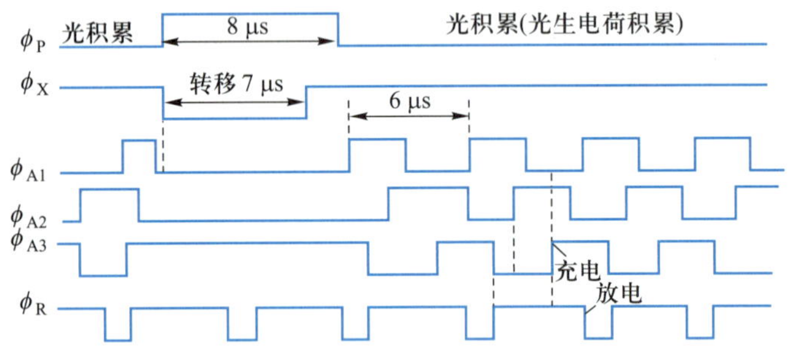

图 7-32　各驱动波形之间的关系

CCD 也可以在输入端以电形式输入被转移的电荷，或用以补偿器件在转移过程中的电荷损失，从而提高转移效率。电荷输入的多少，可用改变二极管偏置电压，即改变 G_i 来控制。CCD 输出经由输出二极管，输出二极管加反向偏压的大小由输出栅控制电压 G_o 来控制。

ϕ_P、ϕ_X 脉冲可以用来控制电荷的转移，当 ϕ_P 为低电平，ϕ_X 为高电平时，不转移，这样使光敏元能积累足够多的光生电荷，光积累结束的同时实行转移（此时 ϕ_X 为低电平），而此时 ϕ_{A1} 是低电平，已经准备好了势阱，这样光敏元中积累的电荷便落到邻近的势阱中去，之后的转移过程如前所述。

对图 7-30 中控制放大器复位管的驱动信号 ϕ_R 有何要求呢？由于电荷的输出发生在 ϕ_{A3} 由低电平变为高电平时，这时 ϕ_R 也是高电平，见图 7-32，此时 T_2 管截止。CCD 输出电荷对电容充电，当电位高于 T_1 门槛电平时，就有放大了的输出信号，但随后 ϕ_R 变为低电平，T_2 导通，电容 C 通过 T_2 放电，T_1 截止，这样就形成了输出脉冲信号。

7.6.2 CCD 的应用举例

CCD 图像传感器发展很快，应用日益广泛，下面为两个检测方面的应用例子。

提示：

CCD 图像传感器在使用前应进行标定。测量得到的清晰图像还需要进行图像处理，以提取其中的距离、位移、速度等物理量。

一、尺寸自动检测

通常，快速自动检测工件尺寸系统有一个测量台，在其上装有光学系统、图像传感器和微处理器等。如图 7-33 所示，被测工件成像在 CCD 图像传感器的光敏阵列上，产生工件轮廓的光学边缘。时钟和扫描脉冲电路对每个光敏元顺次询问，视频输出信号馈送到脉冲计数器，并把时钟选送入脉冲计数器，起动阵列扫描的扫描脉冲也用来把计数器复位到零。复位之后，计数器计算和显示由视频脉冲选通的总时钟脉冲数。显示数 N 就是工件成像覆盖的光敏元数目，根据该数目来计算工件尺寸。

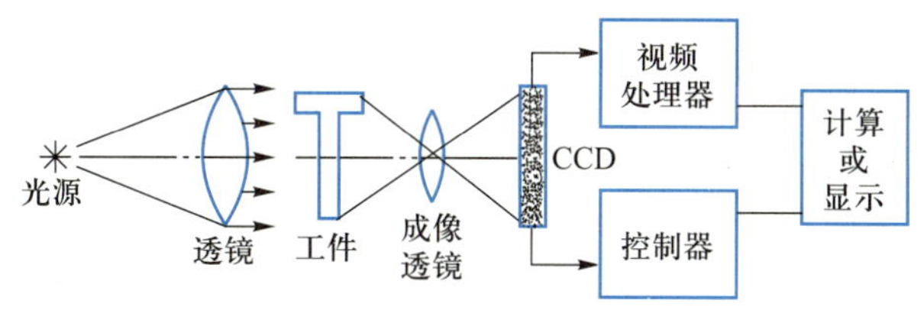

图 7-33　工件尺寸测量系统

例如，在光学系统放大率为 1 : M 的装置中，便有

$$L=(Nd\pm 2d)M \tag{7-13}$$

式中：L——工件尺寸；

N——覆盖的光敏单元数；

d——相邻两个光敏元的中心距离。

所以，式中$\pm 2d$ 为图像末端两个光敏单元之间可能的最大误差。

应当指出，由于被测工件往往是不平的，故必须自动调焦，这由计算机来控制。它通过分析图像输出的信号，使之有最大的边缘对比度。另外在测量系统中照明是重要的因素，要求有恒定的亮度。如用白炽灯作光源时，可用直流稳压电源供电加上光敏元件的电流反馈回路来达到恒定的光照度。

二、缺陷检测

光照物体会使不透明物体的表面缺陷或透明物体的体内缺陷(杂质)与其材料背景相比有足够的反差，只要缺陷面积大于两个光敏元，CCD 图像传感器就能够发现它们。这种检测方法适用于多种情况，例如检查磁带，磁带上的小孔就能被发现；也可检查透射光，检查玻璃中的针孔、气泡和夹杂物等。

图 7-34 所示为钞票检查系统的原理图。使两列被检钞票分别通过两个图像传感器的视场，并使其成像，从而输出两列视频信号。把这两列视频信号送到比较器进行处理，如果其中一张有缺陷，则两列视频信号将有显著不同的特征，

经过比较器就会发现这一特征而证实缺陷的存在。

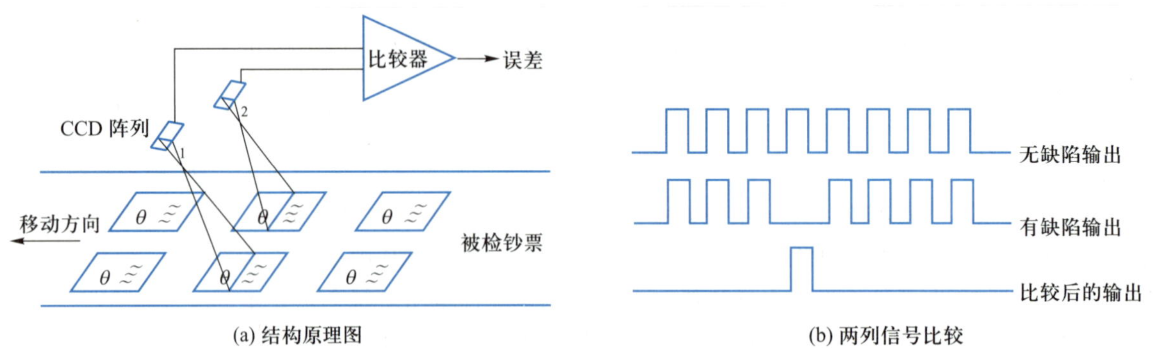

图 7-34 钞票检查系统的原理图

7.7 光栅式传感器

光栅很早就被人们发现了，但应用于技术领域只有一百多年的历史。早期人们是利用光栅的衍射效应进行光谱分析和光波波长的测量，到了 20 世纪 50 年代人们才开始利用光栅的莫尔条纹现象进行精密测量，从而出现了光栅式传感器。光栅式传感器具有许多优点，如测量精度高。在圆分度和角位移测量方面，一般认为光栅式传感器是精度最高的一种，可实现大量程测量兼有高分辨率；可实现动态测量，易于实现测量及数据处理的自动化；具有较强的抗干扰能力等。因此，近些年来，光栅式传感器在精密测量领域中的应用得到了迅速发展。

7-7 图片：光栅式传感器实物图

7.7.1 基本工作原理

在玻璃尺或玻璃盘上类似于刻线标尺或度盘，进行长刻线（一般为 10～12 mm）的密集刻划，得到如图 7-35(a)或(b)所示的黑白相同、间隔细小的条纹，没有刻划的白处透光，刻划的黑处不透光，这就是光栅。

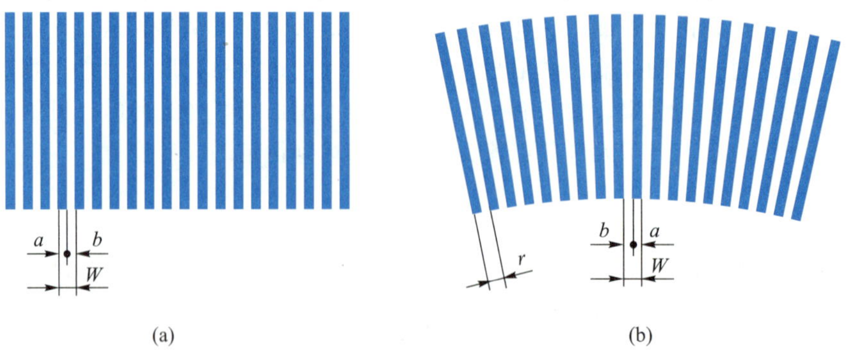

图 7-35 光栅栅线放大图

光栅上的刻线称为栅线，栅线的宽度为 a，缝隙宽度为 b，一般都取 $a=b$，而 $W=a+b$，W 称为光栅的栅距（也称光栅常数或光栅的节距），它是光栅的重要参数。

光栅式传感器是由光源、透镜、主光栅、指示光栅和光电元件构成的，而光栅是光栅式传感器的主要元件，如图 7-36 所示。光栅式传感器的基本工作原理是用光栅的莫尔条纹现象进行测量的。取两块光栅栅距相同的光栅，其中光栅 3 为主光栅、光栅 4 为指示光栅，指示光栅比主光栅要短，这两者刻面相对，中间留有很小的间隙 d，便组成了光栅副。将其置于由光源 1 和透镜 2 形成的平行光束的光路中，若两光栅栅线之间有很小的夹角 θ，则在近似垂直于栅线方向上就显现出比栅距 W 宽得多的明暗相间的条纹 6，这就是莫尔条纹，其信号光强分布如图中曲线 7 所示。中间为亮带，上下为两条暗带。当主光栅沿垂直于栅线的 x 方向每移动过一个栅距 W 时，莫尔条纹近似沿栅线方向移过一个条纹间距。用光电元件 5 接收莫尔条纹信号，经电路处理后计数器计数可得主光栅移动的距离。

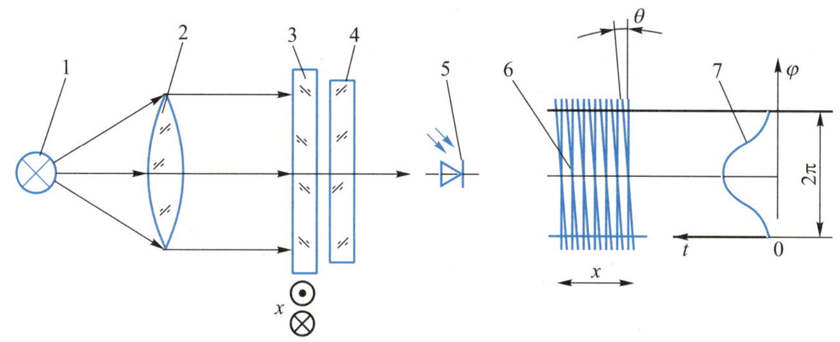

图 7-36　光栅传感器的构成原理图

1—光源；2—透镜；3—主光栅；4—指示光栅；5—光电元件；6—条纹；7—曲线

对于波长为 λ 的光源来说，光栅副间的间隙可取为 $d=W^2/\lambda$；光源一般采用钨丝灯泡；光电接收元件一般采用光电池或光电晶体管。

光栅的种类很多，若按工作原理分，有物理光栅和计量光栅两种，前者用于光谱仪器，作色散元件，后者主要用于精密测量和精密机械的自动控制中。而计量光栅按其用途可分为长光栅和圆光栅两类。计量光栅的分类如图 7-37 所示。

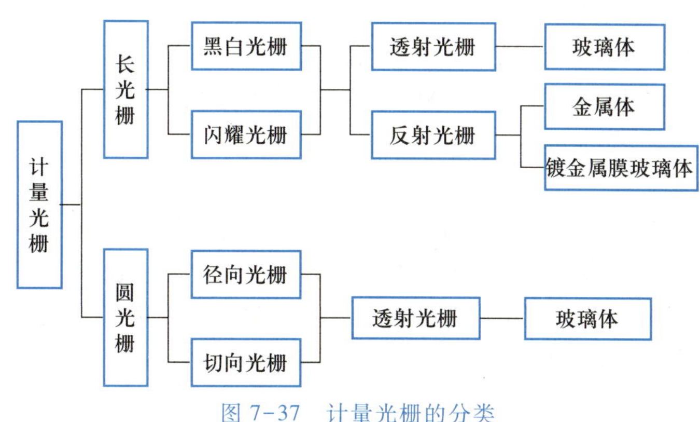

图 7-37　计量光栅的分类

1. 长光栅

长光栅主要用于测量长度，条纹密度有每毫米 25 条、50 条、100 条、250 条等。根据栅线形式的不同，长光栅分为黑白光栅和闪耀光栅。黑白光栅是指只对入射光波的振幅或光强进行调制的光栅，所以也称幅值光栅。图 7-38 所示的透射光栅就是黑白光栅的一种，图中几何尺寸均为 mm。闪耀光栅对入射光波的相位进行调制，也称相位光栅。闪耀光栅的线槽断面分为对称型和不对称型两种，如图 7-39 所示。

提示：图 7-38 中圆内黑白栅线为局部放大图。

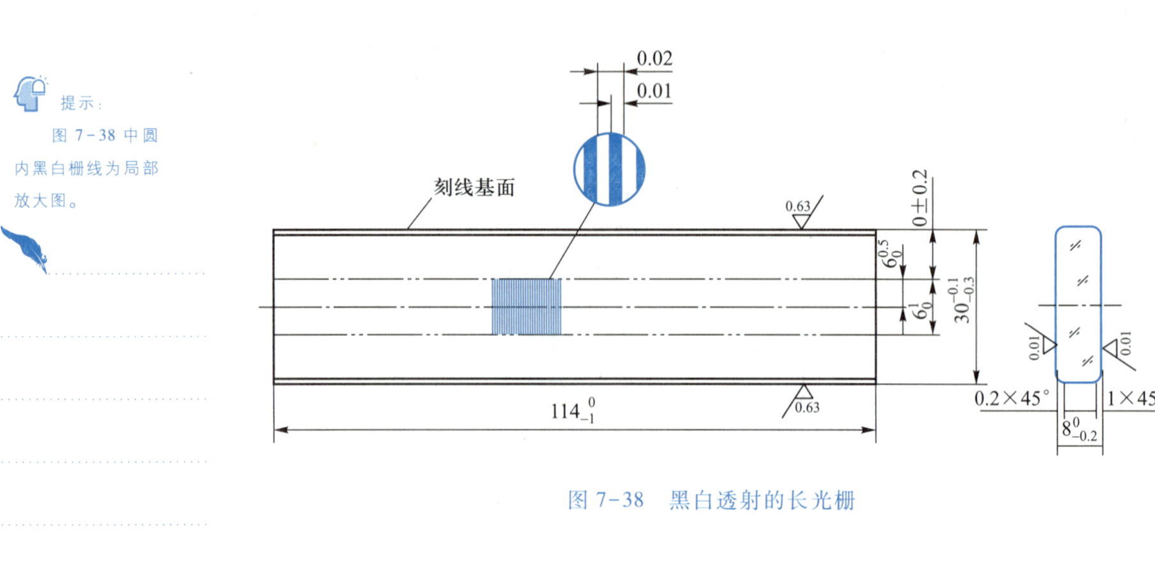

图 7-38 黑白透射的长光栅

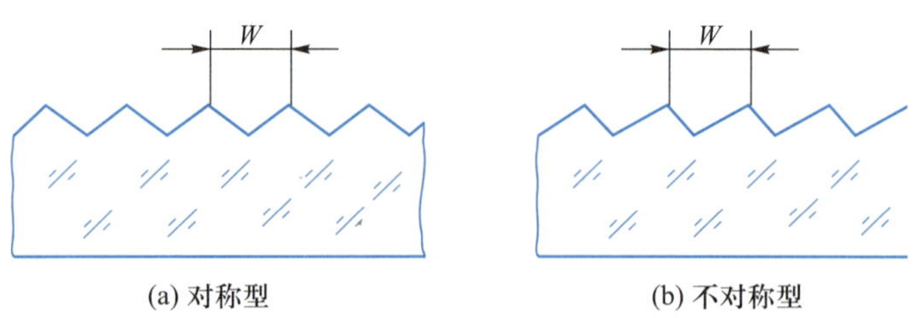

图 7-39 闪耀光栅的线槽断面

根据光线的走向，长光栅又分为透射光栅和反射光栅。透射光栅将栅线刻制在透明的玻璃上，反射光栅的栅线则刻制在具有强反射能力的金属（如不锈钢或玻璃镀金属膜）上。

2. 圆光栅

圆光栅有两种，一种是径向光栅；其栅线的延长线全部通过圆心；另一种是切向光栅，其全部栅线与一个同心小圆相切，此小圆直径很小，只有零点几或几个 mm。圆光栅主要用来测量角度或角位移。圆光栅的结构及径向光栅、切向光栅如图 7-40 所示，图中几何尺寸均为 mm。

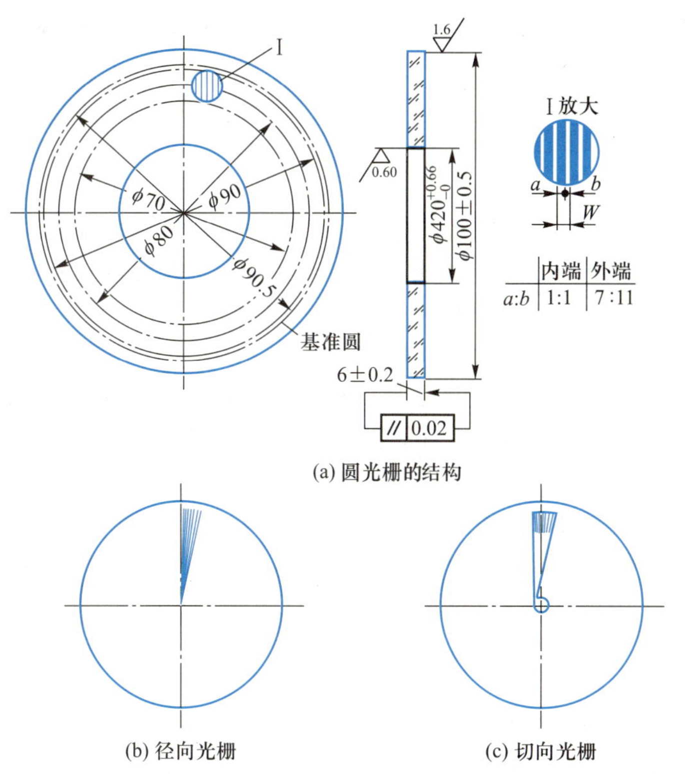

图 7-40　圆光栅的结构及径向光栅、切向光栅

7.7.2　莫尔条纹

莫尔条纹的形成前面已叙述。长光栅横向莫尔条纹如图 7-41 所示。相邻的两明暗条纹之间的距离 B 称为莫尔条纹间距。

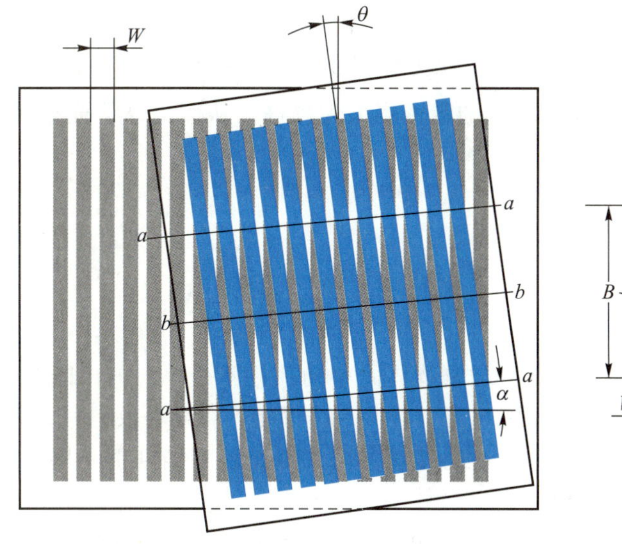

图 7-41　长光栅横向莫尔条纹

从图7-41中不难看出，当光栅副间的夹角θ很小，且两光栅的栅距相等，都为W时，莫尔条纹间距B为

$$B=\frac{W}{2\sin\dfrac{\theta}{2}}\approx\frac{W}{\theta} \tag{7-14}$$

由于θ值很小，条纹近似与栅线的方向垂直，故称为横向莫尔条纹。当$\theta=0$、$B=\infty$时，莫尔条纹随着主光栅明暗交替变化。这时的指示光栅相当于一个闸门的作用，故将这种条纹称为光闸莫尔条纹。

横向莫尔条纹具有如下几个重要特性：

（1）莫尔条纹运动与光栅运动具有对应关系。在光栅副中，任一光栅只要沿着垂直于刻线方向移动，莫尔条纹就沿着近似垂直于光栅移动方向运动。当光栅移动一个栅距时，莫尔条纹就移动一个条纹间距；当光栅改变移动方向时，莫尔条纹也随之改变运动方向。两者运动方向是对应的。因此可以通过测量莫尔条纹的移动量和移动方向判定光栅（或指示光栅）的位移量和位移方向。

（2）莫尔条纹具有位移放大作用。由于θ值很小，从式（7-14）可以看出光栅具有放大作用，放大系数为

$$K=\frac{B}{W}\approx\frac{1}{\theta} \tag{7-15}$$

由于θ值很小，因而K值很大。虽然栅距W很小，很难观测到，但B却远大于W，莫尔条纹明显可见，便于观测。例如$W=0.02$ mm、$\theta=0.1°$，则$B=11.456\ 92$ mm，$K\approx573$，而用其他方法不易得到这样大的放大倍数。

（3）莫尔条纹具有平均光栅误差作用。莫尔条纹由一系列刻线的交点组成，如果光栅栅距有误差，则各交点的连线将不是直线，而是光栅的整个刻线区域，由光电元件接收到的是这个区域中所包含刻线的综合结果，这个综合结果对各栅距起了平均作用。若假定单个栅距误差为δ，形成莫尔条纹区域内有N条刻线，因光栅栅距误差可视为随机变量，则综合栅距误差可近似为$\Delta=\delta/\sqrt{N}$。这说明莫尔条纹位置的精密度大为提高，从而提高了光栅传感器的测量精度。

注意：

非密闭式光栅传感器应定期清洁，以保证光栅刻度面洁净，否则影响测量精度。

7.7.3 辨向原理和细分电路

一、辨向原理

在实际应用中，大部分被测物体的移动往往不是单向的，既有正向运动，也有反向运动。由于单个光电元件接收一个固定的莫尔条纹信号，只能判别明暗的变化而不能辨别莫尔条纹的移动方向，因而就不能判别光栅的运动方向，以至不能正确测量位移。

如果能够在物体正向移动时，将得到的脉冲数累加，而物体反向移动时就从已累加的脉冲数中减去反向移动所得的脉冲数，这样就能得到正确的测量结果。

完成这样一个辨向任务的电路是辨向电路。为了能够辨向，应当在相距 $B/4$ 的位置上设置两个光电元件 1 和 2，以得到两个相位差 90°的正弦信号（如图7-42 所示），然后将信号送到辨向电路处理，如图 7-43 所示。

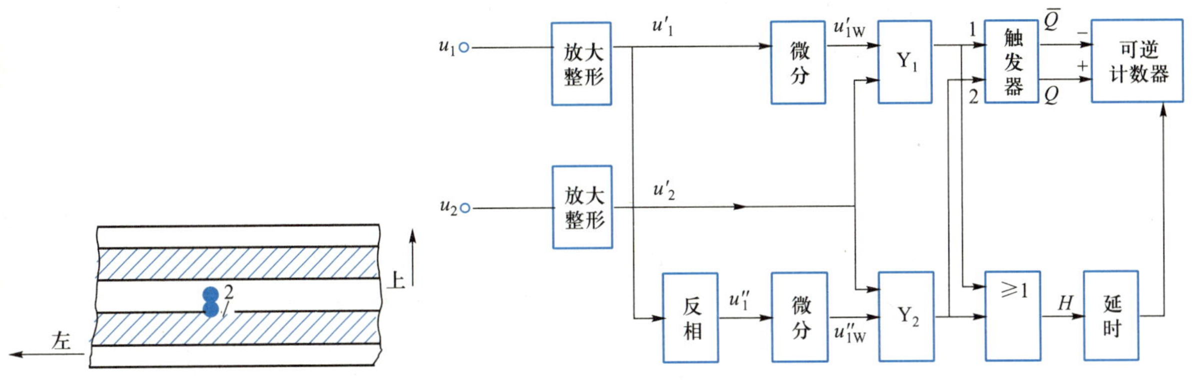

图 7-42 相距 $B/4$ 的两个光电元件

图 7-43 辨向电路的原理框图

当主光栅向左移动，莫尔条纹向上运动时，光电元件 1 和 2 分别输出如图 7-44（a）所示的电压信号 u_1、u_2，经放大整形后得到相位相差 90°的两个方波信号 u'_1 和 u'_2。u'_1 经反相后得到 u''_1 方波。u'_1 和 u''_1 经 RC 微分电路后得到两组光脉冲信号 u'_{1W} 和 u''_{1W} 分别加到**与**门 Y_1 和 Y_2 的输入端。对**与**门 Y_1，由于 u'_{1W} 处于高电平时，u'_2 总是低电平，故脉冲被阻塞 Y_1 无输出。对**与**门 Y_2，u''_{1W} 处于高电平时，u'_2 也正处于高电平，故允许脉冲通过，并触发加减控制触

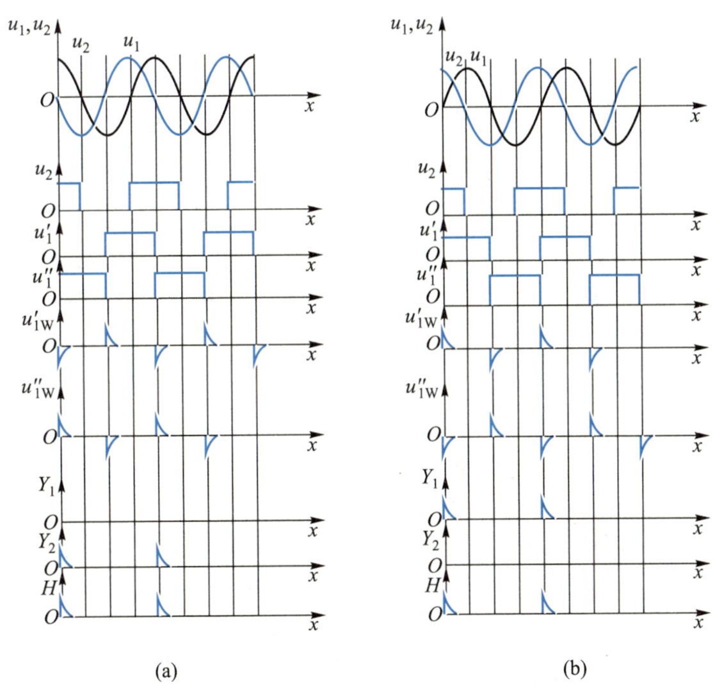

图 7-44 光栅移动时辨向电路各点波形

发器，使之置**1**。可逆计数器对**与**门 Y_2 输出的脉冲进行加法计数。同理，当主光栅反向移动时，输出信号波形如图 7-44（b）所示，**与**门 Y_2 阻塞，Y_1 输出脉冲信号使触发器置**0**，可逆计数器对**与**门 Y_1 输出的脉冲进行减法计数。这样每当光栅移动一个栅距时，辨向电路只输出一个脉冲，计数器所计的脉冲数代表光栅位移 x。

二、细分电路

上述辨向逻辑电路的分辨率为一个光栅极距 W，为了提高分辨率，可以增大刻线密度来减小栅距，但这种方法受到制造工艺的限制。另一种方法是采用细分技术，使光栅每移动一个栅距时输出均匀分布的几个脉冲，从而使分辨率提高到 W/n。细分的方法有多种，这里只介绍常用的直接细分法和电阻桥细分法。

直接细分也称为位置细分，常用细分数为 4，故又称为四倍频细分。实现方法有两种：一是在依次相距 $B/4$ 的位置安放四个光电元件，如图 7-45 所示，因而从每个光电元件获得相位依次相差 90°的四个正弦信号，用鉴零器分别鉴取四个信号的零电平，即在每个信号由负到正过零点时发出一个计数脉冲。这样，在莫尔条纹的一个周期内将产生四个计数脉冲，实现了四倍频细分。另一种实现方法是采用在相距 $B/4$ 的位置上，安放两个光电元件，首先获得相位相差 90°的两个正弦信号 u_1 和 u_2，然后分别通过各自的反向电路后获得与 u_1 和 u_2 相位相反的两个正弦信号 u_3、u_4。最后通过逻辑组合电路在一个栅距内获得均匀分布的四个脉冲信号，送到可逆计数器。图 7-46 所示为一种四倍频细分电路。

提示：光电编码器也采用类似的辨向技术和细分电路。

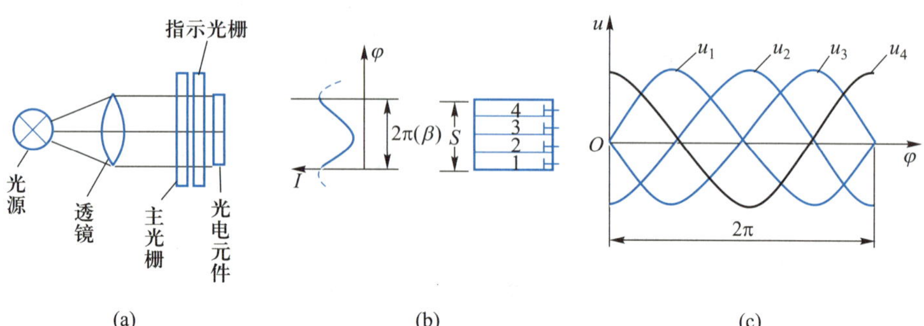

图 7-45 依次相距 $B/4$ 的位置安放四个光电元件

图 7-47（a）所示为使用单个光电元件未进行细分的波形和脉冲数，四倍频细分时的波形和脉冲数如图 7-47（b）所示。

电阻桥细分电路是在电位器两端分别加上正弦和余弦电压 $u_1=U_m\sin\varphi$ 和 $u_2=U_m\cos\varphi$，如图 7-48(a)所示，那么其触点的输出电压为

$$u_o=\frac{u_1-u_2}{R_1+R_2}R_2+u_2=\frac{R_2}{R_1+R_2}U_m\sin\varphi+\frac{R_1}{R_1+R_2}U_m\cos\varphi=U_{om}\sin(\varphi+\theta) \tag{7-16}$$

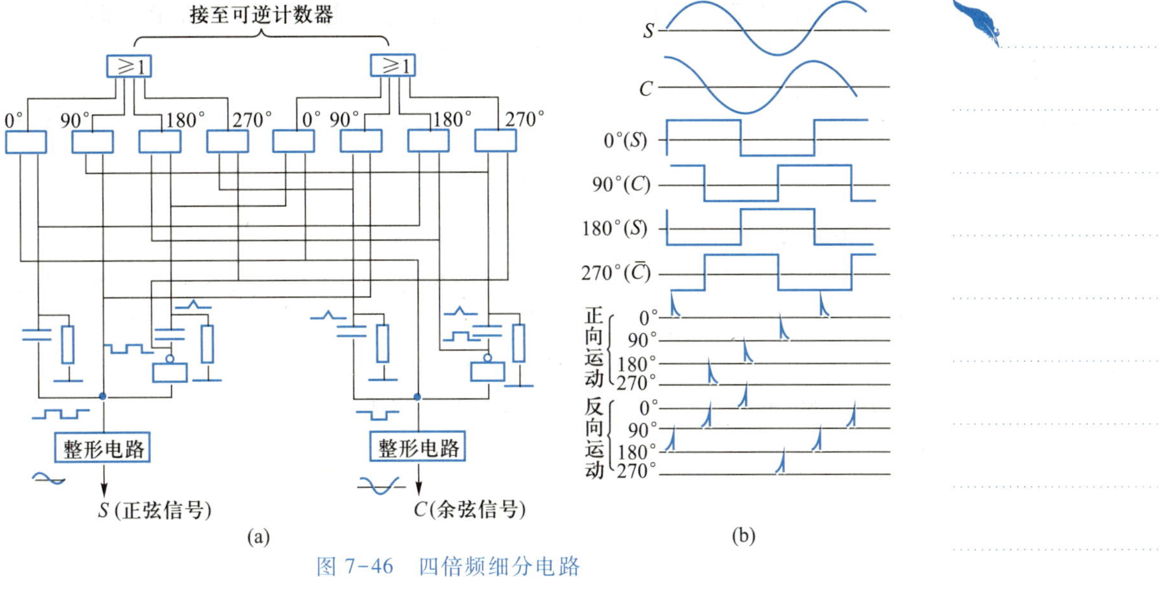

(a)　　(b)

图 7-46　四倍频细分电路

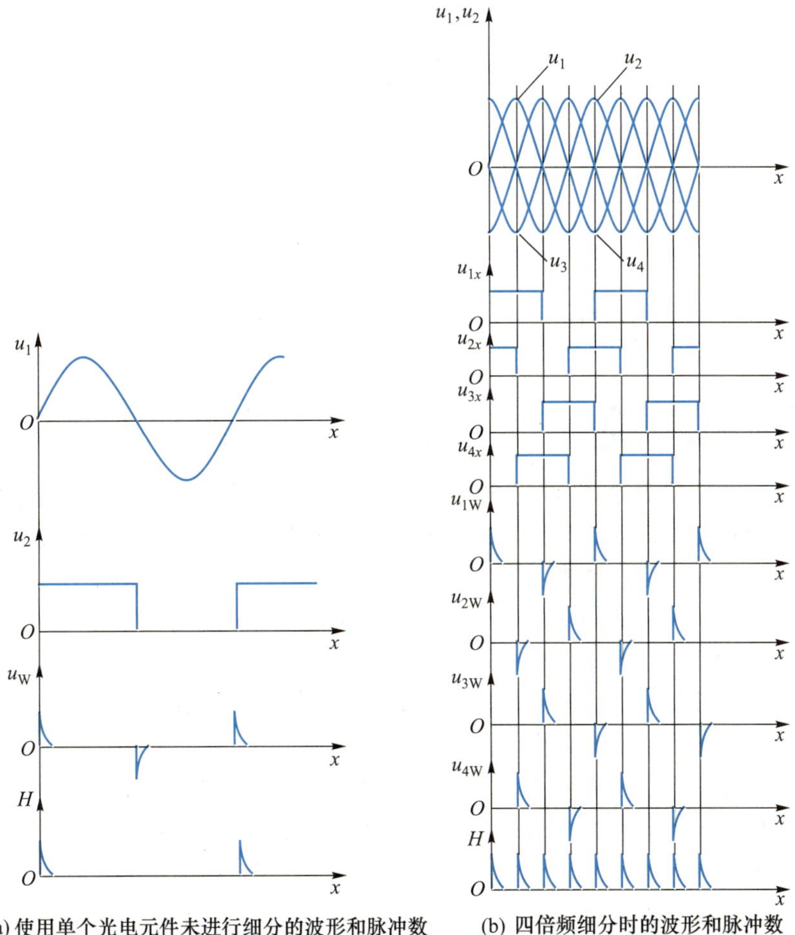

(a) 使用单个光电元件未进行细分的波形和脉冲数　(b) 四倍频细分时的波形和脉冲数

图 7-47　细分与未细分波形和脉冲数的比较

它是两个正交旋转矢量之和，其幅值 U_{om} 和超前 u_1 的相角 θ 分别为

$$\begin{cases} U_{om}=\dfrac{\sqrt{R_1^2+R_2^2}}{R_1+R_2}U_m \\ \theta=\arctan\dfrac{R_1}{R_2} \end{cases} \tag{7-17}$$

调整电阻 R_1/R_2 的比值，就可获得不同的相位差角 θ。若把几个电位器相并联，并使各触点处于不同位置，且各自的电阻比 R_1/R_2 互不相等，就可获得几个相位不同的正弦信号。如果采用图 7-48（b）所示电路，将由直接细分所获得的四个正弦信号分别加到电路的四个角上，就可得到在 0°~90°、90°~180°、180°~270°、270°~360°范围内的相移正弦信号。

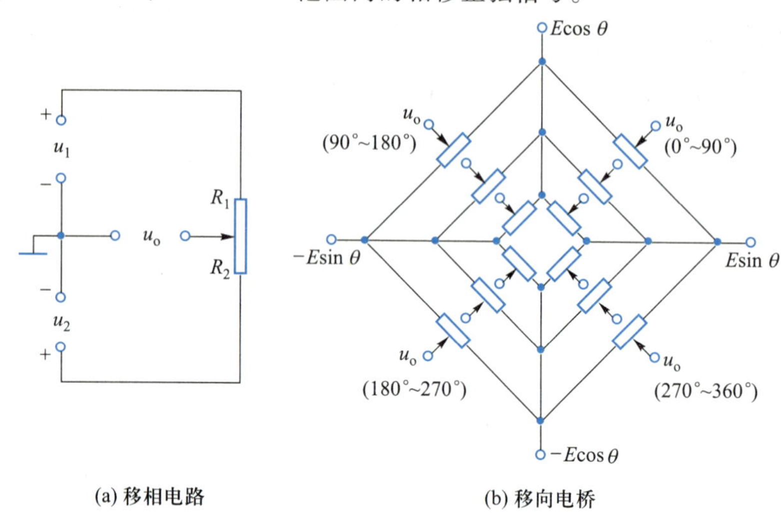

(a) 移相电路　　(b) 移向电桥

图 7-48　电阻桥细分电路

7.8　激光式传感器

7-8 图片：激光对射传感器实物图

激光式传感器是 20 世纪 60 年代发展起来的一种新技术，已在高精度、非接触、自动化及高效率等测量技术方面取得了广泛的应用。目前激光干涉测长度技术已普遍应用于精密长度计量，如磁尺、感应同步器、光栅的检定；精密机床的控制、校正和集成电路制作中的精确定位等。激光具有能量集中、方向性和单色性好、干涉能力强等特点。激光式传感器按工作原理不同可分为三类：激光干涉传感器、激光衍射传感器和激光扫描传感器，其中以激光干涉传感器的应用居多，本节只介绍激光干涉传感器。

这种传感器是以光的干涉现象为基础的。由物理学可知，波长（频率）相同、相位差恒定的两束光具有相干性，也就是说，当它们互相交叠时，会出现光强增强或减弱的现象，产生干涉条纹，利用干涉条纹随被测长度变化而变化的原理可实现长度计量。

7.8.1 激光干涉仪测位移

测位移激光干涉仪的原理结构如图 7-49 所示。氦氖激光器产生频率为 f_1 和 f_2 的两种单色光，f_1 和 f_2 均在 5×10^{14} Hz 附近，但相差 2 MHz 且偏振方向相反。当光束投射到分光器上时，被分成两束光；一束被反射的光直接投射到基准光束偏振器和光检测器上，以建立基准电信号；另一束光透过分光器投射到外部光学器件，以测量位移。

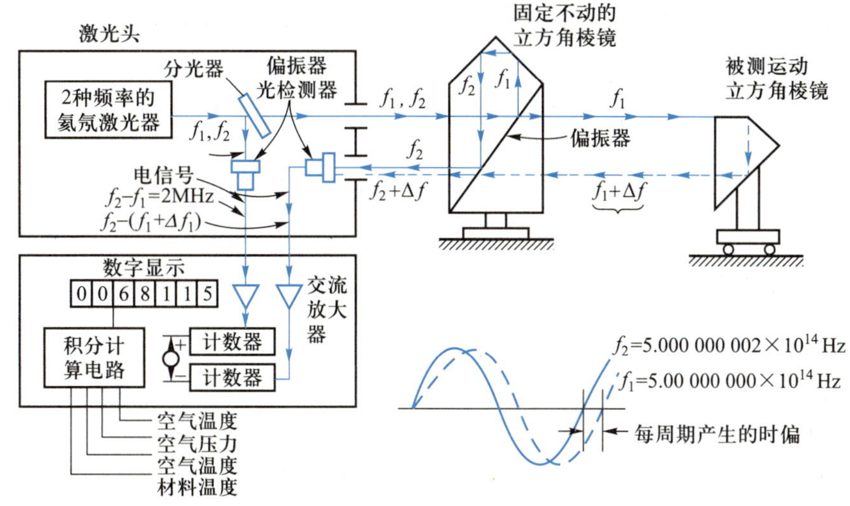

图 7-49 测位移激光干涉仪的原理结构

基准光束偏振器产生与入射光频率相同的两种偏振，以便它们能够实现相长干涉和相消干涉。两种光波在开始时相位相同，但由于它们的频率稍有不同，因而在一个周期内仅产生微小的时偏。这样，由于两种光波的波形和相位在开始阶段都几乎完全相同，因而产生相长干涉，亮度增强，照射在基准光束的光检测器上，光检测器就输出较大的电信号。每个周期产生的微小时偏相积累到 1.25×10^8 个周期(0.25×10^{-6}s)后，时偏积累总数达半个周期，两束光波相位相差半个周期，因而产生相消干涉，亮度减弱，光检测器输出较小的电信号。这样照射到光检测器上的光线就以 2 MHz 的速率“闪烁”，检测器就输出频率为 $\Delta f_2=f_2-f_1=2$ MHz 的基准电信号。

透过分光器的测量光束，首先投射到离激光器较远处的固定干涉仪的偏振分光镜上，该分光镜对频率为 f_2 的光束进行高效反射，使其绕一立方棱镜一周后，又被反射回到偏振分光镜上。频率为 f_1 的光波透过分光镜入射到可动的被测立方角棱镜上，并被反射。当被测棱镜固定不动时，入射光和反射光之间不发生频率变化。当被测棱镜运动时，由于光程变化，反射光就产生与棱镜运动速度成比例的多普勒频偏 Δf_1，比例系数大约为 3.3 MHz/(m·s^{-1})，频率为 $f_1+\Delta f_1$ 的反射光束在光干涉仪中重新与频率为 f_2 的光束汇合并一起入射到测量光束偏振器上，从而产生随被测棱镜运动速度变化的干涉效应，相应的光检测器输出频率为 $[f_2-(f_1+\Delta f_1)]=(2\pm1.5)$MHz，即 0.5～3.5 MHz 的测量电信号。

基准电信号和测量电信号分别经过放大后，输送到计数器中，计数器累计出与被测棱镜偏离基准位置所走过的距离——与位移成正比的计数值。例如，被测棱镜以1 cm/s 的速度运动1 s，位移为 1 cm，计数器的计数值为 3.3×10^4，因而分辨率约可达3×10^{-7}m。

这种激光干涉仪测量精度高，操作简易，携带方便，工作可靠。它不但能够测量位移，而且可以测量运动速度，因而被应用广泛。通过改变外部光学系统，还可以进行远距离(如 200 m)、高精度(可达百分之几)测量长度、平度、垂直度等。

7.8.2 激光测长度原理

现代长度计量很多都是利用光波的干涉现象来进行的，其精度主要取决于光的单色性。一种单色光的最大可测长度 L 与该单色光的波长 λ 及其谱线宽度 δ 之间的关系为

$$L=\frac{\lambda^2}{\delta} \tag{7-18}$$

对于氪-86 灯，其单色光波长 $\lambda=6\,057$Å(1Å $=1\times10^{-10}$m)，谱线宽度 $\delta=0.004\,7$Å，故最大可测长度 $L=78.06$ cm。氦氖激光器产生的激光波长 $\lambda=6\,328$Å，谱线宽度 $\delta<10^{-7}$Å，因而最大可测长度达几十千米。在实际应用中，一般都是测量几米以内的工件长度，精度可达 0.1 μm。

习题与思考题

7.1　什么是光电效应？

7.2　光纤损耗是如何产生的？它对光纤传感器有哪些影响？

7.3　光导纤维为什么能够导光？光导纤维有哪些优点？光纤式传感器中光纤的主要优点有哪些？

7.4　论述 CCD 的工作机理。

8 热电式传感器

热电式传感器是将温度变化转换为电量变化的装置，它利用敏感元件的电磁参数随温度变化的特性来达到测量目的。通常把被测温度的变化转换为敏感元件的电阻和电压的变化，再经过相应的测量电路输出电压或电流，然后由这些参数的变化来检测对象的温度变化。

在实际工作中，除了用热电式传感器测温外，还可以利用物体的某些物理、化学性质与温度的一定关系进行测量，例如利用物体的几何尺寸、颜色及压力的变化等进行测温。

本章主要介绍目前常用的热电阻、热电偶和热敏电阻的工作原理及其应用。

8.1 热电阻

8-1 图片：热电阻实物图

大多数金属导体的电阻率随温度升高而增大，具有正的温度系数，这就是热电阻测温的基础。在工业上广泛应用的热电阻温度计一般用来测量(-200~+500) ℃范围的温度。随着科学技术的发展，热电阻温度计的测量范围低温端可达 1 K，高温端可测到 1 000 ℃。热电阻温度计的特点是测量精度高，适合测低温。在 560 ℃以下的温度测量时，它的输出信号比热电偶容易处理。

8.1.1 热电阻的材料及工作原理

提示：

热容定义为物体在某一过程中，每升高（或降低）单位温度时从外界吸收（或放出）的热量。热容量小，意味着测量对于环境温度变化的影响小。

虽然大多数金属的电阻值随温度变化，然而并不是所有的金属都能作为测量温度的热电阻。测温热电阻的金属材料应具有的特性有：电阻温度系数大，电阻率要大，热容量小；在整个测温范围内应具有稳定的物理和化学性质；电阻与温度的关系最好近似于线性，或为平滑的曲线；容易加工，复制性好，价格便宜。

但是，要同时符合上述要求的热电阻材料实际上是有困难的。目前应用最广泛的热电阻材料是铂和铜，并且已做成标准测温热电阻。同时，也有用镍、铁、铟等材料制成的测温热电阻。

一、铂电阻

铂电阻的特点是精度高，稳定性好，性能可靠。铂在氧化性气体中，甚至在高温下，其物理、化学性质都非常稳定，因此铂被公认为是目前制造热电阻的最好材料。铂电阻主要作为标准电阻温度计，也常被用在工业测量中。此外，还被广泛地应用于温度的基准、标准的传递。铂电阻温度计是目前测温复现性最好的一种，它的长时间稳定的复现性可达 10^{-4} K，优于其他所有温度计。

铂电阻的阻值与温度之间的关系，在(0~850) ℃范围内可用下式表示

$$R_T=R_0(1+AT+BT^2) \tag{8-1}$$

在(-200~0) ℃范围内则用下式表示

$$R_T=R_0\left[1+AT+BT^2+C(T-100)T^3\right] \tag{8-2}$$

式中：R_T——温度为 T ℃时的铂电阻的阻值；

R_0——温度为 0 ℃时的铂电阻的阻值；

A、B、C——常数，$A=3.940\times10^{-3}/℃$，$B=-5.802\times10^{-7}/(℃)^2$，$C=-4.274\times10^{-12}/(℃)^4$。

提示：铂电阻的计算公式又叫 Callendar-Van Dusen 公式。

对满足上述关系的热电阻，其电阻温度系数约为 $3.9\times10^{-3}/℃$。

图 8-1 表示几种金属丝的电阻相对变化率与温度变化间的关系。从图中可知，铂的线性度最好，铜次之，铁、镍最差，但它们仍都是非线性的。

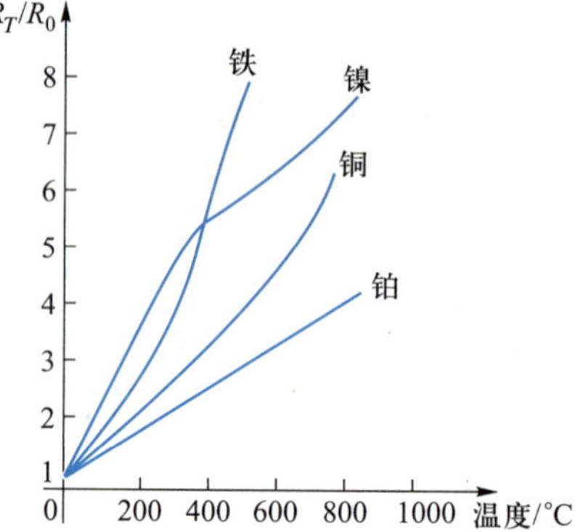

图 8-1　几种金属丝的电阻相对变化率与温度变化间关系

由式(8-1)、式(8-2)可知，电阻值与 T 和 R_0 有关。当 R_0 值不同时，即使在同样的温度下其 R_T 值也不同。因此作为测量用的热电阻必须规定 R_0 值。根据国家从 1988 年开始采用的 IEC 标准，工业用标准铂电阻 R_0 有 100 Ω 和 50 Ω 两种，并将电阻值 R_T 与温度 T 的对应关系列成表格，称为铂电阻分度表，分度号分别为 Pt100 和 Pt50。

提示：IEC60751 标准还规定了热电阻的精度等级，通常有 A 级、B 级、AA 级等。

铂电阻材料的纯度通常用百度电阻比 $W(100)$来表示，即

$$W(100)=\frac{R_{100}}{R_0} \tag{8-3}$$

式中：R_{100}——水沸点(100 ℃)时的铂电阻的阻值；

R_0——水冰点(0 ℃)时的铂电阻的阻值。

目前技术水平已达到 $W(100)=1.3930$，与之相应的铂纯度为 99.999 5%，工业用铂电阻纯度 $W(100)=1.387\sim1.390$。

二、铜电阻

铂是贵金属，价格昂贵，因此在测温范围比较小(-50~+150) ℃的情况下，可采用铜制成的测温电阻，称铜电阻。铜在上述温度范围内有很好的稳定性，电阻温度系数比较大，电阻值与温度之间接近线性关系；而且材料容易提纯，价格便宜。不足之处是测量精度较铂电阻稍低，电阻率小。

在(-50~+150) ℃温度范围内，铜电阻的阻值与温度之间的关系为

$$R_T=R_0(1+AT^2+BT^2+CT^3)$$

式中：R_T——温度为 T ℃时的铜电阻的阻值；

R_0——温度为 0 ℃时的铜电阻的阻值；

A、B、C——常数。

按照国家标准，铜电阻的 R_0 值有 100 Ω 和 50 Ω 两种，其百度电阻比 W(100)不小于 1.428，分度号分别为 Cu100 和 Cu50。

三、铁电阻和镍电阻

铁和镍这两种金属的电阻温度系数较高，电阻率较大，故可做成体积小、灵敏度高的电阻温度计，其缺点是容易氧化，化学稳定性差，不易提纯，复制性差，而且电阻值与温度的线性关系差，目前应用不多。

8.1.2 测量电路

热电阻温度计的测量电路最常用的是电桥电路。如果热电阻安装的地方与仪表相距甚远，当环境温度变化时其连接导线电阻也要变化。因为它与热电阻 R_T 是串联的，也是电桥臂的一部分，所以会造成测量误差。现在一般采用两种接线方式来消除这项误差，如图 8-2 所示。

提示：为避免测量电路（仪表）受被测温度变化影响，故热电阻与仪表相距较远。

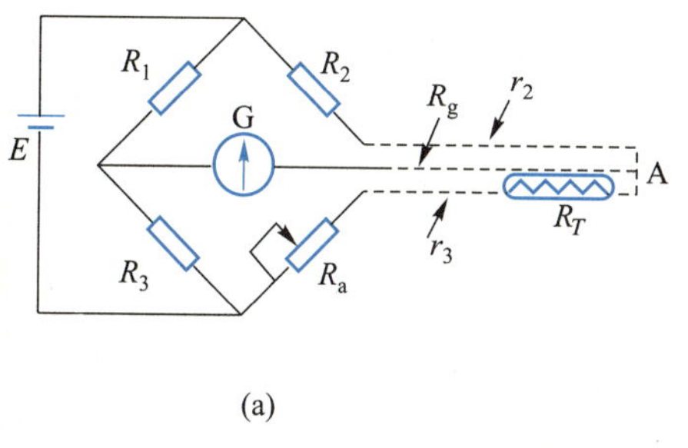

(a)

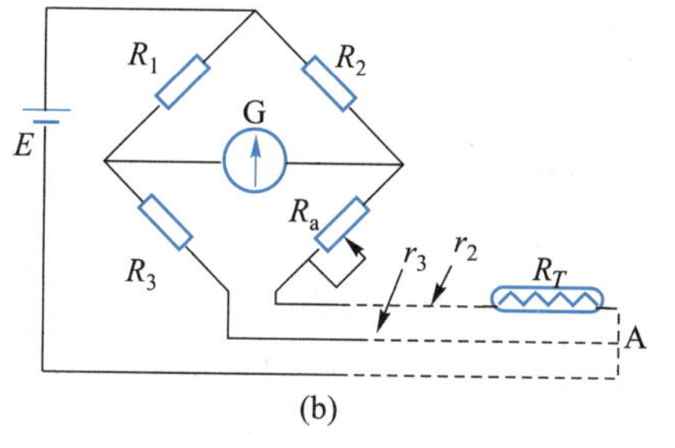

(b)

图 8-2 热电阻测温电桥的三线连接法

图 8-2 中，G 为指示仪表，R_1、R_2、R_3 为固定电阻，R_a 为零位调节电阻。热电阻通过电阻分别为 r_2、r_3、R_g 的三根导线与电桥连接，r_2 和 r_3 分别接在相邻的两臂。当温度变化时，只要它们的长度和电阻温度系数相同，它们的电阻变化就不会影响电桥的状态，即不会产生温度误差。而 R_g 接在指示仪表支路中，其电阻变化也不会影响电桥的平衡状态。电桥在零位调整时，应使 $R_4=R_a+R_{T0}$，R_{T0}为电阻在参考温度（如 0 ℃）时的阻值。三线连接法的缺点之一是可调电阻的接触电阻与电桥臂的电阻相连，可能导致电桥的零点不稳定。

注意：R_g 与指示仪表内阻串联，虽然不影响电桥平衡，但会影响仪表显示的电桥输出电压。指示仪表内阻越大，R_g 越小，R_g 的影响也越小。

图 8-3 所示为热电阻测温电桥的四线连接法，调零的 R_P 电位器的接触电阻和指示仪表串联，接触电阻的不稳定不会破坏电桥的平衡和正常工作状态。

在设计电桥时，为了避免热电阻中流过电流的加热效应，要保证流过热电阻的电流尽量小，一般希望小于 10 mA。尤其当测量环境中有不稳定气流时，工作电流的热效应有可能产生很大的误差。

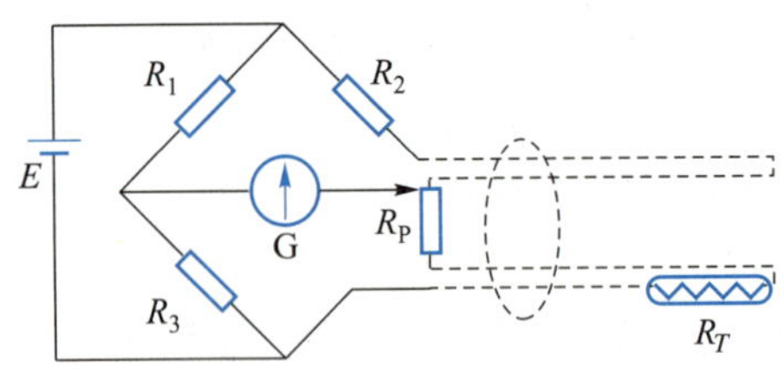

图 8-3 热电阻测温电桥的四线连接法

8.2 热电偶

8-2 图片：热电偶实物图

在温度测量中虽有许多不同测量方法，但利用热电偶作为敏感元件应用最为广泛，其主要优点为：①结构简单，其主体实际上是由两种不同性质的导体或半导体互相绝缘并将一端焊接在一起而成的；②具有较高的准确度；③测量范围宽，常用的热电偶，低温可测到-50 ℃，高温可以达到+1 600 ℃，配用特殊材料的热电极，最低可测到-180 ℃，最高可达到+2 800 ℃；④具有良好的敏感度；⑤使用方便等。

8.2.1 热电效应

两种不同材料的导体(或半导体)A、B 串联成一个闭合回路(如图 8-4 所示)，并使结点 1 和结点 2 处于不同的温度 T、T_0，那么回路中就会存在热电动势，因而就有电流产生，这一现象称为热电效应或塞贝克效应。相应的热电动势称为温差电动势或塞贝克电动势，通称热电动势。回路中产生的电流称为热电流，导体 A、B 称为热电极。测温时，结点 1 置于被测的温度场中，称为测量端(工作端、热端)；结点 2 一般处在某一恒定温度，称为参考端(自由端、冷端)。由这两种导体的组合并将温度转换成热电动势的传感器称为热电偶。

热电偶产生的热电动势 $E_{AB}(T,T_0)$ 是由两种导体的接触电动势和单一导体的温差电动势组成的。接触电动势有时又称珀尔帖电动势；而单一导体的温差电动势又称汤姆逊电动势。

提示：

热电偶的热电动势与电池的电动势相似，其方向由负电荷指向正电荷。

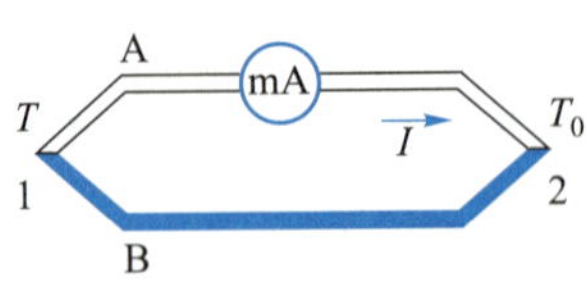

图 8-4 热电效应示意图

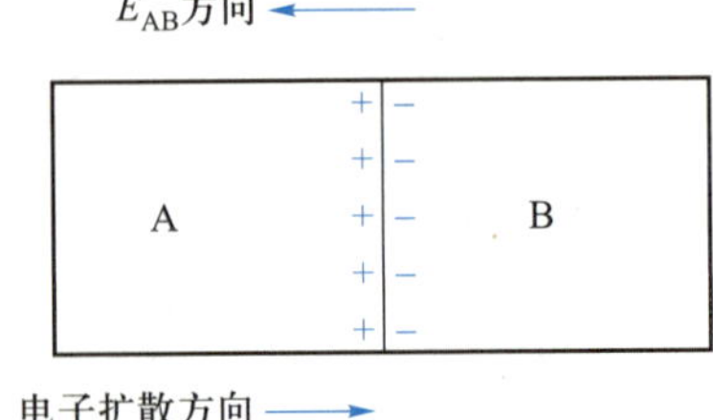

图 8-5 接触电动势

一、两种导体的接触电动势

接触电动势是由于互相接触的两种金属导体内自由电子的密度不同造成的。当两种不同的金属 A、B 接触在一起时，在金属 A、B 的接触处将会发生

电子扩散，如图 8-5 所示。电子扩散的速率和自由电子的密度及金属所处的温度成正比。设金属 A、B 中的自由电子密度分别为 N_A 和 N_B，并且 $N_A>N_B$，在单位时间内由金属 A 扩散到金属 B 的电子数要比从金属 B 扩散到金属 A 的电子数多，这样，金属 A 因失去电子而带正电，金属 B 因得到电子而带负电，于是在接触处便形成了电位差，即接触电动势。这个电动势将阻碍电子由金属 A 进一步向金属 B 扩散，一直达到动态平衡为止。接触电动势可表示为

$$E_{AB}(T)=\frac{kT}{e}\ln\frac{N_A}{N_B} \tag{8-4}$$

提示：
1 erg(尔格)= 10^{-7} Joules(焦耳)

式中：k——玻耳兹曼常数，为 1.38×10^{-16} erg/K；

T——接触处的绝对温度；

e——电子电荷数；

N_A、N_B——金属 A、B 的自由电子密度。

同理，可以计算出 A、B 两种金属构成回路在温度 T_0 端的接触电动势为

$$E_{AB}(T_0)=\frac{kT_0}{e}\ln\frac{N_A}{N_B} \tag{8-5}$$

但 $E_{AB}(T_0)$ 与 $E_{AB}(T)$ 方向相反，所以回路的总接触电动势为

$$E_{AB}(T)-E_{AB}(T_0)=\frac{k}{e}(T-T_0)\ln\frac{N_A}{N_B} \tag{8-6}$$

由上式可见，当两结点的温度相同，即 $T=T_0$ 时，回路中总电动势为零。

二、单一导体的温差电动势

在一根匀质的金属导体中，如果两端的温度不同，则在导体的内部会产生电动势，这种电动势称为温差电动势(或汤姆逊电动势)，如图 8-6 所示。温差电动势的形成是由于导体内高温端自由电子的动能比低温端自由电子的动能大，这样高温端自由电子的扩散速率比低温端自由电子的扩散速率要大，因此对导体的某一薄层来说，温度较高的一边因失去电子而带正电，温度较低的一边也因得到电子而带负电，从而形成了电位差。当导体两端的温度分别为 T、T_0 时，温差电动势可由下式表示

$$E_A(T,T_0)=\int_{T_0}^{T}\sigma_A\mathrm{d}T \tag{8-7}$$

式中：σ_A——A 导体的汤姆逊系数。

对于两种金属 A、B 组成的热电偶回路，汤姆逊电动势等于它们的代数和，即

$$E_A(T,T_0)-E_B(T,T_0)=\int_{T_0}^{T}(\sigma_A-\sigma_B)\mathrm{d}T \tag{8-8}$$

上式表明，热电偶回路的汤姆逊电动势只与热电极的材料 A、B 和两结点的温度 T、T_0 有关，而与热电极的几何尺寸无关，如果两结点的温度相同，那么汤姆逊电动势的代数和为零。

综上所述，对于匀质导体 A、B 组成的热电偶，其总电动势为接触电动势与温差电动势之和，如图8-7所示，用式子可表示为

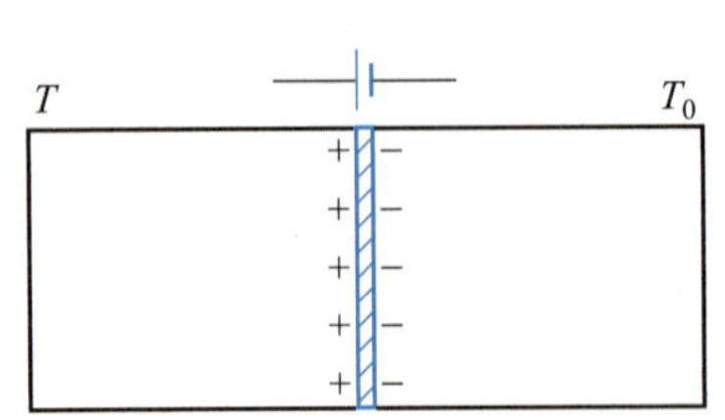

图 8-6 温差电动势

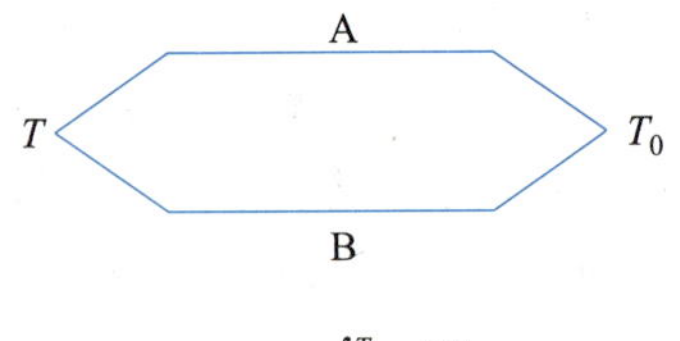

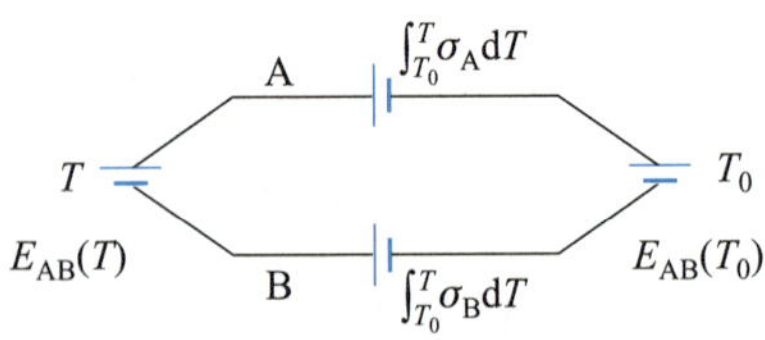

图 8-7 热电偶回路的总热电动势

$$E_{AB}(T,T_0)=E_{AB}(T)-E_{AB}(T_0)-\int_{T_0}^{T}(\sigma_A-\sigma_B)\mathrm{d}T \tag{8-9}$$

注意：

如果热电极本身性质为非均匀的，由于存在温度梯度，将会有附加电动势产生。

由式(8-9)可得出以下结论：

(1) 如果热电偶两电极材料相同，即使两端温度不同($T\neq T_0$)，但总输出电动势仍为零，因此必须使用两种不同的材料才能构成热电偶。

(2) 如果热电偶两结点温度相同，则回路中的总电动势必然等于零。

由上述分析可知，热电动势的大小只与材料和结点温度有关，与热电偶的尺寸、形状及沿电极温度分布无关。

8.2.2 热电偶的基本定律

1. 中间导体定律

在实际应用热电偶测量温度时，必须在热电偶回路中引入连接导线和显示仪表，而导线的材料一般与电极的材料不同，如图 8-8 所示。那么，其他金属材料作为中间导体引入是否对测温有影响，可由中间导体定律解决。中间导体定律是指，在热电偶回路中，只要中间导体两端的温度相同，那么接入中间导体后，对热电偶回路的总热电动势无影响。该叙述可用式子表示为

$$E_{ABC}(T,T_0)=E_{AB}(T,T_0) \tag{8-10}$$

根据上述定律推而广之，在回路中接入多种导体后，只要每种导体的两端温度相同，那么对回路的总热电动势无影响。例如显示仪表和连接导线 C 的接入就可看作是中间导体接入的情况。因而对回路总热电动势没有影响。

2. 标准电极定律

若两种导体 A、B 分别与第三种导体 C 组成热电偶，如图 8-9 所示，并且其热电动势为已知，那么由导体 A、B 组成的热电偶，其热电动势可用标准电极定律来确定。标准电极定律是指：如果将导体 C(热电极，一般为纯铂丝)作为标准电极(也称参考电极)，并已知标准电极与任意导体配对时的热电动势，

那么在相同结点温度(T,T_0)下，任意两导体 A、B 组成的热电偶，其热电动势可由下式求得

$$E_{AB}(T,T_0)=E_{AC}(T,T_0)-E_{BC}(T,T_0) \tag{8-11}$$

式中：$E_{AB}(T,T_0)$——结点温度为(T,T_0)，由导体 A、B 组成热电偶时产生的热电动势；

$E_{AC}(T,T_0)$，$E_{BC}(T,T_0)$——结点温度仍为(T,T_0)，由导体 A、B 分别与标准电极 C 组成热电偶时产生的热电动势。

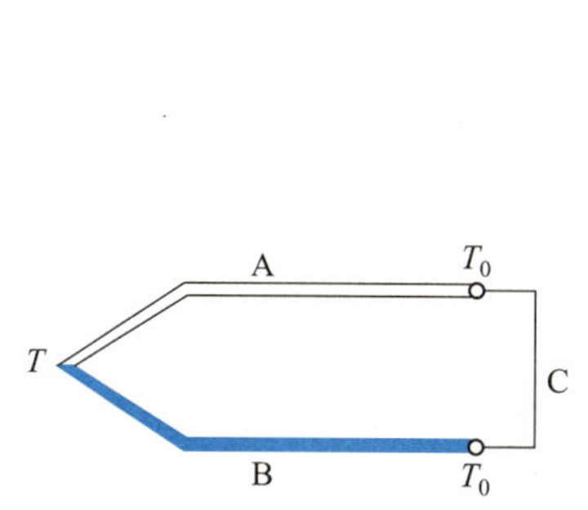

图 8-8　具有中间导体的热电偶回路

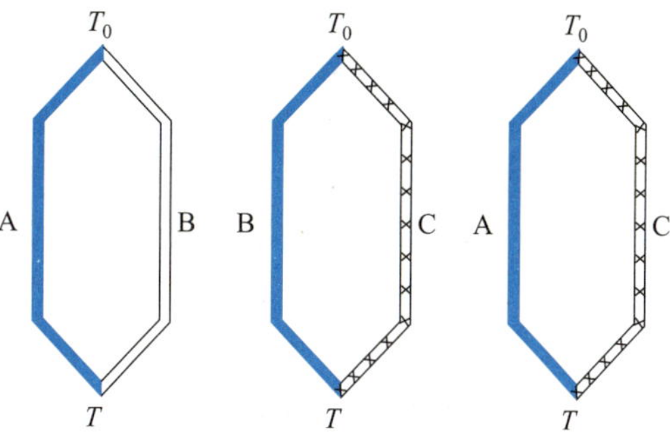

图 8-9　三种导体分别组成的热电偶

由于纯铂丝的物理化学性能稳定，熔点较高，易提纯，所以目前常用纯铂丝作为标准电极。该定律大大简化了热电偶的选配工作。只要我们获得有关热电极与标准铂电极配对的热电动势，那么由这两种热电极配对组成热电偶的热电动势便可按式(8-11)求得，而无须逐个测定。

3. 连接导体定律和中间温度定律

连接导体定律指出，在热电偶回路中，如果热电极 A、B 分别与连接导线 A'、B'相连接，结点温度分别为 T、T_n、T_0，那么回路的热电动势将等于热电偶的热电动势 $E_{AB}(T,T_n)$ 与连接导线 A'、B'在温度 T_n、T_0 时热电动势 $E_{A'B'}(T_n,T_0)$ 的代数和(见图 8-10)，即

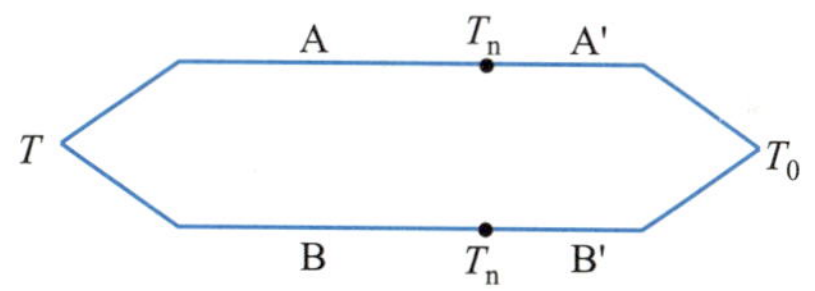

图 8-10　用连接导线的热电偶回路

$$E_{ABB'A'}(T,T_n,T_0)=E_{AB}(T,T_n)+E_{A'B'}(T_n,T_0) \tag{8-12}$$

当 A 与 A'、B 与 B' 材料分别相同且结点温度为 T、T_n、T_0 时，根据连接导体定律得该回路的热电动势

$$E_{AB}(T,T_n,T_0)=E_{AB}(T,T_n)+E_{AB}(T_n,T_0) \tag{8-13}$$

式(8-13)表明，热电偶在结点温度为 T、T_0 时的热电动势值 $E_{AB}(T,T_0)$，等于热电偶在(T,T_n)、(T_n,T_0)时相应的热电动势 $E_{AB}(T,T_n)$ 与 $E_{AB}(T_n,T_0)$ 的代数和，这就是中间温度定律，其中 T_n 称为中间温度。

同一种热电偶，当两结点温度 T、T_n 不同，其产生的热电动势也不同。要将对应各种(T,T_0)温度的热电动势-温度关系都列成图表是不现实的。中间温度定律为热电偶制定分度表提供了理论依据。根据这一定律，只要列出参考温

度为 0 ℃时的热电动势-温度关系，那么参考温度不等于 0 ℃的热电动势都可按式(8-13)求出。

8.2.3 热电偶材料及常用热电偶

虽然任意两种导体(或半导体)都可以配制成热电偶，但是作为实用的测温元件，对它的要求是多方面的，并不是所有材料都适合制作热电偶。对热电偶的电极材料主要要求是：

(1) 配制成的热电偶应具有较大的热电动势，并希望热电动势与温度之间呈线性关系或近似线性关系。

(2) 能在较宽的温度范围内使用，并且在长期工作后物理化学性能与热电性能都比较稳定。

提示：

线性关系中的热电偶灵敏度为常数。

热电动势等于灵敏度乘以热端与冷端之间的温度差。

(3) 电导率要求高，电阻温度系数要小。

(4) 易于复制，工艺简单，价格便宜。

实际生产中很难找到一种能完全符合上述要求的材料。一般来说，纯金属的热电极容易复制，但其热电动势较小，平均为 20 μV/℃；非金属热电极的热电动势较大，可达 10^3 μV/℃，熔点高，但复制性和稳定性都较差；合金热电极的热电性能和工艺性能介于前两者之间。选择热电极材料时，应根据具体情况和测温条件决定。

热电偶的种类很多，这里仅介绍工业标准化热电偶的有关性能指标。标准化热电偶工艺比较成熟，应用广泛，性能优良稳定，能成批生产，同一型号可以互换，统一分度，并有配套显示仪表。标准化热电偶有：铂铑-铂热电偶、铂铑-铂铑热电偶、镍铬-镍硅热电偶、镍铬-考铜热电偶、铜-康铜热电偶等。标准化热电偶的主要技术数据列于表 8-1 中。

注意：

表 8-1 中允许误差为热电偶的热电动势与分度表值的计算偏差，可参见本书 18.1.4 节热电偶标定实验。

表 8-1 标准化热电偶技术数据

热电偶名称	分度号	热电极材料			电阻率 20℃时/(Ω·mm²/m)	100 ℃时电动势/mV	使用温度/℃		允许误差/℃			
		极性	识别	化学成分			长期	短期	温度	误差	温度	误差
铂铑$_{10}$-铂	LB-3	正	较硬	Pt90%，Rh10%	0.24	0.643	1 300	1 600	≤600	±2.4	>600	±0.4%
		负	柔软	Pt100%	0.16							
铂铑$_{30}$-铂铑$_6$	LL-2	正	较硬	Pt70%，Rh30%	0.245	0.034	1 600	1 800	≤600	±3	>600	±0.5%
		负	稍软	Pt90%，Rh6%	0.215							
镍铬-镍硅	EU-2	正	不亲磁	Cr(9~10)%，Si 0.4%，Ni90%	0.68	4.10	1 000	1 200	≤400	±4	>400	±0.75%
		负	稍亲磁	Si(2.5~3.0)%，Co≤0.6%，Ni97%	0.25~0.33							

续表

热电偶名称	分度号	热电极材料			电阻率 20℃时/(Ω·mm²/m)	100 ℃时电动势/mV	使用温度/℃		允许误差/℃			
		极性	识别	化学成分			长期	短期	温度	误差	温度	误差
镍铬-考铜	EA-2	正	色较暗	Cr(9~10)%，Si 0.4%，Ni90%	0.68	6.95	600	800	≤400	±4	>400	±1%*T*
		负	银白色	Cu56~57% Ni(43~44)%	0.47							
铜-康铜		正	红色	Cu100%	0.17	4.26	200	300	-200~-40	±2%*T*	-40~400	±0.75%*T*
		负	银白色	Cu55%，Ni45%	0.49							

8.2.4 热电偶的测温线路

用热电偶测温时，与其配用的仪表有动圈式仪表（如毫伏表）、自动电位差计、直流电位差计、示波器及数字式测温仪等。把热电偶与相应的仪表连接起来，就构成了不同的测温线路。下面介绍几种常用的测温线路。

一、热电偶直接与指示仪表配用

热电偶与动圈式仪表的连接，如图 8-11 所示。这时流过仪表的电流不仅与热电动势大小有关，而且与测温回路的总电阻有关，因此要求回路总电阻必须为恒定值，即

$$R_r+R_c+R_G=\text{常数} \tag{8-14}$$

式中：R_r——热电偶电阻；

R_c——连接导线电阻；

R_G——指示仪表的内阻。

这种动圈仪表线路常用于测温精度要求不高的场合，结构简单，价格便宜。

为了提高测量精度和灵敏度，也可将 n 个型号相同的热电偶依次串联，如图 8-12 所示。这时线路的总电动势为

$$E_G=E_1+E_2+\cdots+E_n=nE \tag{8-15}$$

式中：$E_1,E_2,\cdots,E_n$ 为单个热电偶的热电动势。显然总电动势比单支热电偶的热电动势大 n 倍。若每个热电偶的绝对误差为 $\Delta E_1,\Delta E_2,\cdots,\Delta E_n$，则整个串联线路的绝对误差为

$$\Delta E_G=\sqrt{\Delta E_1^2+\Delta E_2^2+\cdots+\Delta E_n^2} \tag{8-16}$$

如果 $\Delta E_1=\Delta E_2=\cdots=\Delta E_n=\Delta E$，则

$$\Delta E_G=\sqrt{n}\,\Delta E$$

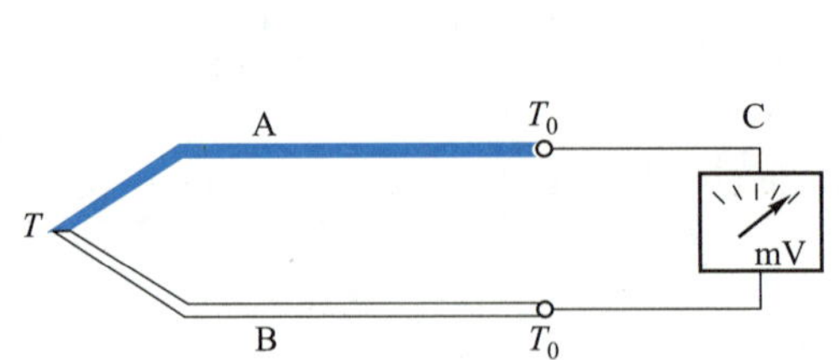

图 8-11　热电偶与线圈式仪表的连接

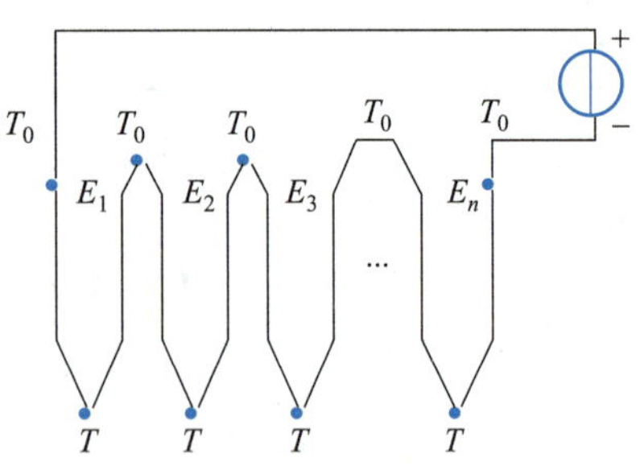

图 8-12　n 个型号相同的热电偶依次串接的测温线路

故串联线路的相对误差为

$$\frac{\Delta E_{\mathrm{G}}}{E_{\mathrm{G}}}=\frac{\sqrt{n}\cdot\Delta E}{n\cdot E}=\frac{1}{\sqrt{n}}\cdot\frac{\Delta E}{E} \tag{8-17}$$

如果把 $\Delta E/E$ 看作单个热电偶的相对误差，则串联线路的相对误差为单个热电偶相对误差的$1/\sqrt{n}$倍。但其缺点是，只要有一个热电偶发生断路，整个线路就不能工作；个别热电偶短路，将会引起示值显著偏低。串联的热电偶常被称为热电堆(thermopile)

注意：
不管是串联，还是并联，应确保热电偶电极极性无误后再连接。

也可采用若干个热电偶并联，测出各点温度的算术平均值，如图 8-13 所示。如果 n 个热电偶的电阻值相等，则并联电路总热电动势为

$$E_{\mathrm{G}}=\frac{E_1+E_2+\cdots+E_n}{n} \tag{8-18}$$

由于 E_{G} 是 n 个热电偶的平均热电动势，因此，可直接按相应的分度表查对应温度。与串联线路相比，并联线路的热电动势小，当部分热电偶发生断路时不会中断整个并联线路工作。但其缺点是某一热电偶断路时不能很快被发现。

图 8-14 所示为用热电偶测两点温度差的线路。两个型号相同的热电偶配用相同的补偿导线，并反串连接，使两热电动势相减，测出 T_1 和 T_2 的温度差。

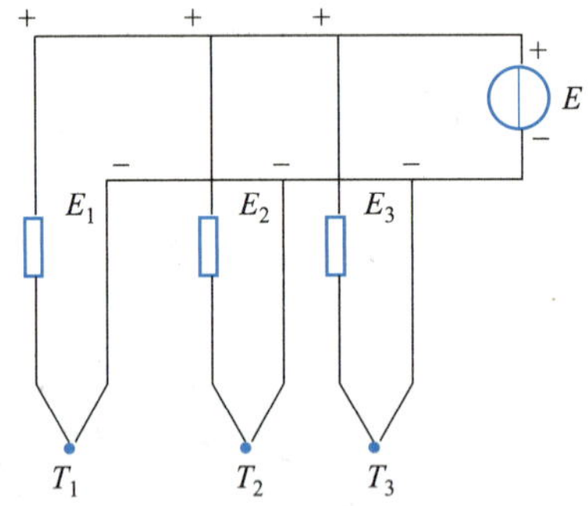

图 8-13　若干个热电偶并联的测温线路

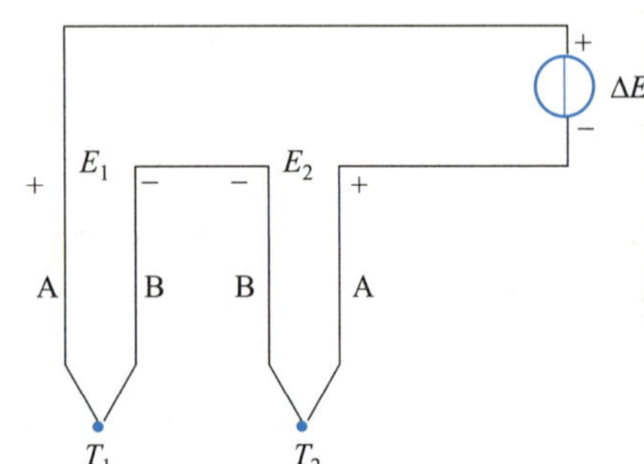

图 8-14　用热电偶测两点温差的线路

二、桥式电位差计线路

如果要求高精度测温并自动记录，常采用自动电位差计线路。图 8-15 为

XWT 系列自动电位差计测温线路。图中，R_P 为调零电位器，在测量前调节它使仪表指针置于标度尺起点；R_M 为精密测量电位器，用以调节电桥输出的补偿电压；U_r 为稳定的参考电压源；R_C 为限流电阻。桥路输入端滤波器用于滤除 50 Hz 的工频干扰。热电偶输出的热电动势经滤波后加入桥路，与桥路的输出分压电阻 R 两端的直流电压 U_S 相比较，其差值电压 ΔU 经滤波、放大，驱动可逆电机 M。通过传动系统带动滑线电阻 R_M 的滑动触头，自动调整电压 U_S，直到 $U_S=E_x$ 为止，桥路处于平衡状态。根据滑动触头的平衡位置，在标度尺上读出相应的被测温度。

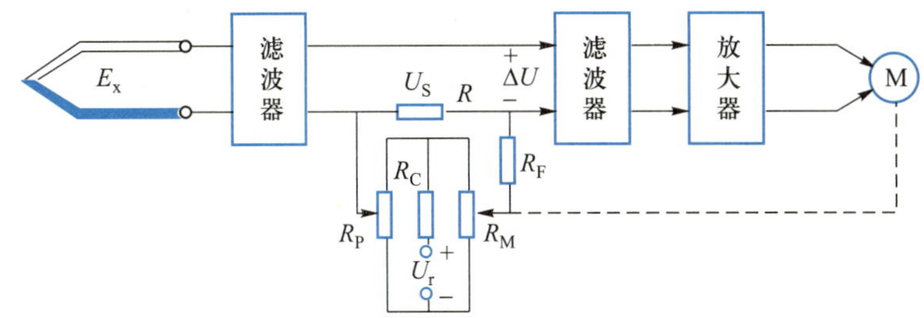

图 8-15　XWT 系列自动电位差计测温线路

8.2.5　热电偶的参考端温度

热电偶的分度表及根据分度表刻制的直读式仪表，都以热电偶参考端温度等于0 ℃为条件，所以使用时必须遵守该条件。如果参考端温度不是 0 ℃，尽管被测温度不变，热电动势$E(T,T_n)$将随参考端温度变化。一般工程测量中参考端处于室温或波动的温区，此时要测得真实温度就必须进行修正或采取补偿等措施。

一、0 ℃恒温法

把冰屑和清洁的水相混合，放在保温瓶中，并使水面略低于冰屑面，然后把热电偶的参考端置于其中，在一个大气压的条件下，即可使冰水保持在 0 ℃，这时热电偶输出的热电动势与分度值一致。实验室中通常使用这种办法。近年来，已生产一种半导体制冷器件，可恒定在 0 ℃。

二、热电偶参考端温度为 T_n 时的补正方法

1. 热电动势补正法

由中间温度定律得知，参考端温度为 T_n 时的热电动势为

$$E_{AB}(T,T_n)=E_{AB}(T,T_0)-E_{AB}(T_n,T_0)$$

可见当参考端温度 $T_n\neq 0$ ℃时，热电偶输出的热电动势将不等于 $E_{AB}(T,T_0)$，从而引入误差。图 8-16 所示为某种热电偶的热电特性曲线，它是在参考端为 0 ℃条件下获得的，若不加补正，所测得的温度必然要低于实际值。为此，只要将测得的热电动势 $E_{AB}(T,T_n)$加上 $E_{AB}(T_n,T_0)$就可获得所需的 $E_{AB}(T,T_0)$。

而 $E_{AB}(T_n,T_0)$ 是参考端为 0 ℃时的工作端为 T_n 区段的热电动势，可查分度表得到，即为补正值。

2. 温度补正法

在工程现场中常采用比较简单的温度补正法。这是一种不需将冷端温度换算为热电动势即可直接修正到 0 ℃的方法。令 T_z 为仪表的指示温度，T_n 为热电偶的参考端温度，则被测的真实温度可用下式表示

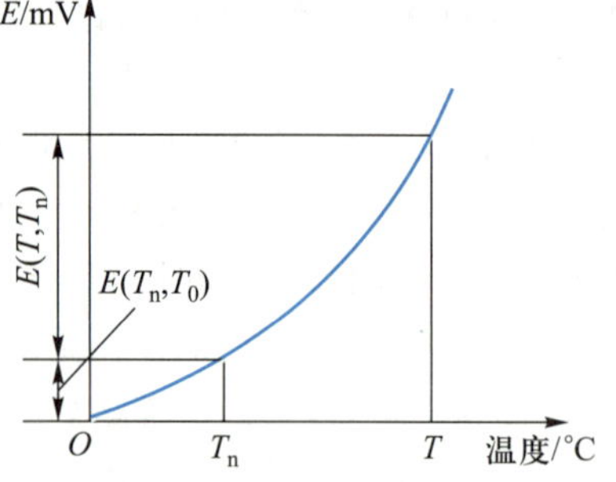

图 8-16　某种热电偶的热电特性曲线

$$T=T_z+K\cdot T_n \tag{8-19}$$

式中：K——热电偶的修正系数，视热电偶种类和被测量温度范围有所不同，可查表 8-2 和表 8-3 得到。

K 值是用下式算出的

$$K=\frac{(\mathrm{d}E/\mathrm{d}T)_n}{(\mathrm{d}E/\mathrm{d}T)_z} \tag{8-20}$$

式中：$(\mathrm{d}E/\mathrm{d}T)_n$——$T_0\sim T_n$ 平均热电动势率；

$(\mathrm{d}E/\mathrm{d}T)_z$——$T_z\sim T_n$ 平均热电动势率。

表 8-2　五种常用热电偶的 **K** 值表

测量端温度/℃	热电偶类别				
	铜-康铜	镍铬-考铜	铁-康铜	镍铬-镍硅	铂铑$_{10}$-铂
0	1.00	1.00	1.00	1.00	1.00
20	1.00	1.00	1.00	1.00	1.00
100	0.86	0.90	1.00	1.00	0.82
200	0.77	0.88	0.99	1.00	0.72
300	0.70	0.81	0.99	0.98	0.69
400	0.68	0.83	0.98	0.98	0.66
500	0.65	0.79	1.02	1.00	0.63
600	0.65	0.78	1.00	0.96	0.62
700		0.80	0.91	1.00	0.60
800		0.80	0.82	1.00	0.59
900			0.84	1.00	0.56
1 000				1.07	0.55
1 100				1.11	0.53
1 200					0.53
1 300					0.52
1 400					0.52
1 500					0.52
1 600					0.52

表 8-3 五种常用热电偶的近似 K 值表

热电偶类别	铜-康铜	镍铬-考铜	铁-康铜	镍铬-镍硅	铂铑$_{10}$-铂
常用温度/℃	100~600	300~800	0~600	0~1 000	1 000~1 600
近似 K 值	0.7	0.5	1	1	0.5

3. 调整仪表起始点法

采用直读式仪表时，也可先测出 T_n，并在测量线路开路的情况下将仪表起始点调到 T_n 处，即相当于先给仪表输入一个热电动势 $E_{AB}(T_n,T_0)$，然后再闭合测量线路，这时仪表示值即为被测温度 T。

4. 热电偶补偿法

在热电偶回路中反向串联一个同型号的热电偶，称为补偿热电偶，并将补偿热电偶的测量端置于恒定的温度 T_0 处，利用其所产生的反向热电动势来补偿工作热电偶的参考端热电动势，如图 8-17 所示。这里 $T_1=T_n$，如果 $T_0=0$ ℃，则可得到完全补偿。当 $T_0\neq0$ ℃时，再利用上述方法进行修正。此方法适用于多点测量，可应用一个补偿热电偶同多个工作热电偶采取切换的方法相对接。

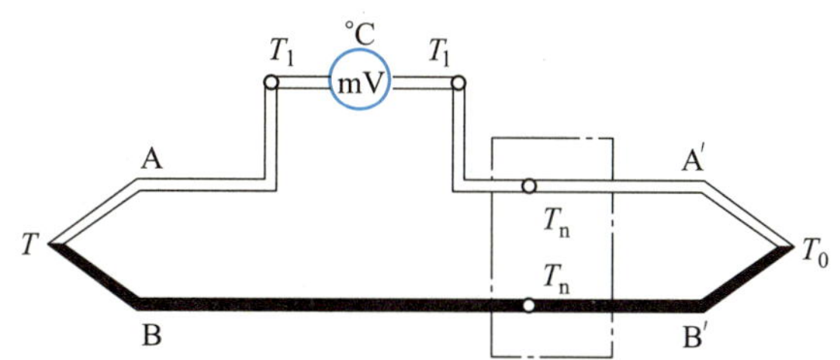

图 8-17 补偿热电偶原理图

5. 电桥补偿法

如图 8-18 所示，在热电偶与显示仪表之间接入一个直流不平衡电桥，也称冷端补偿器，它的输出端与热电偶串接，电桥的三个臂由电阻温度系数很小的锰铜丝绕制，使其值不随温度变化；另一桥臂由温度系数较大的铜线绕制，若其阻值在 20 ℃，则 $R_T=1\ \Omega$，此时电桥平衡，a、b 两端没有电压输出。当电桥所处的环境温度变化时，电阻 R_T 的阻值随之改变。于是电桥将有不平衡电压输出。R_T 电阻经过适当选择，可使电桥的输出电压特性与配用的热电偶的热电特性相似，同时电位差的方向在超过 20 ℃时与热电偶的热电动势方向相同；若低于20 ℃，则与热电偶的热电动势方向相反，从而自动地得到补偿。这种补偿原理可用如下电动势关系描述。

已知当热电偶的结点温度为 T、T_n 时，热电偶的输出热电动势为

$$E_{AB}(T,T_n)=E_{AB}(T,T_0)-E_{AB}(T_n,T_0)$$

若使电桥的不平衡输出电压随温度的变化值等于 $E_{AB}(T_n,T_0)$，则显示仪表的示值为

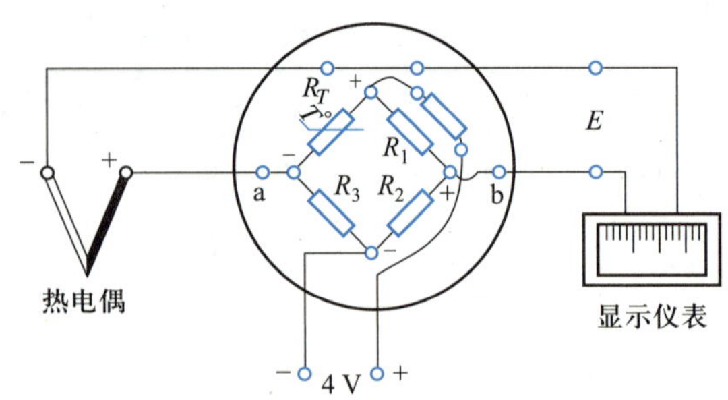

图 8-18 冷端温度补偿线路图

$$E_{AB}(T,T_n)+E_{AB}(T_n,T_0)=E_{AB}(T,T_0)$$

这就是被测温度的真实值。

当使用这种补偿器时，由于所设计的电桥是在 20 ℃输出为零，故必须把显示仪表的起始点调整到 20 ℃所对应的位置。表8-4 给出了几种常用的固定冷端温度补偿器的性能。

注意：

各种冷端温度补偿器只能与相应型号的热电偶及在所规定的温度范围内配套使用，因为热电偶的输出热特性是非线性的，只在某一温区内能实现近似的线性。冷端温度补偿器与热电偶连接时，极性切勿接反，否则会增大测量误差。

表 8-4 几种常用的固定冷端温度补偿器的性能

型号	配用热电偶	电桥平衡时温度/℃	补偿范围	电源/V	内阻/Ω	消耗/V·A	外形尺寸/mm	补偿误差/mV
WBC-01	铂铑-铂	20	0~50	~220	1	<8	220×113×72	±0.045
WBC-02	镍铬-镍铝 镍铬-考铜							±0.16
WBC-03	镍铬-考铜							±0.18
WBC-57-LB	铂铑-铂	20	0~40	4	1	<0.25	150×115×50	±(0.015+0.001 5·T)
WBC-57-EU	镍铬-镍硅							±(0.04+0.004·T)
WBC-57-EA	镍铬-考铜							±(0.065+0.006 5·T)

三、冷端延长线法

这是工业上普遍应用的一种方法。工业应用时，被测点与指示仪表之间往往有很长的距离，这就要求热电偶有较长的尺寸。但由于热电偶材料较贵，热电偶尺寸不能过长，所以参考端(即接仪表端)常常不能放在任意点。

当在工业现场测温时，由于热电偶的长度有限，冷端温度将直接受到被测介质和周围环境的影响，不仅很难保持在 0 ℃，而且经常是波动的。为了解决这一问题，采用了冷端延长线(或称冷端补偿导线)，如图 8-19 所示。所谓延长线实际上是把一定温度范围内(一般为0~100 ℃)与热电偶具有相同热电特

性的两种较长的金属线与热电偶配接。它的作用是将热电偶冷端(即参考端)移至离热源较远并且环境温度较稳定的地点，从而消除冷端温度变化带来的影响，即该补偿导线所产生的热电动势等于工作热电偶在此温度范围内产生的热电动势

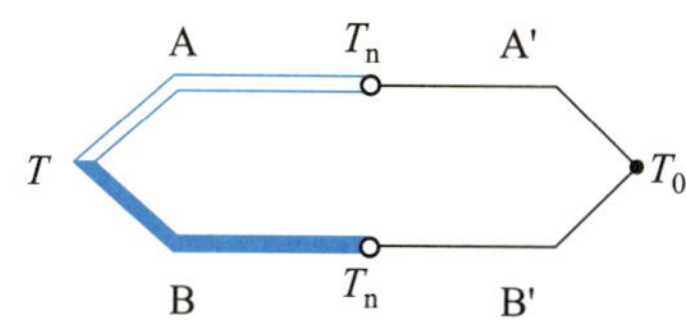

图 8-19 冷端补偿导线法原理图

$$E_{AB}(T_n,T_0)=E_{A'B'}(T_n,T_0) \tag{8-21}$$

式中：T_n——工作热电偶冷端温度；

T_0——为 0 ℃时的温度；

$E_{AB}(T_n,T_0)$——工作热电偶产生的热电动势；

$E_{A'B'}(T_n,T_0)$——补偿导线产生的热电动势。

上述方法只是相当于从冷端直接延伸到了温度为 T_0 处，但并不消除冷端温度不为0 ℃时产生的影响，因此还应该用前面介绍的补正方法把冷端修正到 0 ℃。

在工业上制成了专用的延长线，并以不同颜色区分各种特定热电偶的延长线，如表 8-5 所示。

表 8-5 补偿导线色别及热电特性

补偿导线种类		EU	EA	LB
配用热电偶		镍铬-镍铝 镍铬-镍硅	镍铬-考铜	铂铑$_{10}$-铂
导线线芯用材料	正极	铜	镍铬	铜
	负极	康铜	考铜	铜镍
导线线芯着色规定(绝缘着色)	正极	红	红	红
	负极	蓝	黄	绿
测量端为 100 ℃，参考端为 0 ℃时的热电动势/mV		4.10±0.15	6.96±0.30	0.643±0.023
测量端为 150 ℃，参考端为 0 ℃时的热电动势/mV		6.13±0.20	10.96±0.3	0.024 1.025±0.055
20 ℃时的电阻率 $\rho/(\Omega\cdot mm^2\cdot m^{-1})$		0.634	1.25	0.048 4

注意：热电偶电极上通常标有正、负极，补偿导线也有极性。与电池相似，交换电极会导致极性接反，必须检查核对，确保无误。

在使用延长线时应注意以下几方面：

(1) 各种延长线只能与相应型号的热电偶配用，而且必须在规定的温度范围内使用。

（2）注意极性，不能接反，否则会造成更大的误差。

（3）延长线与热电偶连接的两个结点，其温度必须相同。

8.3 热敏电阻

8-3 图片 a：半导体热敏电阻实物图

8-3 图片 b：ntc 热敏电阻实物图

热敏电阻是用一种半导体材料制成的敏感元件，其特点是电阻随温度变化而显著变化，能直接将温度的变化转换为能量的变化。制造热敏电阻的材料很多，如锰、铜、镍、钴和钛等金属的氧化物，它们按一定比例混合后压制成型，然后在高温下焙烧而成。热敏电阻具有灵敏度高、体积小、较稳定、制作简单、寿命长、易于维护、动态特性好等优点，因此得到较为广泛的应用，尤其是应用于远距离测量和控制中。

8.3.1 热敏电阻的主要特性

一、电阻-温度特性

电阻与温度之间的关系是热敏电阻的最基本特性，这一关系充分反映了热敏电阻的性质，当温度不超过规定值时，保持着本身特性，超过时特性被破坏。在工作温度范围内，应在微小工作电流条件下，使之不存在自身加热现象。电阻与温度之间的关系可用下面公式来表示

$$R=A\cdot e^{B/T} \tag{8-22}$$

式中：A——与热敏电阻尺寸形状以及它的半导体物理性能有关的常数；

B——与半导体物理性能有关的常数；

T——热敏电阻的绝对温度。

若已知两个电阻值 R_1 和 R_2，以及相应的温度值 T_1 和 T_2，便可求出 A、B 两个常数

$$B=\frac{T_1T_2}{T_2-T_1}\ln\frac{R_1}{R_2} \tag{8-23}$$

$$A=R_1\cdot e^{(-B/T_1)} \tag{8-24}$$

将式(8-23)代入式(8-24)，可得到以电阻 R_1 作为一个参数的温度特性表达式

$$R=R_1\cdot e^{(B/T-B/T_1)} \tag{8-25}$$

这样，如果电阻 R_1 和 R_2 为已知的话，那么温度特性就可以是给定的。通常取 25 ℃ 时的热敏电阻的阻值为 R_1，记作 R_{25}，称为标称电阻值，则式(8-25)可改写为

$$R=R_{25}\cdot e^{(1/T-1/298.15)B} \tag{8-26}$$

其电阻-温度特性曲线如图 8-20 所示。

电阻温度系数 α_T 可由式(8-25)求得

$$\alpha_T=\frac{1}{R}\cdot\frac{dR}{dT}=-\frac{B}{T^2} \tag{8-27}$$

由式(8-27)可知，热敏电阻的温度系数也与温度有关。而且对于大多数热敏电阻，它的温度系数均为负值。控制材料成分，也可以制成具有正温度系数的热敏电阻。正温度系数热敏电阻的电阻-温度特性可用下面公式计算

$$R=R_1 \cdot e^{B(T-T_1)} \tag{8-28}$$

式中：R、R_1——温度分别为 T、T_1 时的电阻值；

B——正温度系数，热敏电阻与半导体物理性能有关的常数。

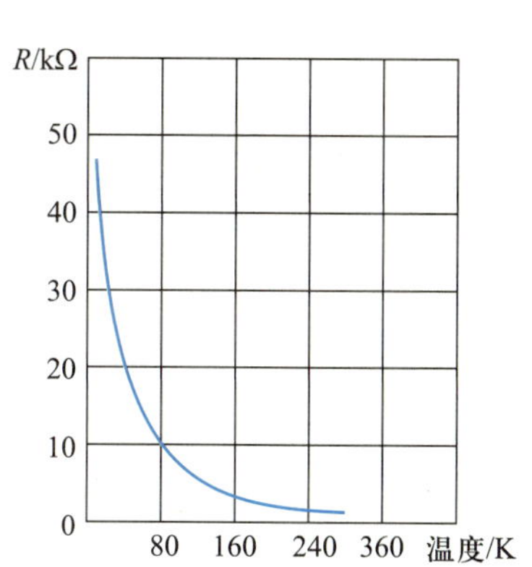

图 8-20　热敏电阻的电阻-温度特性曲线

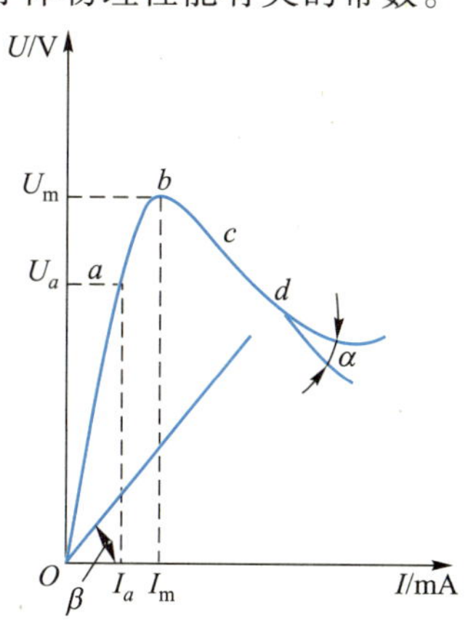

图 8-21　负温度系数热敏电阻伏安特性

二、伏安特性

伏安特性表征热敏电阻在恒温介质下流过的电流 I 与其上电压降 U 之间的关系，如图8-21 所示。当电流很小(小于 I_a)时，不足以引起自身加热，阻值保持恒定，电压降与电流之间符合欧姆定律，所以图中 Oa 段为线性区。当电流 $I>I_a$ 时，随着电流增加，功耗增大，产生自热，阻值随电流增加而减小，电压降增加速度逐渐减慢，因而出现非线性的正阻区 ab。当电流增大到 I_m 时，电压降达到最大值 U_m。此后，电流继续增大，自热更为强烈，由于热敏电阻的电阻温度系数大，阻值随电流增加而减小的速度大于电压降增加的速度，于是就出现负阻区 bc 段。当电流超过允许值时，热敏电阻将被烧坏。上述特性即使对同一个热敏电阻，也会因散热状况的不同而变化。

研究伏安特性，有助于正确选择热敏电阻的工作状态。对于测温、控温和温度补偿，应工作于伏安特性的线性区，即工作电流要小，这样就可以忽略自热的影响，使电阻值仅取决于被测温度。对于利用热敏电阻的耗散原理工作的场合，如测量流量、风速、真空等，则应工作于伏安特性的负阻区。

三、电流-时间特性

图 8-22 所示的曲线为热敏电阻的电流-时间特性曲线，它们是在不同的外加电压情况下，电流达到稳定最大值所需的时间，从图中可以看到都有一段

延迟时间，这是在自热过程中为达到新的热平衡状态所必需的，延迟时间反映了热敏电阻的动特性。适当选择热敏电阻的结构及相应的电路，可使这段延迟时间具有 0.001 s 到几个小时的数值。对于一般结构的热敏电阻，其值在 0.5~1 s 之间。

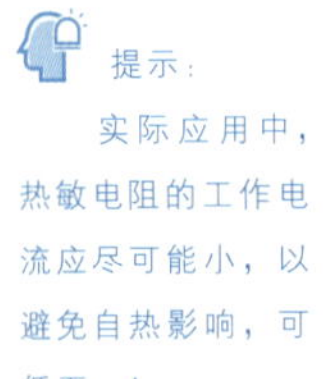

提示：实际应用中，热敏电阻的工作电流应尽可能小，以避免自热影响，可低至 μA。

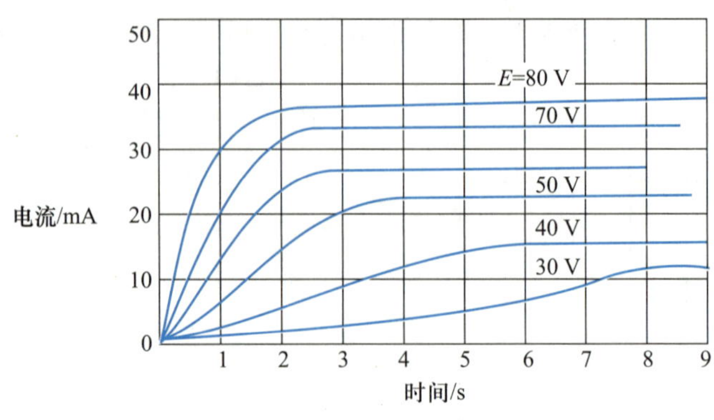

图 8-22 电流-时间特性曲线

8.3.2 热敏电阻的特性线性化

热敏电阻的电阻-温度特性呈指数关系，而测量和控制总是希望输出与输入呈线性关系。热敏电阻输出特性线性化的方法很多，最简单的方法是用电阻温度系数很小的电阻与热敏电阻串联或并联，可以使等效电阻与温度的关系在一定的温度范围内是线性的。

图 8-23 所示是热敏电阻 R_T 与补偿电阻 r_1 串联的情况，串联后的等效电阻 $R_S=R_T+r_1$。R_T 本身是随温度上升而下降的，即 $\alpha=-B/T^2$。若所选择的补偿电阻是金属或合金材料电阻，并具有小的正电阻温度系数，只要 r_1 选择合适，R_S-T 的特性在某一温度范围内近似为双曲线关系，即在这个温度区间内，温度与电阻的倒数呈线性关系，因而电流 I 与温度 T 呈线性关系。但此时灵敏度有所下降。

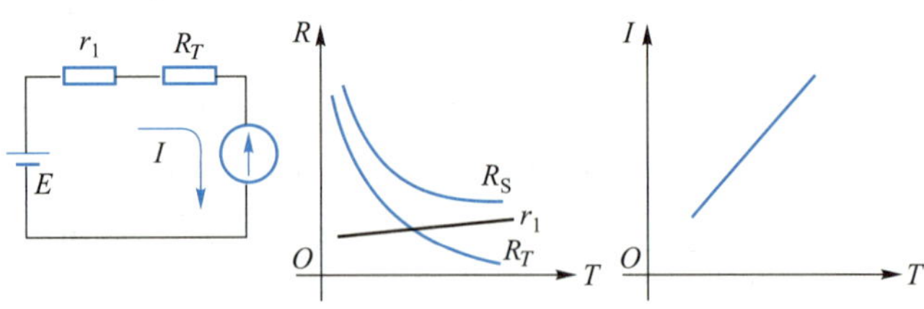

图 8-23 串联补偿电阻

图 8-24 所示为热敏电阻 R_T 与补偿电阻 r_1 并联的情况，并联后的等效电阻为

$$R_P=\frac{R_T \cdot r_1}{R_T+r_1}$$

若 r_1 的特性与串联时相同，当温度很低时，由于 $R_T \geqslant r_1$，因此 $R_P \approx r_1$；随着温度 T 的升高，R_T 很快下降，即

$$\left|\frac{dR_T}{dT}\right| = \left|\frac{dr_1}{dT}\right|$$

这时 R_P 下降，但因低温时 $R_T > r_1$，即 $(1/r_1) > (1/R_T)$，故 R_P 随温度 T 的上升而缓慢下降。

随着温度再上升，当 $R_T < r_1$，$(1/r_1) < (1/R_T)$，这时 R_T 的影响增大，R_P 随 T 的上升而较快下降。随着温度再上升，R_T 变化缓慢，R_P 随温度的上升而下降变缓慢。当温度很高时，R_T 基本不随 T 变化，R_P 也趋于稳定。由图 8-24 可知，补偿后的 R_P 的温度系数变小，电阻-温度曲线变平坦了。因此也可在某一温度范围内得到线性的输出特性。

除上述介绍的串联、并联补偿电阻之外，还有其他线性化电路的方法，如图 8-25 所示。

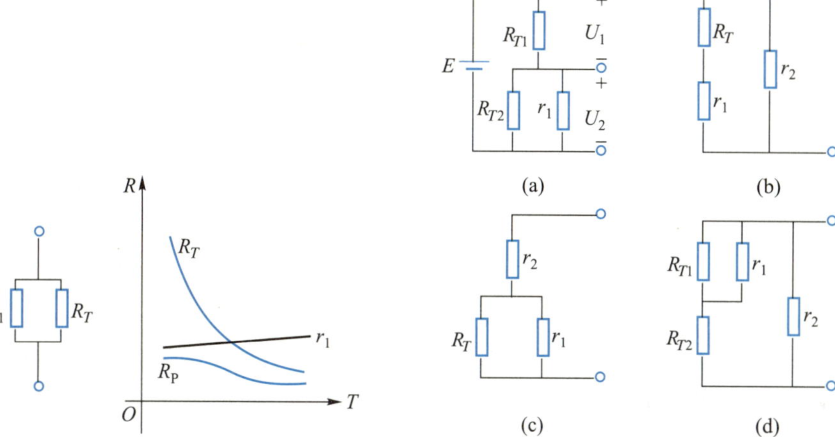

图 8-24　并联补偿电阻

图 8-25　其他线性化电路的方法

8.3.3　热敏电阻的应用举例

一、半导体点温计

利用热敏电阻对温度变化的高度敏感性能，可以制成测量点温计、反应迅速点温计。点温计不仅可以用来测量一般的气体、液体或固体的温度，而且还适宜测量微小物体或物体局部的温度。例如，可以用来测量运行中电机轴承的温度、晶体管外管的温升、植物叶片温度以及人体内血液的温度等。

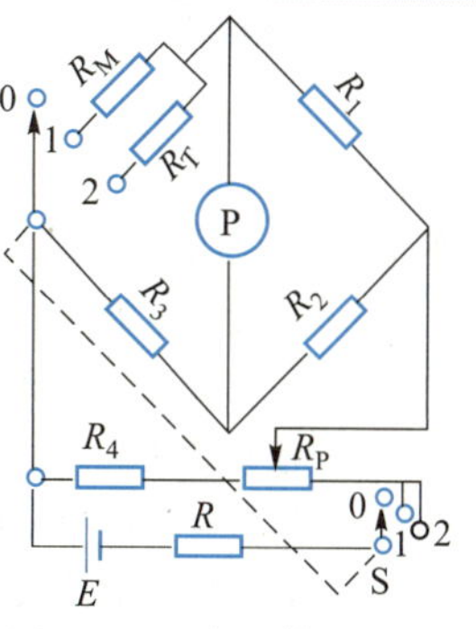

图 8-26　半导体点温计的电原理图

图 8-26 为半导体点温计的电原理图。它由热敏电阻、测量电阻和显示仪表组成。图中，$R_1 = R_2$，

> 提示：从体例可见，热敏电阻的测温范围比铂电阻和热电偶小，精度介于铂电阻和热电偶之间。

R_1、R_2 是桥路固定锰铜电阻，能对热敏电阻的非线性起补偿作用；R_3 是锰钢电阻，阻值等于点温计起始刻度时的热敏电阻的阻值；R_M 是锰铜电阻，其阻值等于点温计满刻度时热敏电阻的阻值；R_T 是半导体热敏电阻(测温元件)；R_4 和 R_P 的作用是调节桥路工作电压；开关 S 置于“1”时是调整，置于“2”时是测量；P 是指示仪表。

电路为不平衡电桥，使用时，先把开关置于“1”位置，调节电位器 R_P，使仪表满刻度，然后将开关置于“2”位置即可测量。

半导体点温计的测温范围为(−50~300) ℃，误差小于 0.5 ℃，反应时间不大于 6 s。

二、热敏电阻温度自动控制器

图 8-27 所示为采用热敏电阻作为测温元件进行自动控制温度的电加热器。控温范围由室温到热敏电阻的测温最高值，控制精度可达 0.1 ℃。

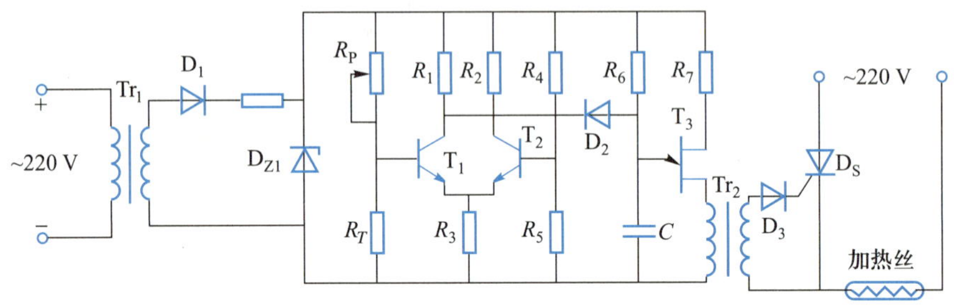

图 8-27 热敏电阻自动控温仪电路图

测温用的热敏电阻 R_T 为正温度系数，将它作为偏置电阻接在 T_1、T_2 组成的差分放大器电路内，当温度变化时，热敏电阻的阻值发生变化，引起 T_1 的集电极电流变化，经二极管 D_2 引起电容器 C 充电电流的变化，改变了充电速度，从而使单结晶体管的输出脉冲产生相移，改变晶闸管 D_S 的导通角。由此调节电热丝中的加热电流，达到自动控制温度的目的。

习题与思考题

8.1 热电阻传感器主要分几种类型？它们应用在什么不同场合？

8.2 什么叫作热电动势、接触电动势和温差电动势？说明热电偶测温原理及其工作定律的应用。分析热电偶测温的误差因素，并说明减小误差的方法。

8.3 试述热电偶测温的基本原理和基本定律。

8.4 试比较电阻温度计与热电偶温度计的异同点。

8.5 什么是测温用的平衡电桥、不平衡电桥和自动平衡电桥？各有什么特点？

8.6 试解释负电阻温度系数热敏电阻的伏安特性，并说明其用途。

8.7 有一串联的热敏电阻测温电路，如图 T8-1 所示。试设计其最佳线性工作特性，并计算其线性度，最后用坐标每 5 ℃为一点绘出图 T8-1 中电路 $U_o=f(t)$ 的曲线。

8.8 图 T8-2 所示为一并联的热敏电阻测温电路。它具有一定的线性化功能，以及热

敏电阻 R_T 的特性，试求等效的总电阻 R_e 与温度的关系式。今取并联电阻 $R_P=R_T=40\ \Omega$。试求 R_e 在(20~60) ℃工作范围内的独立线性度(可用数值方法)，最后对串联和并联线性化电路做一较全面而实用的比较。

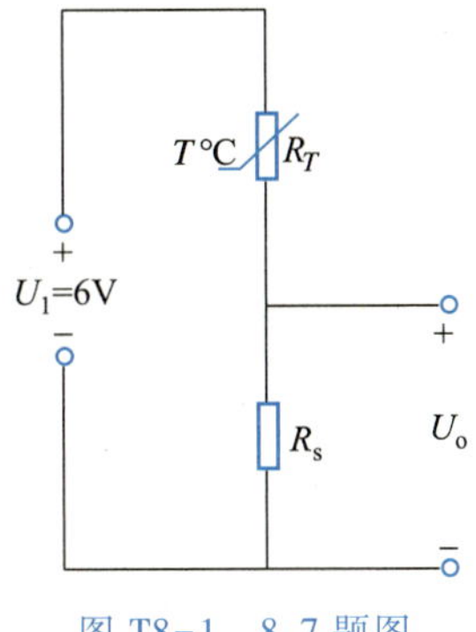

图 T8-1　8.7 题图

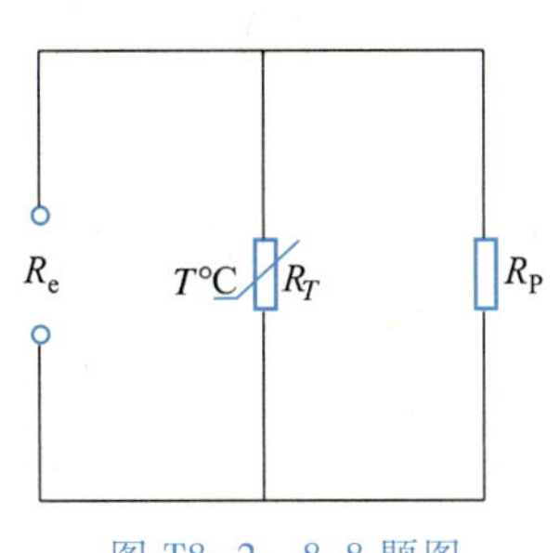

图 T8-2　8.8 题图

9 波式传感器

将声波信号转换成电信号的装置称为声波传感器；一般声波指机械振动引起周围弹性介质中质点的振动而向四面八方传播；能产生振动的物体称为声源；传播声波的良好弹性介质有空气、水、金属、混凝土等，声波不能在真空中传播。

声波传感器既能测量声波的强度，也能输出声波的波形。按照检测波的频率可分为：超声波传感器、声波传感器、微波传感器和次声波传感器；按照传感器的工作原理可分为电容式传感器、表面波式传感器等。本章主要介绍微波传感器、超声波传感器、次声波传感器等各类波式传感器的基本结构、工作原理及其应用。

9.1 声波概述

9.1.1 声波

1. 声波分类

声波根据频率可分为次声波、可闻声波（声音）、超声波和微波声波，如图 9-1 所示。

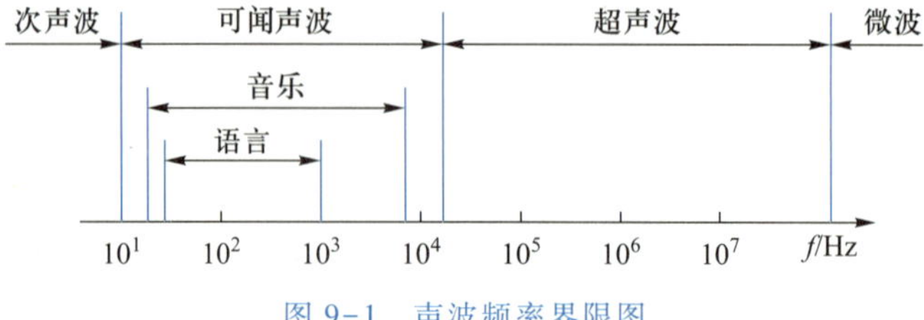

图 9-1 声波频率界限图

次声波：频率低于 16 Hz 的声波；

可闻声波：人耳朵可听到的声波，其阵面波到达人耳时会有相应的声音感觉，其频率范围为 16 Hz~20 kHz；

超声波：频率超过 20 kHz 的声波；

微波声波：频率高于 300 MHz 的声波，具有微米级波长。

2. 声波类型

纵波：质点的振动方向与波的传播方向一致，能在固体、液体和气体中传播。

横波：质点振动方向垂直于传播方向，只能在固体中传播。

表面波：质点振动介于纵波和横波之间，沿着表面传播，振幅随深度增加而迅速衰减；表面波质点振动的轨迹是椭圆形（其长轴垂直于传播方向，短轴平行于传播方向）。

9.1.2 物理特性

1. 声压和声阻抗率

声压：指体积元受声波扰动后压强由 p_0 到 p_1 的变化，即声扰动产生的逾量压强，简称逾压，$p=p_1-p_0$，单位为 Pa。

声阻抗率：指声场中某位置的声压 p 与该位置质点振动速度 v 的比值，即

$$z_s=\frac{p}{v} \tag{9-1}$$

2. 声功率和声强

声能密度：指单位体积内的声能量。

平均声能密度：指一个周期 T 内的平均声能密度值，即

$$\bar{\varepsilon}=\frac{1}{T}\int_0^T \varepsilon\,\mathrm{d}t=\frac{p_A^2}{2\rho_0 c_0^2}=\frac{p_e^2}{\rho_0 c_0^2} \tag{9-2}$$

式中，p_e 为有效声压，$p_e=\frac{p_A}{\sqrt{2}}$，p_A 为声压的幅值；ρ_0、c_0 分别为空气的密度和声波在空气中的波速。

平均声功率：指单位时间通过垂直于声传播方向面积 S 的平均声能量，或称为平均声能量流，即 $\overline{W}=\bar{\varepsilon}c_0 S$，单位为 W。

声强：指单位时间通过垂直于声传播方向的单位面积的平均声能量，或称为平均声能量流密度，即

$$I=\frac{1}{T}\int_0^T \mathrm{Re}(p)\mathrm{Re}(v)\,\mathrm{d}t=\frac{p_A^2}{2\rho_0 c_0}=\frac{1}{2}\rho_0 c_0 v_A^2=\rho_0 c_0 v_e^2=p_e v_e \tag{9-3}$$

式中，Re 代表取实部；v_e 为有效质点速度，$v_e=\frac{v_A}{\sqrt{2}}$，v_A 为质点速度的幅值；声强的单位是 W/m^2。

声压级（SPL）：待测有效声压与参考声压比值的常用对数的 20 倍，即

$$SPL=20\lg\frac{p_e}{p_{ref}}\ (\mathrm{dB}) \tag{9-4}$$

声强级（SIL）：待测声强与参考声强比值的常用对数的 10 倍，即

$$SIL=10\lg\frac{I_e}{I_{ref}} \tag{9-5}$$

声压级与声强级的关系式为

$$SIL=SPL+10\lg\frac{400}{\rho_0 c_0} \tag{9-6}$$

3. 声波的反射、折射和透射

当入射角为 θ_i，反射角为 θ_r，折射角为 θ_t 时，其关系满足声波反射与折射定律，用公式表示为

$$\theta_i=\theta_r,\qquad \frac{\sin\theta_i}{\sin\theta_t}=\frac{c_1}{c_2} \tag{9-7}$$

分界面上反射波声压与入射波声压之比 γ_P，透射波声压与入射波声压之比 t_P 分别为

$$\gamma_P=\frac{p_{rA}}{p_{iA}}=\frac{z_2-z_1}{z_2+z_1},\qquad t_P=\frac{p_{tA}}{p_{iA}}=\frac{2z_1}{z_2+z_1} \tag{9-8}$$

式中，z_1、z_2 分别为入射波和折射波法向声阻抗，$z_1=\frac{p_i}{v_{ix}}=\frac{\rho_1 c_1}{\cos\theta_i}$，$z_2=\frac{p_t}{v_{tx}}=\frac{\rho_2 c_2}{\cos\theta_t}$，$\rho_1$ 为介质 1 的密度，c_1 为入射波在介质 1 中传播的速度；ρ_2 为介质 2 的密度，c_2 为折射波在介质 2 中传播的速度。

4. 声波的衰减和吸收

声波在介质中传播时，随着传播距离 x 的增加，能量逐渐衰减，其声压和声强的衰减规律可表示为

$$p_x=p_0e^{-\alpha x},\quad I_x=I_0e^{-2\alpha x} \tag{9-9}$$

式中，p_x、I_x 为平面波在 x 处的声压和声强；p_0、I_0 为平面波在 $x=0$ 处的声压和声强；α 为声波衰减系数。

5. 声波的干涉

当两个声波同时作用于同一媒质时，遵循声波的叠加原理：两列声波合成声场的声压等于每列声波声压之和，$p=p_1+p_2$。

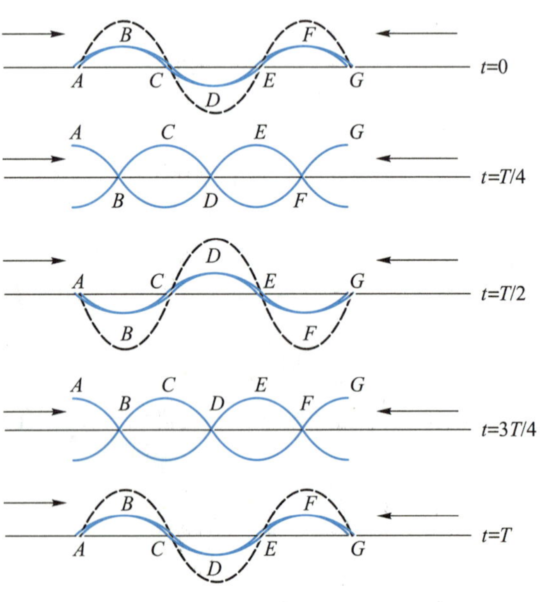

图 9-2　波的干涉图

当两列具有相同频率、固定位相差的声波叠加时会发生干涉，且合成声压是相同频率的声振动信号，但合成振幅与两列声波的振幅和位相差都有关。

若两列声波的频率不同，即使有固定的位相差也不可能发生干涉。波的干涉图如图9-2所示。

9.2 微波传感器

9-1 图片：微波传感器实物图

微波是介于红外线与无线电波之间的一种电磁波，通常按照波长将其细分为分米波、厘米波和毫米波三个波段。微波具有以下特点：

(1) 需要定向辐射装置。

(2) 遇到障碍物容易反射。

(3) 绕射能力差。

(4) 传输特性好，传输过程中受烟雾、灰尘等的影响较小。

(5) 介质对微波的吸收大小与介质介电常数成正比，如水对微波的吸收作用很强。

微波作为一种电磁波，它具有电磁波的所有性质，利用微波与物质相互作用所表现出来的特性，人们制成了微波传感器，即微波传感器就是利用微波特性来检测某些物理量的器件或装置。

注意：微波辐射可能对人的神经系统、心血管系统、眼、生殖系统等造成伤害。因此，在设计和使用微波传感器时，应严格执行相关微波辐射标准。

9.2.1 工作原理

1. 微波传感器的原理

微波传感器的基本测量原理：发射天线发出微波信号，该微波信号在传播过程中遇到被测物体时将被吸收或反射，导致微波功率发生变化，通过接收天线将接收到的微波信号转换成低频电信号，再经过后续的信号调理电路等环节，即可显示被测量。

2. 微波传感器的分类

根据微波传感器的工作原理，可将其分为反射式和遮断式两种。

(1) 反射式微波传感器：通过检测被测物反射回来的微波功率或经过的时间间隔来测量被测量。通常它可以测量物体的位移、厚度、液位等参数。

(2) 遮断式微波传感器：通过检测接收天线收到的微波功率大小来判断发射天线与接收天线之间有无被测物体，以及被测物体的位置、含水量等参数。

9.2.2 组成

微波传感器的组成主要包括三个部分：微波发生器(或称微波振荡器)、微波天线及微波检测器。

1. 微波发生器

微波发生器是产生微波的装置。由于微波波长很短，即频率很高

(300 MHz~300 GHz)，要求振荡回路中具有非常微小的电感与电容，因此不能用普通的电子管与晶体管构成微波振荡器。构成微波振荡器的器件有调速管、磁控管或某些固态器件，小型微波振荡器也可采用体效应管。

2. 微波天线

由微波振荡器产生的振荡信号通过天线发射出去。为了使发射的微波具有尖锐的方向性，天线要具有特殊的结构。常用的微波天线有喇叭形、抛物面形、介质天线与隙缝天线等，如图 9-3 所示。喇叭形天线结构简单，制造方便，可以看作是波导管的延续。喇叭形天线在波导管与空间之间起匹配作用，可以获得最大能量输出。抛物面天线使微波发射方向性得到改善。

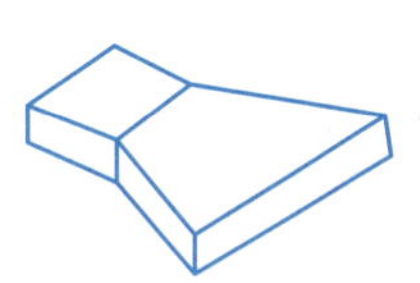
(a) 扇形喇叭天线

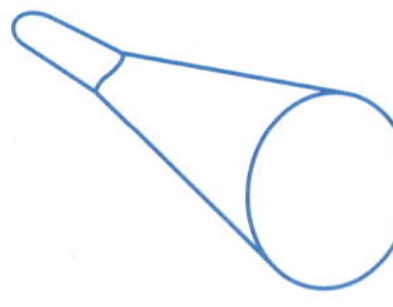
(b) 圆锥形喇叭天线

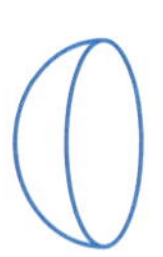
(c) 旋转抛物面天线

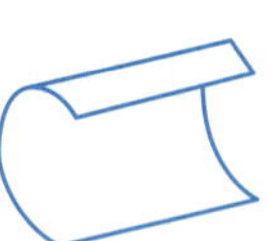
(d) 抛物面天线

图 9-3　常用的微波天线

3. 微波检测器

电磁波通过空间的微小电场变动而传播，所以使用电流-电压特性呈现非线性的电子元件作为探测它的敏感探头。与其他传感器相比，敏感探头在其工作频率范围内必须有足够快的响应速度。作为非线性的电子元件可用的种类较多(半导体 PN 结元件、隧道结元件等)，可根据具体的使用情况选用。

9.2.3 特点

1. 微波传感器的优点

(1) 微波传感器是一种非接触式传感器，如进行活体检测时，大部分不需要取样。

(2) 波长在 1 mm~1 m，对应频率范围为 300 MHz~300 GHz，有极宽的频谱。

(3) 可在恶劣环境(如高温、高压、有毒、有放射线等)条件下工作，它基本不受烟雾、灰尘、温度等影响。

(4) 频率高，时间常数小，反应速度快，可用于动态检测与实时处理。

(5) 测量信号本身是电信号，无需进行非电量转换，简化了处理环节。

(6) 输出信号可以方便地调制，在载波信号上进行发射和接收，传输距离远，可实现遥测、遥控。

2. 微波传感器的缺点

(1) 存在零点漂移，给标定带来困难。

(2) 测量环境对测量结果影响较大，如取样位置、气压等。

9.3 超声与次声波传感器

超声波传感器是一种以超声波作为检测手段的新型传感器。利用超声波的各种特性，可做成各种超声波传感器，再配上不同的测量电路，制成各种超声波仪器及装置，广泛地应用于冶金、船舶、机械、医疗等各个工业部门的超声探测、超声清洗、超声焊接、医院的超声医疗和汽车的倒车雷达等方面。

9-2 图片：超声波传感器实物图

9.3.1 超/次声波及其特征

9-3 图片：次声波传感器实物图

1. 超声波及其特点

频率高于 2×10^4 Hz 的机械波，称为超声波。

超声波的频率高、波长短、绕射小。它最显著的特性是方向性好，且在液体、固体中衰减很小，穿透力强，碰到介质分界面会产生明显的反射和折射，被广泛应用于工业检测中。

2. 超声波的传播速度

纵波、横波及表面波的传播速度，取决于介质的弹性常数和介质密度。气体和液体中只能传播纵波，气体中声速为 344 m/s，液体中声速为 900～1 900 m/s。固体中声速一般大于 3 000 m/s。在固体中，纵波、横波和表面波三者的声速成一定关系。通常可认为横波声速为纵波声速的一半，表面波声速约为横波声速的 90%。值得注意的是，介质中的声速受温度影响变化较大，在实际使用中应采取温度补偿措施。

3. 次声波及其特性

次声波又称亚声波，是一种人耳听不到的声波，频率很低，在 10^{-4}～16 Hz 之间。次声波传播时有其特殊性：

（1）传播快。空气中的传播速度为 300 m/s 以上，水中传播速度可达 1 500 m/s 左右。

（2）传播距离远。衰减很小，大气中传播几千米衰减不到万分之几 dB，可在空气、地面等介质中传播很远。

（3）穿透力强。一般的可闻声波用一堵墙即可挡住；次声波波长较长，易发生衍射，能绕过几十米厚的钢筋混凝土。

9.3.2 分类

要以超声波作为检测手段，必须能产生超声波和接收超声波。完成这种功能的装置就是超声波传感器，习惯上称为超声波换能器，或超声波探头。

超声波传感器按其工作原理，可分为压电式、磁致伸缩式、电磁式等，以压电式最为常用。下面以压电式和磁致伸缩式超声波传感器为例介绍其工作原理。

1. 压电式超声波传感器

压电式超声波传感器是利用压电材料的压电效应原理来工作的。常用的压电材料主要有压电晶体和压电陶瓷。根据正、逆压电效应的不同，压电式超声波传感器分为发生器(发射探头)和接收器(接收探头)两种。

压电式超声波发生器是利用逆压电效应的原理将高频电振动转换成高频机械振动，从而产生超声波。当外加交变电压的频率等于压电材料的固有频率时会产生共振，此时产生的超声波最强。压电式超声波传感器可以产生几十 kHz 到几十 MHz 的高频超声波，其声强可达几十 W/cm^2。

压电式超声波接收器是利用正压电效应原理进行工作的。当超声波作用到压电晶片上时引起晶片伸缩，在晶片的两个表面上便产生极性相反的电荷，这些电荷被转换成电压经放大后送到测量电路，最后记录或显示出来。压电式超声波接收器的结构与压电式超声波发生器基本相同，有时就用同一个传感器兼作发生器和接收器两种用途。

通用型和高频型压电式超声波传感器的结构分别如图 9-4(a)、(b)所示。通用型压电式超声波传感器的中心频率一般为几十 kHz，主要由压电晶体、圆锥谐振器、栅孔等组成；高频型压电式超声波传感器的频率一般在 100 kHz 以上，主要由压电晶片、吸收块(阻尼块)、保护膜等组成。压电晶片多为圆板形，设其厚度为 δ，超声波频率 f 与 δ 成反比。压电晶片的两面镀有银层，作为导电的极板，底面接地，上面接至引出端子。为了避免传感器与被测件直接接触而磨损压电晶片，在压电晶片下黏合一层保护膜(0.3 mm 厚的塑料膜、不锈钢片或陶瓷片)。阻尼块的作用是降低压电晶片的机械品质，吸收超声波的能量。如果没有阻尼块，当激励的电脉冲信号停止时，晶片将会继续振荡，加长超声波的脉冲宽度，使分辨率变差。

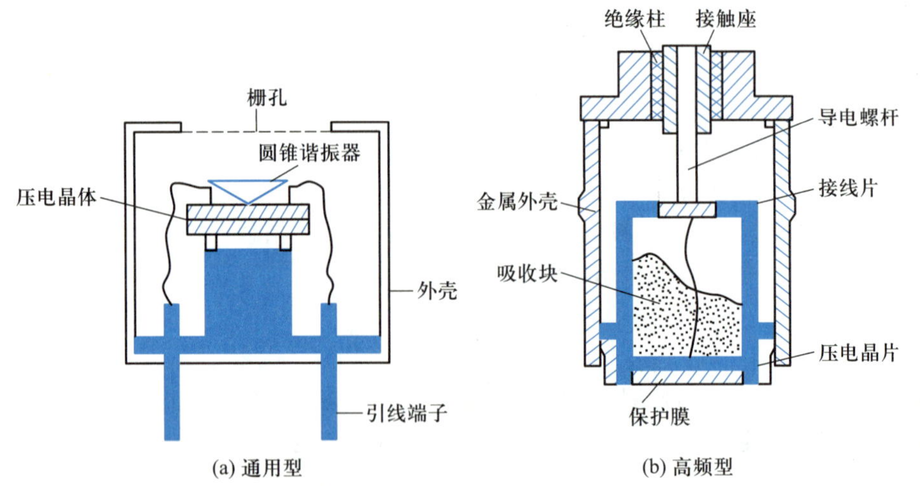

图 9-4 压电式超声波传感器的结构

2. 磁致伸缩式超声波传感器

铁磁材料在交变的磁场中沿着磁场方向产生伸缩的现象，称为磁致伸缩效应。磁致伸缩效应的强弱即材料伸长缩短的程度，因铁磁材料的不同而各异。

镍的磁致伸缩效应最大，如果先加一定的直流磁场，再通以交变电流，则它可以工作在特性最好的区域。磁致伸缩传感器的材料除镍外，还有铁钴钒合金和含锌、镍的铁氧体。它们的工作频率范围较窄，仅在几十 kHz 以内，但功率可达 100 kW，声强可达几 kW/mm^2，且能耐较高的温度。

提示：磁致伸缩效应在本书第 3.4 节压磁式传感器已有介绍，与压磁效应相关。

磁致伸缩式超声波发生器是把铁磁材料置于交变磁场中，使它产生机械尺寸的交替变化即机械振动，从而产生出超声波。它是用几个厚为 0.1～0.4 mm 的镍片叠加而成的，片间绝缘以减少涡流损失，其结构形状有矩形、窗形等。

磁致伸缩式超声波接收器的原理：当超声波作用在磁致伸缩材料上时，引起材料伸缩，从而导致它的内部磁场(导磁特性)发生改变。根据电磁感应，磁致伸缩材料上所绕的线圈里便获得感应电动势。此电动势被送入测量电路，最后记录或显示出来。磁致伸缩式超声波接收器的结构与超声波发生器基本相同。

3. 次声波传感器

次声波传感器指能够接收次声波的传声器，能把其机械位移转化为电信号。常见的次声波传感器有电容式、动圈式和光纤三种类型，下文仅讲述前两种。

(1) 电容式次声波传感器

次声波声压太小，仅几十至几百 Pa 的数量级，引起膜片变形太小，必须把这种机械的位移转化为电信号。电容能将空气中的被测次声频率波动量转化成为电容量，利用检测电路将电容变化量转化成电压信号。

CSH-1 型电容式次声波传感器主要由传声器和换能电路两部分组成。整个接收器电路是由振荡器、调制器、传声器、解调器、直流放大器、低通滤波器等部分组成的，如图 9-5 所示。

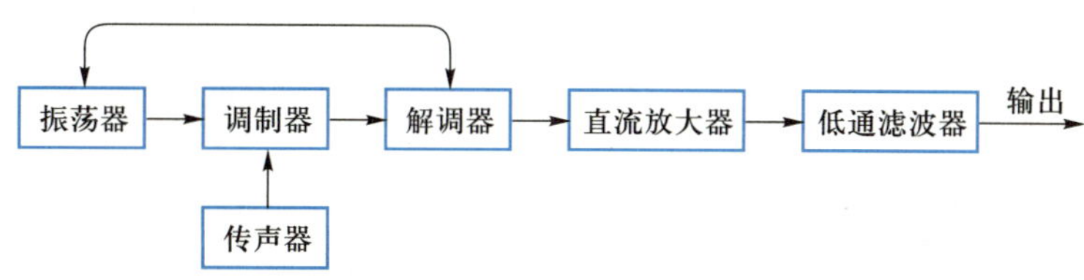

图 9-5 接收器电路组成框图

GSH-1 型电容式次声波传声器把作用于膜片的声压转换成为由膜片和极板所构成电容器的电容量变化。图 9-6 为 CSH-1 型电容式次声波传声器的结构示意图和等效电路，其中 P 为声压信号，Q 为声压作用下膜片的体积位移。

图 9-7 为电容式次声波传声器的测量电路，采用调幅原理测量电容量的变化。电容电桥调幅电路的输出端电压为

$$U_0=-\frac{U_1}{2}\frac{\Delta C/C_0}{2+\Delta C/C_0} \tag{9-10}$$

式中，U_1 为高频信号源电压；C_0 为电容式次声波传声器的静态电容量；ΔC 为由声压信号作用引起 C_0 的变化量。

(2) 动圈式次声波传感器

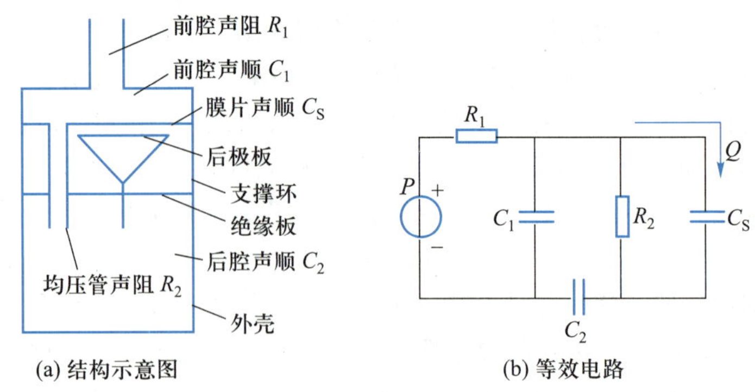

图 9-6 CSH-1 型电容式次声波传声器

图 9-8 为动圈式次声波传感器的工作原理图。次声波的频率高，PET 膜的振动频率就高，膜所带线圈产生感应电动势和感应电流变化的频率也就越高；次声强度越大，振膜的振动幅度就越大，感应电动势和感应电流的幅度也越大。线圈中的感应电信号经过电路处理后，用示波器即可直接测量输出电压。

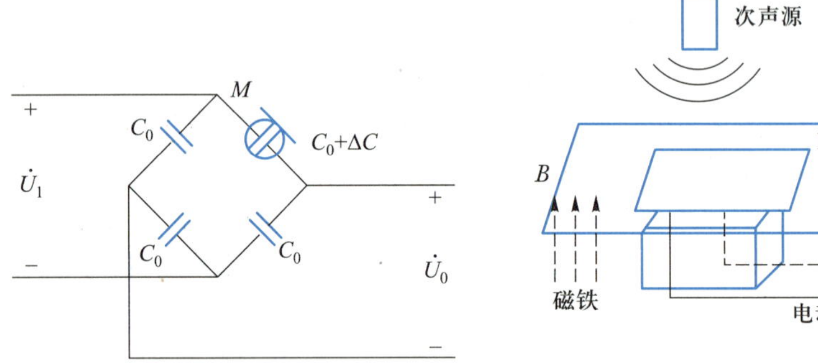

图 9-7 电容式次声波传声器测量电路　　图 9-8 动圈式次声波传感器的工作原理图

9.4 声波传感器的应用

9.4.1 液位和湿度的检测

1. 微波液位计

如图 9-9 所示，微波发射天线和接收天线相距 s，相互成一定角度，波长为 λ 的微波从被测液面反射后进入接收天线。接收天线接收到微波功率的大小随着被测液面的高低不同而不同。接收天线接收的功率 P_r 可表示为

$$P_r=\left(\frac{\lambda}{4\pi}\right)^2\frac{P_tG_tG_r}{s^2+4d^2} \tag{9-11}$$

式中，d 为两天线与被测液面间的垂直距离；s 为两天线间的水平距离；P_t、G_t 为发射天线发射的功率和增益；G_r 为接收天线的增益。

当发射功率、波长、增益均恒定，且两天线间的水平距离确定时，只要测

得接收功率 P_r 就可以获得被测液面的高度 d。

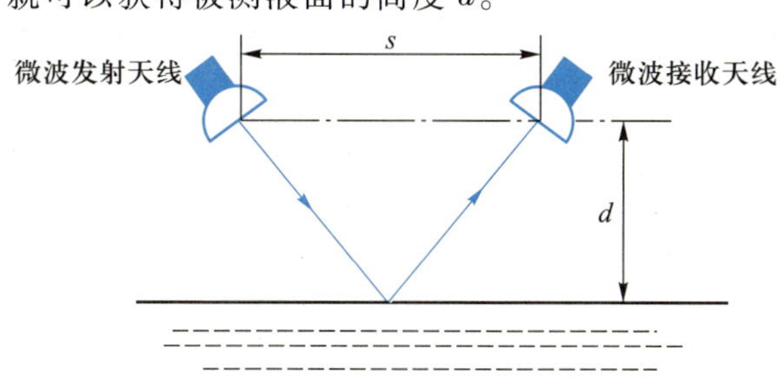

图 9-9 微波液位计原理图

2. 微波湿度传感器

水分子是极性分子，在常态下偶极子杂乱无章地分布着。当有外电场作用时，偶极子将形成定向排列。在微波场作用下，偶极子不断地从电场中获得能量(这是一个储能的过程)，表现为微波信号的相移；又不断地释放能量(这是一个放能的过程)，表现为微波信号的衰减。这个特性用水分子的介电常数可表示为

$$\varepsilon=\varepsilon'+\alpha\varepsilon'' \tag{9-12}$$

式中，ε 为水分子的介电常数；ε'、ε''为介电常数的储能分量(相移)和放能分量(衰减)；α 为常数。

ε'、ε''与材料和测试信号频率均有关，且所有极性分子均有此性质。一般干燥的物体，ε'在 1~5 范围内，而水的 ε'高达 64。因此，如果被测材料中含有水分时，其复合(指材料与水分的总体效应)的 ε'值将显著上升，ε''也有类似的性质。

微波湿度传感器就是基于上述特性来实现湿度测量的，即同时测量干燥物体和含有一定水分的潮湿物体，前者作为标准量，后者将引起微波信号的相移和衰减，从而换算出物体的含水量。

9.4.2 物位、流量的测量和无损探伤

1. 超声波测物位

将存于各种容器内的液体表面高度及所在的位置称为液位；固体颗粒、粉料、块料的高度或表面所在位置称为料位；两者统称为物位。

超声波测量物位是根据超声波在两种介质的分界面上的反射特性而工作的。图9-10 为几种超声波检测物位的工作原理图。

根据发射和接收换能器的功能，超声波物位传感器可分为单换能器和双换能器两种。单换能器在发射和接收超声波时均使用一个换能器，如图 9-10(a)、(c)所示，而双换能器对超声波的发射和接收各由一个换能器担任，如图 9-10(b)、(d)所示。

超声波传感器可放置于水中，如图 9-10(a)、(b)所示，让超声波在液体中传播。由于超声波在液体中衰减比较小，所以即使产生的超声波脉冲幅度较

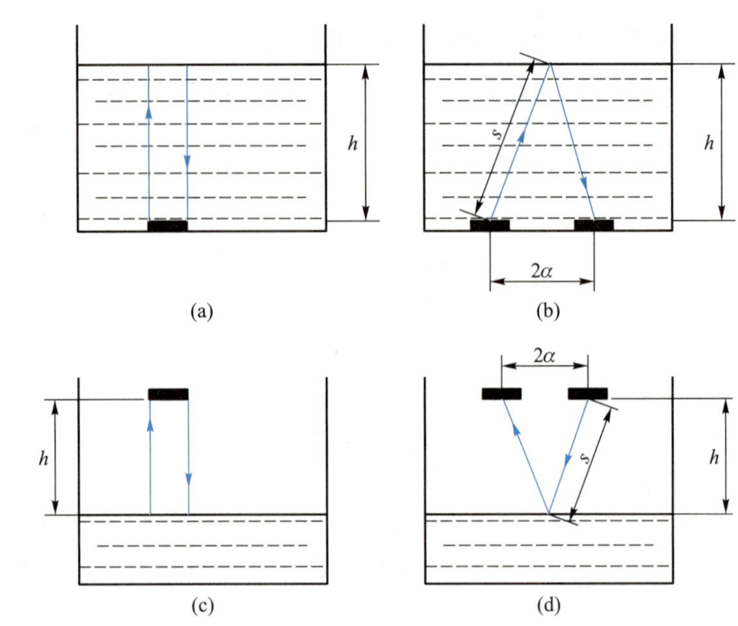

图 9-10 几种超声波检测物位的工作原理图

小也可以传播。

超声波传感器也可以安装在液面的上方，如图 9-10(c)、(d)所示，让超声波在空气中传播。这种方式便于安装和维修，但超声波在空气中的衰减比较严重。

对于单换能器来说，超声波从发射到液面，又从液面反射回换能器的时间间隔为

$$\Delta t=\frac{2h}{v} \tag{9-13}$$

则有

$$h=\frac{v\Delta t}{2} \tag{9-14}$$

式中，h 为换能器距液面的距离；v 为超声波在介质中的传播速度。

对于双换能器来说，超声波从发射到被接收经过的路程为 $2s$，则

$$s=\frac{v\Delta t}{2} \tag{9-15}$$

因此，液位高度为

$$h=\sqrt{s^2-a^2} \tag{9-16}$$

式中，s 为超声波反射点到换能器的距离；a 为两换能器间距的$\frac{1}{2}$。

> 注意：时间间隔 Δt 的测量精度越高，则物位的精度越高。

从以上公式中可以看出，只要测得从发射到接收超声波脉冲的时间间隔 Δt，便可以求得待测的物位。

2. 超声波测量流体流量

超声波测量流体流量是利用超声波在流体中传输时，在静止流体和流动流

体中的传播速度不同的特点，从而求得流体的流速和流量。

图 9-11 为超声波测流体流量的工作原理图。图中 v 为被测流体的平均流速，c 为超声波在静止流体中的传播速度，θ 为超声波传播方向与流体流动方向的夹角（θ 必须不等于 90°），A、B 为两个超声波换能器，L 为两者之间的距离。以下以时差法为例介绍超声流量计的工作原理（设管道内直径为 D）。

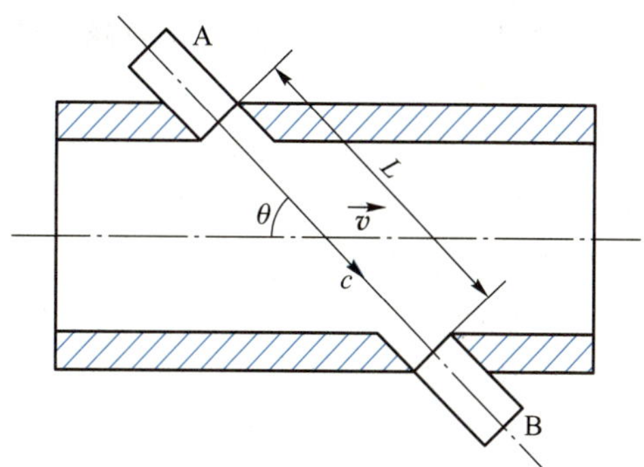

图 9-11 超声波测流体流量的工作原理图

当 A 为发射换能器、B 为接收换能器时，超声波为顺流方向传播，传播速度为$c+v\cos\theta$，所以顺流传播时间 t_1 为

$$t_1=\frac{L}{c+v\cos\theta} \tag{9-17}$$

当 B 为发射换能器、A 为接收换能器时，超声波为逆流方向传播，传播速度为$c-v\cos\theta$，所以逆流传播时间 t_2 为

$$t_2=\frac{L}{c-v\cos\theta} \tag{9-18}$$

因此超声波顺、逆流传播时间差为

$$\Delta t=t_2-t_1=\frac{L}{c-v\cos\theta}-\frac{L}{c+v\cos\theta}=\frac{2Lv\cos\theta}{c^2-v^2\cos^2\theta} \tag{9-19}$$

一般来说，超声波在流体中的传播速度远大于流体的流速，即 $c\gg v$，所以式（9-19）可近似为

$$\Delta t\approx\frac{2Lv\cos\theta}{c^2} \tag{9-20}$$

因此被测流体的平均流速为

$$v\approx\frac{c^2}{2L\cos\theta}\Delta t \tag{9-21}$$

测得流体流速 v 后，再根据管道流体的截面积 S，即可求得被测流体的流量为

$$Q=Sv=\frac{\pi D^2}{4}\frac{c^2}{2L\cos\theta}\Delta t=\frac{\pi D^2c^2}{8L\cos\theta}\Delta t \tag{9-22}$$

3. 超声波无损探伤

超声波探伤的方法很多，按其原理可分为穿透法和反射法两大类。

（1）穿透法探伤　穿透法探伤是根据超声波穿透工件后能量的变化情况来判断工件内部质量的。

该方法采用两个超声波换能器，分别置于被测工件相对的两个表面，其中一个为发射超声波，另一个为接收超声波。发射超声波可以是连续波，也可以是脉冲信号。

当被测工件内无缺陷时，接收到的超声波能量大，显示仪表指示值大；当工件内有缺陷时，因部分能量被反射，因此接收到的超声波能量小，显示仪表指示值小。根据这个变化，即可检测出工件内部有无缺陷，如图 9-12 所示。

该方法的优点是指示简单，适用于自动探伤；可避免盲区，适宜探测薄板；但其缺点是探测灵敏度较低，不能发现微小缺陷；根据能量的变化可判断有无缺陷，但不能定位；对两探头的相对位置要求较高。

（2）反射法探伤　反射法探伤是根据超声波在工件中反射情况的不同来探测工件内部是否有缺陷。它可分为一次脉冲反射法和多次脉冲反射法两种。

1）一次脉冲反射法。如图 9-13 所示，测试时，将超声波探头放于被测工件上，并在工件上来回移动进行检测。由高频脉冲发生器发出脉冲（发射脉冲 T）加在超声波探头上，激励其产生超声波。探头发出的超声波以一定速度向工件内部传播。其中，一部分超声波遇到缺陷时反射回来，产生缺陷脉冲 F，另一部分超声波继续传至工件底面后也反射回来，产生底脉冲 B。缺陷脉冲 F 和底脉冲 B 被探头接收后变为电脉冲，并与发射脉冲 T 一起经放大后，最终在显示器荧光屏上显示出来。通过荧光屏即可探知工件内是否存在缺陷、缺陷大小及位置。若工件内没有缺陷，则荧光屏上只出现发射脉冲 T 和底脉冲 B，而没有缺陷脉冲 F；若工件中有缺陷，则荧光屏上除出现发射脉冲 T 和底脉冲 B 之外，还会出现缺陷脉冲 F。荧光屏上的水平亮线为扫描线（时间基准），其长度与时间成正比。由发射脉冲、缺陷脉冲及底脉冲在扫描线上的位置，可求出缺陷位置。由缺陷脉冲的幅度，可判断缺陷大小。当缺陷面积大于超声波声束截面面积时，超声波全部由缺陷处反射回来，荧光屏上只出现发射脉冲 T 和缺陷脉冲 F，而没有底脉冲 B。

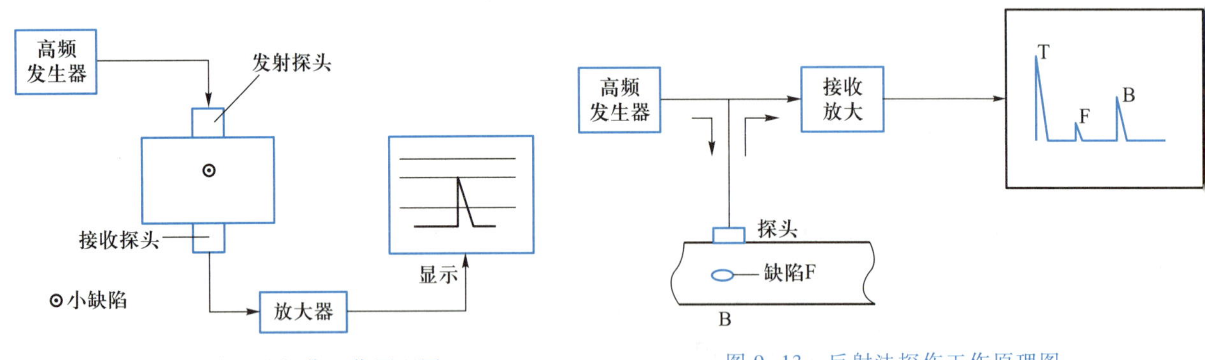

图 9-12　穿透法探伤工作原理图

图 9-13　反射法探伤工作原理图

2）多次脉冲反射法。多次脉冲反射法是以多次底波为依据而进行探伤的方法。超声波探头发出的超声波由被测工件底部反射回超声波探头时，其中一部分超声波被探头接收，而剩下部分又折回工件底部，如此往复反射，直至声能全部衰减完为止。因此，若工件内无缺陷，则荧光屏上会出现呈指数函数曲线形式递减的多次反射底波；若工件内有吸收性缺陷，声波在缺陷处的衰减很大，底波反射的次数减少；若缺陷严重，底波会逐渐消失甚至完全消失。据此可判断出工件内部有无缺陷及缺陷的严重程度。当被测工件为板材时，为了观察方便，一般常采用多次脉冲反射法进行探伤。

9.4.3 管道泄漏的定位和灾害预测

1. 次声波管道泄漏定位

当管壁出现破损而产生泄漏时，管道内介质（液体、气体、蒸气）从泄漏点喷出，管内其余介质将迅速涌向泄漏处，且在泄漏处产生振动。该振动从泄漏处以声波的形式向管道两端迅速传播，该声波包括次声波、超声波等。其中次声波受管内的杂波影响极小，传播稳定。

如图 9-14 所示，设管道两端安置次声波传感器 A、B，泄漏处的次声波传播速度为 v，泄漏点到管道上端传感器 1（A 点）的距离为 X，上下端次声波传感器间的距离为 L，从泄漏开始计时，A、B 两端捕捉到次声波的时间分别为 t_1、t_2，则有

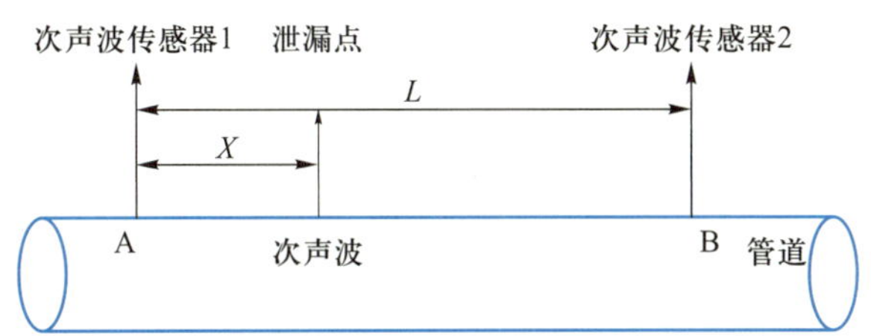

图 9-14 次声波定位原理图

$$t_1+t_2=\frac{L}{v},\qquad t_1-t_2=\Delta t,\qquad t_1v=X \tag{9-23}$$

则管道泄漏点距 A 点的位置为

$$X=\frac{L+v\Delta t}{2} \tag{9-24}$$

注意：当泄漏点在 A、B 两点之间时才有式（9-24）结论。

2. 自然灾害预测

地震、火山爆发、雷暴、风暴、陨石落地、大气湍流等自然灾害，在发生前可能会辐射出次声波，可利用这个前兆来预测和预报这些灾害的发生。

海底地震所引发的海啸在推进过程中会向空中和水体同时发射低频次声波信号，利用次声波在海水中的传播速度快于在空气中的传播速度的特性，可提前测量到海啸的信息。例如用电容式次声波传感器既能接收到地震次声波信号，又能接收到海啸次声波信号，由此可以做出结论性判断。

习题与思考题

9.1 简述微波的特点。

9.2 试分析反射式和遮断式微波传感器的工作原理。

9.3 试分析微波传感器的主要组成及其各自的功能。

9.4 举例说明微波传感器的应用。

9.5 超声波在介质中传播具有哪些特性?

9.6 简述超声波测量流量的工作原理。

9.7 超声波传感器主要有哪几种类型?试述其工作原理。

9.8 超声波测物位有哪几种测量方式?各有什么特点?

9.9 试述超声波反射法探伤的基本原理。

9.10 简述次声波的特性。

9.11 简述次声波管道泄漏定位的工作原理。

10　核辐射传感器

在现代测量技术中，广泛地应用各种核辐射特性来测量不同的物理参数。其测量原理是：利用核辐射粒子的电离作用、穿透能力、物体吸收和散射核辐射等的特定规律，可以实现对气体成分、材料厚度、物质密度、物位、材料内伤等的测量。

10.1　核辐射的基本特性

10.1.1　核辐射的特性

在测量技术中，经常采用四种核辐射源，即 α、β、γ 射线源和 X 射线管。核辐射源的基本参数为：源的强度 A、辐射的强度 J、辐射的剂量、半衰期 $T_{0.5}$ 等。

α 射线是带正电荷的高速粒子流；β 射线是带负电荷的高速粒子流——电子流；γ 射线是一种光子流，不带电，以光速运动，是原子核内放射出来的；X 射线是由原子核外的内层电子被激发而放出的电磁波能量。

一、辐射源的特性

1. 源强度 A

它用单位时间内发生的裂变数来表示，用居里作为强度单位。1 居里对应于每秒内有 3.700×10^{10} 次原子核衰变。每秒产生 3.7×10^{10} 次核衰变的放射性物质，称其源强度 A 为 1 居里。居里的单位太大，也常用毫居里或微居里来表示。

2. 核辐射强度 J

单位时间内在垂直于射线前进方向的单位截面积上穿过的能量大小，称为核辐射强度 J。最通用的辐射强度测量方法是逐个记录放射出的粒子数，并用它代替辐射能量。

一个点源照射在面积为 S 的检测器上，其辐射强度 J_0 以粒子数表示为

$$J_0 = A \cdot C \frac{1}{4\pi r_0^2} \tag{10-1}$$

式中：r_0——辐射源到检测器之间的距离；

A——源强度；

C——在源强度为 1 居里时，每秒放射出的粒子数。

如果知道粒子的能量，则辐射强度的计算公式为

$$J_0=\frac{A\cdot C\cdot E\times 1.6\times 10^{-13}}{4\pi r_0^2} \tag{10-2}$$

式中：E——每个粒子的能量（MeV）；J_0 的单位是 W/sr，W 是功率单位瓦［特］，sr 是 steradian 的缩写，即立体角。

各种放射性元素的强度都是与时间成指数规律衰减的，任何外界影响都不能改变它们的衰减速度，设 J_0 和 J 分别表示时间 $t=0$ 和 $t=t_1$ 的辐射强度，则放射性的衰减规律可以写成

$$J=J_0 e^{-\lambda t_1} \tag{10-3}$$

式中：λ 为衰减常数，它表明该元素衰变的快慢。通常用与衰减常数有关的半衰期 $T_{0.5}$来表示元素衰减的速度。半衰期就是放射性元素衰变掉原有核子数的一半所需的时间，以 $T_{0.5}$表示。根据上述定义可从式(10-3)求得

$$T_{0.5}=\frac{0.693}{\lambda} \tag{10-4}$$

式中：$T_{0.5}$和 λ 都是与外界因素和时间无关的常数。

二、核辐射线与物质的相互作用

1. 电离作用

具有一定能量的带电粒子在穿过物质时会产生电离作用，所以在它们经过的路程上形成许多离子对。电离作用是带电粒子和物质互相作用的主要形式。α 粒子由于能量大而电离作用最强。带电粒子在物质中穿行时，其能量逐渐耗尽而停止运动，其穿行的一段直线距离(起点和终点的距离)叫作粒子的射程。射程是表示带电粒子在物质中被吸收的一个重要参数。α 粒子质量大，电荷也大，因而在物质中引起很强的电离，射程就很短。一般 α 粒子在空气中的射程不过几 cm。在固体中不超过几十 μm。

β 粒子质量小，其电离能力比同样能量的 α 粒子要弱，同时容易改变运动方向而产生散射。实际上，β 粒子穿行的路程是弯弯曲曲的。

γ 光子电离的能力就更小了。

在辐射线的电离作用下，每秒产生的离子对的总数，也就是离子对的形成频率 f_N 可按下式计算

$$f_N=\frac{1}{2}\frac{E}{\Delta E}\cdot C\cdot A \tag{10-5}$$

式中：E——带电粒子的能量；

ΔE——离子对的能量；

A——源强度；

C——在源强度为 1 居里时，每秒放射出的粒子数。

若所有形成的离子都能到达收集电极，则形成的电离电流为

$$I_\infty=f_N q=\frac{1}{2}\cdot\frac{E}{\Delta E}\cdot C\cdot A\cdot q \tag{10-6}$$

式中：q——离子的电荷量。

按式(10-5)计算出的是最大离子对数，这只有在电离室的尺寸大于粒子的射程，且粒子的所有能量全耗散于电离气体分子时才能成立。如果电离室的尺寸较小，那么电离电流与电极的距离有关，且随电极距离的增大而增大。电离室内气体密度也影响电离电流。当气体压力保持在 0.01~10 Pa时，电流和气体密度呈线性关系。利用这个关系可以测量气体的密度。

在一定条件下，电离过程伴有复合过程发生，即离子在向电极运动的过程中，一部分离子复合成中性分子了。复合程度因气体成分而异。

2. 核辐射的吸收和散射

β 和 γ 射线比 α 射线的穿透能力强。当它们穿过物质时，一方面由于物质的吸收作用而使粒子损失能量，另一方面会有一些粒子散射出来。根据经验，一个细的平行射线束穿过物质层后其强度按下式衰减

$$J=J_0 e^{-\mu_m \rho x} \tag{10-7}$$

式中：J——穿过厚度为 x (mm)的物质后的辐射强度；

J_0——射入物质前的辐射强度；

x——吸收物质的厚度；

μ_m——物质的质量吸收系数；

ρ——物质的密度。

对大多数材料来说，β 射线的质量吸收系数可用下面近似公式计算

$$\mu_m=\frac{2.2}{E_{\beta max}^{4/3}} \tag{10-8}$$

式中：$E_{\beta max}$——β 粒子的最大能量。

γ 射线的质量吸收系数要小得多，所以 γ 射线的穿透厚度也大得多。

由式(10-7)可知，当已知 J_0 和 μ_m 值后，只要测得 J 值，就可以求出 ρx 值。ρx 值有时也称为质量厚度，常用 d 表示，所以物质的吸收作用被广泛地用于测量厚度。这种核辐射吸收系数测量方法与被测介质的化学性质和多数物理参数无关，这是该测量方法的独特之处。

3. 散射问题

β 射线在物质中穿行时容易改变运动方向而产生散射现象，尤其是向反方向的散射即反射。反射的大小取决于散射物质的厚度和性质。散射物质的原子序数 Z 越大，则 β 粒子的散射百分比也越大。图 10-1(a)表示在核辐射源 1 的一侧有很厚的反射板 2 时，物质的原子序数 Z 与反射系数 K'的关系。K'是有反射板时向一个方向射出的 β 粒子数与没有反射板时向这个方向射出的 β 粒子数的比值。原子序数增大到极限情况时，几乎所有投射到反射板上的粒子全部被反射回来了。

反射强度的大小与反射板的厚度 x 有关

$$J_s=J_{smax}(1-e^{-\mu_s x}) \tag{10-9}$$

式中：J_s——反射板厚度为 x (mm)时，放射线被反射的强度；

$J_{smax}=f(Z)$——当 x 趋于无穷大时的反射强度；

μ_s——取决于辐射能量的常数。

由式(10-9)可以看出，J_s 开始随 x 增大而增大，但达到某个 x_n 值后，J_s 不再变化了，即 J_s 达到饱和值，x_n 值就叫饱和厚度，如图 10-1(b)所示。

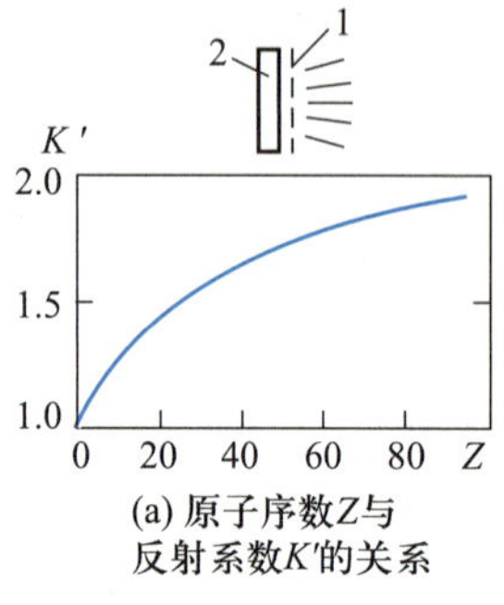

(a) 原子序数Z与反射系数K′的关系

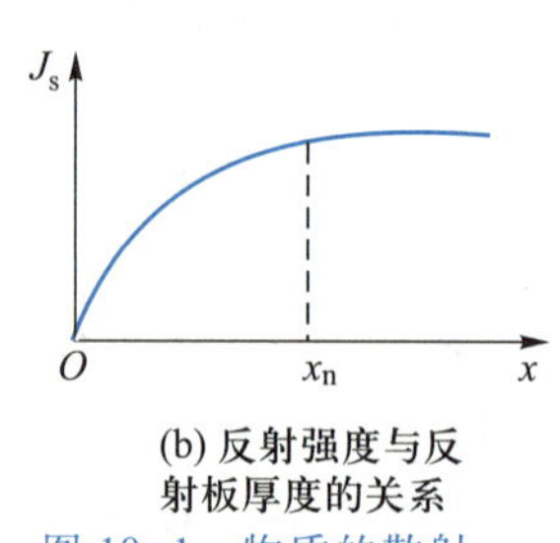

(b) 反射强度与反射板厚度的关系

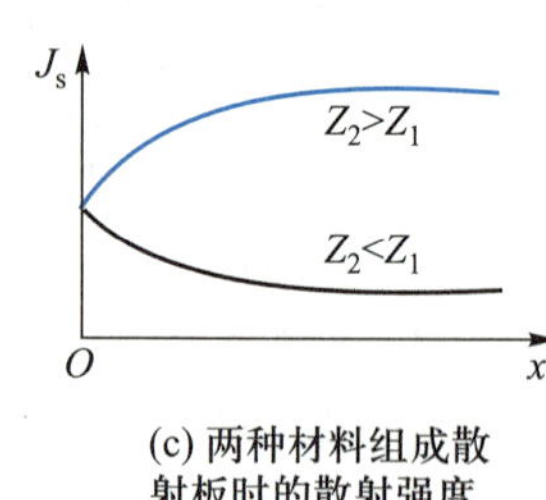

(c) 两种材料组成散射板时的散射强度

图 10-1 物质的散射

若在厚度为 x_1 的第一种材料(其原子序数为 Z_1)上，再盖上第二种材料(其原子序数为 Z_2)，且 $Z_1 \neq Z_2$。那么，J_s 将与第二种材料的厚度 x_2 有关，如图 10-1(c)所示。利用这种反射强度关系，可以测量材料的涂层厚度。

利用电离、吸收和反射作用及 α、β 和 γ 粒子的特点，可进行多种量的测量。通常 α 粒子主要用于气体分析、气体压力和流量的测量；β 射线可用来测量带材厚度、密度、覆盖层厚度等；γ 射线用于测量大气厚度，检测材料缺陷，测量物位、密度等。

10.1.2 测量中常用的同位素

具有相同核电荷数、有不同质量数的原子所构成的元素称为同位素。

假如某种同位素的原子核在没有任何外因作用下自动变化，衰变中将放射出射线，这种变化称为放射性衰变，这种同位素称为放射性同位素。

核辐射检测要采用半衰期比较长的放射性同位素，同时对放射出来的射线能量也有一定的要求，因此常被采用的放射性同位素种类有限，如表 10-1 所示。

表 10-1 常用的放射性同位素

同位素	符号	半衰期	辐射种类	α 粒子能量/MeV	β 粒子能量/MeV	γ 射线能量/MeV	X 射线能量/MeV
碳^{14}	^{14}C	5 720 年	β		0. 155		
铁^{55}	^{55}Fe	2. 7 年	X				59
钴^{57}	^{57}Co	270 天	γ, X			136. 14	6. 4
钴^{60}	^{60}Co	5. 26 年	β, γ		0. 31	1. 17, 1. 33	
镍^{63}	^{63}Ni	125 年	β		0. 067		
氪^{35}	^{35}Kr	9. 4 年	β, γ		0. 672, 0. 159	0. 513	
锶^{90}	^{90}Sr	199 年	β		0. 54, 2. 24		
钌^{106}	^{106}Ru	290 天	β, γ		0. 039, 3. 5	0. 52	
镉^{109}	^{109}Cd	1. 3 年	α, γ	0. 022		0. 085	
铯^{134}	^{134}Cs	2. 3 年	β, γ		0. 658, 0. 09, 0. 24	0. 568, 0. 602, 0. 794	

续表

同位素	符号	半衰期	辐射种类	α 粒子能量/MeV	β 粒子能量/MeV	γ 射线能量/MeV	X 射线能量/MeV
铯^{137}	^{137}Cs	33.2 年	β,γ		0.523,0.004	0.661 4,0.000 7	
铈^{144}	^{144}Ce	282 天	β,γ		0.3,2.97	0.03～0.23,0.7～2.2	
钷^{147}	^{147}Pm	2.2 年	β		0.229		
铥^{170}	^{170}Tm	120 天	β,γ		0.884,0.004,0.968	0.084 1,0.000 1	
铱^{102}	^{102}Ir	747 天	β,γ		0.67	0.137～0.651	
铊^{204}	^{204}Tl	2.7 年	β		0.783		
钋^{210}	^{210}Po	138 天	α,γ	5.3		0.8	
钚^{238}	^{238}Pu	86 年	X				12～21
镅^{241}	^{241}Am	470 年	α,γ	5.44,0		5.48,0.027	

10.2　核辐射传感器

核辐射传感器的工作原理是基于射线通过物质时产生的电离作用，或利用射线能使某些物质产生荧光，再配以光电元件，将光信号转变为电信号。可作为核辐射传感器的有：电离室和比例计数器、气体放电计数管、闪烁计数器、半导体检测器。

10.2.1　电离室和比例计数器

在电离室内充入气体，放两个互相绝缘的电极，电极上加电压 U，在射线作用下气体被电离而产生正、负离子，带电离子在电场的作用下运动而形成电流 I。

10-1 图片：电离室实物图

当气体成分和密度恒定时，电流 I 与电压 U 有关。图10-2是电离曲线。Ⅰ段电流与电压成正比；第Ⅱ段电流已达到饱和值，其值取决于电离作用所产生的电子-离子对的数目，即与射线的强度 J 有关；在第Ⅲ段电流又随电压的升高而增加。这时除了射线引起的电离外，还有二次电离过程发生，即由于电离出来的快速电子和离子的冲击把中性气体分子电离了。自某个电压 U_3 之后，即第Ⅳ段，开始出现自放电过程，这时电离室输出的电流脉冲已和初始的电离无关了。

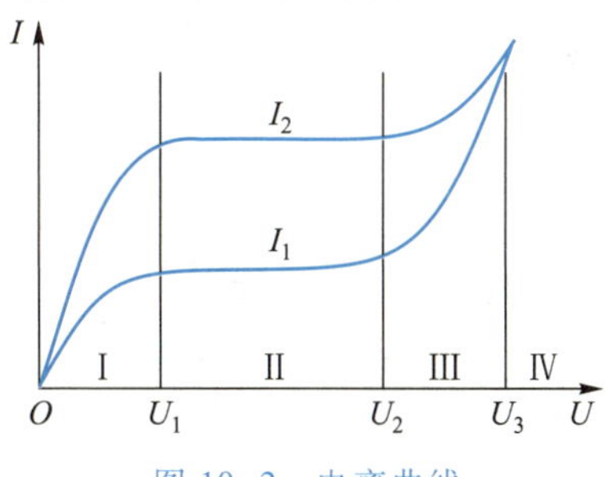

图 10-2　电离曲线

电离室工作在饱和区；比例计数器工作在第Ⅲ段；气体放电计数器则工作在气体自放电状态，放电之后立即熄灭，以便准备接收下一个粒子的电离。由此可见，电离室和比例计数器的输出信号只取决于射入粒子的频率，而与能量无关。

检测器有两种工作状态：一是放大每个电离脉冲；二是工作在积分的状态。

测量 α 射线的电离室如图 10-3(a)所示，电极 1 叫作收集极，它与放大器相连；电极 2 叫作高压电极。为了减小漏泄电流，收集极周围经过绝缘层 4 有个环形保护电极 3，它接到测量线路的地电位。图 10-3(b)是电极与绝缘层的等效电路图，由图可见，最重要的绝缘是保护电极和收集极之间的绝缘，即 R_{1-3}。为了提高电离室的灵敏度，必须尽量使其工作体积大些，以便让射线粒子在电离室内多消耗一些能量，对 α 射线的电离室很容易做到。为了防护电离室不受外界和 γ 射线的影响，电离室外包上很厚的铅屏蔽层。

β 射线的电离室容积比 α 射线的电离室容积大得多。β 源一般放在电离室外面，电离室在对准源处有薄窗口。窗口一般用 5～10 μm 厚的铝箔做成。图 10-4 是 β 射线多电极电离室的结构简图。圆柱电极 5 和 6 接到端子 1，电极和 4 接到端子 2。电极间距离不必太大，电压不必太高。电离室的容积和窗口面积要足够大，窗口直径为100 mm。

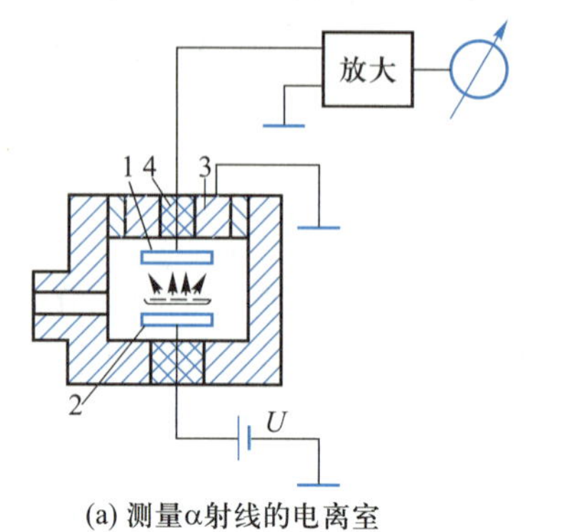

(a) 测量α射线的电离室

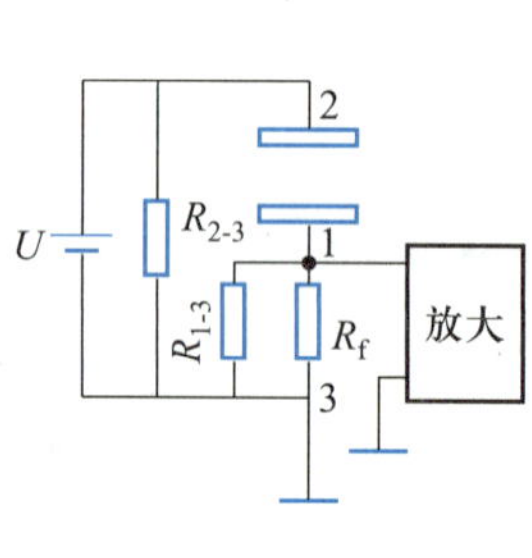

(b) 电极与绝缘层的等效电路

图 10-3　α 辐射的测量

1—收集极；2—高压电极；3—保护电极；4—绝缘层

γ 射线的电离室和 α、β 射线的电离室不大一样。γ 射线电离室的电离过程主要是室壁上形成二次电子。为了提高 γ 光子与物质作用的有效性，室内气体压力较高，因此外壳要很好密封。图 10-5 是压入式 γ 电离室的结构简图。

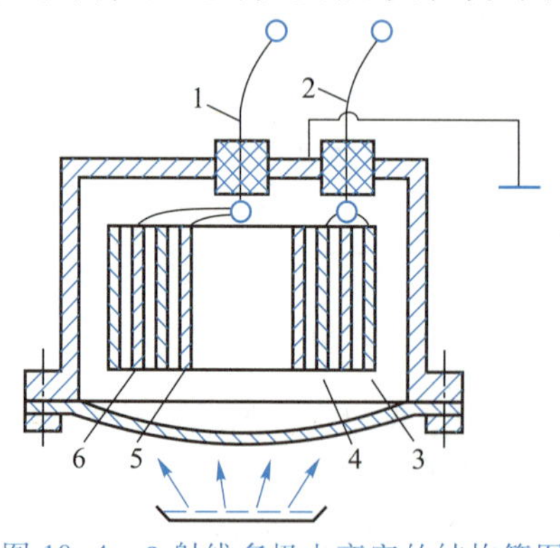

图 10-4　β 射线多极电离室的结构简图

1、2—端子；3、4、5、6—电极

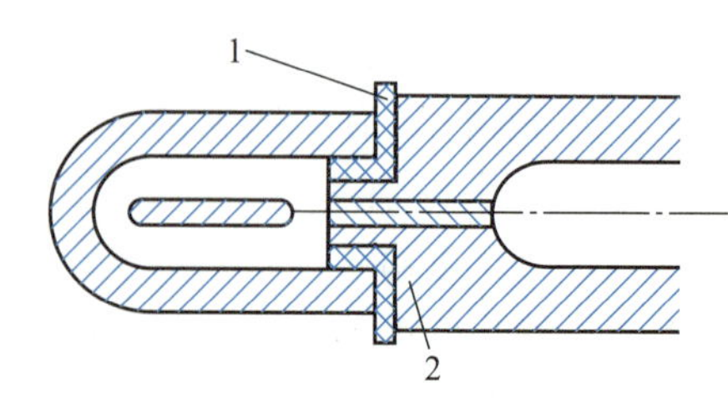

图 10-5　压入式 γ 电离室的结构简图

1—绝缘；2—接地保护环

10-2 图片：气体放电计数管实物图

10.2.2　气体放电计数管

由于利用气体的自放电现象，电离电流被放大了，变换器的灵敏度可提高很多。变换器的工作状态像个起动装置，因此可以反应管内形成的每对离子

计数管用金属或玻璃管1做外壳，外壳内壁覆盖一层导电的金属层2。管内充氦、氮等气体，在管子中心线上有一根金属丝3，如图10-6所示。金属丝和管子互相绝缘，在它们之间加上电压。一般情况下，管子是阴极，丝是阳极。计数管输出的脉冲幅值与造成电离的粒子能量无关，输出电压达1~10 V。计数管只在下一个电离动作发生之前(即放电熄灭时)，才能分清每个粒子的电离过程。按照放电熄灭的方法不同，可分为用电子电路熄灭的计数管和自熄灭计数管。

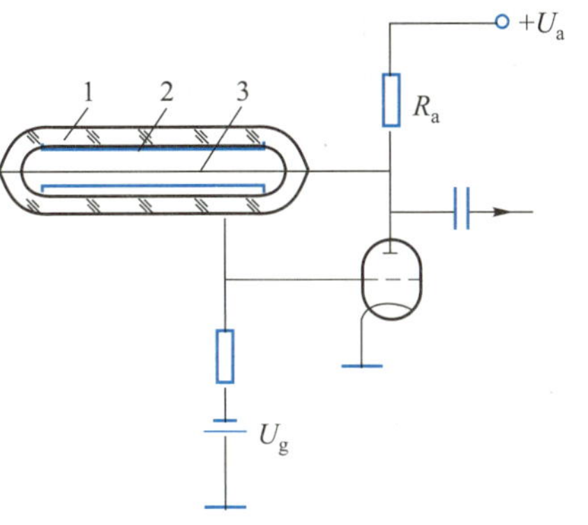

图10-6 气体放电计数管
1—外壳；2—金属层(阴极)；3—金属丝(阳极)

图10-6为用电子电路熄灭的例子。经过电子管高电阻的阳极负载电阻R_a向计数管的金属丝送电压U_a。计数管阴极连到电子管的控制栅极。当计数管没有电离脉冲输出时，电子管截止。只有当计数管有脉冲时，电子管导通，这时计数管和电子管的阳极电压降低了。计数管阳极电压一旦降低，它里面的放电现象也就会停止。待计数管阳极电压恢复之后，就可以应对下一个脉冲(电离)了。

另外，有一些物质(闪烁体)经过放射线照射后能产生微弱的闪光，根据这种现象可做成闪烁计数管。闪烁体的光通量射到光电倍增管，由后者变成电信号。闪烁体和光电倍增管放在一个共同的不透光的外壳内，这整套装置叫作闪烁计数管。

半导体探测器可用来鉴别各种粒子。

10.3 核辐射传感器的应用举例

核辐射传感器用来检测厚度、液位、物位、转速、材料密度、重量、气体压力、流速、温度及湿度等参数，也可用于金属材料探伤。现举例说明。

图10-7所示为核辐射厚度计原理方框图。辐射源在容器内以一定的立体角放出射线。其强度在设计时已选定，当射线穿过被测体后，辐射强度被探测器接收。在β辐射厚度计中，探测器常用电离室，根据电离室的工作原理，这时电离室输出一电流，其大小与进入电离室的辐射强度成正比。前面已指出，核辐射的衰减规律为$J=J_0e^{-\mu_m\rho x}$，从测得的J值可获得质量厚度x，也就得到厚度h的大小。在实际β辐射厚度计中，常用已知厚度h的标准片对仪器进行标定。在测量时，可根据校准曲线指示出被测体的厚度。

测量线路常用振动电容器调制的高输入阻抗静电放大器。用振动电容器把直流调制成交流，并维持高输入阻抗，这样可以解决漂移问题。有的测量线路采用变容二极管调制器来代替静电放大器。

图10-8是核辐射液位计的原理图。它是一种基于物质对射线吸收程度的

变化而对液位进行测量的物位计。当液面变化时，液体对射线的吸收也改变，从而就可以用探测器的输出信号大小来表达液位的高低。

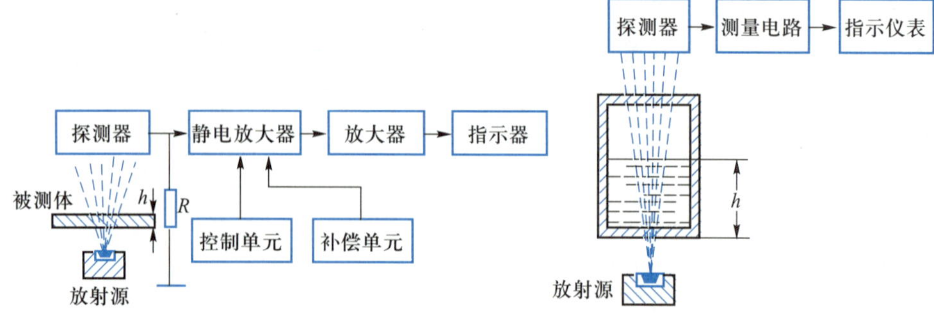

图 10-7　核辐射厚度计原理方框图

图 10-8　核辐射液位计的原理图

10.4　放射性辐射的防护

放射性辐射过度地照射人体，能够引起多种放射性疾病，如皮炎、白血球减小症等。若防护工作注意不够，那么辐射的危害还可能污染周围环境，因此需要很好地解决射线防护问题。目前防护工作已逐步完善起来，很多问题的研究已形成专门的学科，如辐射医学、剂量学、防护学等。

物质在射线照射下发生的反应（如照射人体所引起的生物效应）与物质吸收射线能量有关，而且常常与吸收射线能量成正比。直接决定射线对人体生物效应的是被吸收剂量，简称剂量，它是指某个体积内物质最终吸收的能量。当确定了吸收物质后，一定数量的剂量只取决于射线的强度及能量，因而是一个确定量，它可以反映对人体一定的伤害程度。

当然，并不是受到任何一点点射线照射都会对人体产生很大的伤害，实际上任何人都不可避免地受到宇宙射线、大地或空气中所含放射性物质的照射（如日常生活中带有夜光表、X 光透射等），然而对这些照射，人们很自然地适应而不会影响健康。在考虑辐射造成伤害的程度时，既要考虑辐射强度，也要考虑辐射类型和性质。例如，中子射线比 α、β 射线所引起的破坏要严重，内照射比外照射要严重，特别要注意眼部和腹部的防护。

我国规定：对公众年平均辐射有效剂量限值为 1mSv/年。因此在实际工作中要采取多种方式来减少射线的照射强度和照射时间，如采用屏蔽层，利用辅助工具，或是增加与辐射源的距离等。

习题与思考题

10.1　什么是核辐射传感器？

10.2　简述核辐射传感器的功能及优缺点。

10.3　核辐射传感器能用于哪些非电量的测量？试举例说明之。

10.4　如何防护放射性辐射？

11 生物传感器

生物传感器(biosensor)是由固定化生物物质与适当的换能器组成的生物传感系统，具有特异识别生物分子的能力，并能检测生物分子与分析物之间的相互作用，常用于微量物质的检测。近年来，生物传感器在微电子学、生物医学、生命科学等领域深受重视。生物传感器的发展始于1962年，L. C Clark将电极与含有葡萄糖氧化酶的膜结合应用于葡萄糖的检测。后来生物传感器主要用于葡萄糖和尿素的检测，其商业应用主要集中在临床化学、医学和卫生保健上。目前生物传感器在很多领域得到了极大的发展，出现了各种各样的传感器。

提示：

2020年以来，一场突如其来的新冠肺炎疫情席卷全球。我国是最早发现、检测病源体并成功控制疫情的国家。我国科学家快速研发了针对新冠病毒的试剂和分析仪器，将其小型化后可研发出检测方便、价格低廉的生物传感器，从而推动生物传感器技术的快速发展。

11.1 概述

11.1.1 生物传感器的基本结构

生物传感器通常将生物物质如酶、微生物组织、动物细胞、底物、抗原、抗体等固定在高分子膜等固体载体上，当被识别的生物分子作用于生物功能性人工膜(生物传感膜)时，将会产生物理变化或化学变化，换能器将此信号转换为电信号，从而检测出待测物质。转换包括电化学反应、热反应、光反应等，输出为可处理的电信号。因此，生物传感器的基本结构如图11-1所示。此外，固定化的细胞、细胞体(器)及动植物组织的切片也有类似作用。人们把这类用固定化的生物物质：酶、抗原、抗体、激素等，或生物体本身：细胞、细胞体(器)、组织作为敏感元件的传感器，称为生物分子传感器或简称生物传感器。

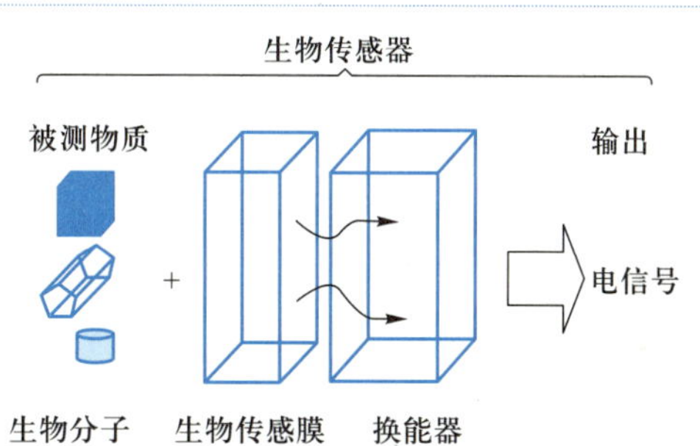

图11-1 生物传感器的基本结构

11-1 图片：生物传感器实物图

11-1 视频：生物传感器的应用

生物传感器中具有分子识别功能的敏感元件需经固定化处理。固定方法有：

酶固定化：主要有物理吸附法、离子结合法、共价结合法、凝胶网络包埋法；

微生物固定化：主要有卡拉胶凝胶包埋法、琼脂固定法、膜过滤器吸附固定法；

组织固定化：主要有小肠黏膜组织膜固定化方法；

抗体固定化：主要有纤维素抗体膜固定法。

换能器的作用是将化学物质的变化转换为可测量的电信号，换能器的主要类型有各种电极，如氧电极、氨电极、二氧化碳电极、pH 电极等。例如，将化学变化转换为电信号；光电转换器：利用光吸收及发光、荧光效应，用光电倍增管作为换能器，将光效应转换为电信号；热电转换：采用热敏电阻等器件对固定酶与底物反应的热量变化进行探测并将其转换成电信号；利用半导体 ISFET（离子敏感性场效应晶体管）将离子浓度变化转换成电信号。

11.1.2 生物传感器的类型

生物传感器的类型较多，没有统一的分类方法。生物传感器可以根据分子识别元件的敏感物质分为：酶传感器、微生物传感器、组织传感器、细胞器传感器和免疫传感器；还可以根据所用换能器的不同分为：电极型生物传感器、测热型生物传感器、发光型生物传感器、半导体生物传感器和测声型生物传感器等。生物传感器的分类如表 11-1 所示。

表 11-1 生物传感器的分类

敏感材料	分子识别部分	信号转换部分	敏感材料	分子识别部分	信号转换部分
酶传感器	酶	电化学测定装置	细胞器传感器	细胞器	热敏电阻
微生物传感器	微生物	场效应晶体管	组织传感器	动植物组织	电化学测定装置
免疫传感器	抗体和抗原	光纤或光电二极管			

11.1.3 生物传感器的优点

生物传感器与传统的化学传感器和离线分析技术（如分光光度计或质谱仪等）相比，具有明显的优势，如高度特异性，灵敏度高，稳定性好，成本低廉，体积小，能在复杂的体系中进行快速实时的连续检测。一般不需要样品的预处理，样品用量少，响应快，固定化敏感材料可反复多次使用，成本远低于离线分析仪器，易于推广普及。

11.1.4 生物传感器的固定化技术

生物活性单元的固定化是生物传感器制作的核心部分，它要保持生物活性单元的固有特性，避免自由活性单元应用上的缺陷。固定化技术决定了生物传感器的稳定性、灵敏度和选择性等主要性能。

早期生物活性物质测量，如酶分析法，是在水溶液状态下进行的，由于酶在水溶液中一般不太稳定，且酶只能和底物作用一次，因此使用起来很不方便。要使酶作为生物敏感膜使用，必须研究如何将酶固定在各种载体上，这一技术称为酶的

固定化技术。该技术的主要特点是：固定化酶可以很快从反应混合物中分离，并能重复使用；通过适当控制固定化酶的微环境，可获得高稳定性、高灵敏度、快速的响应；选择电极尺寸和形状具有较大的灵活性，易于微型化。目前生物传感器的固定化技术主要有吸附法、共价键合法、物理包埋法和交联法等。

1. 吸附法

生物活性单元在电极表面的物理吸附是一种较为简单的固定化技术。酶在电极上的吸附一般是通过含酶缓冲溶液的挥发进行的，通常温度为 4 ℃，因此酶不会发生热降解。吸附后，还可以通过交联法来增加稳定性。物理吸附无需化学试剂，清洗步骤少，很少发生酶降解，对酶分子活性影响较小。但对溶液的 pH 变化、温度、离子强度和电极基底较为敏感，需要对实验条件进行相当程度的优化。该方法的吸附过程具有可逆性，生物活性单元易从电极表面脱落，因此寿命较短。

2. 共价键合法

共价键合法是指将生物活性单元通过共价键与电极表面结合而固定的方法，通常在低温(0 ℃)、低离子强度和生理 pH 条件下进行，并加入酶的底物以防止酶的活性部位与电极表面发生键合作用而失活。电极表面的共价键合比物理吸附困难，但固定化酶稳定性较好。

3. 物理包埋法

物理包埋法是采用凝胶/聚合物包埋，将酶分子或细胞包埋并固定在高分子聚合物的空间网状结构中，常用的聚合物是聚丙烯酰胺。物理包埋法是应用最普遍的固定化技术。该技术的特点是：可采用温和的试验条件及多种凝胶/聚合物；大多数酶很容易掺入聚合物膜中，一般不产生化学修饰；对酶活性影响较小；膜的孔径和几何形状可任意控制；包埋的酶不易泄漏，稳定性好。此外，包埋法还具有过程简单，可对多种生物活性单元进行包埋的优点。采用物理方法将凝胶/聚合物限制在电极表面，使得传感器难以微型化。

生物传感器的固定化技术十分重要，固定化技术的不断改进和完善表现在对固定化方法和生物活性载体的研究和开发上。目前使用的固定化载体、方法或技术并未达到完善的程度，因此更简单、更实用的新型固定化技术仍是该领域今后研究的重要方向之一。随着科学技术的发展，基于新原理的生物传感器将不断涌现，必将推动生命科学技术的不断向前发展。

11.2 电化学 DNA 传感器

DNA 的电化学研究工作始于 20 世纪 60 年代，早期的工作主要集中在 DNA 基本电化学行为的研究。20 世纪 70 年代利用各种极谱电化学方法，研究 DNA 变性和 DNA 双螺旋结构的多形性。但是 DNA 直接电化学测定方法容易受介质条件的限制及高浓度蛋白质和多糖的干扰，而且不能对特定碱基序列的 DNA 进行识别测定。后来人们发现含乙啶镓的碳糊修饰电极的伏安响应和光谱电化学响应与 DNA 的存在有关，并且在电极上乙啶镓与 DNA 的相互作用可通过电化学控制来调节。该研究是电化学 DNA 传感器的早期雏形。经过十几年的发展，当前“电化学 DNA 传感器”与“压电 DNA 传感器”和“光学 DNA 传感器”一样，已成为一种全新的、高效的 DNA(基因)检测技术，它与通常的标记(放射性同位素标记、荧光标记等)探针技术相比，不仅具有分子识别功能，而且还有无可比拟的分离纯化基因的功能，因此，在分子生物学和生物医学工程领域具有很大的实际意义。

11.2.1 电化学 DNA 传感器原理

电化学 DNA 传感器是由一个支持 DNA 片段(探针)的电极和检测用的电活性杂交指示剂(hybridization indicator)构成。DNA 探针是单链 DNA(ssDNA)片段(或者一整条链)，长度从十几个到上千个核苷酸不等，它与靶序列(target sequence)是互补的。一般多采用人工合成的短寡聚脱氧核苷酸作为 DNA 探针。通常将 ssDNA(探针分子)修饰到电极表面构成 DNA 修饰电极。由于 ssDNA 与其互补链杂交表现出高度序列选择性，使得这种 ssDNA 修饰电极具有极强的分子识别功能。在适当的温度、pH 值、离子强度下，电极表面的 DNA 探针分子能与靶序列选择性地杂交，形成双链 DNA(dsDNA)，从而导致电极表面结构的改变，这种杂交前后的结构差异，通过电活性分子(即杂交指示剂)识别，这样便达到了检测靶序列(或特定基因)的目的。杂交指示剂是一类能与 ssDNA 和 dsDNA 以不同方式相互作用的电活性化合物，主要表现在其与 ssDNA 和 dsDNA 选择性结合能力上有差别，这种差别体现在 DNA 修饰电极上电活性化合物的富集程度不同，也就是电流响应不一样。另外，由于杂交过程没有共价键的形成，是可逆的，因此固定在电极上的 ssDNA 可经受杂交、再生循环。这不但有利于传感器的实际应用，而且还可用于分离纯化基因。电化学 DNA 传感器的原理示意图如图 11-2 所示。

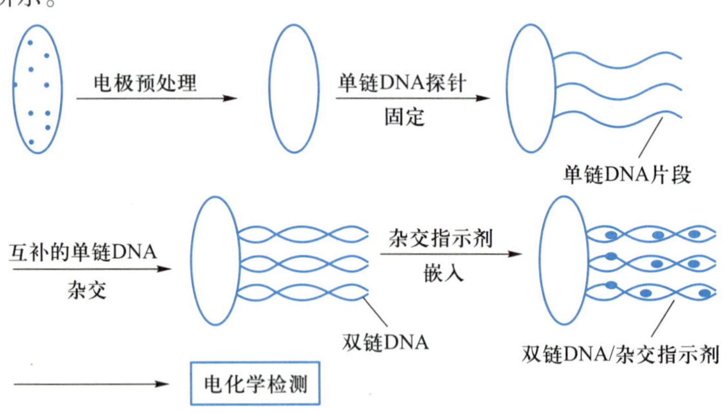

图 11-2 电化学 DNA 传感器的原理示意图

11.2.2 DNA 在固体电极上的固定

固定 DNA 的电极有液态汞电极和固体电极两类。早期主要采用 DNA 修饰汞

电极。汞电极易得到新鲜、重现的电极表面，能方便地修饰DNA。Fojta以悬汞电极为基底，根据超螺旋DNA、线性DNA和变性DNA三者电化学信号的差异，用吸附转移溶出伏安法实现了低于微克级的三种DNA检测。但汞呈液态且有毒性，一定程度上限制了其使用，故不宜作为传感器或检测器的电极材料。

电化学DNA传感器常用的基底电极为固体电极，主要有金电极、玻碳电极、碳糊电极、裂解石墨电极、定向裂解石墨电极等。目前，DNA在固体电极上的固定化方法主要有吸附法、共价键结合法、自组装膜法等。

1. 吸附法

Hashimoto等采用吸附法在平面热解石墨电极上固定了DNA片段：将抛光的平面热解石墨电极浸在浓度为10 μg/mL DNA的NaCl溶液中，在100 ℃下放置30 min，然后用100 ℃热蒸馏水冲洗电极，以除去表面吸附着的未修饰上的DNA。另外，也通过化学吸附法在金电极表面修饰了20 mer的DNA探针，该探针与v-myc(髓细胞性白血病病毒癌基因)部分互补。

Erdem等利用控制电位吸附法，将合成的单链寡核苷酸探针固定在碳糊电极上。这个DNA探针序列能与乙肝病毒相关的DNA序列产生杂交。首先在0.05 mol/L的磷酸盐缓冲液(pH 7.5)中提供+1.7 V电位，无搅拌条件下活化电极1 min。探针的固定化通过将电极放入含有DNA探针的20 mmol/L的NaCl溶液中，在搅拌状态下提供+0.5 V电位5 min，然后再用灭菌水清洗10 s。Guo等采用阳离子聚电解质，将小牛胸腺DNA静电组装在功能化的碳纳米管修饰电极表面，为制作新型的DNA传感器奠定了基础。吸附法的优点是操作简单，但稳定性不够。

2. 共价键结合法

首先在电极表面修饰上一些活性官能团(如氨基、羧基等)，这些活性官能团易与ssDNA产生共价键，从而将DNA片段修饰在电极表面。Liu等采用共价键法在石墨电极上固定了DNA探针。先将石墨电极抛光，经过1:1 HNO_3、丙酮洗涤，再用蒸馏水在超声振荡下清洗后，将石墨电极置于$K_2Cr_2O_7$和HNO_3的溶液中，在20 mA电流下氧化10 s，然后把电极放入氢化锂铝的乙醚溶液中1 h，以使电极表面产生羟基。用乙醚冲洗电极后，将电极浸入3%的3-氨基丙基三氧基硅烷的甲苯溶液中24 h，最后用甲苯冲洗电极。经以上步骤处理后，电极表面导入氨基。在修饰了氨基的电极表面上滴加50 μL含有0.1 mol/L EDC[乙基(—3-二甲基丙基)—碳二亚胺盐酸盐]和0.1 g/L ssDNA的0.1 mol/L咪唑缓冲液(pH 6.0)，在35 ℃下恒温3 h，ssDNA便修饰在电极表面上，清洗电极以除去未共价固定化的ssDNA后，用红外灯烘干后即可使用。

另外，Millan等用玻碳电极为基础电极，经氧化后以EDC和NHS(羟基丁二酰亚胺)作活化剂，在电极表面引入活性基团后以共价结合方式将含有20 mer的寡核苷酸片段固定在电极表面上。Guo等用羧基功能化的碳纳米管修饰电极为基础电极，以EDC和NHS作活化剂，实现了小牛胸腺DNA在电极表面的共价固定。

3. 自组装膜法

自组装膜法是基于分子的自组装作用，在固体表面自然形成高度有序的单分子层膜的方法。在 DNA 技术中，一般利用带巯基(—SH)的化合物，在金电极表面形成自组装单分子膜来固定 DNA。

利用 DNA 的 5′末端的磷酸基与 2-羟乙基二硫化合物的羟基反应生成磷酸酯键，将反应混合物通过凝胶柱分离，得到纯 5′末端修饰的 DNA，再通过巯基将修饰 DNA 固定于金电极表面，得到 DNA 修饰电极。但由于—SH 修饰的 DNA 不容易合成，且需要分离提纯，操作繁琐，同时巯基化合物在结合 DNA 后体积大幅度增加，在金电极表面自组装比较困难。为了解决这一问题，可在金电极表面先行—SH 化合物自组装，得到自组装单分子层(SAM)，再在 SAM 上共价键合或吸附固定 DNA，实现 DNA 在金电极表面的修饰。

自组装膜法制得的 DNA 修饰电极，表面结构高度有序，稳定性好，有利于杂交。

11.2.3 电化学 DNA 传感器中的标识物

1. 电化学活性的杂交指示剂作为识别物

DNA 传感器对目标基因的选择性识别是靠核酸的杂交来完成的。为了检测所发生的杂交信息，必须采用一种电活性物质来指示，这种电活性物质称为杂交指示剂。它能选择性地与 dsDNA 结合，且仍能保持其电活性，在电极上发生氧化还原反应，产生可测量信号。

杂交指示剂和 DNA 的方式有 3 种基本的模式：

(1) 指示剂与 DNA 分子的带负电荷的脱氧核糖-磷酸骨架之间通过静电作用而相互结合，即静电结合。

(2) 指示剂分子依靠碱基的疏水作用在沟面与 DNA 分子相互作用而结合，即面式结合。

(3) 指示剂分子依靠氢键、范德华力和堆积作用插入 DNA 分子双螺旋的碱基对之间，即插入作用。一个适合电化学 DNA 传感器的指示剂应该对 dsDNA 比对 ssDNA 具有更高的选择性结合能力。插入指示剂对 dsDNA 的选择性结合可通过电流的响应而间接地加以测量。

杂交指示剂主要有两种类型。第一类为过渡金属配合物，例如由平面多吡啶配体(主要是 2,2-联吡啶和 1,10-邻菲咯啉)配位的过渡金属 Co^{3+} 和 Os^{2+} 八面体手性配合物和(4-N-甲基吡啶基)-卟啉锰(Ⅲ)；第二类是带刚性大平面芳香环化合物，如道诺霉素抗癌药物、盐酸阿霉素、米托蒽醌等。

2. 寡聚核苷酸上修饰电化学活性的官能团作为识别物

合成带有电化学活性基团的寡聚核苷酸与电极表面的靶基因选择性地进行杂交反应，在电极表面形成带有电活性官能团的杂交分子，通过测定其电信号可以识别和测定 DNA 分子。如 Takenka 等人成功地在寡聚核苷酸的 5-端磷酸基上标记具有电化学活性的羧酸二茂铁，制成二茂铁寡聚核苷酸，合成的二茂

铁寡聚核苷酸选择性地与互补单链 DNA 形成复合物，采用电流检测，检测信号与复合物的量呈线性关系，检测范围为 20～100 fmol/L。

3. 利用酶的化学放大功能，在 DNA 分子上标记酶作为识别物

当标记了酶的 ssDNA 与电极表面的互补 ssDNA 发生杂交反应时，相当于在电极表面修饰了一层酶，酶具有很强的催化功能，通过测定反应生成物的变化量可以间接测定 DNA。

11.2.4 电化学 DNA 传感器的应用

1. 临床诊断

电化学 DNA 传感器在细菌及病毒感染类疾病诊断方面具有重要应用。在传统方法中，细菌感染是通过体外血液培养来诊断的，这需要几天甚至几十天的时间，严重延误了疾病治疗，利用 DNA 传感器可快速检测细菌和病毒。

Hashimoto 等人利用光刻微细加工技术刻蚀出 0.3 mm 的固定 DNA 探针微金膜电极，研究了测定乙型肝炎病毒的 DNA 传感器。将电极浸入含 DNA 探针和 1 mol/L NaCl的磷酸盐缓冲液(pH7.0)中，在室温下放置 3 h，通过 5′-磷酸巯己基的化学吸附作用，探针被固定在金电极上。乙肝病毒 DNA 靶序列在沸水浴中热变性 3 min，杂交反应在43 ℃振摇下进行 1 h，反应后清洗传感器以除去非特殊键合的 DNA。将杂交后的传感器置于 100 μmol/L Hoechst 33258 溶液中，避光 5 min，用磷酸盐缓冲液冲洗后，观察 Hoechst 33258 的阳极峰电流。

Wang 等人利用计时电位测定方法，在碳糊电极上固定了两个长度分别为 27 碱基和 36 碱基的 DNA 探针，此 DNA 探针与结核杆菌 MTB(mycobacterium tuberculosis)的 DR(direct-repeat)区 DNA 互补，可利用其杂交反应检测 MTB 含量，选择的杂交指示剂为 $Co(phen)_3^{3+}$。

另外，在基因诊断方面，Millan 等人利用 ssDNA 修饰的碳糊电极，在较高离子强度下与靶基因快速杂交(<10 min)，用该传感器测定了 18 个碱基长度的囊性纤维变性基因 ΔF508 序列，得到了令人满意的结果。

Wang 等人报道了与艾滋病人类免疫缺陷病毒 Ⅰ 型(HIV－Ⅰ)相关的短 DNA 序列测定的传感器。他们将 21 个碱基和 24 个碱基与 HIV－Ⅰ U5LTR 序列互补的单链寡核苷酸部分修饰在碳糊电极上，以杂交指示剂[$Co(phen)_3^{3+}$]的计时溶出峰来检测杂交。靶基因片段检出限为 4×10^{-9} mol/L。

2. 药物分析

许多药物与核酸之间存在可逆作用，而且核酸是当代药物发展的首选目标。电化学 DNA 生物传感器除了可用于特定基因的检测外，还可用于一些 DNA 结合药物的检测以及新型药物分子的设计。如采用指示化合物铁氰化钾的阳极峰电流作为检测信号，在 DNA 修饰电极上实现了抗疟药米帕林的电化学检测。结果显示，由于带正电荷的米帕林与带负电荷的 DNA 相互作用减少了电极表面的负电荷，从而导致带负电荷的指示化合物铁氰化钾的峰电流增加，在(1×10^{-7}～5×10^{-7})mol/L 范围内米帕林浓度与指示化合物铁氰化钾的阳

极峰电流呈正比。采用类似的方法，将修饰 dsDNA 的碳糊电极插入吩噻类药物的乙酸缓冲溶液中，在+0.2 V 处富集 3 min 并采用计时电位分析，结果可以测得每升纳摩尔量级的吩噻类药物。

3. 环境监测

DNA 传感器除了可用于受感染微生物的核酸序列分析、微量污染物的监测外，还可用于研究污染物与 DNA 之间的相互作用，为解释污染物毒副作用（包括致畸作用、致癌作用、致突变作用）的机理提供了可能。

利用 DNA 不同识别模式来设计 DNA 传感器，除了常用 DNA 碱基配对杂交原理外，还可用污染物的毒副作用来设计新的环境生物传感器。如基于 DNA 自身的电极响应，再检测电极与肼类化合物作用前后的变化来实现对肼类化合物的监测，无需指示剂和标记试剂。将 dsDNA 修饰电极置于该类化合物中，由于 N-甲基鸟嘌呤形成，引起鸟嘌呤峰减弱。对鸟嘌呤响应峰的抑制，与肼类化合物的浓度相关性很好，为检测环境微量肼类污染物提供了一种方便快捷的方法。

基于双链 DNA 层与芳香胺之间的键合作用，设计了一种新型亲和电化学生物传感器，对芳香胺类化合物的检测限可达到纳摩尔数量级。用该传感器检测了 2-氨基萘、1-氨基蒽、2-氨基蒽等芳香胺类污染物。

近年来，DNA 辐射损伤越来越引起人们的注意，利用 DNA 鸟嘌呤的阴极信号改变来开发微结构传感器芯片，用于检测辐射损伤。该传感器还可用于筛选会引起 DNA 损伤的化学试剂。此外，DNA 传感器还可用于实时研究 DNA 与化学诱变剂之间的反应动力学，在污染物与 DNA 结合相对强度方面提供有用信息，解释污染物与 DNA 键合的专一性，或探讨 DNA 的结构变化。

11.3 半导体生物传感器

半导体生物传感器（Semiconductive Biosensor）由半导体器件和生物分子识别元件组成。通常用的半导体器件是场效晶体管（Field-Effect Transistor, FET），因此，半导体生物传感器又称生物场效晶体管（BioFET）。BioFET 源于两种成熟技术：固态集成电路和离子选择性电极。20 世纪 70 年代初开始将绝缘栅场效晶体管（Insulate Gate Field-Effect Transistor, IGFET）用于氢的检测。ISE 技术中的关键部分——离子选择性膜直接与 FET 相结合，出现了离子敏感场效晶体管（Ion-Selective Field Effect Transistor, ISFET）。自然地，就像酶电极起源于离子选择性电极，催化蛋白质便被吸引到 FET 的栅极成为 BioFET。根据 ISFET 概念的提出者——荷兰 Twente 大学 P. Bergveld 教授最近的一篇综述报告中的估计，在过去 30 年中，ISFET 的论文超过 600 篇，而有关 BioFET 论文只有 150 篇。

注意：目前，很多生物传感器利用特定的敏感材料和本书讲述的传统传感器（如热敏电阻、光电二极管等）完成对不同生物物质的测量。而半导体生物传感器将敏感材料和转换元件集成为一体，代表着生物传感器的发展方向。

按照综述报告，Stanford 大学的 Wise 等人的论文首先将硅基材料用于微电极的制作，用以测量动作电位。他们结合刻蚀法和金喷法制作了长 5 mm、宽 0.2 mm 的针形电极，并将电极的工作电路也制作到同一硅片上。当年 Bergveld 教授认为该装置是他两年以前的设计，不够“聪明”，因为电极与工作电路在同一硅片上使用十分不方便。而他本人同期报道的可用于神经生理测

量的离子选择性固态装置是真正的 ISFET 的开始。

最早的 BioFET 是 Janata 提出的设计方案(U. S. Patent 4020830. 1977),在他的专利中将固定化酶与 ISFET 结合,称为酶场效晶体管(EnFET)。由于氢离子敏的 FET 器件最为成熟,与 H^+变化有关的生化反应自然首先被用到 BioFET 方面,随后出现免疫 FET 和细菌 FET。

11.3.1 原理与特点

半导体器件有电容型和电流型两种基本类型。在 N 型(或 P 型)半导体基片(Si)的表面形成 100 nm 的氧化物(SiO_2)和金属(如 Al、Pd 等)薄层的器件叫作 MOS(Metal-Oxide-Semiconductor)结构,这种结构在被施加电压时表现出电导和电容特性,而且电导率和电容随外加电压的变化而改变,因而称为 MOS 电容,如图 11-3(a)所示。

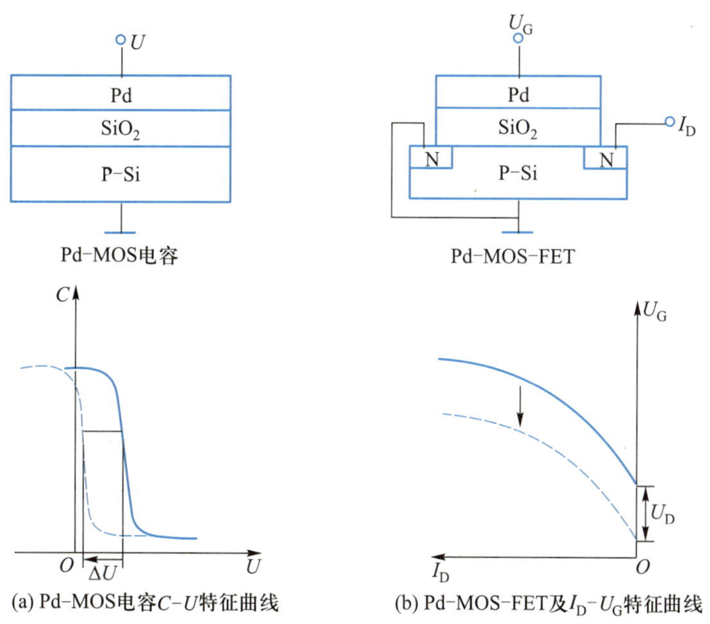

(a) Pd-MOS电容C-U特征曲线　(b) Pd-MOS-FET及I_D-U_G特征曲线

图 11-3　MOS 器件及电特性

注:U_G 为门极电压;U_D 为源与漏之间的电压差;I_D 为漏电流,是 U_G 的函数;C 为电容;U 为外加电压;当器件与氢接触时,特征曲线向左移动(虚线)

若在基片(如 P 型)上扩散 2 个 N 型区,分别称为源和漏,从上面引出源极和漏极,源极和漏极之间有一个沟道区,在它上面生长一层 SiO_2 绝缘层,绝缘层上面再制成一层金属电极称为栅,整个器件称为 MOS-FET。常用的金属为钯(Pd)对氢离子敏感,称为 Pd-MOS-FET 或 pH-FET、IS-FET。它有 4 个末端,栅极与基片短路,源极和漏极之间的电流叫作漏电流,可忽略不计。如果施加外电压,同时栅极电压对基片为正,电子便被吸引到栅极下面,促进两个 N 区导通,因此栅极电压变化将控制沟道区导电性能(漏电流)的变化,如图11-3(b)所示。MOS-FET、IS-FET 和 BioFET 的区别可进一步参见图 11-4。

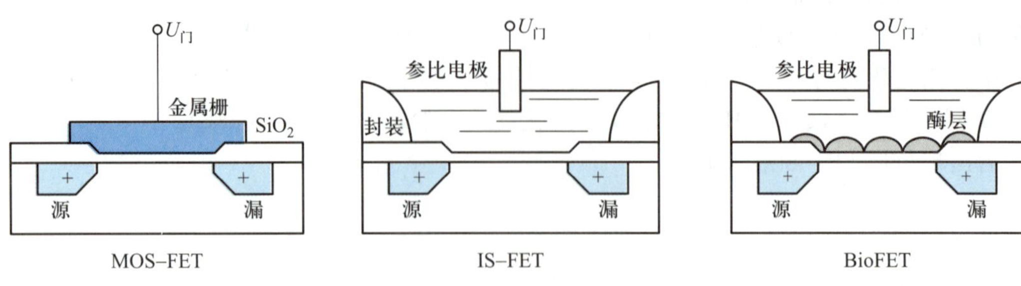

图 11-4 MOS-FET、IS-FET 和 BioFET 的区别

根据上述原理，只要设法利用生物反应过程来影响栅极电压，便可设计出半导体生物传感器。

利用 FET 制作的生物传感器有如下特点：

(1) 构造简单，便于批量制作，成本低。

(2) 属于固态(solid state)传感器，机械性能好，耐振动，寿命长。

(3) 输出阻抗低，与检测器的连接线甚至不用屏蔽，不受外来电场干扰，测试电路得到简单。

(4) 体积小，可制成微型 BioFET，适合微量样品分析和活体内(in vivo)测定。

(5) 可在同一硅片上集成多种传感器，对样品中不同成分同时进行测量分析得出综合信息。

(6) 可直接整合到电路中进行信号处理，是研制生物芯片和生物计算机的基础。

11.3.2 生物场效晶体管的结构类型

生物场效晶体管(BioFET)有分离型和结合型两种，如图 11-5 所示。

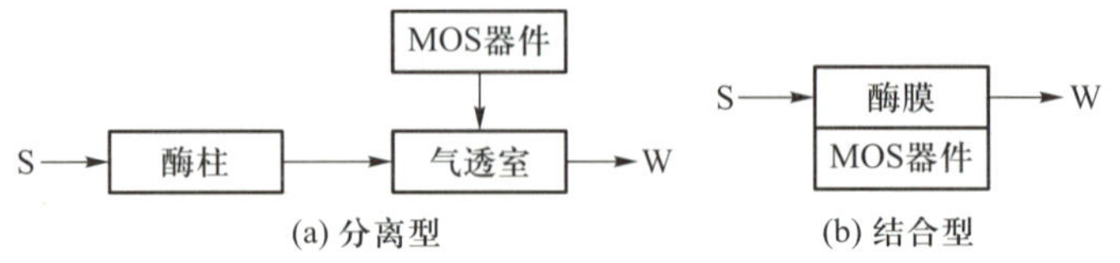

图 11-5 生物场效晶体管

一、分离型生物场效晶体管

在分离型 BioFET 中，生物反应系统(如酶柱)与 MOS-FET 各为独立组件，这种传感系统常用于检测产气生物催化反应。以产氢酶促反应为例，H_2 通过气透膜抵达 MOS-FET 表面，如图11-5(a)所示，氢分子在金属表面被吸附溶解，部分氢原子向金属区内部扩散，并在电极作用下受极化，在 Pd 和 SiO_2 界面外形成双电层，导致电场电压下降，使 C-U 曲线漂移，如图 11-3(a)所示。电压与周围的氢有关，有下列等式

$$\Delta U = C_1 \times (\rho_{H_2})^{0.5} \tag{11-1}$$

式中，C_1 为常数，取决于 Pd 层的性质、膜厚、活性面积等；$\rho_{H_2} \leqslant 50$ mg/L，一般 C_1 值为 27 mV/(mg/L)。

氢原子可以重新结合成氢分子或与氧结合成水分子，因此，氧分子的存在会降低传感器的灵敏度。在缺氧时，传感器的灵敏度为 0.01 mg/L，有氧时为 1 mg/L。然而氧的存在使传感器回复时间缩短，但如果将温度加到(100～150) ℃也可缩短回复时间，在这个温度下，可以防止水分在传感器表面聚积，因此，(100～150) ℃通常作为 MOS-FET 的工作温度。在低的 ρ_{H_2} 时，响应时间通常为 1 min。

相比之下，与温度控制相结合的 NH_3 敏 MOS 电容可以在较低的温度(35 ℃)下工作，但对 NH_3 的灵敏度较低，涂上一层 3 nm 金属铱后对 NH_3 响应的灵敏度为 1 mg/L。电压与氨浓度的关系式为

$$\Delta U = C_2 \times (\rho_{NH_3})^{0.05} \tag{11-2}$$

式中，C_2 为常数，典型值为 24 mV/(mg/L)，$\rho_{NH_3} \leqslant 50$ mg/L，响应时间大约为 1 min。需要注意的是，铵是一种弱酸，解离常数 $\rho K_a = 9.25$，这意味着铵离子在偏碱性条件下与氨平衡，因此需小心地控制测定的 pH 条件。在高 pH 时，电离平衡偏向 NH_3，NH_3 的挥发使得传感器灵敏度增加。当 pH>11 时，灵敏度最高。然而生物样品测试不允许 pH 过高，在高 pH 条件下，一方面酶可能失活，另一方面碱性水解使样品中的结合 N 转化成氨而挥发掉，通常将测定 pH 调至 8.5。

分离型 BioFET 测定系统一般为流动注射式，图 11-6 为氢敏 Pd-MOS-FET 测定系统。

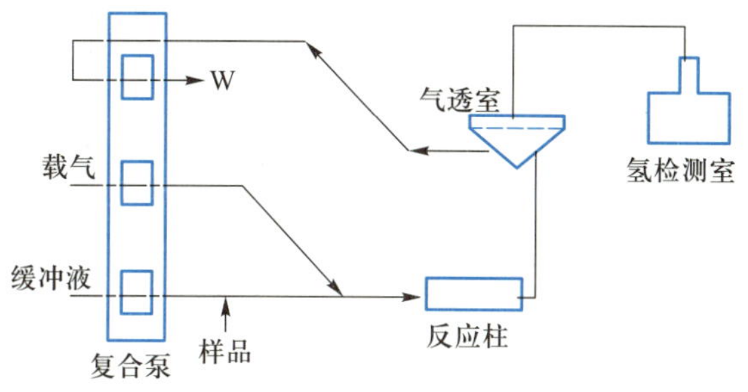

图 11-6 氢敏 Pd-MOS-FET 测定系统

二、结合型生物场效晶体管

将场效晶体管的金属栅去掉，用生物功能材料直接取代便构成结合型 BioFET，如图 11-5(b)所示。BioFET 与 MOS-FET 有四点主要区别：

(1) 提供电压的金属栅极被参比电极(常为 Ag/AgCl 电极)取代。

(2) 生物催化剂直接涂在绝缘栅上而不是与 FET 分离。

(3) 可直接插入液体样品进行测定。

（4）常温操作。

目前，BioFET 的基础器件主要是 pH 敏 IS-FET，未能成功地将 ISE 所用的大多数选择性膜直接移植到 IS-FET。固态膜技术最为常用，最早报道的 pH 敏感膜是 SiO_2，但这种膜在溶液中因水合作用而失去绝缘性能。随后报道用 Si_3N_4、Al_2O_3、Ta_2O_2 等，后两种效果较好，对 pH 敏感度为每 pH 单位 52～58 mV，几秒内能达到 95%响应，几乎无漂移，滞后极小。

如果将酶膜生长在绝缘栅表面便构成酶 FET(EnFET)，若固定的是抗原或抗体膜则称为免疫 FET(Immuno-FET)，如此等等。

三、酶场效晶体管差分输出

在 EnFET 中，酶被固定在离子选择性膜表面，样品溶液中的待测底物扩散进入酶膜，并在膜中形成浓度梯度，可以通过 IS-FET 检测底物或产物。假设是检测产物，产物在胶层中向膜内外扩散，向离子选择性膜扩散的产物分子浓度不断积累增加，并在酶膜和离子选择性膜界面达到稳态，因反应速率基于底物浓度，该稳态浓度取决于底物浓度。实际上，EnFET 都含有双栅极，一个栅极涂有酶膜，作为指示 EnFET；另一个涂上灭活的酶膜或清蛋白膜作为参比 IS-FET。两个 FET 制作在同一芯片上，对 pH 和温度以及外部溶液电场变化具有同样的敏感性。也就是说，如果两个 FET 漏电流出现了差值，那只能是 EnFET 中酶促反应所致，而与环境温度、pH 加样体积和电场噪声等无关。

双栅极 EnFET 测试电路为差分式(differentiation)，如图 11-7 所示。由运算放大器组成的反馈电路使两个 FET 保持一定的漏电流，在源极和漏极之间维持一定的电压，溶液的电位由 Ag/AgCl 参比电极保持一定，溶液 pH 的变化在溶液-Si_3N_4 界面产生的电位变化直接呈现在输出端。信号 $U=f(\mathrm{pH}, U_{pre})$ 和 $U=f(U_{pre})$ 输入到差分放大器中，其输出差值 $U=f(\mathrm{pH})$ 与被分析物浓度相关联。

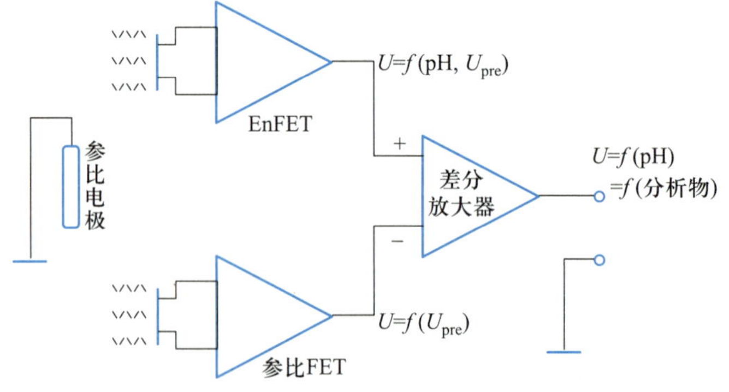

图 11-7 差分式 EnFET 测试电路模块图

图 11-8 为 pH 与单一 FET 测试回路和差分输出的关系，由 Nernst 公式知道，氢离子活度在 pH 每变化 1 时，界面电位变化约 60 mV，单一 FET 的输出在 pH 2~11 范围内呈线性，其斜率为每 pH 单位 57~58 mV，大致符合 Nernst 公式计算值；而双栅极的差分输出对 pH 的响应几乎不变，说明溶液的 pH 变化得到补偿。

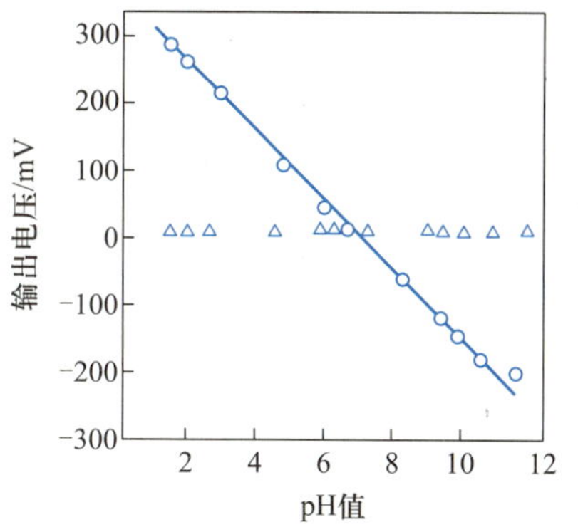

图 11-8 pH 对单栅极(○)和两栅极(△)输出的影响

对温度敏感实验表明，在 35 ℃左右的温度系数，单栅极 FET 为 1.1 mV/℃，差分输出为 0.3 mV/℃，由此可见，温度的影响也由此得到补偿。

EnFET 的响应机制比较复杂，难以用数学描述，与响应有关的因素包括反应的速度常数、各种化合物的扩散系数、固定化酶浓度、酶反应的产物抑制等。

11.3.3 应用研究实例

一、尿素测定

较早的脲酶 FET 采用 NH_3 敏 IrMOS 电容检测法。酶反应产生的 NH_3 以定量尿素，酶柱含 40 IU 脲酶，由于酶量大，所以尿素通过酶柱时 100%地被转化成 CO_2 和 NH_3。这种转化程度可保持至少 1 个月。工作缓冲溶液为 0.05 mol/L Tris-HCl，pH 8.1，脲酶最佳活性为 pH 7.0，进样量为 0.2 mL，线性范围至 40 μmol/L，检测限度为 0.2 μmol/L，每小时可测 20 个血清样品(经稀释至原浓度的 0.2%)，精度为 2%。Senillou 等将无活菌素(nonactin)组装在羧基化 PVC 中并沉积在 FET 上形成铵敏-FET，其上共价键合脲酶，构成脲酶-铵敏-FET，用于尿素测定。固定化偶联试剂含碳硝化甘油，利用分光光度计控制固定化酶的活性，辅酶 NADH 在 340 nm 的光吸收值随固定化时间进程而消失。与游离酶相比，固定化酶的表观活性为 50%。以差分工作方式为例，在2 nmol/L~1 mmol/L 范围内，传感器对尿素的检测灵敏度为浓度每增加一个数量级则响应增加 50 mV 尿素，这种灵敏度能够维持15 天。

生物传感器已广泛应用于化工、制药等工业领域，以及医疗卫生、环境保护等方面。

pH-FET 也可以用作尿素传感器的换能器。将脲酶与牛血清白蛋白(BSA)混合，在饱和戊二醛的作用下在 pH-FET 敏感表面进行交联固定。传感器对尿素测定的线性范围为$5\times10^{-5}\sim1\times10^{-3}$mol/L。pH 对传感器响应，传感器的稳定性和重复性均有影响。在储存缓冲液中添加 EDTA、甘油、叠氮化钠和二硫苏糖醇(dithiothreitol)对传感器的储存稳定性也有影响。故可在给定的储存条件下，观察到传感器的敏感度和稳定性。在传感器对血清样品测定时，其工作性能不受这些添加剂的影响。各种脲酶 FET 的性能见表 11-2。

表 11-2 各种脲酶 FET 的性能

膜	动力学范围/$mg \cdot L^{-1}$	灵敏度/mV·数量级$^{-1}$①	响应时间/min	寿命/d
乙酸纤维素	50~10 000	25	1	27
PVA②	100~10 000	18	1	数天
PVA	—	—	—	20
白蛋白	10~1 000	50	1	>30
白蛋白	30~1 200	10~50	数分钟	—
乙酸纤维素	10~25 000	10	105	—
PVA	50~1 000	20	1~2	7
白蛋白	5~1 000	15	55	—
直接结合	1 000~10 000	<10	<10	>21

注：① 1 个数量级即指 10 倍浓度。② PVA 为聚乙烯醇。

二、青霉素测定

青霉素生产过程中需要对多种参数进行监控。葡萄糖、尿素和青霉素都是重要的指标。青霉素酶水解青霉素生成青霉噻唑酸。第一个结核型 EnFET 为青霉素 EnFET。由于酶膜紧贴 FET，传感器的响应时间是膜厚度的函数，当酶膜厚度为 50~100 μm 时，达到 63%的响应一般需 10~25 s，对青霉素响应的浓度线性范围为 10^{-4}~10^{-2} mol/L。传感器用完后存放在+4 ℃，工作寿命可延续几个月。

制作青霉素传感器一般都习惯用 β-内酰胺酶。此种酶能用水解青霉素的内酰胺环，引起 pH 变化，对青霉素 G、青霉素 F、青霉素 N、青霉素 V、青霉素 O、青霉素 X 以及母核 6-APA 的内酰胺环都能产生作用，而发酵工程师一般只关心青霉素 G 的含量。于是，黎高翔研究组用青霉素乙酰基转移酶取代内酰胺酶制成 EnFET。实验表明，EnFET 对青霉素 G 线性响应为 0~5 mmol/L(10 mmol/L 磷酸缓冲液)，灵敏度为 6~6.2 mV/($mmol \cdot L^{-1}$)，对青霉素 G 和 6APA 响应比值为 40∶1。该研究室随后又做了进一步报道，对青霉素 G 的响应时间为 30 s。在 pH 7.0、20 mmol/L 的磷酸缓冲液中，标准曲线线性范围为0.5~8 mmol/L。对三份样品进行 20 次重复测定，CV<5%。传感器的稳定性达 6 个月，经过 1 000 次测定，输出信号没有明显下降。传感器用于青霉素发酵样品测定，与 HPLC 测定结果对照，相关系数 $r=0.994\,4$，回归方程为 $Y=1.034X-2\,083.7$。

Poghossian 等人也报道了两种形式的青霉素半导体生物传感器，一种是电容电解-绝缘半导体(EIS)传感器；另一种是 EnFET，其 pH-敏感材料为 Si_3N_4 或 Ta_2O_5 酶通过双功能试剂交联或物理吸附固定，传感器用于青霉素测定。电容 EIS 传感器的扩散障碍特性使其适合不同的青霉素(青霉素 G、氨苄青霉素和羟氨苄青霉素)与传统方法相比较，扩散障碍法的灵敏度更高，可测青霉素量为 0.05 ng，测定时间仅 10 min。青霉素 FET 选择 Ta_2O_5 涂层，用吸附法固定青霉素酶。对青霉素的灵

敏度也非常高，在0.05~1 mmol/L范围，灵敏度为(120±10)mV/(mmol·L^{-1})，滞后不到4 mV，检测下限为10 nmol/L，寿命为5个月。

三、甲醛测定

甲醛是一种挥发性气体，当空气中达到一定浓度时可以导致人失明等伤害，因此需要在一些特殊的环境中对甲醛蒸气进行监测测定。Vianello等设计了一个甲醛检测工作系统，包括一个空气取样器和甲醛脱氢酶偶联的离子选择性FET(IS-FET或pH-FET)。利用空气取样器将空气样品定量地溶解在液体中，然后让样品与酶FET接触。甲醛脱氢酶来自假单胞菌(Pseudomonas putida)，含辅酶NAD^+。该酶催化甲醛分子氧化并伴随产生两个质子，质子继而被IS-FET感应。在选择的工作条件之下，传感器的线性响应达到200 nmol/L。通过取样系统的富集作用，溶液中可以检出甲醛浓度为10 nmol/L，相当于在大气中μg/L级的范围。

另有报道采用来自汉森酵母(Hansenula polymorpha)的醇氧化酶(AOX)为分子识别元件。调查了酶浓度和缓冲液浓度对传感器信号的影响，在给定的条件下，传感器达到稳态响应需要10~60 s，输出信号的线性范围为10~300 mmol/L甲醛浓度。传感器工作稳定性仅为7 h，相对标准差为1%~3%。传感器在4 ℃储存30 d(天)仍然能稳定工作。其他低级醇类对甲醛的测定没有电位干扰。随后，又直接用汉森酵母细胞作为识别元件制作了测定甲醛的FET，并与AOX-FET进行比较。稳态测定时，酶传感器响应时间为10~60 s，细胞传感器为60 ~120 s。动态测定时，两种传感器的响应时间都小于5 s。线性工作范围：酶传感器为5~200 mmol/L，酵母传感器为5~50 mmol/L。响应相对标准差：酶传感器为2%，酵母传感器为5%。两种传感器的工作稳定性都不到7 h。在4 ℃保存，酶传感器和细胞传感器的稳定性分别达60 d和30 d。两种传感器都对低级醇类(包括甲醇、甘油和葡萄糖)不敏感，而对甲醛有高选择性。

四、有机磷农药测定

袁中一等人报道用丁酰胆碱酯酶(EC 3,1,1,8)与pH-FET组成EnFET来测定水中的酶抑制剂。底物丁酰胆碱扩散进入酶-BSA-戊二醛交联膜后被水解产生丁酸，继而被pH-FET敏感。有机磷农药的存在会抑制该酸的活性，可以由加入含有机磷农药样品的前后EnFET的酶响应活性的变化反映出来。传感器为单栅极，用饱和甘汞电极作参比，丁酰胆碱的浓度为10^{-2}mol/L，检测有机磷农药的范围取决于农药的种类，一般在10^{-8}~10^{-5}mol/L之间。

Campanella等人比较了两种测定有机磷农药的固态生物传感器。传感器的原理都是基于有毒化合物对丁酰胆碱酯酶(BChE)的抑制作用。用包有对pH敏感的离子选择性聚合物膜[含离子交换剂三(十二烷基)胺]的石墨电极或FET作为指示电极。石墨电极与丁酰胆碱酯酶-活化尼龙网结合，而FET中酶的固定采用聚吖啶预聚物聚合膜方法。实验考查了传感器对丁酰胆碱的响应行为和对氧磷的抑制作用。

BChE 本身的酶活性还可以用 FET 来测定，反应底物为碘化丁酰硫代胆碱（*S*-butyrylthiocholine iodide）（BTCI）。在 Ca^{2+} 和 Mg^{2+} 的存在下，酶活性增加。实验计算表明：①Mg^{2+} 的存在使酶与底物的亲和性增加；②Ca^{2+} 和 Mg^{2+} 的存在对酶底物复合物形成水解产物速度的增加有正协同作用。当 Mg^{2+} 的浓度从 0.1 mol/L 增加到 10 mmol/L 时，Hill 系数从 1.23 增加到 2.37。而 Ca^{2+} 的 Hill 系数大约为 1.0，并不受 Ca^{2+} 浓度的影响。

基于乙酰胆碱酯酶的有机磷农药测定属于抑制模型，需要较长的温育时间，要持续不断地向反应系统提供乙酰胆碱。此外，每次反应以后酶活性恢复缓慢。作为一种选择，可以利用有机磷水解酶（OPH）对有机磷农药的降解作用来设计传感器。这种传感器由源于降解微生物 Pseudomonas diminuta 的 OPH 和 pH-FET 组成。OPH 共价键合在 FET 表面的氮化硅门绝缘体上。或者采用 Sol-gel 技术在门表面形成 20 nm 或 200 nm 硅微球，然后在其上将酶共价固定。用该传感器测定对氧磷，响应时间 < 10 s，检测下限约为 10^{-6} mol/L，200 nm 硅胶修饰法可以增强传感器的信号而不受 pH 敏感的影响，传感器在 4 ℃储存。200 nm 硅胶修饰的 EnFET 在 10 周以后仍然保持相当高的活性，而此间，非纳米硅胶修饰的 EnFET 的酶活全部丧失。20 nm 硅胶修饰不增强 EnFET 的响应和酶稳定性。有关农药测定的 FET 还有三氯酸甲酯（trichlorfon），传感器的检测下限也是 10^{-6} mol/L。

另一种农药传感器采用的分子识别元件为一种有机磷酸水解酶（OPAA）。OPAA 能够选择水解含氟磷酸中的 P-F 键。利用这种性能设计了特异性测定这类化合物的生物传感器。以二异丙氟磷酸（DFP）、对氧磷和内吸磷-S 作为 OPAA 水解 P-F、P-O 和 P-S 键的代表性底物，用游离的和固定化 OPAA 测定对这些底物的水解速率。结果显示，OPAA 主要水解 P-F 化合物，对其他两类底物的水解作用可以忽略不计。以 OPAA 为分子识别元件，分别制作 pH-电极酶电极和 EnFET，并用不含酶的 pH-FET 作为对照。工作系统为流动注射型。测定 DFP 下限为：pH-电极酶电极，25 nmol/L；EnFET，20 nmol/L。当分析物为对氧磷或内吸磷-S 时，观察不到传感器的响应信号，说明这种基于 OPAA 的传感器可以直接鉴别测定含多种有机磷杀虫剂中的含氟有机磷神经毒素（如 G 类化学战剂 sarin GB 和 soman GD）。

习题与思考题

11.1 什么是生物传感器？

11.2 简述生物传感器的类型及优点。

11.3 DNA 传感器的工作原理是什么？DNA 在固体电极上的固定方法有哪些？

12 集成智能传感器

12.1 单片集成化智能传感器

目前，智能传感器正处于蓬勃发展的新时期，新技术不断涌现，新产品层出不穷，这必将带动信息产业的飞速发展。据未来市场研究(Market Research Future)报告，全球智能传感器的市场容量将从 2017 年的 180 亿美元，以 18.20%的年增长率，达到 2023 年的 472 亿美元规模。市场主要集中在亚太、北美和欧洲，而先进产品主要由美、日、德、韩等国半导体公司垄断。

现代传感器的发展方向是单片集成化、智能化、网络化和系统化。本章首先介绍智能传感器的基本特点与发展趋势，然后阐述其产品分类和主要技术指标。

12.1.1 智能传感器的基本特点

12-1 视频：各种传感器使用

一、智能传感器的定义

1. 传感器的定义

我国制定的“传感器通用术语”国家标准(GB/T 7665—2005)对传感器(sensor/transducer)所下的定义是：“能够感受规定的被测量并按照一定规律转换成可用输出信号的器件或装置”。这表明，传感器有以下含义：第一，它是由敏感元件和转换元件构成的一种检测装置，不仅能感受被测量的信息，还能检测出感受到的信息；第二，能按一定规律将被测量转换成电信号等输出形式，以满足信息传输、信息处理、信息存储、显示、记录及控制的需要；第三，传感器的输出与输入之间存在确定的关系，并能达到一定的测量精度、线性度和灵敏度指标。

2. 智能传感器的定义

目前，关于智能传感器的中、英文称谓尚未完全统一。英国人将智能传感器称为“Intelligent Sensor”；美国人则习惯于把智能传感器称为“Smart Sensor”，直译就是“灵巧的、聪明的传感器”。

所谓智能传感器，就是带微处理器、兼有信息检测和信息处理功能的传感器。智能传感器的最大特点就是将传感器检测信息的功能与微处理器的信息处理功能有机地融合在一起。从一定意义上讲，它具有类似于人工智能的作用。需要指出，这里讲的带微处理器包含两种情况：一种是将传感器与微处理器集成在一个芯片上构成所谓的单片智能传感器；另一种是指传感器能够配合微处理器，构成智能化的传感器系统。显然，后者的定义范围更宽，但二者均属于智能传感器的范畴。

二、智能传感器的功能

提示：智能传感器的功能首先还是要完成测量，即传统传感器功能，其次才是利用微处理器的数据处理功能，以提高测量精度、易用性和可靠性等。

智能传感器主要有以下功能：

（1）具有自动调零、自校准、自标定功能。智能传感器不仅能自动检测各种被测参数，还能进行自动调零、自动调平衡、自动校准，某些智能传感器还能自动完成标定工作。

（2）具有逻辑判断和信息处理功能，能对被测量进行信号调理或信号处理（对信号进行预处理、线性化，或对温度、静压力等参数进行自动补偿等）。例如，在带有温度补偿和静压力补偿的智能差压传感器中，当被测量的介质温度和静压力发生变化时，智能传感器中的补偿软件能自动依照一定的算法进行补偿，以提高测量精度。

（3）具有自诊断功能。智能传感器通过自检软件，能对传感器和系统的工作状态进行定期或不定期的检测，诊断出故障的原因和位置并做出必要的响应，如发出故障报警信号，或在计算机屏幕上显示出操作提示（如 PPT 系列智能精密压力传感器即有此项功能）。

（4）具有组态功能，使用灵活。在智能传感器系统中可设置多种模块化的硬件和软件，用户可通过微处理器发出指令，改变智能传感器的硬件模块和软件模块的组合状态，完成不同的测量功能。

（5）具有数据存储和记忆功能，能随时存取检测数据。

（6）具有双向通信功能，能通过 RS-232、RS-485、USB、I^2C 等标准总线接口，直接与微型计算机通信。

三、智能传感器的特点

与传统传感器相比，智能传感器主要有以下特点。

1. 高精度

由于智能传感器采用了自动调零、自动补偿、自动校准等多项新技术，因此其测量精度及分辨力都得到大幅度提高。

例如，美国霍尼韦尔（Honeywell）公司推出的 PPT 系列智能精密压力传感器，测量液体或气体的精度为±0.05%，比传统压力传感器的精度大约提高了一个数量级。美国 BB（BURR-BROWN）公司生产的 XTR 系列精密电流变送器，转换精度可达±0.05%，非线性误差仅为±0.003%。我国台湾地区豪尔泰克（HOLTEK）公司推出的 HT7500 型医用数字体温计集成电路，测温精度高达±0.1 ℃（或±0.2 ℉），这是其他温度计（包括精密水银温度计和数字温度计）难以达到的技术指标。它特别适合构成高精度、多功能、微型化的临床体温计，以满足医院及家庭的急需。

2. 宽量程

智能传感器的测量范围很宽，并具有很强的过载能力。例如，美国 ADI 公司推出的 ADXRS300 型单片偏航角速度陀螺仪集成电路，能精确测量转动物体的偏航角速度，测量范围是±300°/s。用户只需并联一个合适的设定电阻，即可将测量范围扩展到1 200°/s。该传感器还能承受 1 000 g 的运动加速度或 2 000 g 的静力加速度。

Honeywell 公司的智能精密压力传感器，量程从 1 psi 到 500 psi（即 6.894 6 kPa~3.447 3 MPa），总共有10 种规格。它有 12 种压力单位可供选择，包括国际单位制 Pa（帕），非国际单位制 atm（大气压）、bar（巴）、mmHg（毫米汞柱）等，基本压力单位是 psi（磅/平方英寸），可满足不同国家测量压力的需要。

注意：

从智能传感器的特点来看，相对于传统传感器，智能传感器的引入简化了系统设计和开发工作。但应注意智能传感器的机械和电气接口，以及适用环境等是否满足系统要求。

3. 多功能

能进行多参数、多功能测量，这也是新型智能传感器的一大特色。瑞士 Sensirion 公司研制的 SHT11/15 型高精度、自校准、多功能式智能传感器，能同时测量相对湿度、温度和露点等参数，兼有数字温度计、湿度计和露点计这 3 种仪表的功能，可广泛用于工农业生产、环境监测、医疗仪器、通风及空调设备等领域。Honeywell 公司推出的 APMS-10 G 型智能传感器，内含混浊度传感器、电导传感器、温度传感器、A/D 转换器、微处理器（μP）和单线I/O 接口，能同时测量液体的混浊度、电导及温度并转换成数字输出，是进行水质净化和设计清洗设备的优选传感器。

4. 自适应能力强

某些智能传感器还具有很强的自适应能力。例如，US0012 是一种基于数字信号处理器和模糊逻辑技术的高性能智能化超声波干扰探测器集成电路，它对温度环境等自然条件具有自适应（Self-adaptive）能力。美国 Microsemi 公司、Agilent 公司相继推出了能实现人眼仿真的集成化可见光亮度传感器，其光谱特性及灵敏度都与人眼相似，能代替人眼去感受环境亮度的明暗程度，自动控制 LCD 显示器背光源的亮度，以充分满足用户在不同时间、不同环境中对显示器亮度的需要。

5. 高可靠性

美国 Atmel 公司推出的 FCD4B14、AT77C101B 型单片硅晶体指纹传感器集成电路，抗磨损性强，在指纹传感器的表面有专门的保护层，手指接触磨损的次数可超过百万次。

6. 高性价比

性价比的全称为性能价格比，它表示某种商品的性能价值与实际价格之比。因此，高性价比就意味着品质优良且价格适宜，真正“物超所值”。

举例说明，美国 Veridicom 公司推出的第三代 CMOS 固态指纹传感器，增加了图像搜索、高速图像传输等多种新功能，其成本却低于第二代 CMOS 固态指纹传感器，因此具有更高的性价比。

7. 超小型化、微型化

随着微电子技术的迅速推广，智能传感器正朝着短、小、轻、薄的方向发展，以满足航空、航天及国防尖端技术领域的急需，并且为开发便携式、袖珍式检测系统创造了有利条件。

例如，前面提到的 SHT11/15 智能传感器，外形尺寸仅为 7.62 mm(长)×5.08 mm(宽)×2.5 mm(高)，质量只有 0.1 g，其体积与一个火柴头相近。LX1970 型集成可见光亮度传感器的外形尺寸仅为 2.95 mm×3 mm×1 mm。

8. 微功耗

降低功耗对智能传感器具有重要意义。这不仅可简化系统电源及散热电路的设计，延长智能传感器的使用寿命，还为进一步提高智能传感器芯片的集成度创造了有利条件。

智能传感器普遍采用大规模或超大规模 CMOS 电路，使传感器的耗电量大为降低，有的可用叠层电池甚至纽扣电池供电。暂时不进行测量时，还可采用待机模式将智能传感器的功耗降至更低。例如，FPS200 型指纹传感器在待机模式下的功耗仅为 100 μW。

9. 高信噪比

智能传感器具有信号放大及信号调理功能，可大大提高传感器的信噪比。例如，ADXRS300 型单片偏航角速度陀螺仪能在噪声环境下保证测量精度不变，其角速率噪声密度低至 $0.2°/s\sqrt{Hz}$。

注意：速率噪声密度可利用 Allan 方差计算，单位为 $°\cdot(s\sqrt{Hz})^{-1}$。

12.1.2 智能传感器的发展趋势及应用

进入 21 世纪后，智能传感器正朝着单片集成化、网络化、系统化、高精度、多功能、高可靠性与安全性的方向发展。

一、采用新技术提高智能化程度

微电子技术和计算机技术的进步，往往预示着智能传感器研制水平的新突破。近年来各项新技术不断涌现并被采用，使之迅速转化为生产力。例如，瑞士 Sensirion 公司率先推出将半导体芯片(CMOS)与传感器技术融合的 CMOSens® 技术，该项技术亦称“Sensmitter”，它表示传感器(sensor)与变送器(transmitter)的有机结合。美国 Honeywell 公司的网络化智能精密压力传感器生产技术；美国 Atmel 公司生产指纹芯片的 FingerChip™ 专有技术，美国 Veridicom 公司的图像搜索技术(ImageSeek™)、高速图像传输技术、手指自动检测技术。再如，US0012 型智能化超声波干扰探测器集成电路中采用了“模糊逻辑技术”(fuzzy-logic techniques，简称 FLT)，它兼有干扰探测、干扰识别和干扰报警三大功能，在探测车辆内部的干扰时不需要做任何调整，超声波探测标准已在出厂时被固化到芯片中了。US0012 能自动区分弱干扰、强干扰、阻断(因超声波传感器引线开路而导致信号被阻断)、饱和(因回波信号过强而使接收器进入饱和状态)，并发出相应的报警信号。

近年来问世的生物传感器和生物芯片正在投入临床试验。生物传感器是由

生物活性材料(酶、蛋白质、DNA、抗体、抗原、生物膜等)与物理、化学传感器结合而成的。生物传感器是发展生物技术必不可少的一种先进的检测与监控器件，可广泛用于临床诊断、食品和药物分析、环境保护及分子生物学等领域，具有良好的推广前景。

还需指出的是，微机械加工这项高新技术目前已被应用于智能传感器的制造过程中。采用这项新技术可在芯片内部制造出弹性元件(如单片加速度传感器中的工字梁)及运动部件(如音叉式陀螺仪)，彻底解决了如何在固态传感器中加工可动部件这一长期困扰人们的技术难题。

二、单片传感器系统

20 世纪末，人们首先提出了“单片系统”这一新概念。单片系统的英文缩写为 SOC(system on chip)，又被译为“系统级芯片”或“系统芯片”，它将一个可灵活应用的系统集成在一个芯片中。上述预言在 21 世纪初就已变成现实。目前，单片系统的集成度按照摩尔定律正在迅速提高，这必将给整个 IC 产业及 IC 应用带来划时代的进步，使 IC 从传统意义上的“集成电路”发展成为全新概念的“集成系统”。

最近，国外已提出了所谓“单片传感器解决方案”(sensor solution on chip,简称 SSOC)的新概念，就是要把一个复杂的智能传感器系统集成在一个芯片上。实际上，Sensirion 公司研制的 SHT11/15 型单片智能化湿度/温度传感器，以及前面介绍的智能化超声波干扰探测器集成电路等产品，已属于单片传感器系统的范畴。MAXIM 公司推出的 MAX1458 型数字式压力信号调理器，内含 E^2PROM，自成系统，几乎不用外围元件即可实现压阻式压力传感器的最优化校准与补偿。MAX1458 适合构成压力变送器/发送器及压力传感器系统，可应用于工业自动化仪表、液压传动系统、汽车测控系统等领域。相信在不久的将来，会有更多的单片传感器系统面世。

三、智能微尘传感器

智能微尘(smart micro-dust)传感器是一种具有电脑功能的超微型传感器。从肉眼看，它和一颗沙砾没有多大区别，但内部却包含了从信息收集、信息处理到信息发送所必需的全部部件。目前，直径约为 5 mm 的智能微尘已经问世，智能微尘的外形及内部结构如图 12-1 所示。未来的智能微尘的体积可以做得更小，甚至可以悬浮在空中几个小时，用来搜集、处理并无线发射信息。智能微尘还可以“永久”使用，因为它不仅自带微型薄膜电池，还有一个微型太阳能电池为它充电。美国英特尔公司制订了基于微型传感器网络的新型计算机发展规划，将致力于研究智能微尘传感器网络的工作。

智能微尘的应用范围很广，最主要的是军事侦察监视网络、森林灭火、海底板块调查、行星探测、医学、生活等领域。智能微尘被大量地装在宣传品、子弹或炮弹壳中，在目标地点撒落下去，即可形成严密的监视网络。在医学领

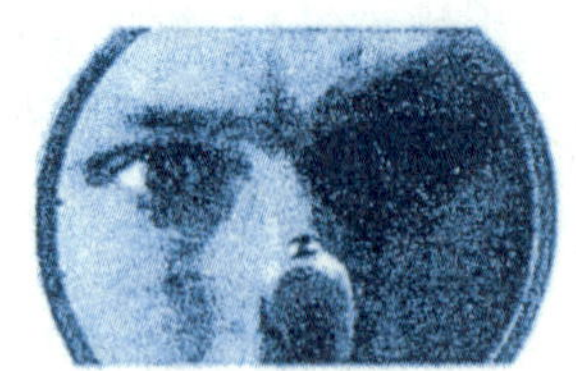

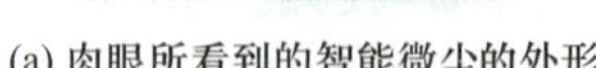
(a) 肉眼所看到的智能微尘的外形 (b) 智能微尘的内部结构

图 12-1 智能微尘的外形及内部结构

域，智能微尘有着神奇的应用。由智能微尘构成的“智能绷带”，通过检测伤口化脓情况可确定应使用哪一种抗生药物。在防灾领域，通过直升机播撒的智能微尘可了解森林火灾情况。IBM 的一位资深副总裁在一次演讲中称，将来老年人或病人生活的屋里将会布满各种智能微尘监控器，用来监控他们的生活。例如，嵌在手镯内的传感器会向治疗中心实时发送病人的血压数据，地毯下的压力传感器将显示老年人的行动及体重变化，甚至于抽水马桶里的传感器可以及时分析排泄物并显示出健康问题……这样，老年人或病人即使单独在家也是安全的。

四、总线技术的标准化与规范化

智能传感器的总线技术正逐步实现标准化、规范化，目前所采用的总线主要有1-Wire 总线、I^2C 总线、SMBus、SPI 总线、Micro Wire 总线和 USB 总线。1-Wire 总线亦称单线总线。I^2C 总线和 SMBus 属于二线串行总线，SPI 则为三线串行总线。智能传感器作为从机，可通过专用总线接口与主机进行通信。USB 是“通用串行总线”（universal serial bus）的英文缩写。USB 接口具有连接单一化、软件自动“侦测”以及热插拔的优点。

鉴于智能传感器都是数字式的，而在工业测试现场仍大量使用 4～20 mA 模拟输出的系统（包括传感器、变送器及二次仪表等）。为了解决这一技术难题，美国罗斯蒙特（Rosemount）公司提出了 HART 协议（Highway Addressable Remote Transducer Protocol，可寻址远程传感器通信协议）作为过渡性标准。该通信协议具有与现场总线相类似的体系结构以及总线式数字通信功能。由于 HART 协议是在模拟信号上叠加了 FSK（频移键控）数字信号，因此模拟和数字通信可同时进行。这就保证了 4～20 mA 模拟系统与数字通信系统兼容，能在一条双绞线上连接多台现场设备，构成多站网络，使不同厂家的产品互相通用。目前，许多国际上著名的公司已接受了 HART 协议，还成立了专门机构来推广 HART 协议。最近，我国也发布了国产符合 HART 协议智能仪表管理办法并开始实行。因此，HART 协议已被认为是事实上的工业标准，但它仍属过渡性协议，还不能称为现场总线。

五、虚拟传感器和网络传感器

1. 虚拟传感器

虚拟传感器是基于软件开发而成的智能传感器。它是在硬件的基础上通过

软件来实现测试功能的，利用软件还可完成传感器的校准及标定，使之达到最佳性能指标。因此，其智能化程度也取决于软件的开发水平。世界著名的芯片厂家相继推出了基于软件的智能传感器。例如，MAXIM 公司不仅研制出高精度硅压阻式压力信号调理器芯片 MAX1457，还专门给用户提供一套工具软件(EV Kit)和通信软件，供用户下载使用，为用户开发基于传感器的测试系统创造了便利条件。Sensirion 公司专门为 SHT11/15 型单片智能化湿度/温度传感器提供测量露点用的 SHTlxdp. bsx 软件。Atmel 公司和 Veridicom 公司都向用户提供开发指纹传感器的应用程序。例如，在 InstaMatch™ 软件包中就包含着指纹识别算法。

2. 网络传感器

智能传感器的另一发展方向就是网络传感器。网络传感器是包含数字传感器、网络接口和处理单元的新一代智能传感器。数字传感器首先把被测量得到的拟量转换成数字量，再送给微处理器进行数据处理，最后将结果传输给网络，以便实现各传感器之间、传感器与执行器之间、传感器与系统之间的数据交换及资源共享，在更换传感器时无须进行标定和校准，可做到“即插即用(Plug & Play)”。

最近，美国 Honeywell 公司开发的 PPT 系列、PPTR 系列和 PPTE 系列智能精密压力传感器就属于网络传感器。这种传感器集压敏电阻传感器、A/D 转换器、微处理器、存储器(RAM、E^2PROM)和接口电路于一身。在构成网络时，能确定每个传感器的全局地址、组地址和设备识别号(ID)地址。用户通过网络就能获取任何一个传感器的数据并对该传感器的参数进行设置。这样不仅提高了测量精度，还极大地方便了用户。这些产品可广泛用于工业、环境监测、自动控制、医疗设备等领域。

六、可靠性与安全性设计

传感器的可靠性和安全性是至关重要的。智能传感器一般都具有自检和自校准功能。例如，Motorola 公司生产的光电型烟雾检测报警电路 MC145010，是通过感受微小烟雾颗粒的散热光束来检测烟雾的。利用该传感器的自检模式可以模拟烟雾条件，定期检查系统的功能。选择自校准模式，还能快速检查烟雾传感器的灵敏度并对它进行校准。某些智能温度传感器(如 AD7416)，还设置了可编程的“故障排队(fault queue)”计数器，能有效地避免在温控系统受到噪声干扰时产生误动作。美国 ADI 公司生产的热电偶冷端温度补偿器及隔离式热电偶信号调理器，对信号和电源全部实现了电气隔离，能有效地抑制信号噪声及电源噪声，大大提高了测温系统的信噪比。当热电偶引线发生开路故障时能输出报警信号，可驱动外部报警器或 LED 指示灯。

通常，可将人体等效为由 100 pF 电容和 2.2 kΩ 电阻串联而成的电路模型。为防止因人体静电放电(ESD)而损坏芯片。新型智能传感器普遍增加了 ESD 保护电路，一般可承受 1 000~4 000 V 静电放电电压。指纹传感器最容易受到人体的静电放电影响，因此这种传感器抗静电的能力特别强。例如，Atmel 公司推出的单片指纹传感器集成电路 FCD4B14，可承受 16 kV 以上的静电放电电压，能避免在获取指纹图像的过程中因人体静电而损坏传感器。

12.1.3 单片智能传感器主要产品的分类

目前对传感器尚无统一的分类方法，较常用的分类法有以下三种：①按照传感器的物理量分类，可分为温度、湿度、位移、力、转速、角速度、加速度、液位、流量、气体成分、指纹等传感器；②按照传感器工作原理分类，可分为电阻、电容、电感、电流、磁场、光电、光栅、热电偶、铂电阻等传感器；③按照传感器输出信号的性质分类，可分为输出为连续变化量的模拟传感器和输出为代码或脉冲的数字传感器。

12-1 图片：集成温度传感器实物图

下面介绍单片智能传感器主要产品的分类。

1. 智能温度传感器

单片智能温度传感器是目前应用范围最广、使用最普及的一种智能传感器。其种类很多，大致有以下几种分类方法：

（1）按功能划分

主要有智能温度传感器（含多功能型智能温度传感器）、智能温度控制器（又分通用型和专用型两种）。最近，ADI 公司专门为中央处理器开发的智能化远程散热风扇控制器集成电路 ADT7460，就属于专用智能温度控制器。

（2）按测温通道来划分

有单路、双路和多路智能温度传感器。

（3）按总线划分

目前，智能温度传感器所采用的总线主要有 1-Wire 总线、I^2C 总线、SMBus 和 SPI 总线。

12-2 图片：集成温/湿度传感器实物图

2. 智能湿度/温度传感器

典型产品为 SHT11、SHT15 型高精度、自校准、多功能式智能湿度/温度传感器。这种芯片可完全取代传统由湿敏电阻或湿敏电容构成的湿度计，使测量精度大幅度提高。

3. 智能压力传感器及变送器

12-3 图片：智能压力变送器实物图

（1）集成硅压力传感器

典型产品有 Motorola 公司生产的 MPX2100、MPX4100A、MPX5100 和 MPX5700 系列单片集成硅压力传感器。其内部除传感器单元之外，还增加了信号调理、温度补偿和压力修正电路。

（2）智能压力传感器

典型产品为美国 Honeywell 公司生产的 ST3000 系列、ST3000-900/2000 系列智能压力传感器。它将差压、静压和温度的多参数传感与智能化的信号调理功能融为一体，彻底打破了传感器与变送器的界限。

（3）集成压力信号调理器

典型产品有 MAXIM 公司生产的 MAX1450 信号调理器，它能对压阻式压力传感器的信号进行压力校准和温度补偿。

（4）带串行接口的集成压力信号调理器

典型产品有 MAX1457 型高精度硅压阻式压力信号调理器芯片。芯片内部带 ADC、DAC 和多路信号输出，能对传感器进行最优化校准和补偿，还具有与 SPI 总线/Micro Wire(微总线)兼容的串行接口，适配 SPI 接口的 E^2PROM。

（5）数字式集成压力信号调理器

MAX1458 属于数字式压力信号调理器，其主要特点是内含 E^2PROM，自成系统，可实现压阻式压力传感器的最优化校准与补偿，使用非常简便。

（6）网络化智能精密压力传感器

典型产品有 Honeywell 公司生产的 PPT 系列、PPTR 系列和 PPTE 系列智能精密压力传感器。

12-4 图片：集成角速度传感器实物图

4. 角速度传感器

（1）集成角速度传感器

典型产品有日本村田公司推出的 ENC-03J 型集成角速度传感器，芯片中包含了由双压电陶瓷元件构成的角速度传感器及信号调理器，能输出与被测角速度成正比的直流电压信号。

（2）单片偏航角速度陀螺仪集成电路

美国 ADI 公司推出的 ADXRS300 型单片偏航角速度陀螺仪集成电路，内含角速度传感器、共鸣环、信号调理器等，其输出电压与偏航角速度成正比。

12-5 图片：集成加速度传感器实物图

5. 加速度传感器

典型产品有 ADI 公司生产的 ADXL202/210 型带数字信号输出的单片双轴加速度传感器。

6. 智能超声波传感器

超声波具有频率较高、方向性好、穿透力强等特点，适用于水下探测、液位或料位测量、非接触式定位、工业过程控制等领域。国产 SB5227 型超声波测距专用芯片，带微处理器和RS-485 接口，能准确测量空气介质或水介质中的距离。

7. 智能磁场传感器

磁场传感器主要用来测量磁量(如磁场强度、磁通密度)。智能磁场传感器内部包含磁敏电阻(或霍尔元件)和信号调理电路。典型产品有 HMC 系列集成磁场传感器、AD22151 型线性输出式集成磁场传感器以及 TLE4941 型二线差分霍尔传感器集成电路。

12-6 图片：单片指纹传感器实物图

8. 指纹传感器

指纹具有唯一性，是身份识别的重要特征之一。指纹识别技术可广泛应用于商业、金融、公安刑侦、军事及日常生活中。单片指纹传感器主要有两种：一种是温差感应式指纹传感器，典型产品如 FCD4B14 和 AT77C101B；另一种是电容感应式指纹传感器，典型产品为 FPS100、FPS200。它们均可制成便携式指纹识别仪，网络、数据库及工作站的保护装置，以及自动柜员机(ATM)、智能卡、手机、计算机等的身份识别器，还可构成宾馆、家庭的门锁识别系统。

12-7 图片：电流变送器实物图

9. 电流传感器及变送器

集成电流传感器主要用于交、直流电流的在线监测、信号的转换及远距离传输。集成电流传感器分成交流、直流两种类型。利用霍尔效应制成的半导体传感器，适合检测交流电流，典型产品如 ACS750。利用内置非感应式电流传感电阻可检测直流电流，典型产品如 MAX471/472、UCC3926。这种芯片包含了信号调理器，能将线路电流转换成直流电压信号，配上数字电压表(DVM)即可准确测量线路电流。

集成电流变送器亦称电流环电路，它也有两种类型。一种是电压/电流转换器(亦称电流环发生器)，能将输入电压转换成 4~20 mA 的电流信号，典型产品有 1B21、AD693/694、XTR101/106/115；另一种是电流/电压转换器(也叫电流环接收器)，可将 4~20 mA 的电流信号转换成电压信号，典型产品为 RCV420。

10. 智能混浊度传感器

混浊度表示水或其他液体的不透明度，测量混浊度对于环境保护和日常生活具有重要意义。利用智能化混浊度传感器，能同时测量液体的混浊度、电导和温度，可代替价格昂贵的在线浊度仪，用于水质净化、清洗设备等领域。典型产品有带微处理器和单线接口的 APMS-10G 型智能化混浊度传感器。

11. 其他类型的智能传感器

例如，液位传感器、烟雾检测报警集成电路等。

12.2 网络化智能压力传感器

美国 Honeywell 公司先后推出了可实现网络化的 PPT 系列、PPTR 系列和 PPTE 系列智能精密压力传感器。这些传感器将压敏电阻传感器、A/D 转换器、微处理器、存储器(RAM、E^2PROM)和接口电路集于一身，不仅达到了高性能指标，还极大地方便了用户。这些产品可广泛用于工业、环境监测、自动控制、医疗设备等领域。

12.2.1 PPT、PPTR 系列网络化智能压力传感器的工作原理

一、网络化智能压力传感器的性能特点

(1) PPT 系列传感器采用钢膜片，带 RS-232 接口，传感器距离不超过 18 m，适合测量快速变化或缓慢变化的各种不易燃、无腐蚀性气体或液体的压力、压差及绝对压力，测量精度高达±0.05%(满量程时的典型值)，相比之下，集成压力变送器最高只能达到±0.1%的精度。PPTR 系列产品带 RS-485

接口，传输距离可达几千米。它采用不锈钢膜片，能测量具有腐蚀性的液体或气体，测量精度为±0.1%。

（2）属于网络传感器。构成网络时能确定每个传感器的全局地址、组地址和设备识别号 ID 地址，能实现各传感器之间、传感器与系统之间的数据交换和资源共享。用户可通过网络获取任何一个传感器的数据，并对该传感器的参数进行设置，所设定的参数保存在 E^2PROM 中。

（3）能输出经过校准后的压力数字量和模拟量，它既是一个精密数字压力传感器，又是一个模拟式标准压力传感器，模拟输出电压在 0~5 V 范围内连续可调，可作为标准压力信号源使用。用户不用主机即可获得模拟输出。

（4）可通过接口电路与 PC 机进行串行通信，一台 PC 机最多可挂接 89 个传感器。串行通信时有 7 种波特率可供选择，最高达 28 800 bit/s。上电后默认的波特率为9 600 bit/s。数字格式为 1 个起始位、8 个数据位、1 个停止位。

（5）有 12 种压力单位供选择，包括国际单位制 Pa(帕)，非国际单位制 atm(大气压)、bar(巴)、mmHg(毫米汞柱)等，基本压力单位是 psi(磅/平方英寸)。量程为1~500 psi(即 6.894 6 kPa~3.447 3 MPa)，总共有 10 种规格。

（6）利用内部的集成温度传感器来检测传感器温度并对压力进行补偿。测温误差小于 0.5 ℃。

（7）电源电压的范围是 5.5~30 V，工作电流为 15~30 mA，工作温度范围是(-40~+85) ℃。

二、网络化智能压力传感器的工作原理

1. 引脚功能

PPT、PPTR 系列智能压力传感器的外形及引脚序号分别如图 12-2 所示，外形尺寸均为 24.8 mm×62.2 mm。以图 12-2(a)为例，它有两个压力口 P1 和 P2，P1 口适合接不易燃、无腐蚀性的液体或气体，P2 口只能接气体。6 芯插座上的第 1 脚为RS-232 接口的发送端(TXD)，第 2 脚为接收端(RXD)，第 3 脚为外壳接地端(GND)，第 4 脚为公共地，第 5 脚为直流电源输入端(U_S)，第 6 脚为模拟电压输出端(U_O)。图 12-2(b)中的 A~F 依次对应于图(a)中的 1~6 脚，区别仅是 A、B 脚分别为 RS-485 接口的正端(+)、负端(-)。为了降低噪声，模拟输出时需要单点接地时，应将电源地、测量仪表(如数字电压表)的参考地直接连传感器的信号地。

2. 工作原理

PPT、PPTR 系列智能压力传感器的内部电路框图如图 12-3 所示。主要包括 8 个部分：①压力传感器；②温度传感器；③16 位 A/D 转换器；④微处理器(μP)和随机存取存储器(RAM)；⑤电擦写只读存储器(E^2PROM)；⑥RS-232(或 RS-485)串行接口；⑦12 位 D/A 转换器(DAC)；⑧电压调节器。下文中除具体说明系列号以外，所有 PPT、PPTR 系列均用 PPT 表示，并简称为 PPT 单元。

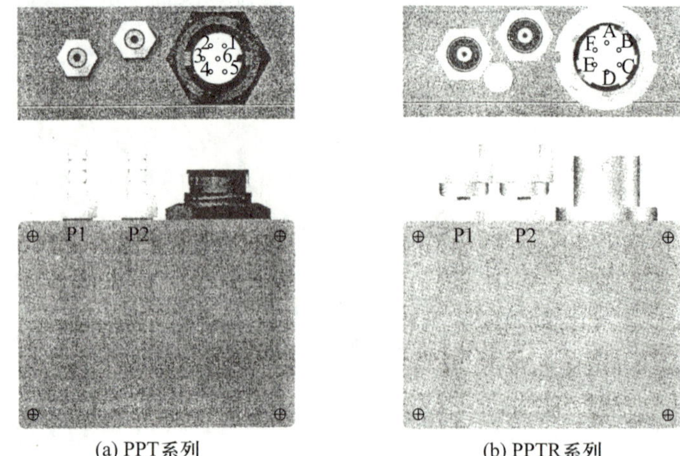

图 12-2 PPT、PPTR 系列智能压力传感器的外形及引脚序号

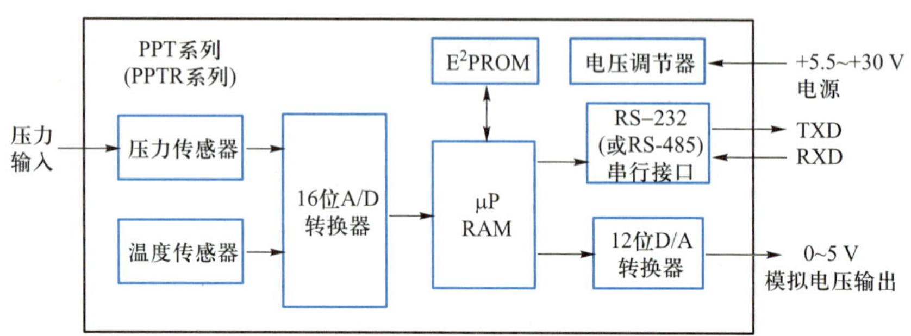

图 12-3 PPT、PPTR 系列智能压力传感器的内部电路框图

PPT 单元的核心部件是一个硅压阻式传感器，内含对压力和温度敏感的元件。代表温度和压力的数字信号送至 μP RAM 中进行处理，可在(-40~+85) ℃范围内获得经过温度补偿和压力校准后的输出。PPT 单元的输出形式见表 12-1。在测量快速变化的压力时，可选择跟踪输入模式，预先设定好采样速率的阈值，当被测压力在阈值范围内波动时，采样速率就自动提高一倍。一旦压力趋于稳定，则将恢复正常采样速率。PPT 还具有空闲计数功能，在测量稳定或缓慢变化的压力时，可自动跳过 255 个中间读数，延长两次输出的时间间隔。此外，它还可设定成仅当压力超过规定值时才输出或者等主机查询时才输出的工作模式。为适应不同环境，提高 PPT 的抗干扰能力，A/D 转化器的积分时间可在 8 ms~10 s 范围内设定。

表 12-1 PPT 单元的输出形式

数字输出	模拟输出
1. 单次或连续压力读数	1. 单次压力的模拟输出电压
2. 单次或连续温度读数	2. 跟踪输入模式下的模拟输出电压
3. 单次或连续的远程 PPT 读数(遥测)	3. 用户设定的模拟输出电压
	4. 对远程 PPT 进行控制的模拟输出电压(遥控)

PPT 能提供三级寻址方式。最低级寻址方式是设备识别号 ID。该地址级别允许对任何单个的 PPT 进行地址分配，ID 的分配范围是 01~89。00 为空地址，专用于未指定地址的 PPT。因此，一台主机最多可以配 89 个 PPT。若某个 PPT 未被分配 ID 地址(或 ID 未被存入 E^2PROM 中)，上电后就分配为空地址。第二级寻址方式为组地址，地址范围是 90~98，共 9 组。通过 ID 指令，每个 PPT 都可以分配到一个组地址，允许主机将指令传给具有相同组地址的几个 PPT。组地址的默认值为 90。最高级寻址方式为全局地址，该地址为 99。主机通过串行口可连接 9 组共 89 个 PPT。

12-8 图片：PPT 智能压力传感器实物图

12.2.2 PPT 系列网络化智能压力传感器的典型应用

下面分别介绍 PPT 系列网络化智能压力传感器与测量仪表的接线、远程模拟压力信号的传输与记录。RS-232 环形网络及 RS-485 多点网络的结构。

一、PPT 模拟输出的配置

单独使用一个 PPT，能代替传统的模拟式压力传感器。其最大优点是不需要校准即可达到高精度指标。PPT 模拟输出与测量仪表的接线如图 12-4 所示。用户既可通过数字电压表(DVM)读取压力的精确值，又可利用模拟式电压表(V)来观察压力的变化过程及变化趋势。

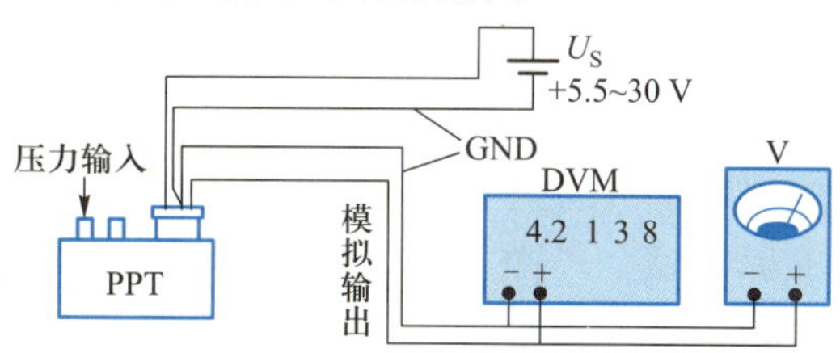

图 12-4 PPT 模拟输出与测量仪表的接线图

对 PPT 进行设置后，它还能在传送压力数据的同时，接收来自控制处理器的阀门控制信号，以实现压力自动调节，具体接线如图12-5所示，这对于压力测控系统非常有用。阀门控制数据可以与压力数据无关。

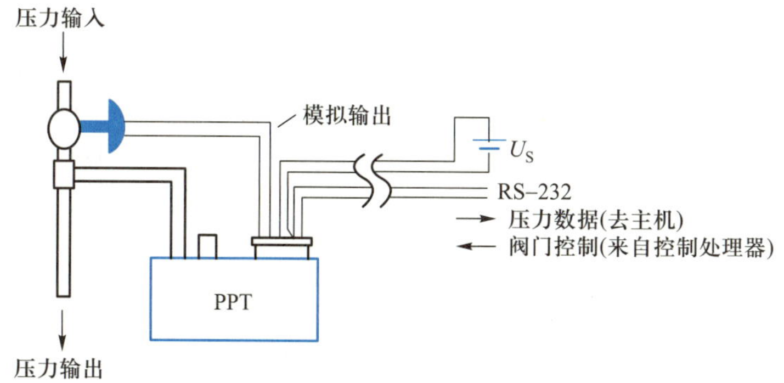

图 12-5 能实现压力调节的接线图

二、远程模拟压力信号的传输与记录

PPT 的模拟信号可直接送给记录仪来记录压力波形，但在远距离传输模拟信号时很容易受线路干扰及环境噪声的影响，还会造成信号衰减。为解决上述问题，可按图 12-6 所示，在终端增加一个 PPT。首先由 PPT1 发送压力数据，然后远程传输给 PPT2，再将 PPT2 的模拟输出接记录仪。这种方法适用于 RS-485 接口，传输距离可达数千米。若采用带 RS-232 接口的 PPT 系列传感器，需增加驱动器和中继器。该方案的另一优点是传输速率快，当波特率选 28 800 bit/s时，数据传输所造成的延迟时间不超过 2 ms。远距离传输的设定指令详见表12-2，现假定 PPT1 和 PPT2 在同一组。

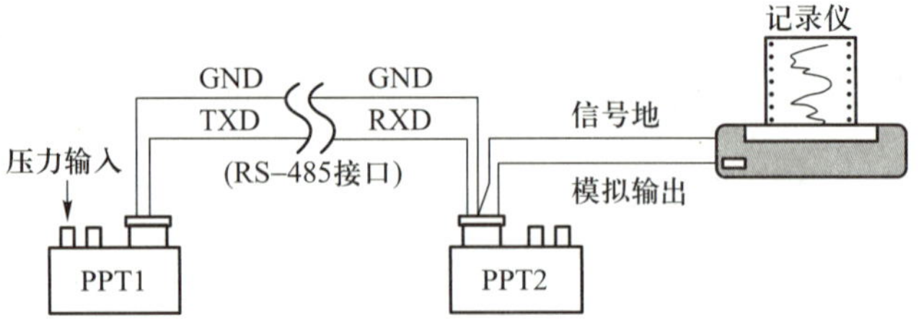

图 12-6　远程模拟压力信号传输与记录的接线图

表 12-2　远距离传输的设定指令

PPT1 的设定指令		PPT2 的设定指令	
输入指令	说　明	输入指令	说　明
*01WE=RAM	写操作使能	*02WE	写操作使能
*01DA=U	将压力转换成“-”格式	*02DA=R	将数字输出转换为模拟输出
*01MO=P4	二进制输出	*02NE=DAC	写入 DAC 中
*01WE	E^2PROM 写操作使能	*02WE	E^2PROM 写操作使能
*01SP=ALL	将全部结果存入 E^2PROM 中	*02SP=ALL	将全部指令存入 E^2PROM 中

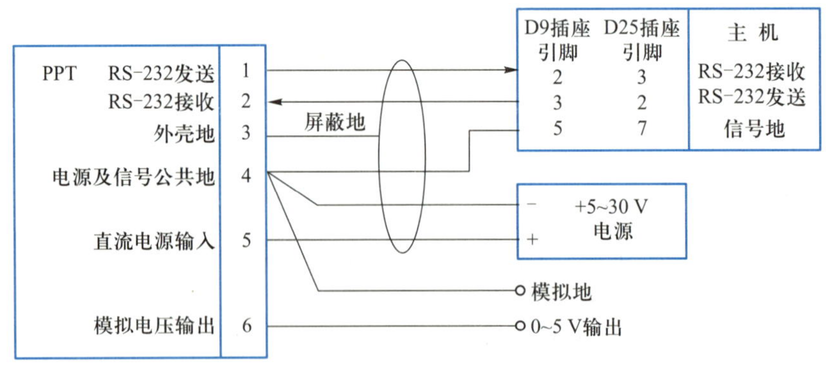

图 12-7　PPT 与主机的接线图

PPT 与主机的接线如图 12-7 所示。图中，D9、D25 分别代表主机上的

针插座和 25 针插座。

三、网络结构

1. RS-232 环形网络

RS-232 环形网络的起点和终点都在主机的 TXD、RXD 和 GND 接口线上。其特点是网络接口可接多台 PC 机的串行接口。具有 6 个 PPT 单元的 RS-232 环形网络如图12-8 所示。该例中，各 PPT 单元的 ID 地址从主机接口开始按照环形顺序排列，从 01 开始，到 06 终止。两个组地址分别为 91、93，每组有 3 个 PPT 单元被分配地址。为使 PPT 单元能单独接收主机指令，每个 PPT 单元必须有唯一的地址。一旦几个 PPT 单元设定的地址相同，那么当主机发出该地址指令时，只有最先接收到主机指令的那个 PPT 单元能读取该指令，指令也就不再往下传送。该网络的另一个特点是能对每个 PPT 单元自动分配 ID 地址。例如用 *99ID=1 的指令将 ID=01 分配到 PPT1 时，其余 PPT 的 ID 地址就依次递加 1。最终返回主机时，它读出的结果就变成 *99ID=7，主机自动编址为 07。

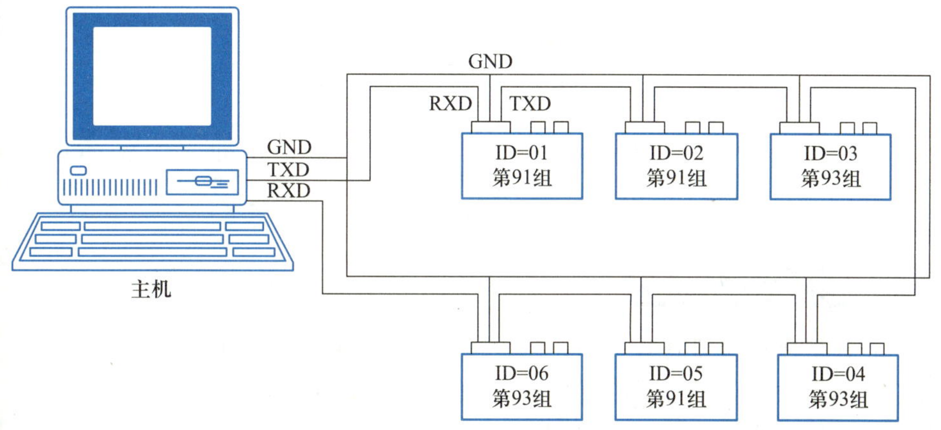

图 12-8　具有 6 个 PPT 单元的 RS-232 环形网络

当主机传送一条组地址(*90~ *98)指令时，该指令就依次传给环路中的每个 PPT 单元，只有符合该组地址的 PPT 单元才能读到这条指令。仅当主机发出全局地址(*99)指令时，全部 PPT 单元都能响应。

2. RS-485 多点网络

RS-485 网络以主机为起点，以距主机最远端为终点，采用多点网络结构，亦称星形网络结构。这种网络不仅传输距离远，而且在不断开网络的情况下能增、减 PPT 的数目。RS-485 最多只能连接 32 个 PPT 单元，利用中继器可扩展到 89 个 PPT 单元。在 RS-485 的始端与末端，需分别并联一个 120 Ω 的电阻作为匹配负载。

具有 6 个 PPT 单元的 RS-485 多点网络如图 12-9 所示。在该网络中，各 PPT 单元的 ID 地址可以不按照顺序排列。下面通过一个例子来介绍传输全局地址及分配组地址的过程：①首先传送全局指令 *99WE 和 *99S=00001234，这将使 ID 号为#00001234 的 PPT 单元在下一条指令之前指定自己的 ID 号，并做好接收新指令的准备。然后传送 * 99WE, * 99ID = 02, * 02WE 和 * 02SP = ALL 指令，完成设备 ID 的地址分配。只要在RS-485 网络上重复上述过程，即可完成 ID 地址的分配工作。②分配组地址：一旦设置好设备的 ID，即可进行组 ID 的分配。同一组中的每个 PPT 单元必须有一个始于 01 的子地址。子地址将告知每一个 PPT 单元在组地址指令中的响应顺序。若要设置设备 ID = 02 的组地址为 91，子地址为 01，可传送下述命令：* 02WE, * 02ID = 9101， * 02WE, * 02SP = ALL。当第一条指令传送到第 91 组时，ID = 02 的单元就会第一个做出响应。

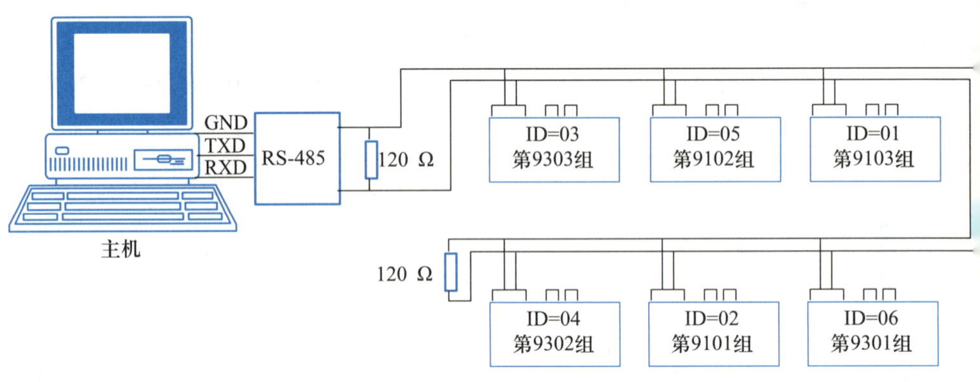

图 12-9 具有 6 个 PPT 单元的 RS-485 多点网络

12.3 特种集成传感器

特种集成传感器具有“新、特、奇、广”的特点，即电路新颖、功能奇特、性能先进、应用范围极为广泛。本章专门介绍特种集成传感器的原理与应用，包括集成液位传感器、烟雾检测报警集成电路、带微处理器的智能混浊度传感器、单片偏航角速度陀螺仪、集成可见光亮度传感器、数字照度计和单片射频无线收发器。

12.3.1 LM1042 型集成液位传感器

LM1042 是美国国家半导体公司(NSC)生产的集成液位传感器。它通过热敏电阻探头来测量各种非可燃性液体的液面高度，并能检测出热敏电阻探头的短路或开路故障。可广泛用于工业、农业、水利、交通运输等领域。

一、LM1042 型集成液位传感器的工作原理

1. 性能特点

(1) 适配两个热敏电阻探头测量液位。其中，探头 1 为主探头，探头 2 为辅助探头，它们所接的内部放大器电压增益分别为 10.15 倍、3.4 倍，非线性误差依次为 0%、0.2%(典型值)。热敏电阻既可选镍钴铁合金电阻丝，又

可采用其他类型的热敏电阻丝，还可直接输入线性变化的被测信号。

(2) 芯片内部有探头故障检测器和电源调节器。具有复位和延迟开关功能，利用复位功能可实现电路切换，利用延迟功能则能抑制瞬态干扰。

(3) 既可选择单次测量模式，也可以选择重复(多次)测量模式。

(4) 输出电压范围是 0.2~6 V，最大输出电流达±10 mA，既可驱动模拟式指示仪表，又可配数字电压表显示测量结果。

(5) 电源电压范围是+7.5~+18 V，典型值为+13 V，电源电流小于 35 mA。工作温度范围是(−40~+80) ℃。

2. 引脚功能

LM1042 采用 N16A 封装，引脚排列如图 12-10 所示。各引脚的功能如下：

U_+、GND——分别接正电源端和地。

R_{T1}IN——探头 1 的输入端，接内部放大器 A_2，该端的最大漏电流仅为 5 nA。探头 1 需经过电容接此端，开始测量时 R_{T1}IN 端要先被拉成低电平。

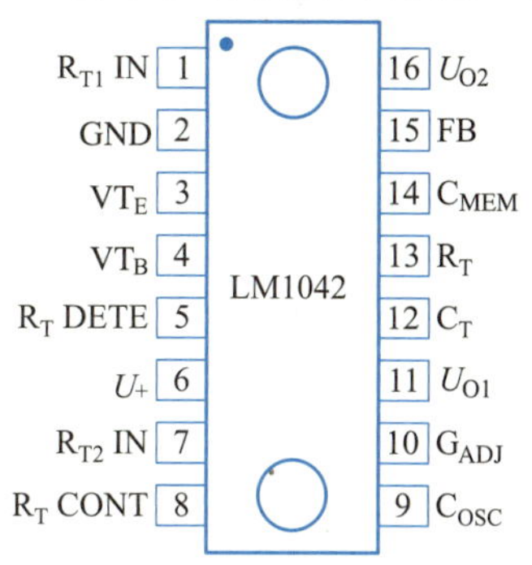

图 12-10　LM1042 的引脚排列图

VT_E、VT_B——分别接外部晶体管的发射极、基极，通过晶体管给探头 1 提供 200 mA 的恒定电流。

R_T DETE——探头故障检测器的输入端。可检测探头 1 的开路、短路故障。

R_{T2}IN——探头 2 或其他非线性信号的输入端，输入电压范围是 1~5 V。

R_T CONT——探头选择及控制端，接低电平时选择探头 1 并起动定时周期，在本次测量结束之前，该端被锁存为低电平。不接振荡电容 C_{OSC}时探头 1 只进行单次测量，接上振荡电容 C_{OSC}后才能进行多次测量。该端接高电平时选择探头 2。

C_{OSC}——重复振荡器的外接振荡电容端。

G_{ADJ}——探头 2 内部放大器 A_4 的电压增益调节端。

U_{O1}、FB——分别为稳压输出端和反馈端。将二者短接时，$U_{FB}=U_{O1}=6V$；若在二者之间接上电阻，即可对 U_{O1}进行调整，使 $U_{O1}>6V$。

U_{O2}——探头 1 和探头 2 的模拟电压输出端，最大输出电流可达±10 mA。

C_T、R_T——分别接锯齿波发生器的定时电容、定时电阻，改变 C_T、R_T，可设定锯齿波的周期，R_T 范围是 3~15 kΩ，典型值为 12 kΩ。

C_{MEM}——接记忆电容，可对探头 1 内部放大器 A_2 的输出电压进行长时间的保存，该端的最大漏电流仅为 2 nA。

3. LM1042 的工作原理

LM1042 的内部电路框图如图 12-11 所示。主要包括以下 7 部分：①5 个放大器(A_1~A_5)、3 个模拟开关(S_1~S_3)；②探头故障检测器；③锯齿波发生器及电平检测器；④重复振荡器；⑤控制逻辑与锁存器；⑥电源调节器；⑦恒流源。此外，还有带隙基准电压源(图 12-11 中未绘出)。S_4 为外部开关。下面分析其工作原理。

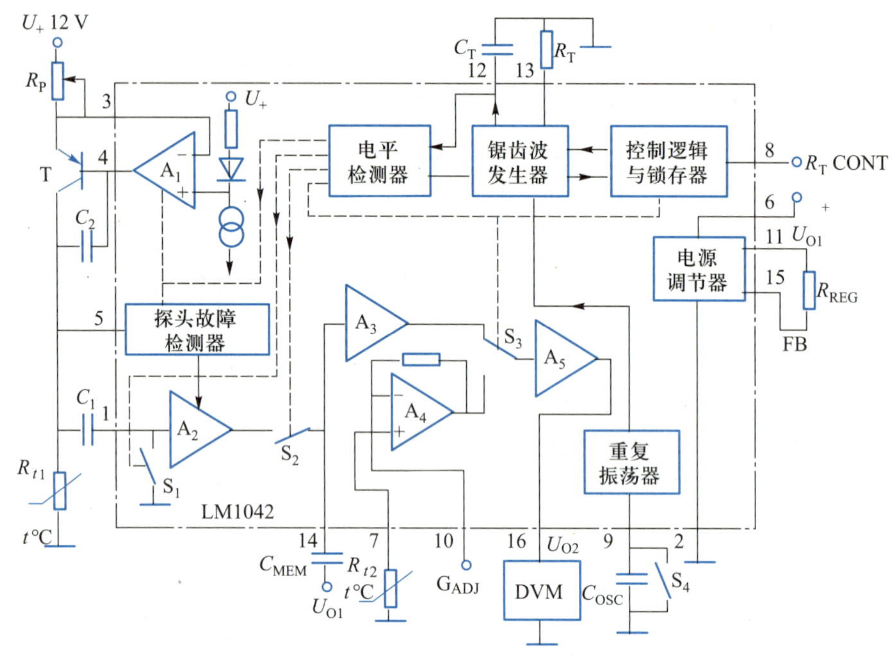

图 12-11 LM1042 的内部电路框图

(1) 测量液位的基本原理

LM1042 的基本测量原理如图 12-12 所示。将热敏电阻探头的上、下两部分，分别置于空气和液体中，给探头通上工作电流 I。由于空气的热阻远大于液体的热阻，使得上、下两部分的温度变化量、电阻变化量及电压变化量均不相同，由此就能求出液面高度来。令探头总高度为 H，置于空气中的高度为 h_1，浸入液体中的高度为 h_2。空气与液体的热阻分别用 $R_{\theta1}$、$R_{\theta2}$表示，其单位是 W/℃。当电流通过上、下两部分时，温度分别升高 ΔT_1、ΔT_2，电阻变化量依次为 ΔR_1、ΔR_2，使 h_1、h_2 上每单位长度上的电压变化量分别为 ΔU_1、ΔU_2。由于空气相对于水、油等液体是热的不良导体，因此 $R_{\theta1}>R_{\theta2}$，最终使 $\Delta U_1>\Delta U_2$。只要在一个测量周期内对探头两端的电压 ΔU 进行采样，就能求出液面高度，则有

$$\Delta U=\frac{h_1}{H}\cdot\Delta U_1+\frac{h_2}{H}\cdot\Delta U_2=\frac{H-h_2}{H}\cdot\Delta U_1+\frac{h_2}{H}\cdot\Delta U_2 \tag{12-1}$$

从中解出

$$h_2=\frac{(\Delta U-\Delta U_1)H}{\Delta U_2-\Delta U_1} \tag{12-2}$$

显然，只需预先对探头进行标定，测出 ΔU_1、ΔU_2 和 H 值，再根据 ΔU 值即可确定 h_2。由于 $\Delta U_1>\Delta U_2$，因此 h_2 越大，ΔU 就越低。利用模拟式电压表或数

字电压表(DVM)很容易测量出 ΔU，对 h_2 进行标定后即可读出液面高度值，这就是利用 LM1042 测量液位的基本原理。

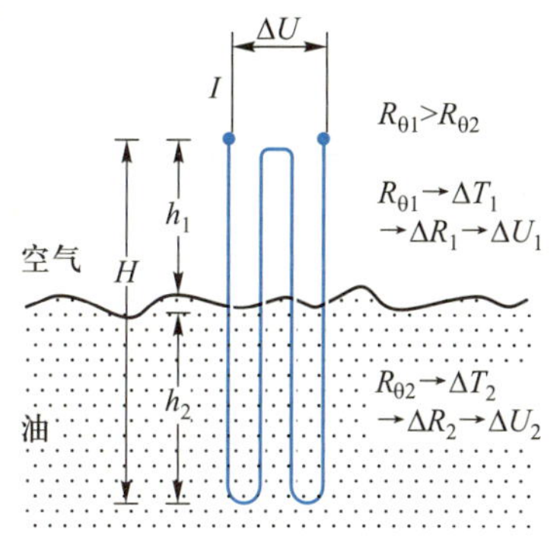

图 12-12　LM1042 的基本测量原理

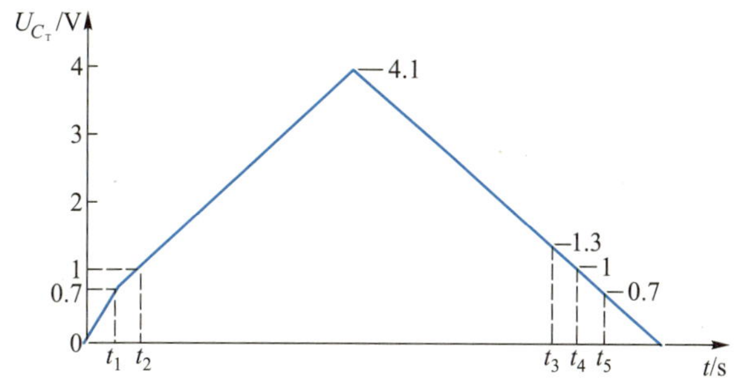

图 12-13　单次测量模式下定时电容 C_T 上的电压波形

探头可采用镍钴铁合金材料制成的电阻丝，其电阻率 $\rho=50\ \mu\Omega\cdot\text{cm}$，电阻温度系数 $\alpha_t=+3.3\times10^{-3}(℃)^{-1}$。为避免探头故障检测器被误触发，探头电压应介于 0.7~5.3 V 之间。

探头也可采用具有正温度系数并且响应时间短的其他类型热敏电阻丝。

(2) 单次测量模式

按照图 12-11 所示电路接入探头 1，当第 8 脚(R_T CONT)接低电平时进入单次模式，只能进行一次测量。在单次测量模式下定时电容 C_T 上的电压波形如图 12-13 所示。开始测量时，内部模拟开关 S_1 闭合，将第 1 脚钳位成0 V。在 $t=t_1$ 时刻，$U_{C_T}=0.7$ V，通过 PNP 型晶体管给探头 1 提供 200 mA 的工作电流，并且驱动探头故障检测器。在 $t=t_2$ 时刻，U_{C_T}上升到 1 V，S_1 断开，取消对第 1 脚的钳位，探头 1 上的电压就储存在 C_1 上。当 U_{C_T}被充电到 4.1 V 阈值电压时，U_{C_T}开始放电。在 U_{C_T}下降到 1.3 V、1 V 时(分别对应于 t_3、t_4 时刻)，经 A_3 放大后的探头电压被储存在记忆电容 C_{MEM}上。该电压就代表了探头电压的变化情况。当 $U_{C_T}=0.7$ V(对应于 t_5 时刻)，探头电流被关断，结束测量周期，第 8 脚又被复位成高电平。探头电压再经过 A_5 放大后，送至 DVM。欲进行第二次测量，必须重新将第 8 脚置为低电平。

(3) 重复测量模式

在第 9 脚与地之间接上 C_{OSC}之后，重复振荡器就开始工作，可产生如图 12-14(a)所示的多个锯齿波。其特征为每当 U_{OSC}达到 4.3 V 阈值电压时，就通过内部电路给第 8 脚提供一个低电平信号，起动一个测量周期。但是，随着测量次数不断增加，探头及其周围的液体也会被加热，这就必须考虑两次测量的最小时间间隔，它取决于探头的热传导性及液体是否流动。每次测量的持续时间 t_{RT}与定时电容 C_T 的关系曲线如图 12-14(b)所示。举例说明，当 $C_T=22\ \mu\text{F}$ 时(参见图 12-16)，$t_{RT}\approx15$ s。

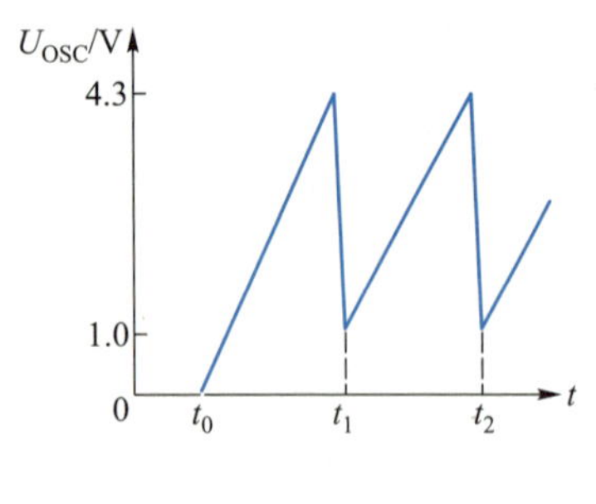

(a) 重复振荡器波形

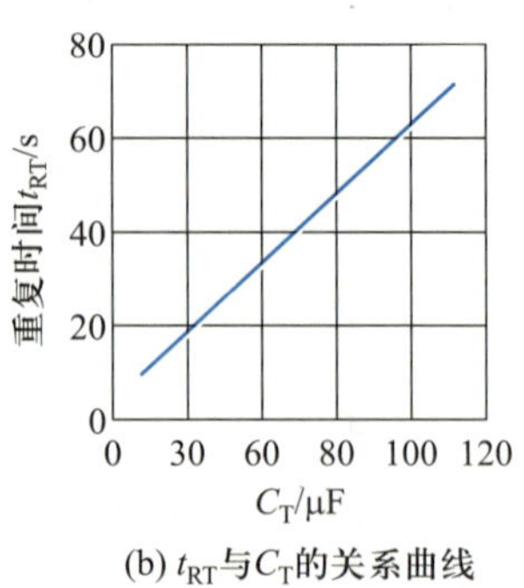

(b) t_{RT}与C_T的关系曲线

图 12-14　重复测量模式

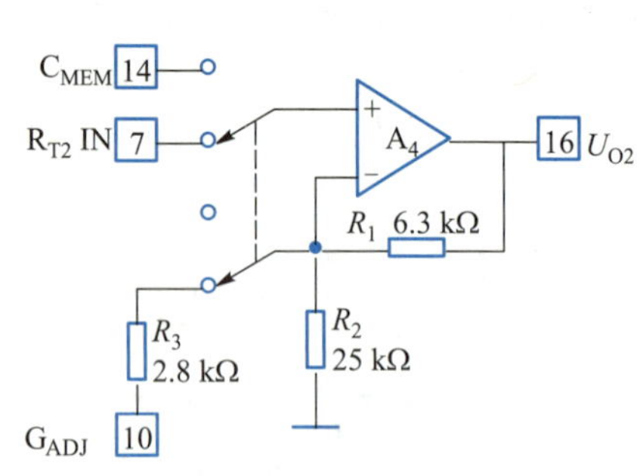

图 12-15　辅助探头的输入电路

(4) 辅助探头的输入电路

探头 2 为辅助探头，亦称备用探头，其输入电路如图 12-15 所示。第 7 脚为高阻抗输入端，接放大器 A_4 的同相端。该放大器的电压增益 K_v 可从外部进行调整。当第 10 脚开路时

$$K_v = 1+\frac{R_1}{R_2} = 1+\frac{6.3}{25} = 1.252$$

将第 10 脚接地时，电压增益达到最大值

$$K_{v(\max)} = 1+\frac{R_1}{R_2 \| R_3} = 1+\frac{6.3}{\frac{25\times 2.8}{25+2.8}} \approx 3.5$$

若在第 10 脚与地之间接上电阻 R，则 K_v 介于 1.252～3.5 之间。为便于校准探头 2 的灵敏度，R 应采用可调电阻。

(5) 电源调节器

电源调节器由运算放大器和电阻构成，其作用是将第 15 脚(反馈端 FB)的电压调整到 6 V的稳定值。通常将第 11 脚与第 15 脚短接，使 $U_{FB} = U_{O1} = +6$ V。若在第 11、15 脚之间接一个电阻 R_{REG}，并使通过 R_{REG} 的电流为 1 mA，即可提升 U_{O1} 电压。

二、LM1042 型集成液位传感器的典型应用

LM1042 在汽车中的应用电路如图 12-16 所示。电源取自+12 V 蓄电池。利用油压开关 S_1 来选择探头。在汽车点火时 S_1 闭合，通过 R_4 将第 8 脚拉成低电平，选择探头 1 测量油箱中的液位。发动机开始工作后 S_1 就断开，U_+ 经过 D_1 把第 8 脚拉成高电平，改由辅助探头 2 测量液位。即使发动机失速，C_5 使第 8 脚仍保持高电平，能禁止探头 1 测量。HL 为油压报警灯。D_2 可防止电源的极性接反。R_{P1} 用来调整探头的工作电流，使 $I = 200$ mA。R_{P2} 用以校准每次测量的持续时间。闭合 S_2 时，C_{OSC} 被短路，选择单次测量模式。断开 S_2 时选择重复测量模式。如需改变 A_4 的电压增益，可沿图中的虚线接入电阻 R_7。数字电压表接在 U_{O2} 端与 U_{O1} 之间，利用 R_5、C_6 可滤除仪表输入端的高频

干扰。

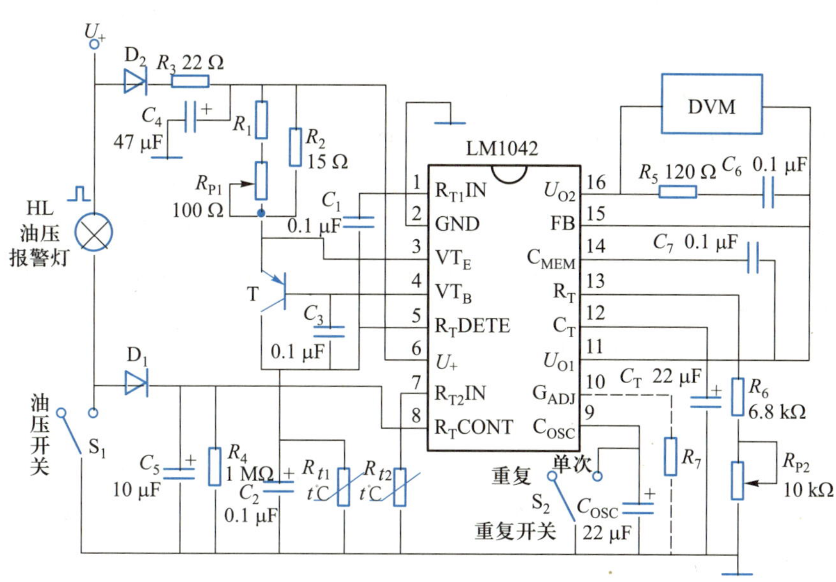

图 12-16 LM1042 在汽车中的应用电路

12.3.2 MC 系列烟雾检测报警集成电路

由 Motorola 公司生产的 MC 系列烟雾检测报警 IC 主要有三种类型：第一种是离子型，典型产品为 MC14467-1、MC14468；第二种是光电型，典型产品是 MC145010、MC145011；第三种是比较器型，典型产品为 MC14578。其中，第一种、第二种产品功能较全，第三种产品不带声报警驱动电路。上述产品适合构成火灾自动报警控制系统，用于大型商场、宾馆、仓库、地下隧道及文化娱乐场所。

一、MC14467-1 和 MC14468 离子型烟雾检测报警电路

1. 性能特点

（1）它们均采用大规模 CMOS 集成电路，只需配上离子室及少量外围元件，即可实现烟雾检测及报警功能，还能控制喷淋设备自动灭火。二者的主要区别是 MC14468 增加了输入输出端（I/O）、选通输出端（STO OUT），还允许将 40 片 MC14468 构成一个多点烟雾报警系统。

（2）当检测到烟雾时，能驱动外部压电陶瓷蜂鸣器（BZ）或压电式扬声器（BL）发出报警声，与此同时还驱动发光二极管（LED）闪烁发光。利用声、光报警电路可获得烟雾报警的较佳效果。

（3）通过外部电阻可设定检测灵敏度的阈值以及电池欠电压报警的阈值。

（4）具有完善的保护电路，包含检测信号输入端内置的防静电二极管保

护电路、防止电池极性接反的保护电路以及电池欠电压报警电路。对 MC14468 而言，在更换电池后能自动上电复位，可防止在上电过程中发生误报警。该产品符合美国对烟雾检测系统的安全性试验标准（UL217、UL218）。

（5）具有自检功能。选择自检模式可检查系统的工作状态是否正常。当检测到烟雾时有 100 mV 的滞后电压，可避免由其他外界因素（如飞虫）而造成误报警。

注意：将 MC14468 用于国内产品设计时，应核实其是否满足国内标准。

（6）电源电压的允许范围是+6～+12 V，典型值为+9 V。可采用 9 V 叠层电池供电，电池的负载电流为 10 mA（含 LED 上的电流）。芯片工作的温度范围是（-10～+60）℃。

2. MC14468 的工作原理

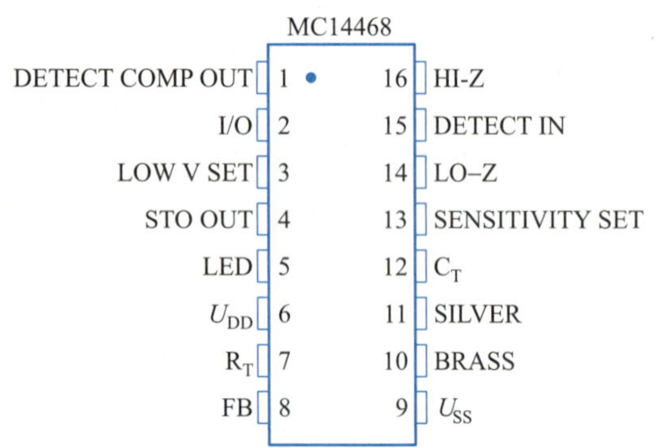

图 12-17 MC14468 的引脚排列

MC14467-1 和 MC14468 均采用 DIP-16 封装。MC14468 的引脚排列如图 12-17 所示。U_{DD}、U_{SS} 分别接电源的正、负极。DETECT IN 为检测信号输入端，接离子室。DETECT COMP OUT 为检测比较器的输出端，该端输出高电平（U_{DD}）时表示检测到烟雾。I/O 为输入输出端，作输入端时可被上升沿信号触发，作输出端时能输出各种报警信息；该端还可连接其他报警单元电路。在更换电池或系统上电期间，I/O 端被芯片内部的上电复位电路控制为无效状态。不用 I/O 端时该引脚应悬空。LOW V SET 为电池欠电压阈值（U_L）的设定端。选 $U_{DD}=+9$ V 时，$U_L\approx+7.5$ V。只要 $U_{DD}<+7.5$ V，就从 I/O 端输出欠电压报警信号；若 U_{DD}经分压器接第 3 脚，即可改变 U_L 值。SENSITIVITY SET 为灵敏度设定端，正常情况下该端电压 $U_{SET}=U_{DD}/2$，若 U_{DD}经过分压器接此引脚，就能改变 U_{SET}的电压阈值。LED 为发光二极管驱动端，它属于低电平有效的漏极开路输出端。当检测到烟雾时，从该端输出的负脉冲可驱动 LED 闪亮，以示报警。R_T 端和 C_T 端分别接振荡电阻、振荡电容。BRASS、SILVER 端分别接压电陶瓷蜂鸣器（BZ）的圆铜片电极与镀银面电极。FB 为 BZ 的振荡电路反馈端。HI-Z、LO-Z 分别接输入保护电路的高端和低端。

MC14468 的内部电路框图如图 12-18 所示。主要包括以下 7 部分：①检测比较器；②保护用放大器及模拟开关；③电池欠电压比较器；④报警控制逻辑及蜂鸣器报警输出电路；⑤振荡器及定时器；⑥LED 驱动器；⑦上电复位电路。在没有烟雾的情况下时钟周期 $T_0=1.67$ s，在此期间除 LED 闪亮、烟雾报警和电池欠电压报警所占用的时间外，其余时间都在不停地检测有无烟雾。令时钟周期为 T_0，每 24 个时钟周期检测一次电池电压是否正常，具体方法是

利用电池欠电压比较器将电池采样电压(U_E)与参考电压(即 D_Z 的稳定电压 U_Z)进行比较，若 $U_E \leqslant U_Z$，则判定为欠电压。

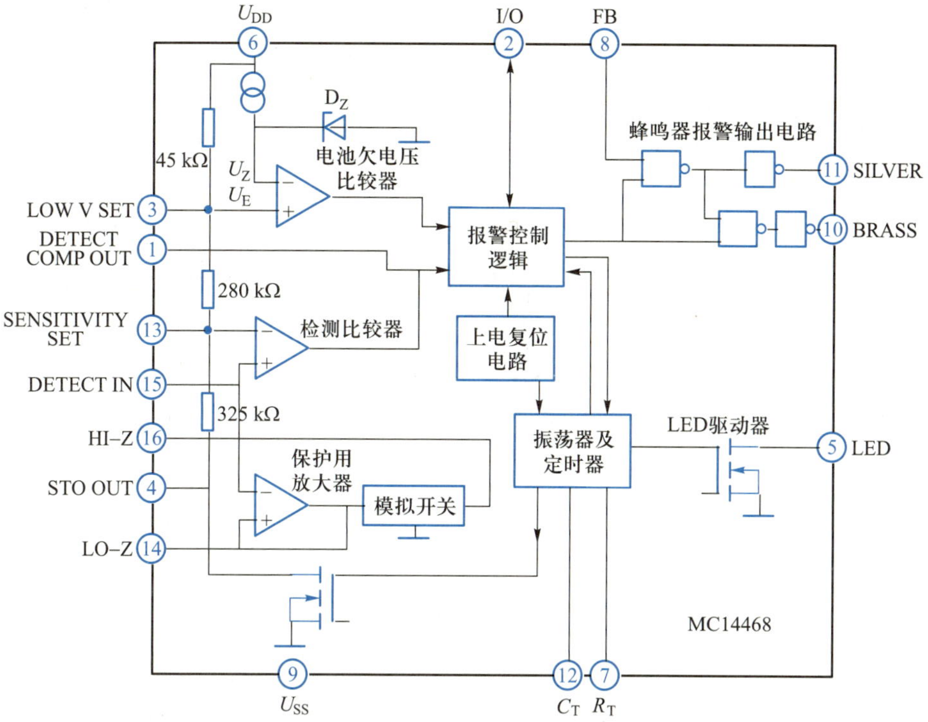

图 12-18 MC14468 的内部电路框图

如果检测到烟雾，T_0 就变成 40 ms，同时起动报警驱动电路，使之先打开 160 ms，再关断 80 ms。在关断期间若没有检测到烟雾，就禁止 BZ 发出报警声。一旦检测到烟雾，LED 就以1 Hz的频率闪烁发光，表示烟雾报警。这时，即使电池欠电压也不进行报警。

第 15 脚及其相邻两个引脚的内部均设置了保护电路，这 3 个引脚的输入电压必须小于 100 mV，以减小漏电流，提高检测精度。第 15 脚内置保护二极管，能防止因静电放电(ESD)而损坏芯片。烟雾检测灵敏度及欠电压报警阈值均可通过外部电阻分压器来设定。利用自检模式可迅速检查系统工作是否正常，当第 1 脚输出高电平时表示有烟雾；第 4 脚输出高电平时表示电池电量不足。

利用 I/O 引脚可将 40 个检测单元构成一个系统，实现多点烟雾检测。在上电后的前 3 个振荡周期内，芯片处于待机模式，I/O 端无效，也没有报警输出，可防止外界干扰造成误报警。

MC14468 的时序波形如图 12-19 所示。

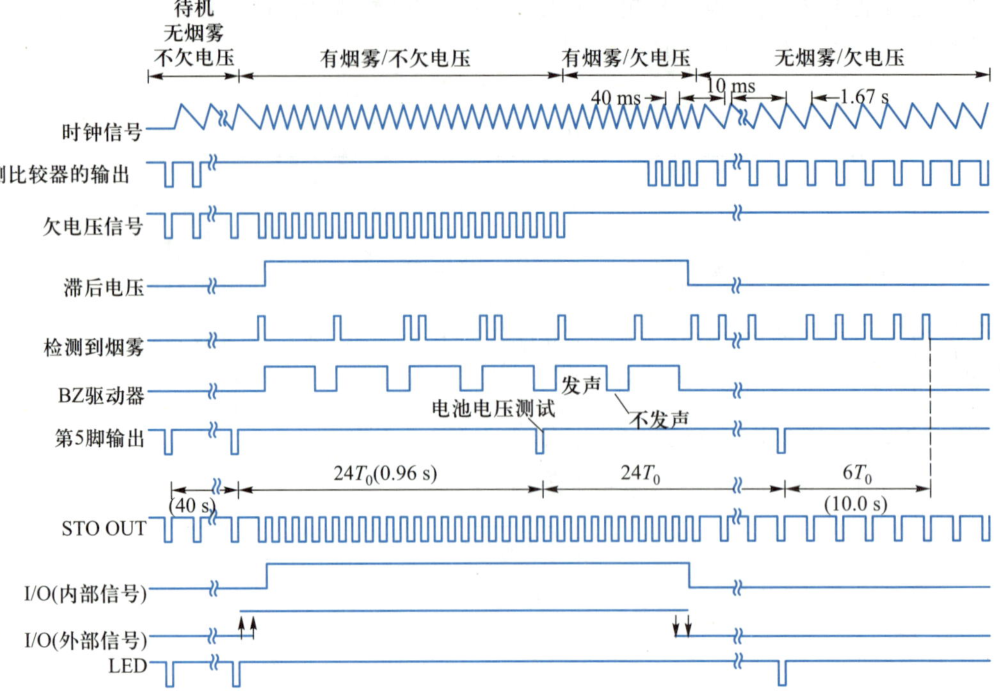

图 12-19 MC14468 的时序波形

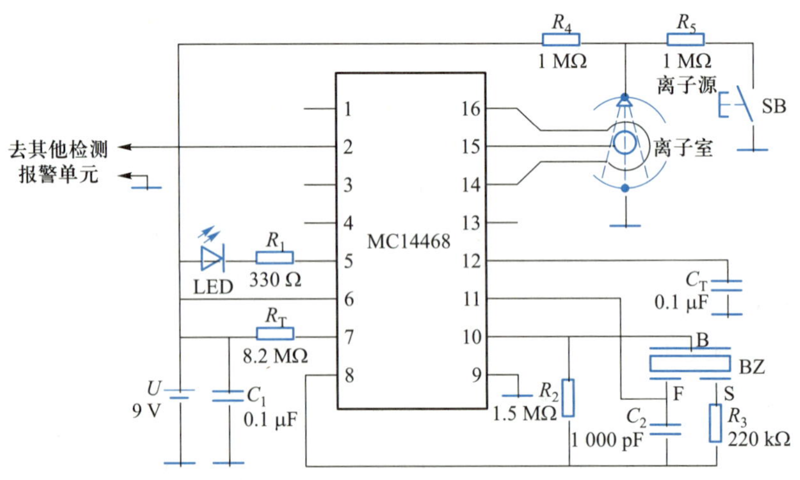

图 12-20 由 MC14468 构成的烟雾检测报警电路

3. MC14468 的典型应用

由 MC14468 构成的烟雾检测报警电路如图 12-20 所示，该装置采用 9 V 叠层电池供电。R_T 和 C_T 分别为振荡电阻和振荡电容。LED 采用高亮度发光二极管，R_1 为限流电阻。BZ 为压电陶瓷蜂鸣器(或压电扬声器，下同)，它有 3 个电极，分别为 B 极、F 极和 S 极。离子源采用镅 241(Am241)，其放射性强度低至 0.8μCi(即 0.8 微居里)，不会对人体造成伤害，也不会污染环境。离子源装在离子室的顶部。R_4 和 R_5 为分压电阻。SB 为自检按钮。常态下离子

源接+9 V电压，按下SB时就变成+4.5 V，能模拟检测到烟雾的情况。MC14468还可通过第2脚接其他检测单元电路。

二、MC145010、MC145011光电型烟雾检测报警电路

MC145010和MC145011配上红外光电室，即可通过传感微小烟雾颗粒的散热光束来检测烟雾。下面以MC145010为例，介绍光电型烟雾检测报警电路的原理与应用。

1. MC145010的性能特点

与MC14468相比，MC145010具有以下特点：

（1）为满足光电型烟雾检测报警的需要，芯片中专门设置了增益可编程光信号放大器、烟雾比较器、报警逻辑电路、蜂鸣信号调制及驱动器、定时控制逻辑及两路基准电压源。

（2）检测烟雾时需配红外发射二极管、红外接收二极管和光电室。红外接收二极管就安装在光电室内部。MC145010能区分究竟是本地产生的烟雾还是远处飘来的少量烟雾。

（3）利用自检模式可以模拟烟雾条件，定期检查（如每月一次）系统的功能。

（4）增加了自校准模式，能快速检查灵敏度并对烟雾传感器进行校准。

（5）微功耗。芯片本身的平均电源电流仅为12 μA（不含红外管及LED上的电流），特别适合于电池供电。其电源电压范围及工作温度范围与MC14468相同。

2. MC145010的工作原理

MC145010大多采用DIP-16封装，引脚排列如图12-21所示。C1端和C2端为增益可编程光信号放大器的增益设定端，分别接电容C_1、C_2。STO为选通端。IRED端通过外部红外射极驱动器（NPN型晶体管）来驱动红外发射二极管发光，作为探测烟雾的光源。OSC为振荡器引脚，接振荡电阻和振荡电容。R1端接外部电阻R_1，可设定时钟脉冲宽度（其默认值为104 μs），进而调节报警指示灯的暗/亮时间之比。LOW SUPPLY TRIP为欠电压关断引脚，可通过外部分压器来设定欠电压阈值。TEST为自检端。其余引脚的功能与MC14468基本相同。

MC145010的内部电路框图如图12-22所示。主要包括增益可编程光信号放大器（以下简称光信号放大器）、振荡器、定时控制逻辑、$U_{DD}-3.5$ V基准电压源、$U_{DD}-5$ V基准电压源、烟雾信号比较器、欠电压比较器、报警逻辑电路、蜂鸣信号调制及驱动器。

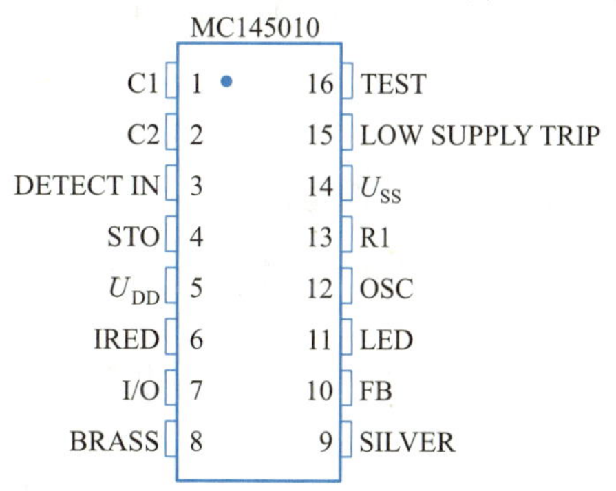

图12-21　MC145010的引脚排列

其基本工作原理是首先由红外发射二极管给光电室发出红外光，红外光在烟雾颗粒的作用下会形成散射光束，再由红外接收二极管将光信号转换成电信号，送至 MC145010 的检测信号输入端，然后驱动 BZ 发出报警声。在此期间若检测到电池电压过低，就发出欠电压信号，驱动 LED 闪烁报警。

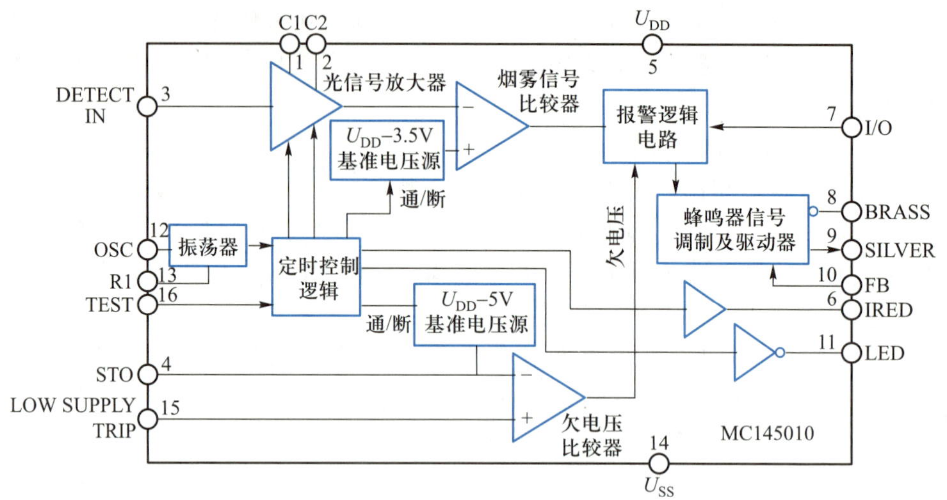

图 12-22　MC145010 的内部电路框图

MC145010 能自动识别本地烟雾和远程烟雾。若 LED 闪烁并伴有 BZ 发出的断续报警声，就表示本地出现烟雾，其特征是烟雾的浓度较大。假如 BZ 发声而 LED 不闪烁，就表示远处有烟雾，扩散来的烟雾浓度较低。此外，若 BZ 发出连续报警声且 LED 闪烁，则表示电池电量不足。如蜂鸣声仅出现在 LED 两次闪烁之间，就表示灵敏度过低。

3. MC145010 的典型应用

由 MC145010 构成的烟雾报警电路如图 12-23 所示。它采用 9 V 叠层电池供电。R_2、C_3 分别为振荡电阻与振荡电容，时钟周期由下式确定

$$T_0=0.693\,1(R_1C_3+R_2C_3) \tag{12-3}$$

式中：R_1 用来设定 IRED 端输出脉冲的宽度 m。当 $R_1=100\ \text{k}\Omega$、$R_2=10\ \text{M}\Omega$、$C_3=1\ 500\ \text{pF}$时，$T_0=10.5\ \text{ms}$。IRED 端的脉冲宽度 $m=0.693\,1R_1C_3=0.693\,1\times100\times10^3\times1\ 500\times10^{-12}\text{s}\approx104\ \mu\text{s}$。IRED 端经过晶体管（T）驱动红外发射二极管（D_3）。为减小噪声干扰，在报警期间令 IRED 端失效。D_2 为红外接收二极管，宜选用结电容及暗电流都很小的管子。R_{11} 为 D_2 的并联负载，可使 D_2 工作在零偏压状态。R_P 为灵敏度调节电位器，如不用电位器，应取 $R_8=12\ \text{k}\Omega$，$R_9=5.6\sim10\ \text{k}\Omega$。

在 C1 端和 C2 端分别接电容 C_1、C_2，可设定光信号放大器的增益（A_v），进而调节灵敏度。有公式

$$A_v=1+0.1C_1=1+C_2 \tag{12-4}$$

式中：C_1、C_2 的单位均为 pF，A_v 不得超过 10 000 倍。当 $C_1=0.047\ \mu\text{F}=$

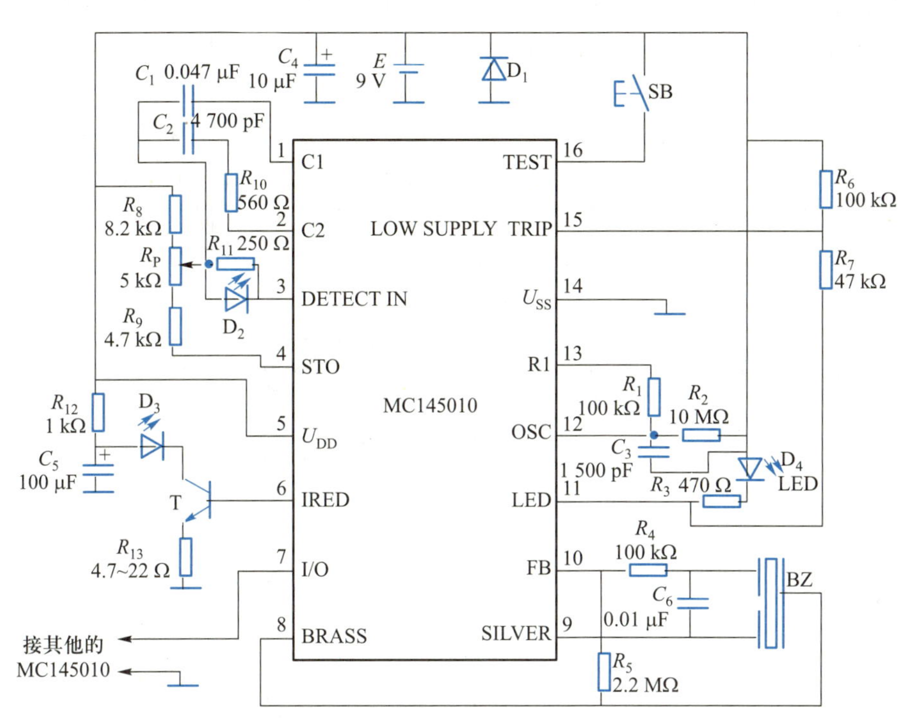

图 12-23 由 MC145010 构成的烟雾报警电路

47 000 pF 时，A_v = 4 701倍<10 000 倍。在 C_2 端还应串联电阻 R_{10}，其电阻值由下式确定

$$R_{10}=\frac{1}{12\sqrt{C_2}}-680 \tag{12-5}$$

式中：C_2 的单位是 F。当 C_2 = 4 700 pF = 4 700×10^{-12}F 时，根据式(12-5)计算出 R_{10} = 535 Ω，实取标称值 560 Ω。

C_4 为电源退耦电容，其电容量允许范围是 1～22 μF。D_1 为保护二极管，当电池极性接反时能起到钳位保护作用。R_4、R_5 和 C_6 均为压电蜂鸣器的外围元件，具体元件值应视所用蜂鸣器的型号而定。R_6 和 R_7 用于设定电池欠电压阈值 U_L，计算公式为

$$U_L=5+\frac{5R_7}{R_6} \tag{12-6}$$

式中：U_L 的单位是 V。当 R_6 = 100 kΩ、R_7 = 47 kΩ 时，利用式(12-6)可计算出 U_L ≈ 7.35 V。

SB 为带自锁功能的自检按钮。按下 SB 时 TEST 端接高电平。在一个时钟周期过后，第一个 IRED 脉冲的间隔约为 336 ms，在此期间通过 C_1 使光信号放大器的增益显著提高，因此可将烟雾室中的背景反射光视为由烟雾产生的散射光，从而获得模拟的烟雾条件。当第二个 IRED 脉冲过后，就起动蜂鸣信号驱动器和 I/O 端，对系统进行功能检查。当释放 SB 后，

TEST 端恢复成低电平，经过一个时钟周期后，光信号放大器的增益也恢复正常值，模拟的烟雾条件就被撤销。再经过两个 IRED 脉冲后大约 1 s 时间内，MC145010 即退出报警模式，返回待机模式。

为了快速检查灵敏度并且对烟雾传感器进行自校准，还可将 MC145010 置于校准模式。在该模式下，某些引脚的功能将被重新设定。为进入校准模式，需要给 TEST 端加负电压，使该端的输出电流为 100 μA 并保持一个时钟周期的时间。若要退出校准模式，应将 TEST 端悬空并保持一个时钟周期的时间。校准模式下相关引脚功能的设定，详见表 12-3。

表 12-3　校准模式下相关引脚的配置

引脚名称	引脚序号	功能设置
I/O	7	将光信号放大器的输出端接第 1 脚或第 2 脚时，就强迫该引脚为高电平，禁止输出
LOW SUPPLY TRIP	15	若 I/O 引脚为高电平，则第 15 脚将控制使用哪一个增益电容。当第 15 脚接低电平时选择常规增益，光信号放大器从第 1 脚输出；接高电平时选择监控增益，光信号放大器从第 2 脚输出
FB	10	该脚接高电平时，光信号放大器有一个滞后量(从 10%增益处上升)，此时引脚 15 必须接低电平
OSC	12	驱动该引脚为高电平时，将使内部时钟也变成高电平。驱动该引脚为低电平时，内部时钟也变成低电平。如果需要的话，振荡器的 *RC* 元件可以偏离标称值，使振荡器工作在与标准模式相似的状态
SILVER	9	该引脚变成烟雾比较器输出端。当 OSC 引脚输出交替的正脉冲时表示开始检测烟雾，OSC 引脚保持低电平时表示无烟雾
BRASS	8	该引脚变成烟雾积分器输出端。输出为高电平时连续进行两次烟雾检测，而输出为低电平时就连续两次不检测

4. 电路设计要点

(1) 印制电路的设计。MC145010 的印制板电路(局部)如图 12-24 所示。需要说明几点：第一，D_2 需安装在光电室内；第二，虚线区域内不得进行其他布线；第三，检测信号输入端(第 3 脚)的引线不要与其他引线交叉，以免互相耦合；第四，D_2、R_8、R_9 和 R_{11} 的引线要尽量短，以免产生噪声干扰。

(2) 要求晶体管的交流电流放大系数$\beta \geq 100$。当集电极电流为 10 mA 时，在(-10~+60) ℃温度范围内的输出电压温度系数应在(-0.5%~+0.5%)℃ 范围内。

（3）采用电池供电时，外部最好再增加一级保护电路。具体方法是在电池上串联一只二极管，利用二极管的单向导电性能有效防止因电池极性接反而损坏芯片。

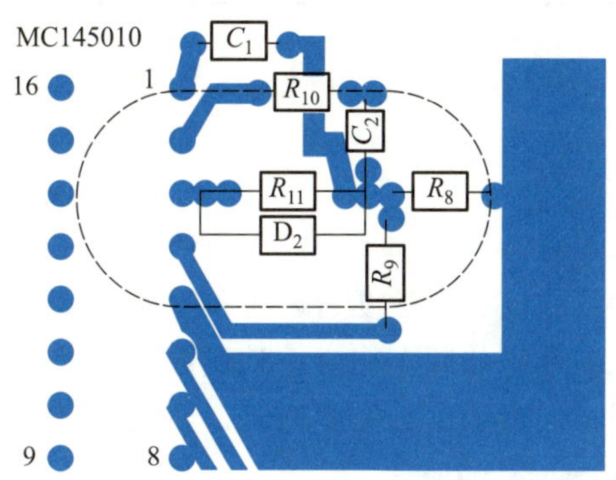

图 12-24　MC145010 的印制板电路（局部）

习题与思考题

12.1　什么是智能传感器？

12.2　智能传感器有哪些主要功能？有哪些特点？

12.3　如何获取指纹图像？

12.4　指纹识别的过程分为哪几步？

13 传感器的标定

传感器的标定分为静态标定和动态标定两种。静态标定的目的是确定传感器静态特性指标，如线性度、灵敏度、迟滞和重复性等。动态标定的目的是确定传感器的动态特性参数，如频率响应、时间常数、固有频率和阻尼比等。有时，根据需要也要对横向灵敏度、温度响应、环境影响等进行标定。

13-1 视频：电导率传感器的标定

13.1 传感器的静态特性标定

一、静态标准条件

传感器的静态特性是在静态标准条件下进行标定的。所谓静态标准是指没有加速度、振动、冲击(除非这些参数本身就是被测物理量)及环境温度一般为室温(20±5 ℃)，相对湿度不大于85%，大气压力为101 kPa的情况。

注意：

静态标准条件在日常环境中难以满足，必须在专用实验室中进行各种条件的控制，使其满足传感器静态标定的条件。

二、标定仪器设备精度等级的确定

对传感器进行标定，是根据试验数据确定传感器的各项性能指标，实际上也是确定传感器的测量精度，所以在标定传感器时，所用测量仪器的精度至少要比被标定传感器的精度高一个等级。这样，通过标定的传感器静态性能指标才是可靠的，所确定的精度才是可信的。

三、静态特性标定的方法

对传感器进行静态特性标定，首先是创造一个静态标准条件，其次是选择与被标定传感器的精度要求相适应的一定等级的标定用仪器设备，然后才能开始对传感器进行静态特性标定。

提示：

高精度等级标定用的仪器设备可获得真值的近似值。该绝对真值也被称为该物理量的标准值。不同国家的传感器最终都由本国基准标定，用户在选用传感器时应注意该问题。

标定过程步骤如下：

(1) 将传感器全量程(测量范围)分成若干等间距点。

(2) 根据传感器量程分点情况，由小到大逐渐一点一点地输入标准量值，并记录下与各输入值相对的输出值。

(3) 将输入值由大到小一点一点地减少下来，同时记录下与各输入值相对应的输出值。

(4) 按(2)、(3)所述过程，对传感器进行正、反行程往复循环多次测试，将得到的输出-输入测试数据用表格列出或画成曲线。

(5) 对测试数据进行必要的处理，根据处理结果确定传感器的线性度、灵敏度、迟滞和重复性等静态特性指标。

13.2 传感器的动态特性标定

传感器的动态标定主要研究传感器的动态响应，确定与动态响应有关的参数，一阶传感器为时间常数τ，二阶传感器为固有频率 ω_n 和阻尼比 ξ 两个参数。

一种较好的方法是通过测量传感器的阶跃响应来确定传感器的时间常数、固有频率和阻尼比。

注意：这里的传感器符合本书第 0 章中定义，包含敏感元件、转换元件、测量电路。

对于一阶传感器，测得阶跃响应之后，取输出值达到最终值的 63.2% 所经过的时间作为时间常数τ，但这样确定的时间常数实际上没有涉及响应的全过程，测量结果的可靠性仅仅取决于某些个别的瞬时值。如果用下述方法来确定时间常数，可以获得较可靠的结果。一阶传感器的阶跃响应函数为

$$y_u(t)=1-e^{-\frac{t}{\tau}}$$

改写后得

$$1-y_u(t)=e^{-\frac{t}{\tau}}$$

令

$$z=-\frac{t}{\tau} \tag{13-1}$$

式中

$$z=\ln[1-y_u(t)] \tag{13-2}$$

式(13-1)表明 z 和 t 呈线性关系，并且有$\tau=\Delta t/\Delta z$(见图 13-1)。因此可以根据测得的 $y_u(t)$值，作出 $z-t$ 曲线，并根据 $\Delta t/\Delta z$ 值获得时间常数τ，这种方法考虑了瞬态响应的全过程。

对于二阶传感器，阶跃响应的最大过冲量 M 为

$$M=e^{-\left(\frac{\xi\pi}{\sqrt{1-\xi^2}}\right)} \tag{13-3}$$

或

$$\xi=\sqrt{\frac{1}{\left(\frac{\pi}{\ln M}\right)^2+1}} \tag{13-4}$$

因此，测得 M 之后，便可按式(13-4)或者与之相应的图 13-2 来求得阻尼率 ξ。

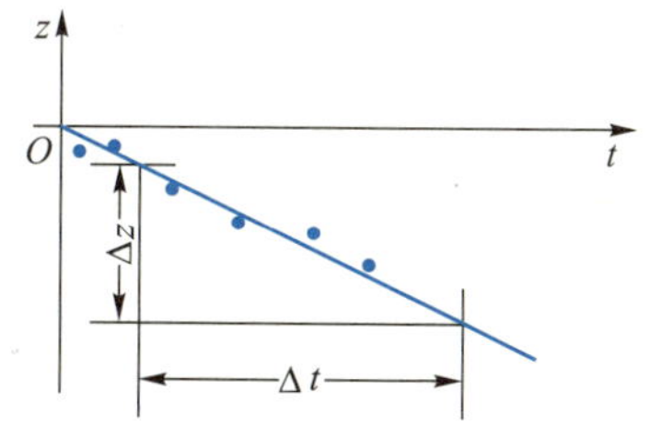

图 13-1 求一阶装置时间常数的方法

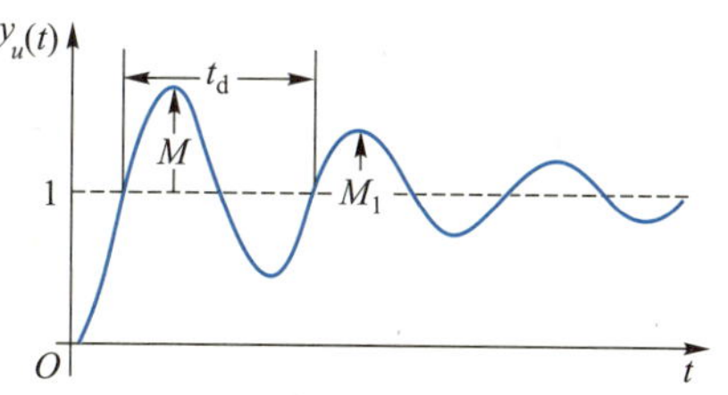

图 13-2 二阶装置($\xi<1$)的阶跃响应

如果测得阶跃响应的较长瞬变过程，那么，可以利用任意两个过冲量 M_i 和 M_{i+n}来求得阻尼率 ξ，其中 n 是此两峰值相隔的周期数(整数)。设 M_i 峰值对应的时间为 t_i，则 M_{i+n}峰值对应的时间为

$$t_{i+n}=t_i+\frac{2n\pi}{\omega_n\sqrt{1-\xi^2}}$$

将它们代入二阶装置阶跃响应的峰值计算公式并进行变换，可得

$$\ln\frac{M_i}{M_{i+n}}=\ln\left[\frac{\mathrm{e}^{-\xi\omega_n t_i}}{\exp\left(-\xi\omega_n\left(t_i+\frac{2n\pi}{\omega_n\sqrt{1-\xi^2}}\right)\right)}\right]$$

$$=\frac{2n\pi\xi}{\sqrt{1-\xi^2}} \tag{13-5}$$

整理后可得

$$\xi=\sqrt{\frac{\delta_n^2}{\delta_n^2+4\pi^2 n^2}} \tag{13-6}$$

其中

$$\delta_n=\ln\frac{M_i}{M_{i+n}} \tag{13-7}$$

若考虑 $\xi<0.1$ 时，以 1 代替 $\sqrt{1-\xi^2}$，此时不会产生过大的误差(不大于 0.6%)，则式(13-5)可改写为

$$\xi=\frac{\ln\frac{M_i}{M_{i+n}}}{2n\pi} \tag{13-8}$$

ξ 与 M 的关系如图 13-3 所示。

若装置是精确的二阶装置，那么 n 值采用任意正整数所得的 ξ 值不会有差别。反之，若 n 取值不同，获得不同的 ξ 值，则表明该装置不是线性二阶装置。

当然可以利用加正弦输入信号，测定输出和输入的幅值比和相位差来确定装置的幅频特性和相频特性，然后根据幅频特性分别按图 13-4 和图 13-5 求得一阶装置的时间常数τ和欠阻尼二阶装置的阻尼率 ξ、固有频率 ω_n。

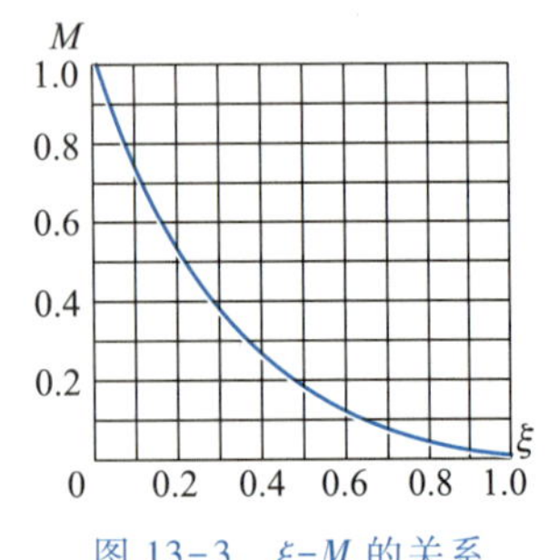

图 13-3 ξ-M 的关系

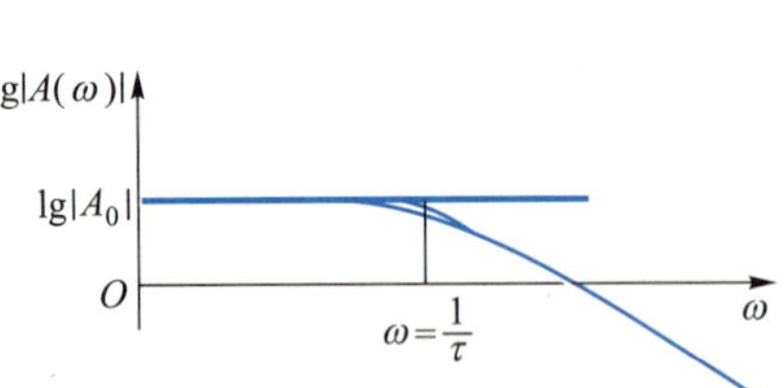

图 13-4 由幅频特性求时间常数τ

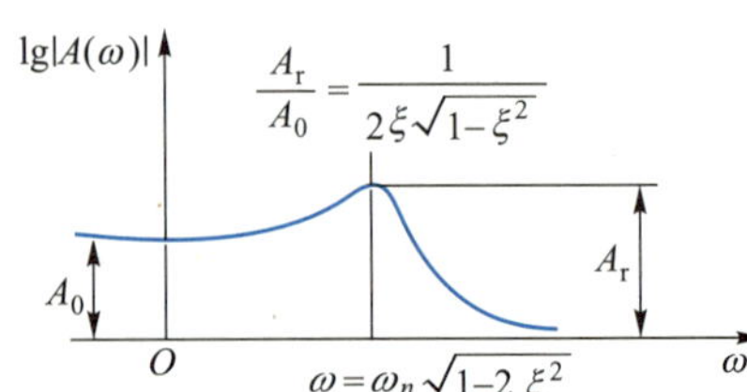

图 13-5 欠阻尼二阶装置的 ξ 和 ω_n

最后必须指出，若测量装置不是纯粹电气系统，而是机械-电气或其他物理系统，一般很难获得正弦的输入信号，但获得阶跃输入信号却很方便。所以在这种情况下，使用阶跃输入信号来测定装置的参数也就更为方便了。

13.3 测振传感器的标定

测振仪性能的全面标定只在制造单位或研究部门进行，在一般使用单位和使用场合，主要是标定其灵敏度、频率特性和动态线性范围。

13-2 视频：电涡流传感器的静态标定

标定和校准测振仪的方法很多，但从计算标准和传递的角度来看，可以分成两类：一类是复现振动量值最高基准的绝对标定法；另一类是将绝对标定法标定的标准测振仪作为二等标准，用比较标定法标定工作测振仪。按照标定时所用输入量的不同又可分为正弦振动标定法、重力加速度标定法、冲击标定法和随机振动标定法等。

一、绝对标定法

我国目前的振动计量基准采用激光光波长度作为振幅量值的绝对基准。由于激光干涉基准系统复杂昂贵，而且一经安装调试后就不能移动，因此需有作为二等标准的测振仪来作为传递基准。

对压电加速度计进行绝对标定时，将被标压电加速度计装在标准振动台的台面上。驱动振动台，用激光干涉测振装置测定台面的振幅值(m)，用精密数字频率计读出振动台台面的频率$f(s^{-1})$，同时用精密数字电压表读出与被标传感器匹配的前置放大器输出电压值(一般为有效值)U_{ems}(mV)，则可求出被标定的测振传感器的加速度灵敏度S_a为

$$S_a=\frac{\sqrt{2}U_{ems}}{(2\pi f)^2X_m} \tag{13-9}$$

其中，S_a的单位为$mV\cdot S^2\cdot m^{-1}$利用自动控制振动台面振级和自动变化振动台振动频率的扫频仪及记录设备，便可求得被标测振传感器的幅频特性曲线和动态线性范围，整个标定误差小于1%。

二、比较标定法

这是一种最常使用的方法，即将被标测振传感器和标准测振传感器测量结果进行比较。标定时，将被标测振传感器与标准传感器一起安装在标准振动台上。为了使它们尽可能地靠近安装，标准振动传感器端面上常有螺孔供直接安装被标传感器或者用如图13-6所示的刚性支架安装。设标准测振传感器和被标测振传感器在受到同一振动量时输出分别为E_0和E，已知标准测振传感器的加速度灵敏度为S_{a0}，则被标测振传感器的加速度灵敏度S_a为

$$S_a=\frac{E}{E_0}\cdot S_{a0} \tag{13-10}$$

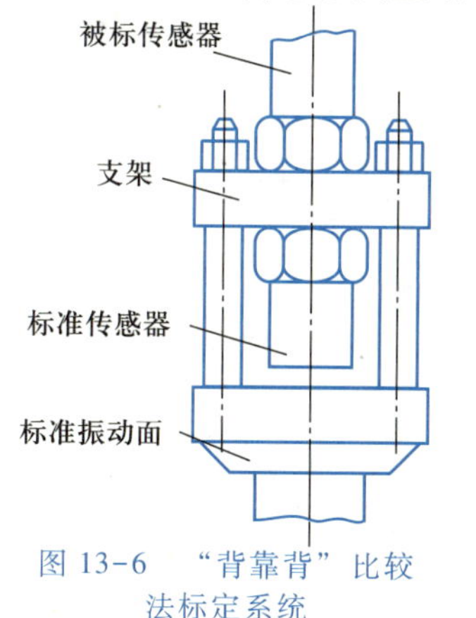

图13-6 “背靠背”比较法标定系统

13.4 压力传感器的标定

13-3 视频：压力变送器的标定

用来作为动态测量的压力传感器除了按前述方法进行静态标定外，还要进行某种形式的动态标定。

动态标定要解决两个问题：①获得一个令人满意的周期或阶跃的压力源；②可靠地确定上述压力源所产生的真实压力-时间关系。这两个问题将在下面进一步讨论。

13.4.1 动态标定压力源

获得动态标定压力的方法很多，然而必须注意，提供了动态压力，并不等于提供了动态压力标准，这是因为为了获得动态压力标准，必须正确地知道有关压力-时间关系。动态压力源的分类如下：

（1）稳态周期性压力源：包括活塞与缸筒、凸轮控制喷嘴、声谐振器、验音盘。

（2）非稳态压力源：包括快速卸荷阀、脉冲膜片、闭式爆炸器、激波管。

一、稳态标定法

常见的活塞和缸筒装置就是一种简单的稳态周期性校准压力源，其结构示意图如图 13-7 所示。如果活塞行程固定不变，压力振幅可通过调整缸筒体积来获得 70 kg/cm^2 的峰值压力，而频率可达到 100 Hz。

活塞运动源的一种变形是传动膜片、膜盒或弹簧管，通过连杆与管端连接的偏心轮使弹簧管弯曲，这样来使用弹簧管效果很好。

图 13-8 表示获得稳态周期性压力源的另一种方法。已使用的这种形式压力源的振幅可达到 0.11 kg/cm^2，频率可达到 300 Hz。

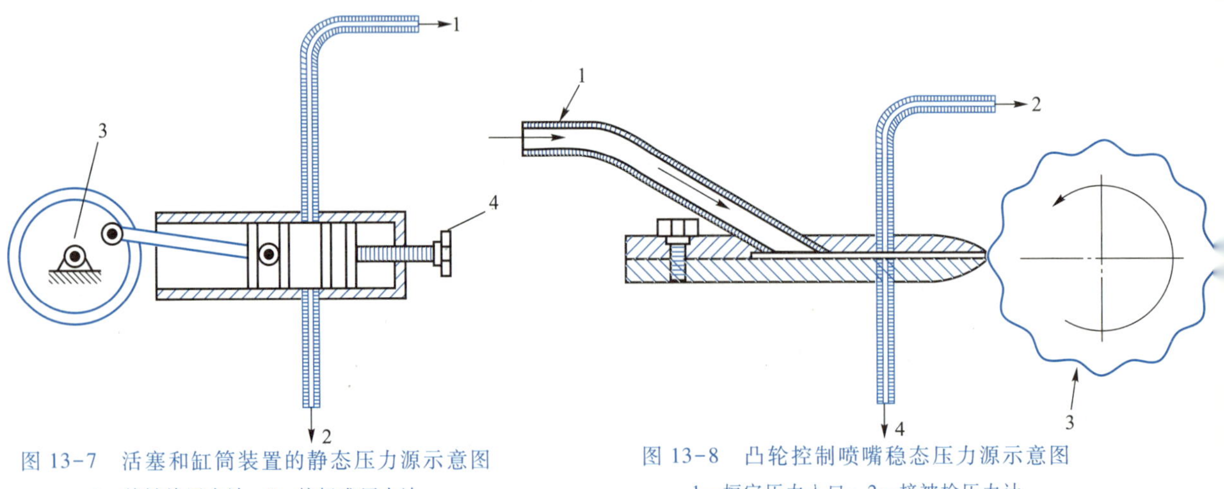

图 13-7 活塞和缸筒装置的静态压力源示意图

1—接被检压力计；2—接标准压力计

3—飞轮；4—调节手柄

图 13-8 凸轮控制喷嘴稳态压力源示意图

1—恒定压力入口；2—接被检压力计

3—凸轮；4—接标准压力计

已经采用的另一种装置是应用变速电动机，借助圆形偏心轮来驱动压力传感器。这种压力传感器本质上是一个可调伺服操纵阀，可用来控制稳压源的输出。

以上提出的各种方法只提供了可变的压力源，但是它们本身没有提供确定数值或时间特性的方法特别适用于将未知特性的传感器与已知特性的传感器进行比较。

二、非稳态标定法

采用稳态周期性压力源来确定压力传感器的动态特性，往往受到所能产生的振幅和频率的限制。高的振幅和稳态频率很难同时获得。为此，在较高振幅范围内，为了确定压力传感器的高频响应特性，必须借助阶跃函数理论。

可采用各种方法来产生所需要的脉冲。最简单的一种方法是在液压源与传感器之间使用一个快速卸荷阀，从 0 上升到 90%全压力的时间为 10 ms。

采用脉冲膜片也可获得阶跃压力，用薄塑料膜片或塑料薄板，把两个空腔隔开，用撞针或尖刀使膜片产生机械损坏。由此发现，降压而不是升压，可以产生一个更接近理想的阶跃函数。降压时间约为 0.25 ms。

还有一种阶跃函数压力源是闭式爆炸器，在该爆炸器中，它的压力发生跃变，例如烈性硝甘炸药雷管发生爆炸。通过有效体积来控制峰值压力，可以得到在 0.3 ms 内的压力阶跃高达54 kg/cm^2。

激波管能产生非常接近的瞬态“标准”压力。激波管的结构十分简单，它是一根两端封闭的长管，用膜片分成两个独立空腔。

13.4.2　激波管标定法

用激波管标定压力(或力)传感器是目前最常用的方法，它具有三大特点：

(1) 压力幅度范围宽，便于改变压力值。

(2) 频率范围广(2 kHz~2.5 MHz)。

(3) 便于分析研究和数据处理。

此外，激波管结构简单，使用方法可靠。下面将分别研究激波管的工作原理，阶跃压力波的性质及标定方法。

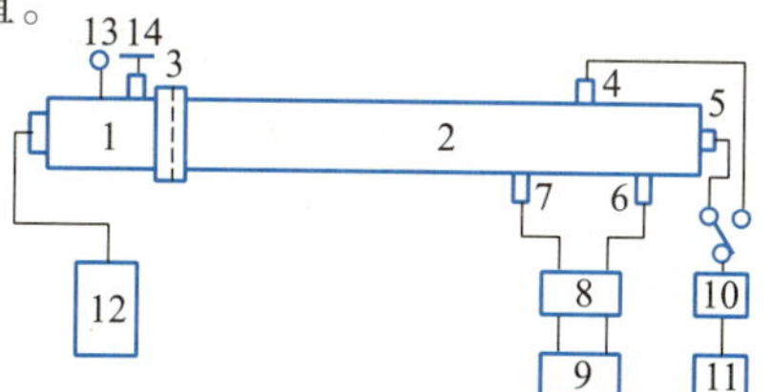

图 13-9　激波管标定装置系统原理图

1—激波管的高压室；2—激波管的低压室；3—激波管高低压室间的膜片；4—侧面被标定的传感器；5—底面被标定的传感器；6、7—测速压力传感器；8—测速前置级；9—数字式频率计；10—电荷放大器；11—记忆示波器；12—气源；13—气压表；14—泄气门

一、激波管标定装置工作原理

激波管标定装置系统原理图如图 13-9 所示。它由激波管、入射激波测速系统、标定测量系统及气源系统四部分组成。

1. 激波管

激波管是产生激波的核心部分，由高

压室 1 和低压室 2 组成。1、2 之间由铝或塑料膜片 3 隔开，激波压力的大小由膜片的厚度来决定。标定时根据要求对高、低压室充以压力不同的压缩气体（通常采用压缩空气），低压室一般为一个大气压，仅给高压室充以高压气体。当高、低压室的压力差达到一定程度时膜片破裂，高压气体迅速膨胀冲入低压室，从而形成激波。这个激波的波阵面压力保持恒定，接近理想的阶跃波，并以超音速冲向被标定的传感器。传感器在激波的激励下按固有频率产生一个衰减振荡，如图 13-10 所示。其波形由显示系统记录下来，以供确定传感器的动态特性之用。

激波管中压力波动情况如图 13-11 所示，图(a)、(b)、(c)、(d)各状态说明如下。

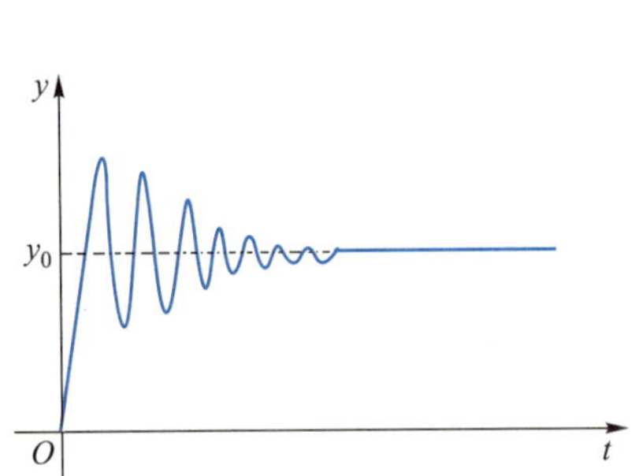

图 13-10　被标定传感器的输出波形

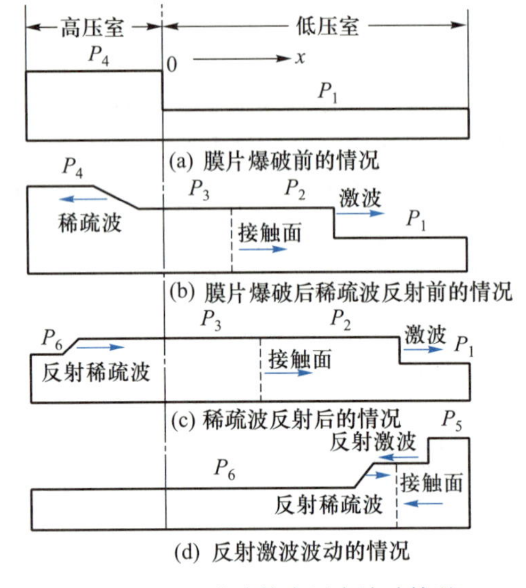

图 13-11　激波管中压力波动情况

图 13-11(a)为膜片爆破前的情况，P_4 为高压室的压力，P_1 为低压室的压力。图 13-11(b)为膜爆破后稀疏波反射前的情况，P_2 为膜片爆破后产生的激波压力，P_3 为高压室爆破后形成的压力，P_2 和 P_3 的接触面称为温度分界面。因为 P_3 和 P_2 所在区域的温度不同，但其压力值相等，即 $P_3=P_2$，稀疏波就是在高压室内膜片破碎时形成的波。图 13-11(c)为稀疏波反射后的情况，当稀疏波波头达到高压室端面时便产生稀疏波的反射，称为反射稀疏波，其压力减小如 P_6 所示。图 13-11(d)为反射激波的波动情况，当 P_2 达到低压室端面时也产生反射，压力增大如 P_5 所示，称为反射激波。

P_2 和 P_5 都是在标定传感器时要用到的激波，视传感器安装的位置而定，当被标定的传感器安装在侧面时要用 P_2，当装在端面时要用 P_5，二者不同之处在于 $P_5>P_2$，但维持恒压时间τ_S 略小于τ_2。计算压力基本关系式为

$$P_{41}=\frac{P_4}{P_1}=\frac{1}{6}(7M_S-1)\left[1-\frac{1}{6}\left(M_S-\frac{1}{M_S}\right)\right]^{-7} \tag{13-11}$$

$$P_{21}=\frac{P_2}{P_1}=\frac{1}{6}(7M_S^2-1) \tag{13-12}$$

$$P_{51}=\frac{P_5}{P_1}=\frac{1}{3}(7M_S^2-1)\frac{4M_S^2-1}{M_S^2+5} \tag{13-13}$$

$$P_{52}=\frac{P_5}{P_2}=2\frac{4M_S^2-1}{M_S^2+5} \tag{13-14}$$

入射激波的阶跃压力为

$$\Delta P_2=P_2-P_1=\frac{7}{6}(M_S^2-1)P_1 \tag{13-15}$$

反射激波的阶跃压力为

$$\Delta P_5=P_5-P_1=\frac{7}{3}P_1(M_S^2-1)\frac{2+4M_S^2}{5+M_S^2} \tag{13-16}$$

式中：M_S 为激波的马赫数，由测速系统决定。P_1 可事先给定，一般采用当地的大气压，可根据公式准确地计算出来。因此，上列各式中只要 P_1 和 M_S 给定，各压力值易于计算。

2. 入射激波的测速系统

入射激波的测速系统如图 13-9 所示，由测速压力传感器 6 和 7、测速前置级 8 以及数字式频率计 9 组成。对测速压力传感器 6 和 7 的要求是它们的一致性要好，尽量小型化，传感器的受压面应与管的内壁面一致，以免影响激波管内表面的形状。测速前置级 8 通常采用电荷放大器及限幅器以给出幅值基本恒定的脉冲信号，数字式频率计给出 0.1 μs 的时标就可满足要求了。由两个脉冲信号去控制数字式频率计 9 的开、关。入射激波的速度为

$$v=\frac{l}{t}\ (\mathrm{m/s}) \tag{13-17}$$

式中：l——两个测速传感器之间的距离；

t——激波通过两个传感器间距所需的时间（$t=\Delta t\cdot n$，Δt 为频率计的时标，n 为频率计显示的脉冲数）

激波通常以马赫数表示，其定义为

$$M_S=\frac{v}{a_T} \tag{13-18}$$

式中：v——激波速度；

a_T——低压室的音速，可用下式表示

$$a_T=\sqrt{1+\beta T} \tag{13-19}$$

式中：a_T——T ℃时的音速；

a_0——0 ℃时的音速（331.36 m/s）；

β——常数，$\beta=0.003\ 66$ 或 1/273；

T——试验时低压室的温度（室温一般为 25 ℃）。

3. 标定测量系统

标定测量系统由被标定传感器4、5，电荷放大器10及记忆示波器11等组成。被标定传感器既可以放在侧面位置上，也可以放在底端面位置上。从被标定传感器来的信号通过电荷放大器加到记忆示波器上并记录下来，以备分析计算，或通过计算机进行数据处理，直接求得幅频特性及动态灵敏度等。

4. 气源系统

如图13-9所示，气源系统由气源(包括控制台)12、气压表13及泄气门14等组成。它是高压气体的产生源，通常采用压缩空气(也可以采用氮气)。压力大小由控制台控制，由气压表13监视。完成测量后开启泄气门14，以便管内气体排出，然后对管内进行清理，更换膜片，以备下次使用。

二、激波管阶跃压力波的性质

一个理想的阶跃波及其频谱如图13-12所示，阶跃压力波的数学表达式为

$$\begin{cases} P(t)=\Delta P, & 0\leqslant t\leqslant T_n \\ P(t)=0, & t>T_n \text{ 或 } t<0 \end{cases} \tag{13-20}$$

通过傅里叶变换，可以得到它的频谱，如图13-12(b)所示，其数学表达式为

$$|P(f)|=PT_n\left|\frac{\sin(\pi f T_n)}{\pi f T_n}\right| \tag{13-21}$$

式中：$P(f)$——压力频谱分量；

P——阶跃压力；

T_n——阶跃压力的持续时间；

f——频率。

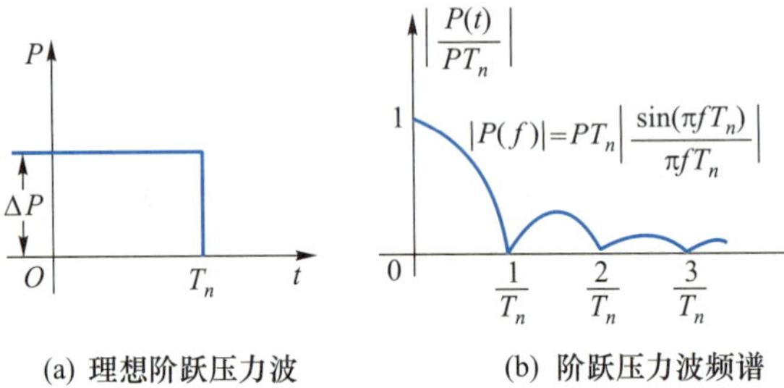

图13-12 理想的阶跃压力波

由式(13-21)可知，阶跃波的频谱是极其丰富的，频率可从0~∞。

激波管法不可能得到如此理想的阶跃压力波，通常它的典型波形如图13-13所示。可用4个参量来描述，即初始压力P_1、阶跃压力ΔP、上升时间t_R及持续时间τ。从图可知，若时间$t>(t_R+\tau)$，因为在实际标定中用不着，故不去研究它。下面将讨论t_R、τ、ΔP及P_1的作用及影响。

1. 上升时间t_R

t_R决定能标定的上限频率，若t_R增大，阶跃波所含高频分量必然相应减少。为扩大标定频率范围，应尽量减小t_R，使之接近于理想方波，通常用下式

来估算阶跃波形的上限频率

$$t_R \leqslant \frac{T_{min}}{4} = \frac{1}{4f_{max}} \tag{13-22}$$

式中：f_{max}、T_{min}为阶跃波频谱中的上限频率及其周期。

从图 13-14 中可以看出上式的物理意义，t_R 可近似理解为正弦波四分之一周期的时间。这样可以用 t_R 来决定上限频率，当 $t_R > T_{min}/4$ 时，已跟不上反应了。实验证明，激波和由此产生的阶跃波，其 t_R 约为 10^{-9} s，上限频率可达 2.5 MHz，目前动压传感器的固有频率 f_0 都低于 1 MHz，所以可完全满足要求。

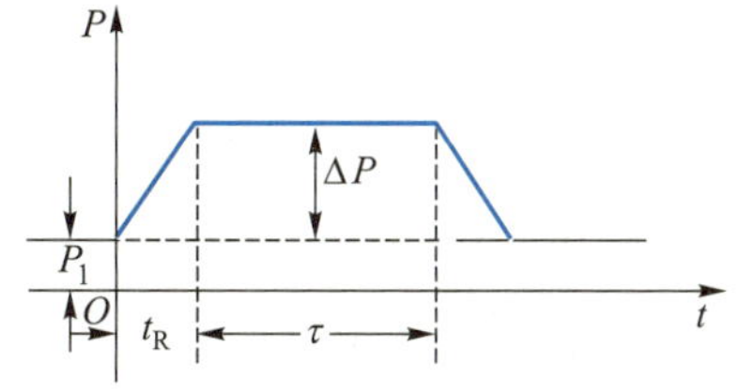

图 13-13　激波管实际阶跃压力波

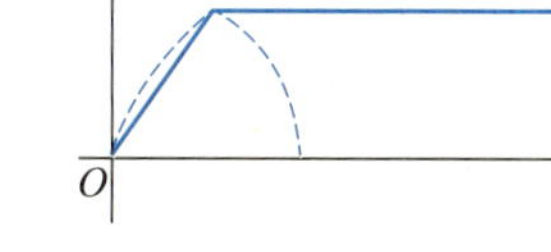

图 13-14　估算 t_R 的方法

2. 持续时间τ

τ决定可能标定的最低频率，标定时在阶跃波激励下传感器将产生过渡过程。为了得到传感器的频率特性至少要观察到 10 个完整周期，若要求数据准确可靠，则需要观察到 40 个左右。根据要求，τ可用下式表示

$$\tau \geqslant 10T_{max} = \frac{10}{f_{min}} \tag{13-23}$$

或

$$f_{min} \geqslant \frac{10}{\tau} \tag{13-24}$$

从精度和可靠性出发，τ尽可能地大些为好。一般激波管$\tau = 5 \sim 10$ ms，因此可标定的下限频率f_{min}为 2 kHz。

三、误差分析

在前面的分析中做了一定的假设，一旦这些假设不成立就会产生误差。如测速系统的误差，破膜及激波在端部反射引起振动产生的影响等。这些原因都会给标定造成误差，下面就这几方面因素作简单的分析讨论。

1. 测速系统的误差

根据动压传感器校准的要求，除了要保证系统工作稳定、可靠外，还得尽可能地准确。实际上影响测速精度的因素很多，测速误差为

$$\varepsilon_v = \varepsilon_l + \varepsilon_t \tag{13-25}$$

式中：ε_l、ε_t 分别为 l、t 的相对误差。

从式(13-25)可知，影响测速精度的因素有测速传感器的安装孔距加工误差，以及测速系统各组成部分引起的测时误差，主要包括：

（1）各测速传感器的上升时间、灵敏度和触发位置的不一致性。

（2）各电荷放大器输出信号的上升时间、灵敏度的不一致性。

（3）频率计的测量误差(包括时标误差和触发误差)。如选用 E324 型频率计，时标误差$\leqslant 1\times 10^{-8}$，可忽略不计，主要是开、关的触发误差。

2. 激波速度在传播过程中的衰减误差

根据实验测定，激波实际传播速度与理论值有出入，前者小于后者，显然这是激波的衰减造成的，非理想的阶跃压力引起的误差通常小于±0.5%，只要选取 $P_{21}<3$，这两项误差可忽略不计。

3. 破膜和激波在端部的反射引起振动造成的误差

各种压力传感器对冲击振动都有不同程度的敏感，所以传感器的使用和标定都要考虑振动的影响。激波管在标定中主要有两种振动：

（1）膜片在破膜瞬间产生的强烈振动，实验表明这种振动影响不大，因为这种振动在钢中的传播速度约为 5 000 m/s，比激波速度大得多，所以当激波到达端部传感器时这种振动的影响几乎衰减为零，可不予考虑。

（2）激波在端部的反射引起的振动。由于激波压力作用于压力传感器上的同时，必然冲击安装法兰盘，使之产生振动，这直接影响在其上安装的传感器。由于法兰盘的振动与传感器感受激波压力几乎是同时产生的，未经很大的衰减，而其振动频率较高，恰在欲标定的频段内，所以影响很大，产生的误差约为±0.5%。

根据文献并参照美国标准局(NBS)评定激波管装置系统的精度指标，激波管的误差主要是阶跃压力的幅值误差，详述如下

$$\varepsilon_{\Delta P_2}=\varepsilon_{M_S}\left(\frac{2M_S^2}{M_S^2-1}\right)+\varepsilon_{P_1} \tag{13-26}$$

$$\varepsilon_{\Delta P_5}=\varepsilon_{M_S}\left(\frac{8M_S^2}{2+4M_S^2}+\frac{2M_S^2}{5+M_S^2}+\frac{2M_S^2}{M_S^2-1}\right)+\varepsilon_{P_1} \tag{13-27}$$

式中：$\varepsilon_{\Delta P_2}$、$\varepsilon_{\Delta P_5}$、ε_{M_S}、ε_{P_1}分别为 ΔP_2、ΔP_5、M_S、P_1 的相误差。

由式(13-27)可知，激波阶跃压力的误差完全取决于 P_1 及 M_S 的测量精度。由式(13-18)和式(13-19)可求得

$$\varepsilon_{M_S}=\varepsilon_u+\varepsilon_{a_T} \tag{13-28}$$

$$\varepsilon_{a_T}=\varepsilon_T\left(\frac{T}{546+2T}\right)+\varepsilon_{a_0} \tag{13-29}$$

式中：ε_{a_T}、ε_{a_0}、ε_T 分别为 a_T、a_0、T 的相对误差。

将 ε_u 及 ε_{a_T}代入(13-28)中使得

$$\varepsilon_{M_S}=\varepsilon_T\left(\frac{T}{546+2T}\right)+\varepsilon_{a_0}+\varepsilon_t+\varepsilon_l \tag{13-30}$$

由上式可知，M_S 的误差完全取决于 T、l、t 及 a_0 的测量精度。

习题与思考题

13.1　传感器静态校准的条件是什么？

13.2　如何确定标定仪器设备的精度等级？

13.3　静态特性标定方法是什么？

13.4　什么是传感器的动态特性标定？

13.5　什么是绝对标定法？什么是比较标定法？

14 传感器的可靠性技术

14.1 可靠性技术基础概述

14.1.1 可靠性技术定义及其特点

提示：

按照传感器的定义，传感器并非只是一种概念，而是实实在在的器件或装置，也是工业产品。因此，其特性不是恒定不变的，在全寿命周期内，应考虑其可靠性指标。

所谓可靠性，就是指产品在规定条件下、规定时间内，完成规定功能的能力。可靠性技术是研究如何评价、分析和提高产品可靠性的一门综合性的边缘科学。可靠性技术与数学、物理、化学、管理科学、环境科学、人机工程以及电子技术等各专业学科密切相关并相互渗透。研究产品可靠性的数学工具是概率论和数理统计学；暴露产品薄弱环节的重要手段是进行环境试验和寿命试验；评价产品可靠性的重要方法是收集产品在使用或试验中的信息并进行统计分析；分析产品失效机理的主要基础是失效物理；提高产品可靠性的重要途径是开展可靠性设计和可靠性评审，通过产品的薄弱环节进行信息反馈，应用可靠性技术改进产品的可靠性设计、制造。与此同时，还需开展可靠性管理。

产品的可靠性是一个与许多因素有关的综合性的质量指标。它具有质量的属性，又有自身的特点，大致可归纳如下。

1. 时间性

产品的技术性能指标可以通过仪器直接测量，如灵敏度、重复性、精度等。由可靠性的定义可知，产品的可靠性是指产品在使用过程中这些技术性能指标的保持能力，保持的时间越长，产品的使用寿命越长。由此可见，产品的可靠性是时间的函数。因此，有人将可靠性称为产品质量的时间指标。产品出厂前检查、考核产品的质量是产品使用时间 $t=0$ 时的质量，而可靠性考核产品使用时间 $t>0$ 时的质量。

2. 统计性

产品的可靠性指标与产品的技术性能指标之间有一个重要区别，即产品的技术性能指标（如灵敏度、非线性、重复、迟滞、长期稳定性和综合精度等）可以经过仪器直接测量得到，而产品的可靠性指标则是通过产品的抽样试验（试验室或现场），利用概率统计理论估计整批产品的可靠性，它不是对某单一产品，而是整批产品的统计指标。比如说某批产品某时刻 t 的可靠性指标可靠度为 90%，则表示该批产品在规定条件下，工作到规定时间时，有 10% 的产品丧失规定功能，90% 的产品能够完成规定的功能。

3. 两重性

产品可靠性指标的综合性决定了可靠性工作内容的广泛性，可靠性指标的时间性及统计性决定了产品可靠性评价和分析的特殊性。影响产品可靠性的因素是多方面的，既与零件、材料、加工设备和产品设计等技术性问题有关，也与科学管理水平有关。可靠性工作具有科学技术和科学管理的双重性，可靠性技术和可靠性管理是可靠性工作中两个不可缺少的环节。有人形象地把可靠性技术与管理比作一架车的两个轮子，缺一不可。

4. 可比性

从可靠性定义中可以看出，一个产品的可靠性受三个规定的限制。

规定条件　是指因产品使用工况和环境条件的不同，可靠性水平有很大差异。

规定时间　是指产品的使用时间长短不同，其可靠性也不同。一般说来，经可靠性筛选过的合格产品的功能、性能都有随工作时间的增长而逐步衰减的特点，规定时间越长，其可靠性越低。同一种产品不同的使用时间其可靠性水平不同。当然，这里时间的定义是广义的，可以是统计的日历小时，也可以是工作循环次数、作业班次或行驶里程等，可根据产品的具体特征而定。

规定功能　是指产品因功能判据不同将得到不同的可靠性评定结果。也就是同一产品规定功能不同，其可靠性也不同。所以，评估产品可靠性时，应明确产品的规定条件、规定时间和完成的规定功能。否则，其可靠性指标将失去可比性。

5. 突出可用性

产品的可靠性与产品的寿命有关，但它与传统的寿命概念不同。提高产品的可靠性并不是笼统地要求长寿命，而是突出在规定使用时间内能否充分发挥其规定功能，即产品的可用性。

6. 指标体系

为了综合反映出产品的耐久性、无故障性、维修性、可用性和经济性，可以用各种定量的指标表示，这就形成了一个指标系列，具体的一个产品采用什么指标要根据产品的复杂程度和使用特点而确定。

一般对于可修复的复杂系统和设备，常用可靠度、平均无故障工作时间(MTBF)、平均可修复时间(MTTR)、有效寿命、可用度和经济性等指标。对于不可修复产品或不予修复产品的可靠性，如耗损件、电子元件及传感器(不是所有的传感器)，常常采用可靠度、可靠寿命、故障率(失效率)、平均寿命(MTTF)等指标。材料可靠性往往采用性能均值和均方差等特性作为指标。

14.1.2　可靠性技术的基本特征量

前面已提过，产品在规定条件和时间内，完成规定功能的能力叫做产品的可靠性。

1. 产品可靠性与其工作条件密切相关

一般说来，工作环境条件越差，工作负荷越大，产品的可靠性就越低。所谓规定条件即是产品的工作环境条件和使用工况。环境条件包括气候环境：温度、湿度、气压、辐射、霉菌、盐雾、风、沙……；机械环境：冲击、振动、离心、碰撞、跌落、摇摆……；生物环境等。工况条件包括对产品施加的工作负荷和动力条件、工作方式等。

产品的可靠性又与其工作的时间有关。在规定的相同条件下，工作时间越长，其可靠性越低。所以，要保证产品的可靠性，除必须在规定条件下使用，还需要在规定时间内使用。如果规定的条件变了，规定的时间也相应改变。否则，就无法保证产品使用的可靠性。

产品的可靠性还与规定的功能有着密切关系。规定功能是表征产品完成任务的各参量，即性能指标。对于传感器来说常用的有测量范围、精度、线性度、迟滞、重复性、灵敏度等。对于同一产品来说，这些参量要求的越低，其可靠性越高。反之，产品的可靠性就越低。

2. 可靠度 $R(t)$

产品在规定条件下和规定时间内，完成规定功能的概率称为产品的可靠度函数，简称可靠度，往往用 $R(t)$ 表示。假设产品的工作时间为 t，产品出故障时间为 T（对不可修复产品，T 是寿命），若 $T\leqslant t$，则产品使用 t 时刻或 t 时刻以前出现故障（对不可修复产品来说是失效），即没完成规定功能；若 $T>t$，则产品在 t 时刻前没有出现（或失效——丧失规定功能），也就是完成了规定功能，它的概率用 $P(T>t)$ 表示。

从上述定义和分析中可以导出

$$R(t)=P(T>t)$$

可靠度的精确求法应是对所有的产品进行使用观察或试验。但实际上这是不可能的，只能采用抽样的方法，从有限的样本数据中推算其可靠度，称为估计值，常用 $\hat{R}(t)$ 表示。

假如在 $t=0$ 时有 N 个产品投入使用，当产品工作到 t 时刻时，有 $r(t)$ 个产品失效，$n(t)$ 个产品仍然继续工作，则其可靠度估计值可用下式表示

$$\hat{R}(t)=[N-r(t)]/N=n(t)/N$$

从可靠度函数的定义还可以看出：当 $t=0$ 时，$R(t)=100\%$；随 t 增加时，$R(t)$ 逐渐减小，直至 $R(t)=0$。也就是说 $R(t)$ 是非增函数。

在规定条件下，已工作 t_1 时间的产品再工作 t_2 时间，其可靠度为 $R(t_1,t_2)$，称之为条件可靠度。经推导，条件可靠度可以化为两个非条件可靠度之商，即

$$R(t_1,t_2)=R(t_1+t_2)/R(t_1)$$

3. 寿命分布函数 $F(t)$

产品在规定条件下和规定时间内失效的概率称为寿命分布函数[有的书中称为累积失效概率、失效（故障）分布函数、不可靠度]，可用 $F(t)$ 表示。

产品丧失规定功能称为失效。对可修复产品往往称为故障，对不可修复产品，从产品开始使用到产品失效的这段时间称为该产品的寿命；而对于可修复产品，两次故障之间的时间间隔，广义地称为该产品的寿命。对于一批产品来

说，寿命是个随机变量。如果用 t 表示规定时间，T 表示产品寿命，随机事件 $T\leqslant t$ 的概率就是产品的寿命分布函数，表示为

$$F(t)=P(T\leqslant t)$$

假如在 $t=0$ 时有 N 个产品投入使用，当产品工作到 t 时刻后，有 $r(t)$ 个产品失效，则其寿命分布函数估计值可用下式表示

$$\hat{F}(t)=r(t)/N$$

为了减小统计误差，上式在 N 较少时可以写为

$$\hat{F}(t)=[r(t)-0.5]/N$$

或

$$\hat{F}(t)=r(t)/(N+1)$$

从寿命分布函数定义可以看出：当 $t=0$ 时，$F(t)=0$；当 t 增大时，$F(t)$ 随之增大，直至增大到 100%。也就是说，随 t 增加，$F(t)$ 是增函数。

另外，产品在规定时间内失效与不失效，即是否完成规定功能，是相互对立的事件，它们之间的关系应是

$$F(t)+R(t)=1$$

它们之间的观测值也是

$$\hat{F}(t)+\hat{R}(t)=\frac{r(t)}{N}+\frac{N-r(t)}{N}=1$$

4. 寿命概率密度 $f(t)$

对产品寿命为连续分布来说，寿命分布函数 $F(t)$ 的时间导数称为寿命概率密度函数 $f(t)$，即

$$f(t)=\mathrm{d}F(t)/\mathrm{d}t=F'(t)$$

它的物理意义反映出产品在单位时间间隔内，发生失效（或故障）的比例或频率。假如投入使用产品数为 N，Δt 为单位时间间隔，Δr 为单位时间间隔内发生的失效（或故障）数，则寿命概率密度函数 $f(t)$ 的估计值可用下式表示

$$\hat{f}(t)=\Delta r/N\cdot\Delta t$$

从寿命概率密度定义可以推导出

$$F(t)=\int_0^t f(t)\mathrm{d}t$$

由于 $R(t)=1-F(t)$，则产品可靠度为

$$R(t)=1-\int_0^t f(t)\mathrm{d}t$$

因此，产品的寿命分布函数 $F(t)$ 是寿命概率密度函数 $f(t)$ 在 $0\sim t$ 之间的积分面积，产品可靠度 $R(t)$ 是寿命概率密度函数 $f(t)$ 在 $t\sim\infty$ 之间的积分面积，它们之间的关系如图 14-1 所示。

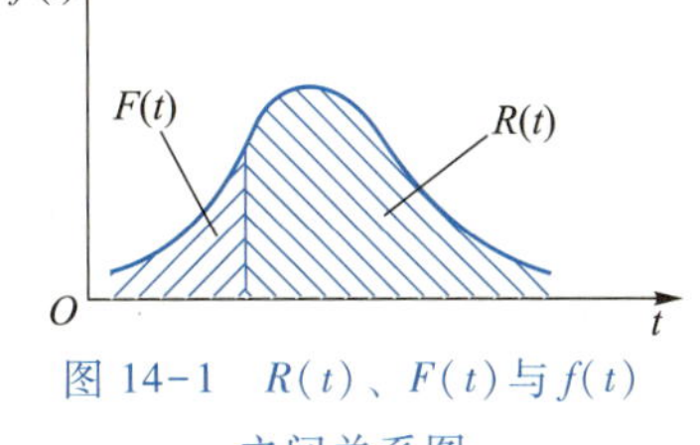

图 14-1　$R(t)$、$F(t)$ 与 $f(t)$ 之间关系图

5. 失效率 $\lambda(t)$

工作到 t 时刻尚未失效的产品，在该时刻后单位时间内发生失效的概率称为失效率。常以 $\lambda(t)$ 表示，从失效率定义可得出

$$\lambda(t)=\lim_{\Delta t\to 0}\frac{P(t<T<t+\Delta t)}{P(T>t)\Delta t}$$
$$=\lim_{\Delta t\to 0}\frac{F(t+\Delta t)-F(t)}{R(t)\Delta t}$$
$$=\frac{\mathrm{d}F(t)}{\mathrm{d}t}\cdot\frac{1}{R(t)}$$
$$=\frac{f(t)}{R(t)}$$

将 $F(t)=1-R(t)$ 代入上式，则得

$$\lambda(t)=-\frac{R'(t)}{R(t)}$$

设投入使用 N 个产品，到 t 时刻失效 $r(t)$ 个产品，至 $t+\Delta t$ 时刻失效 $r(t+\Delta t)$ 个产品，则其失效率估计值为

$$\hat{\lambda}(t)=\frac{r(t+\Delta t)-r(t)}{[N-r(t)]\cdot\Delta t}$$

设工作到 t 时刻尚未失效的产品个数为 $N-r(t)=n(t)$，则

$$\hat{\lambda}(t)=\frac{\Delta r}{n(t)\cdot\Delta t}$$

失效率的单位通常采用每小时有百分之几产品失效来表示。对于高可靠性的产品来说就需要采用小单位作为失效率基准，电子元件经常采用菲特作基准单位。

1 菲特(Fit)= 1×10^{-9}/h = 1×10^{-6}/kh

1 菲特实际上表示 10 亿个元件小时(元件数×工作小时数)内只允许有一个产品失效。

按国标 GB1772—1979 规定，我国电子元件失效率分为七个等级，见表 14-1。

注：国军标 GJB 2649A-2011 中将电子元件失效率等级分为 L、M、P、R、S，分别对应表中的 Y、W、L、Q、B。

表 14-1 电子元件失效率等级表

名称	符号	最大失效率/h	名称	符号	最大失效率/h
亚五级	Y	3×10^{-5}	八级	B	1×10^{-8}
五级	W	1×10^{-5}	九级	J	1×10^{-9}
六级	L	1×10^{-6}	十级	S	1×10^{-10}
七级	Q	1×10^{-7}			

6. 寿命

一批产品中某特定产品的寿命，在其失效前是难以确定的，但掌握一批产品寿命统计规律后，就可以估计出产品寿命小于某一值的概率，或寿命在某一范围内的概率。在可靠性工作中常用的寿命特征量有：平均寿命、可靠寿命及特征寿命等。

(1) 平均寿命 θ。在寿命特征量中，最常用的是平均寿命。它标志产品平均工作时间的长短，能直观地反映产品的可靠性水平。对于不可修复产品和可修复产品，平均寿命的含义略有不同。对于不可修复产品，平均寿命是指产品从开始使用直至失效前的时间的平均值，记为 MTTF。对于可修复产品，平均寿命是指一次故障后，到下一次故障发生之前的时间的平均值，一般称为平均无故障工作时间，记为 MTBF。

设产品寿命 T 的寿命概率密度函数为 $f(t)$，则平均寿命 θ 为

$$\theta = E(T) = \int_0^\infty t \cdot f(t)\,\mathrm{d}t$$

假定有 N 个产品投入使用，在 $t_1, t_2, t_3, \cdots, t_i, \cdots, t_k$ 分别失效数为 $r_1, r_2, r_3, \cdots, r_i, \cdots, r_k$，它们的平均寿命估计值为

$$\hat{\theta} = \hat{E}(T) = \frac{\sum_{i=1}^{k} t_i r_i}{N} = \sum_{i=1}^{k} t_i \frac{r_i}{N} = \sum_{i=1}^{k} t_i f(t_i)$$

(2) 可靠寿命 t_r。设产品的可靠度函数为 $R(t)$，使可靠度等于给定值 r 所对应的时间 t_r 称为可靠寿命，即是

$$R(t_r) = r$$

(3) 中位寿命 $t_{0.5}$。当产品的可靠度 $R(t) = 0.5$ 时所对应的可靠寿命 $t_{0.5}$ 称为中位寿命。

(4) 特征寿命 $t_{e^{-1}}$。当产品的可靠度 $R(t) = e^{-1} = 0.368$ 时所对应的可靠寿命 $t_{e^{-1}}$ 称为特征寿命。

7. 浴盆曲线和可用寿命

在长期实践中，人们发现许多产品的失效率曲线具有典型的两头高中间低的特点，习惯称为浴盆曲线，典型的浴盆曲线如图 14-2 所示。

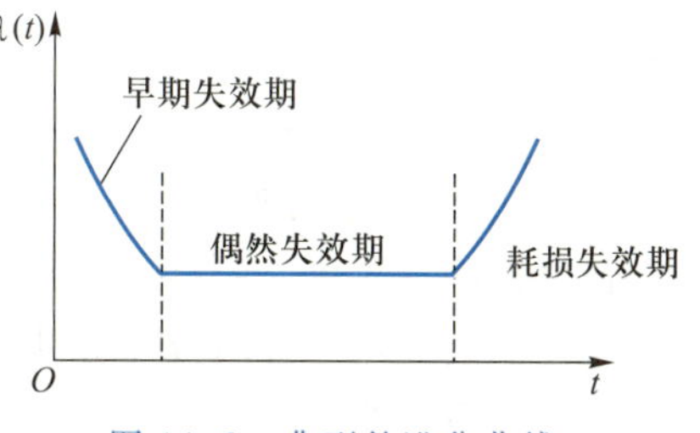

图 14-2 典型的浴盆曲线

从图 14-2 所示 $\lambda(t)-t$ 失效率曲线可以看出，产品失效分三个阶段：早期失效期、偶然失效期和耗损失效期。早期失效期的特点是开始失效率高，后来逐渐降低。这类失效往往是由于产品存在先天不足的缺陷造成的。在可靠性工作中，往往采用可靠性筛选的方法来剔除早期失效产品，以提高产品的可靠性。偶然失效期的特点是产品失效率低而稳定，$\lambda(t)$ 可以近似看成常数，这是产品最良好的工作阶段。耗损失效期的特点是产品失效率随工作时间的增长而上升，这类失效是由长期疲劳造成的物理、化学性能变化而引起的。可靠性工作中经常采用预防性检修的方法或提前更换接近耗损期的元器件来解决。

14.2 可靠性设计

一、可靠性设计的重要性

在可靠性技术工作中，人们总结出一条重要规律：产品的可靠性是设计出来的、生产出来的、使用和管理出来的。这同时也告诉人们：产品的可靠性首先是设计出来的。

注意：传感器的可靠性设计并非孤立的过程，应与产品功能和性能设计紧密结合，进行一体化设计。

一般产品的功能特性在设计阶段就确定下来了，可靠性也是如此。设计阶段确定的可靠性目标值称为计算可靠性。产品的结构、选材和元器件本身决定了产品的固有可靠性。但产品在制造、运输和使用过程中，由于各种因素的影响会使设计的固有可靠性下降。因此，产品越复杂，设计时就要规定更高的可靠性，才能达到产品使用过程中的可靠性要求。如果在设计时留下不可靠隐患，在产品制成后就很难弥补，这样引起的故障损失会花费更大的代价。大量的重大事故案例分析表明：由于设计时可靠性考虑不充分，从而酿成了惨重的事故。因此，自 20 世纪 50 年代可靠性工程开始成为新兴科学以来，可靠性设计就一直是其中的重要组成部分。

二、可靠性设计程序和原则

1. 典型的可靠性设计程序

首先是明确可靠性指标，产品的可靠性指标应与产品的功能、性能一起被确定。可靠性指标应符合产品的特点，它可以是单一的可靠性特征值，也可以是由多个可靠性特征值构成的可靠性指标体系。确定产品可靠性指标以后的可靠性设计程序依次是：建立系统可靠性模型；可靠性分配；可靠性分析；可靠性预测；可靠性设计和评审；试制品的可靠性试验和最终的改进设计。

2. 可靠性设计原则

首先要尽量简单，元件少、结构简单、工艺简单、使用简单、维修简单；其次是技术上成熟，选用合乎标准的原材料和元件，采用保守的设计方案；对于看似先进但不够成熟的产品或技术应持慎重态度。采用预测可靠性高的方案，即使局部失效也不会对全局造成严重后果。

三、系统的可靠性框图模型及计算

所谓系统，是指完成某一功能实体的总称。它可以是一个具有一定功能的组件，也可以是由许多不同功能单元组成的有复杂功能的装置或设备。描述系统可靠性模型方法有可靠性框图、可靠性网络图、马尔可夫状态转移图、故障树和事件树分析等。

1. 可靠性框图模型

可靠性框图模型是用方框图形式表示系统的可靠性逻辑关系，建立的原则是：每一方框代表一定功能的部件，若系统中任何一个部件发生故障都能使整

个系统发生故障，则框图是串联系统；若系统中所有部件都发生故障，系统才发生故障，则框图是并联系统。一般系统往往是串联和并联混合组成的。此外还有表决系统，即在 n 个部件中，只要保持 k 个以上的部件有效，系统就可靠。

2. 可靠性计算

(1) 串联系统框图如图 14-3 所示。系统可靠度 R_S 为所有部件可靠度乘积

$$R_S = \prod_{i=1}^{n} R_i$$

(2) 并联系统框图模型如图 14-4 所示。并联系统可靠度 R_S 为

$$R_S = 1 - \prod_{i=1}^{n}(1 - R_i)$$

(3) 表决系统如图 14-5 所示，在 n 个部件的系统中，只要保持 k 个以上的部件可靠，系统就可靠，系统即是 n 取 k 的表决系统。表决系统可靠度 R_S 的计算公式为

$$R_S = \sum_{i=k}^{n} C_n^i R^i (1 - R)^{n-i}$$

式中：R——相同部件的可靠度。

注意：这里给出的可靠性模型为抽象出的简化模型，依据该简化模型的设计，可能与真实情况存在较大差距，导致可靠性设计不足或失效。因此建立准确的可靠性模型是关键，如果不能获得足够准确的模型，应严格设计。

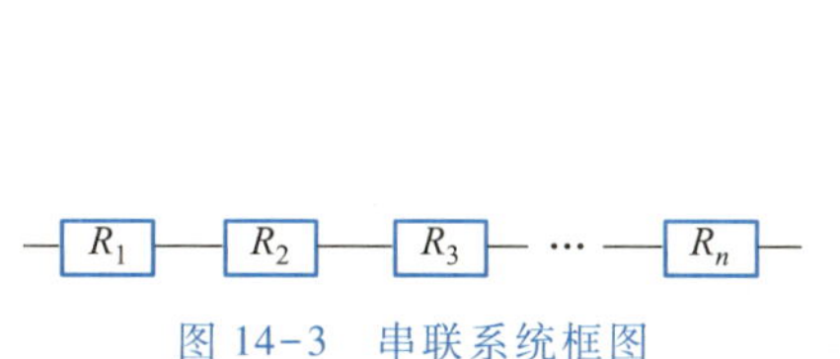

图 14-3　串联系统框图

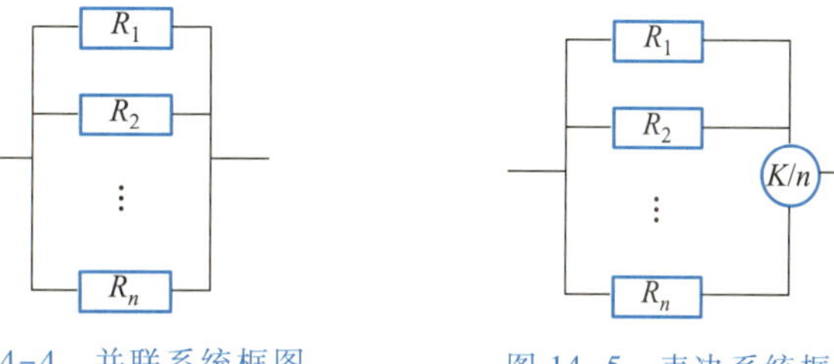

图 14-4　并联系统框图

图 14-5　表决系统框图

3. 几种主要可靠性设计方法的简单介绍

(1) 元器件的可靠性预计。一般元器件的应用失效率模型为

$$\lambda_p = \lambda_b(\Pi_E \cdot \Pi_A \cdot \Pi_Q \cdot \cdots \cdot \Pi_n)$$

式中：λ_p 是元器件在使用条件下的失效率，λ_b 为基本失效率，一般是以电应力及温度应力对元器件影响的有关模型；Π_E 为环境修正因子；Π_A 为应用修正因子；Π_Q 为质量修正因子；Π_n 为其他影响。

(2) 降额设计。为了提高系统可靠性，在产品设计时，可以选择额定值超过设计要求的元器件，使其在低于额定应力条件下工作。经验证明：在一定应力范围内的相同条件下，应用应力越低，其使用可靠性越高。

(3) 冗余设计。如果系统中某种部件单个满足不了可靠性要求，可以由两部件并行工作，以防止系统出现故障，这种以多余的资源换取系统可靠性的设计称为冗余设计。

(4) 漂移设计。一些元器件在使用过程中有时会发生特性变化——漂移，当参数漂移到一定范围时可导致系统故障。为了防止这种漂移引起的系统失效，除选用高质量的元器件外，还在电路上将元器件参数作为随机变量处理，根据概率论求出电路的漂移范围，再重新选择元器件的方法称为漂移设计。

(5) 热设计。为防止由于有源元器件的散热使机箱(腔内)温度升高而导致元器件材料老化失效的设计称为热设计。热设计的原则一般是减少发热量(如尽量选用小功率元件、减少发热元件数量等)和加强散热(如安装散热片、风冷、水冷等)。

(6) 电磁兼容设计。为防止系统由于电磁环境影响引起失误或失效的设计,称为电磁兼容设计。电磁兼容设计的内容包括:干扰源分析、干扰源耦合通道分析和采取消除或减少干扰的措施。具体可采取电路电磁兼容、接地、屏蔽、滤波等。

14.3 可靠性管理

1. 可靠性管理的意义及特点

可靠性工作包括可靠性工程技术和可靠性管理两个方面。一切可靠性工程技术活动都要依靠可靠性管理去规划、组织、控制与监督。所以,可靠性管理在可靠性工作中处于领导与核心作用。

所谓可靠性管理,就是从系统的观点出发对产品全寿命周期中的各项可靠性工程技术活动进行规划、组织、协调、控制与监督,目的是实现既定的可靠性目标,保证全寿命周期费用最省。可靠性管理又分为宏观管理和微观管理。

提示:
可靠性管理是保证可靠性设计得以完全实施的制度安排,重要性不言而喻。

可靠性管理与一般讲的质量管理既有区别又有联系,一般把质量管理(QC)看作是时间 $t=0$ 的质量管理,可靠性管理是对 $t>0$ 的质量管理。质量管理是以生产过程为中心,控制产品的性能参数不超出规定标准,一般以出厂合格率等指标进行评定。可靠性管理是通过产品试验和使用现场信息反馈,以设计和预测来防止故障的发生,保证可靠性目标的实现。所以,可靠性管理必须是包括设计、试验、制造、维修、服务等各部门共同参加的全员和全过程的管理。

2. 可靠性管理机构和职责

可靠性管理机构是可靠性工程与管理的组织保证。

单位的主要领导应对本单位的可靠性工作负责。由总工程师负责可靠性工作。同时,在总师办直接领导下设专人负责可靠性管理职能的实施。

3. 可靠性标准、情报与保证

(1) 可靠性标准是可靠性工程与管理的基础之一,是指导开展各项可靠性工作,使其规范化、最优化的依据和保证。可靠性标准体系分三个层次:可靠性基础标准、专业可靠性基础标准、有可靠性要求的产品标准。从级别上分有国家可靠性标准(GB)、国家军用可靠性标准(GJB)、部(行业)可靠性标准和企业可靠性标准。企业标准不得低于国家、部(行业)标准。

(2) 可靠性数据和可靠性情报是可靠性工作的基础,受到世界各国的重视,美、英、法等国都有全国性可靠性数据机构和分析中心。美国的政府工业数据交换中心(GIDEP)涉及美国、加拿大等600多个成员单位,设有工程数据库、失效案例库、可靠性维修数据库、计量数据库等,可为成员单位的设备系统提供开发、设计、生产、使用的必要可靠性数据,以及元件、材料的试验数

据、试验方法和技术。据统计：GIDEP 的作用和效益是相当显著的。在欧洲成立了有 40 多个成员单位参加的欧洲安全性、可靠性数据协会(ESReDA)。

(3) 可靠性保证大纲。为了保证产品的可靠性，必须根据产品的类型、环境条件、重要和复杂程度的不同，按可靠性标准进行管理。产品可靠性保证大纲包括可靠性管理、可靠性工程和可靠性计算等项目。

4. 可靠性管理的实施

实施可靠性管理的实施主要分三个阶段：

(1) 设计阶段的可靠性管理。

(2) 制造阶段的可靠性管理。

(3) 使用维修过程的可靠性管理，可分为装运储存阶段(包装防护、储存)管理和销售、维修和服务各方面的管理。

14.4 可靠性试验

14.4.1 传感器环境试验概述

环境试验是将传感器暴露在人工模拟(或大气暴露)环境中，以此来评价传感器在实际遇到的运输、储存、使用环境下的性能。通过环境试验，可以为设计、生产和使用方面提供产品质量信息，这是质量保证的重要手段。

1. 环境试验和试验程序

(1) 环境试验的分类可分为自然暴露试验和人工模拟试验两大类。自然暴露试验是指产品在各类典型的自然环境条件下进行暴露和定期测试，这种试验存在周期长，不同地区重复性差等缺点。人工模拟试验是敏感元件及传感器在模拟运输、储存、使用过程中遇到的环境条件下进行的试验。主要有：

气候条件：高低温、湿度、气压、风雨、冰霜等。

机械条件：冲击、振动、噪声、加速度等。

生物环境：霉菌、有害动物、海洋生物等。

辐射条件：太阳、电磁、核辐射等。

化学活性物质条件：硫化氢、二氧化硫、海水盐雾等。

机械活性物质条件：沙粒、尘埃等。

目前，人工模拟试验方法有：

① 单因素试验是指一次试验中只有一个环境应力作用于样品上。这种试验易于控制，重复性好，设备简单，费用低，应用广泛。目前，有高温、低温、湿度、低气压、盐雾、浸水、冲击、正弦振动、加速度等。

② 综合试验是指两个或两个以上的环境因素同时作用在样品上。这种试验设备复杂，费用高，但模拟真实，能够更真实暴露产品的缺陷。这种试验目前有低温/低气压、低温/振动、高温/振动、温度/潮湿、振动/温度循环/潮湿等。

③ 组合试验是指两个或两个以上环境因素按一定规律组合后依次作用在产品上的试验。目前有温度/湿度/气压试验等。

注意：

可靠性试验包括破坏性试验项目，经过可靠性试验的传感器产品不宜继续作为合格品交付用户使用。

（2）传感器环境试验程序通常由下列步骤组成。

① 预处理：指样品在正式试验前进行的处理过程。一般指表面清洁、定位、预紧和稳定性处理。而这又通常在标准大气压下进行。

② 初始检测：产品（样品）放在规定的大气压条件下（一般温度为（15 ℃～35 ℃，相对湿度为 45%～75%，气压为 86～106 kPa），进行电性能、机械性能测量和外观检查。

③ 试验：它是环境试验的核心，将产品暴露在规定条件下，既可在工作条件下进行，也可在非工作条件下进行，还可以进行中间电气性能和机械性能的测量。

④ 恢复：试验结束后和再次测量前，样品的性能要恢复稳定。恢复一般在标准大气条件下进行，同时要确保样品在恢复过程中不能在其表面产生凝露。

⑤ 最后检测：最后检测与初始检测一样，是将样品放在标准（或规定的）大气压条件下进行电性能、机械性能测量和外观检查，其目的是对样品的试验结果作出评价。

2. 低温试验

进行低温试验的目的是为了确定敏感元件及传感器产品在低温条件下储存或使用能否保持完好或正常工作。

（1）低温试验类型。IEC 现行的低温试验有非散热样品的温度突变、温度渐变以及散热样品的温度渐变等三种，如图 14-6 所示。

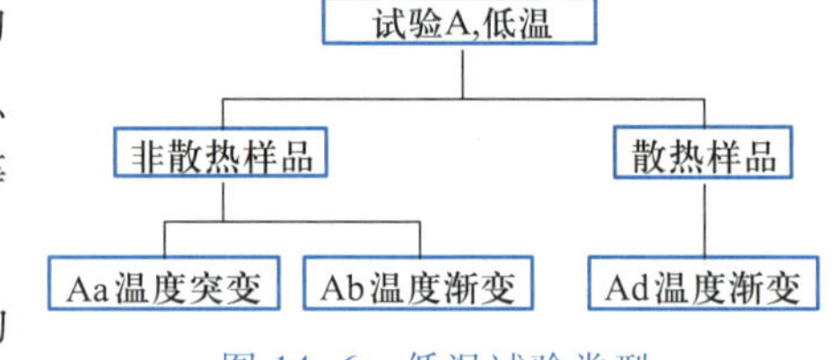

图 14-6 低温试验类型

所谓突变试验是指试验箱（室）的温度事先调到试验规定的温度后，将处于实验室环境温度下的样品放进试验箱（室），当试验箱（室）温度恢复到试验规定温度时，开始计算试验持续时间，温度渐变试验是试验箱（室）和试验样品同处于实验室环境温度之下，在样品放进试验箱（室）后，试验箱（室）以一定的变化速度调整到试验规定的温度，并保持规定的试验时间。散热样品是指试验箱（室）和试验样品在试验规定的温度上稳定后，在自由空气条件下测量试验样品表面最热点温度高于周围大气环境温度 5 ℃以上，而低于 5 ℃者为非散热样品。自由空气条件是指在一个无限大空间内的条件，如果在这种条件下进行试验，则空气的热对流运动是由样品的热辐射引起的，而样品的热辐射被周围空气所吸收，无限大空间是相对比较而言的。一般说来，只要试验箱（室）和试验样品之间的体积比大于或等于 5∶1，便可认为试验是在一个无限大空间进行的。

上述是 IEC 标准提及的有关低温试验描述。美国军用标准 MIL-STD-202 是军用元件的权威性环境标准，其中没有低温试验标准，这是 IEC 与美国军标的不同之处。

（2）低温试验的严酷等级。在各国标准中，低温试验条件（严酷等级）往往以试验温度和持续时间来规定，同时各国标准还规定了试验温度容许的误差

（简称容差），见表 14-2。

表 14-2 低温试验的严酷等级和容差

参数	标准	
	IEC68-2-1	GB/T2423.1-8
-65，-55，-40 -25，-10，+5	-65，-55，-40 -25，-10，+5	
±3	±3	
2，16，72，96	2，16，72，96	

（3）试验条件的选择和非散热样品的试验。如果产品在储存或使用中遇到低温条件，则必须考虑进行低温试验。如果试验目的是为了评价敏感元件及传感器样品在储存或不工作状态时低温对其的影响，则应采用非散热产品的温度渐变或温度突变试验。但应说明：只有在温度突变对样品无破坏作用时，才能选择温度突变试验。一般在工作状态下的大多数敏感元件及传感器的低温试验是非散热样品的温度渐变试验。

关于试验条件的选择，在 IEC 标准中，试验温度是根据产品实际储存或使用中可能遇到的低温温度来确定的，并从表 14-2 中选取。一般情况在局部气候区使用的产品，应选择该地区的最低温度值。世界范围内使用和长期储存的产品应采用-65 ℃。试验持续时间应根据试验目的和样品本身的热性能来确定。如果试验的目的是为了检查样品的工作性能，则只要样品在规定试验温度上达到稳定就可以。不过，一般试验持续时间不应少于 30 min，试验持续时间应从样品在规定的试验目的上稳定的瞬间开始计算。如果试验是为了确定产品的耐久性、可靠性，则应从产品可靠性要求确定试验持续时间。

3. 温度变化试验

（1）温度变化试验的分类。产品在储存、运输、使用和安装过程中常遇到的温度变化有以下两种类型：①自然温度变化，如有的高纬度区全年温差高达 102 ℃；②由于人类实践诱发的温度变化，如高纬度区室内外的温差，太阳辐射下的突然淋雨等。

温度变化试验目的是确定产品在温度变化期间或温度变化以后受到的影响。温度变化试验不是模拟使用现场的环境条件，而是用来考核产品设计、工艺和生产水平。

（2）温度变化试验技术。温度变化试验程序是：初始检测、试验、恢复和测试。试验参数确定的原则是：如果试验目的是为了评价在温度变化期间的电气性能和机械性能，一般采用一箱法；如果试验目的是为了评价产品经过几个温度快速变化循环后的电性能、材料、机件、结构的适应性，可以用两箱法或两槽法，对于玻璃-金属结构的产品建议用两槽法。

4. 湿热试验

湿热试验的目的是为了评价产品在高温高湿条件下的储存和使用的适应性或耐温性。

一般情况下，空气的相对湿度超过 80%的环境，称为高湿。

湿热试验可分为恒定湿热试验、循环湿热试验和温度/湿度组合循环试验。

恒定湿热试验(又称稳态湿热试验)是样品经受的基本不变和保持时间比较长的高温高湿试验。恒定湿热试验有操作简单、易控制、比较经济等特点。

循环湿热试验是以 24 h 为一个循环，样品反复经受高湿和循环湿度的作用。试验过程中有由于温度变化引起的样品表面凝露和水汽的扩散等。这种试验的目的是为了评价产品在高湿和循环温度的综合条件储存和使用的适应性。

温度/湿度组合循环试验，也是 24 h 为一个循环，其中包括两个湿热分循环和一个低湿分循环。这种试验主要用于元件。

14.4.2 传感器的可靠性试验实例

敏感元件及传感器产品的可靠性试验与其他可靠性试验一样，包括环境试验和寿命试验两部分。目前，人们往往采用两种试验方式：一种是环境试验和寿命试验分别进行。环境试验往往确定产品的环境可靠度；寿命试验确定产品的平均寿命、失效率或平均无故障工作时间；另一种可靠性试验是不严格区分环境试验和寿命试验，而采用多种环境应力和超强应力的综合试验，确定产品的合格品率，这里暂称为综合试验方法。下面介绍硅霍尔元件可靠性试验方法。

这里讨论的是以半导体工艺制成的非集化硅霍尔元件和微型硅霍尔元件，原则也适用于 GaAs 霍尔元件。

(1) 可靠性特征量和失效判据。硅霍尔元件是用半导体平面工艺制成的磁敏感器件，它失效后不可修复产品。其可靠性特征量是平均寿命(MTTF)、失效率、可靠寿命和可靠度等。

硅霍尔元件的失效判据是

$$\text{乘积灵敏度偏差}=\frac{SH_2-SH_1}{SH_1}\times 100\% \geqslant \pm 1\%,\ 2.5\%,\ 5\%$$

式中：SH_1 为初始乘积灵敏度，SH_2 为试后乘积灵敏度。

提示：霍尔乘积灵敏度即霍尔灵敏度 K_H。

不同偏差对应不同类别等级产品。

(2) 环境试验方法如下：

温度变化试验如图 14-7 所示，高温 80 ℃，30 min；低温-40 ℃，30 min。每个循环 150~180 min，共做 5 个循环。

恒定湿热试验：霍尔元件处于非工作状态下，湿热试验温度(40±2) ℃，湿度(95±3%)RH；试验持续时间为 72 h。

高温储存试验：元件处于非工作状态，试验温度 120 ℃；试验持续时间 48 h。

振动试验：将非工作状态的霍尔元件固定于台上，引出线要加以保护。振动频率 50±10 Hz;振动加速度 10~20 g；振动时间为水平、垂直各 1 h。

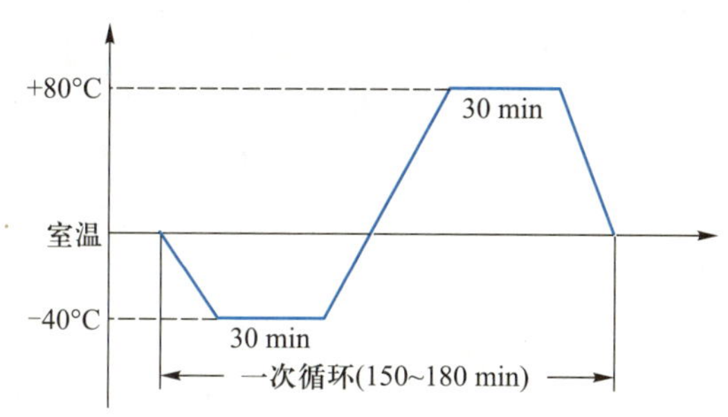

图 14-7 温度变化示意图

冲击试验：元件所处状态与振动试验相同。冲击频率(50±1) 次/分；冲击加速度为 100 g；冲击次数为水平、垂直各 1 000 次。

(3) 硅霍尔元件的寿命试验应力为电应力。将元件按工作条件安装，施加额定控制电流，磁场强度 $B=0$，试验温度为(40±2) ℃。

加速寿命的加速应力可以是热应力，也可以是电应力，还可以是电应力和热应力的综合应力。这里只对单一热应力试验方法进行叙述，其他应力情况可参照热应力情况进行处理。

以热为加速应力的加速寿命试验是以 40 ℃为起点至硅霍尔元件能维持正常工作的上限温度，分成 4~5 个应力点。将硅霍尔元件按工作条件安装，施加额定的控制电流，在各温度条件下进行寿命试验。

(4) 硅霍尔元件的可靠性筛选方法是将硅霍尔元件置于工作状态下，施加额定控制电流，筛选温度为(60±2)℃，筛选时间为 7 天。

14.5 敏感元件及传感器的失效分析

14.5.1 概述

从整个可靠性工程的发展来看，失效分析是在 20 世纪 50 年代后期由美国首先开始的。在失效分析的发展过程中，美国罗姆航空发展研究中心做了大量工作，起到了巨大的推动作用，今天它已发展成为一门涉及材料学、物理学、化学、金属学、冶金学等专业，并要广泛应用扫描电子显微镜、离子探针、能谱仪、X 射线探测仪、光谱仪等现代理化分析仪器的边缘学科。

传感器工程是从 20 世纪 70 年代开始以微电子技术为基础发展起来的。在美国、日本等国家，它一开始就与可靠性工程结合得非常紧密，现已进入到将传感器失效分析的成果应用到质量控制系统中的可靠性保证阶段。失效分析的成果也已成为新型传感器的开发及老型号传感器改进设计中必不可少的依据。从今后的发展趋势来看，未来将主要研究新的分析技术在传感器失效分析中的应用。例如，研究计算机辅助可靠性分析，将硬件可靠性与软件可靠性综合起来，纳入整个失效分析度量中去，使未来的 CAD 数据库不仅可以提供可靠性预测、失效树分析(FTA)、寄生电路分析等可靠性数据，也可以提供失效模式、失效模式分布、失效物理模型影响及致命度分析(FMECA)的信息。同时也将研究传感器的计算机辅助失效分析与计算辅助可靠性设计的结合，促使可靠性研究软件的商品化。在国内，传感器的失效分析研究工作在“七五”期间开始，目前与欧美国家相比尚存在较大差距。因此，为了尽快使我国传感器的可靠性水平跻身一流，大力开展传感器的失效分析研究，培养失效分析的专业人员，建立有一定先进水平的分析实验室是今后的主要任务。以下介绍几个基本概念。

1. 失效的定义

产品丧失完成规定功能的所有状态及事件的总和叫失效。对可修复的产品，如仪表、整机和某些机电产品，也可使用“故障”这一名词。大多数敏感元件及传感器都是不可修复产品，故用“失效”更为准确。

2. 失效的分类

根据不同的划分标准，敏感元件及传感器的失效种类有多种多样。如按失效发生场合划分，可分为试验失效、现场失效(或运行失效)；按失效的程度可分为完全失效和局部失效，或者称严重(或致命)失效和轻度失效；按失效前功能或参数变化的性质可分为突然失效和退化失效；按失效排除的性质可分为稳定性失效(或称坏死失效)和间歇失效；按失效的外部表现可分为明显失效和隐蔽失效；按失效发生的原因可分为设计上的失效、工艺上的失效和使用上的失效；按失效的起源可分为自然失效和人为失效；按与其他失效的关系可分为独立失效和从属失效(或称二次失效)；而按失效浴盆曲线上不同阶段可分为早期失效、偶然(随机)失效、耗损(老化)失效等。人们较常用的失效类型名词有现场失效、致命失效、退化失效、间歇失效、人为失效、从属失效、偶然失效、早期失效和耗损失效。

3. 失效分析定义

失效分析(failure analysis)是指产品失效后，通过对产品及其结构、使用和技术文件的系统研究，鉴别失效模式，确定失效原因、机理和失效演变的过程。

按照“电工术语 可信性与服务质量”规定，失效分析被定义为：为确定和分析失效机理、失效原因及失效后果对失效的产品所做的逻辑的、系统的检查。

失效模式是指产品产生失效的形态、形式或现象。失效机理是指产品产生失效的因果关系。

4. 失效分析的分类

从方法上可分为：

统计分析——确定失效率，可靠度计算等。

数量分析——工程计算、模拟、失效率及可靠度的预计，FMECA、FTA等方法。

固有技术分析——应用电子显微镜等表面分析技术方法，以及应用物理、化学、机械、电气、金属和人机学等技术进行分析。

从应用阶段来分可分为：

事前分析——应用于设计、开发、制造阶段的预测。

事中分析——在制造阶段中对制造、生产设备和使用中产品异常的预测、状态监视及维护。

事后分析——通过追究制造、试验和使用等各阶段发生的不良情况和异常现象，进行失效现场分析，必要时进行再现实验，然后提出进一步改善的措施和方法。

在实际使用中最典型的失效分析是事后分析，但从可靠性角度来说，我们在产品失效之前就应对其有可能发生的失效进行预计，从而进行改进或在应用中采取措施加以避免。这样看来事前分析也很重要，所以事前分析、事中分析、事后分析是相互补充、不可缺少的环节。

14.5.2 分析方法

如前所述，失效分析是研究产品潜在的或显在的失效机理、发生率及失效影响，或为决定改进措施而进行的系统调查研究。因此在进行失效分析时，不仅仅要强调追究失效原因，进行事后分析，而且要上溯到设计、制造阶段的产品根源的研究。对于新设计或新产品中采用新开发的元器件，也可利用失效分析的技术和数据进行分析。可见失效分析是质量保证和可靠性保证中不可缺少的技术，也是为提高产品可靠性在产品设计制造、使用和系统设计、制造及运行中不可忽视的技术。

下面将对敏感元件及传感器常用的几种失效分析方法进行简单介绍。

1. 失效模式、效应及危害度分析(failure mode effect and criminality analysis,FMECA)

(1) FMECA 的适用范围。FMECA 可用于失效传感器的事后分析，也可用于新传感器开发的计划论证和技术设计阶段。

(2) FMECA 的分析程序如下：

① 定义传感器功能和最低的工作要求。

功能要求：包括工作和不工作状态下所规定的特征，所有相关的时间周期和全部环境条件。

环境要求：包括预期的工作环境、暴露的储存环境，并规定在特定环境下所期望的性能要求。

② 定义传感器功能结构、可靠性框图以及其他图表或数学模型，并做文字说明。

功能结构：每个元件或部件要求有传感器不同组成单元的特征、性能、作用和功能，各单元之间的联系，冗余级别和冗余系统的性质等数据。

图表：所有图表应该展示各单元之间的串、并联关系。

③ 确定分析的基本原则和用于完成分析的相应文件。分析的基本原则如下：

a. 根据设计构思和规定输出要求，选定最高级。

b. 选定有效分析的最低级。

c. 从最低级开始自下而上进行分析。在最低级，列出该级的每一单元可能出现的各种失效模式以及每种失效模式对应的失效效应，无论是单独的还是顺序的，当对最低级的上一级考虑失效效应时，这些失效效应又都作为该级的一个失效模式，连续迭代就会找到最高功能级的失效效应。

④ 找出失效模式、原因和效应，以及它们之间相对的重要性和顺序。

⑤ 找出失效的检测、隔离措施和方法。

⑥ 找出设计和工作中的预防措施，以防止特别不希望发生的事件。

⑦ 确定事件的失效危害度 C_r。C_r 是单元产生同类失效影响的各种失效模式危害度之和，其表达式为

$$C_r^i = \sum_{n=1}^{j} (C_m)_n \tag{14-1}$$

式中：i 表示失效影响严重程度类别。GJB/Z 1391-2006 中将其分为四类。第Ⅰ类：可能引起人员死亡或设备彻底损坏；第Ⅱ类：可能引起人员受伤或使设备丧失完成任务的功能；第Ⅲ类：使工作质量降低或拖延任务的完成；第Ⅳ类：不影响主要功能，只需修理。n 为第 i 类失效影响的失效模式数；j 为部件中 i 类失效影响失效模式总数；C_m 为失效模式危害度，则

$$C_m = \beta\alpha\lambda_p t \tag{14-2}$$

式中：β 为失效模式影响概率；$(C_m)_n$ 为第 n 个失效模式下的危害度。

GJB/Z 1391-2006 对 β 做如下规定：确定造成损失，$\beta=1.0$；很可能造成损失，$0.1<\beta<1.0$；可能造成损失，$0.01<\beta<0.1$；没有影响，$\beta=0$。β 取值主要根据分析人员经验与判断，一种失效模式对应的各 β 值之和不大于 1。α 为失效模式比率

$$\alpha = \frac{\text{某失效模式的发生率}}{\text{部件失效率}} \tag{14-3}$$

> 注：FMECA：failure mode effeds analysis，失效模式影响分析。

部件的失效率是所有失效模式发生率的总和，一般通过试验或根据经验估算得到，α 又与使用的环境因素和应力有关；t 为系统（传感器）内部件工作时间；λ_p 为部件失效率（应用失效率）。

⑧ 估计失效概率，采用计数法预计。

⑨ 填写 FMECA（或 FMEA）工作表，如表 14-3 所示。

⑩ 建议。

在进行 FMECA 时有时只进行 FMEA（失效模式、效应分析），而不进行危害度分析，此时可略去上述⑦、⑧步骤。

表 14-3　FMECA（或 FMEA）工作表

名称	功能	识别代号	失效模式	失效原因	失效效应		失效检测	可选择的预防措施	失效模式发生概率	危害度等级	备注
					局部效应	最终效应					

2. 工艺过程 FMMEA 及质量反馈分析

(1) 目的、意义。敏感元件及传感器，特别是敏感元件，它不同于一个部件(整机)或系统，可以很容易地分成若干个元件或部件，并根据各元件(或部件)的作用及系统的关系构成一个串、并联混合的可靠性框图。但如果将制造敏感元件或传感器的每一道工序作为一个“部件(或元件)”，构成“工艺”可靠性框图，然后对制造工艺的每一步进行失效分析，将是非常有效的。这将有助于找出失效的潜在因素，促进产品结构及工艺过程的改进。

(2) 分析的步骤如下：

① 将生产敏感元件或传感器的所有工序按顺序写出。

② 对每一工序详细填写工艺过程 FMMEA 及质量反馈表(格式见表 14-4)。

表 14-4 工艺过程 FMMEA 及质量反馈表

产品名称		填表人		填表日期			
工艺名称	工艺功能	失效模式(工艺缺陷)	失效机理	失效模式效应	发生频率	严重度	建议改进措施
		7.5	7	6	3	4	6

③ 汇总并将该表反馈给生产管理部门及产品设计部门，以便改进设计及生产工艺，从而提高产品的可靠性。

(3) 工艺过程 FMMEA 及质量反馈表的编写要求如下。

① 工艺名称：应按工艺顺序记入待分析的工艺名称。

② 工艺功能：应尽可能简明地记入工艺作用。

③ 失效模式(工艺缺陷)：在填写时一方面要详细记录生产过程中出现的各种不合格产品的工艺缺陷；另一方面也要根据以往的经验分析可能产生的工艺缺陷(包括固有缺陷)。

④ 失效机理：对元器件来说，失效机理有两个层次的含义，一层含义是从宏观上来说明产生中间测试不合格产品的工艺缺陷(如工艺参数超差等)，更高一层的含义应包括分析产生失效模式的物理化学过程，这方面分析往往要借助现代分析技术。

⑤ 失效模式效应：是指由于工艺失效模式的产生对整个元器件性能的影响或由此对下道工序的影响。

⑥ 发生频率：应根据统计来确定每一工艺中各失效模式的发生频率。

⑦ 严重度：应视其对整个元器件性能的影响大小而定，对不同的产品可以分成不同的等级，并事先加以分类。

⑧ 建议改进措施：包括产品的结构、制造工艺方法、各工序之间的半成品管理等。

3. 失效树分析方法

(1) 目的。失效树分析包括定性分析和定量分析。定性分析的主要目的是：寻找导致与系统或器件有关的不希望事件发生的原因和原因的组合，即寻

注：FMMEA：failure modes, mechanisms, and effeds，失效模式、机理和影响。

找导致顶事件发生的所有失效模式。定量分析的主要目的：当给定所有底事件发生的概率时，求出顶事件发生的概率及其他定量指标。在系统设计阶段，失效树分析也可帮助判明潜在的失效，以便改进设计。

（2）失效树分析有关术语及符号如下：

① 顶事件：失效树中，导致系统不可用的、不希望发生的事件称为失效树顶事件。

② 底事件：也叫基本事件，是导致系统失效（故障）的最原始事件。

③ 失效树常用符号，见表 14-5。

表 14-5　失效树常用符号表

符　号	名　称	定　义
	基本事件（底事件）	导致系统失效（故障）的最原始事件
C A B	事件 A 和 B 的与 $C=A\cap B$	只有当所有输入事件出现时，才发生输出事件
C + A B	事件 A 和 B 的或 $C=A\cup B$	当一种或多种输入事件出现时，就有输出事件
	事件文字说明符号	
		不是真正原始事件，是由于各种原因不深入分析事件所做的原始事件处理
	转移符号	表示某事件的转移

④ 模块：对于已经规范化和简化的正规失效树，模块至少有两个底事件，但不是所有底事件的集合，这些底事件向上可到达同一个逻辑门，并且必须通过此门才能到达顶事件，失效树的所有其他底事件向上均不能到达该逻辑门。

⑤ 最大模块：经规范化和简化的正规失效树的最大模块是该失效树的一个模块，且没有其他模块包含它。

⑥ 割集：割集是导致正规失效树顶事件发生的若干底事件的集合。

⑦ 最小割集：最小割集是导致正规失效树顶事件发生的数目不可再少的底事件的集合，它表示引起失效树顶事件发生的一种失效模式。

⑧ 结构函数：失效树的结构函数定义为

$$\varphi(X_1,X_2,\cdots,X_n)=\begin{cases}1, & \text{若顶事件发生}\\ 0, & \text{若顶事件不发生}\end{cases}$$

式中：n 为失效树底事件的数目，$X_1,X_2,\cdots,X_n$ 为描述底事件状态的布尔变量。

$$X_i=\begin{cases}1, & \text{若第 } i \text{ 个底事件发生}\\ 0, & \text{若第 } i \text{ 个底事件不发生}\end{cases} \qquad i=1,2,\cdots,n$$

⑨ 底事件结构重要度：第 i 个底事件的结构重要度为

$$I_{\varphi}(i)=\frac{1}{2^{n-1}}\sum_{(X_1,\cdots,X_{i-1},X_{i+1},\cdots,X_n)}[\varphi(X_1,\cdots,X_{i-1},1,X_{i+1},\cdots,X_n)-\varphi(X_1,\cdots,X_{i-1},0,X_{i+1},\cdots,X_n)],\ i=1,2,\cdots,n \tag{14-4}$$

式中：$\varphi(X_i)$是失效树的结构函数，$\sum$是对 $X_1,X_2,\cdots,X_{i-1},X_{i+1},\cdots,X_n$ 分别取 0 或 1 的所有可能求和。

底事件结构重要度从失效树结构的角度反映了各底事件在失效树中的重要程度。

⑩ 底事件概率重要度：第 i 个底事件的概率重要度为

$$I_p(i)=\frac{\partial}{\partial q_i}Q(q_1,q_2,\cdots,q_n),\ i=1,2,\cdots,n \tag{14-5}$$

式中：$Q(q_1,q_2,\cdots,q_n)$为顶事件发生的概率，在底事件相互独立的条件下，第 i 个底事件发生概率的微小变化而导致顶事件发生概率的变化率。

⑪ 底事件的相对概率重要度：第 i 个底事件的相对概率重要度为

$$I_Q(i)=\frac{q_i}{Q(q_1,q_2,\cdots,q_n)}\cdot\frac{\partial}{\partial q_i}Q(q_1,q_2,\cdots,q_n),\ i=1,2,\cdots,n \tag{14-6}$$

上式表示当第 i 个底事件发生概率微小的相对变化而导致事件发生概率的相对变化率。

（3）分析的步骤如下：

① 确定分析范围。

② 熟悉系统。

③ 确定顶事件。

④ 建立失效树。

⑤ 定性分析——求出失效的所有最小割集。

⑥ 定量分析，包括求顶事件发生概率和重要度。

求顶事件发生概率的方法有真值表法、概率图法、容斥公式法和不交布尔代数法。求重要度的公式见式(14-4)~(14-6)。

⑦ 完成失效树分析报告，报告的基本条款有：目的和范围，系统描述，失效的定义和判据，失效分析(包括可靠性框图、功能图、电路图和失效树等)，结果和结论。

习题与思考题

14.1　什么是传感器的可靠性？

14.2　失效分析方法有哪几种？

14.3　可靠性设计程序和原则是什么？

14.4　什么是传感器的失效？失效有哪几种？

15 检测技术基础

检测技术是以研究检测系统中的信息提取、信息转换以及信息处理的理论与技术为主要内容的一门应用技术学科。

检测技术研究的主要内容是被测量的测量原理、测量方法、测量系统和数据处理四个方面。

测量原理是指用什么样的原理去测量被测量。因为不同性质的被测量要用不同的原理去测量，同一性质的被测量也可用不同的原理去测量。测量原理决定后，就要考虑用什么方法测量被测量，这就是我们所要研究的测量方法。确定了被测量的测量原理和测量方法后，就要设计或选用装置组成测量系统。有了已标定过的测量系统，就可以实施实际的检测工作。在实际检测中得到的数据必须加以处理，即数据处理，以得到正确可信的检测结果。

15.1 测量方法

测量方法，简而言之，就是对测量所采取的具体方法。测量方法对测量工作是十分重要的，它关系到测量任务是否能完成。因此要针对不同测量任务的具体情况进行分析后，找出切实可行的测量方法，然后根据测量方法选择合适的检测技术工具，组成测量系统，进行实际测量。对于测量方法，从不同的角度出发，有不同的分类方法。按测量手段分类有：直接测量、间接测量和联立测量；按测量方式分类有：偏差式测量、零位式测量和微差式测量。

15.1.1 直接测量、间接测量和联立测量

一、直接测量

在使用仪表进行测量时，对仪表读数不需要经过任何运算，就能直接表示测量所需要的结果，称为直接测量。例如，用磁电式电流表测量电路的支路电流，用弹簧管式压力表测量锅炉压力就是直接测量。直接测量的优点是测量过程简单、迅速，缺点是测量精度不容易做得很高。这种测量方法是工程上大量采用的方法。

二、间接测量

有的被测量无法或不便于直接测量，这就要求在使用仪表进行测量时，首先对与被测物理量有确定函数关系的几个量进行测量，然后将测量值代入函数

关系式，经过计算得到所需的结果，这种方法称为间接测量。例如，对生产过程中的纸张或地板革的厚度是无法直接测量的，只能通过测量与厚度有确定函数关系的单位面积重量来间接测量。因此间接测量比直接测量复杂，但是有时可以得到较高的测量精度。

三、联立测量(也称组合测量)

在应用仪表进行测量时，若被测物理量必须经过求解联立方程组才能得到最后结果，则称这样的测量为联立测量。在进行联立测量时，一般需要改变测试条件，才能获得一组联立方程所需要的数据。

在测量过程中，联立测量的操作手续很复杂，花费时间很长，是一种特殊的精密测量方法。它一般适用于科学实验或特殊场合。

在实际测量工作中，一定要从测量任务的具体情况出发，经过具体分析后，再决定选用哪种测量方法。

15.1.2 偏差式测量、零位式测量和微差式测量

一、偏差式测量

在测量过程中，用仪表指针的位移(即偏差)决定被测量的测量方法，称为偏差式测量法。应用这种方法进行测量时，标准量具不装在仪表内，而是事先用标准量具对仪表刻度进行校准。在测量时，输入被测量，按照仪表指针在标尺上的示值确定被测量的数值，以间接方式实现被测量与标准量的比较。例如，用磁电式电流表测量电路中某支路的电流，用磁电式电压表测量某电气元件两端的电压等就属于偏差式测量法。采用这种方法进行测量，测量过程比较简单、迅速，但是，测量结果的精度较低。这种测量方法广泛应用于工程测量中。

在偏差式测量仪表中，一般要利用被测物理量产生某种物理作用(通常是力或力矩)，在此物理作用下，使仪表的某个元件(通常是弹性元件)产生相似但是方向相反的作用，此相反作用又与某变量紧密相关，这个变量通常是指针的线位移或角位移(即指针偏差)，以便于人们在测量过程中用感官直接观测。此相反作用一直要增加到与被测物理量的某物理作用相平衡，这时指针的位移在标尺上对应的刻度值就表示被测量的测量值。图 15-1 所示的压力表就是这类仪表的一个示例。由于被测介质压力的作用，使弹簧变形，产生一个弹性反作用力。被测介质压力越高，弹簧反作用力越大，弹簧变形位移越大。当被测介质压力产生的作用力与弹簧变形反作用力相平衡时，活塞达到平衡，这时指针位移在标尺上对应的刻度值，就表示被测介质压力值。很显然，此压力表的指标精度取决于弹簧质量及刻度校准情况；由于弹簧变形力不是力的标准量，必须用标准重量校准弹簧，因此，这种类型仪表一般精度不高。

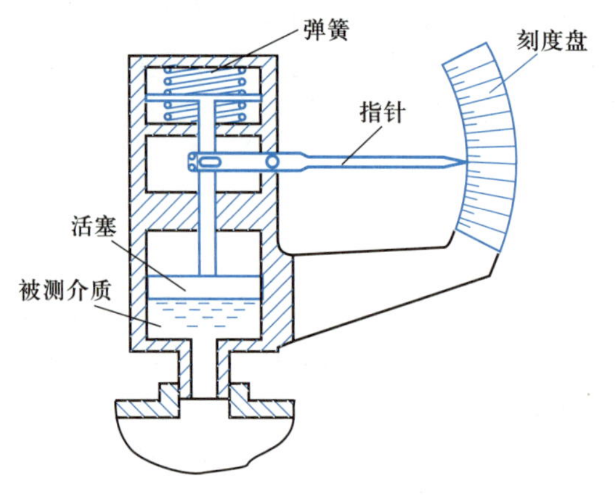

图 15-1　压力表

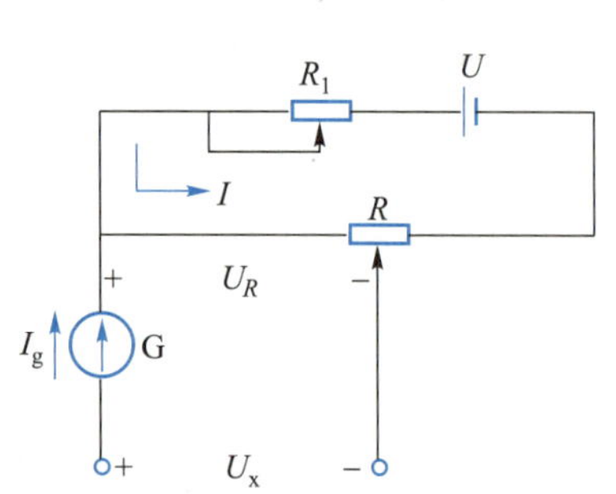

图 15-2　电位差计的简化等效电路

二、零位式测量

在测量过程中，用指零仪表的零位指示，检测测量系统的平衡状态；在测量系统达到平衡时，用已知的标准量决定被测未知量的测量方法，称为零位式测量法。应用这种方法进行测量时，标准量具装在仪表内，在测量过程中，标准量直接与被测量相比较；测量时，要调整标准量，即进行平衡操作，一直到被测量与标准量相等，即指零仪表回零。例如，用电位差计测量电压就属于零位式测量法。图 15-2 所示电路是电位差计的简化等效电路。在进行测量之前，应先调 R_1，将回路工作电流 I 校准；在测量时，要调整 R 的活动触点，使检流计 G 回零，这时 I_g 为零，即是 $U_R=U_x$，这样，标准电压 U_R 的值就表示被测未知电压值 U_x。

采用零位式测量法进行测量时，优点是可以获得比较高的测量精度。但是，测量过程比较复杂，在测量时要进行平衡操作，花费时间长。采用自动平衡操作以后，可以加快测量过程，但它的反应速度由于受工作原理限制，故不会很高。因此，这种测量方法不适用于测量变化迅速的信号，只适用于测量变化较缓慢的信号。这种测量方法在工程实践和实验室中应用很普遍。

三、微差式测量

微差式测量法是综合了偏差式测量法与零位式测量法的优点而提出的测量方法。这种方法将被测的未知量与已知的标准量进行比较，并取得差值，然后用偏差法测得此差值。应用这种方法进行测量时，标准量装在仪表内，并且在测量过程中，标准量直接与被测量进行比较。由于二者的值很接近，因此测量过程中不需要调整标准量，而只需要测量二者的差值。

设 N 为标准量，x 为被测量，Δ 为二者之差，则 $x=N+\Delta$，即被测量是标准量与偏差值之和。

由于 N 是标准量，其误差很小 $\Delta \ll N$，因此选用高灵敏度的偏差式仪表测量 Δ 时，即使测量 Δ 的精度较低，但因 $\Delta \ll x$，故总的测量精度仍很高。

例如，可用高灵敏度电压表和电位差计，采用微差法测量负荷变动时稳压电流源输出电压的微小变化值。如图 15-3 所示，R_0 与 E 表示稳压电流源的等效内阻和电动势，R_L 表示稳压电源的负载。R_{P1}、R、E_1 表示电位差计。在测量之前，应预先调整 R_{P1} 值，使电位差计工作电流 I_1 为标准值，然后使稳压电源的负载电阻 R_L 为额定值，进而调整 R 的活动触点位置，使高灵敏度电压表 G 指零；增加或减小 R_L 值，即改变稳压电源的负荷，这时高灵敏度电压表的偏差示值即是负荷变动所引起的稳压电源输出电压的微小波动值。

注意：这种电路中，要求高灵敏度电压表的内阻 R_m 要足够高，即要求 $R_m \gg R$、R_{P1}、R_1、R_0，否则测量误差会较大。

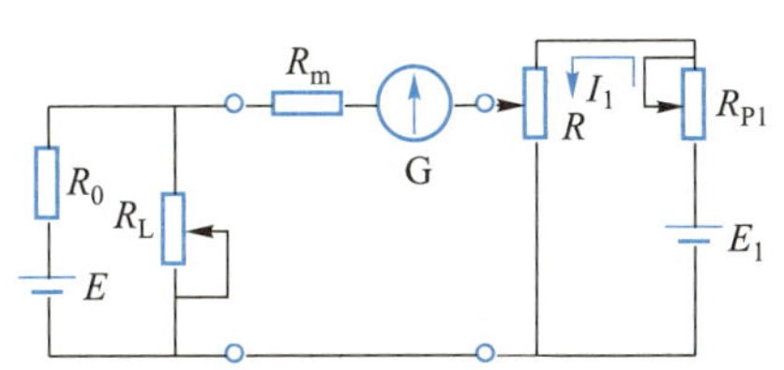

图 15-3　微差法测量稳压电源输出电压的微小变化

微差式测量法的优点是反应快，测量精度高，因而特别适用于在线控制参数的检测。

15.2　测量系统

在检测任务面前，当解决了应用什么样的测量原理、采取什么样的测量方法之后，就要考虑使用什么技术工具——测量的物质手段，去进行测量。测量仪表就是进行测量所需要的技术工具的总称，也就是说，测量仪表是实现测量的物质手段。很显然，这里所说的测量仪表是一个广义概念。广义概念下的测量仪表包括敏感元件、传感器、变换器、运算器、显示器、数据处理装置等。测量仪表性能好坏直接影响测量结果的可信度。

测量系统是测量仪表的有机组合，对于比较简单的测量工作，只需要一台仪表就可以解决问题。但是，对于比较复杂、要求高的测量工作，往往需要使用多台测量仪表，并且按照一定规划将它们组合起来，构成一个有机整体——测量系统。在现代化的生产过程和实验中，过程参数的检测都是自动进行的，即检测任务是由测量系统自动完成的。因此研究和掌握测量系统的功能和构造原理十分必要。

15.2.1　测量系统的构成

测量系统的原理结构框图如图 15-4 所示，它由下列功能环节组成。

1. 敏感元件

作为敏感元件，它首先从被测介质接受能量，同时产生一个与被测物理量

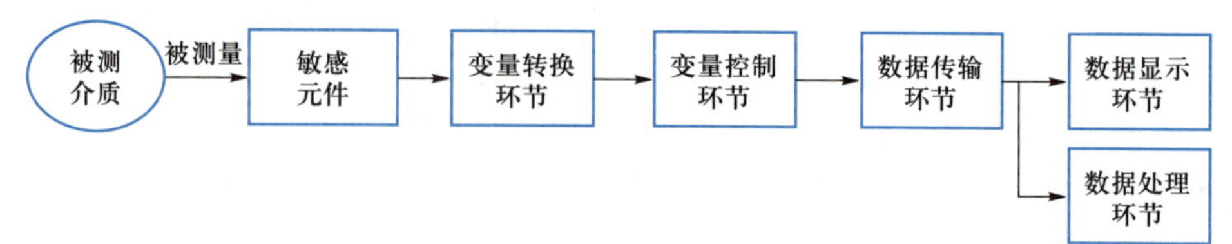

图 15-4 测量系统的原理结构框图

有某种函数关系的输出量。敏感元件的输出信号是某些物理量，如位移或电压，这些物理量比被测物理量易于处理。

2. 变量转换环节

对于测量系统，为了完成所要求的功能，需要将原始敏感元件的输出变量做进一步的变换，即变换成更适合处理的变量，并且要求它保存原始信号中所包含的全部信息。完成这样功能的环节被称为变量转换环节。

3. 变量控制环节

为了完成对测量系统提出的任务，要求用某种方式“控制”以某种物理量表示的信号。这里所说的“控制”意思是在保持变量物理性质不变的前提条件下，根据某种固定的规律仅仅改变变量的数值。完成这样功能的环节被称为变量控制环节。

4. 数据传输环节

当测量系统的几个功能环节实际上被物理地分隔开的时候，则必须从一个地方向另一个地方传输数据。完成这种传输功能的环节被称为数据传输环节。

5. 数据显示环节

有关被测量的信息要想传输给人以完成监视、控制或分析的目的，就必须将信息变成人的感官能接受的形式。完成这样的转换机能的环节被称为数据显示环节。它的功能包括用指针相对刻度标尺运动表示简单的指示和用记录笔在记录纸上记录。指示和记录的形式也可以是断续量方式而不是连续量方式，如数字显示和打印记录。

某些记录方式所表示的数据形式不能直接被人的感官所感觉，磁式记录器就是一个典型例子。在这种情况下，必要时可用适当的仪器把数据从存储的信息中取出，并转换成人的感官易于感觉的形式。

6. 数据处理环节

测量系统要对测量所得数据进行数据处理。数据处理环节实质上是一台小型计算机。这种数据处理工作由机器自动完成，不需要人工进行繁琐的运算。

15.2.2 主动式测量系统与被动式测量系统

根据在测量过程中是否向被测量对象施加能量，可以将测量系统分为主动式测量系统和被动式测量系统。

一、主动式测量系统

它的构成原理框图如图 15-5 所示，这种测量系统的特点是在测量过程中需要从外部向被测对象施加能量。例如，在测量阻抗元件的阻抗值时，必须向阻抗元件施加电压，供给一定的电能。

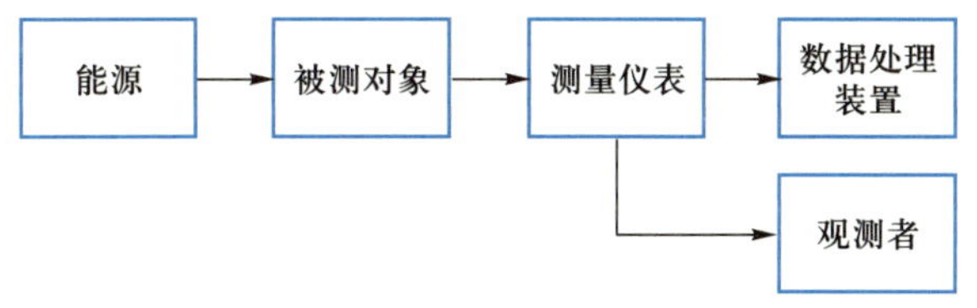

图 15-5 主动式测量系统

二、被动式测量系统

它的构成原理框图如图 15-6 所示。被动式测量系统的特点是在测量过程中不需要从外部向被测对象施加能量。例如，电压、电流、温度测量、飞机所用的空对空导弹的红外(热源)探测跟踪系统就属于被动式测量系统。

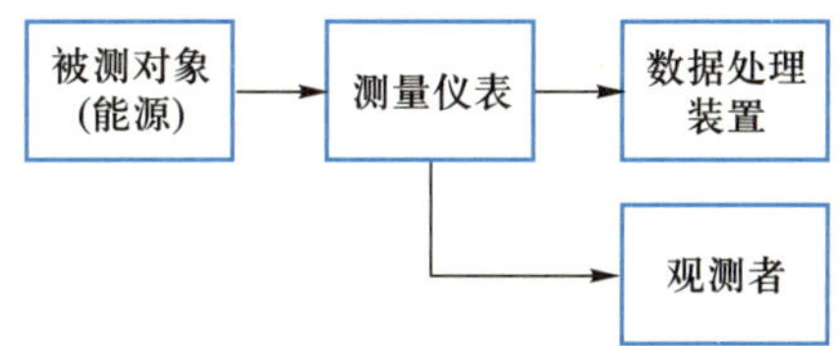

图 15-6 被动式测量系统

15.2.3 开环式测量系统与闭环式测量系统

根据信号传输方向可以将测量系统分为开环式和闭环式两种。

一、开环式测量系统

开环式测量系统的框图和信号流图如图 15-7 所示，其输入输出关系为

$$y = G_1 G_2 G_3 x$$

式中：G_1、G_2、G_3 为各环节放大倍数。

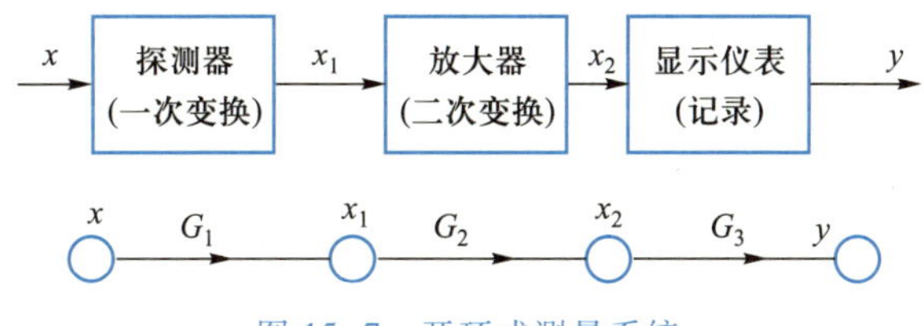

图 15-7 开环式测量系统

采用开环方式构成测量系统，虽然从结构上看比较简单，但缺点是所有变换器特性的变化都会造成测量误差。

二、闭环式测量系统

闭环式测量系统的框图和信号流图如图 15-8 所示。该系统的输入信号为 x，则系统的输出为

$$y=\frac{\mu}{1+\mu\beta}x \tag{15-1}$$

式中：μ 是二次变换器与输出变换器的总放大倍数，即 $\mu=G_1G_2$，也是反馈系统的放大倍数，β 为反馈环节放大倍数。当 $\mu\beta\gg 1$ 时，上式变成

$$y=\frac{1}{\beta}x \tag{15-2}$$

很显然，这时整个系统的输入输出关系将由反馈系统的特性决定，二次变换器特性的变化不会造成测量误差或者说造成的误差很小。

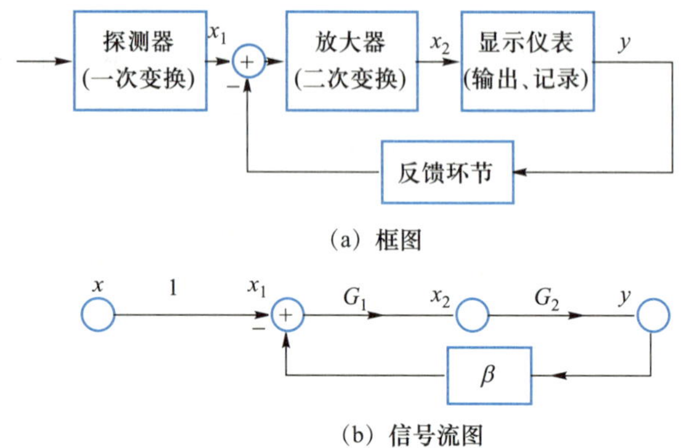

图 15-8 闭环式测量系统

对于闭环式测量系统，只有采用大回路闭环才更有利。对于开环式测量系统，容易造成误差的部分应考虑采用闭环方法。根据以上分析可知，在构成测量系统时，应将开环系统与闭环系统巧妙地组合在一起加以应用，才能达到所期望的目的。

15.3 测量数据的处理方法

测量分静态测量和动态测量两种情况。因此，测量数据的处理也分为静态和动态两种情况。静态测量的数据处理内容包括误差处理和回归分析等；动态测量的数据处理包括随时间变化信号的动态误差分析等内容。

15.3.1 静态测量数据的处理方法

一、误差与精确度

1. 测量误差

测量的目的是希望通过测量求取被测未知量的真实值。由于种种原因，造

成被测参数的测量值与真实值不一致，即存在测量误差。测量误差的表示方法有以下几种：

（1）绝对误差

绝对误差是指测量结果的测量值与被测量的真实值之间的差值。可表示为

$$\Delta = X - L \tag{15-3}$$

式中：L——真实值；X——测量值。

（2）相对误差

绝对误差可以说明被测量的测量结果与真实值的接近程度，但不能说明不同值的测量精确程度。例如，用一种方法称 100 kg 的重物，绝对误差为±0.1 kg；用另一种方法称 10 kg 的重物，绝对误差也为±0.1 kg。显然，前一种方法的测量精确度高于后者。为了表示和比较测量结果的精确程度，经常采用误差的相对表示形式。绝对误差与被测量真实值的比值称为相对误差 δ，它以无量纲的百分数表示，即

$$\delta = \frac{\Delta}{L} \cdot 100\%$$

在实际计算相对误差时，同样可用被测量的实际值代替真实值 L。但这样在具体计算时仍不方便，因此一般取绝对误差 Δ 与测量值 X 之比来计算相对误差。当测量误差很小时，这种近似方法所带来的误差可以忽略不计，则

$$\delta = \frac{\Delta}{X} \cdot 100\% \tag{15-4}$$

用测量的相对误差来评价上述两种称重方法是比较合理的。前一方法的测量相对误差为±0.1%，后者为±1%，显然前者测量准确度高于后者。

（3）引用误差

相对误差可用来比较两种测量结果的准确程度，但不能用来评价不同仪表的质量。因为同一台仪表在整个测量范围内的相对测量误差不是定值，随着被测量的减小，相对误差也增大。当被测量接近量程的起始零点时，相对误差趋于无限大。但是只用测量结果的相对误差来评价仪表的精度会出现不合理的结论。如用满量程为 50 V 的 0.1 级电压表测量 5 V 电压，其绝对误差不超过±0.05 V，相对误差不超过 1%；当改用满量程为 5 V 的 0.5 级电压表测量同一被测量时，绝对误差不超过±0.025 V，其相对误差不超过±0.5%。比较它们的测量结果，等级低的仪表测量结果的准确度反而高。为了更合理地评价仪表的测量性能，采用了引用误差的概念。人们将测量的绝对误差与测量仪表的上量限（满度）值 A 的百分比定义为引用误差

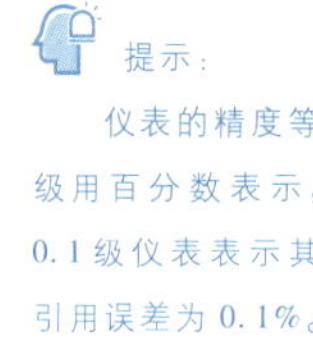

提示：
仪表的精度等级用百分数表示，0.1 级仪表表示其引用误差为 0.1%。

$$r = \frac{\Delta}{A} \cdot 100\% \tag{15-5}$$

电工仪表的精度等级就是用引用误差大小划分的。随着测量技术的发展及测量精度的提高，为了全面衡量测量精度，常常采用相对误差和引用误差（满量程误差）的综合表示法来表示测量结果的准确度。

2. 系统误差、偶然误差和疏失误差

误差按其规律性分为三种，即系统误差、偶然误差和疏失误差。

（1）系统误差

当对同一物理量进行多次重复测量时，如果误差按照一定的规律性出现，则把这种误差称为系统误差。

在整个测量过程中，数值及符号都保持不变的系统误差称为定值误差。数值及符号的变化具有一定规律性的系统误差被称为变值误差。

系统误差包括仪器误差、环境误差、读数误差，以及由于调整不良、违反操作规程所引起的误差等。例如，当用电压表测量电压时，由于零点未校准就用于测量，会造成读数偏高或偏低的现象，即产生了定值的零点误差。当用热电偶测量炉温时，由于热电偶的热端温度与热电偶输出电压并不是线性关系，因此按线性关系处理时就会产生非线性误差。

注意：

从系统误差的定义可知，测量中的系统误差受不同因素影响，因此它不是固定不变的。减少系统误差的关键是确定影响因素及系统误差与该因素的定量关系。

影响因素不明确的小系统误差可归入偶然误差来处理。

更正值校正法仅用于减小系统误差。

（2）偶然误差

当对某一物理量进行多次重复测量时，会出现偶然误差。偶然误差的特点是它的出现带有偶然性，即它的数值大小和符号都不固定，但是却服从统计规律，呈正态分布。

引起偶然误差的原因都是一些微小因素，且无法控制。对于偶然误差，不能用简单的更正值来校正，只能用概率论和数理统计的方法去计算它出现的可能性大小。偶然误差具有下列特性：

① 绝对值相等、符号相反的误差在多次重复测量中出现的可能性相等；

② 在一定测量条件下，偶然误差的绝对值不会超出某一限度；

③ 绝对值小的偶然误差比绝对值大的偶然误差在多次重复测量中出现的机会要多，即误差值越小，出现机会越多。

（3）疏失误差

疏失误差是由于测量者在测量时的疏忽大意而造成的。例如，仪表指示值被读错、记错，仪表操作错误，计算错误等。疏失误差的数值一般都比较大，没有规律性。

系统误差、偶然误差、疏失误差之间的关系：

在测量中，系统误差、偶然误差、疏失误差三者同时存在，但是它们对测量的影响不同。在测量中，若系统误差很小，则称测量的准确度高；若偶然误差很小，则称测量的精密度很高；若二者都很小，则称测量的精确度很高。在工程测量中，有疏失误差的测量结果是不可取的。在测量中，系统误差与偶然误差的数量级必须相适应，即偶然误差很小（表现为多次重复测量的测量结果的重复性好），但系统误差很大是不好的，反之，系统误差很小，偶然误差很大，同样是不好的，只有偶然误差与系统误差两者数值相当才是可取的。

3. 基本误差和附加误差

误差从使用角度出发可分为基本误差和附加误差。

（1）基本误差

基本误差是指仪表在规定的标准条件下所具有的误差。例如，仪表是在电源电压(220±5) V、电网频率(50±2) Hz、环境温度(20±5) ℃、大气压力为0.1 MPa、湿度85%的条件下标定的，如果这台仪表今后也在这个条件下工作，则仪表所具有的误差为基本误差。换句话说，基本误差是测量仪表在额定工作条件下所具有的误差。测量仪表的精度等级就是由其基本误差决定的。

(2) 附加误差

当仪表的使用条件偏离额定条件时，就会出现附加误差，如温度附加误差、频率附加误差、电源电压波动附加误差、倾斜放置附加误差等。

在使用仪表进行测量时，应根据使用条件在基本误差上再分别加以各项附加误差。

若把基本误差和附加误差统一起来考虑，则可给出测量仪表的额定工作条件范围。例如，在电源电压是(220±22) V，温度范围是(0~50) ℃，以及其他可过载运行条件下，可以测量得到仪表工作时的总误差值。

4. 与仪表性能有关的常用术语

在仪表的校验工作中经常使用一些与误差有关的专业术语，下面做简要介绍。

(1) 零点误差

零点误差的定义是当输入为0%时输出的误差。一般用满量程的百分数表示零点误差。从图15-9中可以看出，零点误差可表示为 $\alpha=\frac{\Delta}{A}\times100\%$，式中的 A 为与输入100%对应的理想输出值。

严格讲，图15-9所示的误差曲线应是实验误差数据的一次回归曲线。

(2) 量程误差

量程误差的定义是仪表输出的理想量程与实测量程之差，如图15-10所示。量程误差可用理想量程的百分数表示，为 $\alpha=\frac{\Delta}{A}\times100\%$。

注意：

传感器或测量仪表数据手册中给出的一般是基本误差。读者在实际应用中切忌不可僵化使用该值，应结合应用场合的变化给予修正。

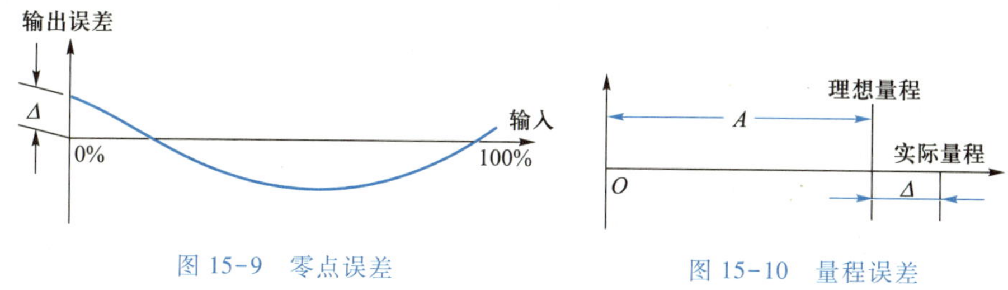

图15-9 零点误差　　图15-10 量程误差

(3) 线性度、迟滞、重复性、灵敏度、零漂、蠕变等在前面的章节中已经叙述过了。

5. 常见的系统误差及降低其对测量结果影响的方法

(1) 系统误差出现的原因

系统误差出现的原因，主要有下列几项：

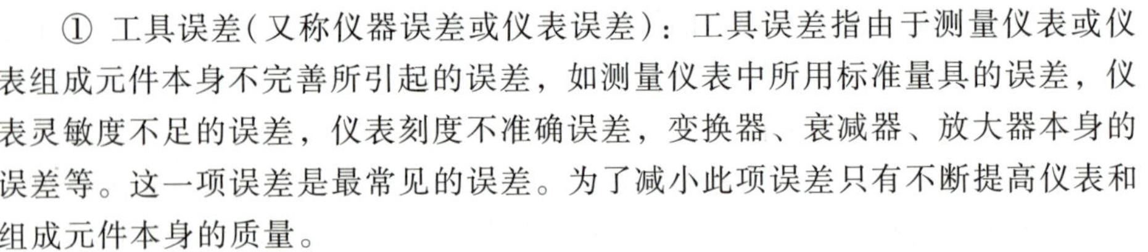

① 工具误差(又称仪器误差或仪表误差)：工具误差指由于测量仪表或仪表组成元件本身不完善所引起的误差，如测量仪表中所用标准量具的误差，仪表灵敏度不足的误差，仪表刻度不准确误差，变换器、衰减器、放大器本身的误差等。这一项误差是最常见的误差。为了减小此项误差只有不断提高仪表和组成元件本身的质量。

② 方法误差：方法误差是指由于对测量方法研究不够而引起的误差。例如，用电压表测量电压时，没有正确估计电压表的内阻对测量结果的影响。

③ 定义误差：定义误差是由于对被测量的定义不够明确而形成的误差。例如，在测量一个随机振动的平均值时，测量的时间间隔 Δt 取值不同得到的平均值就不同。即使在相同的时间间隔下，由于测量时刻不同得到的平均值也会不同。引起这种误差的根本原因在于没有规定测量时应当用多长的平均时间。图 15-11 所示的是随机振动的波形图，从图上可以清楚地看出测量时间间隔不同对平均值的影响。

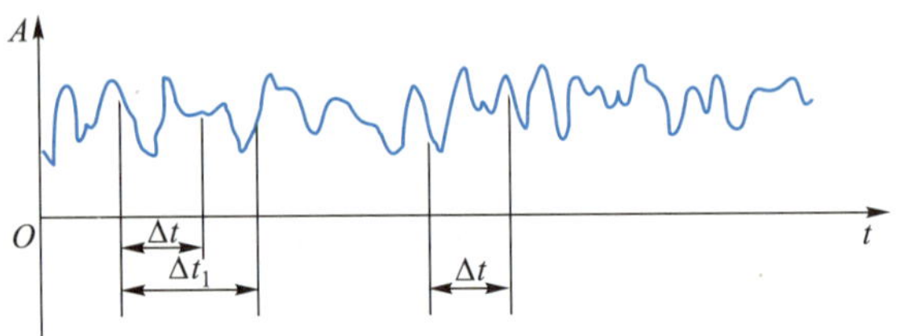

图 15-11　随机振动的波形

④ 理论误差：理论误差是由于测量理论本身不够完善而只能进行近似的测量所引起的误差。例如，测量任意波形电压的有效值，理论上应该实现完整的均方根变换，但实际上通常以折线近似代替真实曲线，故理论本身就有误差。

⑤ 环境误差：环境误差是由于测量仪表工作的环境(温度、气压、湿度等)不是仪表校验时的标准状态，而是随时间变化所引起的误差。

⑥ 安装误差：安装误差是由于测量仪表的安装或放置不正确所引起的误差。例如，应严格水平放置的仪表，其水平位置未调好；电气测量仪表误放在有强电磁场干扰的地方或温度变化剧烈的地方等。

⑦ 个人误差：个人误差是指由于测量者本人不良习惯或操作不熟练所引起的误差。例如，读刻度指示值时视差太大(总是偏左或偏右)；动态测量读数时，对信息的记录超前或滞后等。

(2) 系统误差的发现

因为系统误差对测量精度影响比较大，必须消除系统误差的影响，才能有效地提高测量精度。发现系统误差一般比较困难，下面只介绍几种发现系统误差的一般方法。

① 实验对比法：这种方法是通过改变产生系统误差的条件从而进行不同条件的测量，以发现系统误差。这种方法适用于发现不变的系统误差。例如，

一台测量仪表本身存在固定的系统误差，即使进行多次测量也不能被发现。只有用更高一级精度的测量仪表测量，才能发现这台测量仪表的系统误差。

② 剩余误差观察法：剩余误差观察法是根据测量数据的各个剩余误差大小和符号的变化规律，直接由误差数据或误差曲线图形来判断有无系统误差。这种方法主要适用于发现有规律变化的系统误差。若剩余误差大体上是正、负相间，且无显著变化规律，则无理由怀疑存在系统误差，见图 15-12(a)；若剩余误差数值有规律地递增或递减，且在测量开始与结束时误差符号相反，则存在线性系统误差，见图 15-12(b)；若剩余误差符号有规律地逐渐由负变正、再由正变负，且循环交替重复变化，则存在周期性系统误差，见图 15-12(c)；若剩余误差有如图 15-12(d)所示的变化规律，则应怀疑同时存在线性系统误差和周期性系统误差。

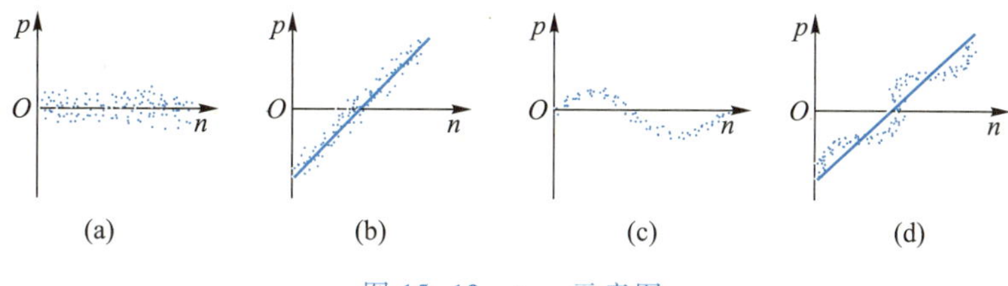

图 15-12　$p-n$ 示意图

图中：p——剩余误差；n——测量次数。

不同公式计算标准误差比较法——对等精度测量，可用不同公式计算标准误差，通过比较以发现系统误差。一般采用贝塞尔公式和佩捷斯公式(Peters's formula)计算比较，即

$$\delta_1=\sqrt{\frac{\sum_{i=1}^{n}p_i^2}{n-1}};\qquad \delta_2=\sqrt{\frac{\pi}{2}}\cdot\frac{\sum_{i=1}^{n}|p_i|}{\sqrt{n(n-1)}} \tag{15-6}$$

式中：p_i——剩余误差；

n——测量次数；

δ——标准误差(又称均方根误差)。

令$\dfrac{\delta_2}{\delta_1}=1+u$，若$|u|\geqslant\dfrac{2}{\sqrt{n-1}}$，则怀疑测量中存在系统误差。

③ 计算数据比较法：对同一量测量得到多组数据，通过计算数据比较，判断是否满足偶然误差条件，以发现系统误差。例如，对同一量独立测量 m 组结果，并计算求得算术平均值和均方根误差为：$\bar{x}_1$，δ_1；$\bar{x}_2$，δ_2；…；$\bar{x}_m$，δ_m。任意两数据$(\bar{x}_i,\bar{x}_j)$的均方根误差为$\sqrt{\delta_i^2+\delta_j^2}$。任意两组数据 $\bar{x}_i$ 和 $\bar{x}_j$ 间不存在系统误差的条件是

$$|\bar{x}_i-\bar{x}_j|<2\sqrt{\delta_i^2+\delta_j^2} \tag{15-7}$$

(3) 减小系统误差的方法

下面介绍几种常用的行之有效的方法。

① 引入更正值法：若通过对测量仪表的校准，知道了仪表的更正值，则可将测量结果的指示值加上更正值，得到被测量的实际值。这时的系统误差不是被完全消除了，而是被大大削弱了，因为更正值本身也是有误差的。

只有更正值本身的误差小于所要求的测量误差，引入更正值法才有意义。

更正值法的概念还可以推广应用到环境误差。例如，在干扰很大而又无法消除误差的情况下，可以先使测量信号为零，测出干扰带来的指示值，然后再送入测量信号，将得到的读数减去干扰指示值即可。但是，使用这种方法时应保证在上述再次测量中干扰影响相同，否则也无意义。

直接比较法(即零位式测量法)——直接比较法的优点是测量误差主要取决于参加比较的标准量具的误差，而标准量具的误差可以保证是很小的。直接比较法必须使指零仪表(例如,用电位差计测量电压时,要使用检流计)指零，而且指零仪表的灵敏度要足够高。

在对慢变信号的自动检测中广泛使用的自动平衡显示仪就属于直接比较法。

② 替换法：替换法是用可调的标准量具代替被测量接入测量仪表，然后调整标准量具，使测量仪表的指标与被测量接入时相同，此时的标准量具的数值即等于被测量。例如，测量电阻，要求误差小于 0.01%，但只有一台误差为 0.5%的电桥。这时可先接入被测电阻 R_x，调电桥到平衡，然后以标准电阻箱(0.01 级)代替 R_x，接入电桥，调标准电阻箱的电阻值 R_N，直到电桥平衡。这时的 R_N 值等于被测电阻值 R_x，而原电桥各臂误差均未进入测量结果。

注意，上例中电桥的灵敏度必须足够高，即死区应小于1/3(R_x×0.01%)，否则得不到所希望的结果。用替换法测量电阻的示意图如图 15-13 所示。

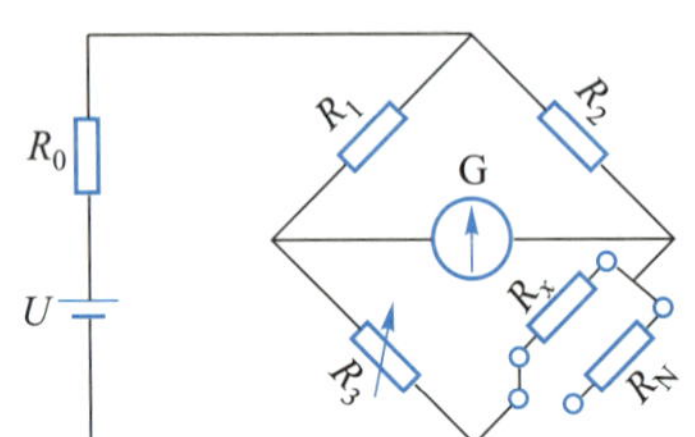

图 15-13　用替换法测量电阻的示意图

③ 差值法：差值法是将标准量与被测量相减，然后测量二者的差值。例如，在需要标定标准电池时，一个是标准的，其电压是 U_N = 1.018 65 V；一个是被测的，其电压是 U_x，如果用一台 0.01 级电位差计标定，可将两个标准电池对接，然后用电位差计测量二者之差。如实测得 $\Delta U = U_x - U_N$ = 0.000 14 V，则 $U_x = U_N + \Delta U$ = 1.018 79 V。取电位差计测量 ΔU 的相对误差为 1%(实际上不可能这样大)，可求得测量 ΔU 的绝对误差是(0.000 14×1/100) V = 0.000 001 4 V，则对整个测量带来的相对误差是

$$\delta=\frac{1.4\times10^{-6}}{1.01879}\times100\%\approx1.4\times10^{-6}\%$$

差值法的优点很多，但必须用灵敏度很高的仪表，因为差值一般总是很小的。

④ 正负误差相消法：这种方法是当测量仪表内部存在着固定方向的误差因素时，可以改变被测量的极性，做两次测量，然后取二者的平均值，以消除固定方向的误差因素。例如，在测量电压的回路内存在着热电动势 e_T 时，如用电位差计或数字电压表做一次测量，其读数是

$$U=U_x+e_T$$

存在着系统误差 e_T。

这时可将 U_x 反向接入，同时也改变电位差计工作电流方向（数字电压表能自动转换极性），则可得到反向电压

$$U=U_x-e_T$$

将二次测量结果取平均值，则可消除 e_T 的影响。这种方法适用于人工手动测量及差分式测量。

⑤ 选择最佳测量方案：所谓最佳测量方案，是指总误差为最小的测量方案，而多数情况下是指选择合适的函数形式及在函数形式确定之后，选择合适的测量点。例如，通过对电流、电压和电阻的测量，间接测量功率。功率的表达式有 $P=IU$、$P=I^2R$、$P=U^2/R$ 三种形式。在给定 U、I、R 的测量误差后，可以确定误差最小的 P 的表达式。在测量一个可直接测量参数时，例如采用电阻表测电阻，根据求电阻测量误差最小的极值条件，可以计算出指针在量程的 1/2 处测量误差最小，因此根据这一条件可选择测量仪表的量程。

6. 系统误差的综合与分配

(1) 系统误差的综合

任何一台测量仪表都是由若干零、部件构成的，零部件本身的系统误差必然在整台仪表的系统误差中有所反映。所谓系统误差的综合就是研究各局部环节的系统误差与整台仪表系统误差之间的关系。下面分两种情况介绍。

① 绝对误差的综合：由于系统误差实际上是非常小的，因此被测量的变化近似于一个微分量，可利用全微分法求系统误差的一般综合规律。

设被测量 y 与仪表组成环节的中间输出变量 x_i 之间关系为

$$y=f(x_1,x_2,\cdots,x_n)$$

对上式取全微分可得到

$$\mathrm{d}y=\frac{\partial y}{\partial x_1}\mathrm{d}x_1+\frac{\partial y}{\partial x_2}\mathrm{d}x_2+\cdots+\frac{\partial y}{\partial x_n}\mathrm{d}x_n \tag{15-8}$$

上式说明，仪表组成环节的各局部的系统误差 $\mathrm{d}x_i$（其中，$i=1,2,\cdots,n$）与整台仪表系统误差之间的关系是全微分关系。

下面以简单电桥为例说明上式的应用方法。对于四臂电桥处于平衡时有

$$R_x = R_N \frac{R_2}{R_3}$$

成立，对此式取全微分可得到

$$\begin{aligned} dR_x &= \frac{\partial R_x}{\partial R_N} dR_N + \frac{\partial R_x}{\partial R_2} dR_2 + \frac{\partial R_x}{\partial R_3} dR_3 \\ &= \frac{R_2}{R_3} dR_N + \frac{R_N}{R_3} dR_2 - \frac{R_N R_2}{R_3^2} dR_3 \end{aligned} \tag{15-9}$$

若已知各电阻真值分别为 $R_{x0}=10\ \Omega$，$R_{20}=100\ \Omega$，$R_{N0}=100\ \Omega$，$R_{30}=1\ 000\ \Omega$，各电阻均是正的系统误差，即 $\Delta R_2=0.1\ \Omega$，$\Delta R_N=0.01\ \Omega$，$\Delta R_3=1.0\ \Omega$，则可以求得 R_x 的测量绝对误差

$$\Delta R_x = \frac{100}{1\ 000} \times 0.01 + \frac{100}{1\ 000} \times 0.1 - \frac{100 \times 100}{1\ 000^2} \times 1.0 = +0.001\ \Omega$$

若各环节的局部系统误差 dx_i 的符号不清楚，为保险起见，式(15-8)中的每项应取绝对值，即

$$dy = \sum_{i=1}^{n} \left| \frac{\partial y}{\partial x_i} dx_i \right| \tag{15-10}$$

从上面分析可知，要计算整台仪表系统绝对误差只需先对被测量取全微分，然后将各环节的局部绝对误差代入全微分表达式，即可得到被测量的绝对误差。

② 相对误差的综合：用被测量 y 除绝对误差综合表达式的两边，即可得到相对误差综合的表达式

$$\frac{dy}{y} = \frac{\partial y}{\partial x_1} \cdot \frac{dx_1}{y} + \frac{\partial y}{\partial x_2} \cdot \frac{dx_2}{y} + \cdots + \frac{\partial y}{\partial x_n} \cdot \frac{dx_n}{y} \tag{15-11}$$

此式是求相对误差综合的普遍公式。

现仍以四臂电桥为例说明相对误差综合的计算方法。用 $R_x = R_N \dfrac{R_2}{R_3}$ 除绝对误差综合表达式的两边，即可得到

$$\frac{dR_x}{R_x} = \frac{dR_N}{R_N} + \frac{dR_2}{R_2} - \frac{dR_3}{R_3}，\ 即\ \delta_{R_x} = \delta_{R_N} + \delta_{R_2} - \delta_{R_3}$$

从上例中看出相对误差综合表达式在形式上更简单，凡在分母中的量，在综合时相对误差应取负号；而在分子中的量，在综合时相对误差应取正号。但是，当各环节系统误差的符号不清楚时，应取绝对值，再求和。

（2）系统误差的分配

系统误差的分配是指在设计一台测量仪表时，合理分配各环节和各元件的系统误差所采取的措施。

在大量生产的情况下，对于所用的元件或部件来说都不可能知道它们误差的确切数值，而只能知道它们的最大允许误差值。因此，在仪表设计中进行系统误差分配时，一般都是按最大允许误差来分配的。

下面举例说明系统误差的分配方法。

① 四臂电桥的系统误差分配：已知四臂电桥的系统综合公式为

$$\delta_{R_x}=\delta_{R_N}+\delta_{R_2}-\delta_{R_3} \tag{15-12}$$

式中：δ_{R_N}——标准电阻的相对误差；

δ_{R_2}、δ_{R_3}——非标准电阻相对误差，一般数值较大，但 δ_{R_3} 前有负号，若取 $\delta_{R_2}=\delta_{R_3}$，则 $\delta_{R_x}=\delta_{R_N}$。即 R_x 的测量误差 δ_{R_x} 只取决于可变标准电阻 R_N 的误差值。在精密电桥中正是按照这样的原则设计的，δ_{R_2} 与 δ_{R_3} 的相对误差互相抵消，大大提高了测量精度。

实际上要做到 $\delta_{R_2}=\delta_{R_3}$ 很不容易，因此在设计中规定 R_2 和 R_3 的制造误差应具有相同的单一方向，其次也要尽量减小其误差数值。

② 非电量电测装置的误差分配：以测振仪为例进行分析说明。仪表的结构框图如图15-14所示。令 δ_S 表示压电传感器的相对误差，δ_K 表示电荷放大器的相对误差，δ_M 表示峰值保持器的相对误差，现求整台仪表的相对误差 δ_N。

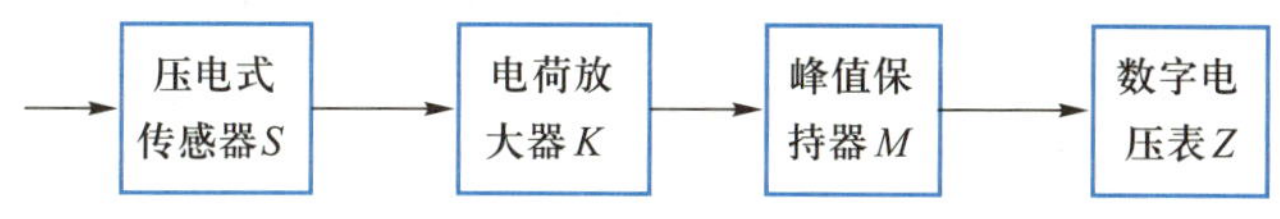

图 15-14　测振仪结构框图

设传感器灵敏度为 S，电荷放大器的灵敏度为 K，峰值保持器的灵敏度为 M，数字电压表的灵敏度(或称衰减系数)为 Z，则整台仪表的特性为

$$N=S\cdot K\cdot M\cdot Z$$

根据系统误差综合公式可得出

$$\delta_N=\delta_S+\delta_K+\delta_M+\delta_Z \tag{15-13}$$

如果要求 $\delta_N<8\%$，其误差分配方案可做如下考虑：传感器的误差不易减小，取 5%；电荷放大器和峰值保持器易实现较小误差，取 1%；数字电压表误差很小，取 0.5%。

通过上述举例分析，可得出下述系统误差的分配方法和原则：

a. 无论是一个复杂测量装置，还是一个环节或元件都可以用前述的全微分方法来综合和分配其误差。

b. 全微分公式可以给出绝对误差的综合公式，经变换也可得到相对误差综合公式。

c. 根据误差综合公式合理分配误差，以避免不必要的过高要求。

d. 必须照顾到元件、环节、变换器等可能达到的误差水平，进行可行的误差分配。

e. 根据正、负符号的局部系统误差可以互相抵消这一特点，可以大大减小整台仪表的系统误差，故可采用一些质量较低的元件，使整台仪表的成本降低。

二、测量数据的统计处理

提示：通过传感器和测量仪表的标定只能使系统误差减小，实际上系统误差不可能完全消除。

在测量中，若系统误差被尽力消除或减小到可以忽略的程度，当测量仪表的灵敏度足够时，仍然出现对同一被测量进行多次测量时读数不稳定的现象，这就是偶然误差存在的反映。

必须指出，只有在尽量保持测量条件不变和系统误差已经减小到可以忽略程度的前提下，对同一被测量进行一系列多次重复测量所得到的读数 x_1，$x_2, \cdots, x_n$ 才可以看成是随机变量 x 可能取的数值，并且它服从正态分布。这时才能对多次重复测量数据进行统计处理。

1. 算术平均值与剩余误差

（1） 真实值与算术平均值

所有测量，无论采用什么方法，都是为了求得某一被测物理量的真实值。但是，由于多种原因（例如，测量仪表、测量方法、测试环境、人的观测能力等并非十分理想）任何被测物理量的真实值都是无法得到的，所能测得的只是被测物理量的近似值，所以怎样提高近似值的近似程度是统计处理问题的关键。

根据偶然误差的性质可以知道，在系统误差小到可以忽略的前提下，对同一物理量重复的次数越多，其测量值的算术平均值就越稳定，也就是说算术平均值比单次测量值受偶然误差的影响小，测量次数越多，影响越小。因而可以用多次测量值的算术平均值近似代替被测量的真实值，通常把算术平均值称为最可信赖值。

算术平均值可用下式求得

$$\bar{x}=\frac{1}{n}\sum_{i=1}^{n}x_i$$

式中：$\bar{x}$——被测量的算术平均值；

x_i——第 i 次测量所得测量值；

n——多次重复测量的总次数。

（2） 偶然误差与剩余误差

根据定义，偶然误差应是单次测量值与被测量真实值之差（前提条件是测量值中不含系统误差）。但是，被测量真实值不知道，并且只能用多次重复测量的算术平均值近似来代替。所以严格讲，偶然误差也是算不出来的。

为了解决这个矛盾，引入了“剩余误差”这个概念。所谓剩余误差是单次测量值与被测量的算术平均值之差，用数学式表示为

$$p_i=x_i-\bar{x}$$

式中：x_i——多次重复测量的第 i 次测量值；

$\bar{x}$——多次重复测量的算术平均值；

p_i——剩余误差。

剩余误差与偶然误差的性质相似。用算术平均值$\bar{x}$作标准来求剩余误差p_i的$\sum p_i^2$值为最小，即如以其他值A代替$\bar{x}$求剩余误差$p_{iA}=x_i-A$，则一定有$\sum p_{iA}^2>\sum p_i^2$。

2. 偶然误差的计算

(1) 问题的提出

对同一物理量，若用两台仪表进行n次测量，得到两组数据(系统误差小到可以忽略)如下：

第一组	第二组
$x_1-L=\Delta x_1$	$y_1-L=\Delta y_1$
$x_2-L=\Delta x_2$	$y_2-L=\Delta y_2$
$\vdots$	$\vdots$
$x_n-L=\Delta x_n$	$y_n-L=\Delta y_n$

其中：L——被测量真实值；

x_i——A 仪表测量值；

y_i——B 仪表测量值。

如何判别哪台仪表测量质量高呢?

在回答这个问题时，很自然会想到对误差Δx_i和Δy_i求代数平均值。根据偶然误差性质可以知道，当测量次数→∞时，$\sum\limits_{i=1}^{n}\Delta x_i\to 0$，$\sum\limits_{i=1}^{n}\Delta y_i\to 0$。可见用求代数平均值的方法达不到判断哪台仪表测量精度高的目的。其原因是偶然误差正值与负值出现的机会相等，求和时会彼此抵消。

为了解决上述矛盾，可对Δx_i和Δy_i求均方根，即

$$\delta_x=\sqrt{\frac{\sum\limits_{i=1}^{n}\Delta x_i^2}{n}}\qquad\qquad \delta_y=\sqrt{\frac{\sum\limits_{i=1}^{n}\Delta y_i^2}{n}}$$

如果$\delta_x<\delta_y$，说明 A 仪表比 B 仪表测量精密。从δ值的计算式可以看出，δ值主要由偶然误差值大的项决定，δ值大，说明偶然误差中大的值占的比值大。

δ称为均方根误差，简称均方差。它的物理意义是偶然误差出现在$-\delta\sim+\delta$范围内的概率是 68.3%；出现在$-3\delta\sim+3\delta$范围内的概率是 99.7%，3δ称为置信限。

(2) 有限次测量的均方根误差

在实际测量中，对同一物理量，同一台仪表测量的次数n不可能为无穷大，只能进行有限次测量。这样，只能求得被测物理量值的算术平均值$\bar{x}$作为最可信值来代替真实值计算均方根误差。

可以证明，有限次测量的均方根误差的计算公式为

$$\delta = \sqrt{\frac{\sum_{i=1}^{n}(x_i - \bar{x})^2}{n-1}} \tag{15-14}$$

式中：$\bar{x}$——为 n 次测量值的算术平均值；

x_i——第 i 次测量值；

n——测量次数。

（3）算术平均值的均方根误差

在测量中，通过重复测量得到了被测量的算术平均值 $\bar{x}$，以它作为测量结果的最可信赖值，它比单次测量得到的结果可靠性要高。但是平均值 $\bar{x}$ 也不等于真实值 L，即 $\bar{x}$ 也还存在着偶然误差。

用 $\bar{x}$ 代替 L 产生的误差有多大呢？可以证明，算术平均值的均方根误差 $\bar{\delta}$ 与有限次测量的均方根误差之间有固定关系，即

$$\bar{\delta} = \frac{\delta}{\sqrt{n}} = \sqrt{\frac{\sum_{i=1}^{n}(x_i - \bar{x})^2}{n(n-1)}} \tag{15-15}$$

从上式可以看出，重复测量的次数 n 越多，算术平均值 $\bar{x}$ 和均方根误差越小，$\bar{x}$ 越接近真实值 L。当 $n\to\infty$ 时，$\bar{x}\to L$。

工程上，测量次数不可能无穷大。从图 15-15 所示的 $\bar{\delta}$-n 关系曲线可以看出，当n>10 以后，测量值的算术平均值 $\bar{x}$ 的均方根误差 $\bar{\delta}$ 随 n 增加而下降得很慢。因此，实际上取 $n=10$ 已足够。

提示：当测量次数增多，测量结果中的偶然误差的正态分布可由大数定理和中心极限定理得到。测量结果通过区间估算表示。

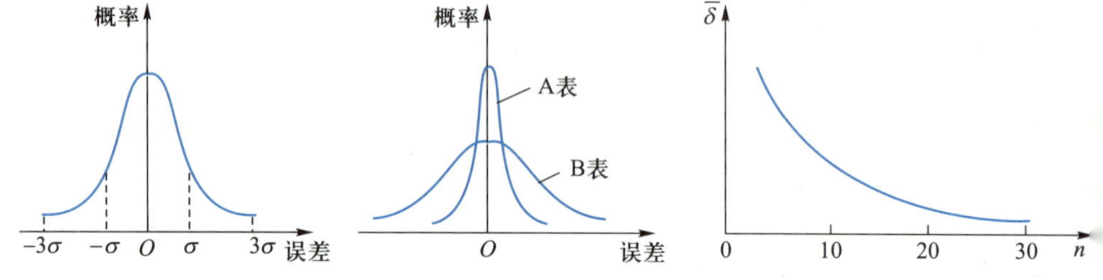

图 15-15 测量误差统计分布及 $\bar{\delta}$-n 关系

（4）测量结果的表示方法

在测量中，对一个被测量的测量结果，用其算术平均值 $\bar{x}$ 作为被测量的最可信值，一般用下式表示偶然误差的影响，即被测量

$x\in(\bar{x}-\bar{\delta},\bar{x}+\bar{\delta})$ （$P=68.27\%$） 或 $x\in(\bar{x}-3\bar{\delta},\bar{x}+3\bar{\delta})$ （$P=99.73\%$）

3. 测量结果的数据整理规程

对一项测量任务完成多次测量之后，为了得到精密的测量结果，需按下列规程处理数据：

（1）将一系列等精度测量读数 $x_i(i=1,2,\cdots,n)$ 按先后顺序列成表格（在测量时应尽可能消除系统误差），如表 15-1 所示。

提示：
等精度测量是指在整个测量过程中影响和决定误差大小的全部因素始终保持不变时的测量。比如，同一个测量者，用同一个仪器、同样的测量方法，在相同的环境条件下，对同一被测量进行的多次重复测量。

表 15-1

顺序	读数	剩余误差	p_i^2	顺序	读数	剩余误差	p_i^2
1	x_1	p_1	p_1^2	n	x_n	p_n	p_n^2
2	x_2	p_2	p_2^2		$\bar{x}=$	$\sum p_i=$	$\sum p_i^2=$
⋮	⋮	⋮	⋮				

（2）计算测量读数 x_i 的算术平均值 $\bar{x}$。

（3）在每个测量读数 x_i 旁相应地列出剩余误差 p_i。

（4）检查 $\sum_{i=1}^{n} p_i=0$ 的条件是否满足，若不满足，则说明计算有误，需重新计算。

（5）在每个剩余误差旁列出 p_i^2，然后求出均方根误差 δ。

（6）检查 $p_i>3\delta$ 是否有读数，若有，则应舍去此数据，然后从第（2）项重新计算。

（7）为谨慎起见，可用佩捷斯（Peters）公式，计算均方根误差

$$\delta=\sqrt{\frac{\pi}{2}}\cdot\frac{\sum_{i=1}^{n}|p_i|}{\sqrt{n(n-1)}}\approx\frac{5}{4}\cdot\frac{\sum_{i=1}^{n}|p_i|}{n-\frac{1}{2}} \tag{15-16}$$

将此结果与（5）的结果比较，若相差太大，应检查是否有系统误差存在。若有系统误差，应设法消除，然后从头做起，重新进行多次重复测量。

（8）计算测量读数的算术平均值的均方根误差 $\bar{\delta}$。

（9）写出最后测量结果 $x\in(\bar{x}-\bar{\delta},\bar{x}+\bar{\delta})$ （$P=68.27\%$）或 $x\in(\bar{x}-3\bar{\delta},\bar{x}+3\bar{\delta})$（$P=99.73\%$）。

三、间接测量中误差的传递

在测量中，有些物理量是能够直接测量的，如长度、时间等；有些物理量是不能够直接测量的，如电阻率、黏度等；对于这些不能直接测量的物理量，必须通过一些直接测量的数据，根据一定的公式去计算，才能得到结果。由于直接测得的数据含有误差，使得通过计算得到的结果不可避免地带有一定的误差。误差的传递主要就是讨论有关这方面的问题。

1. 系统误差的传递

设有函数 $y=f(x_1,x_2,\cdots,x_n)$，y 由 $x_1,x_2,\cdots,x_n$ 各直接测量值决定。令 Δx_1，$\Delta x_2,\cdots,\Delta x_n$ 分别表示直接测量值 $x_1,x_2,\cdots,x_n$ 的系统误差，Δy 表示由 Δx_1，$\Delta x_2,\cdots,\Delta x_n$ 引起的 y 的系统误差，则有

$$y+\Delta y=f(x_1+\Delta x_1, x_2+\Delta x_2, \cdots, x_n+\Delta x_n) \tag{15-17}$$

将它的右端按泰勒级数展开，并略去高次项，得到

$$y+\Delta y\approx f(x_1, x_2, \cdots, x_n)+\frac{\partial f}{\partial x_1}\Delta x_1+\frac{\partial f}{\partial x_2}\Delta x_2+\cdots+\frac{\partial f}{\partial x_n}\Delta x_n \tag{15-18}$$

故可得到绝对误差传递公式

$$\Delta y=\frac{\partial f}{\partial x_1}\Delta x_1+\frac{\partial f}{\partial x_2}\Delta x_2+\cdots+\frac{\partial f}{\partial x_n}\Delta x_n \tag{15-19}$$

相对误差传递公式

$$\begin{aligned}\delta_y&=\frac{\Delta y}{y}=\frac{\partial f}{\partial x_1}\cdot\frac{\Delta x_1}{y}+\frac{\partial f}{\partial x_2}\cdot\frac{\Delta x_2}{y}+\cdots+\frac{\partial f}{\partial x_n}\cdot\frac{\Delta x_n}{y}\\&=\frac{\frac{x}{y}\cdot\partial f}{\partial x_1}\delta_1+\frac{\frac{x}{y}\cdot\partial f}{\partial x_2}\delta_2+\cdots+\frac{\frac{x}{y}\cdot\partial f}{\partial x_n}\delta_n\end{aligned} \tag{15-20}$$

2. 偶然误差的传递

设间接测量的被测量 y 与能直接测量的各物理量 $x_1, x_2, \cdots, x_n$ 之间有函数关系

$$y=f(x_1, x_2, \cdots, x_n)$$

在测量中，设进行了 k 次重复测量，则可计算出 k 个 y 值

$$\begin{cases}y_1=f(x_{11}, x_{21}, \cdots, x_{n1})\\y_2=f(x_{12}, x_{22}, \cdots, x_{n2})\\\quad\vdots\\y_k=f(x_{1k}, x_{2k}, \cdots, x_{nk})\end{cases} \tag{15-21}$$

每次测量的偶然误差为

$$\mathrm{d}y_i=\frac{\partial f}{\partial x_1}\mathrm{d}x_{1i}+\frac{\partial f}{\partial x_2}\mathrm{d}x_{2i}+\cdots+\frac{\partial f}{\partial x_n}\mathrm{d}x_{ni}\quad(i=1,2,\cdots,k) \tag{15-22}$$

将等式两端平方再求和，则有

$$\begin{aligned}\sum_{i=1}^{k}\mathrm{d}y_i^2=&\left(\frac{\partial f}{\partial x_1}\right)^2\sum_{i=1}^{k}\mathrm{d}x_{1i}^2+\left(\frac{\partial f}{\partial x_2}\right)^2\sum_{i=1}^{k}\mathrm{d}x_{2i}^2+\cdots+\\&\left(\frac{\partial f}{\partial x_n}\right)^2\sum_{i=1}^{k}\mathrm{d}x_{ni}^2+2\frac{\partial f}{\partial x_1}\frac{\partial f}{\partial x_2}\sum_{i=1}^{k}\mathrm{d}x_{1i}\mathrm{d}x_{2i}+\cdots+\\&2\frac{\partial f}{\partial x_{n-1}}\frac{\partial f}{\partial x_n}\sum_{i=1}^{k}\mathrm{d}x_{(n-1)i}\mathrm{d}x_{ni}\end{aligned} \tag{15-23}$$

根据正态分布的偶然误差的概率特性，当 $k\to\infty$ 时，正负误差项出现次数相等，故上式中右侧只有平方项保留下来。取它的均方根，则有

$$\begin{aligned}\delta_y&=\sqrt{\frac{\sum_{i=1}^{k}\mathrm{d}y_i^2}{k}}=\sqrt{\frac{\left(\frac{\partial f}{\partial x_1}\right)^2\sum_{i=1}^{k}\mathrm{d}x_{1i}^2+\left(\frac{\partial f}{\partial x_2}\right)^2\sum_{i=1}^{k}\mathrm{d}x_{2i}^2+\cdots+\left(\frac{\partial f}{\partial x_n}\right)^2\sum_{i=1}^{k}\mathrm{d}x_{ni}^2}{k}}\\&=\sqrt{\left(\frac{\partial f}{\partial x_1}\right)^2\delta_{x_1}^2+\left(\frac{\partial f}{\partial x_2}\right)^2\delta_{x_2}^2+\cdots+\left(\frac{\partial f}{\partial x_n}\right)^2\delta_{x_n}^2}\end{aligned} \tag{15-24}$$

3. 偶然误差的等传递原则

在间接测量中，若预先给定间接测量的误差，各个直接测量量所能允许的最大误差应是多少呢？如果直接测量量不止一个，那么在数学上的解是不定的。

在实际测量中遇到此问题时，常用等传递原则，即假定各直接测量对于间接测量所引起的误差均相等。故

$$\delta_y=\sqrt{n\left(\frac{\partial f}{\partial x_1}\right)^2\delta_{x_1}^2}=\sqrt{n\left(\frac{\partial f}{\partial x_2}\right)^2\delta_{x_2}^2}=\cdots=\sqrt{n\left(\frac{\partial f}{\partial x_n}\right)^2\delta_{x_n}^2} \tag{15-25}$$

当给定 δ_y 时，可按上式计算出 δ_{x_i} 的允许范围。此外，在仪表设计中也可应用此原则，按整台仪表的预定精度，初步确定各组成环节应达到的精度，有时还要根据实际情况，适当调整。

4. 系统误差的统计处理

进行系统误差综合，可有两种方法。当局部系统误差的数目较少，并且在它们同时充分起作用的机会较多时，采用将各局部系统误差代数相加，若系统误差符号不明则取绝对值相加；当系统误差的数目较多，并且各局部系统误差同时以最严重情况出现的机会较少时，可以用偶然误差的传递公式，即用统计的方法处理系统误差。选用哪种方法更合理，应具体问题具体分析。

四、有效数字及其计算法则

在测量和数字计算中，确定该用几位数字代表测量结果或计算结果，是一件很重要的事情。以下两种认识是错误的，一是认为在一个数值中小数点后面的位数越多，这个数值就越精确；二是计算结果，保留的位数越多，精确度就越大。这里需要明确两点：第一，小数点的位置不是决定精确度的标准，小数点的位置仅与所用单位大小有关。例如，记电压为 21.3 mV 与 0.021 3 V，精确度完全相同。第二，写出测量或计算结果时，应该只有末位数字是可以存疑或不确定的，其余各位数字都是准确的。除特别规定外，一般认为末位数字上下可有一个单位的误差，或其低一位的误差不超过±5。

1. 有效数字及其表示方法

在生产和科学实验中，数的用途有两类：一类是用来数“数目”的，这类数目的每一位都是确切的；另一类是用来表示测量结果的，这一类数的末一位往往是估算的，因此具有一定的误差或不确定性。

“有效数字”是指在表示测量值的数值中，全部有意义的数字。例如，一台仪表的读数是 32.47，从仪表的刻度标尺看，因为刻度只刻到十分之一，所以百分位上为估计值。读取上述示值时，有人可能读成 32.46，也有人可能读成 32.48。因为在末位上，上下可能有一个单位的出入。故末位数字可认为是不准确的或存疑的，而其前面各位数则是确切的。通常测量时，一般估计到最小刻度的十分位，只保留一位不准确数字，所记的数字均称为有效数字。

关于数字“0”，它可以是有效数字，也可以不是有效数字。例如，电压表读数 30.051 V 中的所有“0”都是有效数字；而长度 0.003 20 m 中前面的三个“0”均为非有效数字，因为若改用 mm 为单位，则这个数变为 3.20 mm，前面三个“0”消失，故有效数字实际位数是 3 位。为了消除“0”是否是有效数字这种不确定概念，建议采用“十的乘幂”表示法。例如，12 000 m 写成 1.2×10^4 m，则表示有效数字为 2 位，写成 1.20×10^4 m，有效数字为 3 位。

有时，为了明确存疑数字，可将该位存疑数字用小号字写在前一位有效数字的右下方。例如 3.5_6 mΩ，表示末位 6 是存疑数字。

2. 有效数字的化整规则

在数据处理中，常需要将有效数字化整，其化整规则有三条：

（1）若被舍去的第 m 位后的全部数字小于第 m 位单位的一半，则第 m 位不变。例如，12.345 化整为 12.3。

（2）若被舍去的第 m 位后的全部数字大于第 m 位单位的一半时，则第 m 位加 1。例如，12.356 化整为 12.4。

（3）若被舍去的数恰等于第 m 位单位的一半，则应按化整为偶数的原则处理。即第 m 位为偶数时，则第 m 位不变；若第 m 位为奇数时，则第 m 位加 1。例如，12.350 化整为 12.4，23.850 化整为 23.8。

采用上述三条规则，由化整带来的误差不会超过末位的 1/2。

3. 有效数字的运算规则

在数据处理中，常需要运算一些精确度不相等的数值。此时若按一定规则计算，一方面可节省时间，同时又可避免因计算过繁引起的错误。下面是一些常用的基本规则。

（1）加法、减法运算规则

当多个不同精确度的数值相加减时，运算前应先将精确度高的数化整，化整的结果应比精确度最低的数的精确度高 1 位。运算结果也应化整，其有效数字位数由参加运算的精确度最低的数决定。例如，将 561.32、491.6、86.954 及 3.946 2 四个数相加，先把它们化整为 561.32、491.6、86.95 及 3.95，再相加

$$561.32+491.6+86.95+3.95=1\ 143.82$$

运算结果应化整为 1 143.8，与精度等级最低的 491.6 的精确度一致。

（2）乘、除法运算规则

当求多个精确度不同的数值的乘积或商时，运算前应将精确度高的数据化整，化整的结果应比有效数字最少的数据多保留 1 位。计算结果也应化整，化整后有效数字的位数应与原有效数字最少的数据位数相同。例如，求 0.012 1、25.64、1.057 82 三个数的乘积，运算前将 1.057 82 化整为 1.058，然后计算

$$0.012\ 1\times25.64\times1.058=0.328\ 238$$

将其化整为 0.328 2；再如求 4.89π 除以 6.7，先将 π 化整为 3.14，然后计算

$$\frac{4.89\times 3.14}{6.7}=2.29$$

最后将结果化整为2.3。

五、实验数据方程表示法——回归分析法

在工程实践和科学实验中，经常遇到已知 y 与 $x_i(i=1,2,\cdots,n)$ 之间的函数关系

$$y=f(x_1,x_2,\cdots,x_n,\beta_0,\beta_1,\cdots,\beta_n) \tag{15-26}$$

现在要根据一组实验数据，确定系数 $\beta_0,\beta_1,\cdots,\beta_n$ 的数值，工程上把这种方法称为回归分析法。它主要用于确定经验公式或决定理论公式的系数等。

当函数关系是线性关系时，例如

$$y=\beta_0+\beta_1x_1+\beta_2x_2+\cdots+\beta_nx_n \tag{15-27}$$

这种回归分析称为线性回归分析。它在工程中应用价值较高。

1. 单回归分析

在线性回归分析中，当独立变量只有一个时，即函数关系是

$$y=\beta_0+\beta_1x \tag{15-28}$$

这种回归分析最简单，称为单回归分析。

例如，由轧机原理可知，在一定轧制压力范围内，机架的弹性变形用下式描述

$$h=S_0+kP \tag{15-29}$$

式中：h——实际辊缝；

S_0——设定原始辊缝；

k——机架总柔性系数；

P——轧制压力。

如图15-16所示。

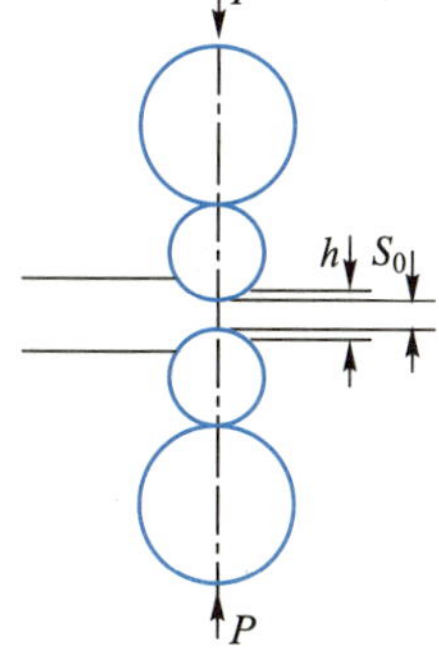

图15-16 轧机示意图

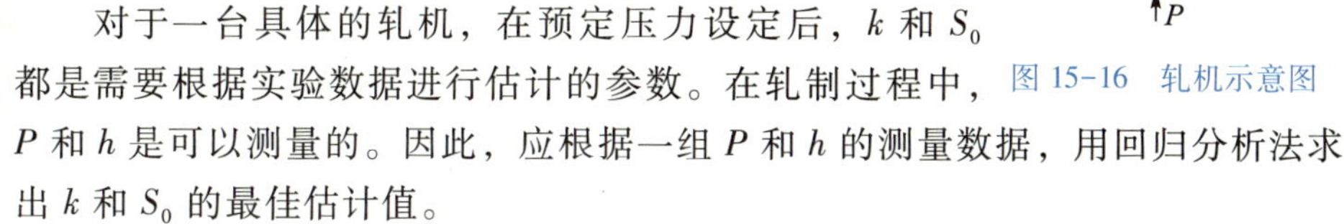

对于一台具体的轧机，在预定压力设定后，k 和 S_0 都是需要根据实验数据进行估计的参数。在轧制过程中，P 和 h 是可以测量的。因此，应根据一组 P 和 h 的测量数据，用回归分析法求出 k 和 S_0 的最佳估计值。

下面介绍单回归分析的方法。设用符号 $(x_1,y_1),(x_2,y_2),\cdots,(x_n,y_n)$ 表示 n 组测量值。由于测量仪表存在误差，使得测量值 (x_i,y_i) 必然含有误差。因此，测量值 x_i 与 y_i 之间的函数关系可表示为

$$y_i=\beta_0+\beta_1x_i+\nu_i(i=1,2,\cdots,n) \tag{15-30}$$

式中：ν_i——表示测量误差的影响，称为残差。

由上式移项后可得到残差 ν_i 的表达式

$$\nu_i=y_i-(\beta_0+\beta_1x_i) \tag{15-31}$$

ν_i 的平方和为

$$Q = \sum_{i=1}^{n} \nu_i^2 = \sum_{i=1}^{n} [y_i - (\beta_0 + \beta_1 x_i)]^2 \tag{15-32}$$

现在要求估计出一组参数(b_0, b_1)，使得当系数(β_0, β_1)取(b_0, b_1)值时，残差的平方和 Q 取值最小。根据数学分析知道，Q 取极值的必要条件是 $dQ/d\beta=0$；Q 为极小值的条件是 $d^2Q/d\beta^2>0$，因此将式(15-5)对 β_0 和 β_1 求导，并令其为 0，则可得两个联立方程

$$\left.\begin{aligned} \left.\frac{\partial Q}{\partial \beta_0}\right|_{\beta_0=b_0,\ \beta_1=b_1} &= -2\sum_{i=1}^{n}[y_i - (b_0 + b_1 x_i)] = 0 \\ \left.\frac{\partial Q}{\partial \beta_1}\right|_{\beta_0=b_0,\ \beta_1=b_1} &= -2\sum_{i=1}^{n}x_i[y_i - (b_0 + b_1 x_i)] = 0 \end{aligned}\right\} \tag{15-33}$$

解联立方程，可得到 b_0 和 b_1

$$b_0 = \left(\sum_{i=1}^{n} y_i/n\right) - \left(\sum_{i=1}^{n} x_i/n\right) b_1$$

$$b_1 = \frac{\sum_{i=1}^{n} x_i y_i - \left(\sum_{i=1}^{n} x_i\right)\left(\sum_{i=1}^{n} y_i\right)/n}{\sum_{i=1}^{n} x_i^2 - \left(\sum_{i=1}^{n} x_i\right)^2/n} \tag{15-34}$$

上述求 b_0、b_1 的方法称为最小二乘法。

测量值 y_i 的残差估计值 ν_i 可由

$$\nu_i = y_i - (b_0 + b_1 x_i) \tag{15-35}$$

求出。ν_i 称为对回归直线的残差。

由于测量方法或测量条件等的限制，不可避免地存在误差。这可用下式所给出的方差的估计值 δ^2 进行评价

$$\delta^2 = \frac{\sum_{i=1}^{n} \nu_i^2}{n-2} \tag{15-36}$$

式中：$\sum_{i=1}^{n} \nu_i^2$—— 残差平方和；

$n-2$——自由度，它的含义是：当函数式中常数为两个时，需要解两个联立方程。将两对测量值代入公式求常数时，所求经验公式必定通过此两点，剩下的$(n-2)$个数据对应点，必然与经验公式对应曲线有一定的偏差，因此，应以这些偏差的平方和除以偏差个数$(n-2)$，从而计算出方差。当函数式中含有 k 个常数时，则自由度为$(n-k)$。

2. 一般线性回归分析

下面介绍一般的线性方程式

$$y = \beta_1 x_1 + \beta_2 x_2 + \cdots + \beta_p x_p \tag{15-37}$$

的回归分析。

设独立变量有 n 组测量值 $x_{l1}, x_{l2} \cdots x_{lp}$ $(l=1, \cdots, n)$，函数 y 也有 n 个测定

值。现要根据测量值确定函数关系式中的 $\beta_1,\beta_2,\cdots,\beta_p$ 的最佳估计值。同理，测量值间关系可表示为 $y_1=\beta_1 x_{l1}+\beta_2 x_{l2}+\cdots+\beta_p x_{lp}+\nu_l$（误差 ν_l 相互独立，服从正态分布），与前述相似，使

$$Q=\sum_{i=1}^{n}\left[y_l-\beta_1 x_{l1}+\beta_2 x_{l2}+\cdots+\beta_p x_{lp}\right]^2 \qquad (15-38)$$

取极小值，可求得 $\beta_1,\beta_2,\cdots,\beta_p$ 的最小二乘法估计值 $b_1,b_2,\cdots,b_p$。为此，分别求 Q 对 $\beta_i(i=1,2,\cdots,p)$ 的偏导数，并令各偏导数为 0，则可以得到 p 个联立方程

$$\begin{cases}\left(\sum_{l=1}^{n}x_{l1}^2\right)b_1+\left(\sum_{l=1}^{n}x_{l1}x_{l2}\right)b_2+\cdots+\left(\sum_{l=1}^{n}x_{l1}x_{lp}\right)b_p=\sum_{l=1}^{n}x_{l1}y_l\\ \left(\sum_{l=1}^{n}x_{l2}x_{l1}\right)b_1+\left(\sum_{l=1}^{n}x_{l2}^2\right)b_2+\cdots+\left(\sum_{l=1}^{n}x_{l2}x_{lp}\right)b_p=\sum_{l=1}^{n}x_{l2}y_l\\ \left(\sum_{l=1}^{n}x_{lp}x_{l1}\right)b_1+\left(\sum_{l=1}^{n}x_{lp}x_{l2}\right)b_2+\cdots+\left(\sum_{l=1}^{n}x_{lp}^2\right)b_p=\sum_{i=1}^{n}x_{lp}y_l\end{cases}$$

解此联立方程，即可求出 b_1，b_2，…，b_p。

测量误差的方差估计值为

$$\delta^2=\frac{\sum_{l=1}^{n}\nu_l^2}{n-p} \qquad (15-39)$$

式中：$\nu_l=\gamma_1-(b_1x_{l1}+b_2x_{l2}+\cdots+b_px_{lp})$，$(n-p)$ 为自由度。

六、测量数据的图解分析

1. 图解分析的意义

所谓图解分析，就是研究如何根据测量结果作出一条尽可能反映真实情况的曲线(包括直线)，并对该曲线进行定量分析。一个测量结果，除了常用数字方式表示外，还经常用各种曲线表示。尤其在研究两个(或几个)物理量之间的关系时，曲线表示显得很方便。因为一条曲线要比一个公式或一组数字更形象和直观。通过对曲线的形状、特征以及变化趋势等的研究，往往会给我们许多启发，甚至对尚未被认识的现象作出某些预测。尤其是对某些实验曲线，人们还可以设法给出它们的数学模型(即经验公式)。这不仅可把一条形象化的曲线与各种分析方法联系起来，而且也在相当程度上扩展了原有曲线的应用范围。

2. 修匀曲线及直线的工程方法

对测量曲线进行修匀，对精密测量来说，是一项细致而重要的工作。

(1) 分组平均法修匀曲线

这种方法是把横坐标分成若干组，每组包含 2~4 个数据点，每组点数可不等。分别求出各组数据点的几何重心坐标$(\bar{x}_i,\bar{y}_i)$，然后将这些重心坐标用平滑线连起来，即可得到修匀曲线。

(2) 残差图法修匀直线

由于偶然误差的影响，造成测量数据分布的离散性，从而使绘制直线时增加了不少困难。如果所绘的直线确实是最佳的，此时的残差 ν_i 有 $\sum\nu_i\approx0$ 或 $\sum\nu_i^2=\min$。反之,如果由于人为原因使绘出的直线与理想的最佳直线相比，发生了偏移或倾斜，则最直观、最简单的现象便是 $\sum\nu_i\neq0$。

残差(或剩余误差)图法修匀直线，需先把 ν_i-x_i 的分布绘出，找出其平均规律再给予修正。修正过程如下：

① 先列出各 x_i、y_i 之值，并标注在直角坐标上。

② 做一条尽可能“最佳”的直线，并求出直线方程 $y=ax+b$。

③ 求各自对应的剩余误差(或残差)$\nu_i=y_i-(ax_i+b)$。

④ 做残差图。为观察和修正方便，需将坐标放大，使 ν_i 能准确读出一位有效数字，并估计出第二位有效数字。

在残差图(ν_i-x_i)上做一条尽可能反映残差平均效应的直线，并求出其直线方程

$$y=a'x+b'$$

修正 $y=ax+b_1$ 直线，因为修正值=-偏差值，即真值=测量值+修正值，所以修正后的方程应为

$$y=a_1x+b_1$$

其中

$$\begin{cases}a_1=a+a'\\ b_1=b+b'\end{cases}$$

需要说明的是，严格讲 a_1、b_1 并不是真值，它仍存在误差。在要求比较高的场合，可将$y=a_1x+b_1$ 作为理想方程再修正，随着要求的提高可进行两次、三次以上的修正。

15.3.2　动态测量数据的处理方法

一、自动检测仪表的动态误差

1. 动态误差的表示方法

自动检测仪表属于闭环动力学系统，其简化动态框图如图 15-17 所示。图中 $K(s)$ 是主通道各环节总等效传递函数，$\beta(s)$是反馈通道的反馈环节等效传递函数。

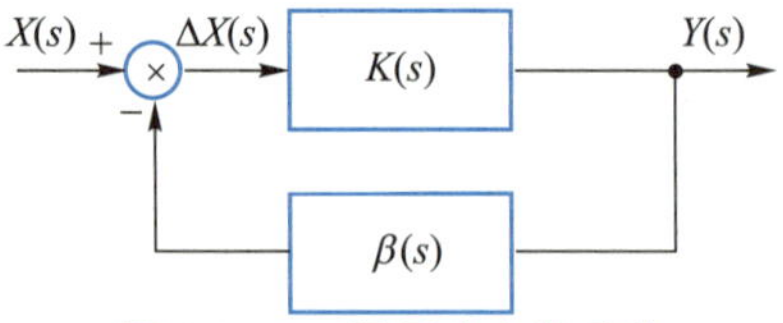

图 15-17　闭环动力学系统的简化动态框图

从图 15-17 可得出

$$\Delta X(s)=\frac{X(s)}{1+K(s)\beta(s)} \qquad (15-40)$$

式中：$X(s)$——随时间变化的被测量 $x(t)$的拉氏变换；

$\Delta X(s)$——闭环系统偏差信号 $\Delta x(t)$的拉氏变换。

在自动检测仪表中，反馈环节一般是比例环节，即 $\beta(s)=\beta$，因此闭环系统的开环传递函数一般形式可表示为

$$\beta K(s)=\frac{\beta k(1+\tau_1 s)(1+\tau_2 s)\cdots(1+\tau_m s)}{s^l(1+T_1 s)(1+T_2 s)\cdots(1+T_n s)} \tag{15-41}$$

式中：τ_i——微分环节时间常数，$(i=1,2,\cdots,m)$；

T_j——非周期环节时间常数，$(j=1,2,\cdots,n)$；

k——静态放大倍数；

l——积分环节数目。

将上式的分子与分母的因子乘开，并整理后得到

$$\beta K(s)=\frac{\beta k(1+b_1 s+b_2 s^2+\cdots+b_m s^m)}{s^l(1+a_1 s+a_2 s^2+\cdots)} \tag{15-42}$$

式中：$b_1=\tau_1+\tau_2+\tau_3+\cdots+\tau_m$，$b_2=\tau_1\tau_2+\tau_1\tau_3+\cdots$；

$a_1=T_1+T_2+\cdots+T_n$，$a_2=T_1T_2+T_1T_3+\cdots$。

将上式代入式(15-40)，可得到

$$\Delta X(s)=\frac{X(s)}{1+\beta k(s)}=\frac{s^l(1+a_1 s+a_2 s^2+\cdots)X(s)}{s^l(1+a_1 s+a_2 s^2+\cdots)+\beta k(1+b_1 s+b_2 s^2+\cdots)} \tag{15-43}$$

根据级数理论，上式可展成下列幂级数形式

$$\Delta X(s)=\left(c_0+c_1 s+\frac{c_2}{2!}s^2+\frac{c_3}{3!}s^3+\cdots\right)X(s) \tag{15-44}$$

式中：系数 $c_i(i=0,1,\cdots,n)$ 的求法是把$\dfrac{1}{1+\beta K(s)}$展开为麦克劳林级数的标准型，把它与$\left(c_0+c_1 s+\dfrac{c_2}{2!}s^2+\cdots+\dfrac{c_n}{n!}s^n\right)$相比较并令 s 的幂次相等项的系数相等，即可求出 c_i 各值，如表 15-2 所示。

表 15-2

仪表类型	系数	公式
$l=0$	c_0	$1/1+k\beta$
	c_1	$(a_1-b_1)k\beta/(1+k\beta)^2$
	c_2	$2(a_2-b_2)k\beta/(1+k\beta)^2+2a_1(b_1-a_1)k\beta/(1+k\beta)^3+2b_1(b_1-a_1)k^2\beta^2/(1+k\beta)^3$
	c_3	$\frac{6(a_3-b_3)k\beta}{(1+k\beta)^2}-\frac{6k\beta[2b_1a_2-2k\beta b_1b_2+(k\beta-1)(a_2b_1-a_1b_2)]}{(1+k\beta)^3}+\frac{6k\beta(a_1-b_1)(a_1+k\beta b_1)}{(1+k\beta)^4}$
$l=1$	c_0	0
	c_1	$1/k\beta$
	c_2	$2(a_1-b_1)/k\beta-2/k^2\beta^2$
	c_3	$6/k^3\beta^3+12(b_1-a_1)/k^2\beta^2+6(a_2-b_2)/k\beta+6b_1(b_1-a_1)/k\beta$
$l=2$	c_0	0
	c_1	0
	c_2	$2/k\beta$
	c_3	$6(a_1-b_1)/k\beta$

在零初始条件下，根据拉氏变换公式，可以得到

$$\Delta x(t)=c_0x(t)+c_1\frac{\mathrm{d}x(t)}{\mathrm{d}t}+\frac{c_2}{2!}\frac{\mathrm{d}^2x(t)}{\mathrm{d}t^2}+\cdots+\frac{c_n}{n!}\frac{\mathrm{d}^nx(t)}{\mathrm{d}t^n} \tag{15-45}$$

式中：等号右端第一项与输入被测量成正比，以后各项分别与输入被测量的各阶导数成正比，因此式(15-45)给出了误差 $\Delta x(t)$ 随时间 t 的变化规律。在进行动态误差分析时，一般上式取到二阶导数项已经满足要求了。

2. 动态误差分析

下面根据测量系统具有的积分环节数 l 进行分析。

当 $l=0$ 时，即闭环系统内不含有积分环节。大多数变送器都属于这种情况。从表 15-2 中可查得 $c_0=\frac{1}{1+\beta k}$，$c_1=\frac{(a_1-b_1)k\beta}{(1+k\beta)^2}$。这种动态误差可表示为

$$\Delta x(t)=\frac{1}{1+k\beta}x(t)+\frac{(a_1-b_1)k\beta}{(1+k\beta)^2}\cdot\frac{\mathrm{d}x(t)}{\mathrm{d}t} \tag{15-46}$$

由此可以看出，$l=0$ 的系统用于测量 $x(t)$ 是常量的被测量，误差是固定值；若用于测量 $x(t)$ 随时间增长的被测量，误差也随之增长。

当 $l=1$ 时，闭环系统内含有一个积分环节。多数自动平衡显示仪表属于这种情况。查表 15-2 可知：$c_0=0$，$c_1=1/k\beta$，$c_2=2\frac{a_1-b_1}{k\beta}-\frac{2}{(k\beta)^2}$，则动态误差为

$$\Delta x(t)=\frac{1}{k\beta}\frac{\mathrm{d}x(t)}{\mathrm{d}t}+2\left[\frac{a_1-b_1}{k\beta}-\frac{1}{(k\beta)^2}\right]\frac{\mathrm{d}^2x(t)}{\mathrm{d}t^2} \tag{15-47}$$

这时，若输入被测量 $x(t)=$ 常数，则 $\Delta x(t)=0$；若 $\mathrm{d}x(t)/\mathrm{d}t=$ 常数，则 $\Delta x(t)=$ 常数；若 $\mathrm{d}^2x(t)/\mathrm{d}t^2=$ 常数，则 $\Delta x(t)$ 随时间增长。

当 $l=2$ 时，分析方法与上述方法类似。

3. 减小动态误差的方法

从上面的误差分析可以看出，要减小测量系统的动态误差，就要增大系统的开环放大系数 $k\beta$。但是，提高 $k\beta$，会使闭环系统稳定性下降。因此解决这一问题，必须兼顾两个方面的要求。

二、自动检测仪表的幅值频率误差和相位频率误差

1. 自动检测仪表的极限频率

若被测量是时间的周期函数 $x=X_{\mathrm{m}}\sin\omega t$，过渡过程结束后，仪表的输出指示值也是时间的周期函数 $y=Y_{\mathrm{m}}\sin(\omega t+\theta)$，输出与输入所不同的是幅值和相角。$\frac{Y(\mathrm{j}\omega)}{X(\mathrm{j}\omega)}=K(\mathrm{j}\omega)$ 称为幅-相频率特性，它可以从传递函数中用 $\mathrm{j}\omega$ 代替 s 求得。

幅-相频率特性可分为实部和虚部，即

$$K(\mathrm{j}\omega)=P(\omega)+\mathrm{j}Q(\omega) \tag{15-48}$$

式中：$P(\omega)$——实频特性；

$Q(\omega)$——虚频特性。

令实频特性等于0，即 $P(\omega)=0$，可求出对应的角频率 ω_n。ω_n 称为极限频率或实频特性正值频率。

2. 自动检测仪表的幅值频率误差和相位频率误差

当用自动检测仪表指示或记录随时间变化的周期信号时，必须求出仪表所能指示或记录的周期信号的最高频率，以保证在该频率范围内，幅值频率误差和相位频率误差不超过给定数值。

自动检测仪表的幅-相频率特性为

$$K(\mathrm{j}\omega)=P(\omega)+\mathrm{j}Q(\omega)=A(\omega)\mathrm{e}^{\mathrm{j}\theta(\omega)} \tag{15-49}$$

式中：$A(\omega)=\sqrt{P(\omega)^2+Q(\omega)^2}$ 称为幅频特性；

$\theta(\omega)=\arctan\dfrac{Q(\omega)}{P(\omega)}$ 称为相频特性。

定义幅值频率误差

$$\delta=\frac{A(0)-A(\omega_p)}{A(0)} \tag{15-50}$$

相位频率误差

$$\varphi=\frac{\theta(0)-\theta(\omega_p)}{\theta(0)} \tag{15-51}$$

它表示输入信号频率从0变到 ω_p，相频特性的相移。

当给定 δ 和 φ 值后，可根据上面的公式求出对应的 ω_p，即用仪表测量频率低于 ω_p 的周期信号时，可保证幅值频率误差 δ 和相位频率误差 φ 不超过给定值。

三、仪表指针行走全量程时间

仪表指针行走全量程时间 t_y 的定义为：当输入满量程阶跃信号时，仪表指针由刻度下限走到上限所需的时间。实际在测量 t_y 时，一般取量程的5%作为下限，用量程的95%代替上限。仪表指针行走全量程时间 t_y 反映了仪表指针动作的快速性，t_y 是指针式仪表的主要动态指标。

t_y 也可用估算的办法取得，设仪表的传递函数为

$$W(s)=\frac{k}{Ts^2+s+k\beta} \tag{15-52}$$

因此可以求得仪表指针的运动规律

$$a(t)=a_y\left[1-\frac{1}{\sqrt{1-\xi^2}}\mathrm{e}^{-\xi\omega_n t}\sin\left(\sqrt{1-k^2}\,\omega_n t+\arctan\frac{\sqrt{1-\xi^2}}{\xi}\right)\right] \tag{15-53}$$

$a(t)$ 曲线如图15-18所示。上式中 $\omega_n=\sqrt{\dfrac{k\beta}{T}}$，$\xi=\dfrac{1}{2\sqrt{k\beta T}}$。$a(t)$ 的衰减规律由

$\dfrac{1}{\sqrt{1-\xi^2}}e^{-\xi\omega_n t}$决定。

设 $t=t_y$，$\dfrac{a_y-a_{t_y}}{a_y}=2\%$，则可求得

$$t_y=-\frac{\ln\left(2\%\sqrt{1-h^2}\right)}{h\omega_n} \tag{15-54}$$

工程上，为了提高仪表的快速性，常采用速度反馈，即在反馈环节中引入一个微分环节，这时 $a(t)$ 的衰减速度大大加快。因为 h 增大到 $(1+k\beta)$ 倍，所以可以认为输出从 0 到 a_y 的第一个周期（即一次到 a_y）的时间即为 t_y，如图 15-19所示。

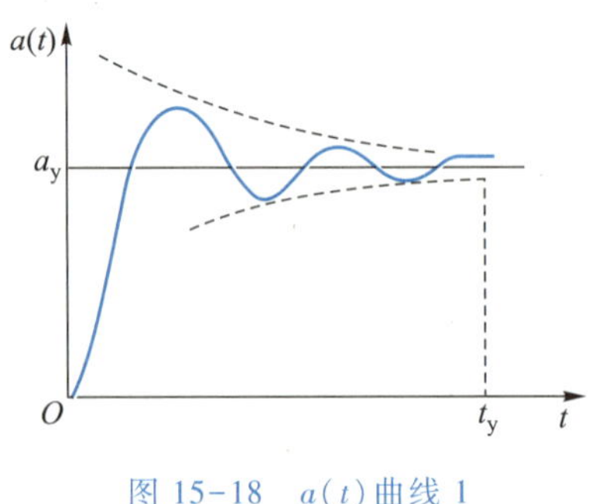

图 15-18　$a(t)$ 曲线 1

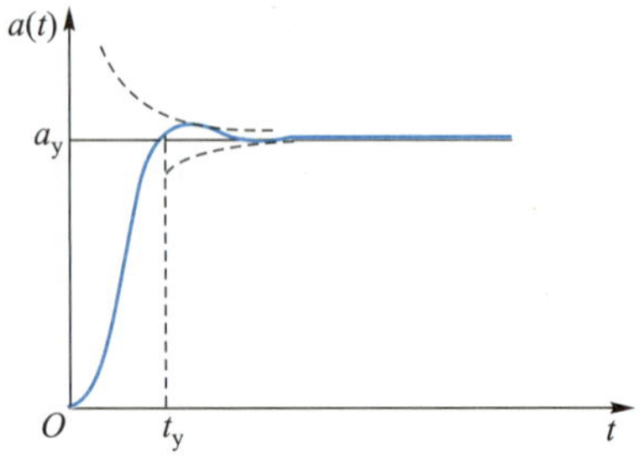

图 15-19　$a(t)$ 曲线 2

当 $t=t_y$ 时，$a(t)=a_y$，则有

$$\sin\left(\sqrt{1-\xi^2}\,\omega_n t_y+\arctan\frac{\sqrt{1-\xi^2}}{\xi}\right)=0 \tag{15-55}$$

从图 15-18 中看出

$$\sqrt{1-\xi^2}\,\omega_n t_y+\arctan\frac{\sqrt{1-\xi^2}}{\xi}=\pi$$

则

$$t_y=\left(\pi-\arctan\frac{\sqrt{1-\xi^2}}{\xi}\right)\frac{1}{\omega_n\sqrt{1-\xi^2}} \tag{15-56}$$

四、反应（又称惰性时应）

反应又称为惰性时间，其定义为：在一定条件下，当输入阶跃信号时，敏感元件或仪表的输出信号由某初始值上升或下降到全部测量范围的 90%（有时也规定为 95%）所需的时间。

习题与思考题

15. 1　什么是测量原理？测量方法有几种？

15. 2　什么是系统误差？系统误差产生的原因是什么？如何减小系统误差？

15. 3　给出一只 0. 1 级 150 V 电压表的检定结果，试编制修正值表并绘制其误差曲线，

求出指示在 105、135 分度时，经过修正后的电压值。

15.4　标定一只精度为 1.0 级 100 mA 的电流表，发现最大误差在 50 mA 处为 1.4 mA，试问这只电流表是否合格？

15.5　被测电压的实际值为 10 V，现有 150 V、0.5 级和 15 V、2.5 级两只电压表，选择哪一只表误差较小？

示值	实际值	示值	实际值	示值	实际值
30	29.98	80	79.96	130	130.08
40	40.04	90	90.06	140	139.92
50	49.94	100	100.08	150	149.98
60	59.98	110	109.88		
70	69.94	120	119.92		

15.6　用晶体管毫伏表 30 V 挡，分别测量 6 V 和 20 V 电压，已知该挡的满量程误差为±2%，求示值的相对误差。

15.7　有一测量范围为 0~1 000 kPa 的压力计，由制造厂进行校准时，发现±15 kPa 的绝对误差，试计算：(1) 该压力计的引用误差；(2) 在测量压力中，读数为 200 kPa 时，可能产生的示值相对误差。

15.8　用 MF-30 型普通万用表的 DC. 5 V 挡、25 V 挡分别测量高内阻等效电路(25 kΩ 与 5 V 电压源串联)的输出电压。已知 DC. V. 挡的电压内阻为 20 kΩ/V，精度为 2.5 级，(1) 计算由于仪表本身精度造成的相对误差；(2) 计算由于仪表内阻对被测电路的影响引起的相对误差；(3) 计算综合最大相对误差；(4) 分析误差因素的影响。

16 多传感器信息融合技术

16.1 概述

一、基本概念

随着现代科学技术的发展，被测对象越来越复杂，人们不仅需要了解被测对象的某一被测量的大小，而且需要了解被测对象的综合信息或某些内在特征信息，单一孤立的传感器已经很难满足这种要求。传统意义上的传感器技术是将传感器的信息传送给独立的处理系统。近年来，一些复杂的系统上装备的传感器在数量和种类上都越来越多(如一架宇航飞行器就需装备数千个传感器)，因此需要有效地处理大量各种各样的传感器信息。这就意味着不仅增加了待处理的信息量，而且还涉及传感器数据组之间的矛盾和不协调。20 世纪 90 年代初，当信息处理技术从单个传感器处理演变为多个传感器综合处理时，传感器信息融合技术开始成为未来传感技术发展的一个重要方向。

传感器的信息融合又称数据融合，它是对多种信息的获取、表示及其内在联系进行综合处理和优化的技术。传感器信息融合技术从多信息的视角进行处理及综合，得到各种信息的内在联系和规律，从而剔除无用和错误的信息，保留正确和有用的成分，最终实现信息的优化。它也为智能信息处理技术的研究提供了新的观念。

传感器信息融合可以定义如下：它是将经过集成处理的多传感器信息进行合成，形成一种对外部环境或被测对象某一特征的表达方式。单一传感器只能获得环境或被测对象的部分信息段，而多传感器信息经过融合后能够完整地、准确地反映环境的特征。经过融合后的传感器信息的特征有：信息冗余性、信息互补性、信息实时性、信息获取的低成本性。

二、意义及应用

传感器信息融合技术的理论和应用涉及信息电子学、计算机和自动化等多个学科，是一门应用广泛的综合性高新技术。

1. 在信息电子学领域

信息融合技术的实现和发展以信息电子学的原理、方法、技术为基础。信息融合系统要采用多种传感器收集各种信息，包括声、光、电、运动、视觉、触觉、力觉以及语言文字等。例如，海湾战争中使用的“灵巧炸弹”，它的传感器就是由激光和雷达两种传感器组合在一起的。信息融合技术中的分布式信息处理结构通过无线网络、有线网络、智能网络、宽带智能综合数字网络等通信网络来汇集信息，传给融合中心进行融合。除了自然（物理）信息外，信息融合技术还融合社会类信息，以汉语语言文字为代表，这里涉及大规模汉语资料库、语言知识的获取。机器翻译、自然语言的理解与处理技术等，信息融合采用了分形、混沌、模糊推理、人工神经网络等数学和物理的理论及方法。它的发展方向是对非线性、复杂环境因素的不同性质的信息进行综合、相关，从各个不同的角度去观察、探测世界。

2. 在计算机科学领域

计算机的发展历史可概括为由串行计算机发展到并行计算机，从数值计算发展到图像处理，从一般数据库发展到综合图像数据库。从信息融合的角度看，未来的计算机必然包含数值并行计算、图像处理、综合时空图像理解等多种功能，逐步实现类似人脑的信息汇集、处理以及综合存储的思维方式。

在计算机科学中，目前正开展并行数据库、主动数据库、多数据库的研究。信息融合要求系统能适应变化的外部世界，因此，空间、时间数据库的概念应运而生，为数据融合提供了保障。空间意味着不同种类的数据来自不同的空间地点；时间意味着数据库能随时间的变化适应客观环境的相应变化。信息融合处理过程要求有相应的数据库原理和结构，以便融合随时间、空间变化了的数据。在信息融合的思想下，提出的空间、时间数据库，是计算机科学的一个重要研究方向。

3. 在自动化领域

在信息科学的自动化领域，信息融合技术以控制理论为基础，信息融合技术采用了模糊控制、智能控制、进化计算等系统理论，结合生物、经济、社会、军事等领域的知识，进行定性、定量分析。按照人脑的功能和原理进行视觉、听觉、触觉、力觉、知觉、注意、记忆、学习和更高级的认识过程，将空间、时间的信息进行融合，对数据和信息进行自动解释，对环境和态势给予判定。目前的控制技术，已从程序控制进入了建立在信息融合基础上的智能控制。例如，海湾战争中的“爱国者”导弹系统，战胜了程序控制水平的“飞毛腿”导弹。智能控制系统不仅用于军事，还应用于工厂企业的生产过程控制和产供销管理、城市建设规划、道路交通管理、商业管理、金融管理与预测、地质矿产资源管理、环境监测与保护、粮食作物生长监测、灾害性天气预报和防治等领域，涉及社会的各行各业。

信息融合思想的最佳体现是在智能机器人的研究上。智能机器人的仿生机构研究和探索，机器人视觉中的三维、时变图像处理，主动视觉研究，机器人的内部、外部非视觉传感器信息的获取和理解，智能机器人的行为控制，环境建模与处理，知识的认知与逻辑推理，以及神经网络技术在机器人控制和传感器信息处理等方面的应用，都与信息融合思想有关，信息融合技术将会得到迅速发展。

16.2 传感器信息融合的分类和结构

16.2.1 传感器信息融合的分类

传感器信息融合可分为以下4类：组合、综合、融合、相关。

1. 组合

组合是由组合成平行或互补方式的多个传感器的多组数据来获得输出的一种处理方法。这是一种最基本的方式，涉及的问题有输出方式的协调、综合以及选择传感器。通常它主要应用在硬件这一级。一个典型的例子是：使用视觉探测到物体的方位，再用激光测距仪准确地测量物体的距离，并在视屏上显示出距离参数。

2. 综合

综合是在信息优化处理中一种获得明确信息的有效方法。典型例子是在虚拟现实技术中，使用两个分开设置的摄像机同时拍摄一个物体不同侧面的两幅图像，综合这两幅图像可以复原出一个准确的有立体感的物体。

3. 融合

将传感器数据组之间进行相关或将传感器数据与系统内部的知识模型进行相关，产生一个新的信息表达，这种处理就称为融合。这里所说的融合的定义是狭义的，其典型的实例是机器人视觉和触觉的融合，得到物体和环境的空间和形状的优化信息。

4. 相关

通过处理传感器信息来获得某些结果，不仅需要单项信息处理，而且需要通过相关来进行处理，以便获悉传感器数据组之间的关系，从而得到正确信息，剔除无用和错误的信息。相关处理的主要目的在于对识别、预测、学习和记忆等过程的信息进行综合和优化。例如，在被动声呐目标识别技术中，计算机对接收到的声呐信息进行处理获得舰船目标的运动信息和特征功率谱信息，然后根据先验知识对上述数据组（甚至包括舰载雷达提供的数据）进行相关处理，最终确定目标属于水面舰艇、潜艇或鱼雷中的哪一种。

16.2.2 信息融合的结构

信息融合可大大提高具有多个模型各异传感器的测试系统性能，特别是它能减少全体或单个传感器探测信息的损失。信息融合的结构分为串联和并联两种。

1. 串联结构

信息融合的串联结构如图16-1(a)所示。其中：$C_1,C_2,\cdots,C_n$ 表示各传感器；$S_1,S_2,\cdots,S_n$ 表示来自各个传感器信息融合中心的数据；$Y_1,Y_2,\cdots,Y_n$ 表示融合中心。

串联结构的信息融合过程：在图16-1(a)中，第 $j-1$ 级的传感器 C_{j-1} 将所

获得的信息送到融合中心 Y_{j-1}，将此信息及其来自上一级融合中心 Y_{j-2} 的判断数据 S_{j-2} 综合成一种新的判断数据 S_{j-1}，然后传送给第 j 级融合中心 Y_j，将来自第 j 级传感器 C_j 的信息与 S_{j-1} 进行综合，得到一种新的判断数据 S_j 并传送到下一融合中心 Y_{j+1} 进行综合。这个过程继续下去，直到最后一级融合中心得到最终的判定信息。

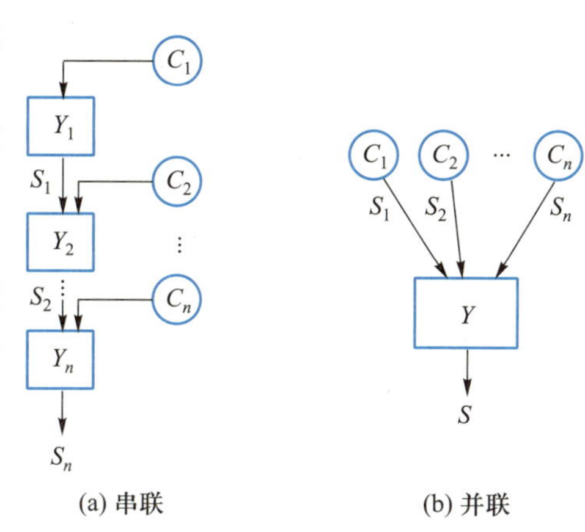

图 16-1　信息融合的串联和并联结构

信息融合串联结构的优点是具有很好的性能及融合效果，但它的缺点在于对线路的故障非常敏感，上一级的故障会传导到下一级的融合处理。

2. 并联结构

信息融合的并联结构如图 16-1(b)所示。并联融合结构只有当接收到所有传感器的信息后才对信息进行融合。与串联结构相比，并联融合结构的信息优化效果更好，而且可以防止串联结构信息融合的缺点(即融合的顺序是固定的,若中间任一个传感器发生了故障,就没有信息传向下一环节,使整个信息融合停止)。但是并联融合结构的信息处理速度比串联结构慢。当然，若并联融合结构中每接收到一个传感器的信息就进行一次融合，而不管是哪个传感器，那么并联方案就可能比串联结构慢了。

16.2.3　信息融合系统结构的实例

图 16-2 为 T·B·Bullock 所设计的一种用于雷达检测的信息融合系统，它主要提供目标的高度、方位、距离和临近速度等综合信息。该系统由三个基本部分构成：① 一个中央处理器；② 一个或多个局部处理器；③ 一个被称为“外部逻辑”的传感器故障检测系统。该系统能进行局部估算，综合中央处理器中的各局部估算值，并能检查、排除传感器故障。各局部处理器分别处理各个传感器提供的信息，得出一个描述目标在坐标内运动情况的局部状态估算值。从结构上看，它属于并联融合结构，各个传感器(包括局部处理器)之间的关系是并联的。

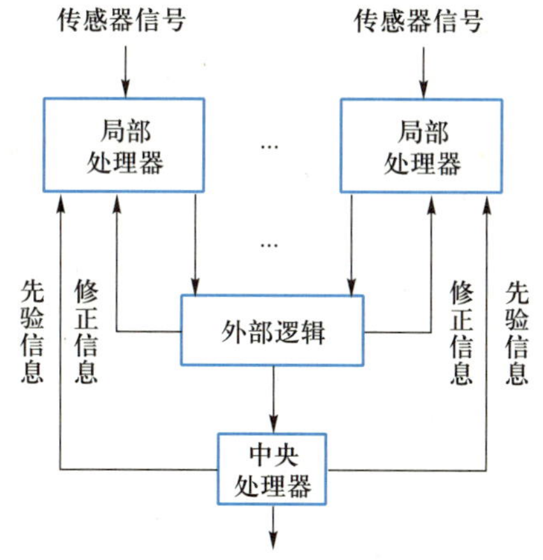

图 16-2　一种用于雷达检测的信息融合系统

中央处理器的主要任务是综合所有测得状态的局部估算值，形成指导性的全局状态估算值。它的计算过程如下：首先采用一定的融合算法进行处理，再接收并处理来自传感器故障检测系统的有效数据，以坐标形式给出全局状态信息处理结果，这个结果可能与局部处理器的信息相同，也可能不同；然后，中央处理器将预先统计的信息反馈给每个局部处理器，这样就在信息融合系统中完成了一个信息流动周期。

每个传感器都有一个局部处理器。局部处理器本身由一个估算器构成，必要时可通过传感器故障检测系统自适应调整。在传感器信息融合系统中，有一种特殊的故障，即传感器故障，此类故障的检测系统称为传感器故障检测系统。

利用中央处理器的预先统计信息和传感器的探测信息可得出局部状态信息的处理结果，由于所有局部处理器都采用同样的预先统计信息，一个局部处理器出现故障时会影响全局；也由于传感器可能出现故障，所以有些探测信息可能失真，甚至错误，从而相应地降低了局部处理信息的精确度，必要时应对局部处理的估算器结构或算法做出适当修正。传感器故障检测系统决定着局部处理器中哪些数据直接输入中央处理器，哪些数据先修改再传输，或哪些数据应全部舍弃。传感器故障一旦被查出，传感器故障检测系统会做出相应的反应。如果传感器故障检测系统未检查出任何传感器故障，所有测得的状态局部估算值就会输入中央处理器；如果某些局部处理器查出传感器故障，那么应该先修改对应的局部估算值，然后输入中央处理器。中央处理器融合所有局部估算值，得出全局估算值。

16.3 传感器信息融合的一般方法

传感信息融合的方法有很多，到目前为止，最常用的方法主要有三类：嵌入约束法、证据组合法、人工神经网络法。

16.3.1 嵌入约束法

嵌入约束法认为由多种传感器所获得的客观环境(即被测对象)的多组数据就是客观环境按照某种映射关系形成的像，信息融合就是通过像求解原像来对客观环境加以了解。从数学角度来说，所有传感器的全部信息也只能描述环境的某些方面特征，而具有这些特征的环境却有很多，要使一组数据对应唯一的环境(即上述映射为一一映射)，就必须对映射的原像和映射本身增加约束条件，使问题能有唯一的解。

嵌入约束法最基本的方法有 Bayes 估计和卡尔曼滤波。

1. Bayes 估计

Bayes 估计是融合静态环境中多传感器低层数据的一种常用方法，其信息描述为概率分布，适用于可加高斯噪声的不确定性信息。假定完成任务所需的有关环境的特征物——用向量 f 表示，通过传感器获得的数据信息用向量 d 来

表示，d 和 f 都可看作是随机向量。信息融合的任务就是由数据 d 推导和估计环境 f。假设 $p(f,d)$ 为随机向量 f 和 d 的联合概率分布密度函数，则由概率论可知

$$p(f,d)=p(f|d)\cdot p(d)=p(d|f)\cdot p(f) \tag{16-1}$$

式中：$p(f|d)$ 表示在已知 d 的条件下，f 关于 d 的条件概率密度函数；$p(d|f)$ 表示在已知 f 的条件下，d 关于 f 的条件概率密度函数；$p(d)$ 和 $p(f)$ 分别表示 d 和 f 的边缘分布密度函数。已知 d 时，要推断 f，只需掌握 $p(f|d)$ 就行了，即

$$p(f|d)=p(d|f)\cdot p(f)/p(d) \tag{16-2}$$

上式就是概率论中的 Bayes 公式。它是嵌入约束法的核心。

信息融合通过数据信息 d 作出对环境 f 的推断，即求解 $p(f|d)$。由 Bayes 公式可知，只需知道 $p(d|f)$ 和 $p(f)$ 就行了。因为 $p(d)$ 可以看作是使 $p(d|f)\cdot p(f)$ 成为概率密度函数的归一化常数。$p(d|f)$ 是在已知客观环境变量 f 的情况下，传感器得到数据信息 d 关于 f 的条件概率密度函数。当对环境情况和传感器性能都确切了解时，$p(d|f)$ 由决定环境和传感器原理的物理规律完全确定。而 $p(f)$ 可以通过先验知识的获取和积累，逐步渐近准确得到，因此，一般总能对 $p(f)$ 有较好的近似描述。

在嵌入约束法中，反映客观环境和传感器性能与原理的各种约束条件主要体现在 $p(d|f)$ 中，而反映主观经验知识的各种约束条件主要体现在 $p(f)$ 中。

在传感器信息融合的实际应用过程中，通常的情况是在某一时刻从多种传感器得到一组数据信息 d，要由这一组数据给出当前环境的一个估计 f。因此，在实际中应用较多的方法是寻找最大后验估计 g，即

$$p(g|d)=\max_f p(f|d)=\max_f\left\{\frac{p(d/f)p(f)}{p(d)}\right\} \tag{16-3}$$

也就是说，最大后验估计是在已知数据为 d 的条件下，使后验概率密度 $p(f)$ 取得最大值的点 g，根据概率论知识可知，最大后验估计 g 满足

$$p(g|d)\cdot p(d)=\max_f p(d|f)\cdot p(f) \tag{16-4}$$

当 $p(f)$ 为均匀分布时，最大后验估计 g 满足

$$p(g|d)=\max_f p(d|f) \tag{16-5}$$

此时，最大后验概率也称为极大似然估计。

当传感器组的观测坐标一致时，可以用直接法对传感器测量数据进行融合。在大多数情况下，多个传感器从不同的坐标框架对环境中同一物体进行描述，这时传感器测量数据要以间接的方式采用 Bayes 估计进行数据融合。间接法要解决的问题是求出与多个传感器读数相一致的旋转矩阵 $\boldsymbol{R}$ 和平移矢量 $\boldsymbol{H}$。

在传感器数据进行融合之前，必须确保测量数据代表同一实物，即要对传感器测量进行一致性检验。常用以下距离公式来判断传感器测量信息的一致性

$$T=\frac{1}{2}(x_1-x_2)^T C^{-1}(x_1-x_2) \tag{16-6}$$

式中：x_1 和 x_2 为两个传感器的测量信号；C 为与两个传感器相关联的方差阵，当距离 T 小于某个阈值时，两个传感器测量值具有一致性。这种方法的实质是剔除处于误差状态的传感器信息而保留"一致传感器"数据计算融合值。

2. 卡尔曼滤波

卡尔曼滤波(KF)用于实时融合动态的低层次冗余传感器数据，该方法用测量模型的统计特性递推决定统计意义下最优融合数据估计。如果系统具有线性动力学模型，且系统噪声和传感器噪声可用高斯分布的白噪声模型来表示，KF 为融合数据提供唯一的统计意义下的最优估计，KF 的递推特性使系统数据处理不需大量的数据存储和计算。KF 又分为分散卡尔曼滤波(DKF)和扩展卡尔曼滤波(EKF)。DKF 可实现多传感器数据融合完全分散化，它的优点在于：每个传感器节点失效不会导致整个系统失效。而 EKF 的优点在于：可以有效克服数据处理不稳定性或系统模型线性化误差对融合过程产生的影响。

嵌入约束法是传感器信息融合的最基本方法之一，但是它的缺点在于：需要对多源数据的整体物理规律有较好的了解，才能准确地获得 $p(d|f)$，且需要预知先验分布 $p(f)$。

16.3.2 证据组合法

证据组合法认为完成某项智能任务就是依据有关环境的某方面信息做出几种可能的决策，而多种传感器数据信息在一定程度上反映环境这方面的情况。因此，我们分析每一数据作为支持某种决策证据的支持程度，并将不同传感器数据的支持程度进行组合，即证据组合，分析得出现有组合证据支持程度最大的决策作为信息融合的结果。

证据组合法是针对完成某一任务的需要而处理多种传感器的数据信息，完成某项智能任务实际上就是作出某项行动的决策。它先对单个传感器数据信息的每一种可能决策的支持程度给出度量(也即数据信息作为证据对决策的支持程度)，然后寻找一种证据组合的方法或规则，在已知两个不同传感器数据(即证据)对决策的分别支持程度时，通过反复运用组合规则，最终得出全体数据信息的联合体对某决策的总支持程度，得到最大证据支持的决策，即为信息融合的结果。

利用证据组合进行数据融合的关键在于：一是选择合适的数学方法描述证据、决策和支持程度等概念；二是建立快速、可靠并且便于实现的通用证据组合算法结构。

证据组合法较嵌入约束法有以下几个优点：

(1) 对多种传感器数据间的物理关系不必准确了解，即无需准确地建立多种传感器数据体的模型。

(2) 通用性好，可以建立一种独立于各类具体信息融合问题背景形式的证据组合方法，有利于设计通用的信息融合软、硬件产品。

(3) 人为的先验知识可以视同数据信息一样，赋予对决策的支持程度，

参与证据组合运算。

常用的证据组合方法有：概率统计方法和 Dempster-Shafer 证据推理。

1. 概率统计方法

假设一组随机向量 $x_1, x_2, \cdots, x_n$ 分别表示 n 个不同传感器得到的数据信息，根据每一个数据 x_i 可对所完成的任务作出一个决策 d_i。x_i 的概率分布为 $p_{a_i}(x_i)$，a_i 为该分布函数中的未知参数，若参数已知，则 x_i 的概率分布就完全确定了。用非负函数 $L(a_i, d_i)$ 表示当分布参数确定为 a_i 时，第 i 个信息源采取决策 d_i 时所造成的损失函数。在实际问题中，a_i 是未知的，因此当得到 x_i 时，并不能直接从损失函数中确定最优决策。

先由 x_i 作出 a_i 的一个估计，记为 $\hat{a}_i(x_i)$，再由损失函数 $L[\hat{a}_i(x_i), d_i]$ 确定损失最小的决策。其中利用 x_i 估计 a_i 的估计量 $\hat{a}_i(x_i)$ 有多种方法，这里不再叙述。

概率统计方法适用于分布式传感器目标识别和跟踪的信息融合问题。

2. Dempster-Shafer 证据推理

Dempster-Shafer 证据推理简称 D-S 推理。假设 F 为所有可能证据构成的有限集，f 为集合 F 中的某个元素（即某个证据），首先引入信任函数 $B\{f\} \in [0,1]$，表示每个证据的信任程度，A_1，A_2，$\cdots A_n \subset F$，Φ 为空集，有

$$B(F)=1 \tag{16-7}$$

$$B(\Phi)=0 \tag{16-8}$$

$$B(A_1 \cup A_2 \cup \cdots \cup A_n) \geqslant \sum_i B(A_i) - \sum_{i<j} B(A_i \cap A_j) + \cdots + (-1)^{n-1} B(A_1 \cap \cdots \cap A_n) \tag{16-9}$$

从上式可知，信任函数是概率概念的推广，因为从概率论的知识出发，上式应取等号。进一步可得

$$B(A)+B(\bar{A}) \leqslant 1 \tag{16-10}$$

其次，引入基础概率分配函数 $m(F) \in [0,1]$

$$m(\Phi)=0$$

$$\sum_{A \in F} m(A)=1 \tag{16-11}$$

由基础概率分配函数就可以定义与之相对应的信任函数

$$B(A)=\sum_{C \subseteq A} m(C), \quad A,\ C \subseteq F \tag{16-12}$$

当利用 N 个传感器检测环境的 M 个特征时，每一个特征为 F 中的一个元素。第 i 个传感器在第 $k-1$ 时刻所获得的包括 $k-1$ 时刻前关于第 j 个特征的所有证据，用基础概率分配函数 $m_j^i(k-1)$ 表示，其中 $i=1,2,\cdots,N$。第 i 个传感器在第 k 时刻所获得的关于第 j 个特征的新证据用基础概率分配函数 m_{jk}^i 表示。由 $m_j^i(k-1)$ 和 m_{jk}^i 可获得第 i 个传感器在第 k 时刻关于第 j 个特征的联合证据 $m_j^i(k)$。类似地，利用证据组合算法，由 $m_j^i(k)$ 和 $m_j^{i+1}(k)$ 可获得在 k 时刻关于

第 j 个特征的第 i 个传感器和第 $i+1$ 个传感器的联合证据 $m_j^{i,i+1}(k)$。如此递推下去，可获得所有 N 个传感器在 k 时刻对 j 特征的信任函数，信任度最大的即为信息融合过程最终判定的环境特征。

D-S 证据推理的优点在于：一旦组合算法确定，无论是静态的还是时变的动态证据组合，其具体的证据组合算法都有一共同的算法结构。但是缺点在于，当对象或环境的识别特征数增加时，证据组合的计算量会以指数速度增长。

16.3.3 人工神经网络法

人工神经网络法通过模仿人脑的结构和工作原理，设计和建立相应的机器和模型并完成一定的智能任务。

神经网络可根据当前系统所接收到的样本的相似性，确定分类标准。来这种确定方法主要表现在网络权值分配上，同时可采用神经网络特定的学习算法来获取知识，得到不确定的推理机制。神经网络多传感器信息融合的实现，可分为三个重要步骤：

提示：

随着人工智能技术的快速发展，以及越来越多具有AI算力的芯片出现，基于神经网络和人工智能的信息融合技术也将得到极大促进并投入实际应用。

（1）根据智能系统的要求以及传感器信息融合的形式，选择神经网络的拓扑结构。

（2）各传感器的输入信息综合处理为一个总体输入函数，并将此函数映射定义为相关单元的映射函数，通过神经网络与环境的交互作用把环境的统计规律反映到网络本身的结构中。

（3）对传感器输出信息进行学习、理解，确定权值的分配，完成知识获取信息融合，进而对输入模式作出解释，将输入数据向量转换成高层逻辑（符号）概念。

基于神经网络的传感器信息融合有如下特点：

（1）具有统一的内部知识表示形式，通过学习算法可将网络获得的传感器信息进行融合，获得相应网络的参数，并且可将知识规则转换成数字形式，便于建立知识库。

（2）利用外部环境的信息，便于实现知识自动获取及并行联想推理。

（3）能够将不确定环境的复杂关系，经过学习推理，融合为系统能理解的准确信号。

（4）由于神经网络具有大规模并行处理信息的能力，使得系统信息处理速度很快。

16.4 传感器信息融合的实例

16-1 图片：机器人角位移传感器实物图

16.4.1 机器人中的传感器信息融合

传感器信息融合技术在机器人特别是移动机器人领域有着广泛的应用，移动机器人对传感器信息融合的发展发挥了重要的作用。自主移动机器人是一种典型的装备有多种传感器的智能机器人系统。当它在未知和动态的环境中工作时，将多传感器提供的数据进行融合，从而准确快速地感知环境信息。

16-1 视频 a：行走机器人

人类具有 5 种感觉，即视觉、嗅觉、味觉、听觉和触觉。机器人通过传感器得到这些信息，这些信息通过传感器采集，按照不同的处理方式，可以分成视觉、力觉、触觉、接近觉等几个大类。

1. 视觉

视觉是获取信息最直观的方式，人类 75%以上的信息都来自视觉。同样，视觉系统是机器人感知系统的重要组成部分之一。视觉一般包括三个过程：图像获取、图像处理和图像理解。

16-1 视频 b：行走机器人介绍

2. 触觉

机器人触觉传感系统不可能实现人体全部的触觉功能。机器人触觉的研究集中在扩展机器人能力所必需的触觉功能上。一般地，把检测感知和外部直接接触而产生的接触、压力、触觉的传感器，称为机器人触觉传感器。

机器人力觉传感器用来检测机器人自身与外部环境之间的相互作用力。就安装部位来讲，可以分为关节力传感器、腕力传感器和指力传感器。

接近觉传感器可广义地看作是触觉传感器中的一种，其目的是使机器人在移动或操作过程中获知目标(障碍)物的接近程度，移动机器人可以实现避障，避免机器人由于接近速度过快对目标物造成冲击。

3. 听觉

听觉是仅次于视觉的感觉通道，在人的生活中同样起着重要的作用。机器人拥有听觉，使得机器人能够与人进行自然地人机对话，能够听从人的指挥。达到这一目标的决定性技术是语音技术，它包括语音识别和合成技术两个方面。

4. 嗅觉

气味是物质的外部特征之一，世界上不存在非气味物质。机器人嗅觉系统通常由交叉敏感的化学传感器阵列和适当的模式识别算法组成，可用于检测、分析和鉴别各种气味。

5. 味觉传感器

海洋资源勘探机器人、食品分析机器人、烹调机器人等需要用味觉传感器进行液体成分的分析。

表 16-1 列出了按照功能分类的机器人传感器。

表 16-1 按照功能分类的机器人传感器

功能	传感器	方式
接触的有无	接触传感器	单点型、分布型
力的法线分量	压觉传感器	单点型、高密度集成型、分布型
剪切力接触状态变化	滑觉传感器	点接触型、线接触型、面接触型
力、力矩、力和力矩	力觉传感器、力矩传感器、力和力矩传感器	模块型、单元型

续表

功 能	传 感 器	方 式
近距离的接近程度	接近觉传感器	空气式、电磁场式、电气式、光学式、声波式
距离	距离传感器	光学式(反射光量、反射时间、相位信息),声波式(反射音量、反射时间)
倾斜角、旋转角、摆动角、摆动幅度	角度传感器(平衡觉)	旋转型、振子型、振动型
方向(合成加速度、作用力的方向)	方向传感器	万向节型、球内转动球型
姿态	姿态传感器	机械陀螺仪、光学陀螺仪、气体陀螺仪
特定物体的建模,轮廓形状的识别	视觉传感器(主动视觉)	光学式(照射光的形状为点、线、圆、螺旋线等)
作业环境识别,异常的检测	视觉传感器(被动式)	光学式、声波式

图 16-3 为 Stanford 大学研制的移动装配机器人系统,它能实现多传感器信息的集成与融合。其中,机器人在未知或动态环境中的自主移动建立在视觉(双摄像头)、激光测距和超声波传感器信息融合的基础上;机械手装配作业的过程则建立在视觉、触觉和力觉传感器信息融合的基础上。该机器人采用的信息融合结构为并行结构。

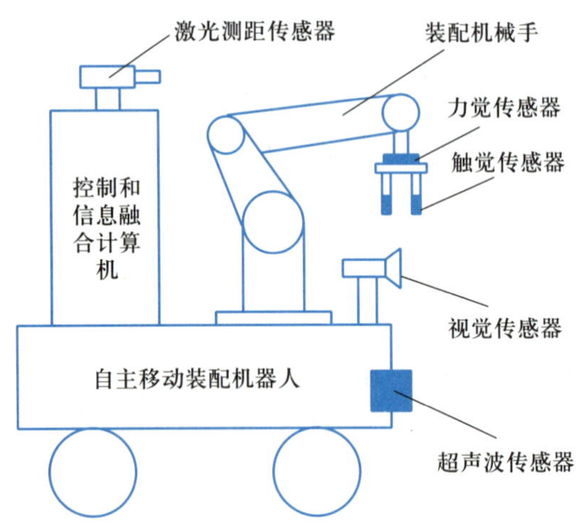

图 16-3 stamfsr 大学研制的移动装配机器人系统

在机器人自主移动过程中,用多传感器信息建立环境的模型,该模型为三维环境模型。它采用分层表示,最低层环境特征(如环境中物体的长度、宽度、高度、距离等)与传感器提供的数据一致;高层是抽象的、符号表示的环境特

征（如道路、障碍物、目标等的分类表示）。其中，视觉传感器提取的环境特征是最主要的信息，视觉信息还用于引导激光测距传感器和超声波传感器对准被测物体。激光测距传感器用于在较远距离上获得物体精确位置，而超声波传感器用于检测近距离物体。以上三种传感器分别得到环境中同一对象在不同条件下的近似三维表示。当将三者在不同时刻测量的距离数据融合时，每个传感器的坐标框架首先变换到共同的坐标框架中，然后采用以下三种不同的方法得到机器人位置的精确估计：①参照机器人本身位置的相对位置定位法；②目标运动轨迹记录法；③参照环境静坐标的绝对位置定位法。

扩展的卡尔曼滤波被用于确定三维物体相对于机器人的准确位置和物体的表面结构形状，进而完成对物体的识别。不同传感器产生的信息在经过融合后得到的结果，还用于选择恰当的冗余传感器测量物体，以减少信息计算量以及进一步提高实时性和准确性。

在机器人装配作业过程中，信息融合是建立在视觉、触觉、力觉传感器基础上的。装配过程表示为由每一步决策确定的一系列阶段。整个过程的每一步决策由传感器信息融合来实现。其中视觉传感器用于识别具有规则几何形状的零件以及零件的定位，即用摄像头识别二维零件并判定位置；力觉传感器检测机械手末端与环境的接触情况以及接触力的大小，从而提供在接触时物体的准确位置；视觉与主动触觉相结合用于识别缺少可识别特征的物体，如不规则几何形状的零件；此外，力觉传感器还用于提供高精度轴孔匹配、零件传送和取放中的信息。上述各种传感器信息通过一定的信息融合算法（主要是 D-S 证据推理法）提供装配作业过程的决策信息。

16.4.2 舰船上的传感器信息融合

传感器信息融合是提高海军舰船目标识别能力和战斗力的有效手段。海军舰船的传感器信息融合（雷达、红外、激光等）由船上的中央计算机完成，它的作用是综合和解释来自多个不同传感器的数据。图 16-4 所示为一种基本的海军舰船传感器信息融合系统。

提示：

随着计算机硬件技术的进步，传感器信息融合不再仅依赖于中央计算机完成，可由分布的计算机节点或智能设备分别完成。

舰船上安装的多传感器系统由可见光摄像机和红外探测器组成。前者是一个宽视场图像摄像机，该传感器可以通过转轴运动收集目标和背景数据，并具备快速搜索大区域的能力；后者是一个平台线扫描阵列系统，它对探测点源目标有极好的灵敏度并且可以编制扫描频率和扫描角度的程序。系统软件控制两个传感器去探测和跟踪宽范围变化的目标，收集这些目标及其背景的数据。信息融合计算机连续地从每个传感器那里收集数据，完成探测、识别、捕捉和跟踪过程，它还可改变传感器的参数去获得优化的目标信号数据。各个部分的功能具体如下。

1. 图像摄像机

图像摄像机为宽视场内部线扫描摄像机，它安装在一个由计算机控制的独立的万向支架上。这样布局使得系统保持获取一个稳定的图像，并在图像摄像

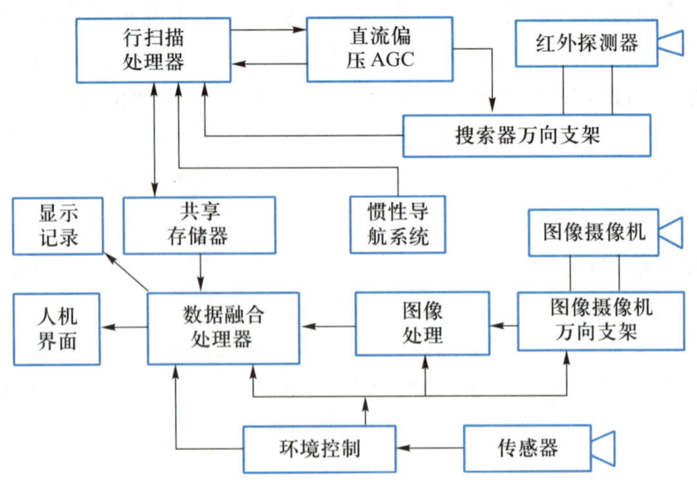

图 16-4 一种基本的海军舰船传感器信息融合系统

机搜索某个区域的同时用线扫描探测器扫描另外的区域(通常是小的区域),它在搜索和探测的时候通常固定在瞄准线上。当线扫描探测器进入探测模式后,摄像机保持瞄准线对准探测器的观察线,以便收集目标图像和局部背景。摄像机的灵敏度和分辨率等性能取决于视场宽度和扫描频率,但在相对近的区域内,它足以提供良好的背景和目标图像。摄像机的定位由计算机控制。定位瞄准系统在目标靠近视场边界或准备选择一个新的搜索区域时,对摄像机和支架的相对位置进行相应修正。

2. 红外线扫描探测器

红外线扫描探测器安装在一个惯性稳定双轴万向支架(平台)上,支架轴的方位和高低角由计算机控制。系统软件控制海面扫描模式,并调整支架的方位频率、探测器的方位角搜索极限,以及搜索模型中心和搜索模型每一步的高度角。红外线传感器系统还包括一个惯性导航系统,用于保证搜索模型固定在某一平面上。

线扫描传感器提供一个满足点源目标要求的信噪比的信号。信噪比 R_{SN} 由下式来确定

$$R_{SN}=\frac{U_T-U_B}{U_N} \tag{16-13}$$

式中:U_T 为目标信号的传感器输出电压;U_B 为背景信号的传感器输出电压;U_N 为传感器的噪声电压。

支架扫描阵列可灵活地改变扫描角度和扫描频率。信息融合处理器根据接收到的来自线阵列和图像摄像机的数据去控制支架扫描和调整扫描模板。

3. 数据融合处理计算机系统

数据融合处理计算机系统包括两台并行处理计算机、一台图像处理机和一台控制计算机。两台并行处理机同时使用一个共享存储器去运行数据。其中一台并行控制线扫描探测器及其数据收集和惯性导航系统;另一台并行机控制图

像摄像机的专用视频信息处理机。这个视频处理机以标准频率对来自摄像机的图像进行数字化处理。数据融合处理系统有以下任务：收集来自每个探测器的数据，控制确定探测器的探测方位，并对所探测的数据进行显示和记录。

4. 系统软件

系统软件的核心是传感器信息融合软件，它包括：用于组合来自扫描器和摄像机的数据算法，以及基于该算法的目标识别软件。系统软件提供三个可选择的模型来运行整个系统。在第一个模型中，线扫描探测器是主传感器，由它去发现和跟踪目标，从动的摄像机跟随线扫描探测器的位置。这是最常用的模型，因为线扫描探测器的灵敏度最高，它能够在摄像机之前确定和发现目标。在第二个模型中，摄像机是一个基本的传感器，它搜索海面并由信息融合处理机直接处理。这里图像处理机用于增强来自摄像机的图像，并且信息融合处理机通过高速总线将这些数据存储到图像处理机中，然后图像融合处理机跟踪目标并驱动线扫描探测器对准它的位置。在第三个控制模型中，线扫描探测器的支架没有连接，允许两个传感器以各自搜索模式自主扫描。系统计算机连续监视两个传感器，以确定目标跟踪应选择的传感器。

习题与思考题

16.1 什么是传感器的信息融合技术？

16.2 传感器的信息融合技术的分类有哪几种？

16.3 传感器的信息融合有哪几种方法？

17 现代检测系统

自20世纪70年代以来，计算机、微电子等技术迅猛发展并逐步渗透到检测和仪器、仪表技术领域。在它们的推动下，检测技术与仪器不断进步，相继出现了智能仪器、总线仪器、PC仪器、PXI仪器、虚拟仪器及互换性虚拟仪器等微机化仪器及其自动检测系统，计算机与现代仪器设备间的界限日渐模糊。与计算机技术紧密结合，已是当今仪器与检测技术发展的主潮流。配以相应软件和硬件的计算机将能够完成许多仪器、仪表的功能，实质上相当于一台多功能的通用测量仪器。这样的现代仪器设备功能已不再由按钮和开关数量来限定，而是取决于其中存储器内装有软件的多少。

17.1 计算机检测系统的基本组成

计算机检测系统的基本组成框图如图17-1所示。与传统的检测系统比较，计算机检测系统通过将传感器输出的模拟信号转换为数字信号，利用计算机系统丰富的软、硬件资源达到检测自动化和智能化的目的。

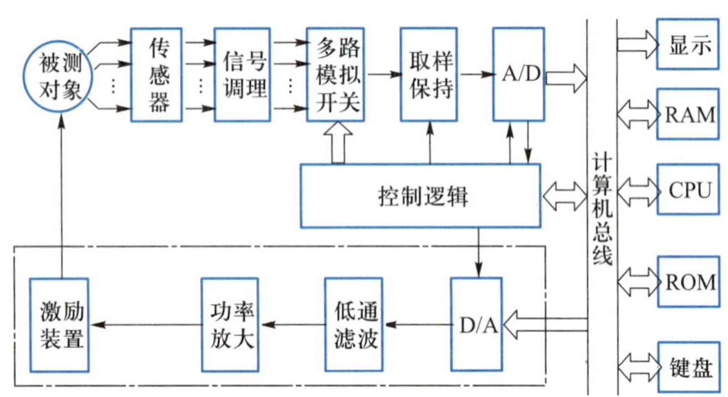

图17-1 计算机检测系统的基本组成框图

17.1.1 多路模拟开关

实际的检测系统通常需要进行多参量的测量，即采集来自多个传感器的输出信号，如果每一路信号都采用独立的输入回路（信号调理、取样、保持、A/D），则系统成本将比单路成倍增加，而且系统体积庞大。同时，模拟器件和组合元件的参数特性不一致，对系统的校准带来很大困难。为此，通常采用多路模拟开关来实现信号测量通道的切换，将多路输入信号分时切换输入公用的输入回路进行测量。

目前，常采用 CMOS 场效应模拟电子开关，尽管模拟电子开关的导通电阻受电源模拟信号电平和环境温度的影响会发生改变，但是与传统的机械触点式开关相比，其功耗低，体积小，易于集成，速度快且没有机械式开关触点的抖动现象。CMOS 场效应模拟电子开关的导通电阻一般在 200 Ω 以下，关断时漏电流可达 nA 级甚至 pA 级，开关时间通常为数百 ns。图 17-2 给出了 8 选 1CMOS 多路模拟开关的原理图，根据控制信号 A_0、A_1 及 A_2 的状态，3 线-8 线译码器在同一时刻只选中 $S_0 \sim S_7$ 中相应的一个开关闭合。实际的 CMOS 集成多路模拟开关通常还具有一个使能(enable)控制端，当使能输入有效时才允许选中的开关闭合，否则所有开关均处于断开状态，使能端的存在主要是便于通道扩展，如将 8 选 1 扩展为 16 选 1。

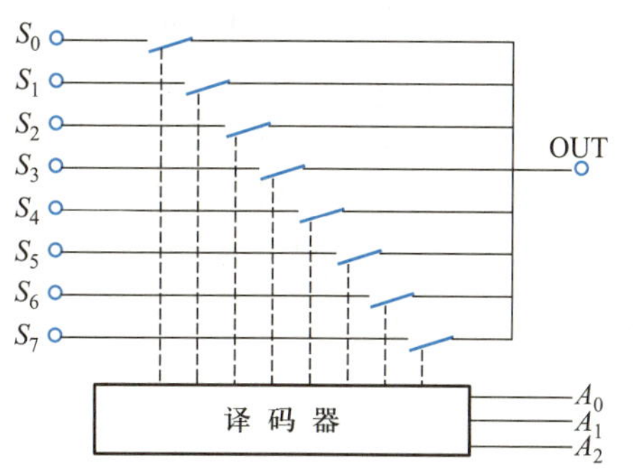

图 17-2　8 选 1CMOS 多路模拟开关的原理图

17.1.2　A/D 转换与 D/A 转换

将模拟量转换成与其对应的数字量的过程称为模数(A/D)转换，反之则称为数模(D/A)转换。实现上述过程的装置分别称为 A/D 转换器和 D/A 转换器。A/D 和 D/A 转换是数字信号处理的必要程序。通常为了与计算机相适应，所用的 A/D 转换器输出和 D/A 转换器输入的数字量大多用二进制编码表示。

随着大规模集成电路技术的发展，各种类型的 A/D 和 D/A 转换芯片已大量供应市场，其中大多数是采用电压-数字转换方式，输入输出的模拟电压也都标准化，如单极性 0~5 V、0~10 V 或双极性±5 V、±10 V 等，这些都给使用带来了极大方便。

1. A/D 转换

A/D 转换过程包括取样、量化和编码三个步骤，其转换原理如图 17-3 所

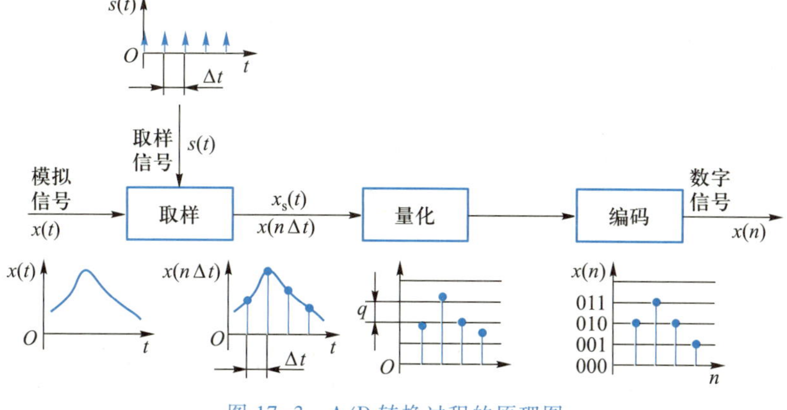

图 17-3　A/D 转换过程的原理图

示。由图可见，取样是将连续时间信号离散化。取样后，信号在幅值上仍然是连续取值的，必须进一步通过量化转换为幅值离散的信号。若信号 $x(t)$ 可能出现的最大值为 A，令其分为 d 个间隔，则每个间隔大小为 $q=A/d$，q 称为量化当量或量化步长。量化的结果即是将连续信号幅值通过舍入或截尾的方法表示为量化当量的整数倍。量化后的离散幅值需通过编码表示为二进制数字以适应数字计算机处理的需要，即 $A=qD$，其中 D 为编码后的二进制数。

量化过程中，输出数字信号与原模拟信号相比，会产生精度上的损失，产生量化误差。

显然，经过上述量化和编码后得到的数字信号其幅值必然带来误差，这种误差称为量化误差。当采用舍入量化时，最大量化误差为 $\pm q/2$；而采用截尾量化时，最大量化误差为 $-q$。用 8 位二进制编码时，$D=2^8=256$，即量化当量为最大可测信号幅值的 1/256。

实际的 A/D 转换器通常利用测量信号与标准参考信号进行比较获得转换后的数字信号，根据比较的方式可将 A/D 转换器分为直接比较型和间接比较型两大类。

直接比较型 A/D 转换器将输入模拟电压信号直接与作为标准的参考电压信号相比较，得到相应的数字编码，如逐次逼近式 A/D 转换器通过将待转换的模拟输入量 U_i 与一个推测信号 U_{REF} 相比较，根据比较结果调节 U_{REF} 以向 U_i 逼近。该推测信号 U_{REF} 由 D/A 转换器的输出获得，当 U_{REF} 与 U_i 相等时，D/A 转换器的输入数字量即为 A/D 转换的结果。逐次逼近式 A/D 转换原理框图如图 17-4 所示。

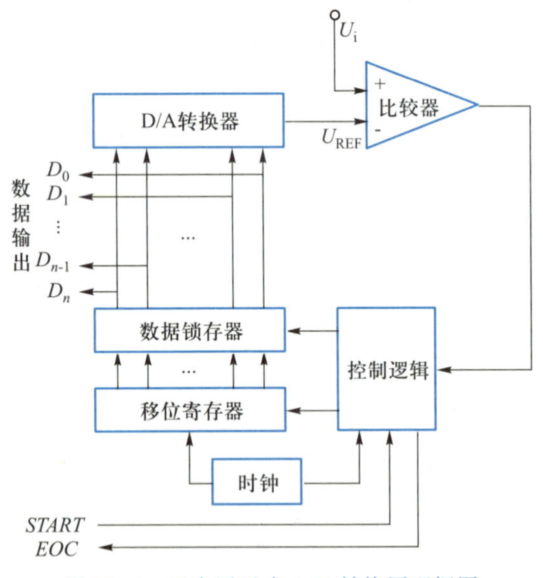

图 17-4 逐次逼近式 A/D 转换原理框图

“推测”输出的具体过程：使移位寄存器的每一位从最高位一开始依次置 **1**，每置 **1** 位时均进行比较，若 $U_i<U_{REF}$，则比较器输出为 **0**，并使该位清 **0**；若 $U_i>U_{REF}$，则比较器输出为 **1**，并使该位保持为 **1**，直至比较至最后一位为

止。此时数据锁存器的数值即为转换结果。显然，逐次逼近式 A/D 转换是在移位时钟控制下进行的，比较的次数等于位数，完成一次转换共需要 $n+1$ 个时钟脉冲，最后一个时钟脉冲用于表明移位寄存器溢出，转换结束。

直接比较型 A/D 转换器属于瞬时比较，比较速度快，常作为数字信号处理系统的前端，但缺点是抗干扰能力差。

间接比较型 A/D 转换器首先将输入的模拟信号与参考信号转换为某种中间变量(如时间频率脉冲宽度等)，然后再对其比较得到相应的数字量输出。例如，双积分式 A/D 转换器通过时间作为中间变量实现转换，其原理是：先对输入模拟电压 U_i 进行固定时间的积分，然后通过控制逻辑转为对标准电压 U_{REF} 进行反向积分，直至积分输出返回起始值，这样对标准电压积分的时间 T 正比于 U_i，如图 17-5 所示。U_i 越大，反积分时间越长，若用高频标准时钟测量时间 T，即可得到与 U_i 相应的数字量。

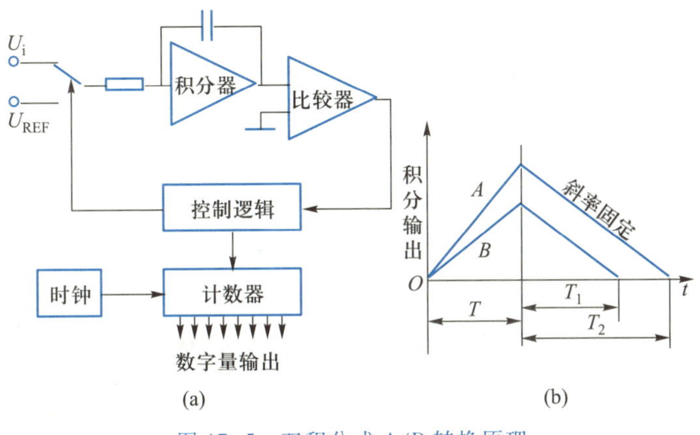

图 17-5 双积分式 A/D 转换原理

间接比较型 A/D 转换器抗干扰能力强，但转换速度慢，常用于数字显示系统。

2. D/A 转换

D/A 转换器将输入的数字量转换为模拟电压或电流信号输出，其基本要求是输出信号 A 与输入数字量 D 成正比，即

$$A=q\cdot D \tag{17-1}$$

式中：q 为量化当量，即数字量的二进制码最低有效位所对应的模拟信号幅值。

根据二进制计数方法，一个数是由各位数码组成的，每位数码均有确定的权值，即

$$D=2^{n-1}a_{n-1}+2^{n-2}a_{n-2}+\cdots+2^{i}a_{i}+\cdots+2^{1}a_{1}+2^{0}a_{0} \tag{17-2}$$

式中：$a_i(i=0,1,\cdots,n-1)$ 等于 **0** 或 **1**，表示二进制数的第 i 位。

为了将数字量表示为模拟量，应将每一位代码按其权值大小转换成相应的模拟量，然后根据叠加定理将各位代码对应的模拟分量相加，其和为与数字量成正比的模拟量，此为D/A转换的基本原理，如图 17-6 所示。

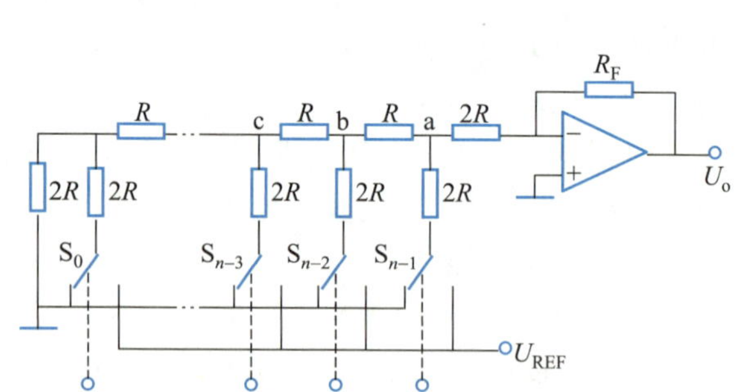

图 17-6 T 形电阻解码网络 D/A 转换器

当输入量 $a_i(i=0,1,\cdots,n-1)$ 中仅有第 i 位为 1 时，分析可得 a 点处的电压为

$$U_a=\frac{1}{3\times 2^{n-i-1}}U_{REF}$$

若取 $R_F=3R$，则

$$U_o=-\frac{R_F}{2R}U_a=-\frac{1}{2^{n-i}}U_{REF}$$

对于任意输入数字量 $D=a_{n-1}a_{n-2}\cdots a_2a_1a_0$，根据叠加定理有

$$\begin{aligned}U_o&=-\left(a_{n-1}\frac{1}{2}U_{REF}+a_{n-2}\frac{1}{2^2}U_{REF}+\cdots+a_0\frac{1}{2^n}U_{REF}\right)\\&=-\frac{U_{REF}}{2^n}\left(2^{n-1}a_{n-1}+2^{n-2}a_{n-2}+\cdots+2^0a_0\right)\\&=-\frac{U_{REF}}{2^n}D\end{aligned}$$

从 D/A 转换器得到的输出电压值 U_o 是转换指令到来时刻的瞬时值，不断转换可得到各个不同时刻的瞬时值，这些瞬时值的集合对一个信号而言在时域仍是离散的，要将其恢复为原来的时域模拟信号，还必须通过保持电路进行波形复原。

保持电路在 D/A 转换器中相当于一个模拟存储器，其作用是在转换间隔的起始时刻接收D/A转换输出的模拟电压脉冲，并保持到下一转换间隔的开始（零阶保持器）。由图 17-7 可见，D/A 转换器经保持器输出的信号实际上是由许多矩形脉冲构成的，为了得到光滑的输出信号，还必须通过低通滤波滤除其

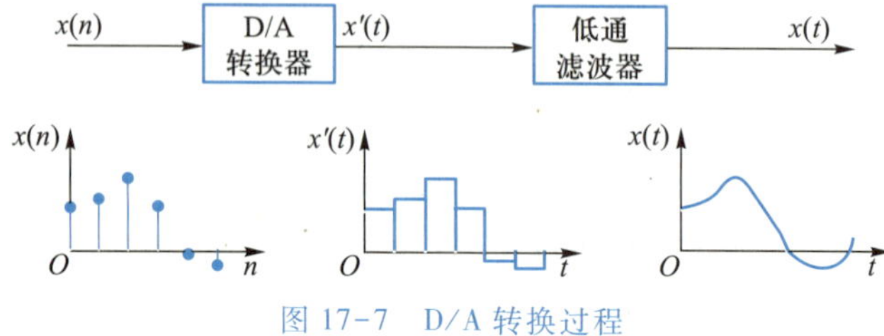

图 17-7 D/A 转换过程

中的高频噪声，从而恢复原信号。

17.1.3 取样保持

在对模拟信号进行 A/D 转换时，从启动转换到转换结束，需要一定的时间，即 A/D 转换器的孔径时间。当输入信号频率较高时，由于孔径时间的存在，会造成较大的孔径误差。要防止这种误差的产生，必须在 A/D 转换开始时将信号电平保持不变，而在 A/D 转换结束后又能跟踪输入信号的变化，即输入信号处于取样状态。能完成上述功能的器件称为取样保持器，图 17-8 给出了取样保持的波形。由上述分析可知，取样保持器在保持阶段相当于一个“模拟信号存储器”。在 A/D 转换过程中，取样保持对保证 A/D 转换的精确度具有重要作用。

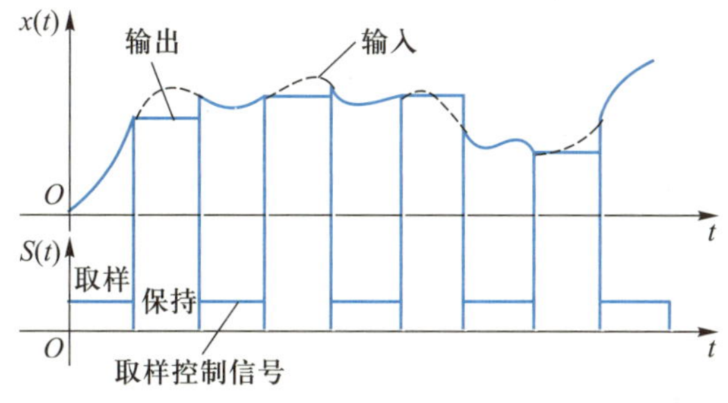

图 17-8 取样保持的波形

取样保持电路的基本原理如图 17-9(a)所示，电路主要由保持电容 C，输入输出缓冲放大器以及控制开关 S 组成。图中，两个放大器均接成跟随形式，取样期间，开关闭合，输入跟随器的输出给电容器 C 快速充电；保持期间，开关断开，由于输出缓冲放大器的输入阻抗极高，电容器上存储的电荷将基本维持不变，保持充电时的最终值供 A/D 转换。

取样保持器工作状态由外部控制信号控制，由于开关状态的切换需要一定的时间，因此实际保持的信号电压会存在一定的误差，如图 17-9(b)所示。显然，它必须远小于 A/D 的转换时间，同时也必须远小于信号的变化时间。

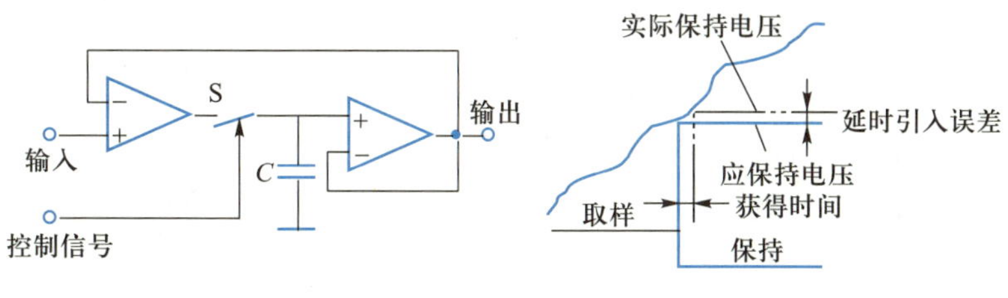

图 17-9 取样保持原理

实际系统中，是否需要取样保持电路，取决于模拟信号的变化频率和 A/D 转换时间，通常对直流或缓变低频信号进行取样时可不用取样保持电路。

17.2 总线技术

计算机系统通常采用总线结构，即构成计算机系统的 CPU、存储器和 I/O 接口等部件之间都通过总线互连。总线的采用使得计算机系统的设计有了统一的标准可循，不同的开发厂商或开发人员只要依据相应的总线标准即可开发出通用的扩展模块，使系统的模块化、积木化成为可能。本节主要介绍计算机测控系统中常用几种总线的发展概况及其基本特点。

17.2.1 总线的基本概念及其标准化

总线实际是连接多个功能部件或系统的一组公用信号线。根据总线上传输信息的不同，计算机系统总线分为地址总线、数据总线和控制总线；从系统结构层次上区分，总线分为芯片(间)总线、(系统)内总线、(系统间)外总线；根据信息传送方式的不同，总线又可分为并行总线和串行总线。

并行总线速度快，但成本高，不宜远距离通信，通常用作计算机测试仪器内部总线，如 STD 总线、ISA 总线、CompactPCI 总线、VXI 总线等；串行总线速度较慢，但所需信号线少，成本低，特别适合远距离通信或系统间通信，构成分布式或远程测控网络，如 RS-232C、RS-422/485 以及近年来广泛采用的现场总线。

目前，计算机系统广泛采用的都是标准化的总线，具有很强的兼容性和扩展能力，有利于灵活组建系统。同时，总线的标准化也促使总线接口电路的集成化，既简化硬件设计，又提高了系统的可靠性。

总线标准按不同层次的兼容水平，主要分为以下三种：

(1) 信号级兼容。对接口的输入输出信号建立统一规范，包括输入和输出信号线的数量、各信号的定义、传递方式和传递速度、信号逻辑电平和波形、信号线的输入阻抗和驱动能力等。

(2) 命令级兼容。除了对接口的输入输出信号建立统一规范外，对接口的命令系统也建立统一规范，包括命令的定义和功能、命令的编码格式等。

(3) 程序级兼容。在命令级兼容的基础上，对输入输出数据的定义和编码格式建立统一的规范。

不论在何种层次上兼容的总线，接口的机械结构都应建立统一规范，包括接插件的结构和几何尺寸、引脚定义和数量、插件板的结构和几何尺寸等。

常见的信号级兼容的标准总线有 STD、ISA、VME、PXI 和 RS-232C 等，命令级兼容的总线有 GPIB(IEEE488)等。

17.2.2 总线的通信方式

为了准确可靠地传递数据，并使系统之间能够协调工作，总线通信通常采用应答方式。应答通信要求通信双方在传递每一个(组)数据的过程中，通过接口的应答信号线彼此确认，在时间和控制方法上相互协调。图 17-10 给出

了计算机测试系统中 CPU 与外部设备应答通信的原理框图。

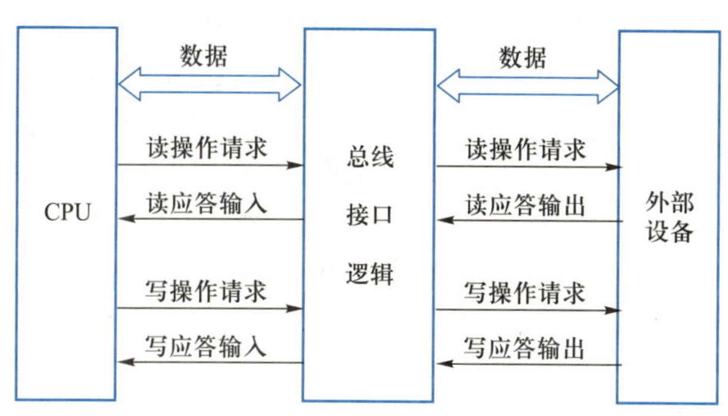

图 17-10 CPU 与外部设备应答式通信的原理框图

图 17-10 中，CPU 作业主控模块请求与外部设备通信，它首先发出“读或写操作请求”信号，外部设备接收到 CPU 发出的请求信号后，根据 CPU 请求的操作，做好相应准备后发出响应应答信息输出给 CPU。当 CPU 请求读取数据时，外部设备将数据送入数据总线，外部设备做好接收数据的准备后，发出“准备好接收”应答信息至“写应答输出”信号线，CPU 得到响应应答后，即可读入由外部设备输入的数据或将数据送出给外部设备。

上述由硬件连线实现的应答通信方式通常应用于并行总线，而对于串行总线来说，硬件应答线不存在，此时就必须由软件根据规定的通信协议来实现应答信息的交互。

17.2.3 测控系统的内部总线

1. STD/STD32 总线

STD 总线最早由 ProLog 公司于 1978 提出，当年被批准为国际标准 IEEE-961。STD 总线主要应用于工业测控计算机，STD 总线的 16 位总线性能满足嵌入式和实时应用要求，特别是它的小板尺寸、垂直放置无源背板的直插式结构和丰富的工业 I/O OEM 模板，低成本，低功耗，扩展的温度范围宽，可靠性和良好的可维护性设计，使其在空间和功耗受到严格限制、可靠性要求较高的工业自动化领域得到了广泛应用。1990 年，STD32 MG 公布 STD32 规范 1.0 版，并于 1996 年发展为 2.1 版。STD32 具有 32 位数据宽度，32 位寻址能力，是工业型的高端计算机。STD32 总线兼容 STD-80 规范，产品可以互操作。STD32 总线支持热插拔和多主机系统，满足工业测控冗余设计要求。

2. ISA/PC104/AT96 总线

ISA(Industry Standard Architecture)总线是 IBM 公司 1984 年为推出 PC/AT 机而建立的系统总线标准，也叫 AT 总线，它是对 IBM PC/XT 总线的扩展，以适应 8/16 位数据总线要求。ISA 总线面向特定 CPU，应用于 80×86 以及 Pentium CPU 的商用和个人计算机。

PC/104 总线电气规范与 ISA 总线兼容，1992 年 PC/104 总线联合会发布

PC/104 规范 1.0 版，几经修改，于 1996 年公布 PC/104 规范 2.3 版。PC/104 总线采用自层叠互连方式和 3.6 inch×3.8 inch 的小板结构，抛弃了 PC 机的大母板，使其更适合在尺寸和空间受到限制的嵌入式环境中使用。PC/104 总线工控机的功耗低，但由于其驱动能力差(4 mA)，扩展能力和维护性也受到限制，因此在工业过程控制和自动化领域的应用范围受到限制。为了兼容 PCI 总线技术，1997 年 PC/104 总线联合会推出了 PC/104-Plus 规范 1.0 版，在 PC/104 规范 2.3 版的基础上，通过增加额外的连接器，支持 PCI 局部总线规范 2.1 版。许多单板计算机都设计有 PC/104 总线接口，以便通过 PC/104 总线丰富的 I/O 模块扩展功能，满足不同的嵌入式应用要求。新一代基于 PCI/104Express 总线规范于 2008 年 3 月被正式认定为 IEEE 总线规范之一，成为国际标准。

AT96 总线欧洲卡标准(IEEE996)由德国 SIEMENS 公司于 1994 年发起制定，并在欧洲得到了推广应用。AT96 总线 = ISA 总线电气规范+96 芯针孔连接器(DIN IEC41612C)+欧洲卡规范(IEC297/IEEE1011.1)。AT96 总线工控机消除了模板之间的边缘金手指连接，具有抗强振动和冲击能力，其 16 位数据总线、24 位寻址能力、高可靠性和良好的可维护性，更适合在恶劣工业环境中应用。

3. VME/VXI

VME 是 Versa Module Eurocard 的缩写，1986 年 VME 总线成为 IEC 标准(IEC821)，1987 年成为 IEEE 标准(IEEE1014)。VME 总线采用高可靠的针式连接器，使得系统的可靠性比采用印制板板边连接器的系统有极大的提高。VME 总线是一种非复用的 32 位异步总线。非复用是指它的地址和数据分别有各自的信号线；异步意味着总线上信号的定时关系是由总线延迟和握手信号确定的，而不是靠系统时钟来协调。只要总线信号所表达的功能被确认有效，信号就立即被激活。这样无论是快的还是慢的器件，新的或老的技术，都可用于 VME 总线，总线的速度自动与器件的速度相适配，这是其最大的优点。

VXI(VMEbus Extensions for Instrumentation)是 VME 总线在仪器领域的扩展，是在 VME 总线、Eurocard 标准(机械结构标准)和 IEEE488 等的基础上，由主要仪器制造商共同制定的开放性仪器总线标准。1993 年，VXI 规范被采纳为国际标准 IEEE1155。

VXI 系统最多可包含 256 个装置，主要由主机箱、零槽控制器，以及具有多种功能的模块仪器和驱动软件、系统应用软件等组成。系统中各功能模块可随意更换，即插即用组成新系统。VXI 总线工控机规定的操作系统类型有 DOS、Windows 、Salaris、UNIX。

4. PC/CompactPCI 总线

PCI(Peripheral Component Interconnect)局部总线由美国 Intel 公司提出，由 Intel 公司联合多家公司成立的 PCI SIG (PCI Special Interest Group)制定。PCI 局部总线是微型机上的处理器/仪器与外围控制部件、外围附加卡之间的互联机构，它规定了互连机构的协议、电气、机械以及配置空间规范。在电气方面专门定义了 5 V 和 3.3 V 的信号环境。特别是 PCI 局部总线规范的 2.1 版定义

了 64 位总线扩展和 66 MHz 总线时钟的技术规范。

PCI 局部总线规范是当今微型机行业事实上的标准，也是业界微型机系统及产品普遍遵循的工业标准之一。PCI 局部总线不仅满足高、中、低档台式机的应用需要，而且适用于从移动计算到服务器整个领域的需要。PCI 局部总线的主要特点是：

（1）地址、数据多路复用的高性能 32 位或 64 位同步总线。总线引脚数目少，对于总线目标设备只有 47 根信号线，对于主设备最多只有 49 根信号线。

（2）高性能和高带宽。PCI 局部总线支持猝发工作方式，在 33 MHz 总线时钟、32/64 位数据通路时可达到峰值 132/264 MB/s 的带宽，在 66 MHz 总线时钟下，可达到峰值 264/528 MB/s 的带宽。

（3）通用性强，适用面广，PCI 局部总线独立于处理器。主流的 Intel 系列的处理器以及其他处理器系列，如 Alpla Axp 系列、Power PC 系列、SPARC 系列以及下代处理器都可以使用 PCI 局部总线。

（4）PCI 局部总线的多主能力允许 PCI 总线的主设备能对等访问总线上的任何主设备或目标设备。PCI 的配置空间规范能保证全系统的自动配置，即插即用，PCI 的向前和向后的兼容性又使得现存的各种产品能平滑地向新标准过渡，保护用户的利益。

CompactPCI 总线=PCI 总线的电气规范+标准针孔连接器(IEC-1076-4-101)+欧洲卡规范(IEC297/IEEE 101.1)，是当今普遍采用的一种工业计算机总线标准。CompactPCI 规范 1.0 版于 1995 年由 PICMG(PCI Industrial Computer Manufacturers Group)提出，1997 年发展为CompactPCI规范 2.1，并制定了 CompactPCI 热插拔接口规范(CompactPCI Hot Swap Infrastructure Interface Specification)。设计 CompactPCI 的出发点在于，迅速利用 PCI 的优点，提供满足工业环境应用要求的高性能核心系统，同时还能充分利用传统的总线产品，如 ISA STD、VME 或 PC104 来扩充系统的 I/O 和其他功能。因此，CompactPCI 不是重新设计 PCI 规范，而是改造现行的 PCI 规范，使其成为无源底板总线式的系统结构。例如，原 PCI 规范最多只能接纳 4 块附加的插卡，这对工业应用往往不够，CompactPCI 的基本系统设计成 8 块卡，并可通过 PCI-PCI 桥电路芯片进行扩展，同时，利用桥电路技术，也可将 CompactPCI 与别的总线组成混合系统。

CompactPCI 依附于 PCI 平台，在芯片、软件和开发工具方面可以得到大批量生产制造的 PC 机资源，有利于自身成本的降低。尽管 CompactPCI 取得了很大成功，且目前仍然被主流工控机生产厂家支持，但是其带宽不足以应付数据量的爆炸式增长。PICMG 于 2011 年提出了第一版高速串行 CompactPCI 标准 CPCI-5.0，2015 年 6 月又发布了第二版。高速串行 CompactPCI 支持串行 PCI Express、SATA、Ethernet、I^2C 等接口方式，很好地满足了机器人、车床、工业自动化及医疗设备、通信、交通、能源等领域的需求。

5. PXI 总线

PXI(PCI Extensions for Instrumentation)是 NI 公司 1997 年 9 月发布的一种

开放性、模块化仪器总线规范，是 PCI 总线在仪器领域的扩展。PXI 引脚的定义已在 PICMG 的仪器分会中注册，以确保与 CompactPCI 完全兼容，PXI 与 CompactPCI 模块可以在同一系统中共存而不发生冲突。

PXI 支持在工业仪器、数据采集及工业化应用中要求更高的机械、电气、软件特性。为更适于工业应用，PXI 扩充了 CompactPCI 规范，定义了加固的结构形式。PXI 规范对工业环境中的振动、冲击、温度和湿度等环境性能试验提出了更高、更细的要求。PXI 在 CompactPCI 机械规范上增加了必需的测试环境和主动冷却，这样可以简化系统集成并确保多供应商产品的互操作性。

PXI 系统与 PC 完全兼容，将 Windows 操作系统定义为其标准的系统级软件框架，熟悉台式 PC 的仪器系统开发商，花很少的时间和费用便可将它们的 PC 资源应用到加固的 PXI 系统中，另外，所有的 PXI 外部设备必须包括相应的设备驱动软件，以降低最终用户的开发成本。

由于 PXI 总线的机械、电气、软件特性借用成熟 PC 技术，所以 PXI 以较低的价格提供了其他昂贵测试平台(如 VXI)上高精度仪器才具有的同步、定时特性。此外，它组合了主流 PCI 计算机技术和 Windows 软件及加固的工业封装、功率、冷却及 EMC 的系统规范，使得 PXI 模块仪器在不突破预算的情况下，提供高性能的测试、测量和数据采集。

17.2.4 测控系统的外部总线

1. RS-232C 总线

RS-232C 是美国电子工业协会 EIA(Electronic Industries Association)制定的一种串行物理接口标准。RS-232C 总线标准设有 25 条信号线，包括一个主通道和一个辅助通道，在多数情况下主要使用主通道，对于一般双工通信，仅需几条信号线就可实现，如一条发送线、一条接收线及一条地线。

RS-232C 标准规定的数据传输速率为每秒 50、75、100、150、300、600、1 200、2 400、4 800、9 600、19 200 波特率。RS-232C 标准规定，驱动器允许有 2 500 pF 的电容负载，通信距离将受此电容限制。例如，采用 150 F/m 的通信电缆时，最大通信距离为 15 m；若每米电缆的电容量减小，通信距离则可以增加。传输距离短的另一原因是 RS-232C 属单端信号传送，存在共地噪声和不能抑制共模干扰等问题，因此一般用于 20 m 以内的通信。

RS-232C 传输的信号电平对地对称，与 TTL、CMOS 逻辑电平完全不同，其逻辑 **0** 电平规定为+5～+15 V 之间，逻辑 **1** 电平规定为-15～-5 V 之间，因此，计算机系统采用 RS-232C 通信时需经过电平转换接口。此外，RS-232C 未规定标准的连接器，因而同样是 RS-232C 接口却可能互不兼容。

2. RS-499/RS-423A/422A/485 总线

1997 年 EIA 制定了电子工业标准接口 RS-449，并于 1980 年成为美国标准。RS-449 是一种物理接口功能标准，其电气标准依据 RS-423A 或 RS-422A 以及 RS-485。RS-449 除了与 RS-232C 兼容外，还在提高传输速率、增

加传输距离、改进电气性能方面做了很大努力，并增加了 RS-232C 未用的测试功能，明确规定了标准连接器，解决了机械接口问题。

RS-423A 和 RS-422A 分别给出 RS-499 在应用中对电缆、驱动器和接收器的要求。RS-423A给出非平衡信号差的规定，采用非平衡(单端)发送、差分接收接口；RS-422A 给出平衡信号差的规定，采用平衡(双端)驱动、差分接收接口，如图 17-11 所示。

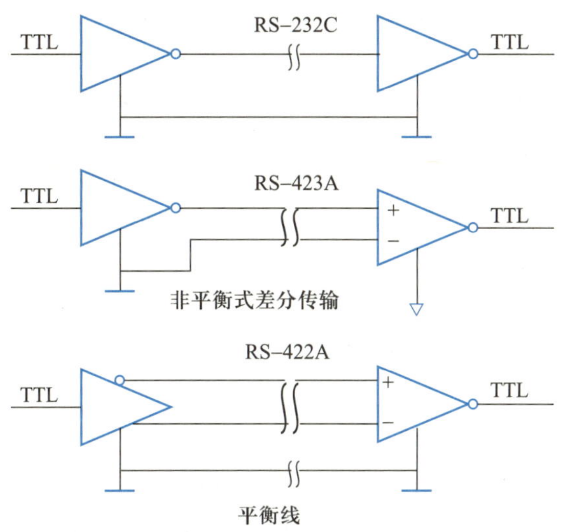

图 17-11　RS-232C、RS-423A、RS-422A 的电气连接图

RS-423A/422A 比 RS-232C 传输信号距离长、速度快，最大传输率可达 10 Mbit/s(RS-422A 电缆长度 120 m,RS-423A 电缆长度 15 m)。如果采用较低的传输速率，如 90 000 bit/s，最大距离可达 1 200 m。

RS-485 是 RS-422A 的变形。RS-422A 为全双工，可同时发送与接收；RS-485 则为半双工，在某一时刻，只能有一个发送器工作。RS-485 是一种多发送器的电路标准，它扩展了RS-422A的性能，允许双导线上一个发送器驱动多达 32 个负载设备。负载设备可以是被动发送器、接收器或收发器(发送器和接收器的组合)。RS-485 用于多点互联时非常方便，可以节省信号线数量。应用 RS-485 可以非常方便地联网构成分布式测控系统。

3. GPIB 总线

GPIB(General Purpose Interface Bus)是计算机和仪器间的标准通信协议，它是最早的仪器总线，属于命令级兼容的并行总线接口标准，目前多数仪器都配置了遵循 IEEE-488 的 GPIB 接口。

GPIB 通用接口总线最初由惠普(Hewlett-Packard)公司于 1965 年提出，并称之为 HPIB。1975 年由 IEEE(Institute of Electrical and Electronics Engineers)接纳为 IEEE-488-1975 标准，并于 1978 年进行了修订，公布了 IEEE 488 并行接口标准。1987 年，IEEE 发布 IEEE-488.2 并将原有标准改称为 IEEE-488.1，IEEE-488.2 在 IEEE-488.1 的基础上增加了通信协议和通用命令方面

的新内容，1990 年，IEEE-488.2 进一步加入 SCPI(Standard Commands for Programmable Instrumentation)程序仪器标准命令，全面加强了 GPIB 接口总线在编码、格式、协议和命令方面的标准化。

典型的 GPIB 测试系统包括一台计算机、一块 GPIB 接口卡和若干台 GPIB 仪器。每台 GPIB 仪器有单独的地址，由计算机控制操作。系统中的仪器可以增加、减少或更换，仅需对计算机的控制软件做相应改动即可。

GPIB 按照位并行、字节串行双向异步方式传输信号，连接方式为总线方式，仪器设备直接并联于总线上而不需中介单元。在价格上，GPIB 仪器覆盖了从比较便宜的到异常昂贵的仪器。GPIB 总线上最多可连接 15 台设备，最大传输距离为 20 m，信号传输速率一般为 0.5 Mbit/s，最大传输速率为 1 Mbit/s，不适用于对系统速度要求较高的场合。为了解决这一缺陷，NI 公司于 1993 年提出了 HS-488 高速接口标准，将传输速率提高到 8 Mbit/s，该标准与 IEEE-488.1 和 IEEE-488.2 兼容，具有 HS-488 接口的仪器可以与具有 IEEE-488.1/.2 接口的仪器共同使用。

2004 年 IEEE 和 IEC 将它们的标准合并为 IEEE/IEC 标准 IEC-60488-1 和 IEC-60488-2。

4. USB/IEEE-1394

USB(Universal Serial Bus)是由 Intel、Compaq、Digital、IBM、Microsoft、NEC、Northem、Telecom 八家世界著名的计算机和通信公司共同推出的串行接口标准。1995 年 11 月正式发布了 USB0.9 规范，1997 年开始有真正符合 USB 技术标准的外部设备出现。USB 是目前推出的在计算机与外部设备上普遍采用的标准。

USB1.1 主要应用在中低速外部设备上，它提供的传输速率有低速 1.5 Mbit/s 和全速 12 Mbit/s 两种。直到 1999 年 2 月 USB 2.0 规范的出现，情况才有所改观，USB2.0 向下兼容 USB1.1，其速率可高达 480 Mbit/s，支持多媒体应用。

速度更高的 USB3.0 Superspeed 于 2008 年发布，初始速率为 625 Mbit/s，2017 年更新的 USB3.2 发布，传输速率达到 2 500 Mbit/s。最新的 USB4.0 Thunder bolt 于 2020 年底上市，其传输速率比 USB3.2 成倍提高。

使用 USB 接口可以连接多个不同的设备，支持热插拔，在软件方面，为 USB 设计的驱动程序和应用软件可以自动启动，无需用户干预。USB 设备也不涉及中断冲突等问题，它单独使用自己的保留中断，不会与其他设备争用计算机有限的资源，为用户省去了硬件配置的烦恼。

USB 接口连接的方式十分灵活，既可以使用串行连接，也可以使用 Hub 把多个设备连接在一起，再同 PC 机的 USB 口相接。在 USB 方式下，所有的外部设备都在机箱外连接，不必打开机箱，不必关闭主机电源。USB 采用“级联”方式，即每个 USB 设备用一个 USB 插头连接到一个外部设备的 USB 插座上，而其本身又提供一个 USB 控制器，理论上可以连接多达 127 个外部设备，而每个外部设备间距离(线缆长度)可达 5 m。USB 还能智能识别链上外围设备的接入或拆卸，真正做到“即插即用”。而且 USB 接口提供了内置电源，能向低压设备提供 5 V 的电源，从而降低了这些设备的成本并提高了性价比。

继 USB 之后，另一种称为 FIREWIRE(即 IEEE-1394)的接口技术于 1999 年由苹果公司用于其产品中，这种接口比 USB2.0 功能更为强大，而且性能稳定。

IEEE-1394 也是一种高效的串行接口标准。IEEE-1394 可以在一个端口上连接多达 63 个设备，设备间采用树形或菊花链拓扑结构。IEEE-1394 标准定义了两种总线模式，即Backplane 模式和 Cable 模式。其中，Backplane 模式支持 12.5 Mb/s 的传输速率。但是，IEEE-1394 的主机和外部设备的复杂性远远高于 USB2.0 系统，成本也远远比 USB2.0 高，目前已逐渐被更新的 USB 标准所取代。

5. 现场总线

现场总线是一种工业数据总线，主要解决智能化仪表、控制器、执行机构等现场设备间的数字通信，以及这些现场控制设备和高级控制系统之间的信息传递问题。从 1984 年起，ISA(美国仪表学会)开始制定关于现场总线的规范——ISA SP50，并于 1992 年完成了物理层标准的制定。在 1992—1993 年间，形成了关于现场总线标准制定的两大国际化组织：ISPD 和 WorldFIP。到 1994 年后期，两大组织合并成唯一的现场总线标准化组织，即现场总线基金会(Fieldbus Foundation,简称 FF)。直到 1999 年，作为工业控制系统的现场总线标准 IEC61158 才获得通过，其第四版于 2007 年发布，共 20 种现场总线进入该国际标准。此后一直处于修订完善过程中，最新的版本于 2019 年 4 月发布。

根据 IEC 标准和 FF 的定义：现场总线是连接智能现场设备和自动化系统的数字式、双向传输、多节点结构的通信网络。其技术特点有以下几个方面：

(1) 现场总线用于过程自动化和制造自动化的现场设备或现场仪表互连的现场数字通信网络，利用数字信号代替模拟信号，其传输抗干扰性强，测量精度高，大大提高了系统的性能。

(2) 现场总线网络是开放式互联网络，用户可以自由集成不同制造商的通信网络，通过网络对现场设备和功能块统一组态，把不同厂商的网络及设备有机地融合为一体，构成统一的 FCS (Fieldbus Control System)。

(3) 所有现场设备直接通过一对传输线(现场总线)互连，双向传输多个信号，可大大减少连线的数量，使得费用降低，易于维护，与 DCS 相比，现场总线减少了专用的 I/O 装置及控制站，降低了成本，提高了可靠性。

(4) 增强了系统的自治性，系统控制功能更加分散，智能化的现场设备可以完成许多先进的功能，包括部分控制功能，促使简单的控制任务迁移到现场设备中，使现场设备既有检测、变换功能，又有运算和控制功能，一机多用。这样既节约了成本，又使控制更加安全和可靠。FCS 废除了 DCS 的 I/O 单元和控制站，把 DCS 控制站的功能块分散到现场设备，实现了彻底的分散控制。

现场总线标准的制定和实施十分缓慢，在 IEC/ISA SP50 小组制定总线标准的过程中，不少厂家已捷足先登，形成了多种总线标准，影响广泛的有FIP、Profibus、worldFIP、LONWORK、CANbus等。这里简要介绍现场总线基金会(FF)制定的现场总线标准，其他现场总线标准可参考相关资料。

FF现场总线体系结构是参照国际标准化组织(ISO)的开放系统互联协议(OSI)而制定的。OSI共有七层，FF提取了其中的三层：物理层、数据链路层和应用层，而且对应用层进行了较大的改动，分成了现场总线存取和应用服务两部分，另外又在应用层上增加含有功能块的用户层。功能块的引入使得用户可以摆脱复杂的编程工作，而直接简单地使用功能块对系统及其设备进行组态。这样使得FF总线标准不仅仅是信号标准和通信标准，更是一个系统标准，这也是FF总线与其他现场总线系统标准的关键区别。

FF给出了两种速率的现场总线：低速的H1总线和高速的H2总线。H1传输速率为31.25 kbit/s，传输距离为200~1 900 m，最多可串接4台中继器；H2传输速率为1 Mbit/s，传输距离为750 m或2.5 Mbit/s，传输距离为500 m。H1每段节点数最多为32个，H2每段节点数最多为124个。H1支持使用信号电缆线向现场装置供电，并能满足本征安全要求。

提示：

本征安全，又称本质安全，其理论基础是确保系统中的电能及热能均低到不会使爆炸性气体燃烧，因此只允许流过低电压和小电流，并对储能环节有严格的限制。

FF总线系统中的装置可以是主站，也可以是从站。主站有控制发送、接收数据的权力，从站仅有响应主站访问的权力。为实现对传送信号的发送和接收控制，FF总线系统采用了令牌和查询通信方式为一体的技术。在同一个网络中可以有多个主站，但在初始化时只能有一个主站。

为了支持不同厂商之间功能块的标准化和互操作性，FF定义了两项工具，即设备描述语言DDL(device discription language)和对象字典OD(object dictionary)。OD是一个“基于方案”的工具，用于定义字典以及设备和其中功能块的目录信息。设备应用的OD由设备描述来补足，而设备描述又由设备描述语言DDL生成。DDL是一种解释语言，用于描述应用进程对象的行为和操作接口。通过这些措施使不同厂家的设备互操作成为可能。

17.3 虚拟仪器

“虚拟”仪器(virtual instruments，简称VI)是目前国内外测试技术界和仪器制造界十分关注的热门话题。虚拟仪器是一种概念性仪器，迄今为止，业界还没有一个明确的国际标准和定义。虚拟仪器实际上是一种基于计算机的自动化检测仪器系统，是现代计算机技术和仪器技术完美结合的产物，是当今计算机辅助测试(CAT)领域的一项重要技术。虚拟仪器利用加在计算机上的一组软件与仪器模块相连接，以计算机为核心，充分利用计算机强大的图形界面和数据处理能力提供对测量数据的分析和显示。

虚拟仪器技术的开发和应用源于1986年美国NI公司设计的LabVIEW，它是一种基于图形的开发调试和运行程序的集成化环境，实现了虚拟仪器的概念。NI提出的“软件即仪器(the software is the instrument)”的口号，彻底打破了传统仪器只能由生产厂家定义、用户无法改变的模式，利用虚拟仪器，用户可以很方便地组建自己的自动检测系统。

17.3.1 虚拟仪器的出现

电子测量仪器发展至今，大体分为四代：模拟仪器、数字化仪器、智能仪器和虚拟仪器。

第一代模拟仪器，如指针式万用表、晶体管电压表等，其基本结构是电磁机械式的，借助指针来显示最终结果。

第二代数字化仪器，这类仪器目前相当普及，如数字电压表、数字频率计等。这类仪器将模拟信号测量转化为数字信号测量，并以数字方式输出最终结果。

第三代智能仪器，这类仪器内置微处理器，既能进行自动检测又具有一定的数据处理能力，其功能块以硬件或固化的软件形式存在。

第四代虚拟仪器，是由计算机硬件资源、模块化仪器(硬件)，以及用于数据分析、过程通信和图形用户界面的软件组成的检测系统，是一种由计算机操纵的模块化仪器系统。

与传统仪器一样，虚拟仪器也由三大功能块构成：数据采集与控制、数据分析与处理、结果的表达与输出，如图 17-12 所示。

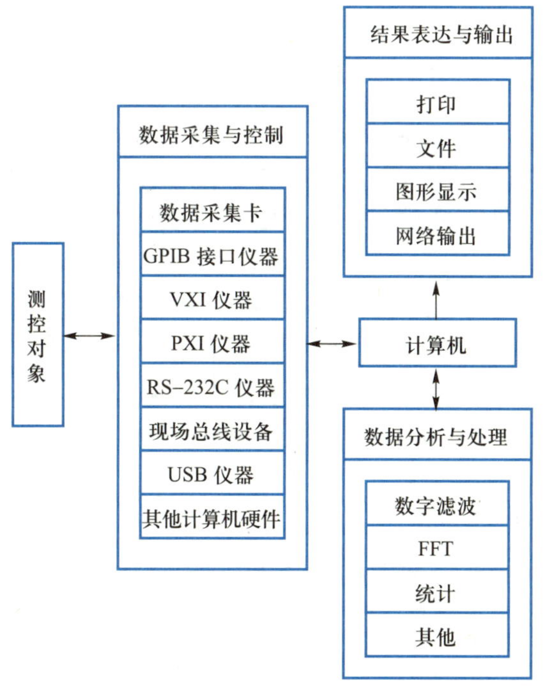

图 17-12 虚拟仪器结构图

与传统仪器相比，虚拟仪器有以下优点：

(1) 融合计算机强大的硬件资源，突破了传统仪器在数据处理、显示、存储等方面的限制，大大增强了传统仪器的功能。

(2) 利用了计算机丰富的软件资源，实现了部分仪器硬件的软件化，增加了系统灵活性。通过软件技术和相应数值算法，可以实时、直接地对测试数据进行各种分析与处理。同时，图形用户界面(GUI)技术使得虚拟仪器界面友好，人机交互方便。

(3) 基于计算机总线和模块化仪器总线，硬件实现了模块化、系列化，提高了系统的可靠性和易维护性。

(4) 基于计算机网络技术和接口技术，具有方便、灵活的互联能力，广泛支持各种工业总线标准。因此，利用 VI 技术可方便地构建自动测试系统，实现测量、控制过程的智能化、网络化。

(5) 基于计算机的开放式标准体系结构。虚拟仪器的硬、软件都具有开放性、可重复使用及互换性等特点。用户可根据自己的需要，选用不同厂家的产品，使仪器系统的开发更为灵活，效率更高，缩短了系统组建时间。

虚拟仪器可广泛用于电子测量、振动分析、声学分析、故障诊断航天航空、军事工程、电力工程、机械工程、建筑工程、铁路交通、地质勘探、生物医疗、教学及科研等诸多方面，涉及国民经济的各个领域，虚拟仪器的发展对科学技术的发展和国防、工业、农业的生产将产生不可估量的影响。

虚拟仪器的体系结构如图 17-13 所示，下面从硬件、软件两个方面介绍虚拟仪器的构建技术。

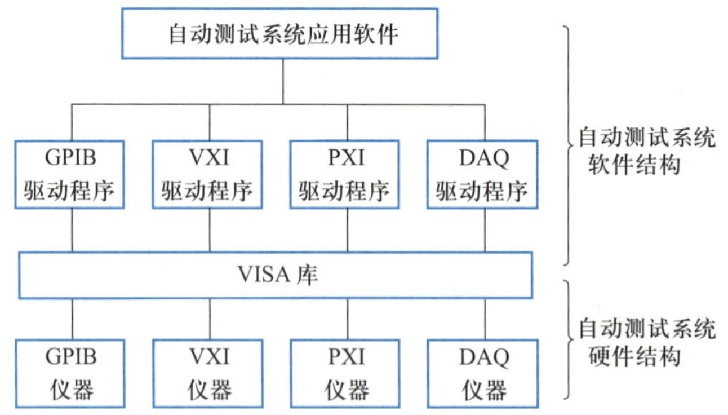

图 17-13 虚拟仪器的体系结构

17.3.2 虚拟仪器的硬件系统

虚拟仪器的硬件系统一般分为计算机硬件平台和测控功能硬件。

计算机硬件平台可以是各种类型的计算机，如普通台式计算机、便携式计算机、工作站、嵌入式计算机等。计算机管理着虚拟仪器的硬软件资源，是虚拟仪器的硬件基础，计算机技术在显示、存储能力、处理性能、网络、总线标准等方面的发展，导致了虚拟仪器系统的快速发展。

按照测控功能硬件的不同，VI 可分为 GPIB、VXI、PXI 和 PC 插卡式四种标准体系结构。其中前面三种仪器总线已在 17.2.3 节做了简要介绍。这里简要介绍 PC 插卡式虚拟仪器系统。

PC 插卡是基于计算机标准总线的内置（如 ISA、PCI、PC/104 等）或外置（USB、IEEE-1394 等）功能插卡，其核心主要是 DAQ（Data AcQuisition，数据采集）卡。它更加充分地利用计算机的资源，大大增加了测试系统的灵活性和扩展性。利用 DAQ 可方便快速地组建基于计算机的仪器，实现“一机多型”和“一机多用”。在性能上，随着 A/D 转换技术、仪器放大、抗混叠滤波技术与信号调理技术的迅速发展，DAQ 的采样速率已达到 1 GS/s，精度高达 24 位，通道数高达数十个，并能任意结合数字 I/O、模拟 I/O、计数器、定时器等通道。

仪器厂家生产了大量的 DAQ 功能模块可供用户选择，如示波器、数字万用表、串行数据分析仪、动态信号分析仪、任意波形发生器等。在 PC 机上挂接若干 DAQ 功能模块，配合相应的软件，就可以构成一台具有各种功能的 PC 仪器（“个人仪器”）。PC 仪器既具有高档仪器的测量品质，又能满足测量需要的多样性。对大多数用户来说，这种方案既实用又具有很高的性能价格比。

17.3.3 虚拟仪器的软件系统

虚拟仪器技术最核心的思想就是利用计算机的硬软件资源，使本来需要硬件实现的技术软件化（虚拟化），以便最大限度地降低系统成本，增强系统的功能与灵活性。基于软件在 VI 系统中的重要作用，NI 提出了“软件即仪器”的口号。VPP（VXI Plug & Play）系统联盟提出了系统框架、驱动程序、VISA 软面板部件知识库等一系列 VPP 软件标准，推动了虚拟仪器软件标准化的进程。

虚拟仪器的软件框架从低层到顶层，包括三部分：VISA 库、仪器驱动程序、应用软件。VISA（Virtual Instrumentation Software Architecture）虚拟仪器软件体系结构，实质就是标准的 I/O 函数库及其相关规范的总称。一般称这个 I/O 函数库为 VISA 库。它驻留于计算机系统之中，执行仪器总线的特殊功能，是计算机与仪器之间的软件层连接，以实现对仪器的程控。它对于仪器驱动程序开发者来说是一个可调用的操作函数集。

仪器驱动程序是完成对某一特定仪器控制与通信的软件程序集。它是应用程序实现仪器控制的桥梁。每个仪器模块都有自己的驱动程序，仪器厂商以源码的形式提供给用户。

应用软件建立在仪器驱动程序之上，直接面对操作用户，通过提供直观友好的测控操作界面/丰富的数据分析与处理功能，来完成自动测试任务。

对于虚拟仪器应用软件的编写，大致可分为两种方式：

（1）用通用编程软件进行编写。主要有 Microsoft 公司的 Visual C++、Borland 公司的Delphi、Sybase 公司的 PowerBuilder。

（2）用专业图形化编程软件进行开发。如 HP 公司的 VEE 和 HPTIG、NI 公司的 LabVIEW 和 Labwindows/CVI、美国 Tektronis 公司的 Ez-Test 和 Tek-TNS 以及美国 HEM Data 公司的 Snap-Marter 平台软件。

应用软件还包括通用数字处理软件。通用数字处理软件包括用于数字信号处理的各种功能函数，如频域分析的功率谱估计、FFT、FHT、逆 FHT、逆

FFT 和细化分析等；时域分析的相关分析、卷积运算、反卷运算、均方根估计、差分积分运算和排序等；数字滤波等。这些功能函数为用户进一步扩展虚拟仪器的功能提供了基础。

17.3.4 虚拟仪器的发展趋势

虚拟仪器走的是一条标准化、开放性、多厂商的技术路线，经过多年的发展，正沿着总线与驱动程序的标准化、硬软件的模块化、硬件模块的即插即用化、编程平台的图形化等方向发展。

随着计算机网络技术、多媒体技术、分布式技术的飞速发展，融合了计算机技术的 VI 技术，其内容会更丰富。如简化仪器数据传输的 Internet 访问技术 DataSocket、基于组件对象模型(COM)的仪器软硬件互操作技术 OPC、软件开发技术 ActiveX 等。这些技术不仅能有效提高测试系统的性能水平，而且也为“软件仪器时代”的到来做好了技术上的准备。

此外，可互换虚拟仪器(interchangeable virtual instruments,简称 IVI)也是虚拟仪器领域一个很重要的发展方向，目前，IVI 是基于 VXI 即插即用规范的测试/测量仪器驱动程序建议标准，用户无需更改软件即可互换测试系统中的多种仪器。比如，从 GPIB 转换到 VXI 或 PXI。这一针对测试系统开发者的 IVI 规范，通过提供标准的通用仪器类软件接口可以节省大量工程开发时间，其主要作用为：关键的生产测试系统发生故障或需要重校时无需离线进行调整；可在由不同仪器硬件构成的测试系统上开发单一检测软件系统，以充分利用现有资源；在实验室开发的检测代码可以移植到生产环境中的不同仪器上。

17.4 网络化检测仪器

总线式仪器、虚拟仪器等微机化仪器技术的应用，使组建集中或分布式测控系统变得更为容易。但集中测控越来越满足不了复杂远程(异地)和范围较大的测控任务的需求，为此，组建网络化的测控系统就显得非常必要。近 10 年来，以 Internet 为代表的网络技术的出现以及测控系统与其他高新科技的相互结合，不仅已开始将智能互联网产品带入现代生活，而且也为测量与仪器技术带来了前所未有的发展空间和机遇，网络化测量技术与具备网络功能的新型仪器应运而生。

在网络化仪器环境条件下，被测对象可通过检测现场的普通仪器设备，将测得数据(信息)通过网络传输给异地的精密测量设备或高档次的微机化仪器去分析、处理；能实现测量信息的共享；可掌握网络节点处信息的实时变化的趋势。此外，也可通过具有网络传输功能的仪器将数据传至原端即现场。

基于 Web 的信息网络 Intranet，是目前企业内部信息网的主流。应用 Internet 具有开放性的互联通信标准，使 Intranet 成为基于 TCP/IP 协议的开放系统，能方便地与外界连接，尤其是与 Internet 连接。借助 Internet 的相关技术，Intranet 能给企业的经营和管理带来极大便利，已被广泛应用于各个行业。

Internet 也已开始对传统的测控系统产生越来越大的影响。

软件是网络化检测仪器开发的关键，UNIX、Windows、Linux 等网络化计算机操作系统，现场总线标准的计算机网络协议(如 OSI 的开放系统互联系统互联参考模型 RM、Internet 上使用的 TCP/IP 协议等)，在开放性、稳定性、可靠性方面有很大优势，采用它们很容易实现测控网络的体系结构。在开发软件方面，比如 NI 公司的 Labview 和 LabWindows/CVI、HP 公司的 VEE、微软公司的 VB、VC 等，都有开发网络应用项目的工具包。

17.4.1　基于现场总线技术的网络化测控系统

现场总线是用于过程自动化和制造自动化的现场设备或仪表互联的现场数字通信网络，它嵌入在各种仪表和设备中，可靠性高，稳定性好，抗干扰能力强，通信速率快、造价低廉、维护成本低。

现场总线面向工业生产现场，主要用于实现生产/过程领域的基本测控设备(现场级设备)之间以及与更高层次测控设备(车间级设备)之间的互联。这里现场级设备指的是最底层的控制、监测、执行和计算设备，包括传感器、控制器、智能阀门、微处理器和存储器等各种类型的工业仪表产品。

与传统测控仪表相比，基于现场总线的仪表单元具有如下优点：

(1) 彻底网络化。从最底层的传感器和执行器到上层的监控/管理系统均通过现场总线网络实现互联，同时还可进一步通过上层监控/管理系统连接到企业内部网甚至 Internet。

(2) 一对 N 结构。一对传输线，N 台仪表单元，双向传输多个信号。其接线简单，工程周期短，安装费用低，维护容易，彻底抛弃了传统仪表单元一台仪器、一对传输线只能单向传输一个信号的缺陷。

(3) 可靠性高。现场总线采用数字信号实现测控数据，抗干扰能力强，精度高；而由于传统仪表采用模拟信号传输，往往需要提供辅助的抗干扰和提高精度的措施。

(4) 操作性好。操作员在控制室即可了解仪表单元的运行情况，且可以实现对仪表单元的远程参数调整、故障诊断和控制过程监控。

(5) 综合功能强。现场总线仪表单元是以微处理器为核心构成的智能仪表单元，可同时提供检测变换和补偿功能，实现一表多用。

(6) 组态灵活。不同厂商的设备既可互联也可互换，现场设备间可实现互操作，通过结构重组，可实现系统任务的灵活调整。

现场总线种类繁多，但不失一般性，基于任何一种现场总线，由现场总线测量、变送和执行单元组成的网络化系统可表示为图 17-14 所示的结构。

现场总线网络测控系统目前已在实际生产环境中得到成功的应用，由于其内在的开放式特性和互操作能力，基于现场总线的 FCS 系统已有逐步取代 DCS 的趋势。

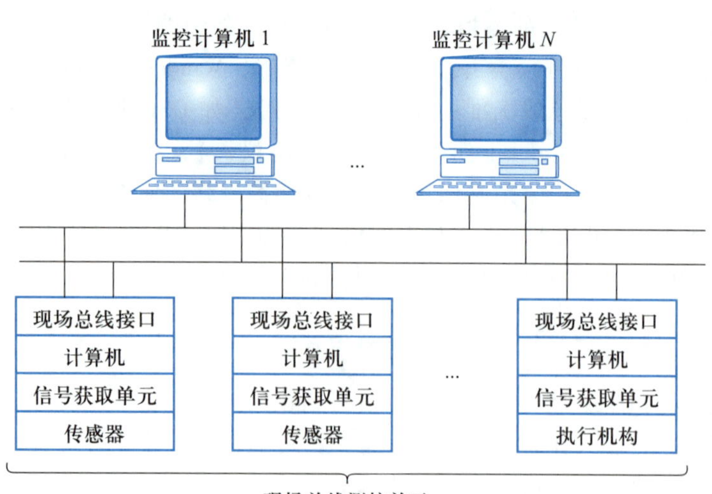

图 17-14 基于现场总线技术的测控网络

17.4.2 面向 Internet 网络测控系统

当今时代，以 Internet 为代表的计算机网络迅速发展，相关技术日益完善，突破了传统通信方式的时空限制和地域障碍，使更大范围内的通信变得十分容易，Internet 拥有的硬件和软件资源正在越来越多的领域中得到应用，比如电子商务、网上教学、远程医疗、远程数据采集与控制、高档测量仪器设备资源的远程实时调用、远程设备故障诊断等。与此同时，网络互联设备的进步，又方便了 Internet 与不同类型测控网络、企业网络间的互联。利用现有 Internet 资源而不需建立专门的拓扑网络，使组建测控网络、企业内部网络以及它们与 Internet 的互联都十分方便。

典型的面向 Internet 的测控系统结构如图 17-15 所示。

图 17-15 中，现场智能仪表单元通过现场级测控网络与企业内部网 Intranet 互连，而具有 Internet 接口能力的网络化测控仪器通过嵌入其内部的 TCP/IP 协议直接连接于企业内部网，测控系统在数据采集、信息发布、系统集成等方面都以企业内部网络 Intranet 为依托，将测控网、企业内部网与 Internet 互联，便于实现测控网和信息网的统一。在这样构成的测控网络中，网络化仪器设备充当着网络中独立节点的角色，信息可跨越网络传输，使实时、动态（包括远程）的在线测控成为现实。与过去的测控、测试技术相比，不难发现今天网络化测控能大量节约现场布线，扩大测控系统的地域范围。

17.4.3 网络化检测仪器与系统实例

网络化仪器的概念并非建立在虚幻之上，而已经在现实测量与测控领域中初见端倪，以下是现有网络化仪器的几个典型例子。

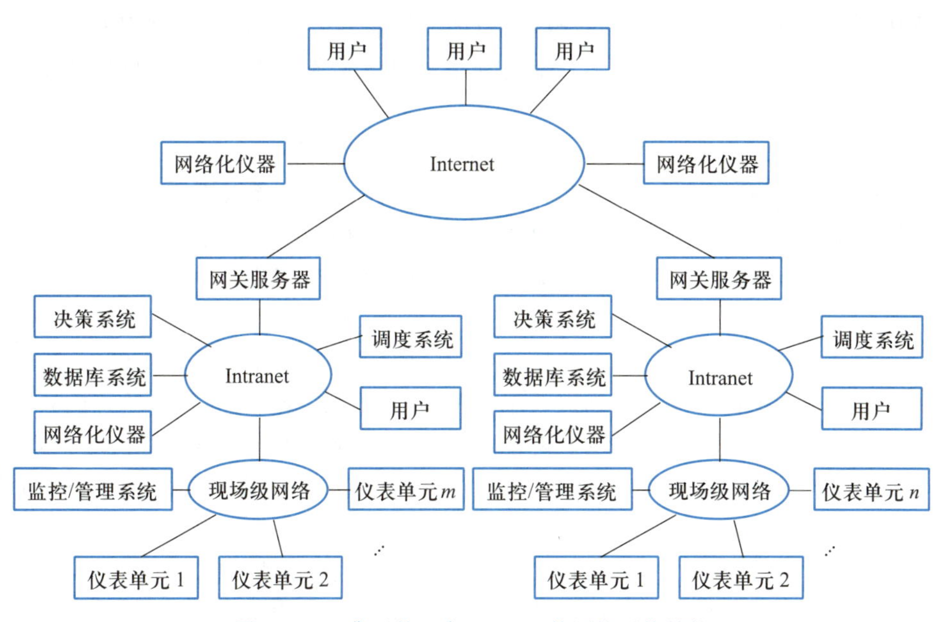

图 17-15　典型的面向 Internet 的测控系统结构

1. 网络化流量计

流量计是用来检测流动物体流量的仪表，它能记录各个时段的流量，并在流量过大或过小时报警。现在已有商品化的、具有联网能力的流量计。使用它，用户可以在安装过程中通过网络浏览器对其若干参数进行远程配置。在嵌入 FTP 服务器后，网络化流量计就可将流量数据传送到指定计算机的指定文件里。STMP(简短消息传输协议)电子邮件服务器可将报警信息发送给指定的收信人(指定的信箱)。技术人员收到报警信息后，可利用该网络化流量计的互联网地址进行远程登录，运行适当的诊断程序，重新进行配置或下载新的软件，以排除障碍，而无需离开办公室赶赴现场。

2. 网络化传感器

与计算机技术和网络技术相结合，使传感器从传统的现场模拟信号通信方式转为现场级的全数字通信方式成为现实，即产生了传感器现场级的数字网络化——网络化传感器。网络化传感器是在智能传感器基础上，把网络协议作为一种嵌入式应用，嵌入现场智能传感器的 ROM 中，使其具有网络接口能力。网络化传感器像计算机一样成为测控网络上的节点，并具有网络节点的组态性和互操作性。利用现场总线网络、局域网和广域网，处在测控点的网络传感器将测控参数信息加以必要的处理后登录网络，联网的其他设备便可获取这些参数，进而进行相应的分析和处理。为此，IEEE 制定了兼容各种现场总线标准的智能网络化传感器接口标准 IEEE1451。

网络化传感器应用范围很大，比如在广袤地域的水文监测中，对江河从源头到入海口，在关键测控点用传感器对水位乃至流量、雨量进行实时在线监测，网络化传感器就近登录网络，组成分布式流域水文监控系统，可对全流域及其动向进行在线监控。在对全国进行的质量监测中，也同样可利用网络化传感器，进行大范围的信息采集。随着分布式测控网络的兴起，网络化传感器必将得到更广泛的应用。

3. 网络化示波器和网络化逻辑分析仪

网络化逻辑分析仪可实现任意时间、任何地点对系统的远程访问，实时地获得仪器的工作状态。通过友好的用户界面，可对远程仪器加以控制，状态进行监测，还能将远程仪器测得的数据经网络迅速传递给本地计算机。

泰克(Tektronix)公司推出的具有 4 GHz 的快速实时示波器 TDS7000，除了具有十分直观的图形用户界面以及不受限制地使用各种与 Windows 兼容的软件和硬件设备等优点外，极强的联网能力使其可以成为测试网络中的一个节点，与网络连接后，使用者可以与他人共享文件、使用打印资源、浏览网上发布的相关信息，并可直接从 TDS7000 收发 E-mail。

总之，现代科学技术的迅速发展，有力地推动了仪器、仪表技术的不断进步。仪器、仪表的发展将追随通用计算机、通用软件和标准网络的发展，仪器标准将向计算机标准、网络规范靠拢。随着智能化、微机化仪器仪表的日益普及，联网测量技术已在现场维护和某些产品的生产自动化方面得以实施，必将在现代化工业生产等越来越多的领域中大显身手。

17.4.4 无线传感器网络测控系统

一、无线传感器网络测控系统

无线传感器网络的发展为网络化监控测量带来了前所未有的机遇和发展空间。无线传感器节点通常是一个微型的嵌入式系统，它的处理能力、存储能力和通信能力相对较弱，通过携带能量有限的电池供电，节点体系结构如图 17-16 所示。每个传感器节点兼顾传统网络终端和路由器双重功能。传感器通过自组织成网络，从而整个系统无须人为干预就能达到预期的目的。从某种意义上说，无线传感器网络将逻辑上的信息世界与客观上的物理世界融合在一起，改变了人类与自然界的交互方式。

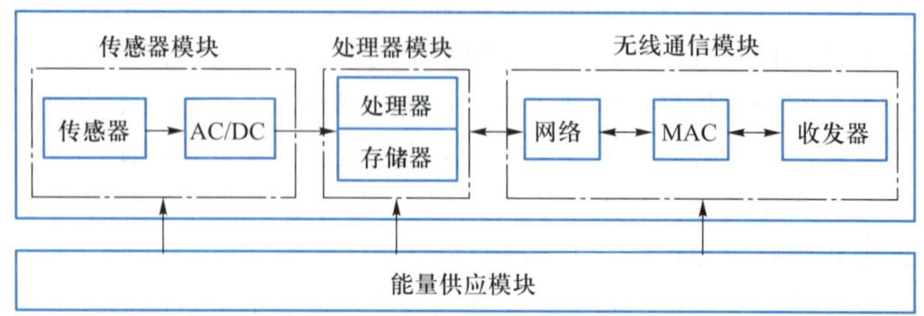

图 17-16　传感器的节点体系结构

传感器网络体系结构如图 17-17 所示，传感器网络系统通常包括传感器节点(sensor node)、汇聚节点(sink node)和管理节点。大量传感器节点随机部署在监测区域(sensor field)内部或附近，能够通过自组织方式构成网络。传感器节点监测的数据沿着其他传感器节点逐跳地进行传输，在传输过程中监测数据可能被多个节点处理，经过多跳后路由到汇聚节点，最后通过互联网或卫星到达管理节点。用户通过管理节点对传感器网络进行配置和管理，发布监测任务以及收集监测数据。

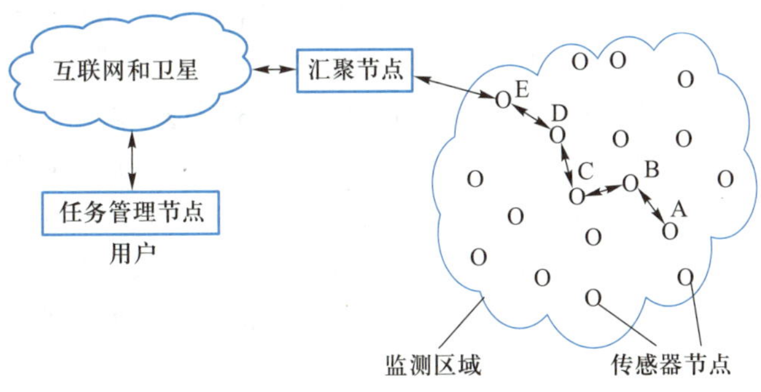

图 17-17　传感器网络体系结构

无线传感器网络的应用前景非常广阔，能够广泛应用于军事、环境监测和预报、健康护理、智能家居、建筑物状态监控、复杂机械监控、城市交通、空间探索、大型车间和仓库管理，以及机场、大型工业园区的安全监测等领域。这里主要介绍无线传感器网络在环境监测中的具体应用。

二、无线传感器网络环境监测的应用

传感器网络在环境监测的许多方面都可以得到有效利用，其中在生态环境检测方面的应用最为典型。与传统的环境监控手段相比，使用传感器网络进行环境监控有三个显著优势：一是传感器节点的体积很小且整个网络只需要部署一次，因此部署传感器网络对监控环境的人为影响很小，这对外来生物活动非常敏感的环境尤其重要；二是传感器网络节点数量大，分布密度高，因此传感器网络具有采集数据量大、精度高的特点；三是无线传感器节点本身具有一定的计算能力、存储能力和无线通信能力，可以根据物理环境的变化进行较为复杂的监控。

外来生物活动对生态环境的影响在海岛环境下尤为明显。海岛往往是不能成为大陆上物种竞争的生物避难所，这类生物对于外来生物活动的反应特别敏感，海鸟的栖息地就是一个对研究人员的活动十分敏感的环境。由于传感器网络具有一次部署、有效期长的特点，如果将传感器网络在种群的繁殖季节之前或者冬眠季节部署好，当生物活跃的季节到来时就可以自动地对它们的活动进行监测，而不需要研究人员再进入到监测环境内，从而大大减少了外来因素对生态环境的影响。

加州大学伯克利分校计算机系 Intel 实验室和大西洋学院(The College of the Atlantic,COA)联合开展了一个名为“in-situ”的利用传感器网络监控海岛生态环境的项目。研究项目组在若干海岛上进行了实地考察并建立了完善的后勤系统。在大鸭岛(Great Duck Island)开展的对海燕栖息地的研究中，大鸭岛生态环境监控的研究人员主要对以下三个问题比较感兴趣：一是当海燕在孵卵期时，以 24~72h 为周期监控巢穴的使用情况；二是在 7 个月的孵卵期内，海燕洞穴和海岛表面的生态参数变化；三是海燕大量筑巢给海岛微观环境带来的影响。可以看到上述感兴趣问题的数据以及数据采集频率都有很大不同，使用传感器网络可以很好地满足大鸭岛的监控需求。

“in-situ”研究项目组在大鸭岛上部署了由 43 个传感器节点组成的传感器网络。传感器节点使用了 Berkeley Mote 节点，节点上运行的软件是 Berkeley 开发的 TinyOS。Berkeley Mote 传感器板参数如表 17-1 所示。节点上装有多种传感器以监测海岛上不同类型的数据。使用光敏传感器、数字温湿度传感器和压力传感器监测海燕地下巢穴的微观环境；使用低能耗的被动红外传感器监测巢穴的使用情况。为了将节点放置在海燕的巢穴中，需要严格控制节点的体积。传感器都集成到传感器板上，从而大大减小节点的体积以满足监控需要。传感器板还包含一个 12 位的 A/D 转换器，以减少或消除模拟测量值中的噪声，得到精度更高的传感数据。

表 17-1 Berkeley Mote 传感器板参数

传感器	精确度	替换精度	取样频率/Hz	启动时间/ms	工作电流/mA
光学传感器	N/A	10%	2 000	10	1.235
I^2C 温度传感器	1K	0.20K	2	500	0.150
大气压传感器	1.5mbar*	0.5%	10	500	0.010
大气温度传感器	0.8K	0.24K	10	500	0.010
湿度传感器	2%	3%	500	500~3 000	0.775
热电堆传感器	3K	5%	2 000	200	0.170
热敏电阻传感器	5K	10%	2 000	10	0.126

* 1bar = 10^5 Pa

部署在实际环境中的节点需要考虑封装问题，根据不同监控任务采用不同的封装形式。用来采集光照信息的传感器节点需要透明而密封的封装，而采集温湿度信息的节点需要有缝隙以便温湿度传感器采集数据。由于海岛环境非常复杂，经常有雨雪天气，而且雨水的 pH 经常小于 3，还会有露水和浓雾天气以及极端的高温和低温、直射的阳光等，这些都可能造成节点的电子元件和传感器失效。实际的节点封装使用了透明的塑料材料，并使用黏合剂严密填充封装的缝隙，尽量减少环境的影响。

作为一个完整的监控系统，大鸭岛监控项目除了利用传感器网络本身的特殊能力外，对于整个系统的设计和实现也有具体的需求。综合来说，大鸭岛监

控项目的应用需求如下：

（1）远程访问和控制能力。传感器网络必须能通过 Internet 访问，研究人员能够通过 Internet 远程控制传感器网络的监控活动。远程控制还需要监控传感器节点的工作状态以及健康情况，并据此调整节点的工作任务。另外，可通过节点的工作电压判断节点的剩余能量信息。如果节点的电压值过低，那么该节点读取的传感数据可靠性也大大降低，需要延长电压过低节点的休眠时间并减少采样频率。

（2）层次型网络结构。整个环境监控系统既需要有 Internet 连接和数据库系统，又需要有处于监控环境内的传感器节点。因此，设计一个具有层次性的异构网络结构是必需的。

（3）足够长的传感器网络生存期。监控应用需要持续 9 个月以上的时间，而节点的能量来自无法补充的电池供电。需要在这样的限制条件下使传感器网络维持足够的有效时间。目前，传感器节点大多使用两节干电池供电，这样的电力在 3 V 情况下大约是 2 200 mA · h。表 17-2 列出了传感器节点常用操作消耗的电量。

表 17-2 传感器节点常用操作消耗的电量

传感器节点操作	消耗电量/nA · h*
传输一个数据包	20.000
接收一个数据包	8.000
侦听信道 1ms	1.250
进行一次传感器取样（模拟取样）	1.080
进行一次传感器取样（数字取样）	0.347
读取 ADC 取样数据一次	0.011
读取 Flash 数据	1.111
向 Flash 写入数据或者擦除 Flash 上的数据	83.333

* 1A · h = 3.6 kC

（4）对自然环境的影响小。传感器网络的部署和工作不能影响生态环境和生物种群的活动。

（5）感应和搜集数据能力。传感器网络需要能够对环境温度、湿度、光照、气压、物体速度和加速度等多种参数进行感应和采集。环境监测应用的最终目标是对监测环境的数据取样和数据收集。取样频率和精度由具体应用确定，并由控制中心向传感器网络发出指令。

（6）直接交互能力。尽管与传感器网络的大多数交互都是通过远程网络，但是开始部署网络以及一些必要的人工干预操作仍然需要直接从节点读取数据。

（7）数据存储和归档能力。将大量的传感数据存储到远程数据库，并能够进行离线的数据挖掘，数据分析也是系统实现中非常重要的方面。

实验中首先关注的问题是传感器网络的生存期。为检验传感器节点的生存期，节点上运行一个应用程序每隔 70s 取样一次数据并发送到基站。数据包长度为 36 个字节，并在本地记录发送时间。在经过 123 天的实验后，整个传感器网络得到了大约 11 万条数据记录。在实验期间，有些节点失效，有些节点发生通信问题，有些节点得到了无效的传感器数据。传感器网络搜集数据统计如图 17-18 所示，表明了每天传感器网络搜集的数据量。由于数据库的崩溃，图中 8 月的数据统计有一段空白部分。

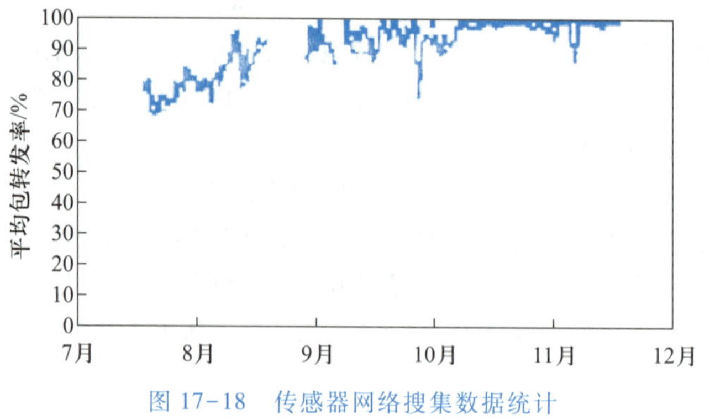

图 17-18　传感器网络搜集数据统计

图 17-19 表明接收数据的丢失率统计，图中实线曲线表示实际的数据丢失统计，虚线曲线表示理论数据丢失。从图中可以看到，每个数据报的丢失率并不是独立的。网络建立的初始阶段数据丢失率比较高，但随着时间的推移，网络的性能明显好转并趋于稳定。

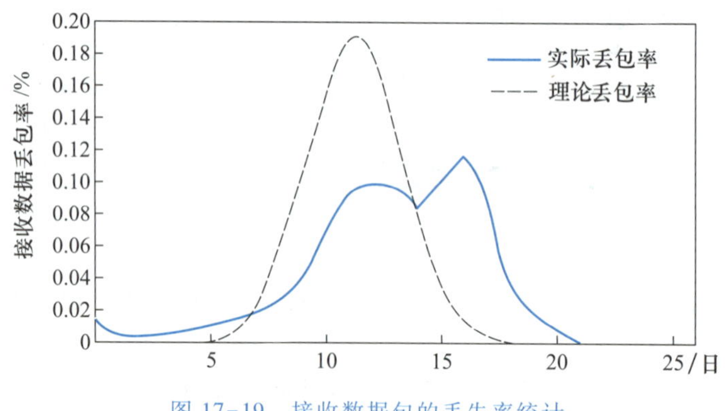

图 17-19　接收数据包的丢失率统计

生态环境监测是一个跨学科的课题。传感器网络为实现准确、数据量大、对环境影响小的生态监测提供了一个全新的手段。

17.4.5　物联网测控系统

17-1 视频 a：
物联网综述

一、物联网测控系统

物联网是通过射频识别、红外感应器、全球定位系统、激光扫描器等信息传感设备，按约定的协议，把任何物体与互联网相连接，进行信息交换和通

信，以实现对物体的智能化识别、定位、跟踪、监控和管理的一种网络。物联网是新一代信息技术的重要组成部分，是物物相连的互联网。

物联网是一个未来发展的愿景，等同于“未来的互联网”或“泛在网络”，能够实现在任何时间、地点人与人、人与物及物与物之间信息交换的网络。

从技术架构上来看，物联网可分为三层：感知层、网络层和应用层，如图17-20所示。

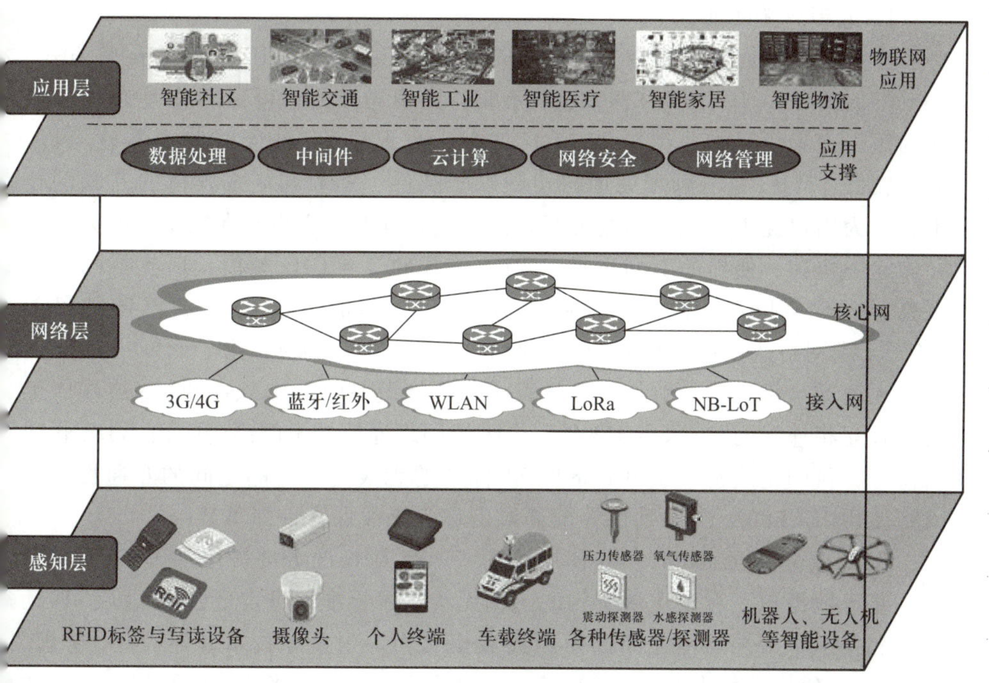

图 17-20 物联网的技术架构

感知层由各种传感器以及传感器网关构成，包括二氧化碳浓度传感器、温度传感器、湿度传感器、RFID 标签、摄像头、GPS、各种智能家电、各类机器人、可穿戴设备等感知终端。感知层的作用相当于人的眼耳鼻喉和皮肤等神经末梢，它是物联网识别物体、采集信息的来源，其主要功能是识别物体、采集信息。

17-1 视频 b：物联网解读

网络层由各种专用 IP 网络、互联网、有线和无线通信网、网络管理系统和云计算平台等组成，相当于人的神经中枢和大脑，负责传递和处理感知层获取的信息。

应用层是物联网和用户（包括人、组织和其他系统）的接口，它与行业需求结合，实现物联网的智能应用。物联网的行业特性主要体现在其应用领域内，目前智能电网、绿色农业、工业监控、公共安全、城市管理、远程医疗、智能家居、智能物流、智能交通和环境监测等各个行业均有物联网应用的尝试，某些行业已经积累了一些成功的案例。

随着时代的进步和发展，社会逐步进入“互联网+”时代。各类传感器采集数据越来越丰富，大数据应用随之而来，人们考虑把各类设备直接纳入互联网，以方便数据采集、管理以及分析计算。物联网智能化已经不再局限于小型设备、小网络阶段，而是进入完整的智能工业化领域，智能物联网化在大数据、云计算、虚拟现实上步入成熟，并纳入互联网+整个大生态环境。常用的物联网无线通信方式可分为近距离无线通信和远距离移动无线通信两种方式。

1. 近距离无线通信

近距离无线通信主要有 WIFI、Bluetooth、ZigBee、RFID、Z-Ware 等方式。

（1） WIFI：基于 IEEE 802.11 标准的无线局域网，可以看作是有线局域网的短距离无线延伸。组建 WIFI 只需要一个无线 AP 或无线路由器就可以，成本较低。WIFI 是一种帮助用户访问电子邮件、Web 和流式媒体的互联网技术，它为用户提供了无线的宽带互联网访问；同时，它也是在家里、办公室或在旅途中快速、便捷的上网途径。WIFI 工作在 2.4 GHz 频段，所支持的速度最高可达 54 Mbit/s，覆盖范围可达 100 m。最新的 WIFI 交换机能够把目前 WIFI 无线网络从接近 100 m 的通信距离扩大到约 6.5 km。

无线网络是一种能够将个人计算机、手持设备（如 PDA、手机）等终端以无线方式互相连接的技术。WIFI 是一个无线网络通信技术的品牌，由 WIFI 联盟所持有，目的是改善基于 IEEE802.11 标准的无线网络产品之间的互通性。有人把使用 IEEE802.11 系列协议的局域网称为无线保真，即 WIFI。

（2） 蓝牙（Bluetooth）：是使用 2.4~2.485 GHz 的 ISM 波段的 UHF 无线电波、基于数据包、有着主从架构的一种无线技术标准，可实现固定设备、移动设备和楼宇个人局域网之间的短距离数据交换。由蓝牙技术联盟（SIG）管理，IEEE 将蓝牙技术列为 IEEE 802.15.1，使用跳频技术，将传输的数据分割成数据包。

依据发射输出电平功率不同，蓝牙传输有三种距离等级：Class1 约为 100 m，Class2 约为 10 m，Class3 为 2~3 m。一般情况下，其正常的工作范围是 10 m 半径之内。在此范围内，可进行多台设备间的互联。目前蓝牙已发展到蓝牙 5.2，为现阶段最高级的蓝牙协议标准，传输速度上限为 2 Mbit/s，有效传输距离理论可达 300 m。

（3） ZigBee：是基于 IEEE 802.15.4 标准的低速、短距离、低功耗、双向无线通信技术的局域网通信协议，又称紫蜂协议。特点是近距离、低复杂度、自组织（自配置、自修复、自管理）、低功耗、低数据速率。ZigBee 协议从下到上分别为物理层（PHY）、媒体访问控制层（MAC）、传输层（TL）、网络层（NWK）、应用层（APL）等，其中物理层和媒体访问控制层遵循 IEEE 802.15.4 标准的规定，主要用于传感控制应用。ZigBee 可工作在 2.4 GHz（全球流行）、868 MHz（欧洲流行）和 915 MHz（美国流行）三个频段上，分别具有最高 250 kbit/s、20 kbit/s 和 40 kbit/s 的传输速率，单点传输距离在 10~75 m 的范

围内，ZigBee 是由 1~65535 个无线数传模块组成的无线数传网络平台，在整个网络范围内，每一个 ZigBee 无线数传模块之间可以相互通信，从标准的 75 m 距离进行无限扩展。ZigBee 节点非常省电，其电池工作时间可以长达 6 个月到 2 年，在休眠模式下可达 10 年。

（4）RFID：RFID(Radio Frequency Identification)技术，又称无线射频识别，俗称电子标签。可通过无线电信号识别特定目标并读写相关数据，而无需识别系统就能与特定目标之间建立机械或光学接触。RFID 读写器分为移动式的和固定式的，目前 RFID 技术应用很广，如图书馆、门禁系统、食品安全溯源等。

RFID 的空中接口通信协议规范基本决定了 RFID 的工作类型，RFID 读写器和相应类型 RFID 标准之间的通信规则，包括频率、调制、位编码及命令集。ISO/IEC 制定五种频段的接口协议。

2. 远距离移动无线通信

目前，常用的移动无线通信主要包括 GPRS、3G/4G 和 NB-IoT 等方式。

（1）GPRS：GPRS(General Packet Radio Service)是通用分组无线服务技术的简称，它是 GSM 移动电话用户可用的一种移动数据业务，是介于 2G 和 3G 之间的技术，也被称为 2.5G，可以说是 GSM 的延续。GPRS 是一个混合体，采用 TDMA 方式传输语音，采用分组的方式传输数据。

GPRS 是欧洲电信协会 GSM 系统中有关分组数据所规定的标准，它可以提供高达 115 kbit/s 的空中接口传输速率。GPRS 使若干移动用户能够同时共享一个无线信道，一个移动用户也可以使用多个无线信道。实际不发送或接收数据包的用户仅占很小一部分网络资源。有了 GPRS，用户的呼叫建立时间大为缩短，几乎可以做到“永远在线”(always online)。

GPRS 采用信道捆绑和增强数据速率，改进实现高速接入，可以在一个载频或 8 个信道中实现捆绑，将每个信道的传输速率提高到 14.4 kbit/s，因此 GPRS 最大速率是 $8\times14.4=115.2$ kbit/s。

（2）3G/4G：3G/4G 是第三和第四代移动通信技术，4G 是集 3G 与 WLAN 于一体，能够快速高质量地传输数据、图像、音频、视频等。4G 可以在有线网没有覆盖的地方部署，能够以 100 Mbit/s 以上的速度下载，能够满足几乎所有用户对于无线服务的要求，具有不可比拟的优越性。4G 移动系统网络结构可分为三层：物理网络层、中间环境层、应用网络层。

（3）NB-IoT：NB-IoT(Narrow Band Internet of Things)是基于蜂窝的窄带物联网，构建于蜂窝网络，只消耗大约 180 kHz 的带宽，可直接部署于 GSM 网络、UMTS 网络或 LTE 网络，支持低功耗设备在广域网的蜂窝数据连接，也被叫作低功耗广域网(LPWA)。NB-IoT 支持待机时间长、对网络连接要求较高设备的高效连接。据报道，NB-IoT 设备电池寿命可以达到 10 年，同时还能提供非常全面的室内蜂窝数据连接覆盖。典型组网主要包括四部分：终端、接入网、核心网、云平台。其中终端与接入网之间是无线连接，即 NB-IoT，其他几部分之间一般是有线连接。

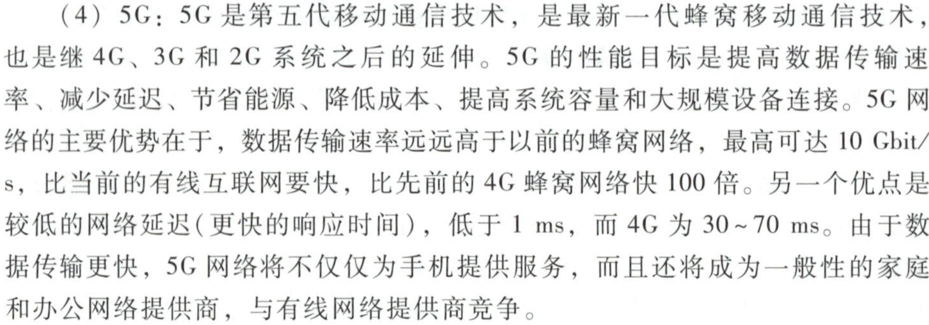

（4）5G：5G 是第五代移动通信技术，是最新一代蜂窝移动通信技术，也是继 4G、3G 和 2G 系统之后的延伸。5G 的性能目标是提高数据传输速率、减少延迟、节省能源、降低成本、提高系统容量和大规模设备连接。5G 网络的主要优势在于，数据传输速率远远高于以前的蜂窝网络，最高可达 10 Gbit/s，比当前的有线互联网要快，比先前的 4G 蜂窝网络快 100 倍。另一个优点是较低的网络延迟（更快的响应时间），低于 1 ms，而 4G 为 30～70 ms。由于数据传输更快，5G 网络将不仅仅为手机提供服务，而且还将成为一般性的家庭和办公网络提供商，与有线网络提供商竞争。

17-2 视频 a：5G 解读

17-2 视频 b：5G 解读

二、物联网测控系统的应用

物联网应用涉及国民经济和人类社会生活的方方面面，因此，“物联网”被称为是继计算机和互联网之后的第三次信息技术革命。信息时代，物联网无处不在。2011 年 11 月国家工业和信息化部发布《物联网“十二五”发展规划》，确定了 9 大领域重点示范工程分别是智能工业、智能农业、智能物流、智能交通、智能电网、智慧环保、智能安防、智能医疗和智能家居。2017 年 1 月，工业和信息化部发布《信息通信行业发展规划（2016—2020 年）》及《信息通信行业发展规划物联网分册（2016—2020 年）》。将在传感器技术、体系架构共性技术、操作系统、物联网与移动互联网、大数据融合关键技术等方面形成突破，并将在智能制造、智慧农业、智能家居、智能交通和车联网、智慧医疗和健康养老、智慧节能环保等六个方面建设应用示范工程。以下介绍部分领域的应用案例。

1. 智能交通物联网

物联网技术可以自动检测并报告公路、桥梁的“健康状况”，还可以避免过载的车辆经过桥梁，也能够根据光线强度对路灯进行自动开关控制。在交通控制方面，可以通过检测设备，在道路拥堵或特殊情况时，系统自动调配红绿灯，并可以向车主预告拥堵路段、推荐行驶最佳路线。在公交方面，物联网技术构建的智能公交系统通过综合运用网络通信、GIS 地理信息、GPS 定位及电子控制等手段，集智能运营调度、电子站牌发布、IC 卡收费、BRT（快速公交系统）管理于一体；通过该系统可以详细掌握每辆公交车每天的运行状况，在公交候车站台上通过定位系统可以准确显示下一趟公交车需要等候的时间，通过公交查询系统查询最佳的公交换乘方案。

17-3 视频：物联网-车联网

17-1 图片：智能交通图

停车难的问题在现代城市中已经引发社会各界的强烈关注。通过应用物联网技术可以帮助人们更好地找到车位，减少车位闲置率。智能化的停车场通过采用超声波传感器、摄像感应、地磁感应传感器、太阳能供电等技术，第一时间感应到车辆停入，然后立即反馈到公共停车智能管理平台，显示当前的停车位数量。同时将周边地段的停车场信息整合在一起，为市民的停车作向导，这样能够大大缩短车主找车位的时间。

2. 智能家居物联网

智能家居是在互联网影响之下物联化的体现。智能家居通过物联网技术将家中的各种设备(如音视频设备、照明系统、窗帘控制、空调控制、安防系统、数字影院、影音服务器、影柜系统、网络家电等)连接到一起，提供家电控制、照明控制、电话远程控制、室内外遥控、防盗报警、环境监测、暖通控制、红外转发以及可编程定时控制等多种功能和手段。与普通家居相比，智能家居不仅具有传统的居住功能，还兼具网络通信、信息家电、设备自动化和全方位的信息交互等功能。

17-2 图片 a：智能家居

17-2 图片 b：智能家居

17-4 视频：物联网-智能家居

智能家居作为一个新兴产业，处于一个导入期与成长期的临界点，市场消费观念还未形成，但随着智能家居市场推广普及的进一步落实，培育起消费者的使用习惯，智能家居市场的消费潜力必然是巨大的，产业前景光明。正因为如此，国内优秀的智能家居生产企业越来越重视对行业市场的研究，特别是对企业发展环境和客户需求趋势变化的深入研究，一大批国内优秀的智能家居品牌迅速崛起，逐渐成为智能家居产业中的翘楚。

嵌入家具和家电中由各类传感器和执行单元组成的无线传感网与互联网连接在一起，能够为用户提供舒适、方便和人性化的智能家居环境。用户通过触摸屏、多功能遥控器、智能手机、互联网或者语音识别控制家用设备，便可以执行场景操作，使多个设备形成联动；可以对家电进行远程监控，用户在下班前遥控家用电器，按照自己的意愿相应地工作，到家后家里的饭菜已经煮熟，洗澡的热水已经烧好，个性化电视节目将会准点播放。

习题与思考题

17.1　一个 15 位逐次逼近式 A/D 转换器，分辨率为 0.05 V，若模拟输入电压为 2.2 V，试求其数字输出量的数值。

17.2　采用 12 位 A/D 转换器对 10 Hz 信号进行采样，若不加采样保持器，同时要求 A/D 采样孔径误差小于 1/2 LSB 时，A/D 转换器的转换时间最长不能超过多少?

17.3　如果要求一个 D/A 转换器能分辨 5 mV 的电压，设其满量程电压为 10 V，试问其输入端数字量至少要多少位?

17.4　说明逐次逼近式 A/D 转换器的工作原理。试设计一软件模拟该 A/D 转换器的转换过程。

17.5　简要说明计算机测试系统各组成环节的主要功能及其技术要求。

18 传感器与检测技术实验

18.1 温度传感器实验

18.1.1 铂热电阻实验

1. 实验原理

Pt100 铂热电阻的电阻值在 0 ℃时为 100 Ω，测温范围一般为(-200~650) ℃，铂热电阻的阻值与温度的关系近似线性，当温度在 0 ℃ ≤ T ≤ 650 ℃时

$$R_T = R_0(1+AT+BT^2)$$

式中：R_T 为铂热电阻 T ℃时的电阻值，Ω；R_0 为铂热电阻在 0 ℃时的电阻值，Ω；A 为电阻温度系数($=3.968\ 47\times10^{-3}/℃$)；B 为系数($=-5.847\times10^{-7}/℃^2$)。

将铂热电阻作为桥路中的一部分，在温度变化时电桥失衡，便可测得相应电路的输出电压变化值。

2. 实验所需部件

铂热电阻(Pt100)、加热炉、温控器、温度传感器实验模块、数字电压表、高精度温度计(精度高于实验用 Pt100 一个数量级)。

3. 实验步骤

(1) 观察已置于加热炉顶部的铂热电阻，连接主机与实验模块的电源线及传感器与模块处理电路接口，铂热电阻电路输出端 U_o 接电压表，温度计置于热电阻旁感受相同的温度。

(2) 开启主机电源，调节铂热电阻电路调零旋钮，使输出电压为零，电路增益适中。由于铂电阻通过电流时产生自热，其电阻值要发生变化，因此电路有一个稳定过程。

(3) 开启加热炉，设定加热炉温度 T ≤ 100 ℃，观察随炉温上升铂电阻的阻值变化及输出电压变化(实验时主机温度表上显示的温度值是加热炉的炉内温度,并非是加热炉顶端传感器感受到的温度)，并记录数据填入表 18-1 中。

表 18-1 铂热电阻实验数据记录表

T/℃													
U_o/mV													

(4) 作出 U_0-T 曲线，观察其工作线性范围。

4. 注意事项

加热器温度一定不能过高，应限定在传感器的量程范围内，以免损坏传感器的包装。

18.1.2 温度变送器实验

1. 温度变送器工作原理

温度变送器的作用是把温度敏感元件(如热电阻、热电偶等)所产生的微弱电压信号，变换成工业控制系统中通用的电压或电流信号。本实验所采用的温度变送器为两线制，即将敏感元件的微弱电压信号变换成变送器的直流馈电电源中电流的变化；在工业控制系统中，该电流的变化规定为 4~20 mA。

两线制温度变送器具有以下优点：

(1) 温度变送器体积小，可以与温度敏感元件制作成一体并安装在现场，且为输出电流，故抗干扰能力强，可远距离传输。

(2) 对馈电电源的稳压精度要求低。一般说来，电源电压在-30%~+15%之间波动不影响输出电流的精度。

(3) 两线制温度变送器将电源线与信号线合二为一，从而节省了设备投资，降低了成本。

图 18-1 为两线制温度变送器的原理方框图。由方框图可知，温度变送器由热敏元件、稳压源、测量电桥及 U/I 变换器组成。

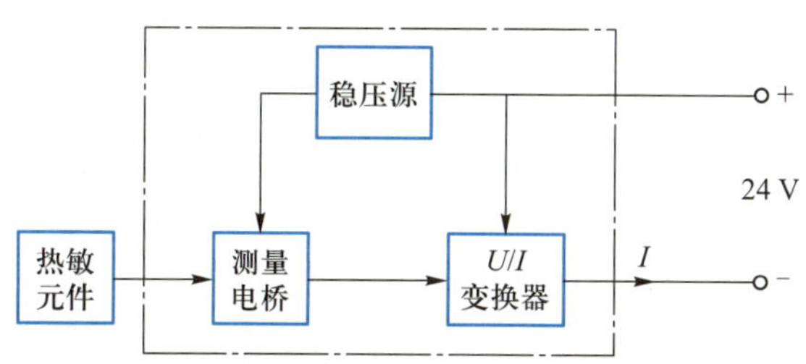

图 18-1　两线制温度变送器的原理方框图

图 18-2 为温度变送器的电路原理图。稳压源由恒流管 2DH10-D(或 E-102 恒流二极管)、稳压二极管 2CW72(或 1N4684)及运算放大器 IC_1 组成。稳压二极管 2CW72 输出电压为 7 V。运算放大器接成电压跟随器的形式，以提高稳压源的带负载能力，其输出电压作为测量电桥的电源。

测量电桥：由 R_3、R_4、R_5、R_{P1} 及 R_T 组成。其等效电路可简化为图 18-3。图 18-2 中：$R_3=R_4$，$R_3 \gg R_5$，R_T，R_{P1}

$$E_1 \approx \frac{R_T}{R_4+R_T}E \approx \frac{R_T}{R_4}E$$

$$E_2 \approx \frac{R_5}{R_3+R_5}E \approx \frac{R_5}{R_3}E$$

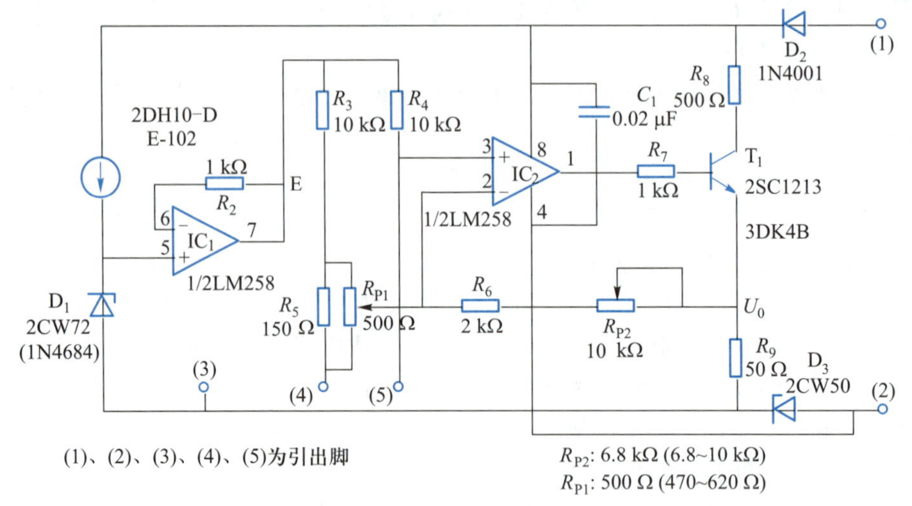

图 18-2　温度变送器的电路原理图

$$r_1 \approx R_T$$

$$r_2 \approx R_5$$

E 为电压跟随器输出电压，约为 7 V。

当温度发生变化时，R_T 的阻值产生相应变化，电桥产生不平衡电压，输出给 U/I 变换器，进行电压放大及电压-电流变换。

U/I 变换器：由运算放大器 IC_2、R_6、R_7、R_8、R_9 及晶体管 3DK4B 组成，其简化电路如图 18-4 所示。

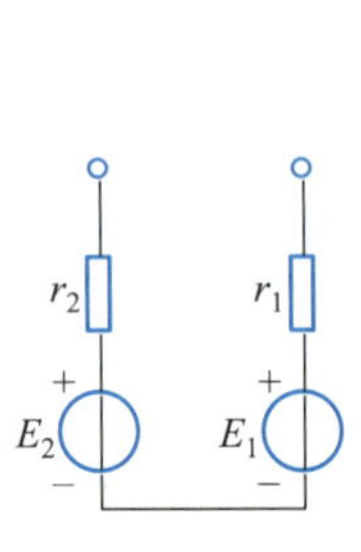

图 18-3　等效电路

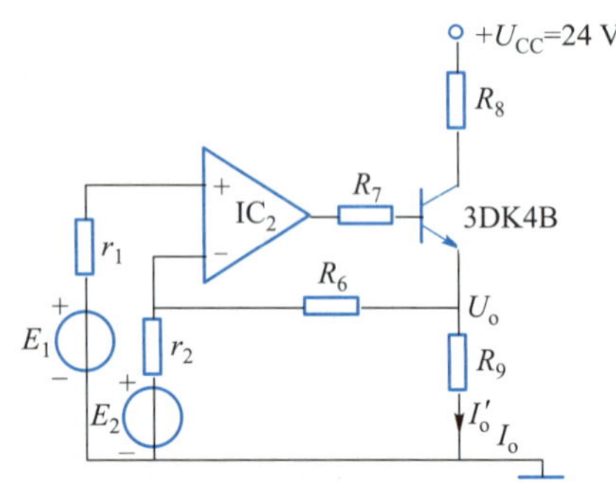

图 18-4　简化电路

U/I 变换器的输入输出关系推导如下

$$U_o = \left(1+\frac{R_6}{r_2}\right)E_1 - \frac{R_6}{r_2}E_2 = \left(1+\frac{R_6}{R_5}\right)\frac{R_T}{R_4}E - \frac{R_6}{R_5}\frac{R_5}{R_3}E$$

代入热电阻和温度的关系公式，得

$$R_T = R_0(1+AT)$$

则

$$U_o = \left(1+\frac{R_6}{R_5}\right)\frac{R_0(1+AT)}{R_4}E - \frac{R_6}{R_3}E$$

式中：R_0 为零温度电阻，Ω；A 为热电阻的电阻温度系数。

由上式可知，运算放大器输出电压 U_o 包括两项，第一项为与温度无关的常量，第二项是温度的线性函数。改变 R_6 可以调节放大倍数。

通过晶体管 3DK4B 将 U_o 变换成电流 I'_o。

$$I'_o=\frac{U_o}{R_9}=\left[\left(1+\frac{R_6}{R_5}\right)\frac{R_0}{R_4}-\frac{R_6}{R_3}\right]\frac{E}{R_9}+\left(1+\frac{R_6}{R_5}\right)\frac{R_0E}{R_4R_9}AT$$

$$=\left(1+\frac{R_6}{R_5}\right)\frac{R_0}{R_4R_9}E-\frac{R_6}{R_3R_9}E+\left(1+\frac{R_6}{R_5}\right)\frac{R_0}{R_4R_9}EAT$$

$$=\left[\left(1+\frac{R_6}{R_5}\right)\frac{R_0}{R_4R_9}-\frac{R_6}{R_3R_9}\right]E+\left(1+\frac{R_6}{R_5}\right)\frac{R_0}{R_4R_9}EAT$$

同理，I'_o 也包含两项，第一项为常量，称为输出零点电流，通过调节 $R_5(R_{P1})$ 可调节零点电流大小；第二项是温度 T 的函数，通过调节 $R_6(R_{P2})$ 可以调节温度-电流变换系数。

流过供电电源的总电流 I_o 为

$$I_o=I'_o+I_Z+I_C+I_Q$$

式中：I_Z 为流过稳压二极管 2CW72 的电流；I_C 为流过运算放大器 IC 电源的电流；I_Q 为流过测量电桥的电流。这几项电流均为常量。

2. 实验内容

(1) 零点及满度调整。

使 $R_T=100\ \Omega$，调节电位器 R_{P1} 使流过电源的电流 $I_o=4$ mA。

使 $R_T=138.50\ \Omega$，调节电位器 R_{P2} 使流过电源的电流 $I_o=20$ mA。

使 $R_T=100\ \Omega$ 和 $R_T=138.50\ \Omega$，反复调节 R_{P1} 及 R_{P2}，使通过电源的电流分别为 4 mA和 20 mA。

(2) 变送器的温度-电流特性。

使 R_T 按表 18-2 中的阻值变化，分别读取电源电流 I_o 的值，填入表 18-2 中。

表 18-2　实验记录表

温度/℃		0	10	20	30	40	50	60	70	80	90	100
阻值/Ω		100	104	107.8	111.7	115.5	119.4	123.2	127.1	130.9	134.7	138.5
电流/mA	正行程											
	逆行程											
基本误差/%												
线性度/%												

3. 实验报告

(1) 绘制变送器的温度-电流特性曲线。以温度为横坐标，电流为纵坐标，将曲线绘制在坐标纸上。

（2）计算变送器的基本误差，填入表18-2中。

$$基本误差=\frac{实测值-理论值}{满度值}\times 100\%$$

提示：实测值取同测量点正行程和逆行程测量值中的最大值。

（3）计算变送器的线性度，填入表18-2中。

$$线性度=\frac{实测值-拟合值}{满度值}\times 100\%$$

18.1.3 热电偶测温实验

1. 实验原理

由两根不同材料的导体熔接而成的闭合回路称为热电回路，当其两端处于不同温度时，回路中产生一定的电流，这表明电路中有电动势产生，此电动势即为热电动势。

图18-5中，T为热端，T_0为冷端，热电动势 $E_T=E_{AB}(T)-E_{AB}(T_0)$。

本实验中选用两种热电偶镍铬-镍硅（K分度）和镍铬-铜镍（E分度）。

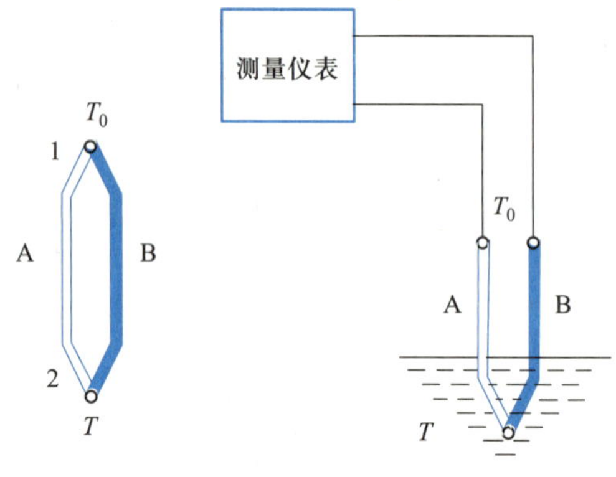

图18-5 热电偶测温系统图

2. 实验所需部件

K（也可选用其他分度号的热电偶）、E分度热电偶、温控电加热炉、温度传感器实验模块、$4\frac{1}{2}$位数字电压表。

3. 实验步骤

（1）观察热电偶结构（可旋开热电偶保护外套），了解温控电加热炉工作原理。

温控器：作为热源的温度指示、控制、定温之用。温度调节方式为时间比例式，绿灯亮时表示继电器吸合电炉加热，红灯亮时加热炉断电。

温度设定：拨动开关拨向“设定”位，调节设定电位器，仪表显示的温度值℃随之变化，调节至实验所需的温度时停止，然后将拨动开关扳向“测量”位。

（2）首先将温度设定在50 ℃左右，打开加热开关（加热电炉电源插头插入主机加热电源插座），热电偶插入电加热炉内，K分度热电偶为标准热电偶，冷端接“测试”端，E分度热电偶接“温控”端，注意热电偶极性不能接反，而且不能断偶，$4\frac{1}{2}$位万用表置200 mV挡。当钮子开关倒向“温控”时，测E分度热电偶的热电动势，并记录电炉温度与热电动势E的

关系。

（3）因为热电偶冷端温度不为 0 ℃，所以必须对所测的热电动势值进行修正。

$$E(T,T_0)=E(T,T_1)+E(T_1,T_0)$$

实际电动势=测量所得电动势+温度修正电动势

查阅热电偶分度表，上述测量与计算结果对照。

（4）继续将炉温提高到 70 ℃、90 ℃、110 ℃、130 ℃和 150 ℃，重复上述实验，观察热电偶的测温性能。

4. 注意事项

加热炉温度请勿超过 200 ℃。当加热开始，热电偶一定要插入炉内，否则炉温会失控，同样做其他温度实验时，也需用热电偶来控制加热炉温度。

因为温控仪表为 E 分度，加热炉的温度就必须由 E 分度热电偶来控制，E 分度热电偶必须接在面板的“温控”端，所以当钮子开关倒向“测试”端接入 K 分度热电偶时，数字温度表显示的温度并非为加热炉内的温度。

18.1.4 热电偶标定实验

1. 实验原理

以 K 分度热电偶作为标准热电偶来校准 E 分度热电偶，被校热电偶热电动势与标准热电偶热电动势的误差为

$$\Delta e=e_{校测}+\frac{e_{标分}-e_{标测}}{S_{标}}\cdot S_{校}-e_{校分}$$

式中：$e_{校测}$ 为被校热电偶在标定点温度下测得的热电动势平均值；$e_{标测}$ 为标准热电偶在标定点温度下测得的热电动势平均值；$e_{标分}$ 为标准热电偶在标定温度下分度表上的热电动势值；$e_{校分}$ 为被校热电偶在标定温度下分度表上的热电动势值；$S_{标}$ 为标准热电偶的微分热电动势，$S_{校}$ 为被校热电偶的微分热电动势（单位：mV/℃）。

2. 实验所需部件

K、E 分度热电偶，温控电加热炉，温度传感器实验模块，$4\frac{1}{2}$位数字电压表。

3. 实验步骤

（1）进行热电偶测温实验中（1）、（2）步骤，待设定炉温达到稳定时用 $4\frac{1}{2}$位电压表 200 mV 挡分别测试温控电热炉中 E 和 K 两个热电偶的热电动势，每个热电偶至少测两次求平均值。

（2）根据上述公式计算被测热电偶的误差，计算中应对冷端温度不为 0 ℃进行修正。

（3）分别将炉温升高，求被校热电偶的误差 Δe，并将结果填入表 18-3 中。

表 18-3 实验记录表

热电偶		被测量温度/℃				
标准热电偶/K 热电动势/mV	1	50	70	90	110	130
	2					
	平均					
被校热电偶/E 热电动势/mV	1					
	2					
	平均					
	分度表值					
	误差					

(4) 分别画出热电动势与温度曲线，得出标定值。

18.1.5 PN 结温敏二极管实验

1. 实验原理

半导体 PN 结具有良好的温度线性，PN 结特性表达公式 $I=I_s(e^{\frac{qv}{kT}}-1)$。其中，$I$ 为 PN 结正向电流，I_s 为反向饱和电流，v 为正向压降，k 为玻尔兹曼常数，T 为温度(开尔文)，q 为电荷数。当一个 PN 结制成后，其反向饱和电流基本上只与温度有关，温度每升高 1 ℃，PN 结正向压降就下降 2 mV，利用 PN 结的这一特性就可以测得温度的变化。

2. 实验所需部件

温敏二极管、温度传感器实验模块、温控加热炉、电压表、温度计。

3. 实验步骤

(1) 观察已置于加热炉上的温敏二极管，连接主机与实验模块的电源及传感器探头(二极管符号对应相接)，温度计置于与传感器同一感温处，模块温敏二极管输出电路 U_o 端接电压表。

(2) 开启加热炉电源，设定加热炉温度，拨动开关至“测量”挡，观察随炉温上升 U_o 端电压的变化，并将结果记入表 18-4 中。

表 18-4 实验记录表

T/℃													
U_o/V													

(3) 作出 U-T 曲线，求出灵敏度 $S=\Delta U/\Delta T$。

18.1.6 半导体热敏电阻实验

1. 实验原理

热敏电阻是利用半导体的电阻值随温度升高而急剧下降这一特性制成的热敏元件。它呈负温度特性，灵敏度高，可以测量小于 0.01 ℃ 的温差变化。图 18-6 为金属热电阻与热敏电阻的温度特性曲线。

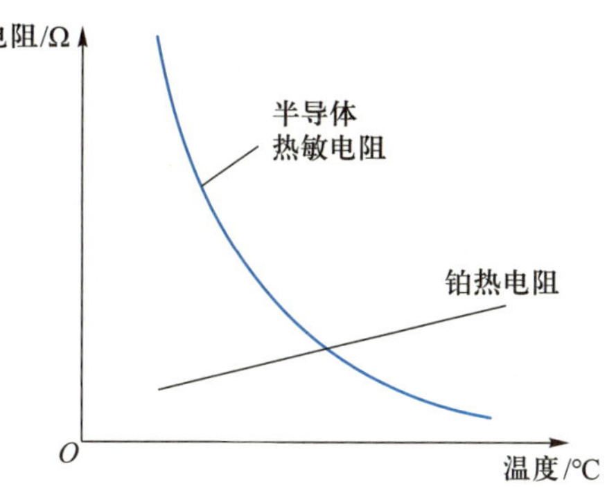

图 18-6　金属热电阻和热敏电阻的温度特性曲线

2. 实验所需部件

MF 型热敏电阻、温控电加热炉、温度传感器实验模块、电压表、温度计。

3. 实验步骤

（1）观察已置于加热炉上的热敏电阻，温度计置于与传感器相同的感温位置；连接主机与实验模块的电源线及传感器接口线，热敏电阻测温电路输出端接数字电压表。

（2）打开主机电源，调节模块上热敏转换电路的输出电压值，使其值尽量大但不饱和。

（3）设定加热炉加热温度后开启加热电源。

（4）观察随温度上升时输出电压值变化，待温度稳定后将 $T-U_T$ 值填入表 18-5 中。

表 18-5　实验记录表

T/℃									
U_T/V									

（5）作出 $T-U_T$ 曲线（因为热敏电阻负温度特性呈非线性，所以实验时建议多采样几个点），得出用热敏电阻测温结果的结论。

4. 注意事项

热敏电阻感受到的温度与温度计上的温度相同，但并不是加热炉数字表上显示的温度，而且热敏电阻的阻值随温度不同变化较大，故应在温度稳定后记录数据。

18.1.7　集成温度传感器

1. 实验原理

用集成工艺制成的双端电流型温度传感器，在一定的温度范围内按 1 μA/K 的恒定比值输出与温度成正比的电流，通过对电流的测量即可得知温度值（开氏温度），经开氏-摄氏转换电路直接显示摄氏温度值。

2. 实验所需部件

集成温度传感器、温控电加热炉、温度传感器实验模块、电压表、温度计。

3. 实验步骤

(1) 观察置于加热炉上的集成温度传感器，温度计置于传感器同一感温处。连接主机与实验模块电源，按图标对应连接传感器接口与处理电路输入端，输出端接电压表。

(2) 打开主机电源，根据温度计示值调节转换电路电位器，使电压表(2 V 挡)所示为当前温度值(已设定电压显示值最后一位为 0.1 ℃值，如电压表 2 V 挡显示 0.256 就表示 25.6 ℃)。

(3) 开启加热开关，设定加热器温度，观察随温度上升，电路输出的电压值，并与温度计显示值比较，得出定性结论。

几种温度传感器性能比较见表 18-6。

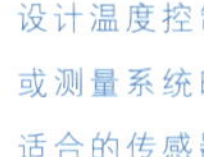

提示：表 18-6 所列性能有助于读者在设计温度控制系统或测量系统时选择适合的传感器。

表 18-6 几种温度传感器性能比较表

传感器	测温范围/℃	精度/℃	线 性	重复性/℃	灵敏度
热电偶	-200~1 600	0.5~3.0	较差	3.0~1.0	不高
铂热电阻	-200~650	0.1~1.0	较好	0.3~1.0	不高
温敏 PN 结	-40~150	1.0	良	0.2~1.0	高
热敏电阻	-50~300	0.2~2.0	不好	0.2~2.0	高
集成温度	-55~155	1.0	优	0.3	高

18.2 电涡流传感器实验

18-1 视频：电涡流位移传感器应用

18.2.1 电涡流传感器的静态标定

1. 实验原理

电涡流传感器由平面线圈和金属涡流片组成，其基本结构和工作原理如图 18-7 所示。当线圈中通以高频交变电流后，在与其轴向垂直的金属片上会感应产生电涡流，电涡流的大小影响线圈的阻抗 Z，而涡流的大小与金属涡流片

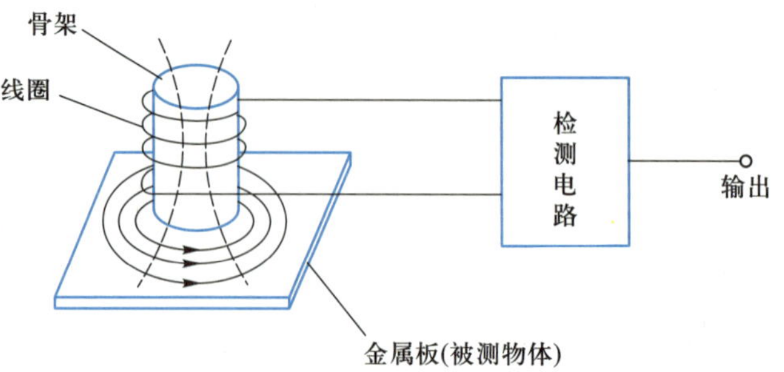

图 18-7 电涡流传感器的基本结构和工作原理

的电阻率、磁导率、厚度、温度以及与线圈的距离 X 有关。若平面线圈、被测体(涡流片)、激励源已确定，并保持环境温度不变，阻抗 Z 只与距离 X 有关，将阻抗变化转为电压信号 V 输出，则输出电压是距离 X 的单值函数。

2. 实验所需部件

电涡流传感器、电涡流传感器实验模块、螺旋测微仪、电压表、示波器。

3. 实验步骤

(1) 连接主机与实验模块电源及传感器接口，电涡流线圈轴向与涡流片需保持垂直，安装好测微仪，涡流变换器输出接电压表 20 V 挡。

(2) 开启主机电源，用测微仪带动涡流片移动，当涡流片完全紧贴线圈时输出电压为零(如不为零可适当改变支架中的线圈角度)，然后旋动测微仪使涡流片离开线圈，从电压表有读数时开始每隔 0.2 mm 记录一个电压值，将 U、X 数值填入表 18-7 中，作出 U-X 曲线，指出线性范围，求出灵敏度。

表 18-7 实验记录表

X/mm	0	0.2	0.4	0.6	0.8	1	1.2	1.4	1.6	1.8	2	2.2	2.4	2.6	2.8	3	3.2	3.4	3.6	3.8	4
U/V																					

(3) 示波器接电涡流线圈与实验模块输入端口，观察电涡流传感器的激励信号频率，随着线圈与电涡流片距离的变化，信号幅度也发生变化，当涡流片紧贴线圈时电路停振，输出为零。

4. 注意事项

模块输入端接入示波器时由于一些示波器的输入阻抗不高(包括探头阻抗)以致影响线圈的阻抗，使输出 U 变小，并造成初始位置附近的一段死区，示波器探头不接输入端即可解决这个问题。

18.2.2 被测材料对电涡流传感器特性的影响

1. 实验所需部件

电涡流传感器、多种金属涡流片、电涡流传感器实验模块、电压表、测微仪、示波器。

2. 实验步骤

(1) 按电涡流传感器静态标定实验分别对铁、铜、铝涡流片进行测试与标定，记录数据，在同一坐标上做出 U-X 曲线。

(2) 分别找出不同材料被测体的线性工作范围、灵敏度、最佳工作点(双向或单向)，并进行比较，做出定性的结论。

3. 注意事项

若换上铜、铝和其他金属涡流片，当线圈紧贴涡流片时输出电压并不为零，这是因为电涡流线圈的尺寸是为配合铁涡流片而设计的，换了不同材料的涡流片，线圈尺寸需改变输出才能为零。

18.2.3 电涡流传感器振幅的测量

1. 实验所需部件

电涡流传感器、电涡流传感器实验模块、通用电路实验模块、直流稳压电源、激振器、示波器。

2. 实验步骤

(1) 连接主机与实验模块电源，并在主机上的振动圆盘旁的支架上安装好电涡流传感器，按图 18-8 接好实验线路，根据电涡流传感器静态标定实验结果，将线圈安装在距涡流片最佳工作位置，直流稳压电源置±10 V 挡(也可选用±6~8 V 挡，原则是接入电路的负电压值一定要高于电涡流变换电路的电压输出值以便调零)，差分放大器增益调至最小(增益为 1)，仅作为一个电平移动电路。

提示：本实验利用电涡流传感器测量振动平台产生的机械振动幅值。

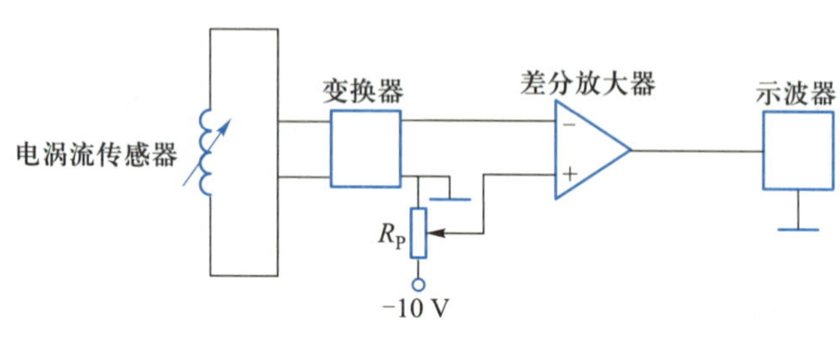

图 18-8 振幅测量实验线路图

(2) 开启主机电源，调节电位器 R_P，使系统输出为零。

(3) 开启激振器，调节低频振荡频率，使振动平台在 15~30 Hz 范围内变化，用示波器观察输出波形，记下 U_{P-P}值，利用电涡流传感器静态标定实验结果求出波形变化范围内的 X 值。

(4) 降低激振频率，提高振幅范围，用示波器就可以看出输出波形有失真现象，这说明电涡流传感器的振幅测量范围是很小的。

3. 注意事项

电位器 R_P 一端接直流稳压电源-10 V，另一端接地。

18.2.4 涡流传感器测转速实验

1. 实验原理

当电涡流线圈与金属被测体的位置周期性地接近或脱离时，电涡流传感器的输出信号也转换为相同周期的脉冲信号。

2. 实验所需部件

电涡流传感器、电涡流传感器实验模块、测速电机、电压/频率表、示波器。

3. 实验步骤

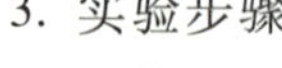

(1) 按电涡流传感器振幅测量实验安装，将电涡流支架顺时针旋转约 70°，安装于电机叶片之上。线圈尽量靠近叶片，以不碰擦为标准，线圈面与

叶片保持平行。

（2）开启主机电源，调节电机转速，根据示波器波形调整电涡流线圈与电机叶片的相对位置，使波形较为对称。

（3）仔细观察示波器中两相邻波形的峰值，如有差异则是电机叶片不平行或是电机振动所致，可利用电涡流传感器静态标定实验特性曲线大致判断叶片的不平行度。

（4）用电压/频率表 2 kHz 挡测得电机转速，转速＝频率表显示值/2。

注意：由于电机叶片形状和安装位置与设计理想值存在偏差，所以应确保传感器与任何一面叶片均不会碰撞，操作时要防止旋转叶片伤人。

18.2.5 综合传感器——力平衡式传感器实验

1. 实验目的

掌握利用多种传感器和电路单元组成测试系统的原理。

2. 实验原理

图 18-9 是一个带有反馈的闭环系统传感器，它与一般传感器的区别在于它有一个“反向传感器”的反馈回路，即把系统的输出信号反馈到系统输入端进行比较和平衡。由于在此系统中所用的传感器主要是以力或力矩平衡的方式，所以称为力平衡传感器，力平衡传感器主要用于能将被测量转换成敏感元件的微小位移的场合。

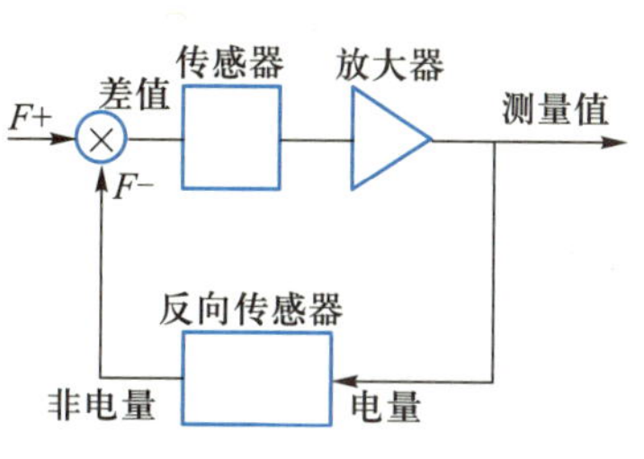

图 18-9　带有反馈的闭环系统传感器

3. 实验所需部件

电涡流传感器实验模块、通用电路实验模块、稳压电源、低频信号源 U_i 端（作电流放大器用）、磁电传感器的线圈、电压表、砝码。

4. 实验步骤

（1）图 18-10 是系统示意图，在此系统中电涡流传感器（涡流变换器）、差分放大器、电流放大器和磁电式传感器组成一个负反馈测量系统，低频信号源转换开关倒向 U_i 侧。

注意：此处磁电传感器线圈不再是敏感元件，而是将电能转换为机械位移的变换器。

（2）按电涡流传感器振幅测量实验的方法安装和调试好电涡流传感器，使差分放大器输出为零，差分放大器的输出电压用连接线接至低频信号源的 U_i 端口，电流放大器的输出口即低频信号源 U_o 端。U_o 端分别接电压表和“磁电”线圈的一端，“磁电线圈”的另一端接地。

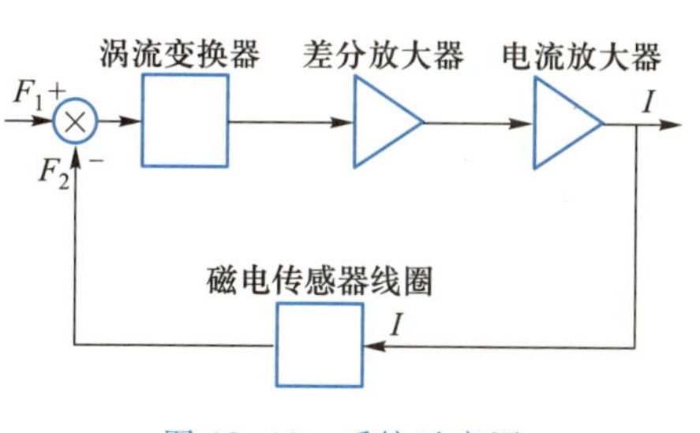

图 18-10　系统示意图

（3）确认接线无误后开启电源，如发现振动平台偏向一边或形成正反馈（产生抖动现象），可将“磁电”线圈两端接线对调，使其形成负反馈。

（4）用手提压振动台，如系统输出电压能正、负两方向过零变化，说明接线正确，此时可在振动平台上加载砝码做测试实验。

(5) 调节系统使输出为零且正、负变化对称，向上、下分别施加位移(以圆盘上加 5 个砝码为位置中点)，每加(减)一砝码，记录一组数据并填入表 18-8 中。

表 18-8 实验记录表

M/g															
U_o/V															

在坐标上作出 U_0-M 曲线，求出灵敏度和线性度。

(6) 根据以上实验结果将力平衡式传感器与前面所熟悉的传感器进行性能比较。

5. 注意事项

差分放大器不能与“磁电”线圈直接相接，这是因为差分放大器无功率放大作用。当低频信号源中转换开关倒向 U_i 端时，低频信号源中的功放电路作电流放大之用，输出为 U_o 端，此时低频信号被断开，故此实验结束后应将转换开关倒向 U_o 侧。

18-2 视频：湿敏电容传感器应用

18.3 半导体传感器实验

18.3.1 湿敏传感器——湿敏电容实验

1. 实验原理

湿敏电容是由以金属微孔蒸发膜为电极组成的高分子薄膜式电容，当水分子通过两端电极被薄膜很快地吸附或释放时，其介电常数会发生相应的变化，通过标定，测得电容值的变化就能得知相对湿度的变化。其特性曲线如图 18-11(a)所示。

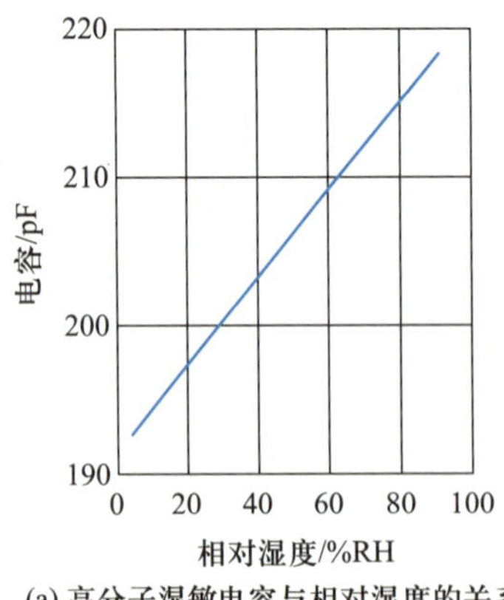

(a) 高分子湿敏电容与相对湿度的关系

10^7 10^6 10^5 10^4 10^3
电阻/Ω
20 ℃
0 20 40 60 80 100
相对湿度/%RH

(b) 高分子湿敏电阻与相对湿度的关系

图 18-11 高分子湿敏电容和湿敏电阻的特性曲线

2. 实验所需部件

湿敏电容、湿敏气敏传感器实验模块、通用电路实验模块、音频信号源、电压表、湿棉球。

3. 实验步骤

(1) 连接主机与实验模块电源线及传感器探头，观察湿敏电容探头，电压表接转换电路输出端 U_o。

(2) 打开主机电源，调节模块调零电位器，记录湿敏电容受潮之前的输出电压，如果实验室没有现成的湿度计进行比照，则此实验只能是验证性的。

(3) 用棉球蘸水并甩去多余水分后，轻轻抹在传感器外罩表面或用嘴对传感器吹气(为使水汽饱和可来回多抹几遍)。记录 U_o 端输出到达最大值后又回到初始状态时输出电压的时间(吸湿时间和脱湿时间)。

(4) 按照图 18-12 所示连接传感器与实验电路，重复传感器测试过程。

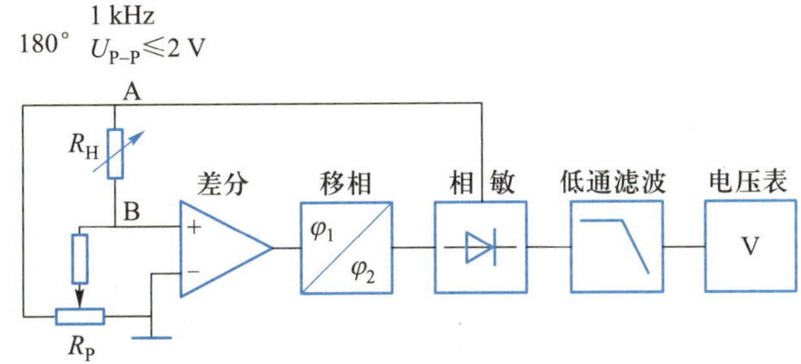

图 18-12 湿敏电阻、湿敏电容实验接线图

4. 注意事项

传感器切勿浸入水中，也不要将水直接触及元件的感湿部分。

18.3.2 湿敏传感器——湿敏电阻实验

1. 实验原理

高分子湿敏电阻主要是使用高分子固体电解质材料作为感湿膜。由于膜中的可动离子产生导电性，随着湿度的增加，电离作用增强，可动离子的浓度增大，电极间电阻减小，反之，电极间的电阻增大。通过测量湿敏电阻值的变化，就可得到相应的湿度值。其特性曲线如图18-11(b)所示。

18-3 视频 a：湿敏传感器应用

18-3 视频 b：湿敏传感器应用

2. 实验所需部件

湿敏电阻、湿敏传感器实验模块、通用电路实验模块、音频信号源、示波器、电压表。

3. 实验步骤

(1) 连接主机与实验模块的电源和传感器接口，观察湿敏电阻结构，转换电路输出 U_o 端接电压表。

(2) 开启主机电源，按图 18-12 所示接好测试线路，音频信号 1 kHz、幅度≤2 V，低通滤波器输出端接电压表，示波器接相敏检波器端。

> 注意：
> (1) 传感器表面不能直接接触水分，不能用硬物碰擦，以免损伤感湿膜。
> (2) 激励信号必须从音频 180° 端口接入，信号幅度严格限定 ≤ U_{P-P}，避免用直流信号作为激励源，以免传感器被极化。

(3) 调节 R_P 电位器及移相器，使电压表指示为零，差分放大器增益根据系统输出大小调节。

(4) 轻轻用嘴对湿敏电阻吹气，观察相敏检波器端波形及低通滤波器输出电压的变化。

(5) 近距离对传感器呵气，观察系统输出最大时相敏检波器端的波形及恢复过程，由此大致判断传感器的吸湿和脱湿时间。

18.3.3 气敏传感器演示实验

1. 实验原理

气敏传感器的核心器件是半导体气敏元件，不同的气敏元件对不同的气体敏感度不同，当传感器暴露于使其能敏感的气体之中时，电导率会发生变化；当加上激励电压且负载条件确定时，负载电压就会发生相应变化，由此可测得被测气体浓度的变化。

2. 实验所需部件

气敏传感器(MQ_3)、气敏传感器实验模块、通用电路实验模块、酒精、电压表、示波器。

3. 实验步骤

(1) 气敏传感器演示实验图如图 18-13 所示。连接主机与实验模块的电源线及传感器接口，观察气敏传感器探头。探头 6 个引脚中有两个是加热电极，其他 4 个接敏感元件，探头的红线接加热电源，黄线为信号输出端。工作时加热电极应通电 2~3 min，温度稳定后传感器才能进入正常工作。模块的输出 U_o 端接电压表或示波器，并用电桥调节到一设定值(必要时 R_P 电位器的另一端可接稳压电源的+2 V 挡或-2 V 挡)。

(2) 开启主机电源，待稳定数分钟后记录初始输出电压值。打开酒精瓶盖，瓶口慢慢地接近传感器，用电压表或示波器观察输出电压上升情况，当将气敏传感器最靠近瓶口时电压上升至最高点，超过报警设定电压，电路报警红灯亮。

(3) 移开酒精瓶，传感器输出特性曲线立刻下降，这说明传感器的灵敏

> 注意：
> 做实验时气敏探头勿浸入酒精，使用酒精挥发的气体就足够了。

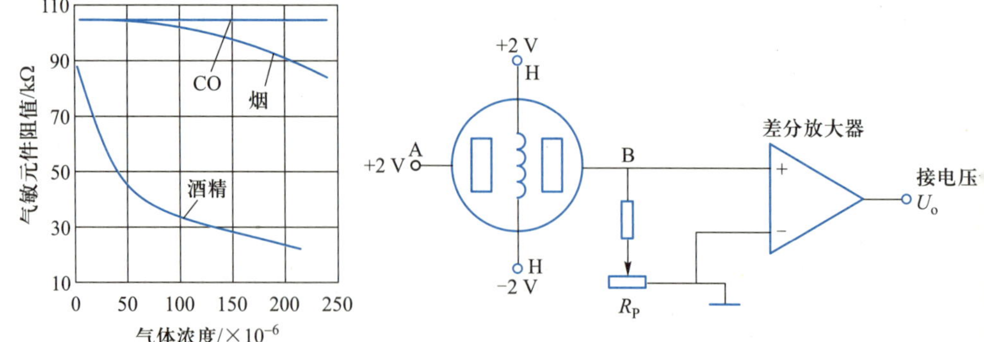

图 18-13 气敏传感器演示实验图

度是非常高的。

18.4 光电传感器实验

18.4.1 光敏电阻实验

1. 实验原理

光敏电阻又称为光导管，是一种匀质的半导体光电器件，其结构如图 18-14 所示。由于半导体在光照的作用下，电导率的变化只限于表面薄层，因此将掺杂的半导体薄膜沉积在绝缘体表面就制成了光敏电阻，不同材料制成的光敏电阻具有不同的光谱特性。光敏电阻采用梳状结构是由于在间距很近的电极之间可以采用大的灵敏面积，提高灵敏度。

2. 实验所需部件

稳压电源、光敏电阻、负载电阻、电压表、各种光源、遮光罩、激光器、光照度计。

3. 实验步骤

（1）测试光敏电阻的暗电阻、亮电阻、光电阻、光敏电阻的结构。用遮光罩将光敏电阻完全掩盖，用万用表测得的电阻值为暗电阻 $R_{暗}$。移开遮光罩，在环境光照下测得的光敏电阻阻值为亮电阻 $R_{亮}$。暗电阻与亮电阻之差为光电阻。光电阻越大，则灵敏度越高。在光电器件模板的试件插座上接入另一光敏电阻，试进行性能比较。

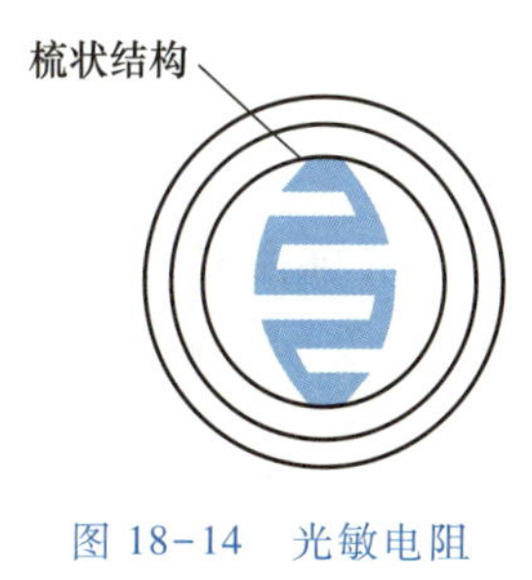

图 18-14　光敏电阻结构图

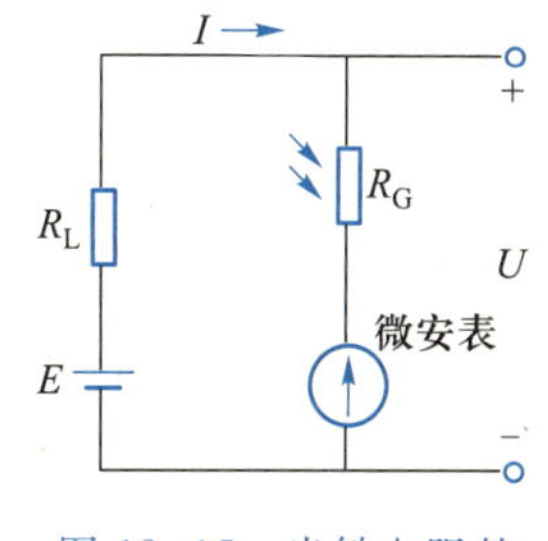

图 18-15　光敏电阻的测量电路

提示：假定微安表内阻很小，否则，应对暗电流和亮电流计算公式进行修正。

（2）光敏电阻的暗电流、亮电流、光电流。

按照图 18-15 所示接线，电源可从+2～+8 V 间选用，分别在暗光和正常环境光照下测出输出电压 $U_{暗}$ 和 $U_{亮}$，则暗电流 $I_{暗}=U_{暗}/R_G$，亮电流 $I_{亮}=U_{亮}/R_G$，亮电流与暗电流之差称为光电流，光电流越大，则灵敏度越高。

分别测出两种光敏电阻的亮电流，并进行性能比较。

（3）光敏电阻的光谱特性。

用不同材料制成的光敏电阻有着不同的光谱特性，如图 18-16 所示。当不同波长的入射光照到光敏电阻的光敏面上，光敏电阻就有不同的灵敏度。

按照图 18-15 所示接线，电源电压可采用直流稳压电源的负电源。用高

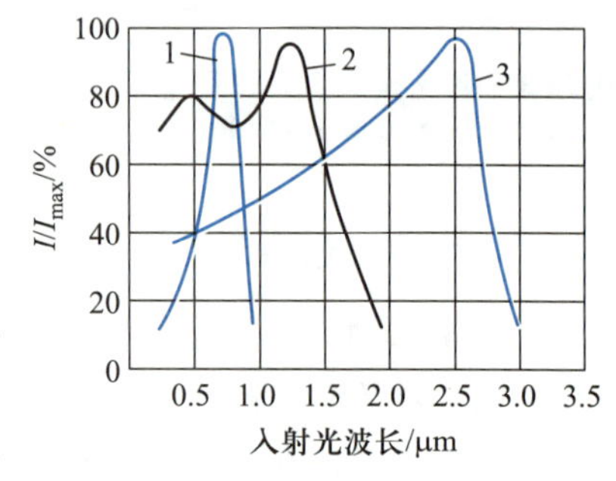

图 18-16 几种光敏电阻的光谱特性
1—硫化镉；2—硫化铊；3—硫化铅

亮度 LED(红、黄、绿、蓝、白)作为光源，其工作电源可选用直流稳压电源的正电源。限流电阻用选配单元上的 1~100 k 挡电位器，首先应置电位器阻值为最大，打开电源后缓慢调小阻值，使发光管逐步发光并至最亮，当发光管达到最高亮度时不应再减小限流电阻阻值，确定限流电阻阻值后不再改变，依次将各发光管接入光电器件模板上的发光管插座(各种光源的发光亮度可用照度计测得并可调节发光管电路使之光照度一致)。发光管与光敏电阻顶端可用附件中的黑色软管连接。分别测出光敏电阻在各种光源照射下的光电流，再用激光笔、固体激光器作为光源，测得光电流，将测得的数据记入表 18-9 中，据此作出两种光电阻大致的光谱特性曲线。

表 18-9 实验记录表

光源	激光	红	黄	绿	蓝	白
光电阻 I						
光电阻 II						

(4) 伏安特性。

光敏电阻两端所加的电压与光电流之间的关系。

按照图 18-15 分别测得偏压为 2 V、4 V、6 V、8 V、10 V、12 V 时的光电流，并尝试提高照射光源的光强，测得给定偏压时光强度的提高与光电流增大的情况。将所测得的结果填入表 18-10 中，并作出 U/I 曲线。

表 18-10 实验记录表

偏压	2 V	4 V	6 V	8 V	10 V	12 V
光电阻 I						
光电阻 II						

(5) 温度特性。

光敏电阻与其他半导体器件一样，性能受温度影响较大。随着温度的升高，电阻值增大、灵敏度下降。按图 18-15 所示测试电路，分别测出常温下和加温(可用电烙铁靠近加温或用电吹风加温，电烙铁切不可直接接触器件)后的伏安特性曲线。

(6) 光敏电阻的光电特性。

在一定的电压作用下，光敏电阻的光电流与照射光通量的关系为光电特

性，如图 18-17 所示。图 18-15 所示的实验电路电源可选用+12 V 稳压电源，适当串入一个可变电阻，阻值在 10 kΩ 左右。发光二极管接直流稳压电源的 2~10 V 电压挡，调节电路使发光管刚好发光，将发光管与光敏电阻顶端相连接，盖上遮光罩，测得光电流，然后依次将发光管工作电压提高为 4 V、6 V、8 V、10V，用照度计依次测得光强，并测得光电流。将所测数据记入表 18-11 中。或置于暗光条件下，打开高亮度光源灯光，调节光源与光敏电阻的距离和照射角度，改变光敏电阻上入射光的光通量，观察光电流的变化。

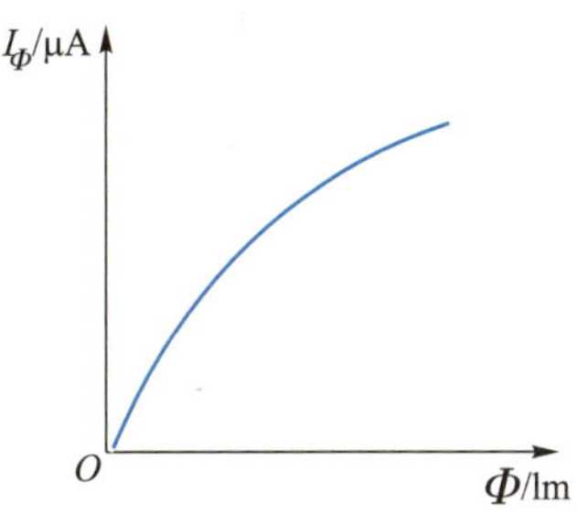

图 18-17 光敏电阻的光电特性

注意：

(1) 实验时请注意光电阻的耗散功率不要超过最大允许值 P_{max}。

(2) 光源照射时灯胆及灯杯温度均很高，请勿用手触摸，以免烫伤。

(3) 实验时各种不同波长光源的获取可以采用在仪器上的光源灯泡前加装各色滤色片的办法，同时也需考虑到环境光照的影响。

表 18-11 实验记录表

发光管偏压	4 V	6 V	8 V	10 V
光电阻 I				
光电阻 II				

18.4.2 光敏电阻的应用——暗光亮灯电路

1. 实验原理

如图 18-18 所示，在放大电路中，当光照度下降时，晶体管 T 的基极电压升高，T 导通，集电极负载 LED 流过的电流增大，LED 发光，这是一个暗通电路。

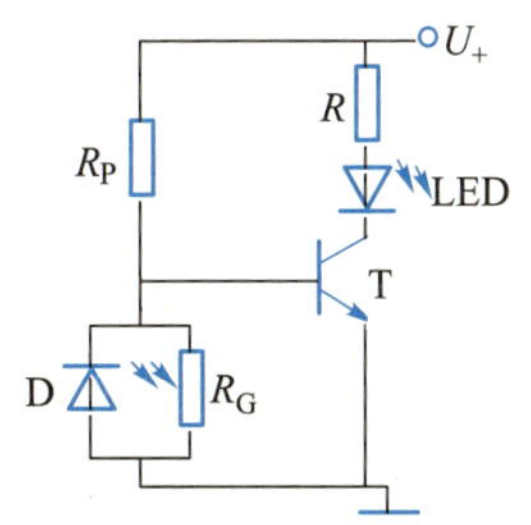

图 18-18 光敏电阻暗光灯控电路原理

2. 实验所需部件

光敏电阻、光敏灯控电路、电压表。

3. 实验步骤

(1) 将光敏电阻接入光敏灯控电路。调节控制电位器 R_P，使其在自然光下负载发光二极管不亮。

(2) 分别用白纸、带色的纸、书本和遮光罩改变光敏电阻的光照，观察灯控电路的亮灯情况。其原理与马路灯光控制情况是否相同？

(3) 根据图 18-18 所示光敏电阻暗光灯控电路原理，试设计一个亮通电路。

18.4.3 光电二极管的特性实验

1. 实验原理

光电二极管与半导体二极管在结构上是类似的，其管芯是一个具有光敏特征的 PN 结，具有单向导电性，因此工作时需加上反向电压。无光照时，有很小的饱和反向漏电流，即暗电流，此时光电二极管截止；当受到光照时，饱和反向漏电流大大增加，形成光电流，它随入射光强度的变化而变化。光电二极管的结构如图 18-19 所示。

2. 实验所需部件

光电二极管、稳压电源、负载电阻、遮光罩、光源、电压表$\left(4\frac{1}{2}\right.$位万用表$\left.\right)$、微安表、照度计。

3. 实验步骤

按图 18-20 所示接线，注意光电二极管是工作在反向偏置工作电压的。由于硅光电二极管的反向工作电流非常小，所以应视实验情况适当提高工作电压，必要时可用稳压电源上的±10 V 或±12 V 串接。

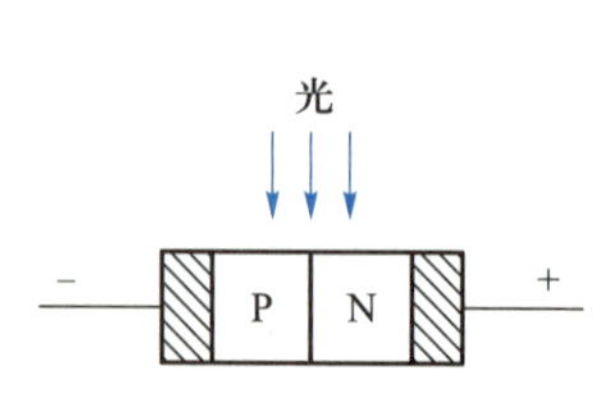

图 18-19　光电二极管的结构

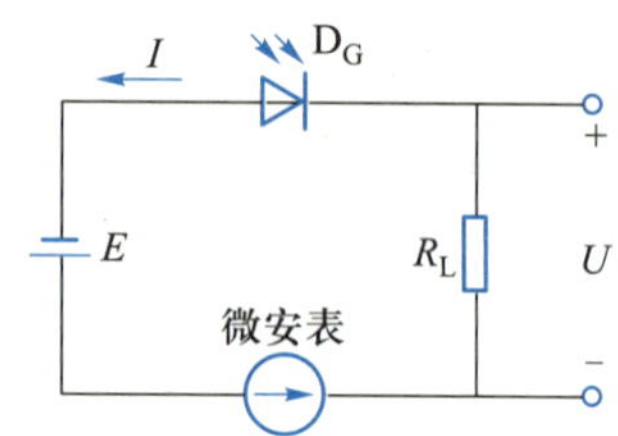

图 18-20　光电二极管的测试电路

(1) 暗电流测试。

用遮光罩盖住光电器件模板，电路中反向工作电压接±12 V(总电压为反向 24 V)，选择适当的负载电阻。打开电源，调节负载电阻值，微安表显示的电流值即为暗电流，或用 $4\frac{1}{2}$位万用表 200 mV 挡测得负载电阻 R_L 上的压降 $U_{暗}$，则暗电流 $I_{暗}=U_{暗}/R_L$。一般锗光电二极管的暗电流要大于硅光电二极管暗电流数十倍，可在试件插座上更换其他光电二极管进行测试，并做性能比较。

(2) 光电流测试。

缓慢揭开遮光罩，观察微安表上电流值的变化(也可将照度计探头置于光电二极管同一感光处，观察当光照强度变化时光电二极管光电流的变化)，或用 $4\frac{1}{2}$位万用表 200 mV 挡测得 R_L 上的压降 $U_{光}$，光电流 $I_{光}=U_{光}/R_L$。如光电流较大，则可减小工作电压或调节加大负载电阻。光电晶体管的伏安特性曲线如图 18-21 所示。

(3) 灵敏度测试。

改变仪器照射光源强度及相对于光敏器件的距离，观察光电流的变化情况。

(4) 光谱特性测试。

不同材料制成的光电二极管对不同波长的入射光反应灵敏度是不同的，其特性曲线如图 18-22 所示。由图 18-22 可以看出，硅光电二极管和锗光电二极管的响应峰值对应波长为0.8~1 μm，试用红外发射管、各色发光 LED、光源光、激光光源照射光电二极管，测得光电流并将测试数据填入表 18-12 中。

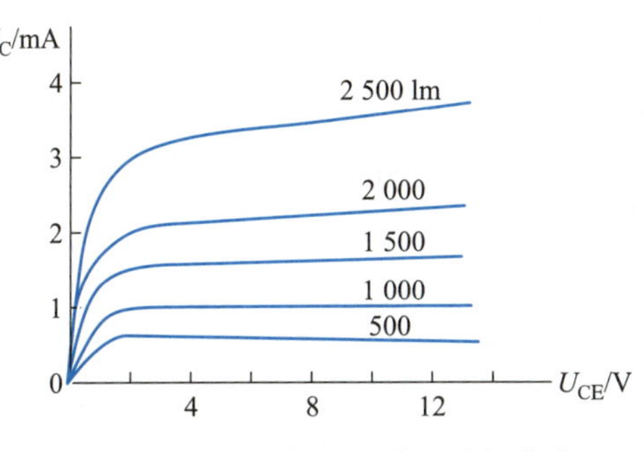

图 18-21　光电晶体管的伏安特性曲线

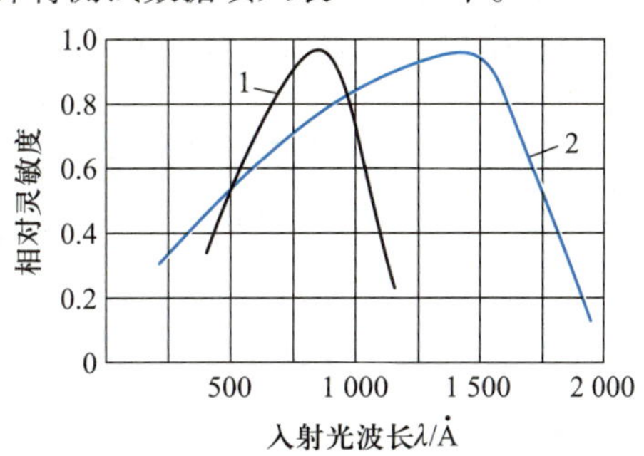

图 18-22　光电二极管的光谱特性曲线
1—硅光电二极管；2—锗光电二极管

表 18-12　实验记录表

光源 / 光电流 / 照度	红外	红	黄	绿	蓝	白

注意：本实验中暗电流测试最高反向工作电压受仪器电压条件限制，确定为±12 V(24 V)，硅光电二极管暗电流很小，有可能不易测得。测试光电流时要缓慢地改变光照度，以免测试电路中的微安表指针打表。

18.4.4　光电晶体管的特性测试

1. 实验原理

光电晶体管是具有 NPN 或 PNP 结构的半导体管，结构与普通晶体管类似。但它的引出电极通常只有两个，入射光主要被面积做得较大的基区所吸收。NPN 光电晶体管的结构与工作电路如图 18-23 所示。集电极接正电压，发射极接负电压。

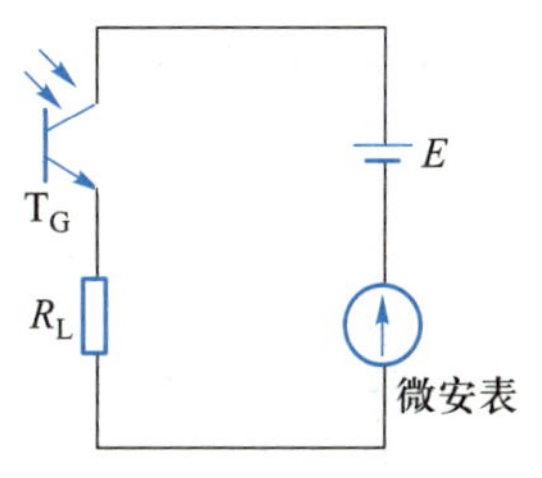

图 18-23　光电晶体管的结构与工作电路

2. 实验所需部件

光电晶体管、稳压电源、各类电源、电压表$\left(4\frac{1}{2}位表\right)$、微安表、负载电阻、照度计。

3. 实验步骤

（1）判断光电晶体管 C、E 极性，方法是用万用表 20 M 电阻测试挡，若测得管阻小，则红表笔端触角为 C 极，黑表笔为 E 极。

（2）暗电流测试。按图 18-23 所示接线，稳压电源用±12 V，调整负载电阻 R_L 阻值，使光敏器件模板被遮光罩盖住时，微安表显示有电流，此为光电晶体管的暗电流，或是测得负载电阻 R_L 上的压降 $U_{暗}$，暗电流 $I_{CEO}=U_{暗}/R_L$。

如硅光电晶体管，其暗电流可能要小于 10^{-9}A，一般不易测出。

（3）光电流测试。缓慢地取开遮光罩，观察随光照度变化测得的光电流 $I_{光}$ 的变化情况，并将所测数据填入表 18-13 中。

表 18-13 实验记录表

光电流 \ 光源 照度	红外	红	黄	绿	蓝	白

通过实验比较可以看出，光电晶体管与光电二极管相比能把光电流放大 $(1+h_{FE})$ 倍，具有更高的灵敏度。

（4）伏安特征测试。光电晶体管在给定的光照强度与工作电压下，将所测得的工作电压 U_{CE} 与工作电流记录，工作电压可从 ±4～±12 V 变换，并做出一组 U_{CE}-I 曲线。

（5）光谱特性测试。对于一定材料和工艺制成的光电晶体管，只有一定波长的入射光才有响应。按图 18-23 所示接好光电晶体管测试电路，参照光电二极管的光谱特性测试方法，用各种光源照射光电晶体管，测得光电流，并做出定性的结论。

（6）温度特性测试。光电晶体管的温度特性曲线如图 18-24 所示，试在图 18-23 所示电路中，加热光电晶体管，观察光电流随温度升高的变化情况。

（7）光电特性测试。在外加工作电压恒定的情况下，光电晶体管的光电特性曲线如图 18-25 所示。用各种光源照射光电晶体管，记录光电流的变化。

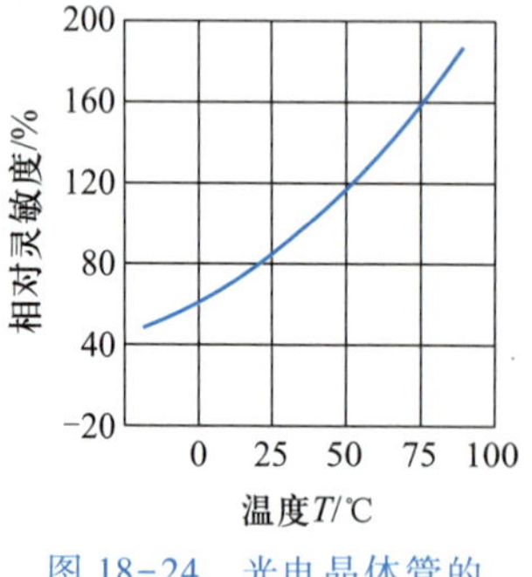

图 18-24 光电晶体管的温度特性曲线

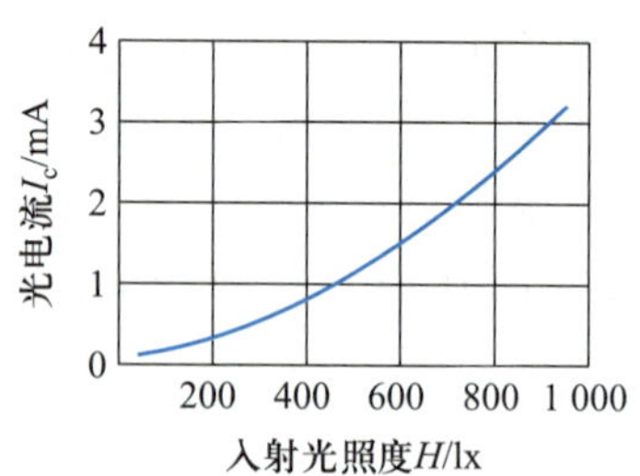

图 18-25 光电晶体管的光电特性曲线

18.4.5 光电晶体管对不同光谱的响应

1. 实验原理

在光照度一定时，光电晶体管输出的光电流随波长的改变而变化。一般来

说，对于发射与接收的光敏器件，必须由同一种材料制成才能有比较好的波长响应，这就是光学工程中使用光电对管的原因。

2. 实验所需部件

光电晶体管、发光二极管（包括红外发射管、各种颜色的 LED）、试件插座、直流稳压电源、电压表$\left(4\frac{1}{2}\text{位}\right)$。

3. 实验步骤

（1）按图 18-26 所示接好光电晶体管测试电路，电路中的光电晶体管为红外接收管，电路中的光源采用红外发光二极管，必须注意发光二极管的接线方向。发光二极管的光都是通过顶端透镜发射的，因此实验时必须注意二极管与晶体管的相对位置。

（2）接好如图 18-27 所示的发光二极管电路，注意发光二极管限流电阻阻值的调节（电位器阻值的调节一定要按从大到小的原则），发光二极管可插在试件插座上。实验中发光源可用多种颜色的 LED。

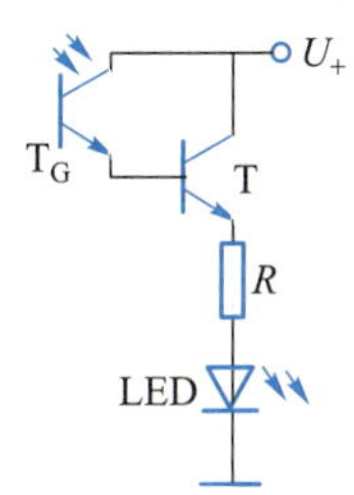

图 18-26　光电晶体管测试电路

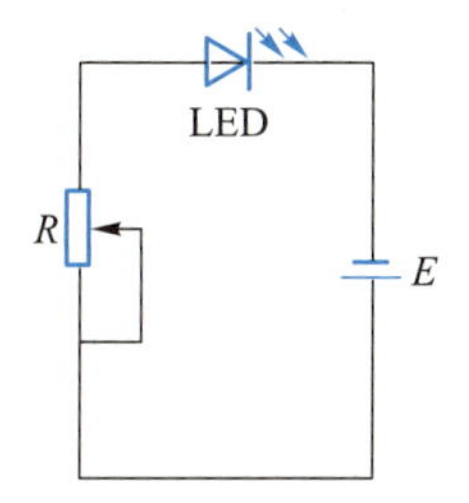

图 18-27　发光二极管电路

（3）用黑色胶管将发光二极管与光电晶体管对顶相连，并用遮光罩将它们罩住。如果光谱一致，则测试电路输出端信号变化较大；反之则说明发射与接收不配对，需更换发光源。

（4）调整发光二极管发光强度（可调节电位器）或改变与光电晶体管的相对位置，重复上述实验。

注意：发光二极管限流电阻一定不能太小，否则回路电流过大将损坏发光源。

18.4.6　光电开关（红外发光管与光电晶体管）

1. 实验原理

光电晶体管与半导体晶体管结构类似，但通常引出线只有两个。当具有光敏特性的 PN 结受到光照时，形成光电流。不同材料制成的光电晶体管具有不同的光谱特性，光电晶体管较光电二极管能将光电流放大$(1+h_{FE})$倍，因此具有很高的灵敏度。

与光电晶体管相似，不同材料制成的发光二极管也具有不同的光谱特性。由光谱特性相同的发光二极管与光电晶体管组成对管，安装成如图 18-28 所示形式，就形成了光电开关，即光断续器或光耦合器。

2. 实验所需部件

光电开关、测速电机、示波器、电压/频率表、光纤光电传感器实验模块。

3. 实验步骤

(1) 观察光电开关结构：传感器是一个透过型光断续器，工作波长为 3 μm，可以用来检测物体的有无、物体运动方向等。

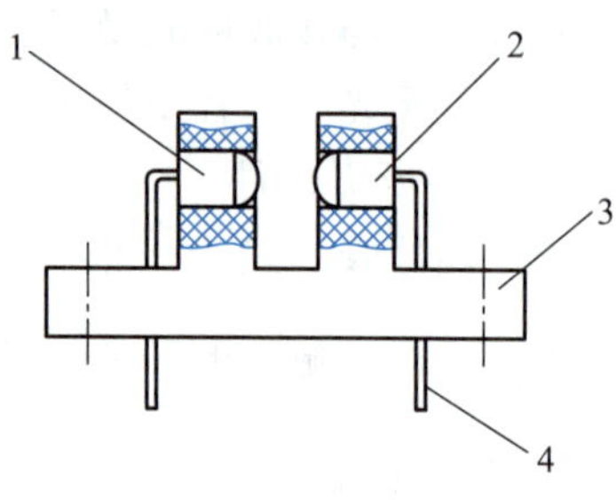

图 18-28 透过型光断续器结构图

1—近红外发光二极管；2—光电晶体管；3—支架；4—引脚

(2) 连接主机与实验模块电源线及传感器接口，示波器接光电输出端。

(3) 开启主机电源，用手转动电机叶片，分别挡住、离开传感光路，观察输出端信号波形。

(4) 开启转速电机，调节转速，观察 U_o 端连续方波信号的输出，并用电压/频率表 2 kHz 挡测转速(转速=频率表显示值/2)。

(5) 如欲用数据采集卡中的转速采集功能，需将 U_o 输出端信号送入整形电路以便得到5 V TTL 电平输出的信号；整形电路输出端接实验仪主机面板上的“转速信号”入端口，与内置的数据采集卡中的频率计数端相接。

18.4.7 光电传感器——热释电红外传感器性能实验

1. 实验原理

热释电红外传感器的结构原理如图 18-29 所示，主要由滤光片、PZT 热电元件、结型场效晶体管 JFET 及电阻、二极管组成。其中滤光片的光谱特性决定了热释电传感器的工作范围。本实验所用的滤光片对 5 μm以下的光具有高反射率，而对于从人体发出的红外热源则有高穿透性，传感器接收到红外能量信号后就有电压信号输出。

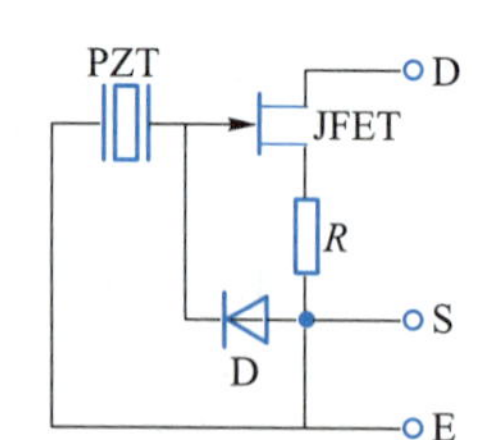

图 18-29 热释电红外传感器的结构原理图

18-4 视频：光电传感器应用

2. 实验所需部件

热释电红外传感器、慢速电机、热释电处理电路单元、电加热器、电压表。

3. 实验步骤

(1) 将菲涅尔透镜装在热释电红外传感器探头上，探头方向对准慢速电机支座下透孔前的热源方向，按图标符号将传感器接入处理电路，接好发光二极管。开启电源，待电路输出稳定后开启热源，同时将慢速电机叶片拨开，使其不挡住热源透射孔。

(2) 随着热源温度缓慢上升，观察热释电红外传感器的 U_o 端输出电压变化情况。可以看出传感器并不因为热源温度上升而有所反应。

(3) 开启慢速电机，调节转速旋钮，使电机叶片转速尽量慢，不断地将

透热孔开启——遮挡。此时用电压表或示波器观察输出电压端 U_o 就会发现输出电压也随之变化。当达到告警电压时，则发光管闪亮。

（4）逐步提高电机转速，当电机转速加快，叶片断续热源的频率增高到一定程度时，传感器又会出现无反应的情况，请分析这是什么原因造成的。

注意：
慢速电机的叶片因为是不平衡形式，加之电机功率较小，所以开始转动时可能需要用手拨动一下。

18.4.8 红外光电二极管的应用——红外检测

1. 实验所需部件

红外光电二极管及晶体管、红外检测电路单元、红外发射管、其他热源、LED 发光二极管。

2. 实验步骤

（1）按图 18-30 所示将红外光电二极管（晶体管）及发光二极管 LED 接入电路，注意元件极性。

（2）将红外发光二极管接入图 18-27 所示工作电路，发光二极管逐步靠近红外光敏管，调节发光二极管限流电阻，观察电路输出端电压是否有变化。

（3）将热源逐步靠近红外光电二极管，观察电路的反应情况。

（4）用其他类型的发光二极管代替红外发光二极管，看电路是否能动作。

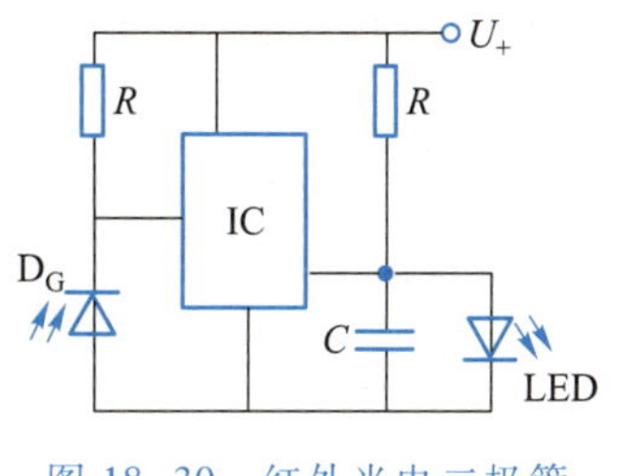

图 18-30 红外光电二极管检测电路原理图

注意：
红外发射与红外接收光电二极管的光谱特性必须一致，红外发射管的发射功率如太小也会使电路不动作。实验时发光管 LED 应接入单元相应插口。

18.4.9 光电池特性测试

1. 实验原理

光电池的结构（如图 18-31 所示）其实是一个较大面积的半导体 PN 结，工作原理即是光生伏特效应，当负载接入 PN 结两极后即得到功率输出。

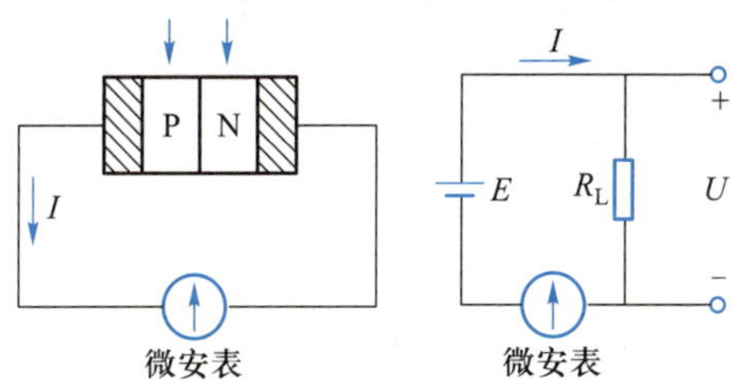

图 18-31 光电池的结构原理及测试电路

2. 实验所需器件

两种光电池、各类光源、测试电路、电压表$\left(4\frac{1}{2}\text{位}\right)$、微安表、激光器、照度计。

3. 实验步骤

（1）光电池短路电流测试。光电池的内阻在不同光照时是不同的，所以在测得暗光条件下光电池的内阻后，应选用相对小得多的负载电阻（这样所测得的电流近似短路电流）。试用阻值为 1 Ω、5 Ω、10 Ω、20 Ω、30 Ω 的负载电阻接入测试电路。打开光源，在不同的距离和角度照射光电池，记录光电流的变化情况。可以看出，负载电阻越小，光电流与光强的线性关系就越好。

（2）光电池光电特性测试。光电池的光生电动势与光电流和光照度的关系为光电池的光电特性。

用遮光罩盖住光电器件模板，用电压表或 $4\frac{1}{2}$位万用表测得光电池的电动势，取走遮光罩，打开光源灯光，改变灯光投射角度与距离（可用照度计测照），即改变光电池接收的光通量，测量光生电动势与光电流的变化情况，并将测试数据填入表 18-14 中。

表 18-14　实验记录表

光　强						
光生电动势						
光电流						

可以看出，它们之间的关系是非线性的，当达到一定程度的光强后，开路电压就趋于饱和了。

（3）光电池光谱特性测试。光电池的光谱特性曲线可参见图 18-32，硒光电池的光谱响应范围为 0.3~0.7 μm，硅光电池的光谱响应在 0.5~1 μm。

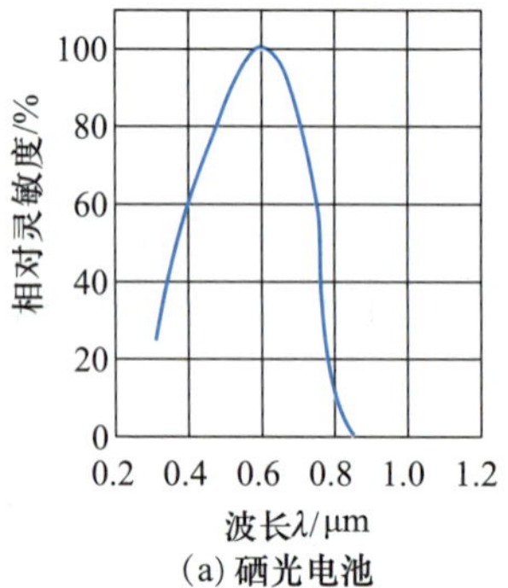

(a) 硒光电池

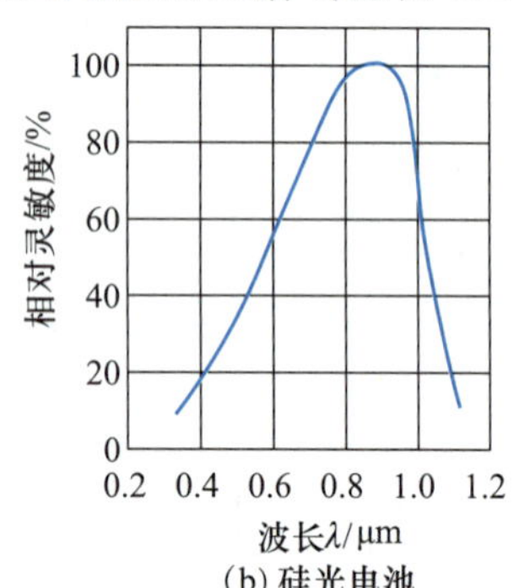

(b) 硅光电池

图 18-32　光电池的光谱特性曲线

光电池接入图 18-31 所示测试电路。在各种光照条件下（自然光、白炽灯、日光灯、光源光、激光）测得光生电动势与光电流，或按光电器件光谱特性的测试方法，将各种光源在额定工作电压下照射光电池时产生的光电动势、光电流做比较。

（4）光电池伏安特性测试。光电池的伏安特性曲线如图 18-33 所示。当光电池负载为电阻时，光照射下的光电池的输出电压与电流的关系，如图 18-34 所示。在图 18-33 中曲线的横坐标值为光电池开路电压值，纵坐标为短路电流值。当接入负载电阻 R_L 时，R_L 与伏安特性曲线的交点为工作点，此时光电池的输出电流与电压的乘积为光电池的输出功率 $P_{光}$。

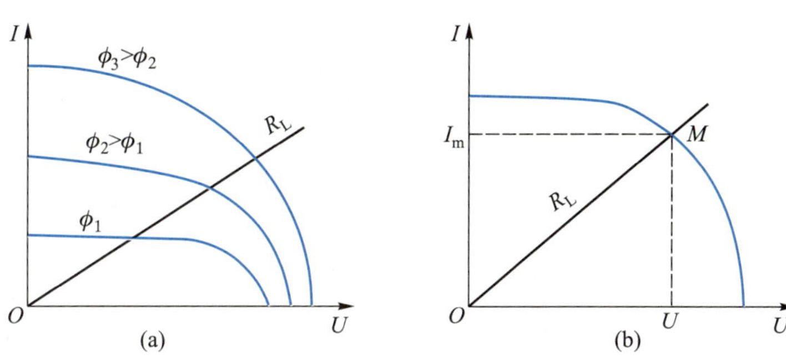

图 18-33　光电池的伏安特性曲线

注意：光电池串、并联时请注意电压极性，以免电压相互抵消或短路。

（5）按照本实验步骤（1），分别测得在不同负载条件下，光电池的输出功率，并求得最佳工作点。

（6）将光电池分别串、并联，测出其工作性能与输出功率，并得出定性的结论。

4. 光电池的应用——光强计

（1）图 18-35 所示为光电池测光实验电路单元的原理图。光电池接入时请注意极性。发光二极管已在电路中接入。

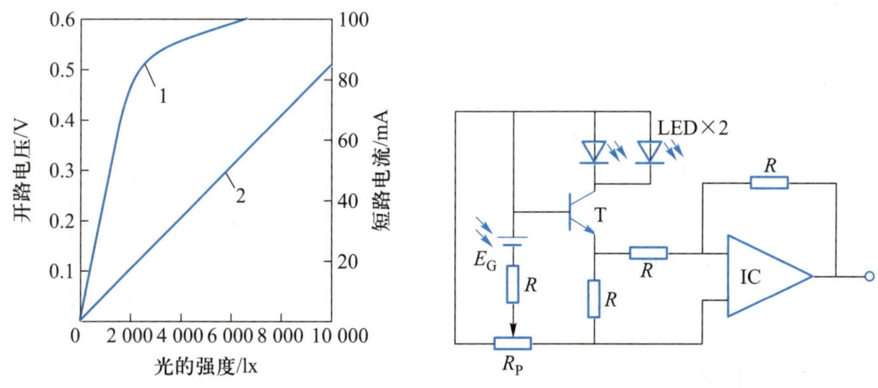

图 18-34　硅光电池的光电特性曲线
1—开路电压；2—短路电流

图 18-35　光电池测光强实验电路单元的原理图

（2）调节光电池受光强度，分别在光照很暗、正常光照和光照很强时观察两个发光二极管不亮、稍亮、两个都很亮，这样就形成了一个简易的光强计。

18.4.10　光纤位移传感器原理

1. 实验原理

本实验中使用传光型光纤传感器，光纤在传感器中起到传输光的作用，因此是属于非功能型的光纤传感器。光纤位移传感器的两个多模光纤分别作为光源发射和接收光强之用，其工作原理如图 18-36 所示。

反射式光纤位移传感器的输出特性曲线如图 18-37 所示。一般都选用线性范围较好的前坡为测试区域。

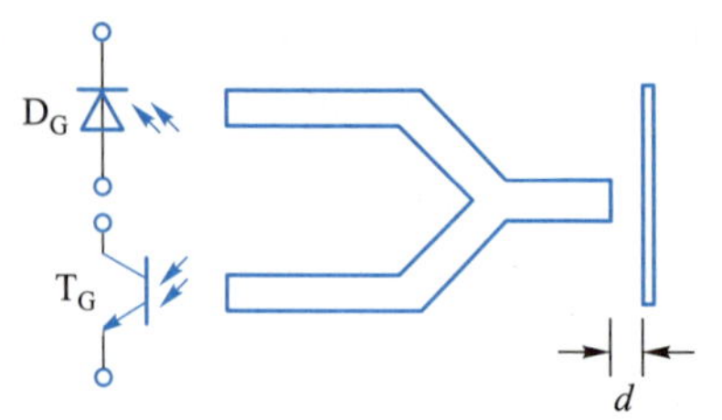

图 18-36 光纤位移传感器的工作原理图

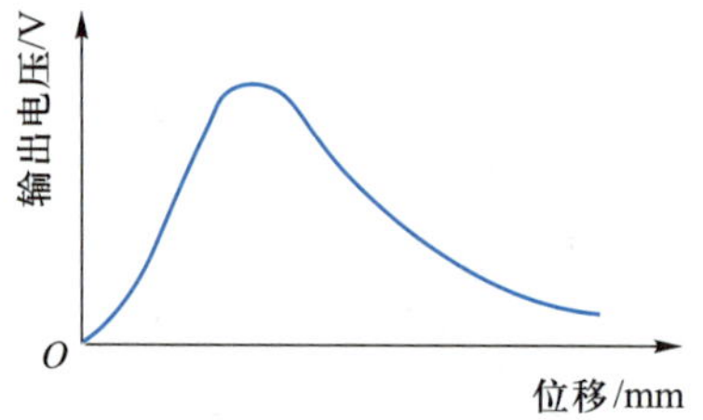

图 18-37 反射式光纤位移传感器的输出特性曲线

2. 实验所需部件

光纤、光电变换器、放大稳幅电路、近红外发射及检测电路(光纤变换电路内)、反射物(电机叶面)、电压表。

3. 实验步骤

注意：两根光纤三端面均经过精密光学抛光，其端面的光洁度直接会影响光源损耗的大小，需仔细保护。禁止使用硬物、尖锐物体碰触，若有脏物则可用镜头纸擦拭。如非必要，最好不要自行拆卸，观察光纤结构时一定要在实验老师的指导下进行。

(1) 观察光纤结构：一根为发射的多模光纤，另一根为接收的多模光纤，两端合并处为半圆形结构，光纤质量的优劣可通过观察光照射时光通量的大小而得出结论。

(2) 光电传感器内发射光源是近红外光，接收电路接收近红外信号后经稳幅及放大输出。判断光电变换器上两个光纤安装孔位置具体为发射还是接收可采用如下方法：

将光纤变换器单元电压输出 U_o 端接电压表输入端，光电变换组件的四芯航空插头接入光纤变换器四芯插座，将两根光纤的其中一根插入光纤安装孔中的其中一孔，观察电压表输出情况。将接通电源的红外发光管顶端靠近光纤探头，如 U_o 端有电压输出，则此孔为接收放大端，如单独插入另一孔，光纤探头靠近接通电源的红外光电晶体管，探测电路动作，则说明此孔为红外光源发射。

(3) 将两根光纤均装入光电变换组件(装入时注意不要过分用力，以免影响组件中光电管的位置)。分别将光纤探头置于全暗无反射和对准较强光源的照射，光纤变换器输出电压应分别为零和最大值。

18.4.11 光纤传感器——位移测试

1. 实验所需部件

光纤、光电变换器、光纤变换电路、电压表、反射面(电机叶片)、位移平台。

2. 实验步骤

(1) 将光纤、光电变换块与光纤变换电路相连接。由于光电变换块中的光电元件特性存在不一致，光纤变换电路中的发射/接收放大电路的参数也不一致，所以做实验之前应将多个光纤/光电变换器和实验仪对应编号，不要混用，以免影响正常实验。

(2) 光纤探头安装于位移平台的支架上用紧固螺钉固定，电机叶片对准

光纤探头，注意保持两端面的平行。

（3）尽量降低室内光照，移动位移平台使光纤探头紧贴反射面，此时变换电路输出电压 U_o 应约等于零。

（4）旋转螺旋测微仪带动位移平台使光纤端面离开反射叶片，每旋转 1 圈（0.5 mm）记录一次 U_o 值，并将结果填入表格，做出距离 X 与电压值的关系曲线。

从测试结果可以看出，光纤位移传感器工作特性曲线分为前坡 Ⅰ 和后坡 Ⅱ，如图 18-37 所示。前坡 Ⅰ 范围较小，线性较好；后坡 Ⅱ 工作范围大，但线性较差。因此平时用光纤位移传感器测试位移时一般采用前坡特性范围。根据实验结果找出本实验仪的最佳工作点（光纤端面距被测目标的距离）。

18.4.12 光纤传感器的应用——测温传感器

1. 实验原理

光纤变换电路中的近红外接收——放大部分如接收热源中的近红外光，输出电压就会随温度变化。

注意：光纤探头应避免太靠近热源电加热丝，以免高温损坏探头及护套。实验者请勿用手触摸加热片，以免烫伤。

2. 实验所需部件

光纤、光电变换器、光纤变换电路、电压表、热源、移动平台。

3. 实验步骤

（1）将一根光纤插入实验中已确定的光电变换器中的接收孔，并将端面朝向光亮处，使输出电压 U_o 变化，确定无误，并用紧固螺钉固定位置。

（2）将光纤探头端面垂直对准一黑色平面物体（最好是黑色橡胶、皮革等）压紧，此时光电变换器 U_o 端输出电压为零。

（3）将光纤探头放入一个完全暗光的环境中，电路 U_o 端输出为零。用手指压住光纤端面，即使在暗光环境中，电路也有输出，这是因为人体散射的体温红外信号通过光纤被近红外接收管接收，经放大后转换成电信号输出。

（4）将光纤探头靠近热源（或是探头垂直与散热片紧贴），打开热源开关，观察随热源温度上升，光电变换器 U_o 端输出变化情况。

18.4.13 光纤传感器——动态测量

1. 实验所需部件

光纤、光纤光电传感器实验模块、安装支架、反射镜片、转速电机、电压表、示波器、低频信号源。

2. 实验步骤

（1）利用 18.4.12 实验结果，将光纤探头装至主机振动平台旁的支架上，在圆形振动台的安装螺钉上装好反射镜片，选择“激振 Ⅰ”，调节低频信号源，反射镜片随振动台上下振动。

（2）调节低频振荡信号频率与幅值，以最大振动幅度时反射镜片不碰到探头为宜，用示波器观察振动波形，并读出振动频率。

(3) 将光纤探头支架旋转约70°，探头对准转速电机叶片，距离以光纤端面居于特性曲线前坡的中点位置为好。

(4) 开启电机调节转速，用示波器观察 U_o 端输出波形，调节示波器扫描时间及灵敏度，以能观察到清晰稳定的波形为好，必要时应调节光纤放大器的增益。

仔细观察示波器上两个连续波形峰值的差值，根据输出特性曲线，大致判断电机叶片的平行度及振幅。

3. 注意事项

光纤探头在电机叶片上方安装后需用手转动叶片确认无碰擦后方可开启电机，否则极易擦伤光纤端面。

18.4.14 光栅衍射实验——光栅距的测定

1. 实验目的

了解光栅的结构及光栅距的测量方法。

2. 实验所需部件

光栅、激光器、直尺与投射屏。

3. 实验步骤

(1) 激光器放入光栅正对面的支座中用紧固螺钉固定，接通激光电源后使光点对准光栅中点。

(2) 在光栅后面安放好投射屏，观察到一组有序排列的衍射光斑，与激光器正对的光斑为中央光斑，依次向两侧为一级、二级、三级……衍射光斑，如图18-38所示。请观察光斑的大小及光强的变化规律。

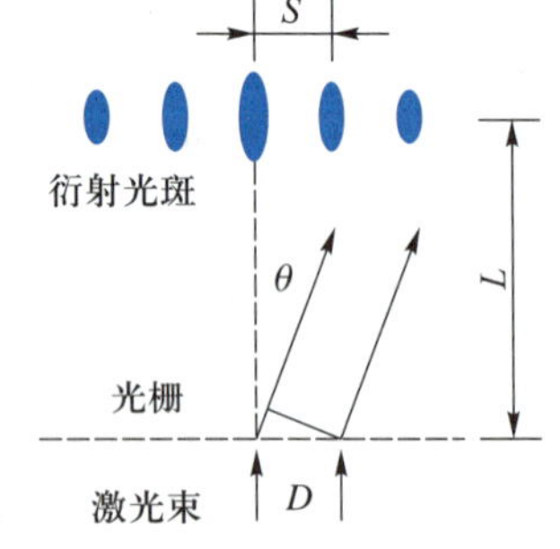

图18-38 光栅的衍射光斑排列

(3) 根据光栅衍射规律，光栅距 D 与激光波长 λ、衍射距离 L、中央光斑与一级光斑的间距 S 存在下列的关系

$$D=\lambda\frac{\sqrt{L^2+S^2}}{S}$$

式中：L 为衍射距离，mm；S 为中央光斑与一级光斑的间距，mm；λ 为激光波长，nm；D 为光栅距，μm。计算时各参数应换算至同一单位后进行。

根据此关系式，已知固体激光器的激光波长为650 nm，用直尺量得衍射距离 L、光斑距 S，即可求得实验所用光栅的光栅距。

(4) 尝试用激光器照射用作莫尔条纹的光栅，测定光栅距，了解光斑间距与光栅距的关系。

(5) 将激光器换成激光笔，测定其波长。

18.4.15 光栅传感器——衍射演示及测距实验

1. 实验原理

激光照射光栅时光栅的衍射特性可用公式

$$D=\lambda/\sin\theta=\frac{\lambda\sqrt{L^2+S^2}}{S}$$

表示。根据这一公式可进行光栅距的测定和光栅至投射屏距离的测试，图 18-39 为光栅衍射示意图。

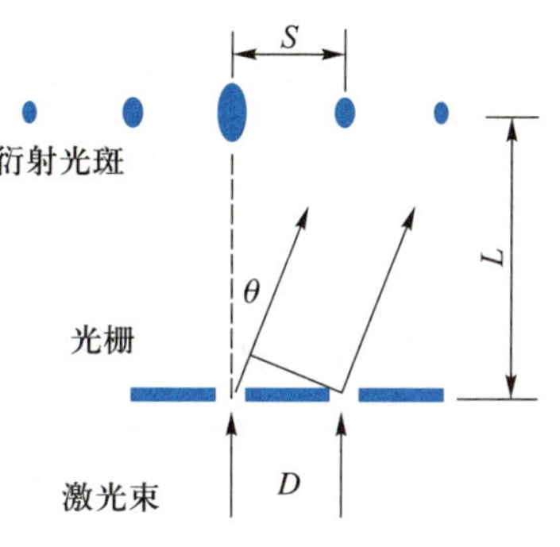

图 18-39　光栅衍射示意图

> 注意：激光照射光栅时注意光路勿受阻挡，实验仪上所配的衍射光栅为 50 线/mm。

2. 实验所需部件

固体激光器、光栅、投射屏、直尺。

3. 实验步骤

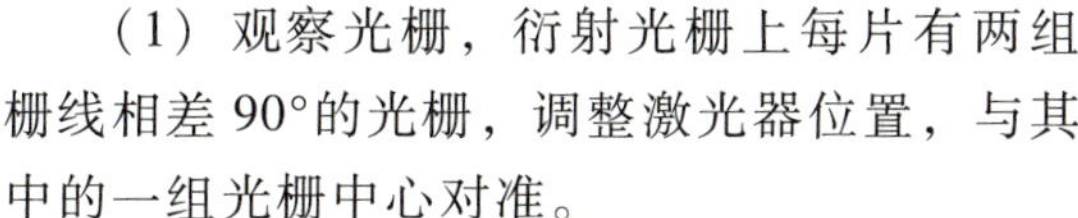
（1）观察光栅，衍射光栅上每片有两组栅线相差 90°的光栅，调整激光器位置，与其中的一组光栅中心对准。

（2）打开主机电源，接通激光器。经一束激光照射后的光栅在前方投射屏上出现一行衍射光斑，正中为中央光斑，从中央光斑两侧向外依次为一级、二级、三级……衍射光斑，观察并分析光斑的大小及光强变化规律。

（3）根据光栅衍射公式，用直尺量一级光斑与中央光斑的距离 S，光栅至投射屏的距离 L，就可得光栅距 D。反之，如果已知实验所用光栅的光栅距，则量取 S 后就可求得距离 L。

18.4.16 电荷耦合图像传感器——CCD 摄像法测径实验

1. 实验目的

通过本实验进一步加深对 CCD 器件工作原理和具体应用的认识。

2. 实验原理

电荷耦合器件（CCD）的重要应用是作为摄像器件，它将二维光学图像信号通过驱动电路转变成一维的视频信号输出。当光学镜头将被摄物体成像在 CCD 的光敏面上，每一个光敏单元（MOS 电容）的电子势阱就会收集根据光照强度而产生的光生电子，每个势阱中收集的电子数与光照强度成正比。在 CCD 电路时钟脉冲的作用下，势阱中的电荷信号会依次向相邻的单元转移，从而有序地完成载流子的运输，输出成为视频信号。

用图像采集卡将模拟的视频信号转换成数字信号，在计算机上实时显示，用实验软件对图像进行计算处理，就可获得被测物体的轮廓信息。

3. 实验所需部件

CCD 摄像机、被测目标（圆形测标）、CCD 图像传感器实验模块、视频线、图像采集卡、实验软件。

4. 实验步骤

（1）根据图像采集卡光盘安装说明在计算机中安装好图像卡驱动程序与实验软件。

注意：CCD 摄像机电源极性和幅值应无误，以免造成损坏。

（2）在被测物前安装好摄像头，连接 12 V 稳压电源，用视频线连接图像卡与摄像头。

（3）检查无误后开启主机电源，进入测量程序。启动图像采集后，屏幕窗口即显示被测物的图像，适当地调节 CCD 的镜头前后位置与光圈，使目标图像最清晰。

（4）尺寸标定：先取一标准直径圆形目标（$D_0=10$ mm），根据测试程序测定其屏幕图像的直径 D_1（单位用像素表示），则测量常数 $K=D_1/D_0$。

（5）保持 CCD 镜头与测标座距离不变，更换另一未知直径的圆形目标，利用测试程序测得其在屏幕上的直径，除以常数 K，即得该目标的直径。

参考文献

郑重声明

网络增值服务使用说明

一、注册/登录

访问 http://abook.hep.com.cn/1216888，点击“注册”，在注册页面输入用户名、密码及常用的邮箱进行注册。已注册的用户直接输入用户名和密码登录即可进入“我的课程”页面。

二、课程绑定

点击“我的课程”页面右上方“绑定课程”，正确输入教材封底防伪标签上的20位密码，点击“确定”完成课程绑定。

三、访问课程

在“正在学习”列表中选择已绑定的课程，点击“进入课程”即可浏览或下载与本书配套的课程资源。刚绑定的课程请在“申请学习”列表中选择相应课程并点击“进入课程”。

如有账号问题，请发邮件至：abook@hep.com.cn。